U0315531

NEW JAFFER
NEW JAFFER

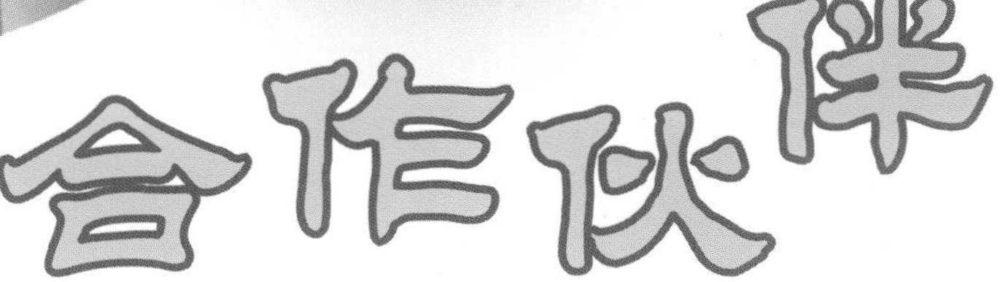
合作伙伴

symrise
creating brands. supporting brands.

SENSIENT®

ISP

DOW®

MOMENTIVE
performance materials
The science behind the solutions.

SNF FLOCARE™

山东福瑞达生物医药有限公司

Shandong Freda Biopharm Co., Ltd.

山东福瑞达生物医药有限公司成立于1998年，是由山东福瑞达医药集团公司、香港勤信有限公司合资创建的高新技术企业，公司致力于透明质酸系列产品的研发、生产和销售，是全球透明质酸行业生产的领跑者。根据透明质酸应用领域和技术要求的不同，现有化妆品级、食用级、滴眼液级和注射级(API)等规格产品。

公司先后通过了ISO9001、ISO13485国际质量体系认证，并严格按照质量体系进行管理，保证了产品质量的可靠性和稳定性。注射级透明质酸钠已取得美国FDA 的DMF登记号，欧盟CEP认证也已启动，产品质量达到欧洲药典和日本药典标准。Freda透明质酸在国内占有70%以上的市场份额，并远销美国、日本、欧盟等国家和地区，已成为化妆品、保健食品和制药等多个领域国际知名企业的全球原料供应商。

山东福瑞达生物化工有限公司厂区总体布局鸟瞰

地址：济南市高新技术开发区天辰大街678号
邮编：250101
电话：+86-531-82685998
传真：+86-531-82685988
E-mail:customer@fredabiopharm.com.cn
http://www.fredabiopharm.com.cn

全国香料香精化妆品标准化技术委员会
国家香料香精化妆品质量监督检验中心

全国香料香精化妆品标准化技术委员会（SAC/TC257）是经国家标准化管理委员会批准成立，并授权负责在化妆品香料香精等专业领域内从事全国性标准化工作的技术组织，是化妆品香料香精国家标准、行业标准归口部门。下设两个分委员会SAC/TC257/SC1“香料香精”和SAC/TC257/SC2“化妆品”。秘书处均设于上海香料研究所（含上海市日用化学工业研究所）。该委员会同时承担国际标准化组织第54技术委员会“精油”（ISO/TC54）和国际标准化组织第217技术委员会“化妆品”（ISO/TC217）的国内归口管理工作，负责对国际标准草案和工作文件的投票表决，负责或参与国际标准的制修订等工作。此外还承接标准咨询、审查和培训等业务。本标委会共有来自政府部门、行业协会、大专院校、科研机构和企业的委员近50名，成立十多年来共制修订国家标准、行业标准上百项，为我国化妆品香料香精行业做了大量开拓性的基础工作，为我国化妆品香料香精标准制定与完善作出了巨大贡献，取得显著社会效益和经济效益。

国家香料香精化妆品质量监督检验中心是由上海香料研究所和上海市日用化学工业研究所所属检测机构联合后组建的日化行业专业检测机构，中心以“一套班子多块牌子”运作，同时拥有国家轻工业香料化妆品洗涤用品质量监督检测上海站、上海市洗涤剂化妆品产品质量监督检验站和上海香料研究所香料香精化妆品检验实验室，全国香料香精化妆品标准化技术委员会秘书处也设在此处，是集检测与标准于一体的国内日化产品检测权威机构。

中心是国家相关部门授权的香料香精、化妆品、洗涤用品及其他日化产品的仲裁、新产品鉴定和香料香精、化妆品、餐具洗涤剂生产许可证授权检验单位之一，拥有一批高学历高素质的检测和科研人员，技术力量雄厚，技术人员达到90%以上，其中高级职称占30%以上。中心配置了气相、液相、气质联用色谱仪、原子荧光、红外、紫外、原子吸收分光光度计等先进仪器，建立了一套运行有效的质量体系，以“公正性、科学性、权威性”为原则，坚持为企业服务为宗旨，在行业中具有很大的影响力，拥有一大批客户群，检测业务量在全国日化行业中处于领先地位，圆满完成了一系列国家、上海市监督抽查任务。

目前主要开展化妆品、香精香料、洗涤用品等日化产品和化妆品功效评价的检测业务。

标委会秘书处

检验中心接待室

联系地址：上海市南宁路480号（上海香料研究所内） 网址：www.sriffi.com

标委会秘书处：
电话：021-64087272-3012 传真/电话：021-54483433
邮箱：tc257sc2@126.com

检验中心：
电话：021-54488152 传真：021-64824490
邮箱：test5@sriffi.com

noveon®
Consumer Specialties

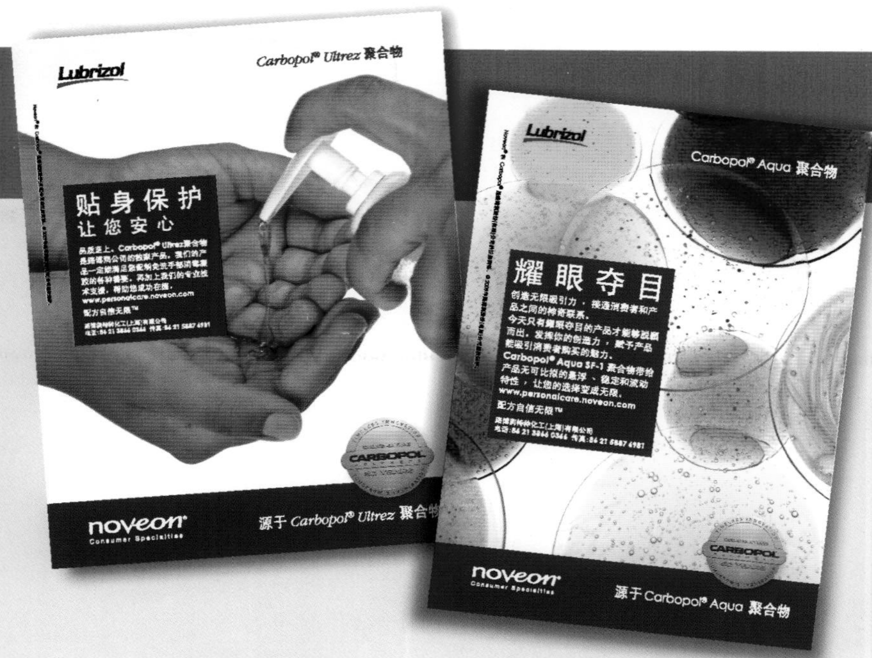

路博润特种化工（上海）有限公司
上海浦东新区浦东大道138号
永华大厦27楼
电话：86-21-3866-0366
传真：86-21-5887-6987
www.personalcare.noveon.com

中国分销商

- 上海兆衡实业有限公司
  上海市漕宝路500号3号楼
  电话：86-21-64828808
- 广州兆衡贸易发展有限公司
  广州市天河区天河北路荟雅苑B座908单元
  电话：86-20-38850740
- 益裕有限公司
  香港荃湾沙咀道66号A豪力中心10楼1004室
  电话：852-35909483 / 86-20-34050370
- 北京西雅克商贸有限责任公司
  北京市东城区朝内大街199号华富商贸大楼402室
  电话：86-10-64079667
- 广州荣道化工有限公司
  广州市东风东路753号天誉商务大厦东塔3003室
  电话：86-20-37885158

主要市场

- 个人护理
- 表面活性剂
- 家居护理，工业和机构应用
- 保健/口腔护理

主要产品

- 人工合成流变调节剂-Carbopol® 聚合物
- 天然萃取的甲基葡萄糖苷衍生物 - Glucamate™ 增稠剂 、 Glucam™ 保湿剂 、 Glucquat™ 润肤剂和 Glucate™ 乳化剂
- 定型聚合物 - Fixate™ 头发定型聚合物
- 感官创造工具 - Schercemol™ 和 Hydramol™ 酯 、 SilSense™ 特种硅氧烷和羊毛脂衍生物

公司简介

路博润先进材料公司属下的诺誉® 特种消费品化工部门是全球先进的特种化工生产商，为消费品和工业应用提供各种不同的原料。作为路博润家族的一员，诺誉® 特种消费品化工部以先进的科技、优秀的专业人才、强大的全球基础设施、及我们一直以来助客人取得成功的目标，带动业界带更上一层楼。

科技 、 专利 、 创新的产品

诺誉®特种消费品化工系列包括多种不同的聚合物和其他特种化工原料，更精于人工合成、产品开发、加工及应用开发。

专业服务

诺誉®特种消费品化工系列已作好准备全面支持配方设计师。我们提供不同范畴的高素质成分、多种类型的产品原型、参考配方、加上专业的技术支持及优秀的全球物流及供应团队，助您成功在握。

路博润中国办事处

香港办事处	广州办事处	北京办事处
电话：852-2508-1021	电话：86-20-8363-4433	电话：86-10-5931-5888
传真：852-2512-2241	传真：86-20-8363-4456	传真：86-10-5931-5900

www.personalcare.noveon.com
www.lubrizol.com

配方自信无限™

辽宁华兴集团化工股份公司

辽宁华兴集团化工股份公司是以“可再生资源”天然油脂（椰子油，棕榈油）为主要原料，生产天然脂肪醇及其衍生的各种新型表面活性剂等产品。

辽宁华兴集团化工股份公司及下属分厂灯塔北方化工有限公司现有职员近千人，其中，高中级技术人员占20%，固定资产10亿元人民币，主要产品脂肪醇22万吨/年，非离子表面活性剂12万吨/年，磺化产品13.8万吨/年，精制甘油2.5万吨/年，皂基5万吨/年，产品广泛应用于日化洗涤及化妆品行业。

华兴集团秉承艰苦创业的精神，一如既往地为实现企业目标而努力，全面推进企业发展的各项事业。我们期望在不久的将来，“华兴”这个属于中华民族的本土品牌，能够全方位的被市场认可，立足中国，走向世界，名扬海内外！

通讯地址：辽宁省灯塔市西马镇新生开发区　邮编：111302
网址：www.huaxingchemicals.com
邮箱：inquiry@huaxingchemicals.com
联系电话：04198322996 8322995　传真：04198320808

研发

产能

质检

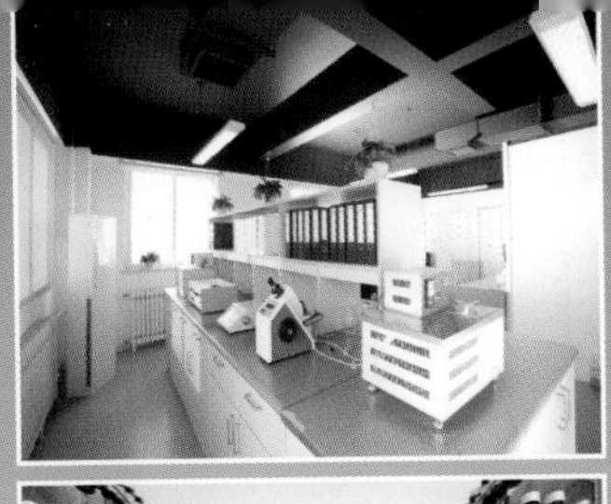

我们为您提供：日化香精　食品香精　烟草香精　芳香精油
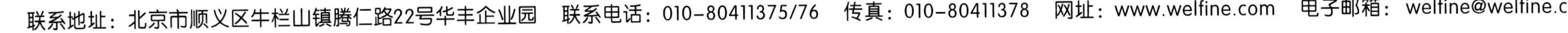
联系地址：北京市顺义区牛栏山镇腾仁路22号华丰企业园　联系电话：010-80411375/76　传真：010-80411378　网址：www.welfine.com　电子邮箱：welfine@welfine.com

DOW
Personal Care
Sincerely Yours
使用时更有效
身体沐浴
肌肤调理

中国轻工业标准汇编

化妆品卷(第二版)

轻工业标准化编辑出版委员会　编

中国轻工业出版社

图书在版编目(CIP)数据

中国轻工业标准汇编．化妆品卷/轻工业标准化编辑出版委员会编．—2版．—北京：中国轻工业出版社，2012.5

ISBN 978-7-5019-8559-3

Ⅰ.①中…　Ⅱ.①轻…　Ⅲ.①轻工业—标准—汇编—中国②化妆品—标准—汇编—中国　Ⅳ.①TS-65

中国版本图书馆CIP数据核字(2011)第257681号

责任编辑：古　倩　　责任终审：劳国强　　封面设计：锋尚设计
版式设计：王超男　　责任校对：燕　杰　　责任监印：吴京一

出版发行：中国轻工业出版社(北京东长安街6号，邮编：100740)
印　　刷：北京画中画印刷有限公司
经　　销：各地新华书店
版　　次：2012年5月第2版第1次印刷
开　　本：880×1230　1/16　　印张：44.75
字　　数：1500千字
书　　号：ISBN 978-7-5019-8559-3　　定价：180.00元
邮购电话：010—65241695　传真：65128352
发行电话：010—85119835　85119793　传真：85113293
网　　址：http://www.chlip.com.cn
Email：club@chlip.com.cn
如发现图书残缺请直接与我社邮购联系调换
090387K6X201ZBW

前　　言

近年来，我国化妆品行业发展非常迅速，效益持续增长，但产品质量和产品安全问题引起了政府高度重视和社会广泛关注，国家要求相关生产企业要加大对产品的成分、有效性、适用性以及安全性的检测力度，建立健全完善的质量管理保障体系，保障化妆品行业的相关设计、生产、设备配置、物料采购等更加标准化、规范化、科学化发展，健全化妆品安全性、功效性及适用性的产业标准，强化标准在化妆品行业中的技术支撑和保障作用。

《中国轻工业标准汇编——化妆品卷》(第二版)解决了针对不断完善的化妆品行业技术标准，相关部门缺少标准和标准收集不全的实际困难；满足了行业各级管理、质量监督、技术设计等单位对质量标准的需求，强化了产品质量意识和规范了生产经营行为，以此来达到保护消费者的健康安全和权益的目的。

《中国轻工业标准汇编——化妆品卷》(第二版)内容包括最新修订的强制性国家标准、国家标准及行业标准。

《中国轻工业标准汇编——化妆品卷》(第二版)的内容包括：截止 2012 年 3 月发布的最新修订的国家标准和行业标准。分基础标准与安全卫生标准、测定方法标准、卫生检验方法标准、产品质量标准、包装储运及其相关标准等五个部分共计 91 项，其中国家标准 48 项，行业标准 43 项。可供行业标准化管理部门、生产企业、质量检验及监督机构、相关科研单位使用。

轻工业标准化编辑出版委员会

2012 年 3 月

目　录

一、基础标准与安全卫生标准

二、测定方法标准

三、卫生检验方法标准

四、产品质量标准

五、包装储运及其相关标准

六、最新标准

一、基础标准与安全卫生标准

ICS 71.100.70
Y 42

中华人民共和国国家标准

GB 5296.3—2008
代替 GB 5296.3—1995

消费品使用说明 化妆品通用标签

Instruction for use of consumer products—General labelling for cosmetics

2008-06-17 发布 2009-10-01 实施

中华人民共和国国家质量监督检验检疫总局
中国国家标准化管理委员会 发布

前　言

GB 5296 的本部分除第 7 章为推荐性条款外，其余为强制性条款。

本部分代替 GB 5296.3—1995《消费品使用说明　化妆品通用标签》。

自本部分实施之日起，生产和进口的并在中华人民共和国境内销售的化妆品应符合本部分要求。

本部分与 GB 5296.3—1995 相比主要变化如下：

——增加了引用国家质量监督检验检疫总局令第 75 号《定量包装商品计量监督管理办法》；

——增加了引用国家质量监督检验检疫总局令第 80 号《中华人民共和国工业产品生产许可证管理条例实施办法》；

——3.1 的化妆品定义中删除了产品对使用部位可以有缓和作用的语句；

——补充了 3.5、3.6、3.7 的术语和定义；

——增加了第 4 章 b）的标签的形式；

——增加了标注化妆品成分的要求；

——增加了 8.2 可以免除标注的条款；

——增加了 9.3 化妆品标签中允许同时使用少数民族文字。

本部分由中国轻工业联合会提出。

本部分由全国香料香精化妆品标准化技术委员会归口。

本部分主要起草人：王寒洲、陈洪蕊、焦晨星、张昱、闫峻、姜宜凡。

本部分所代替标准的历次版本发布情况为：

——GB 5296.3—1987；

——GB 5296.3—1995。

消费品使用说明
化妆品通用标签

1 范围

GB 5296 的本部分规定了化妆品销售包装通用标签的形式、基本原则、标注内容和标注要求。

本部分适用于在中华人民共和国境内销售的化妆品。

2 规范性引用文件

下列文件中的条款通过 GB 5296 的本部分的引用而成为本部分的条款。凡是注日期的引用文件，其随后所有的修改单（不包括勘误的内容）或修订版均不适用于本部分，然而，鼓励根据本部分达成协议的各方研究是否可使用这些文件的最新版本。凡是不注日期的引用文件，其最新版本适用于本部分。

国家质量监督检验检疫总局令第 75 号《定量包装商品计量监督管理办法》

国家质量监督检验检疫总局令第 80 号《中华人民共和国工业产品生产许可证管理条例实施办法》

全国香料香精化妆品标准化技术委员会和卫生部化妆品标准化技术委员会联合编译《化妆品成分国际命名（INCI）中文译名》

3 术语和定义

下列术语和定义适用于 GB 5296 的本部分。

3.1

化妆品 cosmetics

以涂抹、洒、喷或其他类似方式，施于人体表面任何部位（皮肤、毛发、指甲、口唇等），以达到清洁、芳香、改变外观、修正人体气味、保养、保持良好状态目的的产品。

3.2

标签 labelling

粘贴或连接或印在化妆品销售包装上的文字、数字、符号、图案和置于销售包装内的说明书。

3.3

销售包装 sales packaging

以销售为目的，与内装物一起交付给消费者的包装。

3.4

内装物 contents

包装容器内所装的产品。

3.5

展示面 display panels

化妆品在陈列时，除底面外能被消费者看到的任何面。

3.6

可视面 visible panels

化妆品在不破坏销售包装的情况下，消费者能够看到的任何面。

3.7

净含量 net content

去除包装容器和其他包装材料后，内装物的实际质量或体积或长度。

3.8

保质期 shelf life

在化妆品产品标准和标签规定的条件下，保持化妆品品质的期限。在此期限内，化妆品应符合产品标准和标签中所规定的品质。

4 标签的形式

根据化妆品的包装形状和/或体积，可以选择以下标签形式：

a）印或粘贴在化妆品的销售包装上；

b）印在与销售包装外面相连的小册子或纸带或卡片上；

c）印在销售包装内放置的说明书上。

5 基本原则

5.1 化妆品标签所标注的内容应真实。所有文字、数字、符号、图案应正确。

5.2 化妆品标签所标注的内容应符合现行国家法律和法规的要求。

6 必须标注的内容

6.1 化妆品的名称

6.1.1 化妆品的名称应反映化妆品的真实属性，简明易懂。

6.1.2 化妆品的名称应标注在销售包装展示面的显著位置，如果因化妆品销售包装的形状和/或体积的原因，无法标注在销售包装的展示面位置上时，可以标注在其可视面上。

6.1.3 系列产品的序号或色标号允许标注在销售包装的可视面上。

6.2 生产者的名称和地址

6.2.1 应标注经依法登记注册、并承担化妆品质量责任的生产者名称和地址。

6.2.2 委托生产或加工化妆品的生产者名称和地址的标注按国家质量监督检验检疫总局令第80号规定执行。

6.2.3 进口化妆品应标注原产国或地区（指中国香港、澳门、台湾）的名称和在中国依法登记注册的代理商、进口商或经销商的名称和地址。可以不标注生产者的名称和地址。

6.2.4 生产者、代理商、进口商或经销商的名称和地址应标注在销售包装的可视面上。

6.3 净含量

6.3.1 定量包装的化妆品应按国家质量监督检验检疫总局令第75号规定标注净含量。

6.3.2 净含量应标注在化妆品销售包装的展示面上，如果因化妆品销售包装的形状和/或体积的原因，无法标注在销售包装的展示面位置上时，可以标注在其可视面上。

6.4 化妆品成分表①

6.4.1 在化妆品销售包装的可视面上应真实地标注化妆品全部成分的名称。

6.4.2 成分表应以“成分：”的引导语引出。

6.4.3 成分名称的标注顺序

① 自GB 5296的本部分发布之日起两年后生产的化妆品应执行本条款。

6.4.3.1 成分表中成分名称应按加入量的降序列出。如果成分表中同一行标注两种或两种以上的成分名称时，在各个成分名称之间用“、”予以分开。

6.4.3.2 如果成分的加入量小于和等于1%时，可以在加入量大于1%的成分后面按任意顺序排列成分名称。

6.4.3.3 多色号的化妆品在标注着色剂时，应在成分表的结尾插入“可能含有的着色剂:”作为引导语，然后可以按任意顺序排列所有颜色范围的着色剂。

6.4.4 标注的成分名称

6.4.4.1 标注的成分名称应采用《化妆品成分国际命名（INCI）中文译名》中的成分名称。如果该成分为《化妆品成分国际命名（INCI）中文译名》中没有覆盖的名称，可依次采用中华人民共和国药典的名称、化学名称或植物学名称。

6.4.4.2 香精中的香料、辅助成分、载体可以不标注各自的成分名称，而采用“香精”这个词语列在成分表中。

6.4.4.3 着色剂的名称采用着色剂索引号（染料索引号）的英文缩写“CI”加上着色剂索引号，如：“CI 12010”，“CI 15630（3）”等。如果着色剂没有索引号，则可采用着色剂的中文名称。

6.4.5 由于化妆品销售包装的形状和/或体积的原因，无法标注成分表时，可以适当缩小字体，或采用GB 5296本部分第4章b)、c）的形式标注。对净含量不大于15 g或15 mL的产品，按8.1执行。

6.5 **保质期**

6.5.1 保质期应按下列两种方式之一标注：

a）生产日期和保质期；

b）生产批号和限期使用日期。

6.5.2 标注方法

——生产日期的标注：采用“生产日期”或“生产日期见包装”等引导语，日期按4位数年份和2位数月份及2位数日的顺序。如标注：“生产日期20020112”或“生产日期见包装”和包装上“20020112”，表示2002年1月12日生产；

——保质期的标注：“保质期×年”或“保质期××月”；

——生产批号的标注：由生产企业自定；

——限期使用日期的标注：采用“请在标注日期前使用”或“限期使用日期见包装”等引导语，日期按4位数年份和2位数月份和2位数日的顺序。如标注：“20051105”，表示在2005年11月5日前使用。日期也可以按4位数年份和2位数月份的顺序。如标注：“200505”，表示在2005年5月1日前使用。

6.5.3 除生产批号外，限期使用日期或生产日期和保质期应标注在化妆品销售包装的可视面上。

6.6 应标注企业的生产许可证号、卫生许可证号和产品标准号，其中产品标准号可以不标注年代号。没有实行生产许可证和/或卫生许可证的产品不需标注生产许可证号和/或卫生许可证号。生产许可证号、卫生许可证号应标注在化妆品销售包装的可视面上。

6.7 进口非特殊用途化妆品应标注进口化妆品卫生许可备案文号。

6.8 特殊用途化妆品应标注特殊用途化妆品批准文号。

6.9 凡国家有关法律和法规有要求或根据化妆品特点需要时，应在化妆品销售包装的可视面上标注安全警告用语。安全警告用语应以“注意:”或“警告:”等作为引导语。

7 宜标注的内容

7.1 必要时，应标注化妆品的使用指南或使用指南的图示。

7.2 必要时，应标注满足保质期或限期使用日期的储存条件。

8 其他

8.1 对净含量不大于 15 g 或 15 mL 的产品，只需标注 6.1、6.3、6.4、6.5 和 6.2 中生产者的名称的内容，其中 6.4 的内容可以标注在 GB 5296 本部分第 4 章 a)、b)、c) 之外的说明性材料中。

8.2 供消费者免费使用并有相应标识（如赠品、非卖品等）的化妆品，可以免除标注 6.3 和 6.4 及 6.6～6.8 中的内容。

9 基本要求

9.1 化妆品标签的内容应清晰，应保证消费者在购买时醒目、易于辨认和阅读。

9.2 化妆品标签所用的文字除依法注册的商标外，应是规范的汉字。

9.3 本部分规定的标签内容允许同时使用汉语拼音或少数民族文字或外文，但应拼写正确。

中华人民共和国国家标准　UDC 668.58：613.49
GB 7916—1987

化妆品卫生标准

Hygienic standard for cosmetics

1 总则

1.1 为向广大消费者提供符合卫生要求的化妆品，确保化妆品的卫生质量和使用安全，加强化妆品的卫生监督管理，保障人民身体健康，特制定本标准。

1.2 化妆品系指涂、擦、散布于人体表面任何部位（如表皮、毛发、指甲、口唇等）或口腔粘膜，以达到清洁、护肤、美容和修饰目的的产品。

1.3 在国内从事化妆品生产、销售都必须遵守本标准。进口化妆品也必须符合本标准的规定。

1.4 地、市以上（含地、市）卫生防疫部门负责对辖区内的化妆品生产实行卫生监督；县以上（含县）卫生防疫部门负责对所辖区内的化妆品销售实行卫生监督。

1.5 在卫生部下设“化妆品安全性评审组”，负责对全国化妆品安全性的有关重大和疑难问题进行评审。其办事机构负责受理进口化妆品原料及化妆品产品的注册、登记、审查等事宜。

2 化妆品卫生标准

2.1 一般要求

2.1.1 化妆品必须外观良好，不得有异臭。

2.1.2 化妆品不得对皮肤和粘膜产生刺激和损伤作用。

2.1.3 化妆品必须无感染性，使用安全。

2.2 对原料的要求

2.2.1 禁止使用表2中所列物质为化妆品组分。

2.2.2 凡以表3至表6中所列物质为化妆品组分的，必须符合表中所作规定。

2.2.3 凡使用两种以上表3至表6中所列物质为化妆品组分时，必须符合如下规定：具有同类作用的物质，其用量与表中规定限量之比的总和不得大于1。

2.3 对产品的要求

2.3.1 化妆品的微生物学质量应符合下述规定：

2.3.1.1 眼部、口唇、口腔粘膜用化妆品以及婴儿和儿童用化妆品细菌总数不得大于500个/mL或500个/g。

2.3.1.2 其他化妆品细菌总数不得大于1000个/mL或1000个/g。

2.3.1.3 每克或每毫升产品中不得检出粪大肠菌群、绿脓杆菌和金黄色葡萄球菌。

2.3.2 化妆品中所含有毒物质不得超过表1中规定的限量。

2.4 化妆品包装材料必须无毒和清洁。

2.5 化妆品标签上应用中文注明产品名称、生产企业、产地，包装上要注明批号。对含药物化妆品或可能引起不良反应的化妆品尚需注明使用方法和注意事项。

中华人民共和国卫生部 1987-05-28 批准　　1987-10-01 实施

表 1　　化妆品中有毒物质限量

有毒物质	限量/(μg/g)	备注
汞	1	含有机汞防腐剂的眼部化妆品除外（见表 4）
铅（以铅计）	40	含乙酸铅的染发剂除外（见表 6）
砷（以砷计）	10	
甲醇	0.2%	

2.6　对演员化妆品的某些特殊要求另订。

3　化妆品的卫生检验和监督

3.1　对化妆品卫生指标的检验按（GB 7917.1～7917.4—1987）《化妆品卫生化学标准检验方法》和（GB 7918.1～7918.5—1987）《化妆品微生物标准检验方法》进行。

3.2　对化妆品原料和产品的安全性评价按 GB 7919—87《化妆品安全性评价程序和方法》进行。

3.3　化妆品监督部门有权派员到所辖区化妆品生产厂检查生产过程的卫生情况以及抽样检查产品的卫生质量。

3.4　监督人员抽检的样品，必须立即贴上封条，并贴标签注明采样地点、日期、采样人和其他有关事项。

3.5　监督部门应有计划地对化妆品生产和销售的卫生管理和产品的安全卫生问题进行不定期的检查。

表 2　　化妆品组分中禁用物质

序号	中文名称	英文名称
1	〔乙二酰双（亚氨乙烯）〕双〔（o-氯苄基）二乙基铵〕盐类；例如：安贝氯铵（酶斯的明）	〔oxalylbis（iminoethylene）〕bis〔（o - chlorobenzyl）diethylammonium〕salts，e. g. ambenomium chloride*
2	乙硫烟胺	ethionamide*（2 - ethylisonicotinthioamide；α - ethylisonicotinic thioamide；2 - ethyl - 4 - thiocarbamoylpyridine）
3	3-乙基-5′，6′，7′，8′-四氢-5′，6′，8′，8′-四甲基-2′-乙酰萘（乙酰乙基四甲萘满，AETT）	3′- ethyl - 5′，6′，7′，8′- tetrahydro - 5′，6′，8′，8′- tetramethyl -2′- acetonaphthalene（acetyl ethyl tetramethyl tetralin，AETT）
4	乙酰胆碱及其盐类	（2 - acetoxyethyl）trimethylammonium hydroxide（acetylcholine）and its salts
5	二甲己胺及其盐类	octodrine*（1，5 - dimethylhexylamine；2 - amino - 6 - methylheptane）and its salts
6	1，3 二甲戊胺及其盐类	1，3 - dimethylpentylamine and its salts
7	二羟西君及其盐类	dioxethedrin*（1 -（3，4 - dihydroxyphenyl）- 2 - ethylamino - 1 - propanol）and its salts
8	二甲苯胺类及它们的同分异构体、盐类以及卤化的和磺化的衍生物	xylidines，their isomers，salts and halogenated and sulphonated derivatives
9	2，3-二氯-2-甲基丁烷	2，3 - dichloro - 2 - methylbutane
10	二硫化碳	carbon disulphide
11	O，O′-二乙酰基-N-烯丙基-N-去甲基吗啡碱	O，O′- diacetyl - N - allyl - N - normorpnine
12	5-（α，β-二溴苯乙基）-5-甲基乙内酰脲	5 -（α，β - dibromophenethyl）- 5 - methylhydantoin
13	二氯乙烷（氯化乙烯）	dichloroethanes（ethylene chlorides）
14	二氯乙烯（氯化乙炔）	dichloroethylenes（acetylene chlorides）

续表

序 号	中 文 名 称	英 文 名 称
15	二甲胺	dimethylamine
16	二甲双胍及其盐类	metformin* (1, 1 - dimethylbiguanide; N, N - dimethylguanylguanidine) and its salts
17	二硝基苯酚同分异构体	dinitrophenol isomers
18	5，5-二苯基-4-咪唑酮	5, 5 - diphenyl - 4 - imidazol; done
19	二苯沙嗪	difencloxazine* (4 - 〔2 - (p - chloro - α - phenylhenzyloxy) ethyl〕 morpholine)
20	4，4′-二羟基-3，3′-（3-甲基硫代亚丙基）双香豆素	4, 4′ - dihydroxy - 3, 3′ - (3 - methylthiopropylidene) - dicoumarin
21	二甲亚砜	dimethyl sulfoxide*
22	二噁烷	dioxane
23	二氯N-水杨酰苯胺	dichlorosalicylanilides
24	二溴N-水杨酰苯胺	dibromosalicylanilides
25	二甲基甲酰胺	dimethylformamide
26	二氢速甾醇	dihydrotachysterol* (dichystrol)
27	二苯拉林及其盐类	diphenylpyraline* (4 - benzhydryloxy - 1 - methylpiperidine) and its salts
28	二次亚碘酸5，5′-二异丙基-2，2′-二甲基联苯-4，4′-二基酯	5, 5′ - di - isopropyl - 2, 2′ - dimethylbiphenyl - 4, 4′ - diyl dihypoiodite
29	丁卡因（地卡因）及其盐类	tetracaine* (deanol p - butylaminobenzoate) and its salts
30	丁苯那嗪及其盐类	tetrabenazine* (1, 3, 4, 6, 7, llb - hexahydro - 3 - isobutyl - 9, 10 - dimethoxy - 2H - berzo (a) quinolizin - 2 - one) and its salts
31	丁二腈（琥珀腈）	succinonitrile
32	1-丁基-3-（N-巴豆酰对氨基苯磺酰）脲	1 - butyl - 3 - (N - crotonoylsulphanilyl) urea
33	三碘甲腺丙酸及其盐类	thyropropic acid* and its salts (4 - (4 - hydroxy - 3 - iodophenoxy) - 3, 5 - diiodohydrocinnamic acid)
34	三氯乙酸	trichloroacetic acid
35	三甲沙林（天然精油中规定量除外）	trioxysalen* (4, 5, 8 - trimethylpsoralen; trioxsalen) except for normal content in the natural essences used
36	三氟哌丁苯	trifluperidol* (1 - 〔3 - (p - fluorobenzoyl) propyl〕 - 4 - (m - trifluoromethylpheryl) - 4 - piperidinol)
37	三乙蜜胺	tretamine* (2, 4, 6 - tris (1 - aziridinyl) - s - triazine; triethylenemelamine)
38	三氯硝基甲烷（氯化苦）	trichloronitromethane (chloropicrine)
39	2，2，2-三氯化烷-1，1-二醇	2, 2, 2 - trichloroethane - 1, 1 - diol
40	3，4，5-三甲氧苯乙基胺及其盐类	3, 4, 5 - trimethoxyphone thylamine and its salts
41	2，2，2-三溴乙醇	2, 2, 2 - tribromoethancl (tribromoethyl alcohol)

续表

序 号	中 文 名 称	英 文 名 称
42	三硝酸甘油酯（硝酸甘油）	propane－1，2，3－triyl trinitrate
43	三氯氮芥及其盐类	trichlormethine* （tris（2－chloroethyl）amine；2，2′，2″－trichlorotriethylamine）and its salts
44	马钱子和它的草药制剂	strychnos species and their galenical preparations
45	马钱子碱（布鲁生）	brucine
46	α－山道年	α－santonin（（35，5aR，9bS）－3，3a，4，5，5a，9b－hexahydro－3，5a，9－trimethylnaphto（1，2－b）furzn－2，8－dione）
47	士的宁及其盐类	strychnine and its salts
48	己环酸钠	sodium hexacyclonate* （sodium 2－（1－hydroxymethylcyclohexyl）acetate）
49	己丙氨酯	hexapropymate* （1－（2－propynyl）cyclohexanol carbamate）
50	土荆芥（精油）	chenopodium ambrosioides（essential oil）
51	双香豆素	dicoumarol* （3，3′－methylenebis（4－hydroxyconmarin）
52	N，N－双（2－氯乙基）甲胺—N－氧化物及其盐类	N，N－bis（2－chloroethyl）methylamine N－oxide and its salts
53	双硫仑和单硫仑（舒非仑）	disulfiram* （tetraethylthiuram disulfide；bis（diethylthiocarbamyl）disulfide）and monosulfiram* （sulfiram；tetraethylthiuram monosulide）
54	2，5－双（1－氮杂环丙烯基）－3，6－二丙氧基－1，4－苯醌	inproquone* （2，5－bis（1－aziridinyl）－3，6－dipropoxy－1，4－benzoquinone）
55	双（4－羟基－2－氧代－1－苯并吡喃－3－基）乙酸乙酯及酸的盐类	ethyl bis（4－hydroxy－2－oxo－1－benzopyran－3－yl）acetate and salts of the acid
56	巴比妥酸盐类	barbiturates
57	巴豆（巴豆油）	croton tiglium（oil）
58	匹莫林及其盐类	pemoline* （2－amino－5－phenyl－2－oxazolin－4－one）and its salts
59	匹哌氮酯及其盐类	pipazetate* （2－（2－piperid－1－ylethoxy）ethyl ester of 10H pyrido（3，2－b）（1，4）benzothiazine 10－carboxylic acid and its salts
60	乌头碱及其盐类	aconitine（principal alkaloid of aconitum napellus L.）and its salts
61	五氯乙烷	pentachloroethane
62	五氰亚硝酰基高铁酸碱金属盐	alkali pentacyannitrosylferrate（2－）
63	五甲溴铵	pentamethonium bromide* （N，N′－pentamethylenebis（trimethylammonium）bromide）
64	六氯代苯（1，2，3，4，5，6－六氯环己烷）	1，2，3，4，5，6－hexachlorocyclohexane（BHC－ISO）
65	六氯乙烷	hexachloroethane
66	六甲溴铵	hexamethonium bromide* （N，N′－hexamethylenebis（trimethylammcnium）bromide）
67	比他维林	bietamiverine* （2－diethylaminoethyl α－phenyl－1－piperidineacetate）
68	贝托卡因及其盐类	betoxycaine* （2－（2－diethylaminoethoxy）ethyl 3－amino－4－butoxybenzoate）and its salts
69	贝美格（美解眠）及其盐类	bemegride* （3－ethyl－3－methylglutarimide）and its salts
70	贝那替嗪	benactyzine* （2－diethylaminoethyl benzilate）

续表

序号	中文名称	英文名称
71	天仙子碱及其盐类和衍生物	hyoscine，its salts and derivatives
72	天仙子胺及其盐类和衍生物	hyoscyamine，its salts and derivatives
73	天仙子的叶、种子、粉末和草药制剂	eyoscyamus niger L. （leaves，seeds，powder and galenical preparations）
74	无机亚硝酸盐类（亚硝酸钠除外）	inorganic nitrites，with the exception of sodium nitrite listed in annex 3
75	木防己苦毒素（印防己毒素）	picrotoxin
76	匹鲁卡品及其盐类	pilocarpine（5－〔(4－ethyl－2，3，4，5－tetrahydrofuran－5－on－3－yl）methyl〕－1－metnylimidazole）and its salts
77	毛果芸香及其草药制剂	pilocarpus jaborandi holmes and its galenical preparations
78	月桂树籽油	oil from the seeds of laurus nobilis L.
79	2－甲基庚胺及其盐类	2－methylheptylamine and its salts
80	8－甲氧补骨脂素（天然精油中规定量除外）	8－methoxypsoralen（methoxsalen）except for normal content in the natural essences used
81	甲氨嘌呤	methotrexate*（N－［p－〔(2，4－diamino－6－pteridylmethyl）methylamino〕benzoyl］－L－（＋）－glutamic acid）
82	甲苯胺类及其同分异构体、盐类以及卤化和磺化衍生物	toluidines，their isomers，salts and halogenated and sulphonated derivatives
83	甲苯磺丁脲	tolbutamide*（1－butyl－3－（p－toluenesulfonyl）urea；1－butyl－3－tosylurea）
84	甲乙哌酮及其盐类	methyprylon*（3，3－diethyl－5－methyl－2，4－piperidinedione）and its salts
85	甲巯咪唑	thiamazole*（1－methyl－2－imidazolethiol）
86	甲丙氨酯	meprobamate*（2－methyl－2－propyl－1，3－propanediol dicarbamate）
87	4－甲基-间-苯二胺及其盐类	4－methyl－m－phenylenediamine andits salts
88	2－(4－甲氧苄基－N－（2－吡啶基）氨基）乙基二甲胺马来酸盐	2－（4－methoxybenzyl－N－（2－pyridyl）amino）ethyldimethylamine maleate
89	甲胺苯丙酮及其盐类	metamfepramone*（2－dimethylaminopropiophenone）and its salts
90	甘露氮芥及其盐类	mannomustine*（1，6－bis（2－chloroethylamino）－1，6－dideoxy－D－mannitol）and its salts
91	卡溴脲	carbromal*（1－（2－bromo－2－ethylbutyryl）urea）
92	卡普托胺	captodiame*（2－（p－butylmercaptobenzhydrylmercapto）－N，N－dimethylethylamine）
93	卡拉米芬及其盐类	caramiphen*（2－diethylaminoethyl ester of 1－phenylcyclopentanecarboxylic acid）and its salts
94	卡立普多	carisoprodol*（2－carbamyloxymethyl－2－isopropylcarbamyloxymethylpentane）
95	四氯乙烯	tetrachloroethylene
96	四氯化碳	carbon tetrachloride
97	四乙溴铵	tetrylammonium bromide*（tetraethylammonium bromide）

续表

序 号	中 文 名 称	英 文 名 称
98	四氯 N-水杨酰苯胺	tetrachlorosalicylanilides
99	四溴 N-水杨酰苯胺	tetrabromosalicylanilides
100	四磷酸六乙基酯	hexaethyl tetraphosphate
101	布坦卡因（丁苯胺卡因）及其盐类	butanilicaine*（2－butylamino－6′－chloro－o－acetotoluidide）and its salts
102	布托哌啉及其盐类	butopiprine*（2－butoxyethyl α－phenyl－1－piperidineacetate）and its salts
103	右美沙芬及其盐类	dextromethorphan*（（＋）－3－methoxy－N－methylmorphinan）and its salts
104	右丙氧吩	dextropropoxyphene*（α－（＋）－4－dimethylamino－3－methyl－1，2－diphenyl－2－butanol propionate ester)
105	对中枢神经系统起作用的拟交感胺类	sympathomimetic amines acting on the central nervous system
106	对乙氧卡因及其盐类	parethoxycaine*（2－diethylaminoethyl ester of p－ethoxybenzoic acid）and its salts
107	对硫磷（硝苯硫磷酯、拍拉息昂）	O，O′－diethyl O－（4－nitrophenyl）phosphorothioate（parathion－ISO)
108	丙戊酰脲	allylisopropylacetylurea（（2－isopropylpent－4－enoyl）urea；apronalid；apronal)
109	丙二腈	malononitrile
110	丙磺舒	probenecid*（p－（dipropylsulfamoyl）benzoic acid)
111	丙帕硝酯	propatylnitrate*（2－ethyl－2－（hydroxymethyl）－1，3－propanediol trinitrate 1，1，1－trisnitrato methylpropane)
112	加兰他敏	galantamine*（1，2，3，4，6，7，7a，11c－octahydro－9－methoxy－2－methylbenzofuro－（4，3，2－e，f，g）（2）benzazocin－2－ol)
113	加拉碘铵	gallamine triethiodide*（1，2，3－tris（2－diethylaminoethoxy）benzene triethiodide)
114	孕激素	progestogens
115	白藜芦的根及草药制剂	veratrum album L.（roots and galenical preparations)
116	北美黄连碱和北美黄连次碱以及它们的盐类	hydrastine，hydrastinine and their salts
117	北美山梗菜及其草药制剂	lobelia inflata L. and its galenical preparations
118	石榴皮碱（异石榴皮碱）及其盐类	pelletierine（isopelletierine）and its salts
119	司巴丁（鹰爪豆碱、金雀花碱）及其盐类	sparteine and its salts
120	戊胺卡因	amydricaine（benzoate of 1－dimethylamino－2－（dimethylaminomethyl）－2－butanol）and its salts
121	戊四氯醛	petrichloral*（1，1′，1″，1‴－（neopentanetetryltetraoxy）tetrakis（2，2，2－trichloroethanol）)
122	（白）海葱及其药草制剂	urginea scilla stern. and its galenical preparations
123	去甲肾上腺素及其盐类	noradrenaline（norepinephrine）and its salts
124	龙葵及其草药制剂	solanum nigrum L. and its galenical preparations
125	曲帕拉醇	triparanol*（2－（p－chlorophenyl）－1－［p－（2－diethylaminoethoxy）phenyl－1－（p－tolyl）ethanol)

续表

序 号	中 文 名 称	英 文 名 称
126	曲吡那敏	tripelennamine* (N-benzyl-N′, N′-dimethyl-N-(2-pyridyl) ethylenediamine)
127	吗啉及其盐类	morpholine (diethylene imidoxide) and its salts
128	异艾氏剂	(1R, 4S, 5R, 8S)-1, 2, 3, 4, 10, 10-hexachloro-1, 4, 4a, 5, 8, 8a-hexahydro-1, 4:5, 8-dimethanonaphthalene (isodrin-ISO)
129	异丙肾上腺素	isoprenaline* (3, 4-dihydroxy-α-(isopropylaminomethyl) benzyl alcohol)
130	异庚胺及其同分异构体和盐类	tuaminoheptane* (2-aminoheptane; 2-heptylamine), its isomers and salts
131	异卡波肼	isocarboxazid* (1-benzyl-2-(6-methylisoxazol-3-ylcarbonyl) hydrazine)
132	异丙安替比林	propyphenzzone* (4-isopropyl-2, 3-dimethyl-1-phenyl-3-pyrazolin-5-one)
133	戊诺酰胺	valnoctamide* (2-ethyl-3-methylvaleramide)
134	异美丁及其盐类	isometheptene* (6-methyl-2-methylaminohept-5-ene) and its salts
135	异狄氏剂	(1R, 4S, 5R, 8S)-1, 2, 3, 4, 10, 10-hexachloro-6, 7-epoxy-1, 4, 4a, 5, 6, 7, 8, 8a-oc-tahydro-1, 4:5, 8-dimethanonaphthalene (endrin-ISO)
136	吐根(根、粉末及草药制剂)	ipecacuanha (cephaelis ipecacuanha brot. and related species) (roots, powder and galenical preparations)
137	吐根酚碱及其盐类	cophaeline and its salts
138	吐根碱(依米丁、土根素),及其盐类和衍生物	emetine its salts and derivatives
139	那可丁及其盐类	noscapine* ((—)-1-(6, 7-dimethoxy-3-phthalidyl)-8-methoxy-2-methyl-6, 7-methylenedioxy-1, 2, 3, 4-tetrahydroisoquinoline) and its salts
140	合成箭毒类	synthetic curarizants
141	亚硝酸戊酯类	amyl nitrites
142	肉桂酸-3-二乙氨基丙酯	3-diethylaminopropyl cinnamate
143	夹竹桃甙(奥多诺甙)	odoroside
144	多西拉敏及其盐类	doxylamine* (2-[α-(2-dimethylaminoethoxy)-α-methylbenzyl] pyridine; histadoxylamine) and its salts
145	地美戊胺及其盐类	dimevamide* (4-dimethylamino-2, 2-diphenylvaleramide) and its salts
146	地芬诺酯	diphenoxylate* (ethyl ester of 1-(3-cyano-3, 3-diphenylpropyl)-4-phenylisonipecotic acid)
147	地阿诺醋谷酸盐	deanol aceglumate* (dimethylaminoethyl hydrogen N-acetylglutamate)
148	托硼生	tolboxane* (5-methyl-5-propyl-2-p-tolyl-1, 3, 2-dioxaborinane)

续表

序 号	中 文 名 称	英 文 名 称
149	过氧化氢酶	catalase
150	华法林及其盐类	warfarin* and its salts (3-(α-acetonylbenzyl)-4-hydroxycaumarin)
151	西药毒药品（凡是中华人民共和国药政法规定管制的医疗用西药毒药品品种）	toxic pharmaceuticals (toxic pharmaceuticals used for therapeutic purposes controlled by the Drug Administration Law of the People's Republic of China)
152	羊角拗质素及其糖苷配基以及相应的衍生物	strophanthines, their aglucones and their respective derivatives
153	羊角拗及其草药制剂	strophantus and their galenical preparations
154	辛可芬及其盐类，衍生物以及衍生物的盐类	cinchophen* (2-phenylcinchoninic acid) its salts, derivatives and salts of these derivatives
155	辛可卡因及其盐类	cinchocaine* (2-butoxy-N-(2-diethylamincethyl) cinchoninamide) and its salts
156	辛戊胺	octamylamine* (2-isoamylamino-6-methylheptane) and its salts
157	辛肼	octamoxin* (1-(1-methylheptyl)-hydrazine) and its salts
158	阿洛拉胺及其盐类	alloclamide* and its salts (2-allyloxy-4-choro-N-(2-diethylaminoethyl) benzamide)
159	阿扑吗啡及其盐类	apomorphine (R5, 6, 6a, 7-tetrahydro-6-methyl-4H-dibenzo (de, g)-quinoline-10, 11-diol) and its salts
160	阿托品及其盐类和衍生物	atropine, its salts and derivatives
161	阿米替林及其盐类	amitriptyline* (5-(3-dimethylaminopropylidene)-10, 11-dihydro-5H-dibenzo-(a, d) cycloheptene) and its salts
162	阿扎环醇及其盐类	azacyclonol* (α, α-diphenyl-α-piperid-4-ylmethanol) and its salts
163	阿密及其草药制剂	ammi majus and its galenical preparations
164	阿米卡因及其盐类	amylocaine (1-dimethylaminomethyl-1-methylpropyl benzoate) and its salts
165	阿扎溴铵	azamethonium bromide (N, N′-〔(methylimino) diethylene〕 bis (ethyldimethylamonium) bromide
166	麦角二乙胺及其盐类	lysergide* (N, N-diethyllysergamide; lysergic acid diethylamide) and its salts
167	麦角菌及其生物碱和草药制剂	claviceps purpurea Tul., its alkaloids and galenical preparations
168	汞和汞化合物（表4化妆品组分中限用防腐剂中的汞化合物除外）	mercury and its compounds with the exception of those given in annex 4
169	芬那露	chlormezanone* (2-(p-chlorophenyl) tetrahydro-3-methyl-4H-1, 3-thiazine-4-one 1, 1-dioxide)
170	苄氟噻嗪及其衍生物	bendroflumethiazide* (3-benzyl-3, 4-dihydro-6-trifluoromethyl-2H-1, 2, 4-benzothiadiazine-7-sulfonamide 1, 1-dioxide and its derivatives
171	抗菌素类	antibiotics
172	呋喃妥因	nitrofurantoin* (1-(5-nitro-2-furfurylideneamino)-hydantoin)

续表

序号	中文名称	英文名称
173	呋喃唑酮	furazolidone* （3-（5-nitro-2-furfurylideneamino）-2-oxazolidinone）
174	沙立度胺及其盐类	thalidomide* （N-（2，6-dicxopiperid-3-yl）phthalimide）and its salts
175	吩噻嗪	phenothiazine* （dibenzoparathiazine；thiodiphenylamine）
176	邻苯二胺及其盐类	o-phenylenediamine and its salts
177	库美他罗	coumetarol（3，3′-（2-methoxyethylidene）bis（4-hydroxycoumarin））
178	苯胺及其盐类以及卤化、磺化的衍生物类	aniline，its salts and its halogenated and sulphonated derivatives
179	苯	benzene
180	苯并咪唑-2（3H）-酮	benzimidazol-2（3H）-one
181	苯磺酸钴	cobalt benzenesulphonate
182	苯扎托品及其盐类	benzatropine* （tropine benzhydryl ether；3-（diphenylmethoxy）tropane）
183	苯甲吗啡及其衍生物和盐类	phenmetrazine* （3-methyl-2-phenylmorpheline）its derivatives and salts
184	苯乙酰脲	phonacemide* （1-（2-phenylacetyl）urea）
185	苯茚二酮	phenindione* （2-phenylindan-1，3-dione）
186	苯丁酰脲	ethylphenacemide* （1-（2-phenylbutyryl）urea）
187	苯丙香豆醇	phenprocoumon* （4-hydroxy-3-（1-phenylpropyl）coumarin）
188	苯环丙胺及其盐	tranylcypromine* （DL-trans-2-phenylcyclopropylamine）and its salts
189	苯海拉明及其盐类	diphenhydramine* （2-diphenylmethoxy-N，N-dimethylaminc；dimedrol）and its salts
190	4-苯基丁-3-烯-2-酮	4-phenylbut-3-en-2-one
191	苯丙氨酯	phenprobamate* （3-phenylpropyl carbamate）
192	苯扎明（优卡因B）及其盐类	benzamine（eucaine B；benzoate of 2，2，6-trimethyl-4-piperidinol）and its salts
193	苯咯溴铵	benzilonium bromide* （1，1-diethyl-3-hydroxypyrrolidinium bromide benzilate）
194	非那二醇	phenaglycodol* （2-（p-chlorophenyl）-3-methyl-2，3-butanediol）
195	非诺唑酮	fenozolone* （2-ethylamino-5-phenyl-2-cxazolin-4-one）
196	非尼拉朵	fenyramidol* （α-（2-pyridylaminomethyl）benzyl alcohol）
197	育亨宾及其盐类	yohimbine（16α-carbomethoxyyohimban-17α-ol；me ester of yohimbic acid）and its salts
198	4-叔丁基苯酚	4-tert-butylphonol
199	4-叔丁基邻苯二酚	4-tert-butylpyrocatechol
200	金盐类	gold salts
201	放射性物质	radioactive substances

续表

序号	中文名称	英文名称
202	苦味酸（2，4，6-三硝基苯酚）	picric acid（2，4，6－trinitrophenol）
203	钕和钕盐类	neodymium and its salts
204	肼肼的衍生物以及它们的盐类	hydrazine，its derivatives and their salts
205	帕拉米松	paramethasone*（6α－fluoro－16α－methylpregna－1，4－diene－11β，17，21－triol－3，20－dione）
206	依索庚嗪及其盐类	ethoheptazine*（4－carbethoxy－1－methyl－4－phenylhexamethylenimine）and its salts
207	环美酚及其盐类	cyclomenol*（2－cyclohexyl－3，5－xylenol；2－cyclohexyl－3，5－dimethylphenol）and its salts
208	环磷酰胺及其盐类	cyclophosphamide*（2－〔bis（2－chloroethyl）amino〕tetralydro－2H－1，3，2－oxazaphesphorine 2－oxide）and its salts
209	环拉氨酯	cyclarbamate*（1，1－bis（phenylcarbamoyloxymethyl）cyclopentane）
210	环香豆素	cyclocoumarol（3，4－dihydro－2－methoxy－2－methyl－4－phenyl－2H，5H，pyrano（3，2－c）－（1）benzopyran－5－one）
211	肾上腺素	epinephrine*（3，4－dihydroxy－α－methylaminomethylbenzyl alcohol；adrenaline）
212	炔醇类以及它们的酯类、醚类	alkyne alcohols，their esters and ethers
213	咔唑的硝基衍生类	nitroderivatives of earbazole
214	具有雄激素效应的物质	substances with androgenic effect
215	侧金盏花及其制剂	adonis L. and its preparations
216	欧前胡内酯	imperatorin（9－（3－methylbut－2－enyloxy）furo（3，2－g）chromen－7－one）
217	欧乌头属（叶子、根和草药制剂）	aconitum napellus L.（1eaves，rocts and galenical preparations）
218	欧夹竹桃甙	oleandrin
219	季戊四醇四硝酸酯	pentaerithrityl tetranitrate*（pentaerythritol tetranitrate）
220	泊尔定甲硫酸盐	poldine metilsulfate*（2－benzilyloxymethyl－1，1－dimethylpyrrolidinium methosulfate）
221	美加明（3-甲氨基异莰烷）	mecamylamine*（3－methylaminoisobornane）
222	美庚嗪及其盐类	metheptazine*（4－carbomethoxy－1，2－dimethyl－4－phenylhexamethylenimine）and its salts
223	美索庚嗪及其盐类	metethoheptazine*（4－ethoxycarbonyl－1，3－dimethyl－4－phenylhexamethylenimine and its salts
224	美沙吡林及其盐类	methapyrilene*（N，N－dimethyl－N′－（2－pyridyl）－N′－（2－thenyl）ethylenediamine）and its salts
225	美非氯嗪及其盐类	mefeclorazine*（1－（o－chlorophenyl）－4－（3，4－dimethoxyphenethyl）piperazine）and its salts
226	美索巴莫	methocarbamol*（3－（o－methoxyphenoxy）－1，2－propanediol 1－carbamate）
227	美替拉酮	metyrapone*（2－methyl－1，2－dipyrid－3－yl－1－propancne）

续表

序号	中文名称	英文名称
228	美芬辛及其酯类	mephenesin* (o－cresyl glyceryl ether; 3－(o－methylphenoxy)－1, 2－propanediol) and its esters
229	秋水仙碱（秋水仙素）及其盐类和衍生物	colchicine, its salts and derivatives
230	秋水仙糖甙及其衍生物	colchicoside and its derivatives
231	秋水仙及其草药制剂	colchicum autumnale L. and its galenical preparations
232	胆碱盐类及它们的酯类，例如氯化胆碱	choline salts and their esters, e. g. choline chloride* ((2－hydroxyethyl)－trimethylammonium chloride)
233	哌醋甲酯及其盐类	methylphenidate* (methyl α－phenyl－2－piperid－2－ylacetate) and its salts
234	哌苯甲醇及其盐类	pipradrol* (α－piperid－2－ylbenzhydrol) and its salts
235	氟哌啶醇	haloperidol* (4－〔4－(p－chlorophenyl)－4－hydroxypiperidino〕－4′－fluorobutyrophenone)
236	氟阿尼酮	fluanisone* (4′－fluoro－4－[4－(o－methoxyphenyl) piperazin－1－yl] butyrophenone)
237	氟苯乙砜	fluoresone* (ethyl p－fluorophenyl sulfone)
238	氟尿嘧啶	fluorouracil* (5－fluorouracil)
239	癸亚甲基双（三甲铵）盐类。例如：十烃溴铵	decamethylenebis (trimethylammonium) salts, e . g . decamethonium bromide
240	氢氟酸及其正盐，络合物以及氢氟化物（表3化妆品组分中限用物质表中的氟化合物除外）	hydrofluoric acid, its normal salts, its complexes and hydrofluorid with the exception those given in annex 3
241	洛贝林（山梗菜碱）及其盐类	lobeline* (2－(β－hydroxyphenethyl)－1－methyl－6－phenacylpiperidine) and its salts
242	毒芹碱	coniine
243	毒芹	cicuta virosa L .
244	毒参（果实、粉末和草药制剂）	conium maculatum L. (fruit, powder, galenical preparations)
245	毒扁豆碱（依色林）及其盐类	eserine or physostigmine and its salts
246	毒扁豆	physostigma venenosum balf
247	毒性中药（凡是中华人民共和国药政法规定管制的毒性中药品种及其制剂和毒性成分提取物。表3化妆品组分中限用物质表内用于头发用品的斑蝥酊除外）	toxic traditional chinese medicines (toxic traditional chinese medicines controlled by the drug administration law of the People′s Republic of China, with the exception of cantharides tincture listed in annex 3
248	除虫菊及其草药制剂	pyrethrum album L. and its galenical preparations
249	疫苗、毒素或血清	vaccines toxins or serums
250	胍乙啶及其盐类	guanethidine* (1－〔2－(1－azacyclooctyl) ethyl〕 guanidine) and its salts
251	骨化醇和胆骨化醇（维生素 D_2 和维生素 D_3）	ergocalciferol* and cholecalciferol (vitamins D_2 and D_3)
252	钡盐类（除硫酸钡，表3中的硫化钡及表6中着色剂的不溶性钡盐，色淀和颜料外）	barium salts, with the exception of barium sulphate, barium sulphide under the conditions laid down in annex 3, and lakes, salts and pigments prepared from the colouring agents listed with the reference in annex 6
253	洋地黄甙和紫花毛地黄的各种异甙类	digitaline and all heterosides of digitalis purpurea L.
254	保泰松	phenylbutazone* (4－butyl－2, 2－diphenyl－3, 5－pyrazolidinedione)

续表

序号	中文名称	英文名称
255	氨基己酸及其盐类	aminocaproic acid* (6－aminohexanoic acid) and its salts
256	2-氨基-1，2-双（4-甲氧苯基）乙醇及其盐类	2－amino－1，2－bis（4－methoxyphenyl）ethanol and its salts
257	4-氨基水杨酸及其盐类	4－aminosalicylic acid and its salts
258	N-（3-氨甲酰基-3，3-二苯丙基）-N，N-二异丙基甲基铵盐类。例如：碘异丙米特	N－（3－carbamoyl－3，3－diphenylpropyl）－N，N－diisopropylmethylammonium salts，e. g. isopropamide iodide*
259	氨苯喋啶（三氨喋呤）及其盐类	triamterene*（2，4，7－triamino－6－phenylpteridine）and its salts
260	氨磺丁脲	carbutamide*（N[1]－（butylcarbamoyl）sulfanilamide；1－butyl－3－sulfanilylurea）
261	铃兰毒甙	convallatoxin
262	格列环脲	glycyclamide*（1－cyclohexyl－3－（p－toluenesulfonyl）urea）
263	格鲁米特及其盐类	glutethimide*（2－ethyl－2－phenylglutarimide）and its salts
264	泰尔登（氯丙硫蒽）及其盐类	chlorprothixene*（trans isomer of 3－（2－chlorothioxanthen－9－ylidene）－N，N－dimethylpropylamine；taractan）and its salts
265	砷及砷化合物	arsenic and its compounds
266	盐酸柠檬酸柯衣定盐	4－phenylazophenylene－1，3－diamine citrate hydrochloride（chrysoicine citrate hydrochloride）
267	莫诺苯宗	monobenzone*（monobenzyl ether of hydroquinone；p－benzyloxyphenol）
268	莫非保松	mofebutazone*（4－butyl－1－phenyl－3，5－pyrazolidinedione）
269	铅和铅化合物（表6化妆品用着色剂中用于染发剂的醋酸铅除外）	lead and its compounds，with the exception of lead acetate listed in annex 6
270	铍及铍化合物	beryllium and its compounds
271	铊和铊的化合物	thallium and its compounds
272	氧化乙烯	ethylene oxide
273	烟碱（尼古丁）及其盐类	nicotine（3－（1－methyl－2－pyrrolidyl）pyridine）and its salts
274	羟嗪	hydroxyzine*（2－〔2－〔4－（p－chlore－α－phenylbenzyl）－1－piperazinyl〕ethoxy〕ethanol
275	（4-（4-羟基-3-碘苯氧基）-3，5-二碘苯基）乙酸及其盐类	（4－（4－hydroxy－3－iodophenoxy）－3，5－diodophenyl）acetic acid and its salts
276	3-羟基-4-苯基苯甲酸-2-二乙氨乙酯及其盐类	2－diethylaminoethyl 3－hydroxy－4－phenylbenzoate and its salts
277	羟芬利定及其盐类	oxpheneridine*（ethyl ester of 1－（β－hydroxyphenethyl）－4－phenylpiperidine－4－carboxylic acid）and its salts
278	4-羟基-3-甲氧基肉桂醇的苯甲酸酯（天然精油中的规定含量除外）	benzoates of 4－hydroxy－3－methoxycinnamyl alcohol except for normal content in natural essencee used
279	萝芙木生物碱类及其盐类	rauwolfia serpentina alkaloids and their salts
280	烯丙基芥子油（异硫氰酸烯丙酯）	allyl isothiocyanate
281	烯丙吗啡及其盐类和醚类	nalorphine*（N－allylnormorphine；N－allyl－N－desmethylmorphine），its salts and ethers
282	2-（4-烯丙基-2-甲氧苯氧基）-N，N-二乙基乙酰胺及其盐类	2－（4－allyl－2－methoxyphenoxy）－N，N－diethylacetamide and its salts

续表

序号	中文名称	英文名称
283	硒和硒化合物（表3化妆品组分中限用物质表中用于头发制品的二硫化硒除外）	selenium and its compounds, with the exception of selenium disulphide listed in annex 3
284	铬、铬酸及其盐类	chromium; chromic acid and its salts
285	麻黄碱及其盐类	ephedrine and its salts
286	麻醉药类（凡是中华人民共和国药政法规定管制的麻醉药品品种）	narcotics (narcotics controlled by the Drug Administration Law of the People's Republic of China)
287	酚二唑	fenadiazole* (o-(1, 3, 4-oxadiazol-2-yl) phenol)
288	O-烷基二硫代碳酸的盐类	salts of O-alkyldithiocarbonic acids
289	2-萘酚	2-naphthol
290	1-萘胺和2-萘胺及它们的盐类	1-and 2-naphthylamines and their salts
291	3-(1-萘基)-4-羟基香豆素	3-(1-naphthyl)-4-hydroxycoumarin
292	萘甲唑啉及其盐类	naphazoline* (2-(1-naphthylmethyl)-2-imidazoline) and its salts
293	曼陀罗及其草药制剂	datura straponium L. and its galenical preparations
294	黄花夹竹桃甙提取物	thevetia neriifolia juss. glycoside extract
295	黄樟素（黄樟脑）	safrole
296	N-5-氯苯噁唑-2-基乙酰胺	N-5-chlorobenzoxazol-2-ylacetamide
297	氯苯唑胺	zoxazolamine* (2-amino-5-chlorobenzoxazole)
298	氯	chlorine
299	氯磺丙脲	chlorpropamide* (1-(p-chlorophenylsulfonyl)-3-propylurea)
300	氯唑沙宗	chlorzoxazone* (5-chloro-2-benzoxazolinone)
301	2-氯-6-甲基嘧啶-4-基二甲基胺	2-chloro-6-methylpyrimidin-4-yldimethylamine (crimidine-ISO)
302	氯非那胺	clofenamide* (4-chloro-1, 3-benzenedisulfon-amide)
303	氯苯沙明	chlorphenoxamine* (2-〔1-(p-chlorophenyl)-1-phenylethoxy〕-N, N-dimethylethylamine)
304	氯乙烷	chloroethane
305	氯乙烯	vinyl chloride monomer
306	氯噻酮	chlortalidone* (2-chloro-5-(1-hydroxy-3-oxo-1-isoindolinyl) benzenesulfonamide)
307	氯鼠酮	2-(2-(4-chlorophenyl)-2-phenylacetyl) indan-1, 3-dione (chlorophacinone-ISO)
308	斑蝥（表3化妆品组分中限用物质表所列仅用于头发用品的斑蝥酊除外）	cantharides, cantharis vesicatoria, mylabris, mylabris phalerata pallas and mylabris cichorii linnaeus, with the exception of cantharides tincture listed in annex 3
309	斑蝥素（表3化妆品组分中限用物质表所列仅用于头发用品的斑蝥酊中所含斑蝥素除外）	(1R, 2S)-hexahydro-1, 2-dimethyl-3, 6-epoxyphthalic anhydride (cantharidin), with the exception of cantharides tincture listed in annex 3
310	替法唑啉及其盐类	tefazoline* (2-(5, 6, 7, 8-tetrahydronaphth-1-ylmethyl)-2-imidazoline) and its salts
311	奥沙那胺及其衍生物	oxanamide* (2, 3-epoxy-2-ethylhexanamide) and its derivatives
312	联苯胺（4，4′-二氨基联苯）	benzidine (4, 4′-diaminobiphenyl)

续表

序 号	中 文 名 称	英 文 名 称
313	锑及锑化合物	antimony and its compounds
314	普鲁卡因胺及其盐类和衍生物	procainamide* (p-amino N-(2-diethylaminoethyl) benzamide) its salts and derivatives
315	氮芥及其盐类	chlormethine* (2, 2′-dichloro-N-methyldiethylamine; bis (2-chloroethyl) methylamine) and its salts
316	氰化氢及其盐类	hydrogen cyanide and its salts
317	硝基苯	nitrobenzene
318	硝酸异山梨酯	isosorbide dinitrate* (1, 4:3, 6-dianhydrosorbitol 2, 5-dinitrate)
319	硝羟喹啉	nitroxoline* (5-nitro-8-quinolinol) and its salts
320	硝基均二苯代乙烯(硝基1,2二苯乙烯)类,它们的同系物和衍生物	nitrostilbenes, their homologues and their derivatives
321	硝基甲酚类及其碱金属盐	nitrocresols and their alkali metal salts
322	硫氧唑酮	sulfinpyrazone* (1, 2-diphenyl-4-(2-phenylsulfinylethyl)-3, 5-pyrazolidinedione)
323	硫脲	thiourea
324	焦磷酸四乙酯	tetraethyl pyrophosphate; TEPP (ISO)
325	硫氯酚	bithionol* (2, 2′-thiobis (4, 6-dichlorophenol))
326	舒噻喹	sultiame* (sulthiane; (2-(p-sulfamoylphenyl) tetrahydro-1, 2-thiazine 1, 1-dioxide))
327	蒽油	anthracene oil
328	溴(元素状态)	bromine, elemental
329	溴苄铵托西酸盐	bretylium tosilate* ((o-bromobenzyl) ethyldimethylammonium p-toluenesulfonate)
330	溴苯那敏及其盐类	brompheniramine* (3-(p-bromophenyl)-N, N-dimethyl-3-pyrid-2-ylpropylamine) and its salts
331	溴米索伐	bromisoval* (1-(2-bromo-3-methylbutyryl) urea)
332	塞兰姆	thiram (tetramethylthiuram disulfide; bis-(dimethylthiocarbamoyl) disulfide; TMTD: TMTDS)
333	酰肼类及其盐类	hydrazides and their salts
334	碘	iodine
335	愈创甘油醚	guaifenesin* (3-(o-methoxyphenoxy)-1, 2-propanediol; glyceryl guaiacolate)
336	新斯的明及其盐类。例如溴化新斯的明	neostigmine and its salts (e. g. neostigmine bromide*)
337	新疆园柏的叶子,精油及其草药制剂	juniperus sabina L. (leaves, esential oil and galenical preparations)
338	滴滴涕	clofenotane* DDT (ISO)
339	赛洛西宾	psilocybine* (3-(2-dimethylaminoethyl) indol-4-yl dihydrogen phosphate)
340	赛克利嗪及其盐类	cyclizine* (1-benzhydryl-4-methylpiperazine) and its salts
341	赛洛唑啉及其盐类	xylometazoline* (2-(4-tert-butyl-2, 6-dimethylbenzyl)-2-imidazoline) and its salts

续表

序号	中文名称	英文名称
342	聚乙醛（介乙醚）	metaldehyde
343	槟榔碱	arecoline（methyl 1，2，5，6 - tetrahydro - 1 - methylnicotinate）
344	雌激素类	oestrogens
345	碲及碲化合物	tellurium and its compounds
346	精神药物（凡是中华人民共和国药政法所规定管制的精神药物品种）	psychotropic drugs（psychotropic drugs controlled by the Drug Administration Law of the People's Republic of China）
347	镉和镉的化合物	cadmium and its compounds
348	箭毒和箭毒碱	curare and curarine
349	醋硝香豆醇	acenccoumarol*（3 -〔2 - acetyl - 1 -（p - nitrophenyl）ethyl〕- 4 - hydroxycoumarin）
350	磺胺类药物（磺胺和其氨基的一个或多个氢原子被取代的衍生物）及其盐类	sulphonamides（sulphanilamide and its derivatives obtained by substitution of one or more H - atoms of the NH_2 groups）and their salts
351	颠茄及其制剂	atropa belladonna L. and its preparations
352	糖皮质激素类	glucocorticoids
353	噻替派	thiotepa*（tris（1 - aziridinyl）phosphine sulfide）
354	螺内酯（安体舒通）	spironolactone*（17 - hydroxy - 7 - mercapto - 3 - oxo - 17α - pregn - 4 -eno - 21 - carboxylic acid r - tactone 7 - acetate）
355	糠基三甲基铵盐类，例如：呋索碘铵	furfuryltrimethylammonium salts，e. g. furtrethonium iodide*
356	藜芦碱及其盐类	veratrine，and its salts
357	磷酸三甲酚酯	tritolyl phosphate
358	磷及金属磷化物	phosphorus and metal phosphides
359	磷酸二乙基- 4 -硝基苯基酯	diethyl 4 - nitrophenyl phosphate

表 3　**化妆品组分中限用物质**

序号	物质名称	英文名称	化妆品中最大允许浓度/%	允许使用范围及限制条件	标签上必要说明
1	二氯甲烷	dichloromethane	35（当与 1，1，1 -三氯乙烷混合，总浓度不超过 35%）	最大杂质含量为 0.2%	
2	二氨基酚	diaminophenols	10（以游离基计）	用于染发的氧化着色剂 1. 一般使用 2. 专业使用	1. 含有"二氨基酚"；不可染睫毛或眉毛；会引起过敏反应，使用前应作适当的过敏试验 2. 含有"二氨基酚"；会引起过敏反应，使用前应作适当的过敏试验
3	双氯酚	dichlorophen（INN）（2，2′ - methylenebis（4 - chlorophenol）	0.5	可作防腐剂使用	含有"双氯酚"

续表

序号	物质名称	英文名称	化妆品中最大允许浓度/%	允许使用范围及限制条件	标签上必要说明
4	二硫化硒	selenium disulphide	0.5	用作香波中的去头屑剂	含有“二硫化硒”使用后冲洗掉，避免与眼睛接触
5	二羟基丙酮	dihydroxyacetone	5	用于除口腔用品外的产品中	
6	二氟化3-(N-十六烷基-N-2-羟乙基胺)丙基双(2-羟乙基)铵	3-(N-hexadecyl-N-2-hydroxyethylammonio) propylbis (2-hydroxyethyl) ammonium difluoride	0.15 (F) 当与其他氟化物混合时，本附件允许的总氟浓度不超过0.15%	用于口腔卫生用品	含有“二氟化3-(N-十六烷基-N-2-羟乙基胺)丙基双(2-羟乙基)铵”
7	二氢氟酸 NN′, N′-三(聚氧乙烯)-N-十六烷基丙邻二胺	NN′, N′-tris (poly-oxyethylene)-N-hexadecylpropylenediamine dihydrofluoride	0.15 (F) 当与其他氟化物混合时，本附件允许的总氟浓度不超过0.15%	用于口腔卫生用品	含有“二氢氟酸 NN′N′-三(聚氧乙烯)-N-十六烷基丙邻二胺”
8	三溴沙伦 (3, 4′, 5-三溴水杨酰替苯胺)	tribromsalan (3, 4′, 5-tribromosalicylanilide)	1	用于肥皂类产品，纯度标准：3, 4, 5-三溴化水杨酰苯胺最低含量98.5%，其他溴化水杨酰苯胺最高含量1.5%，4, 5-二溴化水杨酰苯胺最高含量0.1%，无机溴化物(以NaBr计)最高含量0.1%	含有“三溴水杨酰替苯胺”
9	丁基羟基苯甲醚 (BHA)	butylated hydroxyanisole	0.15		
10	丁基羟基甲苯 (BHT)	butylated hydroxytoluene	0.15		
11	1, 1, 1-三氯乙烷(甲基氯仿)	1, 1, 1-trichloroethane (methylchloroform)	35 (与二氯乙烷混合时总浓度不超过35%)	用作气溶胶分散剂	不可在任何明火和白炽物上喷洒
12	水溶性锌盐(对-羟基苯磺酸锌和吡啶硫酮锌除外)	water-soluble zinc salts with the exception of zinc 4-hydroxy benzenesulphonate and zinc pyrithione	1 (以Zn计)		
13	1, 3-双(羟甲基)咪唑亚基-2-硫铜	1, 3-bis (hydroxymethyl) imidazolidene-2-thione	2	气溶胶喷洒产品禁用，用于护发制品中	

续表

序号	物质名称	英文名称	化妆品中最大允许浓度/%	允许使用范围及限制条件	标签上必要说明
14	甲基苯二胺和它的N位取代衍生物及其盐类（不包括：对-甲基-间-苯二胺及其盐类）	methylphenylenediamines, their N-substituted derivatives and their salts with the exception of 4-methyl-mphenylenediamine and its salts	10（以游离基计）	染发用的氧化着色剂 1. 一般使用 2. 专业使用	1. 含有“苯二胺”，不可以染睫毛和眉毛，会引起过敏反应，用前应作适当的过敏试验 2. 含有“苯二胺”；会引起过敏反应，用前应作过敏试验
15	氯胺T	tosylchoramide sodium(*)（sodium derivatives of N-chlorop-toluenesulfonamide trihydrate）	0.2		
16	6-甲基香豆素	6-methylcoumarin	0.003	用于口腔产品	
17	甲醇	methanol	0.2		
18	过氧化氢	hydrogen peroxide	12（以过氧化氢计）（40volume）	用于美发产品	含有“过氧化氢”，避免与眼部接触，如果接触进入眼内应即冲洗
19	亚硝酸钠	sodium nitrite	0.2	用作抑制剂，不能与形成亚硝酸胺的仲胺和叔胺物质合用	
20	间，对-苯二胺类和它们N-取代衍生物及其盐；邻苯二胺类的N位取代衍生物	m and p-phenylenediamines, their N-substituted derivatives and their salts; N-substituted derivatives of o-phenylenediamines	6（以游离基计）	用于染发着色剂 1. 一般使用 2. 专业使用	1. 含有“苯二胺”，不可染睫毛和眉毛，用前作过敏试验 2. 含有“苯二胺”，用前作过敏试验
21	没食子酸丙酯	propyl gallate	0.10		
22	间苯二酚	resorcinol	5	染发用的氧化着色剂 1. 一般使用 2. 专业使用	1. 含有“间苯二酚”，使用后把头发洗净；不能染睫毛和眉毛；与眼睛接触后立即冲洗 2. 仅用于专业染发；含有“间苯二酚”，与眼睛接触后立即冲洗
			0.5	用于发露和香波中	含有“间苯二酚”
23	1，2，3-苯三酚（焦棓酚）	pyrogallol	5	染发用的氧化着色剂 1. 一般使用 2. 专业使用	1. 含有“1，2，3-苯三酚”，不能染睫毛和眉毛；与眼睛接触后立即冲洗 2. 仅用于专业染发；含有“1，2，3-苯三酚”，与眼睛接触后立即冲洗

续表

序号	物质名称	英文名称	化妆品中最大允许浓度/%	允许使用范围及限制条件	标签上必要说明
24	苯甲醇	benzyl alcohol		用作溶剂，香料	
25	单氟磷酸铵	ammonium monofluorophosphate	0.15（F）当与其他氟化物混合时，本附件允许总氟浓度不超过0.15%	用于口腔卫生产品	含有“单氟磷酸铵”
26	单氟磷酸钠	sodium monofluorophosphate	同25	同25	含有“单氟磷酸钠”
27	单氟磷酸钾	potassium monofluorophosphate	同25	同25	含有“单氟磷酸钾”
28	单氟磷酸钙	calcium monofluorophosphate	同25	同25	含有“单氟磷酸钙”
29	氟化钙	calcium fluoride	同25	同25	含有“氟化钙”
30	氟化钠	sodium fluoride	同25	同25	含有“氟化钠”
31	氟化钾	potassium fluoride	同25	同25	含有“氟化钾”
32	氟化铵	ammonium fluoride	同25	同25	含有“氟化铵”
33	氟化铝	aluminium fluoride	同25	同25	含有“氟化铝”
34	氟化亚锡	stannous fluoride	同25	同25	含有“氟化亚锡”
35	氟化十六烷基铵	hexadecyl ammonium fluoride	同25	同25	含有“氟化十六烷基铵”
36	氟化十八烯基铵	octadecenyl-ammonium fluoride	同25	同25	含有“氟化十八烯基铵”
37	氟硅酸钠	sodium fluorosilicate	同25	同25	含有“氟硅酸钠”
38	氟硅酸钾	potassium fluorosilicate	同25	同25	含有“氟硅酸钾”
39	氟硅酸铵	ammonium fluorosilicate	同25	同25	含有“氟硅酸铵”
40	氟硅酸镁	magnesium fluorosilicate	同25	同25	含有“氟硅酸镁”
41	草酸及其酯类和碱性盐类	oxalic acid，its esters and alkaline salts	5	用于护发用品	仅用于专业
42	氢醌（对苯二酚）	hydroquinone	2	染发用的氧化着色剂 1. 一般使用 2. 专业使用	1. 含有“氢醌”；不能染睫毛和眉毛，如与眼睛接触应立即冲洗 2. 仅用于专业使用；与眼睛接触后立即冲洗
43	氢氧化钾（或钠）	potassium or sodium hydroxide	2	用于一般直发剂	含有“碱”，能引起失明，避免与眼睛接触；放在孩子拿不到的地方
			4.5	用于专业直发剂	仅在专业上使用，能引起失明，避免与眼睛接触
			5	指甲（护）膜溶除剂	含有“碱”，能引起失明，避免与眼睛接触
			pH<12.7	脱毛剂的 pH 调节剂	避免与眼睛接触，放到孩子拿不到的地方
			pH<11	一般 pH 调节剂	

续表

序号	物质名称	英文名称	化妆品中最大允许浓度/%	允许使用范围及限制条件	标签上必要说明
44	奎宁及其盐类	quinine and its salts	0.2（奎宁计）	用于发露	
			0.5（奎宁计）	用于香波	
45	氨水	ammonia	6（氨计）		含量大于2%时，注明含有“氨”
46	α-萘酚	α-naphthol	0.5	用于染发着色剂	含有“α-萘酚”
47	酚及其碱性盐类	phenol and its alkali salts	1（酚计）	用于香波产品	含有“酚”
48	4-羟基苯磺酸锌	zinc 4-hydroxyben-zene sulphonate	6（以无水物计）	用于除臭剂、抑制剂收敛性洗液	避免与眼睛接触
49	8-羟基喹啉和双（8-羟基喹啉镓）的硫酸盐	quinolin-8-ol and bis-(8-hydroxyquinolin-ium) sulphate	0.3	用于氧化物的稳定剂。日光浴后使用的化妆品和三岁以下儿童使用的爽身粉中禁用	三岁以下儿童禁用
50	巯基乙酸及盐类、酯类	thioglycollic acid, its salts and esters	2（巯基乙酸计）	用于用后冲洗掉的护发产品	含有“巯基乙酸盐（酯）”，按说明使用
			5（pH12.7时）	用于脱毛剂	
			8（pH9时）	用于一般的直发和卷发产品	
			11（pH11时）	用于专业使用的直发和卷发产品	仅用于专业产品，按说明使用
51	硝酸银	silver nitrate	4	唯一用于染睫、眉毛的产品	含有“硝酸银”，进入眼内立即冲洗
52	硝基甲烷	nitromethane	0.3	用于铁锈抑制剂	
53	斑蝥酊	cantharides tincture	1	用于生发用品	含有“斑蝥酊”，不得进入眼内
54	硼酸	boric acid	0.5	用于口腔用品	三岁以下儿童禁用
			3	用于其他产品	
			5	爽身粉中使用，但三岁以下儿童用品除外	
55	碱金属的氯酸盐类	chlorates of alkali metals	3	用于其他产品	
			5	用于牙膏产品	
56	碱金属的硫化物类	alkali sulphides	2（以硫计）pH：12.7	用于脱毛剂	避免与眼睛接触；放在儿童拿不到的地方
57	碱土金属的硫化物类	alkaline earth sulphides	6（以硫计）pH：12.7	用于脱毛剂	同56

表 4　　化妆品组分中限用防腐剂

序号	物质名称	英文名称	化妆品中最大允许浓度/%	限用范围和必要条件	标签上必要说明
1	硫柳汞（乙基汞硫代水杨酸钠）	thiomersal（INN）（sodium ethyl-mercurithio－salicylate）	0.007（汞计）	仅用于眼部化妆品和眼部卸妆品	含有“乙基汞硫代水杨酸钠”
2	十一－10－碳烯酸：盐类，酯类，酰胺，单和双（2－羟乙基）酰胺和它们的磺基丁二酸盐类	undec－10－enoic acids: salts, esters, the amide, the mono－and bis－（2－hydroxethyl）amides and their sulphosuccinates	0.2（酸）		
3	1－十二烷基胍乙酸盐	1－dodecylguanidinium acetate	0.5	用于使用后清洗掉产品	
			0.1	用于其他化妆品	
4	6，6－二溴－4，4－二氯－2，2′－亚甲基－二苯酚（溴氯双酚）	6，6－dibrome－4，4－dichloro－2，2′－methylene－diphenol（bromochlorophen）	0.1		
5	3，4－二氯苄醇	3，4－dichlorobenzyl alcohol	0.15		
6	2，4－二氯苄醇	2，4－dichlorobenzyl alcohol	0.15		
7	双氯酚	dichlorophen（INN）（2，2′－methylenebis（4－chlorophenol））	0.2		含有“双氯酚”
8	2，4－二氯－3，5－二甲苯酚	2，4－dichloro－3，5－xylenol	0.1		
9	6－乙酰氧基－2，4－二甲基－m－二噁烷（二甲克生）	6－acetoxy－2，4－dimethyl－m－dio－xane（dimethoxane）	0.2		
10	3，3′－二溴－4，4′－六亚甲基－二氧代二苄脒（二溴六脒）和其盐类（包括羟基乙磺酸盐）	3，3′－dibromo－4，4′－hexamethylene dioxy－dibenzamidine（dibromohe－xamidine）and its salts（including isethionate）	0.1		
11	二溴丙脒及其盐类（包括羟乙磺酸盐）	dibromopropamidine（INN）（4，4′－（trimethylenodioxy）bis（3－bromobenzamide））and its salts（including isethionate）	0.1		
12	2，6－二乙酰基－1，2，3，9b－四氢－7，9－二羟－8，9b－二甲基二苯并呋喃－1，3－二酮（地衣酸）和其盐类（包括铜盐）	2，6－diacetyl－1，2，3，9b－tetrahytydro－7，9－dihydroxy－8，9b－dime－thyldibenzolfuran－1，3－dione（usnic acid）and its salts（including the copper salt）	0.2		

续表

序号	物质名称	英文名称	化妆品中最大允许浓度/%	限用范围和必要条件	标签上必要说明
13	2，2′-二硫代双（1-氧代吡啶）与三水合硫酸镁加成物	2，2′- dithiobis（pyridine 1 - oxide），addition product with magnesium sulphate trihydrate	0.5		
14	1，2-二溴-2，4-二氰丁烷	1，2 - dibrono - 2，4 - dicyanobutane	0.1	不可用于防晒化妆品中	
15	4，4′-二甲基-1，3-噁唑烷	4，4′- dimethyl - 1，3 - oxazolidine	0.1	仅用于用后清洗掉产品中，成品的 pH 不得低于 6	
16	山梨酸（六-2，4-二烯酸）及其盐类	sorbic acid（hexa - 2，4 - dienoic acid）and its salts	0.6（酸计），如以山梨酸酯类混合，其最大浓度仍为 0.6（酸）		
17	山梨酸酯类	esters of sorbic acid（hexa - 2，4 -dienoic acid）	同 16		
18	三氯卡班（3，4，4′-三氯均二苯脲）	triclocarban（INN）（3，4，4′- trichloroc - arbanilide）	0.2		
19	N-（三氯甲基硫代）环己-4-烯-1，2-二羧基酰亚胺	N -（trichloromethyl - thio）cyclohex - 4 - ene - 1，2 - dicarboximide	0.5		
20	卤卡班（4，4′-二氯-3-（三氟甲基）均二苯脲	halocarban（INN）（4，4′- dichloro - 3 -（trifluoromethyl）carbanilide	0.3		
21	三氯生（2，4，4′-三氯-2′-羟基二苯基醚）	triclosan（INN）（2，4，4′- trichloro - 2′- hydroxydiphenyl ether）	0.3		
22	水杨酸及其盐类	salicylic acid and its salts	0.5（酸）	除香波外，三岁以下儿童用品禁用	三岁以下儿童禁用
23	无机亚硫酸盐类和硫酸氢盐	inorganic sulphites and hydrogen-sulphltes	0.2（SO_2 计）		
24	六氯酚	hexachlorphen（INN）（2，2′- methylene bis -（3，4，6 - trichloro - phenol）	0.1	禁止在三岁以下儿童用品和个人卫生用品中使用	含有“六氯酚”，三岁以下儿童禁用
25	己脒定及其盐类（包括羟乙磺酸盐和4-羟基苯甲酸盐）	hexamidine（INN）（4，4′- hexamethy - lenedioxydibenzamidine）and its salts（including isethionate（INN）and 4 - hydroxybenzoate）	0.1		
26	海克替啶	hexetidine（INN）（5 - amino - 1，3 - bis（2 - ethylhexyl）hexahydro - 5 - methylpyrimidime）	0.2		

续表

序号	物质名称	英文名称	化妆品中最大允许浓度/%	限用范围和必要条件	标签上必要说明
27	3，3′-双（1-羟甲基-2，5-二氧代咪唑-4-基）1，1′-亚甲基双脲（咪唑烷基脲）	3，3，- bis（1 - hydroxymethyl - 2，5 - dioxoimidazolidin - 4 - yl）- 1，1′methyl - enediurea（imid - azolidinyl urea）	0.6		
28	1，3-双（羟甲基）-5，5-二甲基咪唑啉-2，4-二酮	1，3 - bis（hydroxym - ethyl）- 5，5 - dimethylim - idazolidine - 2，4 - dione	0.2（甲醛），游离值或理论有效值		当浓度大于0.05%时，注明含有"甲醛"
29	丙酸及其盐类	proprionic acid and its salts	2（酸计）		
30	甲酸	formic acid	0.5（酸）		
31	四溴-邻-甲苯酚	tetrahromo - o - oresol	0.3		
32	4-异丙基-m-甲苯酚	4 - isopropyl - m - cresol	0.1		
33	吡啶硫酮锌	pyrithione zinc（INN）（bis（1 - hydroxy - 2 -（1H）- pyridinethi- onato）zinc	1.5	仅限于去头屑洗发产品中使用	
34	吡啶硫酮钠	pyrithione sodium（INN）（pyri- dine - 2 - thione 1 - oxide sodium derivative）	0.5		
35	吡啶硫酮铝樟磺酸盐	pyrithione aluminium camsilate	0.2		
36	苯甲酸及其盐类、酯类	benzoic acid，its salts and esters	0.5（酸计）		
37	2-苯氧基乙醇	2 - phenoxyethanol	1		
38	1-苯氧丙烷-2-醇	1 - phenoxypropan - 2 - ol	1		
39	苯基汞化卤（包括硼酸盐）	phenylmercuric salts（including borate）	0.007（汞）	仅用于眼部化妆品和卸妆品	含有"苯基汞化合物"
40	苄醇	benzyl alcohol	1		
41	苄索氯铵	benzethonium chloride（INN）（benzyldim - ethyl -（2（2 -（- 1，1，1，3 - tetramethylbutylph - enoxy）ethoxy）- ethyl）ammo- nium chloride）	0.1		
42	苄氯酚（2-苄基-4-氯苯酚）	clorofene（INN）（2 - benyl - 4 - chlorophenol）	0.2		
43	碘化3-庚基-2-（3-庚基-4-甲基-4-噻唑啉-2-亚基甲基）-4-甲基噻唑啉镓	3 - heptyl - 2 -（3 - heptyl - 4 - methyl - 4 - thiozolin - 2 - ylidene - methyl）- 4 - methyl - thiazolini- um iodide	0.002	用于乳剂、香波和化妆水	

续表

序号	物质名称	英文名称	化妆品中最大允许浓度/%	限用范围和必要条件	标签上必要说明
44	洗必泰、葡萄糖酸洗必泰、醋酸洗必泰和盐酸洗必泰	chlorhexidine and its digluconate, diacetate and dihydrochloride	0.3		
45	1-氧代-2-羟基-吡啶	pyridin-2-ol 1-oxide	0.2	仅用于冲洗掉的产品中	
46	4-羟基苯甲酸及其盐类、酯类（苄基酯除外）	4-hydroxybenzoic acid and its salts and esters except benzyl ester	单一酯：0.4（酸） 混合酯：0.8（酸）		
47	4-羟基苯甲酸苄酯	4-hydroxybenzoic acid benzyl ester	0.1（酸）		
48	8-羟基喹啉及其盐类	quinolin-8-ol and its salts	0.3	日光浴后使用的化妆品中禁用，三岁以下儿童用的爽身粉禁用	三岁以下儿童禁用
49	1-羟甲基-5，5-二甲基-乙内酰脲	1-hydroxymethyl-5，5-dimethyl-hydantoin	0.2（甲醛）游离值或理论有效值	仅在使用后清洗掉产品中使用	当浓度大于0.05%时，注明含“甲醛”
50	1-羟基-4-甲基-6-（2，4，4-三甲基戊基）-2-吡啶酮及其单乙醇胺盐	1-hydroxy-4-methyl-6-（2，4，4-trime thy lpentyl）-2-pyridon and its monoethanolamine salt	0.1	仅用在使用后清洗掉产品中	
			0.5	用于其他产品中	
51	溴化烷基（C_{12}～C_{22}）三甲基铵氯化物（包括西曲溴铵）	alkyl（C_{12}～C_{22}）trimethylammonium bromide and chloride（including cetrimonium bromide）（INN）	0.1		
52	邻-苯基苯酚及其盐类	biphenyl-2-ol（o-phenylphenol）and its salts	0.2（苯酚）		
53	碘酸钠	sodium iodate	0.1	仅用于用后清洗掉的产品中	
54	氯丁醇	chlorobutanol（INN）	0.5	除作泡沫剂外，禁止在气溶胶产品中使用	含有“氯丁醇”
55	4-氯-2-甲苯酚	4-chloro-2-cresol	0.2		
56	4-氯-3，5-二甲苯酚	4-chloro-3，5-xylenol	0.5		
57	2-氯-N-（羟甲基）乙酰胺	2-chloro-N-（hydroxymethyl）acetamide	0.3（氯乙酰胺计）	仅用在用后清洗掉的产品	
58	2-氯乙酰胺	2-chloroacetamide	0.3		含有“氯乙酰胺”
59	5-氯-2-甲基-异噻唑-3（2H）-酮和2-甲基噻唑-3（2H）-酮与氯化镁及硝酸镁的混合物	mixture of 5-chloro-2-methylisothiasol-3（2H）-one and 2-methylisothiazol-3（2H）-one with magnesium chloride and magnesium nitrate	0.005		

续表

序号	物质名称	英文名称	化妆品中最大允许浓度/%	限用范围和必要条件	标签上必要说明
60	1-(4-氯苯氧基)-1-(咪唑-1-基)3,3-二甲丁烷-2-酮	1-(4-chlorophenoxy)-1-(imidazol-1-yl)3,3-dimethylbutan-2-one	0.5		
61	硼酸	boric acid	0.5	仅用于口腔用品中	
			3	用于其他产品	
62	3-2酰基-6-甲基-2H-吡喃-2,4(3H)-二酮(脱氢乙酸)及其盐类	3-acetyl-6-methyl-2H-pyran-2,4(3H)-dione (dehydroacetic acid) and its salts	0.6(酸)		
63	溴硝丙醇(2-溴-2-硝基-1,3-丙二醇)	bronopol (INN) (2-bromo-2-nitro-1,3-propanediol)	0.1		
64	5-溴-5-硝基-3,3-二噁烷	5-bromo-5-nitro-1,3-dioxane	0.1	仅用于用后清洗掉产品中	
65	盐酸聚六亚甲基双胍	polyhexamethylene biguanide hydrochloride	0.3		
66	乌洛托品(六亚甲基四胺)	methenemine (INN) (hexamethylenetetramine)	0.2(甲醛)游离值或理论有效值		当浓度大于0.65%,注明含有“甲醛”

注:①本表所列防腐剂均为一种起抑制化妆品中微生物生长的物质。

②化妆品产品中其他可具有抗微生物的物质不包括在本表中。

③本表中“盐类”指阳离子钠、钾、钙、镁、铵、醇胺类和阴离子氯化物、溴化物、硫酸、乙酸的盐类。

④本表中“酯类”指甲基、乙基、丙基、异丙基、丁基、异丁基、苯基的酯类。

⑤本表中最大允许浓度一项中,数值下角标志系指以此种物质计算。

⑥INN:International Non-proprietory Names。

表5　　化妆品组分中限用紫外线吸收剂

序号	物质名称	英文名称	化妆品中最大允许浓度/%	限用范围和必要条件	标签上必要说明
1	对-双(羟丙基)氨基苯甲酸乙酯(混合异构体)	ethyl-4-bis (hydroxypropyl)-aminobenzoate, mixed isomers	5		
2	乙氧基化-对-氨苯甲酸	ethyl 4-bis (hydroxypropyl)-aminobenzoate, mixed isomers	10		
3	对-二甲氨基苯甲酸-2-乙基己酯	2-ethylhexyl 4-dimethyl-aminobenzoate	8		
4	邻-(4-苯基苯甲酰基)苯甲酸-2-乙基己酯	2-ethylhexyl 2-(4-phenyl-benzoyl) benzoate	10		
5	对-甲氧基肉桂酸-2-乙基己酯	2-ethylhexyl 4-methoxy-cinnamate	10		
6	帕地马酯(对-二甲基氨基苯甲酸戊酯)	padimate (INN) (pentyl p-dimethylaminobenzoates)	5		含有“对-二甲基氨基苯甲酸戊酯”

续表

序号	物质名称	英文名称	化妆品中最大允许浓度/%	限用范围和必要条件	标签上必要说明
7	3，4-二羟基-5-（3，4，5-三羟基苯甲酰氧基）苯甲酸，三油酸酯	3，4-dihydroxy-5-（3，4，5-trihydroxybenzoyloxy） benzoic acid，trioleate	4		
8	3，4-二甲氧基苯基乙醛酸钠	sodium 3，4-dimethoxyphenyl-glyoxylate	5		
9	5-（3，3-二甲基-8，9，10-三降冰片-2-亚基）戊-3-烯-2-酮	5-（3，3-dimethyl-8，9，10-trinorborn-2-ylidene）pent-3-en-2-one	3		
10	邻-乙酰氨基苯甲酸-3，3，5-三甲基环已酯	3，3，5-trinethyloyotohoxyl-2-acetamidobenzoate	2		
11	水杨酸高盂酯	homosalate（INN）（homomenthyl solicylate；3，3，5-trimethylcyclohexyl salicylate）	10		
12	水杨酸盐（钾、钠和三乙醇胺盐）	salicylic acid salts（potassium，sodium and triethanolamine salts）	2（酸）	成品中不得释放出酸性物质	三岁以下儿童禁用
13	水杨酸苯酯	phenyl solicylate，salol	1		
14	对-甲氧基肉桂酸盐（钾、钠和二乙醇胺盐）	4-methoxycinnamic acid salts（potassium，sodium sodium and diethanolamine salts）	3（酸）		
15	美可西酮	mexenone（INN）（2-hydroxy-4-methoxy-4′-methylbenzophenone	4		含有“美可西酮”
16	5-甲基-2-苯基苯并噻唑	5-methyl-2-phenylbenzoxazole	4		
17	3-（4-甲基亚苄基莰烷-2-酮）	3-（4-methylbenzylidene）-bornan-2-one	6		
18	对-甲氧基肉桂酸戊酯的混合异构体	amyl 4-methoxycinnamete mixed isomers	10		
19	对-甲氧基肉桂酸丙酯	propyl 4-methoxycinnamate	3		
20	水杨酸-4-异丙基苄酯	4-isopropylbenzyl salicylate	4		
21	肉桂酸钾	potassium cinnamate	2		
22	3-亚苄基莰烷-2-酮	3-benzylidenebornan-2-one	6		
23	4-氨基苯甲酸	4-aminobenzoic acid	5		
24	对-氨基苯甲酸单甘油酯	glycerol 1-（4-aminobenzoate）	5	不能含苯佐卡因	
25	对-甲氧基肉桂酸环已基酯	cyclphexyl 4-methoxy-cinnamate	1		
26	1-（4-特丁基苯基）丙烷-1，3-二酮	1-（4-tert-butylphenyl）-propane-1，3-dione	5		

续表

序号	物质名称	英文名称	化妆品中最大允许浓度/%	限用范围和必要条件	标签上必要说明
27	2-苯基苯咪唑-5-磺酸及其钾、钠和三乙醇胺盐	2-phenylbenzimidazole-5-sulphonic acid and its potassium, sodium and triothanolamine salts	8（酸）		
28	3-咪唑-4-基内烯酸及乙基酯	3-imidazol-4-ylacrylic acid and its ethyl ester	2（酸）		
29	1-p-枯烯基-3-苯基丙烷-1，3-二酮	i-p-cumenyl-3-phenyl-propane-1，3-dione	5		
30	α-（2-氧代冰片-3-亚基）-p-二甲苯-2-磺酸	alpha'-（2-oxoborn-3-ylidene）-p-xylene-2-sulphonic acid	6		
31	α-（2-氧代冰片-3-亚基）甲苯-4-磺酸及其盐类	alpha-（2-oxoborn-3-ylidene）toluene-4-sulphonic acid and its salts	6（酸）		
32	羟苯甲酮	oxybenzone（INN）（2-hydroxy-4-methoxybenzo-phenone）	10		含有“羟苯甲酮”
33	2-羟基-4-甲氧基二苯甲酮-5-磺酸及钠盐	sulisobenzone（INN）（5-benzoyl-4-hydroxy-1-methoxybenzene-sulfonic acid）and sulisobenzone sodium（INN）	5（酸）		
34	α-氰基-4-甲氧基-肉桂酸及其己基酯	oxybenzone（INN）（2-hydroxy-methoxybenzophe-none）	5		
35	西诺沙酯（对-甲氧基肉桂酸-2-乙氧基乙酯）	cinoxate（INN）（2-ethoxyethyl-p-methoxycinnamate）	5		
36	水杨酸-2-乙基己酯	2-ethylhexyl salicylate	5		

注：①表中所列紫外线是指防晒化妆品含有的物质，主要用于滤去一定的紫外射线，以保护皮肤不受这些射线危害。

②本表不包括用于保护产品避免紫外线照射而加入的紫外线吸收剂。

表 6　　化妆品组分中暂用着色剂

序号	染料索引号（Color Index）		染料索引名称色号（C. I. Generic Name）	中文名称	Food And Drug Administration Official Name	允许使用范围及限制条件（见注②）
1	45430	食品红 14	Food Red 14	食用樱桃红	FD&C Red No. 3	Ⅲ
2	14700	食品红 1	Food Red 1		FD&C Red No. 4	Ⅳ
3	16035	食品红 17	Food Red 17		FD&C Red No. 40	Ⅲ
4	15850	颜料红 57	Pigment Red 57		D&C Red No. 6	Ⅲ
5	15850：1	颜料红 57：1	Pigment Red 57：1		D&C Red No. 7	Ⅲ
6	15585	颜料红 53	Pigment Red 53		D&C Red No. 8	Ⅲ唇膏中用量＜6%
7	15585：1	颜料红 53：1	Pigment Red 53：1		D&C Red No. 9	Ⅲ唇膏中用量＜6%
8	26100	溶剂红 23	Solvent Red 23		D&C Rcd No. 17	Ⅳ
9	45170	盐基紫 10	Basic Violet 10		D&C Red No. 19	Ⅳ

续表

序号	染料索引号 (Color Index)		染料索引名称色号 (C. I. Generic Name)	中文名称	Food And Drug Administration Official Name	允许使用范围及限制条件（见注②）
10	45380：2	溶剂红 43	Solvent Red 43		D&C Red No. 21	Ⅲ
11	45380	酸性红 37	Acid Red 87		D&C Red No. 22	Ⅲ
12	45410：1	溶剂红 48	Solvent Red 48		D&C Red No. 27	Ⅲ
13	45410	酸性红 92	Acid Red 92		D&C Red No. 28	Ⅲ
14	73360	还原红 1	Vat Red 1		D&C Red No. 30	Ⅲ
15	15800：1	颜料红 64：1	Pigment Red 64：1		D&C Red No. 31	Ⅳ
16	17200	酸性红 33	Acid Red 33		D&C Red No. 33	Ⅲ唇膏中用量＜6%
17	15880：1	颜料红 63：1	Pigment Red 63：1		D&C Red No. 34	Ⅳ
18	12085	颜料红 4	Pigment Red 4		D&C Red No. 36	Ⅲ唇膏中用量≤3%
19	11920	食品橙 3	Food Orange 3	食用苏丹黄		Ⅲ
20	19140	食品黄 4	Food Yellow 4	食用柠檬黄	FD&C Yellow No. 5	Ⅲ
21	15985	食品黄 3	Food Yellow 3	食用橘黄	FD&C Yellow No. 6	Ⅲ
22	45350：1	溶剂黄 94	Solvent Yellow 94		D&C Yellow No. 7	Ⅳ
23	45350	酸性黄 73	Acid Yellow 73		D&C Yellow No. 8	Ⅳ
24	47005	酸性黄 3	Acid Yellow 3		D&C Yellow No. 10	Ⅲ
25	47000	溶剂黄 33	Solvent Yellow 33		D&C Yellow No. 11	Ⅳ
26	10316	酸性黄 1	Acid Yellow 1		Ext. D&C Yellow No. 7	Ⅳ
27	15510	酸性橙 7	Acid Orange 7		D&C Orange No. 4	Ⅳ
28	45370：1	溶剂红 72	Solvent Red 72		D&C Orange No. 5	Ⅲ唇膏中用量＜6%
29	45425：1	溶剂红 73	Solvent Red 73		D&C Orange No. 10	Ⅳ
30	45425	酸性红 95	Acid Red 95		D&C Orange No. 11	Ⅳ
31	12075	颜料橙 5	Pigment Orange 5		D&C Orange No. 17	Ⅳ
32	42053	食品绿 3	Food Green 3		FD&C Green No. 3	Ⅲ
33	61570	酸性绿 25	Acid Green 25		D&C Green No. 5	Ⅲ
34	61565	溶剂绿 3	Solvent Green 3		D&C Green No. 6	Ⅳ
35	59040	溶剂绿 7	Solvent Green 7		D&C Green No. 8	Ⅳ外用品用量≤0.01%
36	42090	食品蓝 2	Food Blue 2	食用亮蓝	FD&C Blue No. 1	Ⅲ
37	42090	酸性蓝 9	Acid Blue 9		D&C Blue No. 4	Ⅳ
38	60725	溶剂紫 13	Solvent Violet 13		D&C Violet No. 2	Ⅳ
39	60730	酸性紫 43	Acid Violet 43		Ext. D&C Violet No. 2	Ⅳ
40	20170	酸性橙 24	Acid Orange 24		D&C Brown No. 1	Ⅳ
41	77000	铝粉	Pigment Metal 1	铝粉	Aluminium Powder	Ⅱ
42	75130	β-胡萝卜素	Natural Yellow 26	β-胡萝卜素	β-Carotene	Ⅰ
43	77163	氯氧化铋	Pigment White 14′31	氯氧化铋	Bismth Oxychloride	Ⅰ
44	77499	氧化铁黑（人造）	Pigment Black 11	氧化铁黑（人造）	Black Iron Oxide（synthetic）	Ⅰ
45	77400	青铜粉	Pigment Metal 2	青铜粉	Bronze Powder	Ⅰ
46	75470	胭脂红	Natural Red 4	胭脂红	Carmine	Ⅰ
47	77289	氢氧化铬绿	Pigment Green 18	氢氧化铬绿	Chromium Hydroxide Green	Ⅱ

续表

序号	染料索引号（Color Index）		染料索引名称色号（C. I. Generic Name）	中文名称	Food And Drug Administration Official Name	允许使用范围及限制条件（见注②）
48	77288	氧化铬绿	Pigment Green 17	氧化铬绿	Chromium Oxide Green	Ⅱ
49	77400	铜粉	Pigment Metal 2	铜粉	Copper Powder	Ⅰ
50	77520	亚铁氰化铁铵	Pigment Blue 27	亚铁氰化铁铵	Ferric Ammonium Ferrocyanide	Ⅱ
51	77510	亚铁氰化铁	Pigment Blue 27	亚铁氰化铁	Ferric Ferrocyanide	Ⅱ
52	75170	鸟嘌呤	Natural White 1	鸟嘌呤	Guanine	Ⅰ
53	75480	指甲花	Natural Orange 6	指甲花	Henna	仅用于染头发制品，标明不能接触眼睛
54	77742	锰紫	Pigment Violet 16	锰紫	Manganese Violet	Ⅰ
55	77019	云母	Pigment White 20&26	云母	Mica	Ⅰ
56	75810	叶绿酸钾钠铜	Natural Green 3	叶绿酸钾钠铜	Potassium Sodium Copper Chlorophyllin	仅用于牙膏，用量≤0.1%
57	77491	氧化铁红（人造）	Pigment Red 101	氧化铁红	Red Iron Oxide（synthetic）	Ⅰ
58	77891	二氧化钛	Pigment White 6	二氧化钛	Titanium Dioxide	Ⅰ
59	77007 77013	群青绿、蓝（人造）	Pigment Blue 29 Pigment Green 24	群青	Ultramarine Blue Ultramarine Green	Ⅱ
60	77492	氧化铁黄（人造）	Pigment Yellow 42843	氧化铁黄	Yellow Iron Oxide（synthetic）	Ⅰ
61	77947	氧化锌	Pigment White 4	氧化锌	Zinc Oxide	Ⅰ
62	16045	食品红 4	Food Red 4	食用大红		Ⅲ
63	16255	食品红 7	Food Red 7	食用胭脂红		Ⅲ
64	16290	食品红 8	Food Red 8	食用杨梅红		Ⅲ
65	16185	食品红 9	Food Red 9	食用苋菜红		Ⅲ
66	73015	食品蓝 1	Food Blue 1	食用靛蓝		Ⅲ
67				乙酸铅	Lead acetate	仅用于染头发制品中，制品铅含量＜1%（m/V，Pb 计），包装上要标明含有乙酸铅及注意事项

注：①表 6 中所列着色剂中的合成有机染料类与铝、钙、钡、锶和锆所生成的不可溶性盐及色淀，也包括在本表内。

②Ⅰ类：一般化妆品均可使用。

Ⅱ类：不得用于口腔及唇部化妆品。

Ⅲ类：不得用于眼部化妆品。

Ⅳ类：不得用于眼部、口腔及唇部化妆品。

附加说明：

本标准由中华人民共和国卫生部和轻工部提出，由中国预防医学科学院环境卫生监测所归口。

本标准由“化妆品卫生标准”起草小组负责起草。

本标准主要起草人秦钰慧、尹先仁、姜正德、刘燕华。

本标准由卫生部负责管理，由中国预防医学科学院环境卫生监测所负责解释。

GB 7916—1987《化妆品卫生标准》第 1 号修改单

本修改单经卫生部于 1994 年 7 月 20 日以卫监发（1994）第 25 号文批准，自 1994 年 10 月 1 日起实施。

续表 4 第 33 号物质，修改：

化妆品中最大允许浓度，%：1.5。

限用范围和必要条件：仅限于去头屑洗发产品中使用。

中华人民共和国国家标准 UDC 668.58.001.4
GB 7919—1987

化妆品安全性评价程序和方法

Procedures and methods of safety evaluation for cosmetics

1 目的

为向广大消费者提供符合卫生要求的化妆品，防止化妆品对人体产生近期和远期危害，特制定本程序和方法。

2 适用范围

本程序和方法适用于在我国生产和销售的一切化妆品原料和化妆品产品。

3 化妆品安全性评价程序

3.1 第一阶段 急性毒性和动物皮肤、粘膜试验

3.1.1 急性毒性试验

3.1.1.1 急性皮肤毒性试验。

3.1.1.2 急性经口毒性试验。

3.1.2 动物皮肤、粘膜试验

3.1.2.1 皮肤刺激试验。

3.1.2.2 眼刺激试验。

3.1.2.3 皮肤变态反应试验。

3.1.2.4 皮肤光毒和光变态反应试验。

3.2 第二阶段 亚慢性毒性和致畸试验

3.2.1 亚慢性皮肤毒性试验。

3.2.2 亚慢性经口毒性试验。

3.2.3 致畸试验。

3.3 第三阶段 致突变、致癌短期生物筛选试验

3.3.1 鼠伤寒沙门氏菌回复突变试验（Ames 试验）。

3.3.2 体外哺乳动物细胞染色体畸变和 SCE 检测试验。

3.3.3 哺乳动物骨髓细胞染色体畸变率检测试验。

3.3.4 动物骨髓细胞微核试验。

3.3.5 小鼠精子畸形检测试验。

3.4 第四阶段 慢性毒性和致癌试验

3.4.1 慢性毒性试验。

3.4.2 致癌试验。

中华人民共和国卫生部 1987-05-28 批准 1987-10-01 实施

3.5 第五阶段 人体激发斑贴试验和试用试验。

4 对化妆品原料和化妆品产品安全性评价的规定

4.1 凡属于化妆品新原料，必须进行五个阶段的试验。

4.2 凡属于含药物化妆品必须进行动物急性毒性试验、皮肤与粘膜试验和人体试验，但是根据化妆品所含成分的性质、使用方式和使用部位等因素，可分别选择其中几项甚至全部试验项目。

4.3 凡属于化妆品新产品必须进行动物急性毒性试验、皮肤与粘膜试验和人体试验，但是根据化妆品所含成分的性质、使用方式和使用部位等因素，可分别选择其中几项甚至全部试验项目。

4.4 凡进口化妆品应由进口单位提供安全性评价资料。

5 化妆品安全性评价试验方法

5.1 急性皮肤毒性试验

人体接触化妆品主要途径是皮肤。当评价化妆品及其成分对人体健康的可能危害时，进行皮肤毒性的研究是必不可少的。

5.1.1 目的：确定受试物能否经皮肤渗透和短期作用所产生的毒性反应，并为确定亚慢性试验提供实验依据。

5.1.2 定义：系指受试物涂敷皮肤一次剂量后所产生的不良反应。

剂量表示方法：以敷用受试物的质量（g、mg）或以实验动物平均单位体重敷用受试物的质量（mg/kg）来表示。

一次敷用受试物引起50%受试动物死亡的剂量，称之为半数致死量（LD50）。LD50值的单位为mg或g/kg体重。

5.1.3 动物的准备：选用两种性别成年大鼠、豚鼠或家兔均可。建议试验起始动物体重范围为大鼠200～300g，豚鼠350～450g，家兔2.0～3.0kg。

实验动物应在动物笼内观察3～5天，使其适应环境，并观察其健康状况。

正式给药前24h，将动物背部脊柱两侧毛发剪掉或剃掉，注意不要擦伤皮肤，因为损伤能改变皮肤的渗透性，受试物涂抹处，不应少于动物体表面积的10%。各类动物体表面积计算方法见附录A。

5.1.4 受试物的配制：若受试物是固体，应磨成细粉状，并用适量水或无毒无刺激性赋形剂混匀，以保证受试物与皮肤良好的接触。常用的赋形剂有橄榄油、羊毛脂、凡士林等。若受试物是液体，一般不必稀释。

5.1.5 剂量和分组：将两种性别的实验动物分别随机分为5～6组，若用赋形剂，需设赋形剂对照组。化学物质毒性的半数致死量（LD50）计算方法见附录B。

几率单位-对数图解法，每组最好10只动物。各剂量组间要有适当的组距，以便各剂量组产生一系列的毒性反应或死亡率。最高剂量可达2000mg/kg。

5.1.6 试验方法：将受试物均匀地涂敷于动物背部，并用油纸和两层纱布覆盖，再用无刺激性胶布或绷带加以固定，以防脱落和动物舔食受试物，共敷药24h。试验结束后，可用温水或适当的溶剂清除残留的受试物。一般观察一周，若给药4天后仍有动物死亡时，仍需继续观察一周。

给药后注意观察动物的全身中毒表现和死亡情况，包括动物皮肤、毛发、眼睛和粘膜的变化，呼吸、循环、自主和中枢神经系统、四肢活动和行为方式等的变化，特别要注意观察震颤、惊厥、流涎、腹泻、嗜睡、昏迷等现象。

凡是试验过程中死亡的动物和/或有毒性反应的动物，均应进行尸检和肉眼观察。当肉眼可见病变时，还应进行病理组织学镜检。

5.1.7 结果评价：急性毒性分级标准详见附录C。

5.2 **急性经口毒性试验**

当化妆品成分的皮肤毒性低时，很难测得其经皮 LD50，为了解该化学物质与已知毒物的相对毒性，以及由于婴幼儿误服化妆品的可能，进行经口毒性试验也很必要。

5.2.1 定义：系指受试物一次经口饲予动物所引起的不良反应。剂量表示法同急性皮肤毒性试验。

5.2.2 动物的准备：分别选用两种性别的成年小鼠和/或大鼠。小鼠体重 18～22g，大鼠 180～200g，或选择其他敏感的动物。

实验前，一般禁食 16h 左右，不限制饮水。

5.2.3 受试物溶液的配制：常用水或食用植物油为溶剂。若受试物不溶于水或油中，可用羧甲基纤维素、明胶、淀粉做成混悬液。给药最大体积，小鼠不超过 0.4mL/20g 体重，大鼠不超过 1.0mL/100g 体重。

5.2.4 剂量和分组：一般分为 5～6 个剂量组。每组动物数 5～10 只，根据所选 LD50 计算方法而定。各剂量组间间距大小，随受试物的毒性作用带宽窄而异。通常以较大组距和较少量动物进行预试，找出其粗略致死剂量范围，然后再设计正式试验的剂量分组。

受试物最高剂量可达 5000mg/kg 体重。

5.2.5 试验方法：正式试验时，将动物称量，并随机分组，然后用特制的灌胃针头将受试物一次给予动物。若估计受试物毒性很低，一次给药容积太大，可在 24h 内分成 2～3 次给药，但合并作为一日剂量计算。

给药后，密切注意观察并记录动物的一般状态、中毒表现和死亡情况，并进行 LD50 的计算，其方法见附录 B。

5.2.6 结果评价

急性毒性分级标准详见附录 C。

5.3 **皮肤刺激试验**

皮肤刺激是指皮肤接触受试物后产生的可逆性炎性症状。

5.3.1 试验方法的原则

5.3.1.1 受试物应以一次剂量或多次剂量涂（敷）于健康的无破损的皮肤上。

5.3.1.2 每种受试物至少要用 4 只健康成年动物（家兔或豚鼠）。

5.3.1.3 试验均采用自身对照。

5.3.1.4 受试物使用浓度，一般情况下，液态受试物采用原液或预计人应用的浓度。固态受试物则用水或合适赋形剂（如花生油、凡士林、羊毛脂等），按 1∶1 浓度调制。

5.3.1.5 凡具有高度皮肤毒性，或 pH＜2 或 pH＞11.5 的化学物质，均不进行本项试验。

5.3.2 试验方法

5.3.2.1 急性皮肤刺激试验（一次皮肤涂抹实验）

5.3.2.1.1 试验前 24h，将实验动物背部脊柱两侧毛剪掉，不可损伤表皮，去毛范围左、右各约3cm×6cm。

5.3.2.1.2 取受试物 0.1mL（g）滴在 2.5cm×2.5cm 大小的四层纱布上敷贴在一侧皮肤上，或直接将受试物涂在皮肤上，然后用一层油纸覆盖，再用无刺激性胶布和绷带加以固定。另一侧涂赋形剂作为对照。敷用时间一般为 24h，亦可一次敷用 4h。试验结束后用温水或无刺激性溶剂除去残留受试物。

5.3.2.1.3 于除去受试物后的 1、24 和 48h 观察涂抹部位皮肤反应，按表 1 和表 2 进行皮肤反应积分和刺激强度评价。

5.3.2.2 多次皮肤刺激试验

5.3.2.2.1 先将实验动物背部脊柱两侧皮肤的毛剪掉或剃掉，去毛范围各为 2.5cm× 2.5cm。

5.3.2.2.2 取受试物 0.1～0.5mL（g）涂抹在一侧皮肤上，另一侧涂赋形剂作为对照，每天涂抹 1～2 次，连续涂抹 14 天。每次涂药前应剪毛，不得损伤皮肤，保证受试物与皮肤充分接触。

表 1　　皮肤刺激反应评分

红斑形成	积　分
无红斑	0
勉强可见	1
明显红斑	2
中等～严重红斑	3
紫红色红斑并有焦痂形成	4
水肿形成	
无水肿	0
勉强可见	1
皮肤隆起轮廓清楚	2
水肿隆起约 1mm	3
水肿隆起超过 1mm，范围扩大	4
总　分	8

表 2　　皮肤刺激强度评价

强　度	分　值
无刺激性	0～0.4
轻刺激性	0.5～1.9
中等刺激性	2.0～5.9
强刺激性	6.0～8.0

5.3.2.2.3　每天观察皮肤反应，按表 1 评分。脱屑积分为 1。最高刺激指数为 14（观察次数）×8（总积分数）＝112。

实验结束，用角膜环钻取涂抹部位皮肤进行病理组织学检查，按表 3 评分。

5.3.3　结果评价

按上述评定标准和指标的最高分值判断受试物的皮肤刺激作用的有无或刺激的强弱。多次皮肤刺激试验刺激指数超过 30、病理组织检查积分超过 4，应判断受试物对皮肤有明显刺激性。在许多情况下，家兔和豚鼠对刺激物质较人敏感，从动物试验结果外推到人可提供较重要的依据。

5.4　眼刺激试验

眼刺激性是指眼表面接触受试物后产生的可逆性炎性变化。

5.4.1　试验方法的原则

5.4.1.1　受试物应以一次剂量或多次剂量滴入（涂入）或喷洒眼内。

5.4.1.2　每种受试动物的眼睛应保证无任何炎性反应和眼损伤。

5.4.1.3　每组试验动物数至少 4 只，采用自身对照，首选动物为家兔。

5.4.1.4　受试物使用浓度一般用原液或用适当无刺激性赋形剂配制的 50%软膏或其他剂型。

5.4.1.5　已证明有皮肤刺激性的物质，不必进行本项试验。

5.4.2　试验方法

5.4.2.1　一次眼刺激试验

5.4.2.1.1　将液态或软膏（0.1mL 或 100mg）受试物滴入（涂入）实验动物一侧结膜囊内，另一侧眼作为对照。滴药后使眼被动闭合 5～10s，记录滴药后 6、24、48 和 72h 眼的局部反应，第 4、7 天观察恢复情况。

观察时应用荧光素钠检查角膜损害，最好用裂隙灯检查角膜透明度、虹膜纹理改变。

表 3　　皮肤慢性刺激试验评分标准

皮 肤 改 变	积分	最高分
A. 棘层肥厚		
(a) 棘层肥厚		
轻度（表皮为正常厚度 1.5～3 倍）	1	
中度（表皮为正常厚度 3～4 倍）	2	3
重度（表皮为正常厚度 4 倍以上）	3	
B. 角化过度		
(b) 颗粒层增厚	1	1
(c) 角层增厚	1	1
C. 其他表皮改变		
(d) 颗粒层缺乏	1	1
(e) 角化不全	1	1
(f) 表皮细胞空泡化或细胞内水肿或基底细胞液化变性	1	1
(g) 海绵形成		
棘细胞间水肿	1	
水疱形成	2	2
D. 表皮坏死		
(h) 表皮坏死		
轻度（占表皮切面的 1/3 以下）	8	
中度（占表皮切面的 1/3～2/3）	10	15
重度（占表皮切面的 2/3 以上）	15	
E. 真皮变化		
(i) 真皮结缔组织血管扩张充血或水肿	1	1
(j) 胶原纤维变性或解离	1	1
(k) 真皮炎性细胞浸润		
轻度	1	
中度	2	3
重度	3	

注：①总分按（a+b+c+d+e+f+g）+（i+j+k）或（h）+（i+j+k）选择总分较大者。

②解离指胶原纤维分离成细小碎片。

5.4.2.1.2　如果受试物明显引起眼刺激反应，可再选用 6 只动物，将受试物滴入一侧结膜囊内，接触 4s 或 30s 后用生理盐水冲洗干净，再观察眼的刺激反应。

5.4.2.1.3　按表 4 所列眼损害分级标准积分，再按表 5 进行眼刺激强度的评价。

5.4.2.2　多次性眼刺激试验

将受试物原液 0.1mL 或配制成的 50％软膏约 100mg 滴入或涂入一侧结膜囊内，另一侧眼作为对照，每日一次，连续 14 天。实验结束后，继续观察 7～14 天，按表 4 分级标准记录眼的刺激反应，并按表 5 眼刺激性评价标准进行眼刺激强度的评价。

表 4　　眼损害的分级标准

眼　损　害	积　分
角膜：A. 混浊（以最致密部位为准）	
无混浊	0
散在或弥漫性混浊，虹膜清晰可见	1
半透明区易分辨，虹膜模糊不清	2
出现灰白色半透明区，虹膜细节不清，瞳孔大小勉强看清	3
角膜不透明，由于混浊，虹膜无法辨认	4
B. 角膜受损范围	
$<\frac{1}{4}$	1
$\frac{1}{4}\sim\frac{1}{2}$	2
$\frac{1}{2}\sim\frac{3}{4}$	3
$\frac{3}{4}\sim1$	4
	积分 A×B×5　最高积分为 80
虹膜：A. 正常	0
皱褶明显加深，充血、肿胀、角膜周围有轻度充血，瞳孔对光仍有反应	1
出血、肉眼可见破坏，对光无反应（或出现其中之一反应）	2
	积分 A×5　最高积分为 10
结膜：A. 充血，是指睑结膜、球结膜部位	
血管正常	0
血管充血呈鲜红色	1
血管充血呈深红色，血管不易分辨	2
弥慢性充血呈紫红色	3
B. 水肿	
无	0
轻微水肿（包括瞬膜）	1
明显水肿，伴有部分眼睑外翻	2
水肿至眼睑近半闭合	3
水肿全眼睑超过半闭合	4
C. 分泌物	
无	0
少量分泌物	1
分泌物使眼睑和睫毛潮湿或粘着	2
分泌物使整个眼区潮湿或粘着	3
	总积分（A+B+C）×2　最高积分为 20
	角膜、虹膜和结膜反应累加最高积分为 110

表 5　　眼刺激性评价标准

急性眼刺激积分指数（I、A、O、I）（最高数）	眼刺激的平均指数（M、I、O、I）	眼刺激个体指数（I、I、O、I）	刺激强度
0～5	48h 后为 0		无刺激性
5～15	48h 后＜5		轻刺激性
15～30	4 日后＜5		刺激性
30～60	7 日后＜20	7 日后（6/6 动物＜30）（4/6 动物＜10）	中度刺激性
60～80	7 日后＜40	7 日后（6/6 动物＜60）（4/6 动物＜30）	中度～重度刺激性
80～110			重度刺激性

5.4.3　结果评价

按上述分级评价标准评定，如一次或多次接触受试物，不引起角膜、虹膜和结膜的炎症变化，或虽引起轻度反应，但这种改变是可逆的，则认为该受试物可以安全使用。

在许多情况下，哺乳动物眼的反应较人敏感，从动物试验结果外推到人可提供较有价值的依据。

5.5　皮肤变态反应试验

皮肤变态反应是指通过重复接触某种物质后机体产生免疫传递的皮肤反应。化学物质引起的变态性接触性皮炎，属Ⅳ型（即延迟型）变态反应。在人类的反应可能是瘙痒、红斑、丘疹、水疱或大疱，动物仅见皮肤红斑和水肿。

5.5.1　试验方法的原则

5.5.1.1　由于接触致敏的发病过程包括致敏（诱导）和激发两个阶段，动物在第一次接触受试物后至少 1 周，再次给予激发接触。通过激发接触能否引起皮肤反应确定有无致敏作用。

5.5.1.2　实验首选动物为白色豚鼠，每组动物数 10～25 只。

5.5.1.3　受试物剂量（浓度）：致敏（诱导）浓度允许引起皮肤轻度刺激反应（即最高耐受浓度）。激发浓度一般应低于致敏浓度，不得引起原发刺激性皮肤炎症反应。

5.5.1.4　为避免出现假阳性或假阴性结果，试验中除要求使用的试剂、绷带、胶布均无刺激性外，并设立阳性或阴性对照组。

5.5.1.5　为提高皮肤反应的阳性率（增加敏感性），通常采用福氏完全佐剂（FCA），而不影响实验的评价。

注：福氏完全佐剂（FCA）的制备：

轻质石蜡油　　50mL

羊毛脂（或吐温 80）　　25mL

结核杆菌（灭活）　　62mg

生理盐水　　25mL

制成油包水乳化剂后，经高压消毒备用。

5.5.2　豚鼠最大值试验（皮内和涂皮结合法，简称 GPMT）

5.5.2.1　试验前 24h 在豚鼠颈背脊柱两侧 4cm×6cm 范围内剪毛或脱毛。

注：脱毛剂配方：

可溶性淀粉　　6 份

滑石粉　　6 份

硫化钡　　6 份

颗粒状阳离子表面活性剂　　27 份

用水调成糊状涂在脱毛部位，保留 4min 左右，用水冲洗残留脱毛剂。

5.5.2.2 从头部向尾部成对地做三次皮内注射。①注射 0.1mL FCA；②注射 0.1mL 受试物；③注射 0.1mL 受试物与 FCA 的等量混合物。如图 1 所示，各点间距 1.5cm。

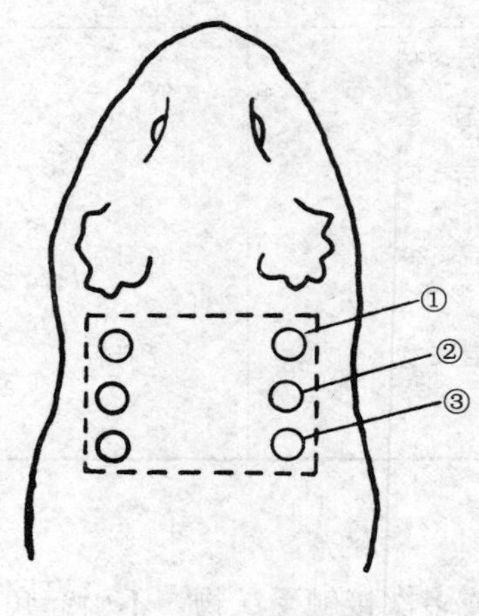

图 1

5.5.2.3 注射后第 8 天，用 2cm× 4cm 滤纸涂以用适当赋形剂（花生油、凡士林、羊毛脂等）配制的受试物，将其贴敷在上背部的注射部位，持续封闭固定 48h，作为第二次致敏。为加强致敏作用，对无皮肤刺激作用的化学物质，可在第二次致敏前 24h，在注射部位涂抹 10%十二烷基硫酸钠（SLS）。对照组仅用溶剂或赋形剂注射或涂抹。

5.5.2.4 激发接触，即在末次致敏后 14～28 天，分别用 2cm×2cm 的滤纸涂以受试物，再次贴敷在上背部两侧的去毛区，持续封闭和固定 24h。对照动物作同样处理。

5.5.2.5 激发接触后 24、48 和 72h 观察反应，按表 6 进行皮肤反应强度评分。

表 6　　皮肤反应强度评价

皮肤反应强度	积　分
(1) 红斑形成	
无红斑	0
轻微可见红斑	1
中度红斑	2
严重红斑	3
水肿性红斑	4
(2) 水肿形成	
无水肿	0
轻度水肿	1
中度水肿	2
严重水肿	3
总积分	7

$$平均反应值=\frac{\sum (1) + (2)}{合计动物数}$$

由于化学物的接触致敏作用并非完全遵循一般的毒理学剂量-反应规律。Maghusson 按动物致敏百分数提出以下分级标准（表 7）。

表 7　致敏率

致敏率/%	分级	强度分类
0～8	Ⅰ	弱致敏物
9～28	Ⅱ	轻度致敏物
29～64	Ⅲ	中度致敏物
65～80	Ⅳ	强度致敏物
81～100	Ⅴ	极强致敏物

5.5.2.6　结果评价

本试验适用于弱致敏物（化学原料）的筛选。凡能引起10%以下动物致敏，即1/15或1/20动物致敏，可认为该受试物为弱致敏物，依以上分级标准类推。由于人群中变态性接触性皮炎的发生因素复杂，受到诸多因素如化学物的使用浓度、接触频数、持续时间及接触时原皮肤的健康状况等的影响，试验所得阳性结果应结合人群斑贴试验和流行病学调查进行综合性分析和评价。

5.5.3　局部封闭涂皮法（Buehler test，简称 BT）

5.5.3.1　实验前 24h，用脱毛剂将豚鼠背部左侧 3cm×3cm 范围区脱毛。

5.5.3.2　将受试物 0.1～0.2mL 涂在 2cm×2cm 滤纸上，并将其敷贴在去毛区，二层纱布一层油纸覆盖，再以无刺激胶布封闭固定，持续 6h。第 7 天和第 14 天以同样方法重复一次。

5.5.5.3　激发接触，即末次致敏后 14～28 天，将 0.1～0.2mL 或低于诱导浓度的受试物斑贴于豚鼠背部右侧 2cm× 2cm 去毛区（接触前 24h 脱毛），然后用二层纱布、一层油纸和无刺激胶布固定 6h，将斑贴受试物拿掉，24 和 48h 后观察皮肤反应，按表 5 评分。

对照动物仅给予激发接触。

本试验要求动物数每组 10～20 只。

5.5.3.4　结果评价

本试验适用于强致敏物（或成品）的筛选。致敏途径与实际接触方式接近，按皮肤反应强度评分标准评价。根据对照组与试验组豚鼠皮肤反应的差别测定变态反应的程度。一般情况下，在豚鼠身上致强过敏物质，可能在人身上引起大量的变态反应，但在豚鼠身上致弱过敏者有可能或不可能引起人体变态反应。

5.6　皮肤光毒和光变态反应试验

皮肤光变态反应是指某些化学物质在光能参与下所产生的抗原抗体皮肤反应。不通过机体免疫机制，而由光能直接加强化学物质所致的原发皮肤反应，则称为光毒反应。

5.6.1　试验方法的原则

5.6.1.1　首选动物为白色豚鼠和白色家兔，每组动物 8～10 只。

5.6.1.2　照射源一般采用治疗用汞石英灯，水冷式石英灯作光源，波长在 280～320nm 范围的中波紫外线或波长在 320～400nm 范围的长波紫外线。

5.6.1.3　照射剂量按引起最小红斑量（MED）的照射时间和最适距离来控制。一般需做预备试验确定 MED 值。

5.6.1.4　受试物浓度采用原液或按人类实际用浓度，光变态反应试验的激发接触浓度可采用适当的稀释浓度。采用无光感作用的丙酮或酒精作稀释剂。

5.6.1.5　光变态反应试验需采用阳性对照，常用阳性光感物为四氯水杨酰替苯胺。

5.6.1.6　光源照射前应使受试物有足够的时间穿透皮肤，一般大于 30min，并确证受试物存留在皮肤内。

5.6.1.7　如已证明受试物具有光毒性，可以不做光变态反应试验。

5.6.2　皮肤光毒试验方法

5.6.2.1 先将实验动物背部脊柱一侧的毛剪掉，去毛范围为 3cm×8cm（见图 2）。

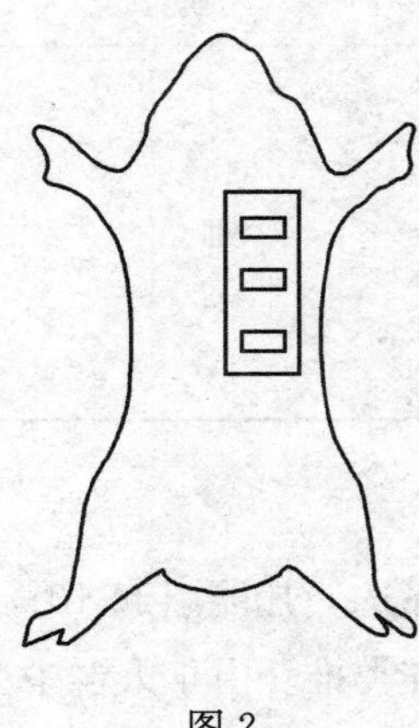

图 2

5.6.2.2 用中波紫外线灯照射去毛区，时间以秒为单位，分几档，测定 MED。

5.6.2.3 观察确定照射后 8～12h 引起一度红斑（刚刚可见）的照射时间为 1 个 MED。

5.6.2.4 预试验 3 天后，用剪刀再将实验动物背部脊柱两侧去毛共四块，范围每块 2cm×2cm（见图 3）。

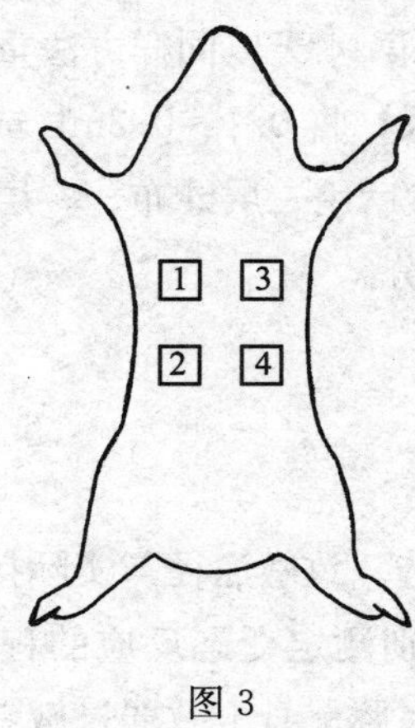

图 3

5.6.2.5 将受试物 0.05～0.1mL（g）均匀涂在 1、2 脱毛区，并用黑纸覆盖避光。

5.6.2.6 涂药 30min 后，第一脱毛区用亚 MED 的中波紫外线灯照射；第二脱毛区用黑纸覆盖不予照射；第三区仅用亚 MED 的中波紫外线照射，不涂药；第四区作空白对照，不给予任何处理。

5.6.2.7 照射后 1h、24h 和 48h，观察皮肤反应，按表 6 进行皮肤反应强度的评价。

5.6.2.8 结果评价

凡实验动物第一次与受试物接触，并在光能作用下引起类似晒斑的局部皮肤炎症反应，即可认为该受试物具有光毒作用。

5.6.3 皮肤光变态反应试验

5.6.3.1 诱导阶段：实验动物颈部用脱毛剂脱毛 2cm×4cm，于脱毛区四角皮内注射福氏完全佐剂（FCA）各 0.1mL（见图 4）。

5.6.3.2 于脱毛区涂 20%十二烷基硫酸钠（SLS）溶液，再将受试物 0.1mL（g）涂在该脱毛部位。

5.6.3.3 用波长在 280～400nm 的中长波紫外线灯照射涂药部位，距离和时间以产生明显红斑为准。中波紫外线的照射剂量为 6.6J/cm^2，长波紫外线为 10J/cm^2。

5.6.3.4 隔日重复 5.6.3.2 及 5.6.3.3 步骤，共 5 次。

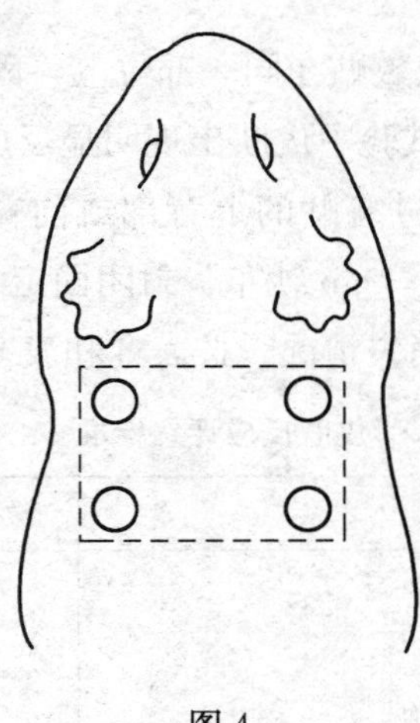

图 4

5.6.3.5 激发阶段：于诱导操作后两周，将实验动物背部脊柱两侧脱毛 1.5cm×1.5cm/块，共 4 块（见图 5）。

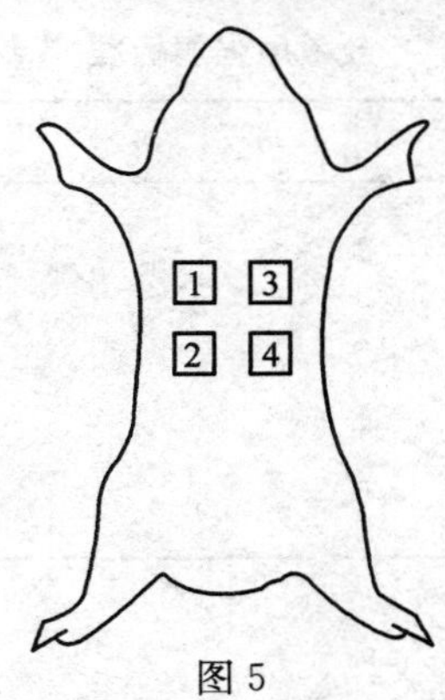

图 5

5.6.3.6 第 1 块涂受试物 0.1mL 后 30min 用长波紫外线照射；第 2 块涂受试物后用黑纸遮盖不照射；第 3 块不涂受试物，仅用长波紫外线照射；第 4 块用黑纸遮盖，不涂受试物，亦不照射。

5.6.3.7 照射后 24h、48h 和 72h，观察皮肤反应，按表 5 进行皮肤反应强度评分。

5.6.3.8 结果评价

凡化学物质单独与皮肤接触无作用，经过激发接触和特定波长光照射后，局部皮肤出现红斑、水肿、甚而全身反应，而未照射部位无此反应者，可认为该受试物是光敏感物质。

5.7 人体激发斑贴试验和试用试验

激发斑贴试验是借用皮肤科临床检测接触性皮炎致敏原的方法，进一步模拟人体致敏的全过程，预测受试物的潜在致敏原性。

5.7.1 人体激发斑贴试验方法的原则

5.7.1.1 实验全过程应包括诱导期、中间休止期及激发期。

5.7.1.2 受试物（可疑致敏原）与皮肤有充分接触时间。

5.7.1.3 选择合适敏感斑贴部位，如人体上背部或前臂屈侧皮肤。

5.7.1.4 受试者应无过敏史，样本数不少于 25 人。

5.7.1.5 实验前应向受试者详细介绍实验目的和方法，以取得圆满合作。

5.7.2 试验方法

5.7.2.1 将 5%十二烷基硫酸钠（SLS）液 0.1mL 滴在 2cm×2cm 大小的四层纱布上，然后敷贴在受试者上背部或前臂屈侧皮肤上，再用玻璃纸覆盖，用无刺激胶布固定。24h 后将敷贴物去掉，皮肤应出现中度红斑反应。如无反应，调节 SLS 浓度或再重复一次。

5.7.2.2 将 0.2mL（g）受试物按上述方法敷贴在同一部位上，固定 48h 后，去掉斑贴物，休息一日。

5.7.2.3 重复 5.7.2.2 步骤，共四次。如试验中皮肤出现明显反应，诱导可停止。

5.7.2.4 于最后一次诱导两周，选择未做过斑贴的上背部或前臂屈侧皮肤两块，间距 3cm，一块作对照，一块敷贴含上述受试物 0.2mL（g）的 1cm×1cm 纱布，封闭固定 48h 后，去除斑贴物，立即观察皮肤反应。24h、48h 和 72h 再观察皮肤反应的发展或消失情况。按表 8 和表 9 进行皮肤反应评定。

表 8 皮肤反应评级标准

皮肤反应	分级
无反应	0
红斑和轻度水肿、偶见丘疹	1
浸润红斑、丘疹隆起、偶尔可见水疱	2
明显浸润红斑，大小水疱融合	3

表 9 致敏原强弱标准

致敏比例	分级	分类
0～2/25	1	弱致敏原
3～7/25	2	轻度致敏原
8～13/25	3	中度致敏原
14～20/25	4	强致敏原
21～25/25	5	极强致敏原

5.7.3 结果评定

如人体斑贴试验表明受试物为轻度致敏原，可作出禁止生产和销售的评价。

5.7.4 人体试用试验的原则及方法

5.7.4.1 志愿者按日常使用方法或选用前臂屈侧 5cm×5cm 皮肤进行受试物试用试验。

5.7.4.2 样本数为 200 人。

5.7.4.3 受试物每天使用 1～2 次，连续试用 30 天以上。

5.7.4.4 每周至少观察一次，记录受试者主诉，如痒、热、刺痛感觉等或局部皮肤反应，如皮肤脱屑、皲裂、红斑、水肿、丘疹、水疱、痤疮或色素沉着等。

5.7.4.5 结果评价

200 名受试者中有 1 人出现上述主诉和体征，均可认为该受试物有皮肤刺激或致敏作用。结合化妆品的试用情况以及动物试验结果，作出是否安全的评价。

5.8 亚慢性皮肤毒性试验

5.8.1 目的：确定受试物多次重复涂抹皮肤可能引起健康的潜在危害，为提供经皮渗透可能性，靶器官和慢性皮肤毒性试验剂量选择提供依据。

5.8.2 定义：系指受试物重复涂抹动物皮肤所引起的不良反应。

5.8.3 动物的选择：选用成年大鼠、家兔和豚鼠。建议实验起始动物体重范围，大鼠 200～300g，家兔 2.0～3.0kg，豚鼠 350～450g。

动物皮肤的准备和受试物的配制，参见急性皮肤毒性试验，不过一般需每天或两三天剪毛一次。

5.8.4 剂量和分组：至少有三个剂量组和一个赋形剂对照组。每个剂量组至少 20 只动物，雌、雄动物各 10 只。最高剂量组可出现毒性反应，但不能出现死亡。最低剂量组不能出现任何毒性反应。理想的中间剂量，应产生最小的可观察到的毒性反应。如果受试物涂抹后产生了严重的皮肤刺激毒性，应该中止试验，重新设计试验方案，使新设计的最高剂量组，由于浓度的降低致使皮肤刺激反应减弱或消失。

5.8.5 试验方法：将受试物涂抹于动物背部皮肤，涂皮面积参见急性皮肤毒性试验，对毒性强的物质，涂抹面积可适当减少。实验期限为90天。

5.8.5.1 临床检查：整个试验过程中，注意观察并记录动物的一般表现、行为、中毒症状和死亡情况。每周称体重一次，并调整敷药量。

5.8.5.2 血液学检查：一般于试验结束时测定之。包括项目：血色素含量、红细胞数、白细胞数及其分类计数、血小板数、网织红细胞数等。

5.8.5.3 血液生化学检查：一般认为适合于所有研究的测试范围是肝、肾功能、碳水化合物代谢、电解质平衡。特殊测定之项目由受试物的作用方式来决定。建议的项目有：谷丙转氨酶、谷草转氨酶，血中尿素氮、非蛋白氮及肌酐含量，血清中白蛋白/球蛋白等。必要时，可根据所观察的毒性反应选择其他的临床生化学指标。

5.8.5.4 脏器称重：肝、肾和其他脏器的绝对重量和脏/体之比的测定。

5.8.5.5 病理学检查：试验结束时，处死所有动物，进行大体尸检，并将主要器官和组织固定保存、制片和镜检。在各剂量组动物大体检查无明显病变时，可以只进行高剂量组和对照组动物主要脏器（肝、肾、脾、胃、肠等）和皮肤的组织病理学检查，发现病变后再对较低剂量组相应器官及组织进行镜检。许多毒物可引起肝、肾组织病变，故肝、肾的镜检已列入常规项目，其他器官或组织的镜检则需根据情况而定。

5.8.6 试验的意义和价值

亚慢性皮肤毒性试验将提供重复皮肤接触受试物时动物机体反应的资料。虽然从实验结果外推到人的正确性是有限的，但它能提供关于化学物经皮肤吸收程度的有用资料。若实验结果表明受试物经皮吸收可能性甚微或几乎无可能性，则没有必要进行经皮慢性毒性和致癌试验。

5.9 亚慢性经口毒性试验

5.9.1 目的：确定受试物重复经口给予动物可能引起健康的潜在危害，为提供靶器官、蓄积可能性和慢性/致癌性实验提供实验依据。

5.9.2 定义：系指动物多次重复经口接受化学物质所引起的不良反应。

5.9.3 动物的选择：一般选用啮齿类动物，首选品种为大鼠。使用雌雄两种性别，理想的给药时间是小于6周龄。

5.9.4 剂量和分组：至少应有三个剂量组和一个对照组。每个剂量组至少20只动物，雌雄各10只。各剂量组选择的原则同亚慢性经皮毒性试验。

5.9.5 试验方法：给药方式可采用受试物掺入饲料、饮水或灌胃方式。当受试物掺入饲料时，要确保给药量不能影响动物正常的营养需要。以灌胃方式给药时，每周称体重，并按体重调整给药量，以维持稳定的给药量。

在整个实验过程中，动物一般观察、临床检查和病理检查的原则和具体要求，参见亚慢性皮肤毒性试验。

5.9.6 试验的意义和价值：亚慢性经口毒性试验将提供重复经口给药后动物所表现的不良反应的资料。虽然从动物实验结果外推到人的正确性是有限的，但它能提供无反应剂量和可允许的人类接触量的有用资料。

5.10 致畸试验

5.10.1 目的：致畸试验是鉴定化学物质是否具有致畸性的一种方法。通过致畸试验，一方面鉴定化学物质有无致畸性，另一方面确定其胚胎毒作用，为化学物质在化妆品中安全使用提供依据。

5.10.2 定义：胚胎发育过程中，接触了某种有害物质影响器官的分化和发育，导致形态和机能的缺陷，出现胎儿畸形，这种现象称为致畸作用。引起胎儿畸形的物质称为致畸原。

5.10.3 器材和试剂

5.10.3.1 生物显微镜、体视显微镜、放大镜、扭力天平、游标卡尺、眼科镊子、眼科剪、平皿、滤纸等。

5.10.3.2 1/1000茜素红溶液：茜素红0.1g，氢氧化钾10g，蒸馏水1000mL。

5.10.3.3 透明液A：甘油200mL，氢氧化钾10g，蒸馏水790mL。

5.10.3.4 透明液B：甘油与蒸馏水等量混合。

5.10.3.5 固定液（Bouins液）：苦味酸饱和液75份，甲醛20份，冰醋酸5份。

5.10.4 实验动物的选择：常用的实验动物是小白鼠，大白鼠和兔，大、小白鼠为首选动物。选用健康性成熟大鼠90～1 00天龄，雌性应是初产的。

5.10.5 剂量和分组：至少设4组，其中三组给药组和一组空白对照组。每组至少12只孕鼠。初次进行致畸试验或引入新的动物种株时，需要设阳性对照组。常用阳性对照物有敌枯双、五氯酚钠、维生素A等。根据受试物的动物半数致死量（LD50）和蓄积性的大小，确定受试物的给药剂量，应该包括无作用剂量组，有致畸作用剂量组和明显致畸剂量组。

5.10.6 试验方法

5.10.6.1 “孕鼠”的检出和给药时间

雌鼠和雄鼠按1∶1（或2∶1）同笼，每日晨观察阴栓（或阴道涂片），查出阴栓（或精子）的当天定为孕期零天。如果五天内没查出“受精鼠”，应调换雌鼠。检出的“受精鼠”按随机分组，称重和编号。在大鼠孕期6～15天期间，每天灌胃给药。孕鼠于孕期0日、6日、10日、15日和20日称重，并根据体重调整给药量。

保持动物室内环境安静，室温控制在20℃～25℃为宜，适当地给孕鼠增加营养，如加麦芽或蛋糕等。

5.10.6.2 孕鼠处死和一般检查

第20天孕大鼠用20%硫贲妥钠1～1.5mL腹腔注射麻醉断头处死。剖腹腔检查卵巢内黄体数，取出子宫，称重；检查活胎、早期吸收和迟死胎数目。

5.10.6.3 活胎鼠的检查

逐个记录活胎鼠体重，性别，体长。外观检查头颅外形、面部、躯干、四肢等有无畸形，包括：露脑、脑膨出、眼部畸形（小眼、无眼、睁眼等）鼻孔扩大，单鼻孔、唇裂、脊柱裂、四肢及尾畸形等。

5.10.6.4 胎鼠骨骼标本的制备

每窝约2/3活胎鼠以眼科镊子剥皮，小心挖掉胸腹腔内脏，去掉后颈和两肩胛骨之间的脂肪块，然后将胎鼠放入茜素红溶液软化染色。当天下午摇动玻璃瓶2～3次，视气温情况需染色半天至两天，至头骨染红为止，第二（或三）天，将胎鼠换入透明液A，第三（或四）天，将胎鼠换入透明液B，第四（或五）天，胎鼠骨骼染红而软组织的紫红色基本褪色，可换入甘油中。

5.10.6.5 胎鼠骨骼检查

染好的标本连同甘油一起倒入小平皿内，在体视显微镜下，用透射光源，先观察胎鼠全身，然后逐步检查骨骼。首先，测量囟门的大小，矢状缝的宽度，观察是否囟门扩大，矢状缝增宽，头顶间骨及后头骨缺损。然后，检查胸骨的发育和数目，是否胸骨缺失或融合。肋骨常见畸形有融合肋，分叉肋，肋骨中断，缺肋，短肋，波状肋，多肋等；脊柱骨的缺失、融合、纵裂等畸形；另外，检查骨盆，四肢骨等是否有畸形。

5.10.6.6 胎鼠内脏检查

每窝约1/3活胎鼠浸入Bouins氏液后一周作内脏检查。先用自来水冲去固定液，把胎鼠仰放在石蜡板上，剪去四肢和尾巴，用刀片从头部开始，往下逐渐经颈、胸腹部共切6刀。第6刀切完后，可以用小剪刀剖开腹腔，仔细检查消化系统和泌尿生殖系统各器官的大小、形状以及位置。

5.10.7 统计处理和结果评价

受精鼠数、受孕鼠数、孕鼠死亡数，有一个以上活胎孕鼠数，用卡方检查；窝平均黄体数、窝平均着床数、窝平均活胎数以及活胎鼠平均体重用 t 检验；吸收胎和迟死胎用非参数统计，窝畸形率、胎鼠畸形率用非参数统计。

结果应能得出受试物是否有母体毒性，胚胎毒性以及致畸性。如果受试物有致畸效应，可以得出最小致畸剂量。为了比较不同化学物的致畸性强度，可用致畸指数来表示：

$$\text{致畸指数}=\frac{\text{雌鼠 LD50}}{\text{最小致畸剂量}}$$

暂以致畸指数 10 以下为不致畸，10～100 为致畸，100 以上为强致畸。

$$\text{致畸危害指数}=\frac{\text{最大不致畸剂量}}{\text{最大可能摄入量}}$$

如果致畸危害指数＞300，说明受试物对人危害小，100～300 为中等，＜100 为大（暂定）。

5.11　慢性毒性试验

5.11.1　目的：确定动物长期接触化学物质后所产生的危害。

5.11.2　定义：系指动物长期接触受试物所引起的不良反应。

5.11.3　动物的选择：一般建议两种哺乳动物，常用大鼠和小鼠。使用两种性别。试验开始时选用刚断乳的动物。

5.11.4　剂量和分组：一般至少设三至四个剂量组和一个对照组。大鼠至少 20 只每组每性别，小鼠比大鼠适当增加数量。在慢性毒性试验中，最好要有剂量反应关系。最高剂量组应引起毒性反应或明确的损害作用，低剂量组不应引起毒性作用或有害影响。

5.11.5　试验方法：慢性经口或皮肤毒性试验，分别采取相应的给药途径，具体方法参见相应的亚慢性毒性试验，试验期限至少为 6 个月，甚至一年。

整个试验期间，对动物的一般观察、临床检查和病理学检查，参见亚慢性毒性试验。除此而外，还有一些具体要求：

① 在试验的头三个月，每周称重一次；在 4～6 个月期间，每两周称重一次，以后每四周称重一次。

② 在试验开始后的第三个月、第六个月和试验结束时，进行血液学和临床生化学有关指标的测定。一般从每组每种性别中选 10 只动物进行测定。如果可能的话，最好每次血样来自相同的动物。

③ 测定脏器的绝对重量和脏体之比，至少包括肝、肾、脾、睾丸和脑等脏器，必要时还应选择其他脏器。

④ 试验结束时，对全部的动物，包括试验过程中死亡的或因处于垂死状态而被处死的动物都应进行全面的肉眼检查。

⑤ 对所有动物（包括中途死亡或处死的）的主要器官和组织（包括皮肤）以及所有肉眼可见的病变、肿瘤或可疑为肿瘤的组织，都应进行病理组织学检查。

5.11.6　试验的意义和价值：慢性毒性试验为提供人体长期接触该化学物质的最大耐受量或安全剂量提供资料。

5.12　致癌试验

5.12.1　目的：确定经一定途径长期给予试验动物不同剂量的受试物的过程中，观察其大部分生命期间肿瘤疾患产生情况。

5.12.2　定义：系指动物长期接触化学物质后所引起的肿瘤危害。

5.12.3　动物的选择：建议对活性不明的化学物质采用两种动物，一般优先选用小鼠和大鼠，动物的敏感性对试验影响很大。一般来讲，用小鼠诱发肝癌比大鼠容易，相反地，诱发皮下肿瘤则大鼠比小鼠更容易。小鼠和兔子的皮肤对局部涂抹诱发肿瘤可能比大鼠和地鼠更为敏感。

两种性别都应该使用，常使用刚断乳或已断乳动物进行致癌试验。

5.12.4　剂量和分组：至少三个剂量组和一个对照组。最高剂量组应足以引起最低毒性反应，又没有因肿瘤以外的因素和明显改变其正常生命期限。这些毒性反应可能表现为血清酶水平的改变，或体重增加受到轻度抑制（降低百分之十）。最低剂量应该不影响动物的正常生长、发育和寿命，即不能引起任何毒性表现。中间剂量应该处于最高和最低剂量的中间范围。

每个剂量组和对照组的每种性别至少 25～50 只动物。

试验期限：应该包括动物正常生命期的大部分时间。建议参考下面几条准则：

① 一般情况，试验结束时间对小鼠和地鼠应为 18 个月，大鼠为 24 个月。

② 当最低剂量组或对照组存活的动物数只有百分之二十五时，也可以结束试验。对于有明显性别差异的试验，则其结束的时间，不同的性别应有所不同。若高剂量组因明显的毒性作用造成过早死亡，此时不应结束试验。

一个合格的阴性对照试验应符合下列标准：

① 因疾病、被同类吃掉，或因管理问题所造成的动物损失在任何组都不能高于百分之十。

② 小鼠和地鼠在 18 个月，大鼠在 24 个月时，各组存活的动物不能少于 50%。

5.12.5　试验方法：给受试物的途径，根据受试物的理化特性和对人有代表性的接触方式（经口或皮肤涂抹）而定。

整个致癌过程中，注意观察并记录动物出现的症状或死亡情况，尤其要注意肿瘤发生情况，每一个肉眼可见的或触及的肿瘤出现的时间、部位、大小、外形和发展情况都应记录。

在试验的前三个月，每周称量一次，以后每四周称量一次。

在实验过程中死亡或因处于垂死状态而被处死，以及试验结束时全部宰杀的动物，都应进行完整的大体尸检。

所有动物的全部器官和组织都应保留以进行镜检，但实际上是有困难的，只能有选择地进行，至少下述情况要进行镜检：

① 各组所有肉眼可见的肿瘤或可疑肿瘤的病变。

② 最高剂量组和对照组动物，以及试验过程中死亡或处死的所有动物所保留的器官和组织。详细描述增生、瘤前病变或肿瘤的形态学改变。

③ 如果在最高剂量和对照组之间，增生、瘤前病变或肿瘤有明显区别，则应该对该试验各组所有动物的特殊有关的器官和组织进行镜检。

④ 如果实验结果表明动物正常寿命有明显改变或产生了一些能影响肿瘤发生的作用，则下一个低剂量组动物也应按上述方式进行镜检。

5.12.6　致癌试验结果的评价

采用联合国世界卫生组织提出的四条判断诱癌试验阳性的标准：

① 肿瘤只发生在试验组动物中，对照组无肿瘤。

② 试验组与对照组动物均发生肿瘤，但试验组中发生率高。

③ 试验组动物中多发性肿瘤明显，对照组中无多发性肿瘤或只少数动物有多发性肿瘤。

④ 试验组与对照组动物肿瘤的发生率无明显差异，但试验组中肿瘤发生的时间较早。

上述四条中，试验组与对照组之间的数据经统计学处理后任何一条有显著的差异时即可认为检品的诱癌试验属阳性。动物致癌试验为人体长期接触该物质是否引起肿瘤的可能性提供资料。

5.13　鼠伤寒沙门氏菌回复突变试验（Ames 试验）

鼠伤寒沙门氏菌组氨酸（his）回复突变系统是一种微生物试验。该试验用于测定可引起沙门氏杆菌基因碱基置换和/或移码突变的化学物质所诱发的 $his^{-} \rightarrow his^{+}$ 的回复突变。

5.13.1　定义：用来测定依赖于组氨酸的菌株产生不依赖于组氨酸的基因突变。

碱基型突变剂：它引起 DNA 分子碱基对置换。

移码型突变剂：它引起 DNA 分子增加或缺失一个或多个碱基对。

5.13.2　鼠伤寒沙门氏菌组氨酸缺陷型菌株鉴定

菌株：建议使用 TA98、TA100、TA97 和 TA102 等四种组氨酸缺陷型鼠伤寒沙门氏菌株。

增菌培养：将贮存菌接种于 5mL 营养肉汤中，于 37℃振荡培养 10h。

5.13.2.1　组氨酸需求试验

凡组氨酸营养缺陷型试验菌株只能在补充组氨酸的培养基上生长，而在缺乏组氨酸的培养基上则不能生长。

鉴定方法：将试验菌株分别接种于含组氨酸培养基和无组氨酸培养基平板，于 37℃培养 24h，观察细菌生长情况。

结果判断：试验菌株在含组氨酸平板上生长，在不含组氨酸平板上不会生长。

5.13.2.2　脂多糖屏障缺陷鉴定

粗糙型突变的微生物，其细胞表面一层脂多糖屏障已经破坏，因此一些大分子物质能穿过菌膜进入菌体内而抑制其生长，野生型菌株或含 gal 缺失的菌株则不受影响。

鉴定方法：含 0.1mL 试验菌株增菌液的顶琼脂培养液倒入肉汤琼脂平板上，冷凝后中央放置无菌圆形滤纸片，滴上 10μL 的 0.1%结晶紫溶液，经 37℃培养 24h 观察结果。

结果判断：在滤纸片周围出现一个透明的抑菌环，说明此菌存在深粗型（rfa）突变。TA98、TA100、TA97 和 TA102 均有抑菌环，野生型鼠伤寒杆菌没有抑菌环。

5.13.2.3　对氨苄青霉素的抗性鉴定

含 R 因子的试验菌株对氨苄青霉素具有抗性。因 R 因子不太稳定容易丢失从而使试验菌株丧失 R 因子的特性，因此需要鉴定 R 因子是否存在。

鉴定方法：将试验菌株于肉汤琼脂平板上画线，然后把沾有氨苄青霉素溶液滤纸条与画线交叉放置，37℃培养 24h 后观察结果。

结果判断：具有 R 因子的试验菌株（TA98、TA100、TA97 和 TA102）有抗氨苄青霉素作用，故滤纸条周围照常生长。

5.13.2.4　对紫外线敏感性的试验

具有 uvrB 修复缺陷型的试验菌株，在紫外线照射后仍能照常生长，借此可以证明 uvrB 突变的存在。

鉴定方法：将试验菌株在肉汤琼脂平板上画线，然后用黑纸覆盖平板的一半，在 15W 的紫外灯下，距离 33cm 处照射 8s，37℃培养 24h 后观察结果。

结果判断：对紫外线敏感的菌株（TA98、TA100、TA97），仅在没有照射的那一半生长，而具有野生型切除修复酶的菌株（TA102）仍能生长。

5.13.2.5　四环素抗性的鉴定

鉴定方法：将试验菌株增菌液在营养肉汤平板上画线，待干后，吸取四环素（8mg/mL）溶液与菌株画线处交叉划线，经 37℃培养 24h 后观察结果。

结果判断：对四环素有抗性的 TA102 菌株生长不受抑制，对四环素没有抗性的菌株，因此在四环素带的周围有一段生长抑制区。

5.13.2.6　阳性突变剂的敏感性的鉴定

试验菌株对阳性突变剂的敏感性鉴定结果，参见下表。

测试菌株的回变性

诱变剂	剂量	S－9	TA97	TA98	TA100	TA102
柔毛霉素	6.0μg	—	124	3123	47	592
叠氮化钠	1.5μg	—	76	3	3000	188
2，4，7-三硝基-9-芴酮	0.20μg	—	8377	8244	400	16
4-硝基-0-次苯二胺	20μg	—	2160	1599	798	0
4-硝基喹啉-N-氧化物	0.5μg	—	528	292	4220	287
甲基磺酸甲酯	1.0μg	—	174	23	2730	6586
2-氨基芴	1.0μg	＋	1742	6194	3026	261
苯并（a）芘	1.0μg	＋	337	143	937	255

5.13.2.7 自发回变

在诱变试验中，不同的试验菌株有不同的自发回变数，通常以每皿的回变菌落数来表示。各种试验菌株的自发回变数如下：

TA97（90—180），TA98（20—50），TA100（100—200），TA102（240—320）。

经过体外代谢活化系统后的自发回变数，要比不经体外代谢活化系统的自发回变数略高。

5.13.3 大鼠肝微粒体酶（S－9）的诱导和制备

选健康雄性大白鼠体重200克左右，将多氯联苯溶于玉米油中，浓度为200mg/mL，一次腹腔注射PCB剂量为500mg/kg体重。第五天断头处死动物，处死前12h停食不停饮水。消毒动物皮毛，打开腹腔，取出肝脏后，用0.15mol/L KCl溶液多次冲洗，每克肝脏加0.15mol/L KCl 3mL后，用剪刀剪碎肝脏，并在玻璃匀浆器中制成肝匀浆，然后在低温高速离心机上，以9000g离心10min，然后分装保存于液氮或－80℃冰箱中。

制备S－9的一切器皿均经消毒，全部操作在冰水浴中进行。S－9制备后，其活力必须以标准致癌物进行测定。

5.13.4 受试物的剂量选择和常用溶剂

受试物的剂量选择范围在0.1μg～5mg或对细菌产生毒性的剂量之间。常用的溶剂为二甲基亚砜，除此之外，还可以选择丙酮、二甲基甲酰胺、甲酰胺、95％乙醇等溶剂，最高加入量为0.1mL。每种受试物至少三个剂量，每个剂量至少三个平板。

5.13.5 试验方法

5.13.5.1 直接平板掺入法：将含0.5mmol/L组氨酸-生物素的顶层琼脂2.0mL分装于试管中，45℃恒温水浴中保温，然后每管依次加入试验菌株增菌液0.1mL、受试溶液0.1mL和S－9混合液0.5mL（需代谢活化时）混匀，迅速倾入底层培养基上，转动平板，使之分布均匀，冷凝固化，37℃下培养48h后，计数每皿回变菌落数。

突变试验中，除样品各剂量组外，还应设溶剂对照、空白对照、阳性突变剂对照和无菌对照。

5.13.5.2 点试法：方法基本同平板掺入法，不同的是，将含菌液（或S－9混合液）的顶层琼脂倒入底层培养基上，然后取直径约6mm无菌圆形滤纸片放在已固化的顶层培养基中央位置。再滴入受试物溶液或直接将受试物放在平皿中央，37℃培养48h后观察结果。

5.13.6 结果评价：如果受试物的回变菌落数超过自发回变菌落数的两倍以上，并经统计学处理证明有剂量-回变反应关系者和可重复性，则定为阳性。

5.13.7 培养基和试剂的制备

5.13.7.1 顶层培养基

琼脂　　1.2g

氯化钠　　1.0g

蒸馏水　　200mL

121℃（15 lb）30min 高压消毒后，加入 0.5mmol/L 组氨酸-生物素溶液 20mL。

5.13.7.2　底层培养基

琼脂　　7.5g

蒸馏水　　465mL

121℃（15 lb）30min 高压消毒后，加入（V－B）培养基 E10mL 和 40％葡萄糖溶液 25mL，混匀，按每皿 30mL 倒平皿，冷凝固化后倒置于 37℃培养箱中 24～48h。

5.13.7.3　Vogel－Bonner（V－B）培养基 E

硫酸镁（$MgSO_4 \cdot 7H_2O$）　　10g

枸橼酸（$C_6H_8O_7 \cdot H_2O$）　　100g

磷酸氢二钾（K_2HPO_4）　　500g

磷酸氢铵钠（$NaNH_4HPO_4 \cdot 4H_2O$）　　175g

先将后三种溶解后，再加入硫酸镁，待完全溶解后倒入容量瓶中，用蒸馏水稀释至 1000mL，分装于锥形瓶里，121℃（15 lb）30min 高压消毒。

5.13.7.4　40％葡萄糖溶液

称取 400g 葡萄糖，加入蒸馏水稀释至 1000mL，115℃（10 lb）20min 高压消毒。

5.13.7.5　肉汤培养基

牛肉膏　　2.5g

胰胨　　5.0g

氯化钠　　2.5g

磷酸氢二钾　　1.0g

蒸馏水　　500mL

121℃（15 lb）30min 高压消毒。

5.13.7.6　肉汤斜面或平板

琼脂粉　　7.5g

肉汤培养基　　500mL

121℃（15 lb）30min 高压消毒后，倒斜面或平皿。用于菌株鉴定或常规试验用菌株保存。

5.13.7.7　0.5mmol/L 组氨酸-生物素溶液

D－生物素（分子量 247.3）　　30.9mg

L－组氨酸盐酸盐（分子量 191.7）　　24.0mg

加蒸馏水至　　250mL

121℃（15 lb）20min 高压消毒。

5.13.7.8　S－9 混合液配制（按每毫升 S－9 混合液计算）

大鼠肝 S－9　　100μL

$MgCl_2$－KCl 盐溶液　　20μL

6－磷酸葡萄糖[①]　　5μmol

辅酶Ⅱ*　　4μmol

---

① 称量药粉，直接加入，配制时先从后往前加试剂。

0.2mol/L 磷酸盐缓冲液 500μL

无菌蒸馏水 380μL

5.13.7.9 盐溶液（1.65mol/L KCl+0.4mol/L $MgCl_2$）

氯化钾（KCl） 61.5g

氯化镁（$MgCl_2 \cdot 6H_2O$） 40.7g

蒸馏水加至 500mL

121℃（15 lb）20min 高压消毒。

5.13.7.10 0.2mol/L 磷酸盐缓冲液（pH7.4）

磷酸二氢钠（$NaH_2PO_4 \cdot 2H_2O$） 0.593g

磷酸氢二钠（$Na_2HPO_4 \cdot 12H_2O$） 5.803g

蒸馏水 100mL

121℃（15 lb）20min 高压消毒。

5.13.7.11 0.15mol/L 氯化钾溶液

精确称取氯化钾 11.18g，用蒸馏水稀释至 1000mL，121℃（15 lb）30min 高压消毒，冷却后冰箱保存，用于 S-9 制备。

5.13.7.12 氨苄青霉素溶液（8mg/mL）

称取三羟氨苄青霉素 80mg，加入 0.02mol/L 氢氧化钠溶液 10mL。

5.13.7.13 0.1%结晶紫溶液

称取结晶紫 10mg，加 10mL 无菌水即成。

5.13.7.14 四环素溶液（8mg/mL）

称取四环素 40mg，加入 0.02mol/L 盐酸溶液 5mL，用于四环素抗性试验。

5.14 体外哺乳动物细胞的染色体畸变和 SCE 检测试验

5.14.1 意义：用哺乳动物细胞染色体畸变和姐妹染色单体交换率的检测来评价致突变物是世界上常用的短期生物试验方法之一。方法较简单、快速。

5.14.2 试剂配制

5.14.2.1 阳性对照物：可根据受试物的性质和结构选择不同之阳性对照物，例如黄曲霉毒素 B_1 和苯并（a）芘等。

5.14.2.2 受试物：最好溶于培养液中，也可溶于二甲基亚砜（DMSO）中，其浓度应低于 0.5%。

5.14.2.3 培养液：采用 MEM（Eagle），并加入非必需氨基酸和抗菌素（青、链霉素，按 100IU/mL），胎牛血清按 10%加入。

5.14.2.4 肝匀浆 S-9 混合物：

S-9 的制备同 Ames 试验，按下列配方配制 S-9 混合物：

S-9 0.125mL

$MgCl_2$（0.4mol/L） 0.02mL

KCl（1.65mol/L） 0.02mL

葡萄糖-6-磷酸 1.791mg

辅酶Ⅱ（氧化型，NADP） 3.0615mg

用 MEM 培养液补足至 1mL。

5.14.3 实验程序

5.14.3.1 细胞：使用中国地鼠卵巢（CHO）细胞株。

5.14.3.2 实验前一天，将 1×10^6 细胞接种于直径为 6cm 的玻璃培养皿中，放培养箱内待用。

5.14.3.3 实验时，吸去培养皿中的培养液，加入一定浓度的受试物、肝匀浆 S－9 混合物以及一定量不含血清的培养液，放培养箱中反应 2h。结束后，吸去含受试物的培养液，用 Hanks 液洗细胞，加入含 10%小牛血清的培养液，放回培养箱，于 24h 内收获细胞。于收获前 4h，加入秋水仙素（终浓度为 1μg/mL）。如果用于检测 SCE 频率，则待受试物与细胞反应结束后，加入含 20μmol/L 5-溴脱氧脲苷（BrdU）的培养液，于黑暗的环境下培养 27h，加入秋水仙素后 4h 收获细胞。

5.14.3.4 收获细胞时，用 0.25%胰蛋白酶溶液消化细胞，待细胞脱落后，加入含 10%小牛血清的培养液终止胰蛋白酶的作用，混匀，放入离心管以 1000～1200r/min 的速度离心 5～7min，弃去上清液，加入 0.075mol/L KCl 溶液低渗处理，继而以甲醇和冰醋酸液（容积比为 3∶1）进行固定。按常规制片，作染色体分析用的标本可直接用姬姆萨染液染色，检测 SCE 频率的标本需进行分化染色，将制备好的玻片通过 pH6.8 的磷酸盐缓冲液 1min，移入 Hoechst 33258 液（终浓度为 1μg/mL）中 12min，再通过磷酸盐缓冲液 1min。移至特制的黑盒中，经紫外线照射（30W，距离 12cm）15min，将玻片移至 2×SSC 液中，在 62℃水浴内 1.5h，最后经姬姆萨染色。

作染色体分析时，对每一处理组选 100 个分散良好的中期分裂相进行染色体畸变分析。作 SCE 频率计数时，选择 25 个细胞计数 SCE 频率。

5.14.4 结果评价：对染色体畸变率用 X^2 检验，对 SCE 检测用 t 检验进行统计学处理，以评价受试物的致突变性。

5.15 哺乳动物骨髓细胞染色体畸变率检测试验

5.15.1 意义：在动物以不同途径接触受试化学物后，用细胞遗传学的方法检测骨髓细胞染色体畸变率的增加，从而评价受试物的致突变性，进而预测致癌的可能性。

5.15.2 动物选择：选用成年小鼠或大鼠。

5.15.3 剂量选择：选用 1/2、1/5、1/10 和 1/20 LD50 剂量为试验组，另设阳性对照和阴性对照各一组，阳性对照组可用苯，剂量为 0.15mL/只，阴性对照为溶剂对照。每组 5 只动物。

5.15.4 染毒方式：可用经口灌入的方式，共染毒两次，间隔 24h，于第二次给药后 6h 处死动物，于处死前 4h 腹腔注射秋水仙素（按剂量 4mg/kg）。

5.15.5 实验步骤

5.15.5.1 用颈椎脱臼法处死动物，取出股骨，剔除肌肉等组织。

5.15.5.2 剪去股骨两端，用注射器吸取 5mL 生理盐水，从股骨一端注入，用 10mL 离心管，从股骨另一端接取流出的骨髓细胞悬液。

5.15.5.3 将细胞悬液以 1000r/min 的速度离心 5～7min，去除上清液。

5.15.5.4 加入 0.075mol/L KCl 溶液 7mL，用滴管将细胞轻轻地混匀，放入 37℃水浴中低渗处理 7min，加入 2mL 固定液（冰醋酸∶甲醇＝1∶3），混匀，以 1000r/min 速度离心 5～7min，弃去上清液。

5.15.5.5 加入 7mL 固定液，混匀，固定 7min，以 1000r/min 的速度离心 7min，弃去上清液。

5.15.5.6 用同法再固定 1～2 次，弃去上清液。

5.15.5.7 加入数滴新鲜固定液，混匀。

5.15.5.8 用混悬液滴片，自然干燥。

5.15.5.9 用姬姆萨染液染色。

5.15.6 读片和结果评价

选择分散良好的中期分裂相，在显微镜油镜下进行读片，记录畸变类型。所得各组的染色体畸变率用 X^2 检验进行统计学处理，以评价试验组和对照组之间是否有明显差异。

5.16 动物骨髓嗜多染细胞微核试验

研究化学物诱发哺乳动物染色体畸变的方法很多，微核试验以其简便、快速，具有一定的敏感性，被广泛应用于遗传毒理学研究中。

5.16.1 目的

该试验是一种用体内试验来检查骨髓细胞染色体畸变的方法，特别适用于检出纺锤体的部分损害而出现的染色体丢失或染色单体或染色体的无着丝点断片。

5.16.2 试剂和材料

5.16.2.1 胎牛血清

将滤菌后的胎牛（或小牛）血清放入56℃恒温水浴中保温30min进行灭活，通常储存于冰箱冰室里。

5.16.2.2 姬姆萨染液

称取Giemsa 3.8g，加入375mL分析纯甲醇，待完全溶解后，再加125mL甘油，放37℃恒温箱中保温48h，保温期间振摇数次，以促充分溶解，取出过滤，两周后用。

5.16.2.3 Giemsa应用液的配制

取一份Giemsa液与6份磷酸盐缓冲液混合而成。

5.16.2.4 1/15mol/L磷酸盐缓冲液（pH7.4）

称取 $Na_2HPO_4 \cdot 12H_2O$	19.077g
KH_2PO_4	1.814g
加蒸馏水至	1000mL

5.16.2.5 解剖剪、镊子（大、小）各一把、止血钳、载物片、盖玻片（24mm×50mm）、塑料洗瓶、滤纸、纱布；甲醇（分析纯）、二甲苯、生物显微镜。

5.16.3 实验动物和剂量分组

小白鼠是微核试验的常规动物，也可选用大白鼠，一般常用体重为25～30g的小鼠或体重为150～200g的大鼠，雌雄皆可，每个剂量组至少5只动物，另外设溶剂对照组和阳性物组。常用环磷酰胺作为阳性对照物。

根据受试物理化性质（尤其是水溶性-脂溶性），确定受试物所用的溶剂，常用水、植物油（玉米油等）或吐温-80等溶剂。剂量的选择是很重要的，用药量太低，会漏掉阳性物，用药量太大，可致动物死亡，或因对骨髓毒性作用太强，致使嗜多染红细胞受到抑制，难以获得正确的结果。一般取受试物LD50的1/2、1/5、1/10、1/20等剂量，以求获得微核的剂量-反应关系曲线。

5.16.4 给药途径和方式

给药途径视试验目的而定，常用经口灌胃方式，建议采用30h给药法，即两次给药间隔24h，第二次给药后6h取材。

5.16.5 试验方法

5.16.5.1 骨髓液的制取

动物脱颈处死，打开胸腔，沿着胸骨与肋骨交界处剪断，剥掉附着胸骨上的肌肉，擦净血污，横向切断胸骨，暴露骨髓腔，然后用小止血钳挤出胸骨骨髓液。

5.16.5.2 涂片

将骨髓液滴在载物片一端的胎牛血清液滴里，仔细混匀，一般来讲，两节胸骨骨髓液涂一张片子为宜，然后按血常规涂片法涂片，约2～3cm长度，将载物片在空气中晾干。若立即染色，需在酒精灯火焰上方稍微烘烤一下。

5.16.5.3 固定

已干的涂片放入甲醇中固定5～10min，即使当日不染色，也应固定后保存。

5.16.5.4 染色

将固定过的涂片放入Giemsa应用液中，染色10～15min，然后立即用pH7.4磷酸盐缓冲液冲洗。

5.16.5.5　封片

用滤纸及时擦干染片背面的水分，再用双层滤纸轻轻按压，并吸附染片上残留的水分，尽量吸净，再在空气中摇动数次，以促尽快晾干，然后放入二甲苯中，透明 5min，取出滴上适量光学树脂胶，盖上盖玻片，写好标签。

5.16.6　观察和计数

先用低倍镜，后用高倍镜粗检，选择细胞分布均匀，细胞无损，着色适当的区域，再在油镜下计数。虽然不计数有核细胞的微核，但需用有核细胞形态完好作为判断制片优劣的标准。

本法系观察嗜多染细胞的微核，嗜多染细胞呈灰蓝色，而成熟的红细胞呈粉红色。微核大多数呈圆形、单个的、边缘光滑整齐、嗜色性与核质一致、呈紫红色或蓝紫色。

每只动物计数 1000 个嗜多染红细胞。微核率指含有微核的嗜多染细胞数，以千分率表示。一个嗜多染细胞中出现两个或多个微核，仍按一个计数。

5.16.7　结果评价

微核试验结果的统计学处理，推荐下述方法：

首先找出受试物各剂量组和对照组微核 95％可信限：查普阿松分布（λ）的可信限表，阳性物组的 95％可信限按正态分布处理。然后绘出受试物各剂量组和对照组的 95％可信限的直线图。最后，各剂量组与对照组进行 u 检验。

根据统计处理结果来评价受试物是否具有染色体畸变作用。

5.17　小鼠精子畸形检测试验

5.17.1　意义：一般认为异常精子数的增加可能是在精子发生中造成遗传损伤的结果。因此，小鼠精子形态试验可用于鉴别能引起精子发生功能异常以及引起突变的化学物质。

5.17.2　动物：成年雄性小鼠，体重 25～35g。

5.17.3　剂量选择和动物分组：设 1/2、1/5、1/10 和 1/20 LD50 剂量组以及阳性对照和阴性对照组。阳性对照组腹腔注射环磷酰胺，剂量为 40mg/kg 体重。阴性对照组为溶剂对照。

5.17.4　染毒方式：经口灌入受试物，连续 5 天，每天一次。

5.17.5　实验步骤

5.17.5.1　于染毒后 4 周用颈椎脱臼的方式处死动物，剖腹，取出附睾。

5.17.5.2　将附睾放入盛有 2mL 生理盐水的小平皿中，用虹膜剪剪碎。

5.17.5.3　以三层擦镜纸过滤，滤液以 1000r/min 的速度离心 5min，去除上清液。

5.17.5.4　加入少量生理盐水，以混悬液涂片，自然干燥。

5.17.5.5　将玻片置甲醇中固定 5min，用 2.5％伊红染色 1h，封片。

5.17.5.6　在显微镜（40×10）下计数 2000 个精子中畸变的精子数，精子畸形的分类按 Wyrobeks 的方法进行。

5.17.6　结果评价

用柯莫洛夫-斯未尔诺夫检验方法进行统计学处理。

具体方法请参考《中国医学百科全书》医学统计学部分，第 160 页“频数分布的拟合优度”，上海科学技术出版社，1985。

附 录 A
实验动物体表面积估算方法
（补充件）

A.1 兔

$$S = K \cdot m^{\frac{2}{3}} \quad \text{(A1)}$$

式中：

S——体表面积，cm^2；

K——常数，一般成年家兔为 10；

m——动物体重，g。

例：体重 2kg 成年家兔体表面积：

$$S = 10 \times 2000^{\frac{2}{3}}$$

$$\begin{aligned} \lg S &= \lg 10 + 2/3 \lg 2000 \\ &= 1 + 0.6667 \times 3.3010 \\ &= 1 + 2.2008 \\ &= 3.2008 \end{aligned}$$

查反对数表：$S = 1588cm^2$

A.2 豚鼠

$$S = K \cdot m^{\frac{2}{3}} \quad \text{(A2)}$$

式中：

K——常数，$K = 9.26$；

m——动物体重，g。

例：体重 438g 之豚鼠的体表面积：

$$\begin{aligned} \lg S &= \lg 9.26 + 2/3 \lg 438 \\ &= 0.9666 + 2/3 \times 0.8805 \\ &= 0.9666 + 1.7610 \\ &= 2.7276 \end{aligned}$$

查反对数表：$S = 534cm^2$

A.3 大鼠、小鼠

$$S = 0.0913 m^{\frac{2}{3}} \quad \text{(A3)}$$

式中：

S——体表面积，cm^2；

m——动物体重，kg。

例：体重 200g 大鼠之体表面积：

$$S = 0.0913 \times (0.2)^{\frac{2}{3}}$$

$$\lg S = \lg 0.0913 + 2/3 \lg 0.2$$
$$= \bar{2}.9605 + 2/3 \times \bar{1}.3010$$
$$= \bar{2}.9605 + \bar{1}.5340$$
$$= \bar{2}.4945$$

查反对数表：$S = 0.03123\text{m}^2 = 312.3\text{cm}^2$

附 录 B
化学物质毒性的LD50计算方法
（补充件）

B.1 霍恩氏法（Horn）

一般各剂量组使用5只动物，常用的剂量系列有两排：

$$\left.\begin{matrix}1.0\\2.15\\4.64\\10.0\end{matrix}\right\}\times 10^{t} \qquad \left.\begin{matrix}1.0\\3.16\\10.0\\31.6\end{matrix}\right\}\times 10^{t}$$

t=0，±1，±2，±3……

前排系列的剂量间距较后排系列为小，结果较为精确，所以一般常选用之。

预备试验：通常采用10，100和1000mg/kg的剂量，各剂量使用2～3只动物。根据24h内动物死亡情况，估计LD50的可能范围，以确定正式试验所用的剂量。

正式试验：按预试所确定大概的致死剂量范围选用一组适宜的剂量系列，根据四个剂量组的动物死亡数，从Horn氏法LD50计算用表中，可求出LD50值及其可信限。

此法的优点是简单易行，使用动物少，可用来初步了解受试物的毒性强弱。缺点是所得LD50的可信限范围较宽，不够精确。

B.2 几率单位-对数图解法

先把剂量的对数值和相应反应的几率单位用点代表画在图上（用几率对数图纸直接把剂量和死亡百分数画在图上）。画线时应照顾所有图上各点，使点散布在线的上下，并使线上点的距离和线下点的距离能相互抵消，特别注意在死亡率15%到85%间的点，几率单位4与6之间的点，尽量使线接近这部分的点。当直线画定后，由图直线上50%死亡率（几率单位为5）的相应剂量对数值，就是半数致死量（LD50）的对数值，经反对数变换后即得LD50的剂量。

半数致死量（LD50）的可信限估计：

先求LD50的标准差S：

$$S=\frac{X_2-X_1}{Y_2-Y_1} \qquad \text{(B1)}$$

X_2、X_1相当于$Y_2=6$、$Y_1=4$（概率单位）时相应的X轴上的对数剂量。

估计log LD50的标准误差：

$$\text{SlogLD50}=\frac{S}{\sqrt{\frac{N'}{2}}}\text{或}\sqrt{\frac{2S^2}{N'}} \qquad \text{(B2)}$$

式中：

N'——反应为16%～84%之间所用试验动物数。

半数致死量对数值的95%可信限为logLD50+1.96S

logLD50，经反对数变换后，可得到LD50的95%可信限剂量。

该法要求：一般每剂量组使用不少于10只动物，但各组动物数不一定均等。此法不要求剂量组呈等比关系，但等比可使各点距离相等，利于作图。本法优点是，不需烦琐的计算。

B.3 寇氏法（Karbermettod）

该法是一种计算简便，易于理解，而且计算结果比较准确的一种方法。

依本方法设计时，剂量范围可宽些，剂量组必须多，但组间对数剂量差（组距）可以小些。

预备试验：一般应求得动物全死（或90%以上死亡的剂量）和动物不死亡（或10%以下死亡的剂量），分别作为正式试验的最高与最低剂量。

正式试验：一般设5～10个剂量组。将上述最高、最低剂量均换算为常用对数，然后将最高、最低剂量的对数差，按所需要的组数，分为几个对数等距（也可以不等距）的剂量组。

试验结果的计算和统计：

1. 列出试验数据及其计算表：包括各组剂量（mg/kg）、对数剂量（X）、动物数（n）、动物死亡数（r）、动物死亡百分比（P，以小数表示）以及统计公式中要求的其他计算数据项目。

2. LD50的计算公式：根据试验条件及试验结果，可分别选用下列三个公式中的一个，求出logLD50。

① 按本试验设计得出的任何结果，均可用式（B3）：

$$\log LD50 = \frac{1}{2}\sum (X_i + X_{i+1})(P_{i+1} - P_i) \quad \cdots\cdots (B3)$$

式中：

X_i 与 X_{i+1} 及 P_i 与 P_{i+1} 分别为相邻两组的剂量对数以及动物死亡百分比。

② 按本试验设计，且各组间剂量为对数等距时，可用式（B4）：

$$\log LD50 = X_k - d/2\sum (P_i + P_{i+1}) \quad \cdots\cdots (B4)$$

式中：

X_k——最高剂量对数；

d——相邻两剂量对数值的差数。

③ 若试验条件同②，且最高、最低剂量组动物死亡百分比分别为1.0（全死）和0（全不死）时，则可用更便于计算的式（B5）：

$$\log LD50 = X_k - d(\sum P - 0.5) \quad \cdots\cdots (B5)$$

式中：

$\sum P$——各组动物死亡百分比之和。

3. 标准误差与95%可信限：

① logLD50的标准误差（S）：

$$S\log LD50 = d\sqrt{\frac{\sum P - \sum P^2}{n}} \quad \cdots\cdots (B6)$$

② 95%可信限 $= \log^{-1}(\log LD50 \pm 1.96 S\log LD50)$ ……（B7）

附 录 C
化学物质的急性毒性（LD50）分级
（补充件）

级别	大鼠经口 LD50 /（mg/kg）	兔涂皮 LD50 /（mg/kg）
极毒	<1	<5
剧毒	≥1～50	≥5～44
中等毒	≥50～500	≥44～350
低毒	≥500～5000	≥350～2180
实际无毒	≥5000	≥2180

附加说明：

本标准由中国预防医学科学院环境卫生监测所归口。

本标准由“化妆品安全性评价程序和方法”起草小组负责起草。

本标准主要起草人徐凤丹、贺锡雯、秦钰慧、刘景忠。

本标准由中国预防医学科学院环境卫生监测所负责解释。

前　言

化妆品定义引用GB 5296.3—1995《消费品使用说明　化妆品通用标签》。

本标准是根据化妆品主要功能和主要使用部位进行分类，是化妆品工业的基础标准，是推荐性国家标准，它为有关部门及生产经销企业对化妆品分类管理提供参考依据。

本标准阐述了清洁类化妆品、护理类化妆品、美容/修饰类化妆品的定义及分类原则。企业可根据产品的主要功能及主要使用部位和化妆品分类原则，对产品进行归类。

本标准的附录A为提示的附录。

本标准由中国轻工业联合会提出。

本标准由全国香料香精化妆品标准化技术委员会归口。

本标准起草单位：上海市日用化学工业研究所、宝洁（中国）有限公司、联合利华（中国）有限公司、上海家化联合股份有限公司。

本标准主要起草人：笪宝林、姜慧敏、高瑞欣、吕梁、李维新、庄孟芙、张庆、陈雅芳。

中华人民共和国国家标准

GB/T 18670 — 2002

化妆品分类

Cosmetic classification

1 范围

本标准规定了化妆品的分类原则。

本标准适用于化妆品的分类。

2 引用标准

下列标准所包含的条文，通过在本标准中引用而构成为本标准的条文。本标准出版时，所示版本均为有效。所有标准都会被修订，使用本标准的各方应探讨使用下列标准最新版本的可能性。

GB 5296.3—1995 消费品使用说明 化妆品通用标签

3 定义

本标准采用下列定义。

3.1 化妆品

按 GB 5296.3—1995 中 3.1 执行。

3.2 清洁类化妆品

以涂抹、喷洒或其他类似方法，施于人体表面（如表皮、毛发、指甲、口唇等），起到清洁卫生作用或消除不良气味的化妆品。

3.3 护理类化妆品

以涂抹、喷洒或其他类似方法，施于人体表面（如表皮、毛发、指甲、口唇等），起到保养作用的化妆品。

3.4 美容/修饰类化妆品

以涂抹、喷洒或其他类似方法，施于人体表面（如表皮、毛发、指甲、口唇等），起到美容、修饰、增加人体魅力作用的化妆品。

4 化妆品分类原则

4.1 化妆品分类主要是按产品功能、使用部位来分类。

4.2 对于多功能、多使用部位的化妆品是以产品主要功能和主要使用部位来划分类别。

5 化妆品类别

按照化妆品分类原则，化妆品可分为：清洁类化妆品、护理类化妆品及美容/修饰类化妆品。

常用化妆品归类举例见附录 A（提示的附录）。

中华人民共和国国家质量监督检验检疫总局 2002-03-05 批准 2002-09-01 实施

附 录 A
（提示的附录）
常用化妆品归类举例

功能 部位	清洁类化妆品	护理类化妆品	美容/修饰类化妆品
皮肤	洗面奶 卸妆水（乳） 清洁霜（蜜） 面膜 花露水 痱子粉 爽身粉 浴液	护肤膏霜、乳液 化妆水	粉饼 胭脂 眼影 眼线笔（液） 眉笔 香水 古龙水
毛发	洗发液 洗发膏 剃须膏	护发素 发乳 发油/发蜡 焗油膏	定型摩丝/发胶 染发剂 烫发剂 睫毛液（膏） 生发剂 脱毛剂
指甲	洗甲液	护甲水（霜） 指甲硬化剂	指甲油
口唇	唇部卸妆液	润唇膏	唇膏 唇彩 唇线笔

ICS 71.100.70
分类号：Y 42
备案号：19936—2007

中华人民共和国轻工行业标准

QB/T 1684—2006
代替 QB/T 1684—1993

化妆品检验规则

Inspecting rules for cosmetics

2006-12-17 发布　　2007-08-01 实施

中华人民共和国国家发展和改革委员会　发布

前　言

本标准是对 QB/T 1684—1993《化妆品检验规则》的修订。

本标准与 QB/T 1684—1993 相比，主要变化如下：

——增加了 GB/T 8051《计数序贯抽样检验程序及表》的引用；

——增加了 QB/T 1685《化妆品产品包装外观要求》的引用；

——删除了原标准中的 3.4，该定义已在 GB/T 2828.1 中确立；

——原标准中的 6.1.2 用 GB/T 8051《计数序贯抽样检验程序及表》替代；

——将原标准中的 7.1.1～7.1.3 合并为本标准的 7.1；

——将原标准中的第 10 章并入本标准的 7.2。

本标准由中国轻工业联合会提出。

本标准由全国香料香精化妆品标准化技术委员会归口。

本标准起草单位：上海家化联合股份有限公司、欧莱雅（中国）有限公司、湖北丝宝股份有限公司和上海花王有限公司。

本标准主要起草人：王寒洲、姜宜凡、皮峻岭、姜筱燕。

本标准自实施之日起，代替原轻工业部发布的轻工行业标准 QB/T 1684—1993《化妆品检验规则》。

本标准所代替标准的历次版本发布情况为：

——QB/T 1684—1993。

化妆品检验规则

1 范围

本标准规定了化妆品检验的术语、检验分类、组批规则和抽样方案、抽样方法和判定规则。

本标准适用于各类化妆品的交收检验和型式检验。

2 规范性引用文件

下列文件中的条款通过本标准的引用而成为本标准的条款。凡是注日期的引用文件，其随后所有的修改单（不包括勘误的内容）或修订版均不适用于本标准，然而，鼓励根据本标准达成协议的各方研究是否可使用这些文件的最新版本。凡是不注日期的引用文件，其最新版本适用于本标准。

GB/T 2828.1 计数抽样检验程序 第1部分：按接收质量限（AQL）检索的逐批检验抽样计划

GB/T 8051 计数序贯抽样检验程序及表

QB/T 1685 化妆品产品包装外观要求

3 术语

GB/T 2828.1 确立的以及下列术语和定义适用于本标准。

3.1 常规检验项目

每批化妆品应对感官、理化指标、净含量、包装外观要求和卫生指标中的菌落总数进行检验的项目。

3.2 非常规检验项目

每批化妆品对卫生指标中除菌落总数以外的其他指标进行检验的项目。

3.3 适当处理

在不破坏销售包装的前提下，从整批化妆品中剔除个别不符合包装外观要求的挑拣过程。

3.4 单位产品

单件化妆品，以瓶、支、袋、盒为基本单位。

4 检验分类

4.1 交收检验

4.1.1 化妆品出厂前，应由生产企业的检验人员按化妆品产品标准的要求逐批进行检验，符合标准方可出厂。

4.1.2 收货方允许以同一日期、品种、规格的交货量为批，按化妆品产品标准的要求进行检验。

4.1.3 交收检验项目为常规检验项目。

4.2 型式检验

4.2.1 型式检验每年应不少于一次。有下列情况之一时，也应进行型式检验。

a）当原料、工艺、配方发生重大改变时；

b）化妆品首次投产或停产6个月以上恢复生产时；

c）生产场所改变时；

d）国家质量监督机构提出进行型式检验要求时。

4.2.2 型式检验项目包括常规检验项目和非常规检验项目。

5 组批规则和抽样方案

5.1 组成批规则

5.1.1 出厂检验应以相同的工艺条件、品种、规格、生产日期的化妆品组成批。对包装外观要求的检验，组成批的时间可以是批的组成过程中，但不能固定时间，也可以在批组成以后。

5.1.2 收货方允许以同一生产日期、品种、规格的化妆品交货量组成批。

5.2 抽样方案

5.2.1 包装外观要求的检验项目按 GB/T 2828.1 二次抽样方案随机抽取单位产品。抽样方案中的不合格分类和检验水平及接收质量限（AQL）见表 1。

表 1　包装外观要求的不合格分类和检验水平及接收质量限

不合格分类	检验水平	接收质量限（AQL）
B类不合格	一般检验水平Ⅱ	2.5
C类不合格	一般检验水平Ⅱ	10.0

5.2.2 包装外观要求的检验项目和不合格分类见表 2。

表 2　包装外观要求的不合格分类和检验项目

<table>
<tr><th>检验项目</th><th>B类不合格</th><th>C类不合格</th></tr>
<tr><td>印刷、标贴</td><td>印刷不清晰、易脱落。标贴有错贴、漏贴、倒贴</td><td rowspan="8">除B类不合格内容以外的外观缺陷，见 QB/T 1685</td></tr>
<tr><td>瓶</td><td>冷爆、裂痕、泄漏、毛刺（毛口）、瓶与盖滑牙和松脱</td></tr>
<tr><td>盖</td><td>破碎、裂纹、漏放内盖、铰链断裂</td></tr>
<tr><td>袋</td><td>封口开口、穿孔、漏液、不易开启、胀袋</td></tr>
<tr><td>软管</td><td>封口开口、漏液、盖与软管滑牙和松脱</td></tr>
<tr><td>盒</td><td>毛口、开启松紧不适宜、镜面和内容物与盒粘接脱落、严重瘪听</td></tr>
<tr><td>喷雾罐</td><td>罐体不平整、裂纹</td></tr>
<tr><td>锭管</td><td>管体毛刺（毛口）、松紧不适宜、旋出或推出不灵活</td></tr>
<tr><td>化妆笔</td><td>笔杆开胶、漆膜开裂、笔套配合松紧不适宜</td><td>表面不光滑、不清洁</td></tr>
<tr><td>喷头</td><td>破损、裂痕、组配零部件不完整</td><td>不端正、不清洁</td></tr>
<tr><td>外盒</td><td>错装、漏装、倒装</td><td>除B类不合格内容以外的外观缺陷，见 QB/T 1685</td></tr>
</table>

5.2.3 喷液不畅等破坏性检验项目用 GB/T 2828.1，特殊检验水平 S－3，不合格品百分数的接收质量限（AQL）为 2.5 的一次抽样方案。为减少样本量和检验费用，可采用 GB/T 8051 的抽样方案替换。GB/T 2828.1 的抽样方案为仲裁抽样方案。

6 抽样方法

6.1 感官、理化指标、净含量、卫生指标检验的样本应是从批中随机抽取足够用于各项检验和留样的单位产品。并贴好写明生产日期和保质期或生产批号和限期使用日期、取样日期、取样人的标签。

6.2 包装外观要求检验的样本应是以能代表批质量的方法抽取的单位产品。当检验批由若干层组成时，应以分层方法抽取单位产品。并允许将检验后完好无损的单位产品放回原批中。

6.3 型式检验时，非常规检验项目可从任一批产品中随机抽取 2～4 单位产品，按产品标准规定的方法检验。

6.4 型式检验时，常规检验项目应以交收检验结果为准，不再重复抽取样本。

7 判定和复检规则

7.1 感官、理化指标、净含量、卫生指标的检验结果按产品标准判定合格与否。如果检验结果中有指标出现不合格项，应允许交收双方共同按第 6 章的规定再次抽样，并对该指标进行复检。若复检结果仍不合格，则判该批产品不合格。

7.2 包装外观要求的检验结果按 GB/T 2828.1 的判定方法判定合格与否。当出现 B 类不合格的批产品时，允许生产企业经适当处理该批产品后再次提交检验。再次提交检验按加严检验二次抽样方案进行抽样检验。当出现 C 类不合格批产品时，允许生产企业经适当处理该批产品后再次提交检验。再次提交检验按加严检验二次抽样方案进行抽样检验或由交收双方协商处理。

7.3 如果交收双方因检验结果不同，不能取得协议时，可申请按产品标准和本标准进行仲裁检验，以仲裁检验的结果为最后判定依据。

8 转移规则

包装外观要求检验的转移规则按 GB/T 2828.1 的规定。

9 检验的暂停和恢复

包装外观要求检验的暂停和恢复按 GB/T 2828.1 的规定。

二、测定方法标准

ICS 71.100.70
Y 42

中华人民共和国国家标准

GB/T 13531.1—2008
代替 GB/T 13531.1—2000

化妆品通用检验方法　pH的测定

General methods on determination of cosmetics—Determination of pH

2008-12-28 发布　　2009-06-01 实施

中华人民共和国国家质量监督检验检疫总局
中国国家标准化管理委员会　发布

前　　言

GB/T 13531《化妆品通用检验方法》分为三个部分：

——GB/T 13531.1《化妆品通用检验方法　pH 的测定》；

——GB/T 13531.3《化妆品通用检验方法　浊度的测定》；

——GB/T 13531.4《化妆品通用检验方法　相对密度的测定》。

本部分为 GB/T 13531 的第 1 部分。

本部分代替 GB/T 13531.1—2000《化妆品通用检验方法　pH 的测定》。

本部分与 GB/T 13531.1—2000 相比主要变化如下：

——6.1.1 稀释倍数做了修改。

本部分由中国轻工业联合会提出。

本部分由全国香料香精化妆品标准化技术委员会归口。

本部分起草单位：联合利华（中国）有限公司、上海市日用化学工业研究所。

本部分主要起草人：毛捷、沈敏。

本部分所代替标准的历次版本发布情况为：

——GB/T 13531.1—1992，GB/T 13531.1—2000。

化妆品通用检验方法　pH 的测定

1　范围

GB/T 13531 的本部分规定了化妆品 pH 的测定方法。

本部分适用于化妆品 pH 的测定。

2　规范性引用文件

下列文件中的条款通过 GB/T 13531 的本部分的引用而成为本部分的条款。凡是注日期的引用文件，其随后所有的修改单（不包括勘误的内容）或修订版均不适用于本部分，然而，鼓励根据本部分达成协议的各方研究是否可使用这些文件的最新版本。凡是不注日期的引用文件，其最新版本适用于本部分。

GB/T 6682　分析实验室用水规格和试验方法（GB/T 6682—2008，ISO 3696：1987，MOD）

3　原理

测量进入化妆品中的玻璃电极和参考电极之间的电位差。

4　试剂

4.1　实验室用水采用 GB/T 6682 中的三级水，其中电导率小于等于 5μS/cm，用前煮沸冷却。

4.2　从常用的标准缓冲溶液中选取两种以校准 pH 计，它们的 pH 应尽可能接近试样预期的 pH，缓冲溶液用水（4.1）配制。

5　仪器

5.1　pH 计：包括温度补偿系统，精度至少为 0.02。

5.2　玻璃电极、甘汞电极或复合电极。

6　分析步骤

6.1　试样的制备

6.1.1　稀释法

称取试样一份（精确至 0.1g），加入经煮沸冷却后的实验室用水（4.1）九份，加热至 40℃，并不断搅拌至均匀，冷却至规定温度，待用。

如为含油量较高的产品，可加热至 70～80℃，冷却后去油块待用；粉状产品可沉淀过滤后待用。

6.1.2　直测法（粉类、油膏类化妆品及油包水型乳化体除外）

将适量包装容器中的试样放入烧杯中或将小包装试样去盖后，调节至规定温度，待用。

6.2　校正

按仪器使用说明校正 pH 计。选择两个标准缓冲溶液（4.2），在所规定温度下校正，或在温度补偿系统下进行校正。

6.3　测定

电极、洗涤用水和标准缓冲溶液的温度需调至规定温度，彼此间温度越接近越好，或同时调节至室温校正。

仪器校正后，首先用水（4.1）冲洗电极，然后用滤纸吸干。将电极小心插入试样中，使电极浸没，待pH计读数稳定，记录读数。读毕，需彻底清洗电极，待用。

7 分析结果的表述

pH的测定结果以两次测量的平均值表示，精确到0.1。

8 精确度

平行试验误差应≤0.1。

中华人民共和国国家标准

GB/T 13531.3—1995

化妆品通用检验方法　浊度的测定

Generel methods on determination of cosmetics —Determination of cloudiness

1　主题内容与适用范围

本标准规定了化妆品浊度的检验方法。

本标准适用于化妆品浊度的测定。

2　仪器

2.1　温度计：分度值 0.2℃。

2.2　玻璃试管：直径 2cm，长 13cm；直径 3cm，长 15cm。也可使用磨口凝固点测定管。

3　试验步骤

在烧杯中放入冰块或冰水，或其他低于测定温度 5℃的适当的冷冻剂。

取试样一份，倒入预先烘干的 ϕ2cm×13cm 玻璃试管中，样品高度为试管长度的 1/3。将串联温度计的塞子塞紧试管口，使温度计的水银球位于样品中间部分。试管外部套上另一支 ϕ3cm×15cm 的试管，使装有样品的试管位于套管的中间，注意不使两支试管的底部相触。将试管置于加了冷冻剂的烧杯中冷却，使试样温度逐步下降，观察到达规定温度时的试样是否清晰。

重复测定一次，两次结果应一致。

4　结果的表示

在规定温度时，试样仍与原样的清晰程度相等，则该试样通过在规定温度下的浊度检验。检验结果为清晰，不混浊。

附加说明：

本标准由中国轻工总会提出。

本标准由全国化妆品标准化中心归口。

本标准由上海市日用化学工业研究所负责起草。

本标准主要起草人姜慧敏、胡茵。

国家技术监督局 1995-12-26 批准　　　　1996-12-01 实施

中华人民共和国国家标准

GB/T 13531.4－1995

化妆品通用检验方法　相对密度的测定

Generel methods on determination of cosmetics —Determination of relative density

1　主题内容与适用范围

本标准规定了液态化妆品相对密度的检验方法。

本标准适用于液态化妆品相对密度的测定。

2　原理

分别测量一定温度下相同体积的产品和蒸馏水的质量，产品的质量和蒸馏水的质量之比即为相对密度。

3　仪器

3.1　密度瓶：带有温度计的 25mL 密度瓶。

3.2　恒温水浴：温控精度±0.5℃。

3.3　密度计：分度值为 0.01。

3.4　温度计：分度值为 1℃。

3.5　量筒：250mL。

4　分析步骤

第一法　密度瓶法

4.1　水值的测定

依次用铬酸洗液、蒸馏水、乙醇、乙醚仔细洗净密度瓶，干燥至恒重（精确至 0.0002g）。加入刚经煮沸而冷却至比规定温度低约 2℃的蒸馏水，装满密度瓶，插入温度计，然后将瓶置于规定温度的恒温水浴中，保持 20min，用滤纸擦去毛细管溢出的水，盖上小帽，擦干密度瓶外部的水，称其质量（精确至 0.002g）。按式（1）计算水值：

$$W = G_1 - G_0 \qquad (1)$$

式中：

W——水值，g；

G_1——水和密度瓶质量之和，g；

G_0——空密度瓶的质量，g。

4.2　试样的测定

将试样小心地加到已知水值和瓶重的洁净干燥的密度瓶中，插入温度计。按 4.1 条进行恒温，称重。

国家技术监督局 1995-12-26 批准　　　　1996-12-01 实施

4.3 相对密度的计算

$$D_{t_0}^{t}=\frac{G_2-G_0}{W} \quad\cdots\cdots(2)$$

式中：

$D_{t_0}^{t}$——试样在 t℃时相对于 t_0℃时同体积水的相对密度；

G_2——试样和密度瓶的质量之和，g。

5 测定结果的表述

以两次测量的平均值为最后结果。

6 精密度

两次平行试验误差不大于 0.002。

第二法 密度计法

7 分析步骤

7.1 水值的测定

将蒸馏水置于洁净干燥的量筒中，再将量筒置于规定温度的恒温水浴中，保持 20min，待蒸馏水达到规定温度后，用密度计测其密度。

7.2 样品的测试

将样品加入到洁净干燥的量筒中，恒温、测量如 7.1。

8 计算

分析结果按式（3）计算：

$$D_{t_0}^{t}=\frac{\rho_1}{\rho_0} \quad\cdots\cdots(3)$$

式中：

ρ_1——样品在 t℃时的密度，g/mL；

ρ_0——水在 t℃时的密度，g/mL。

注：若测试密度，只需用密度计在规定温度下测试样品，读数即为样品的密度。不需再测试水值和计算。

9 精密度

两次平行试验结果的误差不大于 0.02。

附加说明：

本标准由中国轻工总会提出。

本标准由全国化妆品标准化中心归口。

本标准由上海市日用化学工业研究所负责起草。

本标准主要起草人奚婉玲、胡茵。

ICS 71.100.70
Y 42

中华人民共和国国家标准

GB/T 22728—2008

化妆品中丁基羟基茴香醚（BHA）和二丁基羟基甲苯（BHT）的测定 高效液相色谱法

Determination of butylated hydroxyanisole (BHA) and butylated hydroxytoluene (BHT) in cosmetics—High performance liquid chromatography

2008-12-31 发布　　　　2009-08-01 实施

中华人民共和国国家质量监督检验检疫总局
中国国家标准化管理委员会　发布

前　言

本标准的附录A为资料性附录。

本标准由国家认证认可监督管理委员会提出并归口。

本标准起草单位：中国检验检疫科学研究院。

本标准主要起草人：陈会明、郝楠、于文莲、周新、白桦、刘娟、卢加文。

化妆品中丁基羟基茴香醚（BHA）和二丁基羟基甲苯（BHT）的测定 高效液相色谱法

1 范围

本标准规定了化妆品中丁基羟基茴香醚（BHA）和二丁基羟基甲苯（BHT）的液相色谱测定方法。

本标准适用于固体、膏状和液体化妆品中丁基羟基茴香醚（BHA）和二丁基羟基甲苯（BHT）的测定。

本标准的方法检出限：丁基羟基茴香醚（BHA）、二丁基羟基甲苯（BHT）均为0.005%。

2 原理

用甲醇超声提取化妆品中的BHA、BHT，离心分离，取上清液过滤，滤液经配有紫外检测器的高效液相色谱仪检测，外标法定量。

3 试剂与材料

除另有说明外，所有试剂均为分析纯，水为二次去离子水或重蒸水。

3.1 甲醇

优级纯或者色谱纯。

3.2 标准品

BHA，纯度不小于98%（其中3-BHA，纯度不小于90%；2-BHA，纯度不大于8%）；BHT，纯度不小于99%。

3.3 标准储备液

BHA的标准储备液：准确称取BHA标准品0.1g，精确至1mg，用甲醇溶解后转移至100mL容量瓶中，甲醇定容，振荡均匀，即得BHA质量浓度为1000μg/mL的标准储备液。

BHT的标准储备液：准确称取BHT标准品0.1g，精确至1mg，用甲醇溶解后转移至100mL容量瓶中，甲醇定容，振荡均匀，即得BHT质量浓度为1000μg/mL的标准储备液。

4 仪器

4.1 高效液相色谱仪：配紫外检测器。

4.2 超声波清洗器。

4.3 高速离心机：不小于15000r/min。

4.4 注射式样品过滤器：配有有机相滤膜，滤膜孔径0.45μm。

4.5 锥形瓶：具磨口塞，50mL。

4.6 容量瓶：100mL、25mL。

5 测定

5.1 试样处理

5.1.1 固体、膏状化妆品：称取化妆品0.5g（精确到1mg）于50mL锥形瓶中，加入甲醇25.00mL，超声提取 20min，以 12 000 r/min 高速离心 15min，上清液过 0.45μm 滤膜，滤液供测试。

5.1.2 液体化妆品：称取液体化妆品（香水、爽肤水等）0.5g（精确到 1mg）于 25mL 容量瓶中，用甲醇定容至刻度，充分摇匀，上清液过 0.45μm 滤膜，滤液供测试。

5.2 标准工作曲线的绘制

分别吸取 10.00mL 的 BHA 和 BHT 标准储备液（3.3）于 50mL 容量瓶中，用甲醇定容后摇匀，即得质量浓度为 200μg/mL 的混合标准工作溶液，逐级稀释该溶液得到质量浓度为 100μg/mL、50μg/mL、25μg/mL、10μg/mL、5μg/mL、1μg/mL 的混合标准工作溶液，供高效液相色谱测定，得出标准工作曲线。

5.3 测定步骤

5.3.1 色谱条件

a）色谱柱：C_{18}，5 μm，250mm×4.6mm（内径）或相当者；

b）流动相：甲醇：水（10：1）；

c）流速：1.0mL/min；

d）检测波长：278nm；

e）柱温：室温；

f）进样量：10μL。

5.3.2 高效液相色谱测定

分别准确吸取样品待测液（5.1）及标准工作溶液（5.2）注入高效液相色谱仪，应用 5.3.1 规定的色谱条件进行测定。在选定色谱条件下，标准溶液（5.2）按质量浓度由稀至浓顺序依次进样，得到峰面积与质量浓度的标准工作曲线。试样溶液中的 BHA、BHT 的响应值应在标准工作曲线的线性范围内。在 5.3.1 规定的色谱条件下，BHA、BHT 标准物质的保留时间分别为 3.924min、8.955min。BHA 和 BHT 标准物质的色谱图参见附录 A 中图 A.1。

5.4 空白试验

除不加试样外，均按上述步骤（5.1～5.3）同时完成空白试验。

6 结果计算

结果按式（1）计算，计算结果保留到小数点后两位，计算结果需扣除空白值。

$$X_i = \frac{c_i \times V}{m \times 10^6} \times 100 \qquad (1)$$

式中：

X_i——BHA 或 BHT 的含量，%；

c_i——标准曲线查得的 BHA 或 BHT 的质量浓度，单位为微克每毫升（μg/mL）；

V——样品稀释后总体积，单位为毫升（mL）；

m——样品质量，单位为克（g）。

7 回收率和精密度

添加质量浓度为 0.01%～1.00% 时，BHA 的回收率为 93.6%～103.9%，相对标准偏差为 0.24%～2.70%；

添加质量浓度为 0.01%～1.00% 时，BHT 的回收率为 97.5%～108.5%，相对标准偏差为 0.27%～2.29%。

附　录　A
（资料性附录）
标准物质色谱图

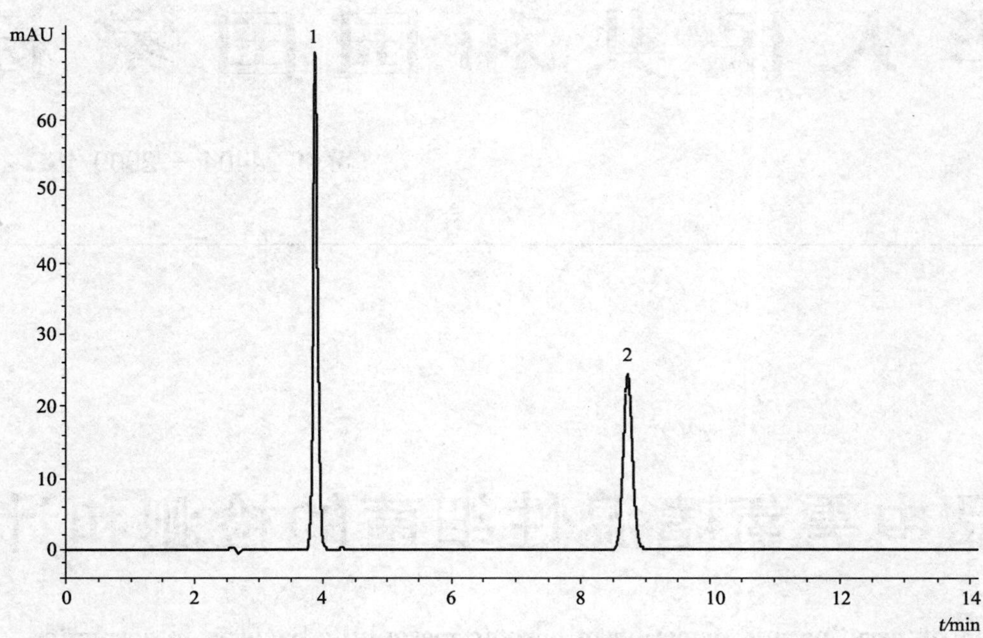

图 A.1　BHA、BHT 标准物质高效液相色谱图

1—丁基羟基茴香醚（BHA）；2—二丁基羟基甲苯（BHT）

ICS 71.100.70
Y 42

中华人民共和国国家标准

GB/T 24404—2009/ISO 21149：2006

化妆品中需氧嗜温性细菌的检测和计数法

Enumeration and detection of aerobic mesophilic bacteria in cosmetics

（ISO 21149：2006，Cosmetics—Microbiology—Enumeration and detection of aerobic mesophilic bacteria，IDT）

2009-09-30 发布　　2009-12-01 实施

中华人民共和国国家质量监督检验检疫总局
中国国家标准化管理委员会　发布

前　言

本标准等同采用 ISO 21149：2006《化妆品　微生物学　需氧嗜温性细菌的检测和计数》（英文版）。

本标准等同翻译 ISO 21149：2006。

为便于使用，本标准做了下列编辑性修改：

a）删除国际标准的前言。

本标准的附录 A、附录 B、附录 C、附录 D 均为资料性附录。

本标准由国家认证认可监督管理委员会提出。

本标准由全国进出口食品安全检测标准化技术委员会（SAC/TC 445）归口。

本标准起草单位：中华人民共和国上海出入境检验检疫局、中华人民共和国天津出入境检验检疫局、中华人民共和国河南出入境检验检疫局。

本标准主要起草人：顾鸣、韩伟、苗丽、赵宏、杨捷琳、靳海彤。

化妆品中需氧嗜温性细菌的检测和计数法

1 范围

本标准规定了化妆品中需氧嗜温性细菌的常规检测和计数方法，可经需氧培养后对琼脂培养基上的菌落数计数，或检查经增菌后有无细菌生长。

本标准可能不适用于某些难溶于水的产品和清洁类用品等样品的检验，可用被证实具有相同效果其他试验方法替代。必要时，可选用本标准的参考文献中列举的确证方法对检测和计数的微生物进行确证。

2 规范性引用文件

下列文件中的条款通过本标准的引用而成为本标准的条款。凡是注日期的引用文件，其随后所有的修改单（不包括勘误的内容）或修订版均不适用于本标准，然而，鼓励根据本标准达成协议的各方研究是否可使用这些文件的最新版本。凡是不注日期的引用文件，其最新版本适用于本标准。

ISO 21148 化妆品 微生物学 微生物检验通则

3 术语和定义

下列术语和定义适用于本标准。

3.1

需氧嗜温性细菌 aerobic mesophilic bacteria

在本标准规定的需氧条件下生长的嗜温性细菌。

注：在该条件下，酵母菌、霉菌等其他类型的微生物也可能生长。

3.2

产品 product

实验室获得用于检测的化妆产品部分。

3.3

样品 sample

检测中用于制备初悬液的产品部分（至少 1g 或 1mL）。

3.4

初悬液 initial suspension

一定体积的溶液（稀释剂、中和剂、肉汤或其混合物）制成的样品悬液或溶液。

3.5

样品稀释液 sample dilution

用于制备初悬液的稀释液。

4 原则

4.1 一般性原则

本方法涉及非选择性琼脂培养基上的菌落计数，或是增菌后有无细菌生长。样品中可能抑制细菌生长的物质应被中和，以便于检测存活的细菌。无论何种情况和使用何种方法，对产品抑菌性能的中和效果都应被检查和确认。

4.2 平板计数法

平板计数法包括以下步骤：

——使用特定培养基，制备倾注平板或涂布平板，然后将一定量产品的初悬液或稀释液接种到平板中；

——将平板在有氧条件下 32.5℃±2.5℃培养 72h±6h；

——计数菌落形成单位（CFU），并计算每毫升或每克产品中需氧嗜温性细菌的数量。

4.3 膜过滤法

膜过滤法包括以下步骤：

——按验证过的步骤（见 13.3.4），将一定量制备好的样品悬液，通过事先由少量无菌稀释剂润湿的过滤装置进行过滤处理和清洗，然后将过滤膜移至特定琼脂培养基的表面（见 ISO 21148）；

——在有氧条件下，置 32.5℃±2.5℃培养 72h±6h；

——计数菌落形成单位（CFU），并计算每毫升（mL）或每克（g）产品中需氧嗜温性细菌的数量。

4.4 经增菌处理后检测细菌

增菌后细菌的检测包括以下步骤：

——将一定量初悬液加入到非选择性液体培养基（含有合适的中和剂和/或溶剂）中，置 32.5℃±2.5℃条件下，至少培养 20h；

——将一定量的上述增菌液接种到非选择性琼脂培养基上；

——在有氧条件下 32.5℃±2.5℃、培养 48h～72h；

——检查细菌生长情况，结果表达为每份质量或体积的样品中需氧嗜温性细菌“阳性/阴性”。

5 稀释剂、中和剂和培养基

5.1 原则

通常的规格要求在 ISO 21148 中已有详细描述。配制用水为蒸馏水或纯净水在 ISO 21148 中也有详细规定。下列稀释剂、中和剂和培养基适用于需氧嗜温性细菌的检测，其他证实有效的稀释剂、中和剂和培养基也可用于本标准。

5.2 中和稀释剂和稀释剂

5.2.1 原则

稀释剂用于分散样品，如果样品含有抑菌性物质，稀释剂中可添加中和剂。在检测前应该确认中和剂的效果（见第 13 章）；有关合适的中和剂信息在附录 A 有介绍。

5.2.2 中和稀释剂

5.2.2.1 酪蛋白消化物－大豆卵磷脂－吐温 20 培养基（SCDLP 20 肉汤）

5.2.2.1.1 成分

胰酶消化的酪蛋白	20.0g
大豆卵磷脂	5.0g
吐温 20	40.0mL
水	960.0mL

5.2.2.1.2 制备

将吐温 20 溶于 960mL 水中，在 49℃±2℃水浴中加热混匀；然后加入胰酶消化的酪蛋白和大豆卵磷脂，持续加热 30min 溶解；混合均匀后分装至合适的容器中，置 121℃高压灭菌 15min 后，在室温下调整 pH 值至 7.3±0.2。

5.2.2.2 其他中和稀释剂

适当情况下也会用到其他中和剂，参见附录 A 和附录 B。

5.2.3 稀释剂

5.2.3.1 液体 A

5.2.3.1.1 成分

动物性蛋白胨	1.0g
水	1 000mL

5.2.3.1.2 制备

将 1g 蛋白胨溶于 1.0L 水中，加热并持续搅拌溶解；混合均匀后分装至合适容器中，置 121℃高压灭菌 15min。灭菌后，在室温下调整 pH 值为 7.1±0.2。

5.2.3.2 其他稀释剂

适当情况下也会用到其他稀释剂，参见附录 C。

5.3 细菌悬液稀释剂（胰蛋白胨盐溶液）

5.3.1 成分

胰蛋白胨	1.0g
氯化钠	8.5g
水	1 000mL

5.3.2 制备

将上述成分溶解在水中，加热并持续搅拌，混合均匀后分装至合适容器中，置 121℃高压灭菌 15min 后，在室温下调整 pH 值至 7.0±0.2。

5.4 培养基

5.4.1 原则

培养基应按如下方法配制，或按照制造商所介绍的方法使用脱水培养基。当合成培养基的成分和（或）使用范围与这里给出的配方相同时也可使用。

5.4.2 计数用培养基

5.4.2.1 大豆酪蛋白消化物琼脂培养基（SCDA）或胰胨大豆琼脂斜面（TSA）

5.4.2.1.1 成分

胰酶消化的酪蛋白	15.0g
大豆粉木瓜蛋白酶消化物	5.0g
氯化钠	5.0g
琼脂	15.0g
水	1 000mL

5.4.2.1.2 制备

将上述成分或完全脱水培养基溶解在水中，加热搅拌溶解；然后分装在合适的容器中；置 121℃高压灭菌 15min 后，在室温下调整 pH 值至 7.3±0.2。

5.4.2.2 其他计数用培养基

适当情况下也会用到其他培养基，参见附录 D。

5.4.3 检测用培养基

5.4.3.1 原则

在进行选择时，增菌肉汤和琼脂培养基可用于细菌检测。增菌肉汤用于分散样品并增加初始微生物的数量。若待测样品具有抑菌性时，在增菌肉汤中可添加中和剂。

5.4.3.2 增菌肉汤：Eugon LT 100 肉汤

5.4.3.2.1 原则

这种培养基包含具有中和样品中抑制性物质的成分（卵磷脂和吐温 80）和分散剂（辛基酚聚醚 9）。

5.4.3.2.2 **成分**

胰酶消化的酪蛋白	15.0g
大豆粉木瓜蛋白酶消化物	5.0g
L-胱氨酸	0.7g
氯化钠	4.0g
亚硫酸钠	0.2g
葡萄糖	5.5g
卵磷脂	1.0g
吐温 80	5.0g
辛基酚聚醚 9	1.0g
水	1 000mL

5.4.3.2.3 **制备**

将吐温 80、辛基酚聚醚 9 和卵磷脂先后溶解在沸腾的水中，直至完全溶解；再边加热搅拌边加入其他成分进行溶解；然后将培养基分装在合适的容器中。置 121℃高压灭菌 15min 后，在室温下调整 pH 值至 7.0±0.2。

5.4.3.3 **检测用琼脂培养基**

5.4.3.3.1 **Eugon LT 100 琼脂培养基**

5.4.3.3.1.1 **成分**

胰酶消化的酪蛋白	15.0g
大豆粉木瓜蛋白酶消化物	5.0g
L-胱氨酸	0.7g
氯化钠	4.0g
亚硫酸钠	0.2g
葡萄糖	5.5g
卵磷脂	1.0g
吐温 80	5.0g
辛基酚聚醚 9	1.0g
琼脂	15.0g
水	1 000mL

5.4.3.3.1.2 **制备**

将吐温 80、辛基酚聚醚 9 和卵磷脂先后溶解在沸腾的水中，直至完全溶解；再边加热搅拌边加入其他成分进行溶解，轻轻搅拌避免飞溅；然后将培养基分装在合适的容器中；置 121℃高压灭菌 15min 灭菌后，在室温下调整 pH 值至 7.0±0.2。

5.4.3.3.2 **其他检测用琼脂培养基**

其他可使用的培养基可参见附录 D。

5.4.4 **标准菌株培养用琼脂培养基**

使用大豆酪蛋白消化物琼脂培养基（SCDA）或胰胨大豆琼脂斜面（TSA）（5.4.2.1）。

6 仪器设备及玻璃器皿

仪器、设备和玻璃器皿见 ISO 21148。

7 微生物菌种

为了验证中和剂的功效，分别使用了革兰氏阴性和阳性[1)2)]的两种标准菌株：

——铜绿假单胞菌 ATCC 9027（等效菌株：CIP 82.118、NCIMB 8626、NBRC 13275、KCTC 2513 或其他等效的国家收藏标准菌株）；

——金黄色葡萄球菌 ATCC[3)] 6538（等效菌株：CIP[1)] 4.83、NCIMB[4)] 9518、NBRC[5)] 13276、KCTC[2)] 1916 或其他等效的国家收藏标准菌株）。

其他可供选择的革兰氏阴性菌株有：大肠杆菌 ATCC 8739（等效菌株：CIP 53.126、NCIMB 8545、NBRC 39722、KCTC 2571 或其他等效的国家收藏标准菌株）。

应按照标准菌株供应商提供的操作方法复苏菌种。

菌种应按 EN 12353 要求保存在实验室中。

8 化妆品产品和实验室样品的处理

如果待测的化妆品在室温下保藏的话，在分析前后不需要对产品（3.2）和样品（3.3）进行孵育、冷藏和冷冻处理。

待测化妆品的抽样见 ISO 21148，样品的分析按照 ISO 21148 的要求和下列步骤进行。

9 步骤

9.1 一般建议

使用无菌材料、仪器和无菌操作技术来制备样品、初悬液和稀释液。样品初悬液从完成制备到接种培养基内的时间不能超过 45min，除非程序或文件中有特别注明。

9.2 初悬液的制备

9.2.1 原则

在检测中，使用至少 1g 或 1mL 的混合均匀的产品来制备样品初悬液。

注：S 代表样品准确的质量或体积。

初悬液通常是 1：10 的样品稀释液。如果存在重度污染和（或）1：10 的稀释液仍存在抑菌性，就需要更大量的稀释液或增菌肉汤。

9.2.2 水溶性产品

依照方法的要求，将化妆品样品（S）加入到适当体积的中和稀释剂（5.2.2）、稀释剂（5.2.3）或增菌肉汤（5.4.3.2）中。

注：稀释倍数为 d。

9.2.3 非水溶性产品

将化妆品样品（S）加入到装有适量促溶剂（例：吐温 80）的合适容器中。将样品分散在促溶剂中，按照方法的要求，加入适量（例：9mL）的中和稀释剂（5.2.2）、稀释剂（5.2.3）或增菌肉汤（5.4.3.2）中。

注：稀释倍数为 d。

1）CIP：法国巴斯德研究所菌种保藏中心。

2）KCTC：韩国典型菌种保藏中心。

3）ATCC：美国标准生物品收藏中心。

4）NCIMB：英国食品工业与海洋细菌菌种保藏中心。

5）NBRC：日本技术评价研究所生物资源中心。

9.3 计数方法

9.3.1 稀释计数

通常，初悬液是最初始的计数稀释度。依照产品污染的预期程度，如果必要的话，可使用相同的稀释剂将初悬液进行连续稀释，制成系列梯度的稀释液（例：1∶10 稀释度）。

一般计数方法至少需要两个培养皿。但在常规检测中或同一种样品的梯度稀释中或参考以前的结果时，可以只使用一只培养皿。

9.3.2 平板计数法

9.3.2.1 倾注平板法

在直径为 85mm～100mm 的培养皿中，加入 1mL 初悬液和样品稀释液（见第 13 章），倒入 15mL～20mL 琼脂培养基（5.4.2）（保存在不超过 48℃的水浴中）。如果使用更大的培养皿，倒入的琼脂培养基的量应相应增加。

小心旋转或倾注平板以使初悬液和（或）样品稀释液与培养基充分混合。在室温下，将培养皿放置于水平面上使平皿中的混合物凝固。

9.3.2.2 涂布平板法

在直径为 85mm～100mm 的培养皿中，加入 15mL～20mL 混合好的琼脂培养基（5.4.2）（保存在不超过 48℃的水浴中）。如果使用较大的培养皿，琼脂培养基的量应相应增加。将培养皿放入微生物箱或培养箱中使其冷却凝固。然后，将不少于 0.1mL 的初悬液和（或）确认制备好的样品稀释液（见第 13 章），涂布在培养基的表面。

9.3.2.3 膜过滤法

使用表面孔径小于 0.45μm 的滤膜。将适量的初悬液和样品稀释液（见第 13 章）（不少于 1g 或 1mL 的产品为宜）加到滤膜上，立即过滤和洗膜（按照确认的步骤进行，见第 13 章）。将滤膜转移至琼脂培养基的表面（5.4.2）。

9.3.2.4 培养

除非有其他规定，通常倒置平板放入 32.5℃±2.5℃的培养箱中，培养 72h±6h 后，立即计数平板上的菌落数，如果不能立即计数，可将平板保存在冰箱内，但保存时间不得超过 24h。

注：在某些情况中，产品内存在影响菌落计数的潜在物质时，则可以使用保存于冰箱中的具有相同样品稀释度和琼脂培养基的平行平板与培养过的平板进行比较。

9.4 增菌

9.4.1 原则

使用增菌肉汤（5.4.3.2）制备初悬液（见 9.2）时，选择下列步骤进行确认（见第 13 章）。

9.4.2 样品培养

9.4.2.1 原则

用肉汤（5.4.3.2）制备的初悬液，置 32.5℃±2.5℃下培养至少 20h。

9.4.2.2 次培养

使用灭菌移液管，将 0.1mL～0.5mL 培养后的初悬液移至装有大约 15mL～20mL 的适合的选择性培养基（5.4.2.1）的表面（培养皿直径 85mm～100mm）。如果使用较大的培养皿，琼脂培养基的量应相应增加。

9.4.2.3 培养

翻转培养平板（或者等到加入的悬液被琼脂吸收后再翻转），置 32.5℃± 2.5℃下培养 48h～72h。

10 菌落计数（平板计数和膜过滤法）

培养后，计算菌落数：

——培养皿中应有 30 CFU～300 CFU，如果低于 30 CFU，见 12.2.3。

——在滤膜上应有 15 CFU～150 CFU，如果低于 15 CFU，见 12.2.3。

11 生长的检测（增菌法）

增菌液移至琼脂培养板进行培养后，检查琼脂表面，记录有无细菌生长。

12 结果表示

12.1 平板菌落计数的计算方法

计算样品（S）中的细菌数量 N，按式（1）、式（2）、式（3）计算：

$$N = m/(V \times d) \quad \cdots\cdots (1)$$

$$N = c/(V \times d) \quad \cdots\cdots (2)$$

$$N = \overline{X}_c/(V \times d) \quad \cdots\cdots (3)$$

式中：

m——平行样菌落计数的算术平均数；

V——每个平皿中接种物的体积，单位为毫升（mL）；

d——在合适计数范围内的最低稀释度的稀释倍数；

c——单个平板上的菌落数；

$\overline{X}_c$——两个连续稀释度的菌落计数的加权平均数。

$\overline{X}_c$ 按式（4）计算：

$$\overline{X}_c = \sum c/(n_1 + 0.1n_2) \quad \cdots\cdots (4)$$

式中：

$\sum c$——两个连续稀释度的所有平板的总菌落数；

n_1——在合适计数范围内的最低稀释度的平板数；

n_2——在合适计数范围内的第二个稀释度的平板数。

计算结果保留两位有效数字。如果最后一位数字小于 5，则前一位数字无须更改，如果最后一位数字大于 5，则前一位数字加一位。逐步进行，直至得到两位有效数字，注意得到的数字 N。

12.2 说明

12.2.1 应充分考虑平板计数法固有的变异性。当两个结果之间的差异超过 50%，或者用 log 表示超过 0.3，即认为这两个结果存在差异。

为了计数的精确性，只计数平皿上菌落数在 30～300 之间或滤膜上菌落在 15～150 之间的培养皿。按照所采用的方法检查不同稀释倍数下的菌落数（见第 13 章）。

12.2.2 当平板上菌落数在 30～300 之间或膜上菌落数在 15～150 之间，结果表示如下［这里 S 表示样品（9.2）的质量或体积］：

——若 S 至少为 1g 或 1mL，且 V 至少为 1mL，那么每毫升或每克样品中需氧嗜温性细菌的数量＝N/S；

——若 S 少于 1g 或 1mL，且/或 V 低于 1mL，那么样品中需氧嗜温性细菌（注意用于检测的样品的量应计算在 S 和 V 之内）的数量＝N。

将结果表示为 1.0 至 9.9 之间的数字乘以 10 的幂指数（见 12.3.1、12.3.2、12.3.3 和 12.3.7）。

12.2.3 当平板上菌落数低于 30 或者膜上菌落数低于 15，结果表示如下：

——若 S 至少为 1g 或 1mL，且 V 至少为 1mL，那么每毫升或每克样品中需氧嗜温性细菌的估算数量＝N/S；

——若 S 少于 1g 或 1mL，且/或 V 低于 1mL，那么样品中需氧嗜温性细菌（注意用于检测的样品的量应计算在 S 和 V 之内）的估算数量＝N。

S 表示样品的质量或体积（9.2）。

将结果表示为 1.0 至 9.9 之间的数字乘以 10 的幂指数（见 12.3.4、12.3.5 和 12.3.6）。

12.2.4　当没有观察到有菌落生长时，结果表示如下：

——每毫升或每克样品中需氧嗜温性细菌的数量低于 $1/d \times V \times S$（S 至少为 1g 或 1mL）；

——样品 S 中需氧嗜温性细菌的数量低于 $1/d \times V$（注意用于检测的样品的量应计算在 S 和 V 之内）（S 少于 1g 或 1mL）。

d 为初悬液（9.2）的稀释倍数且 V 为 1（平板技术法和膜过滤法）或 0.1（涂布平板法）（见 12.3.8）。

12.3　举例

12.3.1　例 1　一个稀释度两个平板

S＝1g 或 1mL；V＝1；计数可得：稀释度为 10^{-1}、38 和 42。

根据式（1）：

每毫升或每克样品中需氧嗜温性细菌的数量 $N = m/(V \times d) = 40/(1 \times 10^{-1}) = 40/0.1 = 400$ 或 4×10^2。

12.3.2　例 2　一个稀释度一个平板

S＝1g 或 1mL；V＝1；计数可得：稀释度为 10^{-1}、60。

根据式（2）：

每毫升或每克样品中需氧嗜温性细菌的数量 $N = c/(V \times d) = 60/(1 \times 10^{-1}) = 60/0.1 = 600$ 或 6×10^2。

12.3.3　例 3　两个稀释度两个平板

S＝1g 或 1mL；V＝1；计数可得：稀释度为 10^{-2}、235 和 282；稀释度为 10^{-3}、31 和 39。

根据式（3）：

每毫升或每克样品中需氧嗜温性细菌的数量 $N = \overline{X}_c/(V \times d) = (235+282+31+39)/(2+0.1 \times 2) \times 10^{-2} = 587/0.022 = 26\ 682$。

将上述结果进行数字修约，结果为每毫升或每克样品中需氧嗜温性细菌的数量是 27 000 或 2.7×10^4。

12.3.4　例 4　一个稀释度两个过滤膜

S＝1g 或 1mL；V＝1；计数可得：稀释度为 10^{-1}、18 和 22。

根据式（1）：

每毫升或每克样品中需氧嗜温性细菌的数量 $N = m/(V \times d) = 20/(1 \times 10^{-1}) = 20/0.1 = 200$ 或 2×10^2。

12.3.5　例 5　一个稀释度一个过滤膜

S＝1g 或 1mL；V＝1；计数可得：稀释度为 10^{-1}、65。

根据式（2）：

每毫升或每克样品中需氧嗜温性细菌的数量 $N = c/(V \times d) = 65/(1 \times 10^{-1}) = 65/0.1 = 650$ 或 6.5×10^2。

12.3.6　例 6　两个稀释度两个过滤膜

S＝1g 或 1mL；V＝1；计数可得：稀释度为 10^{-1}、121 和 105；稀释度为 10^{-2}、15 和 25。

根据式（3）：

每毫升或每克样品中需氧嗜温性细菌的数量 $N = \overline{X}_c/(V \times d) = (121+105+15+25)/(2+0.1 \times 2) \times 10^{-1} = 266/0.22 = 1\ 209$。

将上述结果约整为每毫升或每克样品中需氧嗜温性细菌的数量是 1 200 或 1.2×10^3。

12.3.7　**例 7　一个稀释度两个平板**

S=1g 或 1mL；V=1；计数可得：稀释度为 10^{-1}、28 和 22。

根据式（1）：

$N=m/(V\times d)=25/(1\times10^{-1})=25/0.1=250$。

每毫升或每克样品中需氧嗜温性细菌的估算数量为 250 或 2.5×10^2。

12.3.8　**例 8**

S=1g 或 1mL；V=1；计数可得：稀释度为 10^{-1}、0 和 0。

根据式（1）：

$N\leqslant1/(V\times d)$

$\leqslant1/(1\times10^{-1})$

$\leqslant1/0.1$

$\leqslant10$。

每毫升或每克样品中需氧嗜温性细菌的估算数量低于 10。

12.3.9　**例 9**

S=1g 或 1mL；V=1；计数可得：稀释度为 10^{-1}、0 和 3。

根据式（1）：

$N\leqslant m/(V\times d)$

$\leqslant1.5/(1\times10^{-1})$

$\leqslant1.5/0.1$

$\leqslant15$。

每毫升或每克样品中需氧嗜温性细菌的估算数量低于 15。

12.4　**增菌后检测**

具有生长的情况下（见第 11 章），结果表示为“样品 S 中存在需氧嗜温性细菌”，然后使用其中一种推荐方法（见 9.3）进行计数。如果没有检测到生长（见第 11 章），结果表示为“样品 S 中不存在需氧嗜温性细菌”。

13　产品的抑菌性的中和处理

13.1　**原则**

以下不同试验说明微生物可以在分析条件下生长。常用于证明化妆品抑菌性的两种菌株（见第 7 章）被确认对抑菌物质具有较广泛的敏感性。

13.2　**接种物的制备**

在试验前，每种菌株都应先接种在大豆酪蛋白琼脂培养基（SCDA）或其他合适（非选择性、非中和性）培养基上，置 32.5℃±2.5℃培养 18h～24h。为了收集细菌培养物，使用灭菌接种环，刮取培养基表面细菌重新悬浮于稀释液中，以获得细菌悬浮液（5.3），使用分光光度计调整细菌浓度约为 1×10^8CFU/mL，此细菌悬液及其稀释液需在 2h 内使用。

13.3　**计数方法的验证**

13.3.1　**原则**

将样品液（初悬液或者因为产品的抑菌性过强或溶解性过低制成的样品稀释液）与每个细菌菌株的稀释液混匀、中和后，将中和液移至培养皿或过滤膜上，经培养后，与不含有样品的对照组进行菌落特性和菌落数的比较。

如果菌落数在不足对照组的50%（0.3 log）以下，则需要调整内容（稀释剂、中和剂或混合肉汤，参见附录A）。应充分考虑平板计数法固有的变异性。当两个结果之间的差异超过50%，或者用log表示超过0.3，即认为这两个结果存在差异。接种的标准菌不生长说明该检测方法无效，除非认为产品的微生物污染是不同的。

13.3.2 倾注平板法的验证

将9mL初悬液和（或）用中和稀释剂稀释的样品稀释液与1mL含有1 000 CFU/mL～3 000 CFU/mL的微生物菌悬液混合。移取1mL至培养皿（最好有平行样）中，倒入15mL～20mL混匀的琼脂培养基（5.4.2）（保存在不超过48℃的水浴中）。平行设立一个使用相同稀释剂和相同微生物菌悬液，但不含有样品的对照平板。置32.5℃±2.5℃培养24h～72h后，计数平板上菌落数，并比较检测平板与对照平板的菌落数。如果计数结果至少是对照平板的50%（0.3 log）以上，可以确认1∶10稀释（使用1mL初悬液）时的稀释液和计数方法是有效的。

13.3.3 涂布平板法的验证

将9mL用中和稀释剂（或其他，见5.1）稀释的初悬液与1mL含有10 000 CFU/mL～30 000 CFU/mL（使用0.5mL或1mL涂布时可更少）的微生物菌悬液混合，取至少1mL涂布在凝固的琼脂培养基表面（5.2）（最好有平行样）。平行制备一个使用相同稀释剂和相同微生物菌悬液但不含有样品的对照平板。置32.5℃±2.5℃培养24h～72h后，计数平板上菌落数，并与对照平板上的菌落数进行比较。如果计数结果至少是对照组的50%（0.3 log）以上，可以确认1∶10稀释（使用1mL初悬液）时的稀释液和计数方法是有效的。

13.3.4 膜过滤法的验证

将适量初悬液或检测中使用的样品稀释液（见9.3.2.3）与适量的大约100CFU的微生物标准悬浮液混合。混合液立即膜过滤，并且使用一定量的水（5.1）、稀释剂（5.2.3）或中和稀释剂（5.2.2）洗涤滤膜，将滤膜转移至合适的琼脂培养基（5.4.2）的表面。平行地制备一个相同条件下不含有样品的对照样品，在相同条件下过滤和清洗。置32.5℃±2.5℃下，培养24h～72h后，计数膜上菌落数，并与对照样品的菌落数进行比较。如果计数结果至少是对照组的50%（0.3 log），可以确认膜过滤方法和稀释剂是有效的。

13.4 增菌检测方法的验证

13.4.1 步骤

制备含有每种标准菌株悬液、最终浓度为100 CFU/mL～500 CFU/mL的9mL细菌悬液稀释液（5.3）；为了计数标准菌悬液中最终活的细菌浓度，移取1mL菌悬液至培养皿中，倾注15mL～20mL琼脂培养基（5.4.2）（保存在不超过48℃的水浴中）。置32.5℃±2.5℃条件下，培养20h～24h。在试管或烧瓶内加入一定量的增菌肉汤（5.4.3.2），制备与检测时相同条件的样品初悬液双份（至少1g或1mL产品），在一个（确认试验）的试管内，无菌接种入0.1mL标准菌悬液。混匀后，确认试验试管与对照试管均置于32.5℃±2.5℃条件下，培养20h～24h。使用无菌移液管从每个试管或烧瓶中，移取0.1mL～0.5mL（与检测条件相同）至含有大约15mL～20mL琼脂培养基培养皿（直径85mm～100mm）中。置32.5℃±2.5℃条件下，培养24h～72h。

13.4.2 结果的说明

对每个细菌菌株，检查并确认其悬浮液含100 CFU/mL～500 CFU/mL的细菌。

如果有细菌生长的特征，中和检测方法的验证定义如下：

——对金黄色葡萄球菌：培养物颜色为黄色；

——对铜绿假单胞菌：在确认平板上接种物的颜色为绿色到黄色菌落，在对照平板上不生长。

当在对照平板上有细菌生长（污染产品）时，如果接种的细菌在确认平板上可以恢复生长，可以认为中和检测方法验证是有效的。

13.5　验证结果的解释

验证平板上细菌不生长，表明抗菌活性依然存在，并且有必要对方法的条件进行修改。可通过增加营养肉汤的量、保持相同的样品数量或者在营养肉汤中添加足量的失活剂，或者结合适当的修改来进行完善，以保证细菌生长。尽管添加适当的失活剂和增加肉汤量，上述可培养微生物还是有可能不能复壮，这表明本标准材料提供的信息可能不适合这类微生物。

14　检测报告

检测报告应列出以下内容：

1）产品完整鉴定所需要的全部信息；

2）使用方法；

3）结果；

4）制备初悬液的所有详细操作步骤；

5）方法中中和剂和培养基使用的描述；

6）方法的验证，即使分开进行的测试；

7）本文件中没有指出的或被认为非强制的部分，以及影响结果的任何细节。

附 录 A
（资料性附录）
针对防腐剂抑菌活性的中和剂和漂洗剂

表 A.1 针对防腐剂抑菌活性的中和剂和漂洗剂

防腐剂	中和剂	中和剂及漂洗液配方（膜过滤法）
酚类化合物 对羟基苯甲酸酯， 苯基乙醇， 苯胺	卵磷脂，吐温80，脂肪酸环氧乙烷聚合物，非离子型表面活性剂	吐温80，30g/L＋卵磷脂，3g/L 脂肪酸环氧乙烷聚合物，7g/L＋卵磷脂，20g/L＋吐温80，4g/L D/E中和培养基[a] 漂洗液：蒸馏水；蛋白胨，1g/L＋氯化钠，9g/L；吐温80，5g/L
季胺类化合物， 阳离子表面活性剂	卵磷脂，皂角苷，吐温80，十二烷基硫酸钠，脂肪酸环氧乙烷聚合物	吐温80，30g/L＋十二烷基硫酸钠，4g/L＋卵磷脂，3g/L 吐温80，30g/L＋皂角苷，30g/L＋卵磷脂，3g/L D/E中和培养基[a] 漂洗液：蒸馏水；蛋白胨，1 g/L＋氯化钠，9g/L；吐温80，5g/L
甲醛 乙醛	甘氨酸，组氨酸	卵磷脂，3g/L＋吐温80，30g/L＋*L*-组氨酸，1g/L 吐温80，30g/L＋皂角苷，30g/L＋*L*-组氨酸，1g/L＋*L*-半胱氨酸，1g/L D/E中和培养基[a] 漂洗液：吐温80，3g/L＋*L*-组氨酸，0.5g/L
氧化物	硫代硫酸钠	硫代硫酸钠，5g/L 漂洗液：硫代硫酸钠，3g/L
异噻唑啉酮，咪唑	卵磷脂，皂角苷，胺，硫醇，亚硫酸氢钠，β-巯基乙醇	吐温80，30g/L＋皂角苷，30g/L＋卵磷脂，3g/L 漂洗液：蛋白胨，1g/L＋氯化钠，9g/L；吐温80，5g/L
双胍	卵磷脂，皂角苷，吐温80	吐温80，30g/L＋皂角苷，30g/L＋卵磷脂，3g/L 漂洗液：蛋白胨，1g/L＋氯化钠，9g/L；吐温80，5g/L
金属盐类（Cu，Zn，Hg）， 有机汞类	重硫酸钠， *L*-巯基半胱氨酸 β-巯基乙醇	β-巯基乙醇，0.5g/L或5g/L *L*-半胱氨酸，0.8g/L或1.5g/L D/E中和培养基[a] 漂洗液：β-巯基乙醇，0.5g/L

a D/E中和肉汤（Dey/Engley中和肉汤），参见附录D

附 录 B
（资料性附录）
其他中和稀释剂

B.1 原则

如果其他的中和稀释剂经过检查和验证也可用于制备样品初悬液，以下所列较适合应用的中和稀释剂配方。有关中和剂的材料可参见附录 A。

B.2 Eugon LT 100 液体肉汤

见 5.4.3.2。

B.3 酪蛋白胨卵磷脂聚山梨醇脂肉汤

B.3.1 成分

酪蛋白胨	1.0g
卵磷脂	0.7g
吐温 80	20.0g
水	980mL

B.3.2 制备

经加热、搅拌和溶解上述成分，冷却至 25℃装入合适的容器中，置 121℃高压灭菌 15min；灭菌后，在室温下调整 pH 值至 7.2±0.2。

B.4 改良 Letheen 肉汤

B.4.1 成分

蛋白胨（肉酶消化产物）	20.0g
酪蛋白胰酶消化物	5.0g
牛肉膏	5.0g
酵母膏	2.0g
卵磷脂	0.7g
吐温 80	5.0g
氯化钠	5.0g
亚硫酸氢钠	0.1g
水	1 000mL

B.4.2 制备

将吐温 80 和卵磷脂先后溶解在沸腾的水中，直至完全溶解。经加热、搅拌加入其他成分进行溶解。然后将培养基分装在合适的容器中，置 121℃高压灭菌 15min 后，在室温下调整 pH 值至 7.2±0.2。

附 录 C
（资料性附录）
其他稀释剂

C.1 原则

如果其他的稀释剂经过检查和验证也可用于制备样品初悬液，以下所列较适合应用的稀释剂配方。

C.2 缓冲蛋白胨水（pH 7）

C.2.1 成分

成分	用量
牛肉胨	1.0g
氯化钠	4.3g
磷酸二氢钾	3.6g
磷酸氢二钠二水化合物	7.2g
水	1 000mL

C.2.2 制备

将上述成分溶解在沸腾的水中。混匀，冷却至25℃装入合适容器中，置121℃高压灭菌15min后，在室温下调整pH值至7.1±0.2。

附　录　D
（资料性附录）
其他培养基

D.1　原则

如果其他的稀释剂经过检查和验证也可用于制备样品初悬液。以下所列较适合应用的其他培养基。

D.2　计数用琼脂培养基

D.2.1　Eugon LT 100 琼脂培养基

见 5.4.3.3.1。

D.2.2　LT 100 琼脂

D.2.2.1　成分

胰酶消化的酪蛋白	15.0g
大豆粉木瓜蛋白酶消化物	5.0g
氯化钠	5.0g
卵磷脂	1.0g
吐温 80	5.0g
辛基酚聚醚 9	1.0g
琼脂	15.0g
水	1 000mL

D.2.2.2　制备

将吐温 80、辛基酚聚醚 9 和卵磷脂先后溶解在沸腾的水中，直至完全溶解；经加热、轻轻搅拌加入其他成分进行溶解，然后将培养基分装在合适的容器中。置 121℃高压灭菌 15min 后，在室温下调整 pH 值至 7.0±0.2。

D.2.3　添加大豆酪蛋白消化物琼脂培养基（添加 SCD 肉汤琼脂）

D.2.3.1　成分

酪蛋白胨	17.0g
大豆蛋白胨	3.0g
氯化钠	5.0g
磷酸氢二钾	2.5g
葡萄糖	2.5g
琼脂	15.0g
水	1 000mL

D.2.3.2　制备

将所有成分或干粉培养基先后溶解在沸腾的水中，直至完全溶解。然后将培养基分装在合适的容器中，置 121℃高压灭菌 15min 后，在室温下调整 pH 值至 7.2±0.2。

D.3　增菌肉汤

D.3.1　改良 Letheen 肉汤[5]

见第 B.4 章。

D.3.2　大豆酪蛋白消化物卵磷脂吐温80培养基（SCDLP 80肉汤）

D.3.2.1　成分

酪蛋白胨	17.0g
大豆蛋白胨	3.0g
氯化钠	5.0g
磷酸氢二钾	2.5g
葡萄糖	2.5g
卵磷脂	1.0g
吐温80	7.0g
水	1 000mL

D.3.2.2　制备

将所有成分或干粉培养基先后溶解在沸腾的水中，直至完全溶解。然后将培养基分装在合适的容器中，置121℃高压灭菌15min后，在室温下调整pH值至7.2±0.2。

D.3.3　D/E中和肉汤（Dey/Engley中和肉汤）

D.3.3.1　成分

葡萄糖	10.0g
大豆卵磷脂	7.0g
$Na_2S_2O_3 \cdot 5H_2O$	6.0g
吐温80	5.0g
酪蛋白胨胰酶消化物	5.0g
$NaHSO_3$	2.5g
酵母膏	2.5g
巯基乙酸钠	1.0g
溴甲酚紫	0.02g
水	1 000mL

D.3.3.2　制备

将所有成分或干粉培养基先后溶解在沸腾的水中，直至完全溶解。然后将培养基分装在合适的容器中，置121℃高压灭菌15min后，在室温下调整pH值至7.6±0.2。

D.4　检测用大豆酪蛋白消化物卵磷脂吐温80琼脂培养基（SCDLPA）

D.4.1　成分

酪蛋白胨	15.0g
大豆蛋白胨	5.0g
氯化钠	5.0g
卵磷脂	1.0g
吐温80	7.0g
琼脂	15.0g
水	1 000mL

D.4.2　制备

经加热、搅拌溶解上述成分，分装到合适容器中，置121℃高压灭菌15min后冷却，在室温下调整pH值至7.0±0.2。

参 考 文 献

[1] Microbiology Guidelines. 2001 published by the Cosmetic, Toiletry and Fragrance Association.

[2] Microbiological Examination of non - sterile products. 4th edition. 2002 published by the European Pharmacopoeia.

[3] J. P 14. General tests—Microbial limit test. 2001 published by the Japanese Pharmacopoeia.

[4] USP 28. Microbial limit test 61. 2005 published by the U. S. Pharmacopoeia.

[5] Bacteriological Analytical Manual. 8th edition. 1995 published by the U. S. Food and Drug Administration.

[6] SINGER, S. The use of preservative neutralizers in diluents and plating media. Cosmetics and Toiletries. 102. December 1987. p. 55.

[7] EN 1040 - 6 Chemical disinfectants and antiseptics—Basic bactericidal activity—Test method and requirements (phase 1).

[8] ISO 18415 - 7 Cosmetics—Microbiology—Detection of specified microorganisms (Staphylococcus aureus, Escherichia coli, Pseudomonas aeruginosa, Candida albicans) and non - specified microorganisms.

[9] ISO 18416 - 7 Cosmetics—Microbiology—Detection of Candida albicans.

[10] ISO 21150 - 7 Cosmetics—Microbiology—Detection of Escherichia coli.

[11] ISO 22717：2006 Cosmetics—Microbiology—Detection of Pseudomonas aeruginosa.

[12] ISO 22718：2006 Cosmetics—Microbiology—Detection of Staphylococcus aureus.

[13] EN 12353 Chemical disinfectants and antiseptics—Preservation of microbial strains used for the determination of bactericidal and fungicidal activity.

[14] Guidelines on Microbial Quality Management. 1997 published by the European Cosmetic, Toiletry and Perfumery Association (COLIPA).

[15] ATLAS, R. M. Handbook of Microbiological Media. CRC Press.

ICS 71.100.70
Y 42

中华人民共和国国家标准

GB/T 24800.1—2009

化妆品中九种四环素类抗生素的测定 高效液相色谱法

Determination of 9 tetracyclines in cosmetics by high performance liquid chromatography method

2009-11-30 发布　　2010-05-01 实施

中华人民共和国国家质量监督检验检疫总局
中国国家标准化管理委员会　发布

前　　言

本标准的附录 A 为资料性附录。

本标准由中国轻工业联合会提出。

本标准由全国香料香精化妆品标准化技术委员会（SAC/TC 257）归口。

本标准负责起草单位：中国检验检疫科学研究院、上海市日用化学工业研究所、上海香料研究所。

本标准主要起草人：武婷、王超、马强、张庆、席广成、肖海清、李琼、崔俭杰。

引　言

本标准中的被测物质是我国《化妆品卫生规范》规定的禁用物质，不得作为化妆品生产原料即组分添加到化妆品中。如果技术上无法避免禁用物质作为杂质带入化妆品时，则化妆品成品应符合《化妆品卫生规范》对化妆品的一般要求，即在正常及合理的可预见的使用条件下，不得对人体健康产生危害。

目前我国尚未规定这些物质的限量值，本标准的制定，仅对化妆品中测定这些物质提供检测方法。

化妆品中九种四环素类抗生素的测定 高效液相色谱法

1 范围

本标准规定了化妆品中九种四环素类抗生素的高效液相色谱测定方法。

本标准适用于皮肤护理类化妆品中九种四环素抗生素的测定。

本标准二甲胺四环素的检出限为25mg/kg，土霉素、四环素、去甲基金霉素的检出限为10mg/kg，金霉素、美他环素、多西环素的检出限为5mg/kg，差向脱水四环素和脱水四环素的检出限为2.5mg/kg。

二甲胺四环素的定量限为50mg/kg，土霉素、四环素、去甲基金霉素的定量限为25mg/kg，金霉素、美他环素、多西环素的定量限为10mg/kg，差向脱水四环素和脱水四环素的定量限为5mg/kg。

2 原理

以甲醇为溶剂，超声提取、离心，0.45 μm的有机滤膜过滤，溶液注入配有二极管阵列检测器（DAD）的液相色谱仪检测，外标法定量。

3 试剂和材料

除另有规定外，试剂均为分析纯。

3.1 甲醇：色谱纯。

3.2 乙腈：色谱纯。

3.3 九种四环素，纯度不小于97.0%；土霉素，纯度不小于97.9%；金霉素，纯度不小于99.0%；多西环素，纯度不小于96.5%；美他环素，纯度不小于99.6%；去甲基金霉素，纯度不小于99.0%；二甲胺四环素，纯度不小于99.0%；脱水四环素，纯度不小于90.0%；差向脱水四环素，纯度不小于90.0%。

3.4 九种四环素类抗生素标准储备液：准确称取各类四环素（3.3）0.1g，精确到0.000 1g，分别置于50mL烧杯中，加适量甲醇溶解，溶液定量移入100mL容量瓶中，用甲醇稀释至刻度，混匀，即得浓度为1 000mg/L的标准储备液。

九种四环素类抗生素混合标准储备液：分别移取上述标准储备液（3.4）各10mL至100mL容量瓶中，用甲醇定容至刻度，即得浓度为100mg/L的标准混合储备液。

3.5 九种四环素类抗生素标准工作溶液：用甲醇将上述混合标准储备液（3.5）分别配成一系列浓度为1mg/L、2mg/L、5mg/L、10mg/L、20mg/L、50mg/L的标准工作溶液，冰箱冷藏保存，可使用一周。

3.6 0.01 mol/L草酸溶液：称取草酸（$C_2H_2O_4 \cdot 2H_2O$）1.26g，精确至0.001g，于50mL烧杯中，加水溶解后，移入1 000mL容量瓶中，用水定容至刻度，混匀，即得0.01mol/L的草酸溶液。

4 仪器

4.1 液相色谱仪，配有二极管阵列检测器。

4.2 微量进样器，10μL。

4.3 超声波清洗器。

4.4 离心机，大于5 000 r/min。

4.5　溶剂过滤器和 0.45μm 有机过滤膜。

4.6　具塞比色管，10mL。

5　测定步骤

5.1　样品处理

称取化妆品试样约 0.2g，精确到 0.001g，于 10mL 具塞比色管中，加入约 8mL 甲醇，在超声波清洗器中超声振荡 30min，冷却至室温后，加甲醇定容至刻度。取部分溶液放入离心管中，在离心机上于 5 000r/min 离心 20min，离心后的上清液经 0.45μm 有机滤膜过滤，滤液供测定用。

5.2　测定

5.2.1　色谱条件

5.2.1.1　色谱柱：Kromasil C_{18} 柱（250mm×4.6mm（内径），5μm，或相当者）。

5.2.1.2　流动相：A：甲醇与乙腈的混合溶液（1＋3，V/V），B：0.01mol/L 的草酸溶液（3.7），梯度洗脱条件见表 1。

表 1　方法的梯度洗脱条件

时间/min	A/%	B/%
0	22	78
3	42	58
6	42	58
12	60	40

5.2.1.3　流速：1.0mL/min。

5.2.1.4　检测波长：程序可变波长：0～4.00min 为 350nm，4.01min～12.00min 为 270nm。

5.2.1.5　柱温：25℃。

5.2.1.6　进样量：10μL。

5.2.2　标准工作曲线绘制

分别移取一系列浓度为 1.0mg/L、2.0mg/L、5.0mg/L、10mg/L、20mg/L、50mg/L 的标准工作溶液，按色谱条件（5.2.1）进行测定，记录色谱峰面积，以色谱峰的峰面积为纵坐标，对应的溶液浓度为横坐标作图，绘制标准工作曲线。

九种四环素的标准液相色谱图参见附录 A 的图 A.1。

5.2.3　试样测定

用微量注射器吸取试样溶液（5.1）注入液相色谱仪，按色谱条件（5.2.1）进行测定，记录色谱峰的保留时间和峰面积，由色谱峰的峰面积可从标准曲线上求出相应的浓度。样品溶液中的被测物响应值均应在仪器测定的线性范围之内。含量高的试样可取适量试样溶液用流动相稀释后进行测定。

5.2.4　定性确认

液相色谱仪对样品进行定性测定，进行样品测定时，如果检出四环素类抗生素的色谱峰的保留时间与标准品相一致，并且在扣除背景后的样品色谱图中，该物质的紫外吸收图谱与标准品的紫外吸收图谱相一致，则可初步确认样品中存在被测四环素类抗生素。必要时，阳性样品需用其他方法进行确认试验。

5.3　平行试验

按以上步骤，对同一试样进行平行试验测定。

5.4　空白试验

除不称取试样外，均按上述步骤进行。

6 结果计算

结果按式（1）计算（计算结果应扣除空白值）：

$$X_i = \frac{c_i \cdot V}{m} \quad \cdots\cdots (1)$$

式中：

X_i——样品中被测四环素的质量浓度，单位为毫克每千克（mg/kg）；

c_i——标准曲线查得被测四环素的浓度，单位为毫克每升（mg/L）；

V——样品稀释后的总体积，单位为毫升（mL）；

m——样品质量，单位为克（g）。

7 方法检出限与定量限

二甲胺四环素的检出限为25mg/kg，土霉素、四环素、去甲基金霉素的检出限为10mg/kg，金霉素、美他环素、多西环素的检出限为5mg/kg，差向脱水四环素和脱水四环素的检出限为2.5mg/kg。

二甲胺四环素的定量限为50mg/kg，土霉素、四环素、去甲基金霉素的定量限为25mg/kg，金霉素、美他环素、多西环素的定量限为10mg/kg，差向脱水四环素和脱水四环素的定量限为5mg/kg。

8 回收率与精密度

在添加浓度5mg/kg～500mg/kg浓度范围内，回收率在85％～110％之间，相对标准偏差小于10％。

9 允许差

在重复性条件下获得的两次独立测定结果的绝对差值不应超过算术平均值的10％。

附　录　A

（资料性附录）

标准物质的液相色谱图

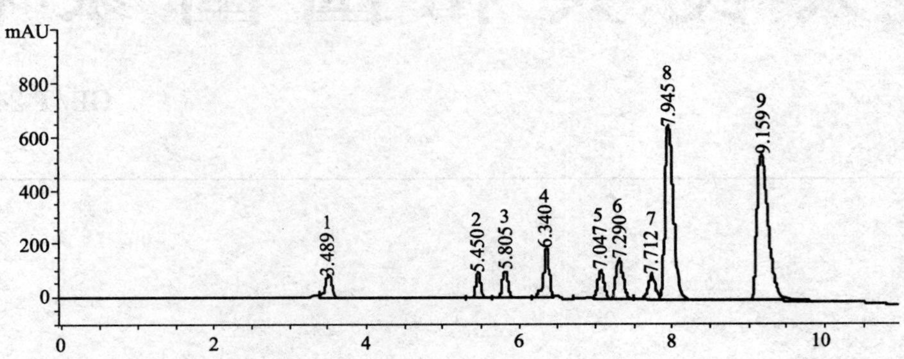

图 A.1　九种四环素的标准液相色谱图

1—二甲胺四环素（3.489min）；2—土霉素（5.450min）；3—四环素（5.805min）；
4—去甲基金霉素（6.340min）；5—金霉素（7.047min）；6—美他环素（7.290min）；
7—多西环素（7.712min）；8—差向脱水四环素（7.945min）；9—脱水四环素（9.159min）

ICS 71.100.70
Y 42

中华人民共和国国家标准

GB/T 24800.2—2009

化妆品中四十一种糖皮质激素的测定 液相色谱/串联质谱法和薄层层析法

Determination of 41 glucocorticoids in cosmetics by LC-MS-MS and TLC method

2009-11-30 发布　　　　2010-05-01 实施

中华人民共和国国家质量监督检验检疫总局
中国国家标准化管理委员会　发布

前　言

本标准的附录A、附录B和附录C为资料性附录。

本标准由中国轻工业联合会提出。

本标准由全国香料香精化妆品标准化技术委员会（SAC/TC 257）归口。

本标准起草单位：大连市产品质量监督检验所、大连标准检测技术研究中心、国家日化产品质量监督检验中心。

本标准主要起草人：潘炜、李鹏、毛希琴、王春燕、郑顺利、关成、于利军、董广彬。

引　言

本标准中的被测物质是我国《化妆品卫生规范》规定的禁用物质，不得作为化妆品生产原料即组分添加到化妆品中。如果技术上无法避免禁用物质作为杂质带入化妆品时，则化妆品成品应符合《化妆品卫生规范》对化妆品的一般要求，即在正常及合理的、可预见的使用条件下，不得对人体健康产生危害。

目前我国尚未规定这些物质的限量值，本标准的制定，仅对化妆品中测定这些物质提供检测方法。

化妆品中四十一种糖皮质激素的测定 液相色谱/串联质谱法和薄层层析法

1 范围

本标准规定了化妆品中41种糖皮质激素的液相色谱/串联质谱方法和薄层层析方法二种测定方法。

本标准液相色谱/串联质谱测定方法适用于化妆品中糖皮质激素的定量测定，其检出限为0.03μg/g，定量限为0.1μg/g。

本标准薄层层析方法适用于化妆品中糖皮质激素的定性筛选。点样量为10mg时，其检出限为50μg/g；点样量为20mg时，其检出限可达25μg/g。

2 规范性引用文件

下列文件中的条款通过本标准的引用而成为本标准的条款。凡是注日期的引用文件，其随后所有的修改单（不包括勘误的内容）或修订版均不适用于本标准，然而，鼓励根据本标准达成协议的各方研究是否可使用这些文件的最新版本。凡是不注日期的引用文件，其最新版本适用于本标准。

GB/T 6379.1 测量方法与结果的准确度（正确度与精密度） 第1部分：总则与定义（GB/T 6379.1—2004，ISO 5725—1：1994，IDT）

GB/T 6379.2 测量方法与结果的准确度（正确度与精密度） 第2部分：确定标准测量方法重复性与再现性的基本方法（GB/T 6379.2—2004，ISO 5725—2：1994，IDT）

GB/T 6682 分析实验室用水规格和试验方法（GB/T 6682—2008，ISO 3696：1987，MOD）

3 术语和定义

下列术语和定义适用于本标准。

3.1

糖皮质激素 glucocorticoids

糖皮质激素类药物属甾体类化合物，外用糖皮质激素的基本化学结构为氢化可的松结构。即含17个碳原子的环戊烷并多氢菲母核、C10和C13位上有甲基、C17位上有二碳侧链、C3位酮基和C4－C5位双键。在此基础上，进行C1－C2位脱氢、C6－α位甲基化、C9－α位氟化、C11位羟基化等修饰后，构成一类应用范围不同、效果强弱不同的糖皮质激素类药物。

4 液相色谱-串联质谱法

4.1 原理

膏霜类化妆品用饱和氯化钠溶液分散，精油类化妆品用正己烷分散，用乙腈从分散液中提取激素类药物，用亚铁氰化钾和醋酸锌从提取液中沉淀大分子基质，经固相萃取小柱净化，用反相高效液相色谱/串联质谱测定，外标法定量。

4.2 试剂与标准物质

4.2.1 甲醇：色谱纯。

4.2.2 乙腈：色谱纯。

4.2.3 乙酸：色谱纯。

4.2.4 正己烷：分析纯。

4.2.5 饱和氯化钠溶液。

4.2.6 10%亚铁氰化钾溶液：称量115g $K_4Fe(CN)_6 \cdot 3H_2O$ 固体，用水溶解定容至1L。

4.2.7 20%乙酸锌溶液：称量239g $C_4H_6O_4Zn \cdot 2H_2O$ 固体，用水溶解定容至1L。

4.2.8 Oasis HLB固相萃取小柱[1)]或相当者：60mg，3mL。

4.2.9 样品过滤器：有机膜，孔径0.2μm。

4.2.10 标准物质：41种糖皮质激素标准物质的分子式、相对分子质量、CAS登录号列于表1，纯度不小于99.0%。化学结构图参见附录A的图A.1。

表1　41种糖皮质激素药物中文名称、英文名称、CAS登录号、分子式、相对分子质量

序号	中文名称	英文名称	CAS登录号	分子式	相对分子质量
1	曲安西龙	Triamcinolone	124-94-7	$C_{21}H_{27}FO_6$	394.179 2
2	泼尼松龙	Prednisolone	50-24-8	$C_{21}H_{28}O_5$	360.193 7
3	氢化可的松	Hydrocortisone	50-23-7	$C_{21}H_{30}O_5$	362.209 3
4	泼尼松	Prednisone	53-03-2	$C_{21}H_{26}O_5$	358.178 0
5	可的松	Cortisone	53-06-5	$C_{21}H_{28}O_5$	360.193 7
6	甲基泼尼松龙	Methylprednisolone	83-43-2	$C_{22}H_{30}O_5$	374.209 3
7	倍他米松	Betamethasone	378-44-9	$C_{22}H_{29}F_2O_5$	392.199 9
8	地塞米松	Dexamethasone	50-02-2	$C_{22}H_{29}FO_5$	392.199 9
9	氟米松	Flumethasone	2135-17-3	$C_{22}H_{28}F_2O_5$	410.190 5
10	倍氯米松	Beclomethasone	4419-39-0	$C_{22}H_{29}ClO_5$	408.170 4
11	曲安奈德	Triamcinolone acetonide	76-25-5	$C_{24}H_{31}O_6$	434.210 5
12	氟氢缩松	Fludroxycortide	1524-88-5	$C_{24}H_{33}FO_6$	436.226 1
13	曲安西龙双醋酸酯	Triamcinolone diacetate	67-78-7	$C_{25}H_{31}FO_8$	478.200 3
14	泼尼松龙醋酸酯	Prednisolone 21-acetate	52-21-1	$C_{23}H_{30}O_6$	402.204 2
15	氟米龙	Fluoromethalone	426-13-1	$C_{22}H_{29}FO_4$	376.205 0
16	氢化可的松醋酸酯	Hydrocortisone 21-acetate	50-03-3	$C_{23}H_{32}O_6$	404.220 0
17	地夫可特	Deflazacort	14484-47-0	$C_{25}H_{31}NO_6$	441.215 1
18	氟氢可的松醋酸酯	Fludrocortisone 21-acetate	514-36-3	$C_{23}H_{31}FO_6$	422.210 5
19	泼尼松醋酸酯	Prednisone 21-acetate	125-10-0	$C_{23}H_{28}O_6$	400.188 6
20	可的松醋酸酯	Cortisone 21-acetate	50-04-4	$C_{23}H_{30}O_6$	402.204 2
21	甲基泼尼松龙醋酸酯	Methylprednisolone 21-acetate	53-36-1	$C_{24}H_{32}O_6$	416.219 9
22	倍他米松醋酸酯	Betamethasone 21-acetate	987-24-6	$C_{24}H_{31}FO_6$	434.210 5
23	布地奈德	Budesonide	51372-29-3	$C_{25}H_{34}O_6$	430.235 5
24	氢化可的松丁酸酯	Hydrocortisone 17-butyrate	13609-67-1	$C_{25}H_{36}O_6$	432.251 2

1) Oasis HLB固相萃取小柱是Waters公司产品的商品名称，给出这一信息是为了方便本标准的使用者。如果其他等效产品具有相同的效果，则可使用这些等效产品。

续表

序号	中文名称	英文名称	CAS登录号	分子式	相对分子质量
25	地塞米松醋酸酯	Dexamethasone 21-acetate	1177-87-3	$C_{24}H_{31}FO_6$	434.210 5
26	氟米龙醋酸酯	Fluorometholone 17-acetate	3801-06-7	$C_{24}H_{31}FO_5$	418.215 6
27	氢化可的松戊酸酯	Hydrocortisone 17-valerate	57524-89-7	$C_{26}H_{38}O_6$	446.266 8
28	曲安奈德醋酸酯	Triamcinolone acetonide acetate	3870-07-3	$C_{26}H_{33}FO_7$	476.221 0
29	氟轻松醋酸酯	Fluocinonide	356-12-7	$C_{26}H_{32}F_2O_7$	494.211 6
30	二氟拉松双醋酸酯	Diflorasone diacetate	33564-31-7	$C_{26}H_{32}F_2O_7$	494.211 6
31	倍他米松戊酸酯	Betamethasone 17-valerate	2152-44-5	$C_{27}H_{37}FO_6$	476.257 4
32	泼尼卡酯	Prednicarbate	73771-04-7	$C_{27}H_{36}O_8$	488.241 0
33	哈西奈德	Halcinonide	3093-35-4	$C_{24}H_{32}ClFO_5$	454.192 2
34	阿氯米松双丙酸酯	Alclomethasone dipropionate	66734-13-2	$C_{28}H_{37}ClO_7$	520.222 8
35	安西奈德	Amcinonide	51022-69-6	$C_{28}H_{35}FO_7$	502.236 7
36	氯倍他索丙酸酯	Clobetasol 17-propionate	25122-46-7	$C_{25}H_{32}ClFO_5$	466.192 2
37	氟替卡松丙酸酯	Fluticasone propionate	80474-14-2	$C_{25}H_{31}F_3O_5S$	500.184 4
38	莫米他松糠酸酯	Mometasone furoate	83919-23-7	$C_{27}H_{30}Cl_2O_6$	520.141 9
39	倍他米松双丙酸酯	Betamethasone dipropionate	5593-20-4	$C_{28}H_{37}FO_7$	504.252 3
40	倍氯米松双丙酸酯	Beclometasone dipropionate	5534-09-8	$C_{28}H_{37}ClO_7$	520.222 8
41	氯倍他松丁酸酯	Clobetasone 17-butyrate	25122-57-0	$C_{26}H_{32}ClFO_5$	478.192 2

4.2.11 标准贮备液（1mg/mL）：准确称取标准物质（4.2.10）各10.0mg，用甲醇分别溶解定容至10.0mL，于-18℃下冷冻保存。

4.2.12 标准混合工作溶液：分别取（4.2.11）标准贮备液1.0mL混合，用甲醇定容于50mL，制成浓度为20μg/mL的标准混合储备溶液，于-18℃下冷冻保存。临用时用40%乙腈水溶液稀释成0.05μg/mL、0.10μg/mL、0.20μg/mL、0.40μg/mL、0.80μg/mL系列浓度的标准混合工作溶液，用于制作标准曲线。

4.3 仪器

4.3.1 高效液相色谱-串联质谱检测器（ESI源）。

4.3.2 分析天平：感量0.1mg；0.01mg。

4.3.3 漩涡混合器。

4.3.4 离心机：转速5 000r/min，容量10mL；50mL。

4.4 试样制备

4.4.1 提取

4.4.1.1 膏霜类化妆品

称取0.2g样品（精确至0.01g）于10mL具塞塑料离心管中，加入3mL饱和氯化钠溶液（4.2.5），于漩涡混合器上混合使样品分散，准确加入2mL乙腈，充分涡旋提取2min，5 000r/min离心10min，吸出上层清液于另一50mL具塞塑料离心管中，下层氯化钠溶液用2mL乙腈重复提取步骤一次，合并二次乙腈提取液，往提取液中准确加入40mL高纯水，混匀，加入亚铁氰化钾溶液（4.2.6）0.2mL，混匀，加入乙酸锌溶液（4.2.7）0.2mL，混匀，5 000r/min离心10min，清液待进行固相萃取小柱净化。

4.4.1.2 **精油类化妆品**

称取0.5g样品（精确至0.01g）于20mL尖底具塞塑料离心管中，加入正己烷4mL，于漩涡混合器上混合至样品分散，准确加入50%乙腈水溶液4mL，充分漩涡提取2min，5 000r/min离心10min，吸取下层提取液至一50mL具塞塑料离心管中，上层正己烷用4mL 50%乙腈水溶液重复上述提取步骤一次，合并二次50%乙腈提取液，往提取液中准确加入36mL高纯水，混合，加入亚铁氰化钾溶液（4.2.6）0.1mL，混匀，加入乙酸锌溶液（4.2.7）0.1mL，混匀，5 000r/min离心10min，清液待进行固相萃取小柱净化。

4.4.1.3 **爽肤水类、洗面奶类、面膜类等化妆品**

按4.4.1.1的方法处理。

4.4.2 **净化**

Oasis HLB固相萃取小柱（4.2.8）接上固相萃取装置，小柱上端紧密连接一20mL～50mL垫有滤纸的磨口漏斗，小柱预先依次用5mL甲醇、10mL水进行活化。将待净化的样品清液（4.4.1）倒入漏斗，经滤纸过滤后流经小柱，待样品溶液自然流尽后，用10%的乙腈水溶液10mL清洗小柱，待清洗液自然流尽后，取下漏斗，用吸球吹出小柱中的残留液。在柱出口处接一10mL具塞玻璃离心管，用4mL甲醇淋洗小柱，待甲醇自然流尽后，用吸球吹出小柱中残留液。取下离心管，准确加入4.0mL高纯水，混合，经0.2μm样品滤器过滤后作为测定液。也可将接收的4mL甲醇用氮气吹干，根据需要的浓度用50%的甲醇水溶液重新溶解定容后测定。

4.5 **测定**

4.5.1 **液相色谱参考条件**

以下为液相色谱参考条件：

a) 色谱柱：SB C_{18}，50mm×2.1mm（内径），1.8μm，或相当者；

b) 柱温：室温；

c) 液相色谱流动相及参考分离条件见表2；

d) 进样体积：5μL。

表2　液相色谱流动相及参考分离条件

时间/min	流速/（mL/min）	流动相A（水，含0.1%乙酸）	流动相B（乙腈，含0.1%乙酸）
0	0.3	68	32
3	0.3	68	32
12	0.3	25	75
14	0.3	25	75
14.1	0.3	68	32
16	0.3	68	32

4.5.2 **质谱参考条件**

以下为质谱参考条件：

a) 电离方式：电喷雾电离，ESI（+）；

b) 离子喷雾电压：4kV；

c) 雾化气：氮气，38Psi；

d) 干燥气：氮气，流速：12L/min，温度：350℃；

e) 碰撞气：氮气；

f）检测方式：多反应监测（MRM）。

41种糖皮质激素药物的质谱测定参数见表3。

表3　　41种糖皮质激素药物的质谱测定参数

序号	药物名称	出峰时间	相对分子质量	母离子（锥孔电压）	子离子（碰撞能量）	
1	曲安西龙	0.86	394.179 2	395.2（140）	225.1（14）	357.1（8）
2	泼尼松龙	1.39	360.193 7	361.2（110）	146.9（20）	343.1（6）
3	氢化考的松	1.38	362.209 3	363.2（130）	121.0（24）	105.1（50）
4	泼尼松	1.47	358.178 0	359.2（110）	147.0（24）	341.1（6）
5	可的松	1.53	360.193 7	361.2（150）	163.1（20）	121.0（30）
6	甲基泼尼松龙	2.01	374.209 3	375.2（110）	357.1（6）	161.1（20）
7	倍他米松	2.26	392.199 9	393.2（130）	355.0（4）	146.8（24）
8	地塞米松	2.42	392.199 9	393.2（130）	355.0（4）	146.8（24）
9	氟米松	2.36	410.190 5	411.2（120）	253.0（10）	121.1（34）
10	倍氯米松	3.15	408.170 4	409.2（110）	391.1（6）	146.9（30）
11	曲安奈德	3.81	434.210 5	435.2（110）	338.9（10）	396.9（10）
12	氟氢缩松	3.55	436.226 1	437.2（160）	120.8（40）	180.9（30）
13	曲安西龙双醋酸酯	4.60	478.200 3	479.2（140）	321.0（10）	440.9（4）
14	泼尼松龙醋酸酯	4.79	402.204 2	403.2（110）	146.8（24）	384.9（6）
15	氟米龙	4.35	376.205 0	377.2（110）	278.9（10）	320.9（8）
16	氢化可的松醋酸酯	4.66	404.220 0	405.2（150）	309.1（12）	120.8（34）
17	地夫可特	5.35	441.215 1	442.2（180）	123.9（50）	141.9（36）
18	氟氢可的松醋酸酯	4.95	422.210 5	423.2（160）	238.9（22）	120.9（36）
19	泼尼松醋酸酯	5.64	400.188 6	401.2（120）	295.0（8）	146.8（24）
20	可的松醋酸酯	5.75	402.204 2	403.2（160）	162.8（24）	343.0（16）
21	甲基泼尼松龙醋酸	6.42	416.219 9	417.2（110）	399.2（6）	253.2（18）
22	倍他米松醋酸酯	6.50	434.210 5	435.2（110）	309.0（8）	337.0（8）
23	布地奈德	7.88	430.235 5	431.2（110）	413.1（6）	146.9（30）
24	氢化可的松丁酸酯	7.23	432.251 2	433.2（140）	120.8（24）	345.0（8）
25	地塞米松醋酸酯	6.95	434.210 5	435.2（110）	309.0（8）	337.0（8）
26	氟米龙醋酸酯	7.45	418.215 6	419.2（110）	279.0（10）	321.0（8）
27	氢化可的松戊酸酯	8.56	446.266 8	447.3（140）	120.8（30）	345.2（8）
28	曲安奈德醋酸酯	8.60	476.221 0	477.2（110）	320.8（12）	338.9（10）
29	氟轻松醋酸酯	8.48	494.211 6	495.2（120）	120.8（40）	337.0（12）
30	二氟拉松双醋酸酯	8.47	494.211 6	495.2（120）	316.8（8）	278.8（10）
31	倍他米松戊酸酯	9.45	476.257 4	477.3（110）	354.9（4）	278.8（14）
32	泼尼卡酯	10.28	488.241 0	489.2（120）	114.8（12）	380.9（6）
33	哈西奈德	9.66	454.192 2	455.2（160）	121.0（40）	104.9（48）
34	阿氯米松双丙酸酯	10.32	520.222 8	521.2（130）	301.0（10）	279.0（10）
35	安西奈德	10.29	502.236 7	503.2（110）	321.0（14）	338.9（10）

续表

序号	药物名称	出峰时间	相对分子质量	母离子（锥孔电压）	子离子（碰撞能量）	
36	氯倍他索丙酸酯	10.26	466.192 2	467.2（110）	354.9（8）	372.9（6）
37	氟替卡松丙酸酯	10.25	500.184 4	501.2（110）	292.9（10）	312.9（8）
38	莫米他松糠酸酯	10.65	520.141 9	521.1（120）	503.0（4）	263.0（24）
39	倍他米松双丙酸酯	10.68	504.252 3	505.2（110）	278.9（12）	318.9（10）
40	倍氯米松双丙酸酯	11.43	520.222 8	521.2（120）	319.0（10）	503.0（4）
41	氯倍他松丁酸酯	11.71	478.192 2	479.2（150）	278.9（14）	342.8（12）

4.5.3 测定结果

4.5.3.1 定性结果

在相同实验条件下测定标准溶液和样品溶液，如果样品溶液中检出的色谱峰的保留时间与标准溶液中的某种组分峰的保留时间一致，并且所选择的两对子离子的质荷比一致，样品定性离子相对丰度与浓度相当标准工作溶液的定性离子的相对丰度进行比较时，相对偏差不超过表 4 规定的范围，则可判定样品中存在该组分。

41 种糖皮质激素标准物质提取离子（定量）质谱图参见附录 B 的图 B.1。

4.5.3.2 定量结果

相同实验条件下测定标准溶液和样品溶液，制作标准曲线，样品中糖皮质激素的含量用外标法定量，按式（1）计算含量。

$$R_i = c_i \times V/m \qquad (1)$$

式中：

R_i——样品中某种组分含量，单位为微克每克（μg/g）；

c_i——由标准曲线得出的样液中某种组分的浓度，单位为微克每毫升（μg/mL）；

V——样液定容体积，单位为毫升（mL）；

m——样品质量，单位为克（g）。

4.6 精密度

本标准的精密度数据是按照 GB/T 6379.1 和 GB/T 6379.2 的规定确定的，重复性和再现性的值以 95% 的可信度来计算。膏霜类和精油类化妆品重复性和再现性标准差的值参见附录 C 的表 C.1。

表 4　　定性确定时相对离子丰度的最大允许偏差

相对离子丰度/%	>50	>20～50	>10～20	≤10
允许的相对偏差/%	±20	±25	±30	±50

5 薄层层析法

5.1 原理

化妆品中的糖皮质激素药物经提取、净化、浓缩后，点于高效硅胶板上，经展开、显色后与标准品的 Rf 值及显色特征进行比较，判断样品中是否存在糖皮质激素。

5.2 试剂与材料

除非另有说明，所用试剂均为分析纯，水为 GB/T 6682 中规定的一级水。与 4.2 相同的试剂与材料不再列出。

5.2.1 乙酸乙酯。

5.2.2 正己烷。

5.2.3 无水乙醇。

5.2.4 甲醇。

5.2.5 浓硫酸。

5.2.6 无水乙酸。

5.2.7 茴香醛（anisaldehyde）：对甲氧基苯甲醛，CAS# [123-11-5]。

5.2.8 四氮唑蓝（blue tetrazolium）：CAS# [1871-22-3]。

5.2.9 氢氧化钠。

5.2.10 12% NaOH 甲醇溶液：12g NaOH 溶于 100mL 的甲醇中。

5.2.11 标准混合工作溶液：分别取（4.2.11）标准贮备液各 0.5mL，按表 5 分组分别混合至 10mL 容量瓶中，用甲醇定容，浓度为 50μg/mL。

5.2.12 薄层层析板：高效硅胶板 F254s[2)]，100mm×100mm，涂层厚度 0.20mm，使用前在 110℃烘箱中活化 1h，置于干燥器中放冷至室温，备用。

5.2.13 展开剂：乙酸乙酯+正己烷（11+10，体积比）。

5.2.14 显色剂 1：在冰水浴中依次向 90mL 的无水乙醇（5.2.3）中加入 5mL 浓硫酸（5.2.5）和 1mL 无水乙酸（5.2.6），待混合均匀冷却后再向其中加入 5mL 的茴香醛（5.2.7），混合均匀，待用。

5.2.15 显色剂 2：称取 20mg 的四氮唑蓝（5.2.8）溶于 10mL 甲醇（5.2.4）溶液，再加入 10mL 12% NaOH 甲醇溶液（5.2.10），现用现配。

5.3 仪器

5.3.1 薄层色谱展开槽。

5.3.2 微量注射器：20μL。

5.3.3 玻璃喷雾器。

5.3.4 电吹风。

5.3.5 紫外灯：254nm。

5.3.6 其他仪器同 4.3。

5.4 试样制备

5.4.1 非精油类化妆品

称取 0.2g 样品（精确至 0.01g）于 10mL 具塞塑料离心管中，加入 3mL 饱和氯化钠溶液（4.2.5），于涡旋混合器上混合至样品分散，准确加入 2mL 乙腈，充分涡旋提取 2min，5 000r/min 离心 10min，吸出上层清液于另一 50mL 具塞塑料离心管中，下层氯化钠溶液用 2mL 乙腈重复提取步骤一次，合并二次乙腈提取液，往提取液中准确加入 40mL 高纯水，混匀，加入亚铁氰化钾溶液（4.2.6）0.2mL，混匀，加入乙酸锌溶液（4.2.7）0.2mL，混匀，5 000r/min 离心 10min，清液待进行固相萃取小柱净化。

Oasis HLB 固相萃取小柱（4.2.8）接上固相萃取装置，小柱上端紧密连接一 20mL～50mL 垫有滤纸的磨口漏斗，小柱预先依次用 5mL 甲醇、10mL 水进行活化。将待净化的样品溶液倒入漏斗，经滤纸过滤后流经小柱，待样品溶液自然流尽后，用 10%的乙腈水溶液 10mL 清洗小柱，待清洗液自然流尽后，取下漏斗，用吸球吹出小柱中的残留溶液。在柱出口处接一 10mL 具塞玻璃离心管，用 4mL 甲醇淋洗小柱，待甲醇自然流尽后，用吸球吹出柱中残留甲醇。用氮气将洗脱液吹至近干后准确加入 0.1mL 甲醇，混匀后用于点板。

2）本标准使用的高效硅胶板 F254s 是 MERCK 公司的产品，商品编号为 1.15696。给出这一信息是为了方便本标准的使用者。如果其他等效产品具有相同的效果，则可使用这些等效产品。

5.4.2　精油类化妆品

称取0.5g样品于10mL具塞塑料离心管中，加入0.5mL正己烷（5.2.2）混合均匀，准确加入0.5mL甲醇（5.2.4），于漩涡混合器上充分提取2min，5 000r/min离心5min，甲醇层溶液直接用于点板。

5.5　薄层层析

5.5.1　预展

用微量注射器在距离薄层色谱板下端1.0cm的位置点上10.0μL～20.0μL的点样液，同时在水平位置上点上标准溶液（5.2.11）作为对照。同时点两张层析板。把薄层层析板放入装有甲醇的展开槽中，按倾斜上行法展开0.6cm～1.0cm，从展开槽中取出薄层板，用电吹风将展开剂吹干，放置到干燥器中冷至室温，备用。

5.5.2　展开及显色

将（5.5.1）项中预展后的薄层层析板放入预先用展开剂（5.2.13）蒸汽饱和10min后的展开槽中，按倾斜上行法展开，当展开剂前沿到达薄层板顶端时，从展开槽中取出薄层板，用电吹风将展开剂完全吹干后，置于紫外灯（5.3.5）下观察，用铅笔记录可疑点。然后将显色剂1（5.2.14）均匀喷雾在其中的一张层析板上，用电吹风把展开剂吹于后放入100℃～110℃的恒温干燥箱中烘7min～10min使之显色，取出后立即目视观察显色结果。再将显色剂2（5.2.15）均匀地喷雾在另一张层析板上，立即直接目视观察显色结果。

41种糖皮质激素的参考Rf值、四氮唑蓝和茴香醛参考显色特征见表5。

41种糖皮质激素标准物质（5组）及实测样品的参考薄层色谱图参见附录D的图D.1。

注：显色结果需马上目视观察。

5.6　结果判定

在紫外灯下观察，若试样无与标准品Rf值相同的斑点，即可判定该样品中未检出41种糖皮质激素；

若试样中存在与标准品Rf值相同的斑点，且经四氮唑蓝和茴香醛显色后具有与标准品相同特征，即可判定该样品含有何种糖皮质激素；

若试样中存在与标准品相同Rf值的斑点，但经四氮唑蓝和茴香醛显色后与标准晶显色特征有异，则需通过液相色谱/串联质谱法（第4章）进行确认。

表5　41种糖皮质激素的分组、Rf值、四氮唑蓝及茴香醛的显色特征

分组	标准物质	Rf	四氮唑蓝显色	茴香醛显色
第Ⅰ组	泼尼松	0.99	紫色	黛紫
	曲安奈德	0.18	紫色	棕绿
	氢化可的松丁酸酯	0.23	紫色	黛紫
	氢化可的松戊酸酯	0.27	紫色	黛紫
	二氟拉松双醋酸酯	0.34	紫色	藏青
	氟轻松醋酸酯	0.45	紫色	棕绿
	泼尼卡酯	0.55	紫色	铜绿
第Ⅱ组	泼尼松龙	0.05	紫色	铜绿
	倍他米松	0.14	紫色	铜绿
	倍他米松戊酸酯	0.26	紫色	铜绿
	氟米龙	0.34	不显色	橙色
	倍他米松醋酸酯	0.43	紫色	铜绿
	倍他米松双丙酸酯	0.57	紫色	铜绿
	哈西奈德	0.63	驼色	驼色
	氟替卡松丙酸酯	0.73	紫色	铜绿

续表

分组	标准物质	Rf	四氮唑蓝显色	茴香醛显色
第Ⅲ组	地夫可特	0.02	紫色	铜绿
	甲基泼尼松龙	0.06	紫色	铜绿
	地塞米松	0.14	紫色	豆绿
	布地奈德	0.27	紫色	铜绿
	甲基泼尼松龙醋酸酯	0.28	紫色	铜绿
	氢化可的松醋酸酯	0.29	紫色	绛紫
	地塞米松醋酸酯	0.43	紫色	豆绿
	安西奈德	0.44	紫色	黛紫
	莫米他松糠酸酯	0.56	紫色	铜绿
第Ⅳ组	氟米松	0.10	紫色	铜绿
	氟氢缩松	0.16	紫色	驼色
	泼尼松醋酸酯	0.21	紫色	豆绿
	曲安西龙双醋酸酯	0.25	紫色	豆绿
	氟米龙醋酸酯	0.31	不显色	铜绿
	曲安奈德醋酸酯	0.44	紫色	藏青
	阿氯米松双丙酸酯	0.48	紫色	铜绿
	氯倍他索丙酸酯	0.63	驼色	铜绿
	氯倍他松丁酸酯	0.69	紫色	驼色
第Ⅴ组	曲安西龙	0.05	紫色	铜绿
	氢化可的松	0.10	紫色	黛紫
	可的松	0.19	紫色	绛紫
	倍氯米松	0.20	紫色	铜绿
	泼尼松龙醋酸酯	0.27	紫色	铜绿
	可的松醋酸酯	0.32	紫色	绛紫
	氟氢可的松醋酸酯	0.45	紫色	藏青
	倍氯米松双丙酸酯	0.62	紫色	铜绿

附　录　A

（资料性附录）

41 种糖皮质激素的英文名称、分子式、相对分子质量、CAS 登录号及化学结构图

Triamcinolone 124_94_7 $C_{21}H_{27}FO_6$ 394.1782	Prednisolone 50_24_8 $C_{21}H_{28}O_5$ 360.1937	Prednisone 53_03_2 $C_{21}H_{28}O_5$ 358.1780	Hydrocortisone 50_23_7 $C_{21}H_{30}O_5$ 362.2093
曲安西龙	泼尼松龙	泼尼松	氢化可的松
Cortisone 53_06_5 $C_{21}H_{28}O_5$ 360.1937	Methylprednisolone 83_43_2 $C_{22}H_{30}O_5$ 374.2093	Betamethasone 378_44_9 $C_{22}H_{29}FO_5$ 392.1999	Dexamethasone 50_02_2 $C_{22}H_{29}FO_5$ 392.1999
可的松	甲基泼尼松龙	倍他米松	地塞米松
Flumethasone 2135_17_3 $C_{22}H_{28}F_2O_5$ 410.1905	Beclomethasone 4419_39_0 $C_{22}H_{29}ClO_5$ 408.1704	Triamcinolone, acetonide 76_25_5 $C_{24}H_{31}FO_6$ 434.2105	Fludroxycortide 1524_88_5 $C_{24}H_{33}FO_6$ 436.2261
氟米松	倍氯米松	曲安奈德	氟氢缩松
Triamcinolone diacetate 67_78_7 $C_{25}H_{31}FO_8$ 478.2003	Prednisolone 21-acetate 52_21_1 $C_{23}H_{30}O_6$ 402.2042	Fluorometholone 426_13_1 $C_{22}H_{29}FO_4$ 376.2050	Hydrocortisone 21-acetate 50_03_3 $C_{23}H_{32}O_6$ 404.2200
曲安西龙双醋酸酯	泼尼松龙醋酸酯	氟米龙	氢化可的松醋酸酯
Deflazacort 14484_47_0 $C_{25}H_{31}NO_6$ 441.2151	Fludrocortisone 21-acetate 514_36_3 $C_{23}H_{31}FO_6$ 422.2105	Prednisone 21-acetate 125_10_0 $C_{23}H_{28}O_6$ 400.1886	Cortisone 21-acetate 50_04_4 $C_{23}H_{30}O_6$ 402.2042
地夫可特	氟氢可的松醋酸酯	泼尼松醋酸酯	可的松醋酸酯

图 A.1

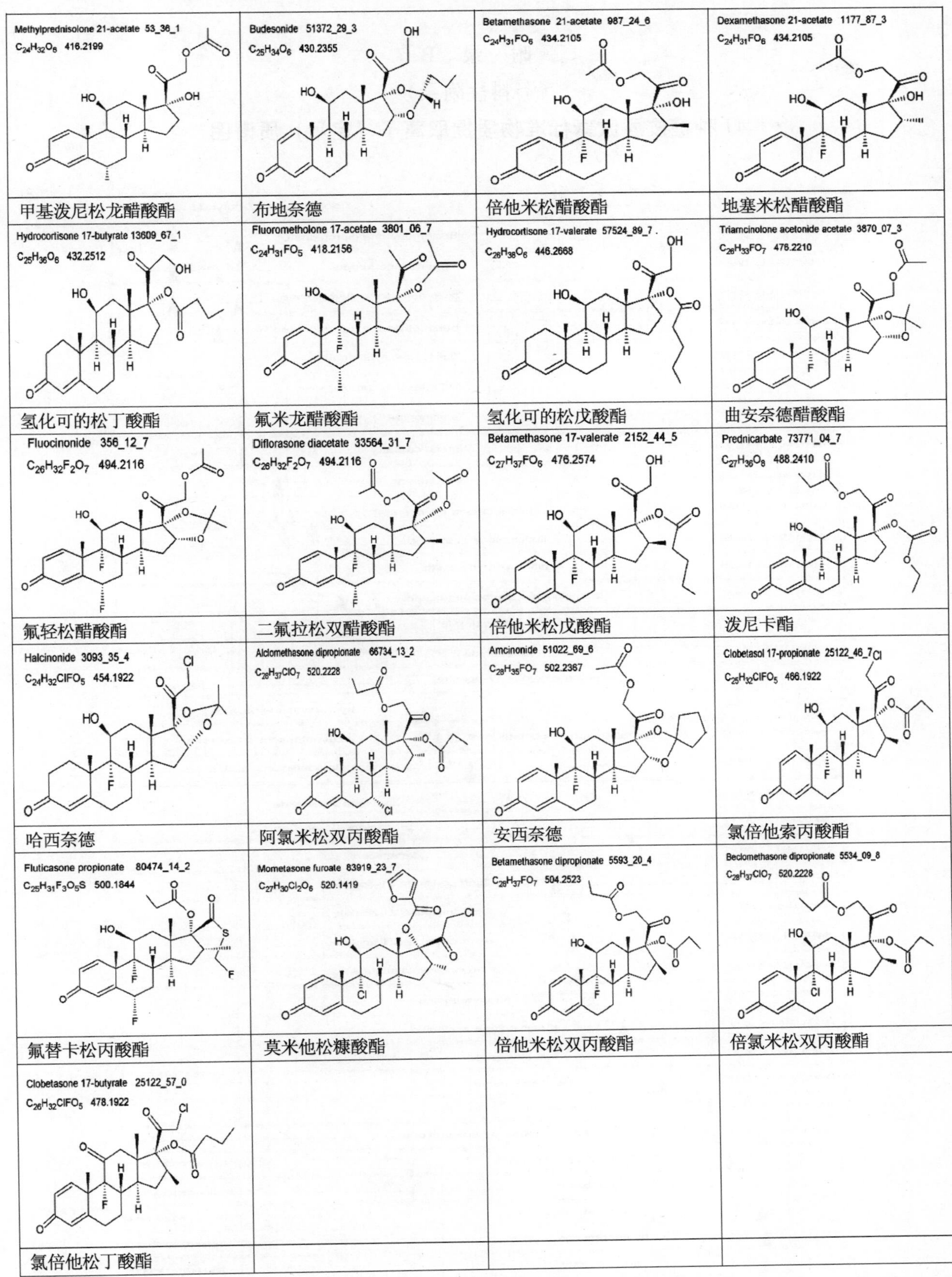

图 A.1 41种糖皮质激素的英文名称、分子式、相对分子质量、CAS登录号及化学结构图

附 录 B

（资料性附录）

41 种糖皮质激素标准物质提取离子（定量）质谱图

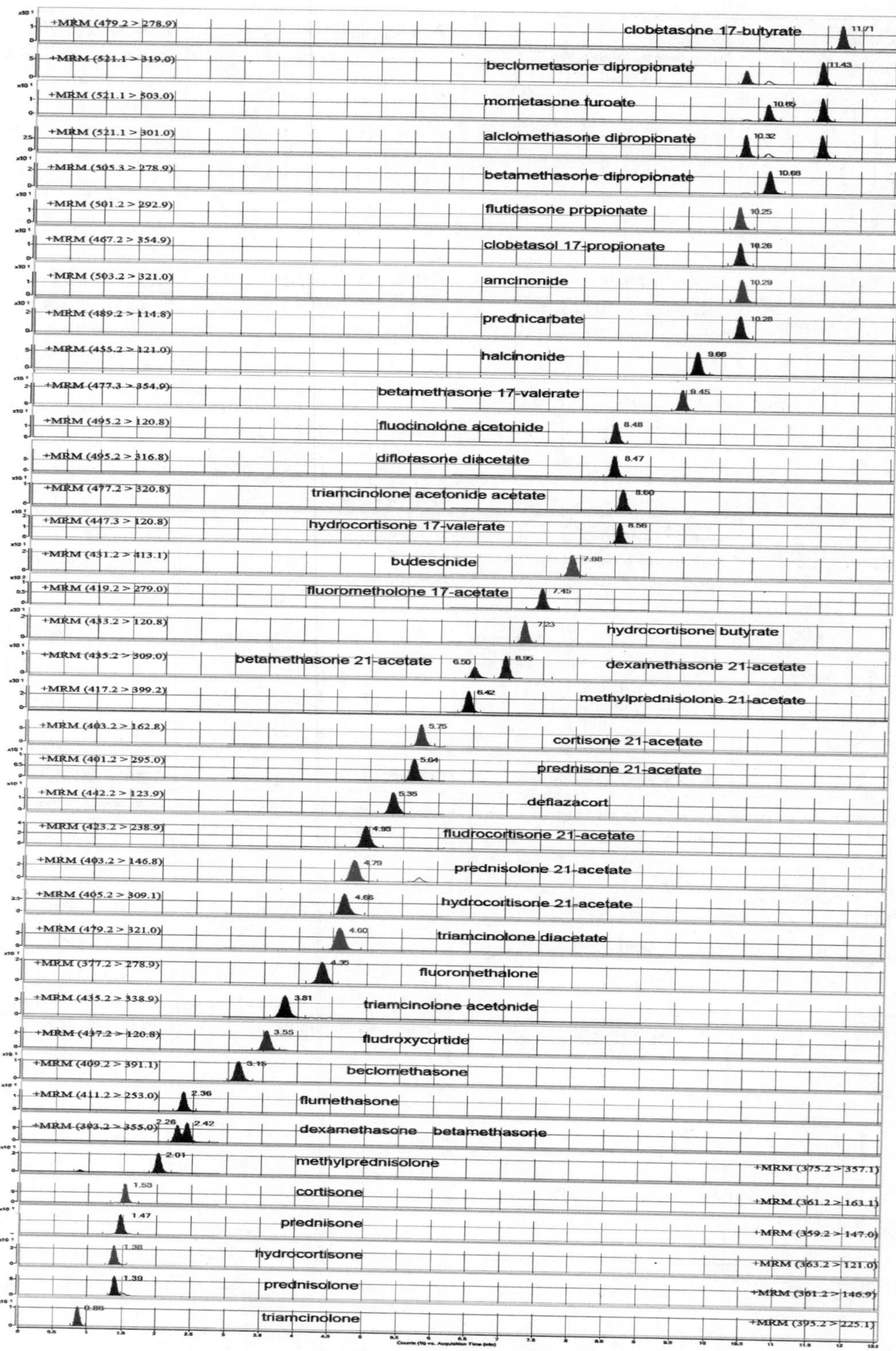

图 B.1 41 种糖皮质激素标准物质提取离子（定量）质谱图

附 录 C
（资料性附录）
膏霜类、精油类化妆品中糖皮质激素测定的重复性和再现性标准差

表 C.1　　膏霜类、精油类化妆品中糖皮质激素含量重复性和再现性标准差

编号	名　称	含量范围/(μg/g)	膏霜类		精油类	
			重复性标准差（S_r）	再现性标准差（S_R）	重复性标准差（S_r）	再现性标准差（S_R）
1	曲安西龙	0.5～5.0	$S_r=0.034\ 5m+0.099\ 7$	$S_R=0.195\ 2m-0.057\ 0$	$S_r=0.056\ 1m+0.004\ 0$	$S_R=0.056\ 1m+0.004\ 0$
2	氢化可的松	0.5～5.0	$S_r=0.112\ 3m-0.049\ 7$	$S_R=0.233\ 8m-0.116\ 7$	$S_r=0.023\ 6m+0.006\ 1$	$S_R=0.056\ 7m-0.005\ 7$
3	泼尼松龙	0.5～5.0	$S_r=0.136\ 0m-0.076\ 8$	$S_R=0.275\ 0m-0.153\ 8$	$S_r=0.057\ 7m-0.002\ 2$	$S_R=0.110\ 3m-0.014\ 5$
4	泼尼松	0.5～5.0	$S_r=0.115\ 7m-0.025\ 4$	$S_R=0.250\ 5m+0.017\ 9$	$S_r=0.032\ 1m+0.000\ 3$	$S_R=0.057\ 3m+0.000\ 2$
5	可的松	0.5～5.0	$S_r=0.047\ 6m-0.001\ 5$	$S_R=0.230\ 7m-0.079\ 3$	$S_r=0.020\ 5m+0.010\ 3$	$S_R=0.032\ 7m+0.015\ 8$
6	甲基泼尼松龙	0.5～5.0	$S_r=0.125\ 6m-0.080\ 6$	$S_R=0.197\ 0m-0.088\ 7$	$S_r=0.025\ 7m+0.012\ 5$	$S_R=0.018\ 7m+0.009\ 9$
7	倍他米松	0.5～5.0	$S_r=0.021\ 7m+0.020\ 0$	$S_R=0.047\ 9m+0.031\ 4$	$S_r=0.034\ 1m+0.005\ 6$	$S_R=0.035\ 8m+0.006\ 6$
8	地塞米松	0.5～5.0	$S_r=0.021\ 7m+0.020\ 0$	$S_R=0.047\ 9m+0.031\ 4$	$S_r=0.043\ 2m-0.001\ 2$	$S_R=0.052\ 4m+0.001\ 1$
9	氟米松	0.5～5.0	$S_r=0.044\ 5m+0.011\ 0$	$S_R=0.176\ 3m-0.037\ 1$	$S_r=0.043\ 2m-0.001\ 2$	$S_R=0.052\ 4m+0.001\ 1$
10	倍氯米松	0.5～5.0	$S_r=0.087\ 2m-0.061\ 0$	$S_R=0.0941m+0.023\ 1$	$S_r=0.033\ 2m+0.006\ 1$	$S_R=0.072\ 8m-0.003\ 2$
11	氟氢缩松	0.5～5.0	$S_r=0.047\ 2m+0.036\ 1$	$S_R=0.137\ 5m-0.010\ 9$	$S_r=0.027\ 9m+0.004\ 4$	$S_R=0.043\ 6m+0.001\ 6$
12	倍他米松醋酸酯	0.5～5.0	$S_r=0.029\ 2m+0.023\ 9$	$S_R=0.091\ 0m-0.001\ 5$	$S_r=0.047\ 4m-0.003\ 6$	$S_R=0.061\ 4m-0.003\ 1$
13	地塞米松醋酸酯	0.5～5.0	$Sr=0.029\ 2m+0.023\ 9$	$S_R=0.091\ 0m-0.001\ 5$	$S_r=0.047\ 5m-0.003\ 4$	$S_R=0.060\ 4m-0.003\ 5$
14	曲安奈德	0.5～5.0	$S_r=0.057\ 2m+0.040\ 9$	$S_R=0.099\ 5m+0.017\ 9$	$S_r=0.021\ 5m+0.005\ 3$	$S_R=0.051\ 4m-0.003\ 8$
15	氟米龙	0.5～5.0	$Sr=0.069\ 5m-0.006\ 7$	$S_R=0.169\ 6m-0.025\ 0$	$S_r=0.015\ 9m+0.004\ 5$	$S_R=0.031\ 2m+0.001\ 5$
16	曲安西龙双醋酸酯	0.5～5.0	$S_r=0.090\ 0m-0.006\ 7$	$S_R=0.146\ 4m+0.005\ 7$	$S_r=0.027\ 4m+0.004\ 3$	$S_R=0.060\ 1m+0.009\ 2$
17	氢化可的松醋酸酯	0.5～5.0	$S_r=0.042\ 5m+0.038\ 4$	$S_R=0.245\ 3m-0.015\ 5$	$S_r=0.048\ 0m+0.002\ 2$	$S_R=0.076\ 4m-0.008\ 1$
18	泼尼松龙醋酸酯	0.5～5.0	$S_r=0.030\ 3m+0.059\ 6$	$S_R=0.223\ 4m-0.045\ 0$	$S_r=0.025\ 7m+0.005\ 1$	$S_R=0.048\ 7m-0.005\ 4$
19	氟氢可的松醋酸酯	0.5～5.0	$S_r=0.046\ 5m+0.055\ 8$	$S_R=0.215\ 8m-0.028\ 2$	$S_r=0.037\ 9m+0.000\ 9$	$S_R=0.053\ 2m-0.002\ 8$
20	地夫可特	0.5～5.0	$S_r=0.056\ 4m+0.003\ 9$	$S_R=0.159\ 2m-0.034\ 1$	$S_r=0.037\ 8m-0.001\ 2$	$S_R=0.040\ 4m+0.001\ 6$
21	泼尼松醋酸酯	0.5～5.0	$S_r=0.081\ 8m-0.028\ 2$	$S_R=0.243\ 8m-0.115\ 2$	$S_r=0.035\ 0m+0.000\ 8$	$S_R=0.052\ 7m-0.001\ 8$
22	可的松醋酸酯	0.5～5.0	$S_r=0.021\ 9m+0.046\ 1$	$S_R=0.151\ 7m-0.019\ 3$	$S_r=0.018\ 9m-0.000\ 1$	$S_R=0.024\ 0m-0.000\ 2$
23	甲基泼尼松龙醋酸酯	0.5～5.0	$S_r=0.055\ 7m+0.009\ 0$	$S_R=0.140\ 2m+0.0354$	$S_r=0.030\ 1m+0.005\ 4$	$S_R=0.049\ 0m+0.000\ 4$
24	氢化可的松丁酸酯	0.5～5.0	$S_r=0.026\ 2m+0.046\ 3$	$S_R=0.129\ 2m-0.029\ 4$	$S_r=0.034\ 6m-0.004\ 1$	$S_R=0.045\ 7m-0.003\ 5$
25	氟米龙醋酸酯	0.5～5.0	$S_r=0.025\ 1m+0.066\ 7$	$S_R=0.099\ 6m+0.003\ 2$	$S_r=0.035\ 7m-0.005\ 2$	$S_R=0.055\ 6m-0.004\ 2$
26	布地奈德	0.5～5.0	$S_r=0.026\ 7m+0.060\ 4$	$S_R=0.105\ 6m+0.022\ 2$	$S_r=0.035\ 6m+0.000\ 4$	$S_R=0.051\ 6m+0.001\ 2$
27	二氟拉松双醋酸酯	0.5～5.0	$S_r=0.031\ 3m+0.033\ 9$	$S_R=0.146\ 4m-0.012\ 8$	$S_r=0.035\ 3m+0.002\ 7$	$S_R=0.056\ 6m-0.000\ 1$
28	氟轻松醋酸酯	0.5～5.0	$S_r=0.020\ 8m+0.054\ 6$	$S_R=0.104\ 4m+0.014\ 8$	$S_r=0.038\ 8m+0.000\ 6$	$S_R=0.049\ 5m-0.003\ 1$

续表

编号	名　称	含量范围/(μg/g)	膏霜类		精油类	
			重复性标准差（S_r）	再现性标准差（S_R）	重复性标准差（S_r）	再现性标准差（S_R）
29	氢化可的松戊酸酯	0.5～5.0	$S_r=0.0267m+0.0682$	$S_R=0.0537m+0.0714$	$S_r=0.0434m-0.0082$	$S_R=0.0626m-0.0040$
30	曲安奈德醋酸酯	0.5～5.0	$S_r=0.0212m+0.0510$	$S_R=0.0828m+0.0096$	$S_r=0.0345m-0.0002$	$S_R=0.0624m-0.0006$
31	倍他米松戊酸酯	0.5～5.0	$S_r=0.0564m+0.0053$	$S_R=0.0744m+0.0285$	$S_r=0.0201m+0.0009$	$S_R=0.0417m-0.0052$
32	哈西奈德	0.5～5.0	$S_r=0.0135m+0.0689$	$S_R=0.1190m+0.0233$	$S_r=0.0369m-0.0007$	$S_R=0.0492m+0.0023$
33	氯倍他索丙酸酯	0.5～5.0	$S_r=0.0253m+0.0718$	$S_R=0.0996m+0.0102$	$S_r=0.0204m+0.0041$	$S_R=0.0356m-0.0006$
34	泼尼卡酯	0.5～5.0	$S_r=0.0890m-0.0351$	$S_R=0.0870m+0.0195$	$S_r=0.0254m+0.0008$	$S_R=0.0509m-0.0102$
35	安西奈德	0.5～5.0	$S_r=0.0887m-0.0434$	$S_R=0.0931m+0.0274$	$S_r=0.0351m+0.0019$	$S_R=0.0527m-0.0021$
36	氟替卡松丙酸酯	0.5～5.0	$S_r=0.0243m+0.0355$	$S_R=0.0896m+0.0111$	$S_r=0.0305m+0.0050$	$S_R=0.0507m-0.0017$
37	阿氯米松双丙酸酯	0.5～5.0	$S_r=0.0236m+0.0432$	$S_R=0.0877m+0.0010$	$S_r=0.0289m+0.0046$	$S_R=0.0493m-0.0023$
38	倍他米松双丙酸酯	0.5～5.0	$S_r=0.0297m+0.0325$	$S_R=0.0714m+0.0207$	$S_r=0.0312m+0.0002$	$S_R=0.0621m-0.0062$
39	倍氯米松双丙酸酯	0.5～5.0	$S_r=0.0264m+0.0256$	$S_R=0.0930m-0.0035$	$S_r=0.0320m+0.0014$	$S_R=0.0412m-0.0006$
40	莫米他松糠酸酯	0.5～5.0	$S_r=0.0185m+0.0376$	$S_R=0.0848m+0.0045$	$S_r=0.0321m+0.0015$	$S_R=0.0413m-0.0008$
41	氯倍他松丁酸酯	0.5～5.0	$S_r=0.0505m+0.0112$	$S_R=0.0987m+0.0078$	$S_r=0.0269m-0.0042$	$S_R=0.0391m-0.0043$
注：m 为两次测定结果的算术平均值。						

附　录　D
（资料性附录）
41 种糖皮质激素标准物质（5 组）及实测样品的薄层色谱图

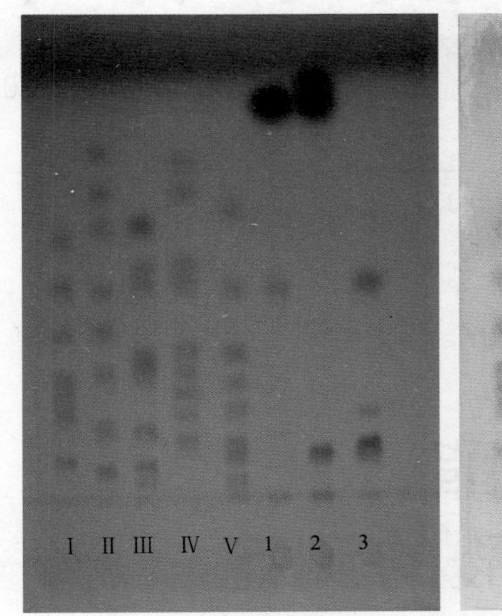

a)紫外灯下的薄层层析板

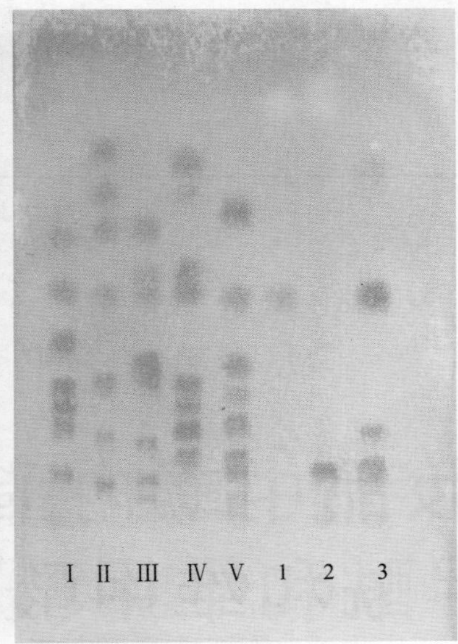

b)四氮唑蓝显色的薄层层析板

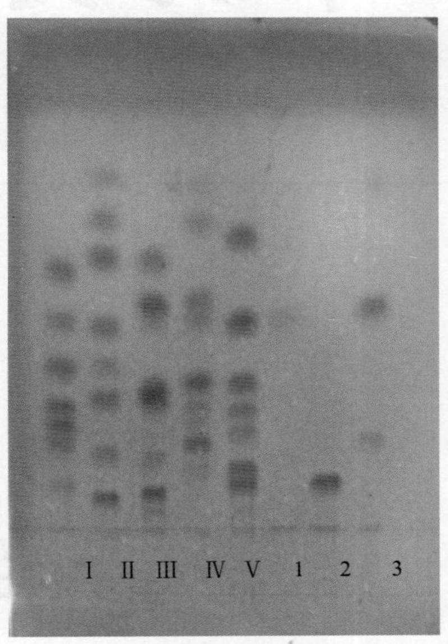

c)茴香醛显色的薄层层析板

图 D.1　41 种糖皮质激素标准物质（5 组）及实测样品的薄层色谱图

注 1：Ⅰ、Ⅱ、Ⅲ、Ⅳ、Ⅴ为糖皮质激素标准物质。

注 2：1、2、3 为实测样品。

ICS 71.100.70
Y 42

中华人民共和国国家标准

GB/T 24800.3—2009

化妆品中螺内酯、过氧苯甲酰和维甲酸的测定 高效液相色谱法

Determination of spironolacton, benzoyl peroxide and tretinoin in cosmetics by high performance liquid chromatography method

2009-11-30 发布　　2010-05-01 实施

中华人民共和国国家质量监督检验检疫总局
中国国家标准化管理委员会　发布

前　言

本标准的附录A为资料性附录。

本标准由中国轻工业联合会提出。

本标准由全国香料香精化妆品标准化技术委员会（SAC/TC 257）归口。

本标准负责起草单位：中国检验检疫科学研究院、上海市日用化学工业研究所、上海香料研究所。

本标准主要起草人：王星、武婷、马强、张庆、肖海清、沈敏、康薇。

引　言

本标准中的被测物质螺内酯、维甲酸是我国《化妆品卫生规范》规定的禁用物质，不得作为化妆品生产原料即组分添加到化妆品中。如果技术上无法避免禁用物质作为杂质带入化妆品时，则化妆品成品应符合《化妆品卫生规范》对化妆品的一般要求，即在正常及合理的、可预见的使用条件下，不得对人体健康产生危害。

目前我国尚未规定这些物质的限量值，本标准的制定，仅对化妆品中测定这些物质提供检测方法。

化妆品中螺内酯、过氧苯甲酰和维甲酸的测定 高效液相色谱法

1 范围

本标准规定了化妆品中螺内酯、过氧苯甲酰和维甲酸的测定方法。

本标准适用于皮肤护理类化妆品中螺内酯、过氧苯甲酰和维甲酸的测定。

本标准对于螺内酯、过氧苯甲酰的检出限均为2.5mg/kg，定量限均为5mg/kg；维甲酸的检出限为1mg/kg，定量限为2.5mg/kg。

2 原理

以甲醇为溶剂，超声提取、离心，0.45μm的有机滤膜过滤，溶液注入配有二极管阵列检测器（DAD）的液相色谱仪检测，外标法定量。

3 试剂和材料

除另有规定外，试剂均为分析纯。

3.1 甲醇：色谱纯。

3.2 螺内酯，纯度不小于97%；过氧苯甲酰，纯度不小于97%；维甲酸，纯度不小于99.9%。

3.3 螺内酯标准储备液：准确称取螺内酯0.1g，精确到0.000 1g，于50mL烧杯中，加适量甲醇溶解后移入100mL容量瓶中，用甲醇定容至刻度，即得螺内酯溶液浓度为1 000mg/L的标准储备液。冰箱冷藏保存。

3.4 过氧苯甲酰标准储备液：准确称取过氧苯甲酰0.1g，精确到0.000 1g，于50mL烧杯中，加适量甲醇溶解后移入100mL容量瓶中，用甲醇定容至刻度，即得过氧苯甲酰溶液浓度为1 000mg/L的标准储备液。

注：由于过氧苯甲酰遇水易分解，每次使用时需现用现配。

3.5 维甲酸标准储备液：准确称取维甲酸0.1g，精确到0.000 1g，于50mL烧杯中，加适量甲醇溶解后移入100mL容量瓶中，用甲醇定容至刻度，即得维甲酸溶液浓度为1 000mg/L的标准储备液。冰箱避光冷藏保存。

注：由于维甲酸对光十分敏感，见光容易分解变质，操作应在避光条件下进行。

3.6 标准混合溶液：分别移取10mL的上述三种标准储备液（3.3、3.4、3.5）至100mL容量瓶中，用甲醇定容至刻度，即得三种物质均为100mg/L的混合标准储备液。

3.7 标准工作溶液：用甲醇将上述标准混合溶液（3.6）分别配成一系列浓度1.0mg/L、2.0mg/L、5.0mg/L、10mg/L、20mg/L、50mg/L、100mg/L、200mg/L的标准工作溶液，现用现配。

3.8 0.1 mol/L的氢氧化钠溶液：称取氢氧化钠0.4g，精确到0.001g，于50mL烧杯中，加水溶解后转移至100mL容量瓶中，加水定容至刻度，即得0.1 mol/L的氢氧化钠溶液。

3.9 0.025mol/L磷酸二氢钠溶液（pH6.5）：称取磷酸二氢钠（$NaH_2PO_4 \cdot 2H_2O$）3.9g，精确至0.001g，于50mL烧杯中，加水溶解，移入1 000mL容量瓶中，用水定容至刻度，混匀，即得到0.025mol/L的磷酸二氢钠溶液。用0.1mol/L氢氧化钠溶液（3.8）调节pH值至6.5。

4 仪器

4.1 液相色谱仪，配有二极管阵列检测器。

4.2 微量进样器，10μL。

4.3 超声波清洗器。

4.4 离心机，大于5 000 r/min。

4.5 溶剂过滤器和0.45μm有机过滤膜。

4.6 具塞比色管，10mL。

5 测定步骤

5.1 样品处理

称取化妆品试样约0.2g，精确到0.001g，于10mL具塞比色管中，加入8mL甲醇，在超声波清洗器中超声振荡20min，冷却后用甲醇稀释至刻度，混匀。取部分溶液放入离心管中，在离心机上于5 000 r/min离心20min，离心后的上清液经0.45μm有机滤膜过滤，滤液待测定用。

5.2 测定

5.2.1 色谱条件

5.2.1.1 色谱柱：Kromasil C_{18}柱（250mm×4.6mm内径，5μm）；

5.2.1.2 流动相：A：甲醇，B：0.025mol/L磷酸二氢钠溶液（pH6.5）（3.9），梯度洗脱条件见表1。

表1　方法的梯度洗脱条件

时间/min	A/%	B/%
0	80	20
5	80	20
7	90	10
13	90	10

5.2.1.3 流速：1.0mL/min；

5.2.1.4 柱温：25℃；

5.2.1.5 检测波长：0～9.50min，240nm，9.51min～13min，335nm；

5.2.1.6 进样量：10μL。

5.2.2 标准工作曲线绘制

分别移取一系列浓度为1mg/L、2mg/L、5mg/L、10mg/L、20mg/L、50mg/L、100mg/L、200mg/L的混合标准工作溶液，按色谱条件（5.2.1）进行测定，以色谱峰的峰面积为纵坐标，对应的溶液浓度为横坐标作图，绘制标准工作曲线。

标准物质色谱图参见附录A的图A.1。

5.2.3 试样测定

用微量注射器准确吸取试样溶液（5.1）注入液相色谱仪，按色谱条件（5.2.1）进行测定，记录色谱峰的保留时间和峰面积，由色谱峰的峰面积可从标准曲线上求出相应的被测物浓度。样品溶液中的被测物的响应值均应在仪器测定的线性范围之内。被测物含量高的试样可取适量试样溶液用流动相稀释后进行测定。

5.2.4 定性确认

液相色谱仪对样品进行定性测定，进行样品测定时，如果检出螺内酯、过氧苯甲酰或维甲酸的色谱峰的保留时间与标准品相一致，并且在扣除背景后的样品色谱图中，该物质的紫外吸收图谱与标准品的紫外吸收图谱相一致，则可初步判断样品中存在螺内酯、过氧苯甲酰或维甲酸。必要时，阳性样品需用其他方法进行确认试验。

5.3 平行试验

按以上步骤，对同一试样进行平行试验测定。

5.4 空白试验

除不称取试样外，均按上述步骤进行。

6 结果计算

结果按式（1）计算（计算结果应扣除空白值）：

$$X_i = \frac{c_i \cdot V}{m} \quad \cdots\cdots (1)$$

式中：

X_i——样品中被测物质的质量浓度，单位为毫克每千克（mg/kg）；

c_i——标准曲线查得被测物质的浓度，单位为毫克每升（mg/L）；

V——样品稀释后的总体积，单位为毫升（mL）；

m——样品质量，单位为克（g）。

7 方法检出限与定量限

螺内酯、过氧苯甲酰的检出限均为2.5mg/kg，定量限均为5mg/kg；维甲酸的检出限为1mg/kg，定量限为2.5mg/kg。

8 回收率与精密度

在添加浓度5mg/kg～50mg/kg浓度范围内，回收率在85%～110%之间，相对标准偏差小于10%。

9 允许差

在重复性条件下获得的两次独立测定结果的绝对差值不应超过算术平均值的10%。

附 录 A
（资料性附录）
标准物质的液相色谱图

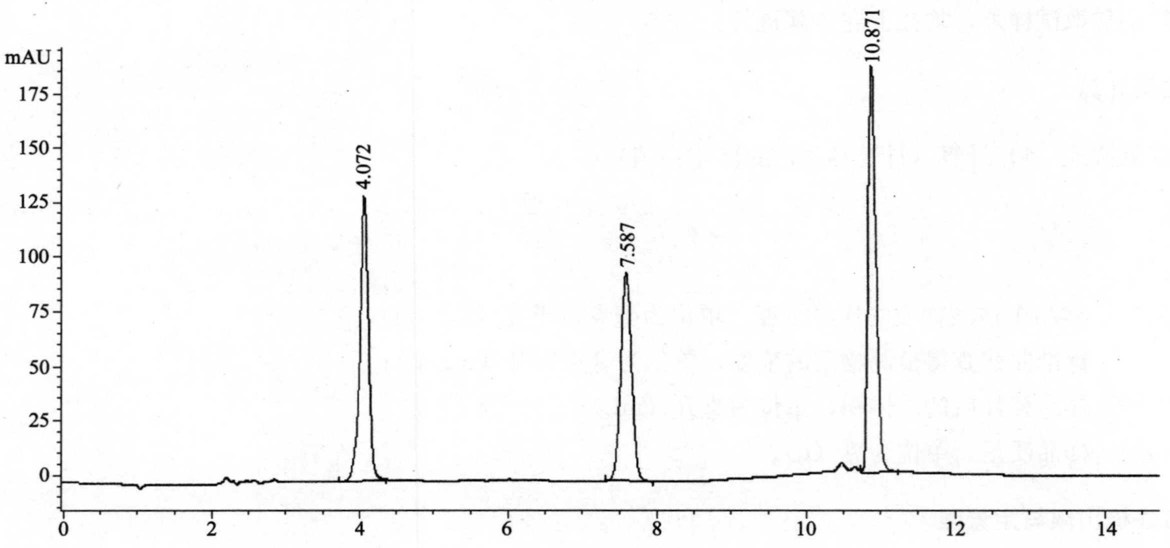

图 A.1 螺内酯、过氧苯甲酰和维甲酸的标准液相色谱图

1—螺内酯（4.072min）；2—过氧苯甲酰（7.587min）；3—维甲酸（10.871min）

ICS 71.100.70
Y 42

中华人民共和国国家标准

GB/T 24800.4—2009

化妆品中氯噻酮和吩噻嗪的测定
高效液相色谱法

Determination of chlortalidone and phenothiazine in cosmetics by high performance liquid chromatography method

2009-11-30 发布　　2010-05-01 实施

中华人民共和国国家质量监督检验检疫总局
中国国家标准化管理委员会　发布

前　言

本标准的附录A为资料性附录。

本标准由中国轻工业联合会提出。

本标准由全国香料香精化妆品标准化技术委员会（SAC/TC 257）归口。

本标准起草单位：中国检验检疫科学研究院、上海市日用化学工业研究所、上海香料研究所。

本标准主要起草人：肖海清、张庆、王超、武婷、席广成、王星、吴颖、康薇。

引　言

本标准中的被测物质是我国《化妆品卫生规范》规定的禁用物质，不得作为化妆品生产原料即组分添加到化妆品中。如果技术上无法避免禁用物质作为杂质带入化妆品时，则化妆品成品应符合《化妆品卫生规范》对化妆品的一般要求，即在正常及合理的可预见的使用条件下，不得对人体健康产生危害。

目前我国尚未规定这些物质的限量值，本标准的制定，仅对化妆品中测定这些物质提供检测方法。

化妆品中氯噻酮和吩噻嗪的测定 高效液相色谱法

1 范围

本标准规定了化妆品中氯噻酮和吩噻嗪的高效液相测定方法。

本标准适用于化妆品中氯噻酮和吩噻嗪含量的测定。

本标准对于氯噻酮和吩噻嗪的检出限为 2mg/kg，定量限为 8mg/kg。

2 原理

以丙酮为提取溶剂，超声波水浴提取后，离心，用 0.45μm 的有机滤膜过滤，取 20μL 溶液注入配有紫外检测器的高效液相色谱仪检测，外标法定量。

3 试剂和材料

除非另有说明，所用试剂均为分析纯，水为高纯水。

3.1 丙酮。

3.2 无水磷酸二氢钠。

3.3 氢氧化钠。

3.4 甲醇（色谱纯）。

3.5 氯噻酮，纯度不小于 98.0%。

3.6 吩噻嗪，纯度不小于 99.0%。

3.7 0.5%氢氧化钠溶液：称取 2.5g 氢氧化钠（3.3），精确至 0.001g，用 500mL 水溶解，保存于塑料瓶中。

3.8 30mmol/L 磷酸二氢钠溶液：称取 3.60g 无水磷酸二氢钠（3.2），精确至 0.001g，加入 1 000mL 水溶解后，用 0.5%氢氧化钠溶液（3.7）调节 pH 为 5.60，过 0.45μm 有机滤膜。

3.9 分别称取氯噻酮（3.5）和吩噻嗪（3.6）0.1g，精确至 0.000 1g，用甲醇（3.4）溶解后分别定容至 100mL 容量瓶中，密封、避光、冷藏保存，保存期 6 个月。

3.10 氯噻酮和吩噻嗪混合标准储备液（200mg/L）：分别移取氯噻酮和吩噻嗪标准储备液（3.9）10mL 于 50mL 容量瓶中，用甲醇（3.4）定容，密封、避光、冷藏保存，保存期 6 个月。

3.11 标准工作溶液：取一定量混合标准储备液（3.10），用甲醇（3.4）和 30mmol/L 磷酸二氢钠溶液（3.8）（55＋45，v/v）稀释，配制成浓度为 0.2mg/L，0.5mg/L，2mg/L，5mg/L，20mg/L 的溶液，现用现配。

4 仪器

4.1 高效液相色谱仪，配紫外检测器。

4.2 微量进样器，50μL。

4.3 超声波清洗器。

4.4 离心机，最高转速不小于 15 000r/min。

4.5 溶剂过滤器，能放置孔径为 0.45μm 的有机过滤膜。

4.6 具塞比色管 10mL、25mL。

5 试验步骤

5.1 提取

称取化妆品试样 0.5g（精确到 0.001g），置于 10mL，具塞离心管中，加入丙酮（3.1）6mL，充分混匀，在超声波清洗器中超声提取 10min，以 15 000r/min 离心 10min，将上清液转移至 25mL 具塞管中，下层沉淀用丙酮（3.1）重复提取两次，每次 2mL，合并上清液，用 30mmol/L 磷酸二氢钠溶液（3.8）定容至 25mL，混匀。取约 5mL 上述溶液于离心管中，以 15 000r/min 离心 15min，上清液过 0.45μm 有机滤膜后，待用。

5.2 测定

5.2.1 色谱条件

5.2.1.1 色谱柱：C_{18} 柱：250mm×4.6mm（内径），颗粒直径 5μm，或相当者。

5.2.1.2 流动相：A：30mmol/L 磷酸二氢钠溶液（3.8），B 甲醇（3.4），梯度洗脱条件见表 1。

表 1　方法的梯度洗脱条件

时间/min	0	6	15	16	21	24	28
A/%	45	20	20	10	10	45	45
B/%	55	80	80	90	90	55	55

5.2.1.3 流速：1.0mL/min。

5.2.1.4 检测波长：230nm。

5.2.1.5 色谱柱温：30℃。

5.2.1.6 进样量：20μL。

5.2.2 标准工作曲线绘制

取浓度为 0.2mg/L，0.5mg/L，2mg/L，5mg/L，20mg/L 的标准工作溶液（3.11），按色谱条件（5.2.1）进行测定，以色谱峰的峰面积为纵坐标，对应的溶液浓度为横坐标作图，绘制标准工作曲线。

标准物质色谱图参见附录 A 的图 A.1。

5.3 试样测定

试样溶液（5.1）注入液相色谱仪，按色谱条件（5.2.1）进行测定，记录色谱峰的保留时间和峰面积，由色谱峰的峰面积可从标准曲线上求出相应的色谱峰浓度。样品溶液中的氯噻酮和吩噻嗪的响应值均应在标准工作曲线浓度范围之内，氯噻酮和吩噻嗪含量高的试样可取适量试样溶液用流动相稀释后进行测定。必要时，阳性样品需用其他方法进行确认试验。

5.4 空白试验

除不称取试样外，均按上述操作步骤进行。

6 结果计算

结果按式（1）计算（计算结果应扣除空白值）：

$$X_i = \frac{(c_i - c_0) \cdot V_i}{m} \quad \cdots\cdots (1)$$

式中：

X_i——样品中氯噻酮或吩噻嗪的质量浓度，单位为毫克每千克（mg/kg）；

c_i——标准曲线计算所得氯噻酮或吩噻嗪的浓度，单位为毫克每升（mg/L）；

c_0——标准曲线计算所得空白样品中氯噻酮或吩噻嗪的浓度，单位为毫克每升（mg/L）；

V_i——样品稀释后的总体积，单位为毫升（mL）；

m——样品质量，单位为克（g）。

7 检出限与定量限

本方法对氯噻酮的检出限为 2mg/kg，定量限为 8mg/kg。

对吩噻嗪的检出限为 2mg/kg，定量限为 8mg/kg。

8 回收率和精密度

在添加浓度 8mg/kg～400mg/kg 浓度范围内，回收率在 85%～110%之间，相对标准偏差小于 10%。

9 允许差

在重复性条件下获得的两次独立测定结果的绝对差值不应超过算术平均值的 10%。

附 录 A
（资料性附录）
标准物质液相色谱图

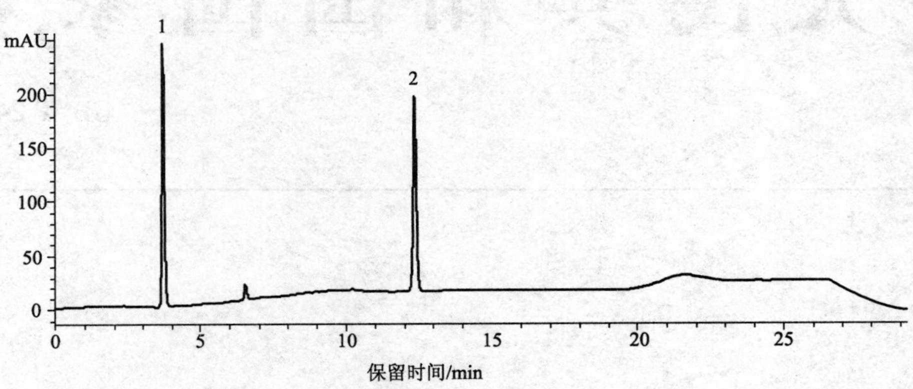

图 A.1 氯噻酮和吩噻嗪标准物质液相色谱图

1—氯噻酮（3.7min）；2—吩噻嗪（12.4min）

ICS 71.100.70
Y 42

中华人民共和国国家标准

GB/T 24800.5—2009

化妆品中呋喃妥因和呋喃唑酮的测定 高效液相色谱法

Determination of nitrofurantion and furazolidone in cosmetics by high performance liquid chromatography method

2009-11-30 发布　　2010-05-01 实施

中华人民共和国国家质量监督检验检疫总局
中国国家标准化管理委员会　发布

前　言

本标准的附录 A 为资料性附录。

本标准由中国轻工业联合会提出。

本标准由全国香料香精化妆品标准化技术委员会（SAC/TC 257）归口。

本标准起草单位：中国检验检疫科学研究院、上海市日用化学工业研究所、上海香料研究所。

本标准主要起草人：张庆、肖海清、武婷、席广成、王超、王星、崔俭杰、康薇。

引　　言

本标准中的被测物质是我国《化妆品卫生规范》规定的禁用物质，不得作为化妆品组分添加到化妆品中。如果技术上无法避免禁用物质作为杂质带入化妆品时，则化妆品成品应符合《化妆品卫生规范》对化妆品的一般要求，即在正常及合理的可预见的使用条件下，不得对人体健康产生危害。

目前我国尚未规定这些物质的限量值，本标准的制定，仅对化妆品中测定这些物质提供检测方法。

化妆品中呋喃妥因和呋喃唑酮的测定 高效液相色谱法

1 范围

本标准规定了化妆品中呋喃妥因和呋喃唑酮的高效液相色谱测定方法。

本标准适用于化妆品中呋喃妥因和呋喃唑酮的测定。

本标准对于呋喃妥因和呋喃唑酮的检出限为2mg/kg，定量限为8mg/kg。

2 原理

以乙腈-甲醇（1+1，v/v）混合溶液为提取溶剂，超声提取、离心，经0.45μm的有机滤膜过滤，溶液注入配有二极管阵列检测器的液相色谱仪检测，外标法定量。

3 试剂和材料

除另有规定外，试剂均为分析纯。

3.1 乙腈：色谱纯。

3.2 甲醇：色谱纯。

3.3 呋喃妥因：纯度不小于99%。

3.4 呋喃唑酮：纯度不小于99%。

3.5 冰醋酸。

3.6 提取剂：乙腈（3.1）：甲醇（3.2）体积比（1+1，v/v）。

3.7 0.4%乙酸溶液：移取2mL冰醋酸（3.5），加水溶解后转移至500mL容量瓶中，定容。

3.8 流动相：乙腈（3.1）：0.4%乙酸溶液（3.7）体积比（30+70，v/v）。

3.9 标准储备液（200μg/mL）：分别准确称取呋喃妥因（3.3）和呋喃唑酮（3.4）0.02g，精确到0.000 1g，于50mL烧杯中，加适量乙腈溶解后移入100mL棕色容量瓶中，用乙腈定容，在4℃避光、密封保存，可保存三个月以上。

3.10 标准工作溶液：取一定量储备液（3.9），用流动相（3.8）稀释至棕色容量瓶，配制成浓度为0.2μg/mL，0.5 μg/mL，1.0μg/mL，5μg/mL，10μg/mL，20μg/mL的溶液。

3.11 孔径为0.45μm的有机过滤膜。

注：由于呋喃妥因和呋喃唑酮对光十分敏感，见光容易变质分解，因而配制标准溶液一定要使用棕色容量瓶，其他玻璃器皿也需进行避光处理，所有操作都应在避光条件下进行。操作时还应避免吸入、接触有毒的标准品和试剂。

4 仪器

4.1 液相色谱仪，配有二极管阵列检测器。

4.2 微量进样器，10μL。

4.3 超声波清洗器。

4.4 离心机，转速不低于5 000r/min。

4.5 溶剂过滤器，能放置孔径为0.45μm的有机过滤膜。

4.6 具塞比色管25mL。

5 测定步骤

5.1 样品处理

称取化妆品试样 0.5g（精确到 0.001g），置于 25mL 具塞比色管中，加入 15mL 提取剂（3.6），充分混匀，在超声波清洗器中超声提取 20min，然后用去离子水定容至 25mL，混匀。取约 10mL 上述溶液于离心管中，以 5 000r/min 高速离心 20min，取上清液，经 0.45μm 有机过滤膜（3.11）过滤，滤液供液相色谱测定用。

5.2 测定

5.2.1 色谱条件

5.2.1.1 色谱柱：ODS C_{18}柱：250mm×4.6mm，粒径 5μm，或相当者。

5.2.1.2 流动相：乙腈加 0.4%乙酸水溶液（30＋70，v/v）。

5.2.1.3 流速：1.0mL/min。

5.2.1.4 检测波长：365nm。

5.2.1.5 柱温：25℃。

5.2.1.6 进样量：10μL。

5.2.2 标准工作曲线绘制

分别移取 10μL 浓度为 0.2μg/mL，0.5μg/mL，1.0μg/mL，5.0μg/mL，10μg/mL，20μg/mL 的标准工作溶液（3.10），按色谱条件（5.2.1）进行测定，以色谱峰的峰面积为纵坐标，对应的溶液浓度为横坐标作图，绘制标准工作曲线。

标准物质色谱图参见附录 A 的图 A.1。

5.2.3 试样测定

用微量注射器准确吸取 10μL。处理后的样品溶液（5.1）注入液相色谱仪，按色谱条件（5.2.1）进行测定，记录色谱峰的保留时间和峰面积，由色谱峰的峰面积可从标准曲线上求出相应的色谱峰浓度。样品溶液中的呋喃妥因和呋喃唑酮的响应值均应在仪器测定的线性范围之内。呋喃妥因和呋喃唑酮含量高的试样可取适量试样溶液用流动相稀释后进行测定。

5.2.4 定性确认

液相色谱仪对样品进行定性测定，进行样品测定时，如果检出呋喃唑酮和呋喃妥因的色谱峰的保留时间与标准品相一致，并且在扣除背景后的样品色谱图中，该物质的紫外吸收图谱与标准晶的紫外吸收图谱相一致，则可初步确认样品中存在呋喃唑酮或呋喃妥因。必要时，阳性样品需用其他方法进行确认试验。

5.3 平行试验

按以上步骤，对同一试样进行平行试验测定。

5.4 空白试验

除不称取试样外，均按上述步骤进行。

6 结果计算

结果按式（1）计算（计算结果应扣除空白值）：

$$X_i = \frac{c_i \cdot V_i}{m} \quad \cdots\cdots (1)$$

式中：

X_i——样品中呋喃唑酮或呋喃妥因的质量浓度，单位为毫克每千克（mg/kg）；

c_i——标准曲线查得呋喃唑酮或呋喃妥因的浓度，单位为微克每毫升（μg/mL）；

V_i——样品稀释后的总体积，单位为毫升（mL）；

m——样品质量，单位为克（g）。

7 检出限与定量限

呋喃妥因和呋喃唑酮的检出限均为 2mg/kg，定量限均为 8mg/kg。

8 回收率和精密度

在添加浓度 8mg/kg～400mg/kg 浓度范围内，回收率在 85%～110%之间，相对标准偏差小于 10%。

9 允许差

在重复性条件下获得的两次独立测定结果的绝对差值不应超过算术平均值的 10%。

附 录 A
（资料性附录）
标准物质液相色谱图

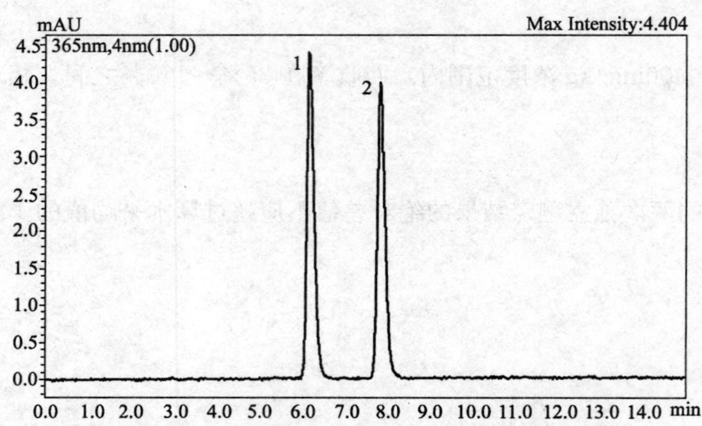

图 A.1　呋喃妥因和呋喃唑酮标准物质液相色谱图

1—呋喃妥因（6.2min）；2—呋喃唑酮（7.9min）

ICS 71.100.70
Y 42

中华人民共和国国家标准

GB/T 24800.6—2009

化妆品中二十一种磺胺的测定
高效液相色谱法

Determination of 21 sulfonamides in cosmetics by high performance liquid chromatography method

2009-11-30 发布 2010-05-01 实施

中华人民共和国国家质量监督检验检疫总局
中国国家标准化管理委员会 发布

前　　言

本标准的附录A、附录B为资料性附录。

本标准由中国轻工业联合会提出。

本标准由全国香料香精化妆品标准化技术委员会（SAC/TC 257）归口。

本标准负责起草单位：中国检验检疫科学研究院、上海市日用化学工业研究所、上海香料研究所。

本标准主要起草人：马强、张庆、王超、肖海清、武婷、康薇、崔俭杰。

引　言

本标准中的被测物质是我国《化妆品卫生规范》规定的禁用物质，不得作为化妆品生产原料即组分添加到化妆品中。如果技术上无法避免禁用物质作为杂质带入化妆品时，则化妆品成品应符合《化妆品卫生规范》对化妆品的一般要求，即在正常及合理的可预见的使用条件下，不得对人体健康产生危害。

目前我国尚未规定这些物质的限量值，本标准的制定，仅对化妆品中测定这些物质提供检测方法。

化妆品中二十一种磺胺的测定
高效液相色谱法

1 范围

本标准规定了化妆品中二十一种磺胺的高效液相色谱测定方法。

本标准适用于化妆品中二十一种磺胺的测定。

本标准的检出限和定量限：磺胺胍、磺胺、磺胺醋酰、磺胺二甲异嘧啶、磺胺嘧啶、磺胺噻唑、磺胺吡啶、磺胺甲基嘧啶、磺胺二甲噁唑、磺胺二甲嘧啶、磺胺间二甲氧嘧啶、磺胺喹噁啉、磺胺硝苯的检出限为0.2mg/kg，定量限为0.6mg/kg；磺胺甲噻二唑、磺胺甲氧哒嗪、琥珀酰磺胺噻唑、磺胺氯哒嗪、磺胺甲基异噁唑、磺胺间甲氧嘧啶、磺胺邻二甲氧嘧啶、磺胺二甲异噁唑的检出限为0.4mg/kg，定量限为1.2mg/kg。

2 规范性引用文件

下列文件中的条款通过本标准的引用而成为本标准的条款。凡是注日期的引用文件，其随后所有的修改单（不包括勘误的内容）或修订版均不适用于本标准，然而，鼓励根据本标准达成协议的各方研究是否可使用这些文件的最新版本。凡是不注日期的引用文件，其最新版本适用于本标准。

GB/T 6682 分析实验室用水规格和试验方法

3 原理

试样经溶剂提取，离心过滤后，用高效液相色谱测定，外标法定量，液相色谱-质谱确认。

4 试剂和材料

除非另有说明，所有试剂均为分析纯，水为GB/T 6682规定的一级水。

4.1 甲醇：色谱纯。

4.2 四氢呋喃：色谱纯。

4.3 氢氧化钠溶液（0.1 mol/L）：准确称取4g氢氧化钠于1L容量瓶中，用水溶解并定容至刻度，混匀后备用。

4.4 甲酸溶液（0.1%）：准确量取1mL甲酸于1L容量瓶中，用水定容至刻度，混匀后备用。

4.5 甲醇水溶液：准确量取50mL甲醇和50mL水，混匀后备用。

4.6 磺胺胍、磺胺、磺胺醋酰、磺胺二甲异嘧啶、磺胺嘧啶、磺胺噻唑、磺胺吡啶、磺胺甲基嘧啶、磺胺二甲噁唑、磺胺二甲嘧啶、磺胺甲噻二唑、磺胺甲氧哒嗪、琥珀酰磺胺噻唑、磺胺氯哒嗪、磺胺甲基异噁唑、磺胺间甲氧嘧啶、磺胺邻二甲氧嘧啶、磺胺二甲异噁唑、磺胺间二甲氧嘧啶、磺胺喹噁啉、磺胺硝苯标准品：纯度大于97%。

4.7 二十一种磺胺的标准储备液：准确称取每种磺胺标准物质（4.6）各100mg，分别置于100mL棕色容量瓶中，用甲醇水溶液（4.5）溶解并定容至刻度，摇匀，配制成浓度分别为1 000μg/mL的标准储备液，于4℃避光保存，可使用三个月。

注：磺胺喹噁啉标准储备液配制时，可加入数滴氢氧化钠溶液（4.3）辅助溶解。

4.8 二十一种磺胺的混合标准储备液：分别准确移取二十一种磺胺标准储备液各4mL于100mL棕色容量瓶中，用甲醇水溶液（4.5）定容至刻度，该溶液中二十一种磺胺的浓度均为40μg/mL。

5 仪器和设备

5.1 高效液相色谱（HPLC）仪：配有紫外检测器或二极管阵列检测器。

5.2 液相色谱-质谱/质谱（LC－MS/MS）仪：配有电喷雾离子源（ESI）。

5.3 分析天平：感量为 0.000 1g 和 0.001g。

5.4 离心机：转速不低于 5 000r/min。

5.5 超声波水浴。

5.6 具塞比色管：10mL。

5.7 具塞塑料离心管：10mL。

5.8 微孔滤膜：0.45μm，有机相。

6 分析步骤

6.1 样品处理

6.1.1 膏霜、乳液、水剂、散粉、香波类样品

称取 1g（精确至 0.001g）试样于 10mL 具塞比色管中，加入 5mL 甲醇，再加水至 10mL，超声提取 20min。取部分溶液转移至 10mL 具塞塑料离心管中，以不低于 5 000r/min 离心 15min，上清液经 0.45μm 微孔滤膜过滤，滤液作为待测样液。

注：如离心难以获得上清液可加适量氯化钠破乳。

6.1.2 唇膏类样品

称取 1g（精确至 0.001g）试样于 10mL 具塞比色管中，加入 2mL 四氢呋喃，超声提取 10min，再加水至 10mL，超声提取 10min。取部分溶液转移至 10mL 具塞塑料离心管中，以不低于 5 000r/min 离心 15min，上清液经 0.45μm 微孔滤膜过滤，滤液作为待测样液。

6.2 测定条件

高效液相色谱测定条件如下：

a）色谱柱：Symmetry C_{18}，5μm，250mm×4.6mm（内径）。

b）流动相：见表 1。

c）流速：1.0mL/min。

d）柱温：32℃。

e）波长：268nm。

f）进样量：20μL。

注：方法中所使用的色谱柱仅供参考，同等性能的色谱柱均可使用。

表 1 流动相

步骤	时间/min	甲酸溶液（0.1%）/%	甲醇/%
0	0.00	92	8
1	7.00	84	16
2	13.00	78	22
3	18.00	75	25
4	27.00	75	25
5	29.00	45	55
6	40.00	5	95
7	42.00	92	8

6.3 标准曲线的绘制

用甲醇水溶液（4.5）将二十一种磺胺混合标准储备液逐级稀释得到的浓度为0.1μg/mL、0.5μg/mL、1μg/mL、5μg/mL、10μg/mL、20μg/mL的混合标准工作液，按6.2的测定条件浓度由低到高进行测定，以峰面积-浓度作图，得到标准曲线回归方程。

二十一种磺胺标准品色谱图参见附录A中的图A.1。

6.4 测定

按6.2的测定条件对待测样液进行测定，用外标法定量。待测样液中磺胺的响应值应在标准曲线的线性范围内，超过线性范围则应稀释后再进样分析。必要时，阳性样品需用液相色谱-质谱进行确认试验（参见附录B）。

6.5 空白试验

除不称取样品外，均按上述测定条件和步骤进行。

7 结果计算

结果按式（1）计算，计算结果保留两位小数（计算结果应扣除空白值）：

$$W_i = \frac{1\,000 \times c_i \times V}{m} \qquad (1)$$

式中：

W_i——试样中被测磺胺的含量，单位为毫克每千克（mg/kg）；

c_i——从标准工作曲线上查出的样液中被测磺胺的浓度，单位为微克每毫升（μg/mL）；

V——样液最终定容体积，单位为升（L）；

m——试样的质量，单位为克（g）。

8 检出限和定量限

本标准的检出限和定量限：磺胺胍、磺胺、磺胺醋酰、磺胺二甲异嘧啶、磺胺嘧啶、磺胺噻唑、磺胺吡啶、磺胺甲基嘧啶、磺胺二甲噁唑、磺胺二甲嘧啶、磺胺间二甲氧嘧啶、磺胺喹噁啉、磺胺硝苯的检出限为0.2mg/kg，定量限为0.6mg/kg；磺胺甲噻二唑、磺胺甲氧哒嗪、琥珀酰磺胺噻唑、磺胺氯哒嗪、磺胺甲基异噁唑、磺胺间甲氧嘧啶、磺胺邻二甲氧嘧啶、磺胺二甲异噁唑的检出限为0.4mg/kg，定量限为1.2mg/kg。

9 回收率

在添加浓度0.2mg/kg～40mg/kg浓度范围内，回收率在85%～110%之间，相对标准偏差小于10%。

10 允许差

在重复性条件下获得的两次独立测定结果的绝对差值不应超过算术平均值的10%。

附 录 A
（资料性附录）
标准品色谱图

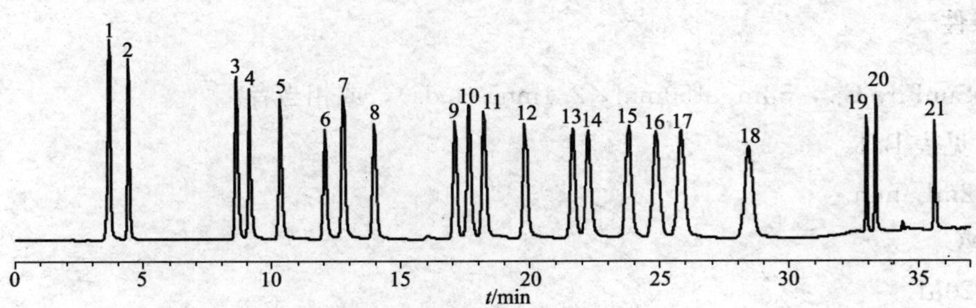

图 A.1 二十一种磺胺标准品色谱图

1—磺胺胍；2—磺胺；3—磺胺醋酰；4—磺胺二甲异嘧啶；5—磺胺嘧啶；
6—磺胺噻唑；7—磺胺吡啶；8—磺胺甲基嘧啶；9—磺胺二甲噁唑；
10—磺胺二甲嘧啶；11—磺胺甲噻二唑；12—磺胺甲氧哒嗪；13—琥珀酰磺胺噻唑；
14—磺胺氯哒嗪；15—磺胺甲基异噁唑；16—磺胺间甲氧嘧啶；
17—磺胺邻二甲氧嘧啶；18—磺胺二甲异噁唑；19—磺胺间二甲氧嘧啶；
20—磺胺喹噁啉；21—磺胺硝苯

附　录　B
（资料性附录）
确认试验

B.1　液相色谱条件

a）色谱柱：SunFire C_{18}，5μm，150mm×2.1mm（i.d.），或相当者。

b）流动相：见表B.1。

c）流速：0.2mL/min。

d）柱温：30℃。

e）进样量：20μL。

表B.1　流动相

步　骤	时间/min	甲酸溶液（0.1%）/%	甲醇/%
0	0.00	92	6
1	5.00	84	16
2	8.00	78	22
3	14.00	75	25
4	24.00	75	25
5	26.00	45	55
6	35.00	5	95
7	36.00	92	6

B.2　质谱条件

a）电离方式：电喷雾电离，正离子。

b）毛细管电压：3.5 kV。

c）萃取电压：1.0V。

d）射频透镜电压：0.0 V。

e）离子源温度：120℃。

f）脱溶剂气：氮气，流速600 L/hr，温度350℃。

g）锥孔气：氮气，流速50L/hr。

h）碰撞气：氩气。

i）扫描模式：多反应监测（MRM），定性离子对、定量离子对、锥孔电压和碰撞气能量见表B.2。

表B.2　磺胺的定性离子对、定量离子对、锥孔电压和碰撞气能量

中文名称	英文名称	定性离子对（m/z）	定量离子对（m/z）	锥孔电压/V	碰撞气能量/eV	相对丰度	允许偏差/%
磺胺胍	sulfaguanidine	216/157 216/109	216/157	22	15 23	100 52	±20
磺胺	sulfanilamide	173/156 173/91	173/156	15	7 18	100 51	±20

续表

中文名称	英文名称	定性离子对 (m/z)	定量离子对 (m/z)	锥孔电压/V	碰撞气能量/eV	相对丰度	允许偏差/%
磺胺醋酰	sulfacetamide	215/156 215/92	215/156	15	10 22	100 49	±25
磺胺二甲异嘧啶	sulfisomidine	279/124 279/186	279/124	30	20 17	100 33	±25
磺胺嘧啶	sulfadiazine	251/156 251/108	251/156	25	15 23	100 61	±20
磺胺噻唑	sulfathiazole	256/156 256/108	256/156	25	15 23	100 49	±25
磺胺吡啶	sulfapyridine	250/156 250/184	250/156	27	15 17	100 31	±25
磺胺甲基嘧啶	sulfamerazine	265/156 265/172	265/156	27	17 15	100 51	±20
磺胺二甲噁唑	sulfamoxole	268/156 268/113	268/156	26	17 17	100 49	±25
磺胺二甲嘧啶	sulfamethazine	279/186 279/156	279/186	25	18 18	100 72	±20
磺胺甲噻二唑	sulfamethizole	271/156 271/108	271/156	23	15 23	100 46	±25
磺胺甲氧哒嗪	sulfamethoxypyridazine	281/156 281/108	281/156	27	17 27	100 57	±20
琥珀酰磺胺噻唑	succinylsulfathiazole	356/256 356/156	356/256	32	17 23	100 46	±25
磺胺氯哒嗪	sulfachloropyridazine	285/156 285/108	285/156	25	15 25	100 45	±25
磺胺甲基异噁唑	sulfamethoxazole	254/156 254/108	254/156	25	17 22	100 78	±20
磺胺间甲氧嘧啶	sulfamonomethoxine	281/156 281/215	281/156	28	17 15	100 16	±30
磺胺邻二甲氧嘧啶	sulfadoxine	311/156 311/108	311/156	30	18 30	100 41	± 25
磺胺二甲异噁唑	sulfisoxazole	268/156 268/113	268/156	23	13 15	100 82	±20
磺胺间二甲氧嘧啶	sulfadimethoxine	311/156 311/108	311/156	35	20 27	100 42	±25
磺胺喹噁啉	sulfaquinoxaline	301/156 301/108	301/156	25	15 25	100 52	±20
磺胺硝苯	sulfanitran	336/156 336/294	336/156	25	13 10	100 45	±25

B.3 定性判定

按照上述条件测定试样和标准工作溶液，如果试样中的质量色谱峰保留时间与标准工作溶液一致（变化范围在±2.5%之内）；样品中目标化合物的两个子离子的相对丰度与浓度相当标准溶液的相对丰度一致，相对丰度偏差不超过表 B.2 的规定，则可判断样品中存在磺胺。

二十一种磺胺的选择离子质量色谱图见图 B.1。

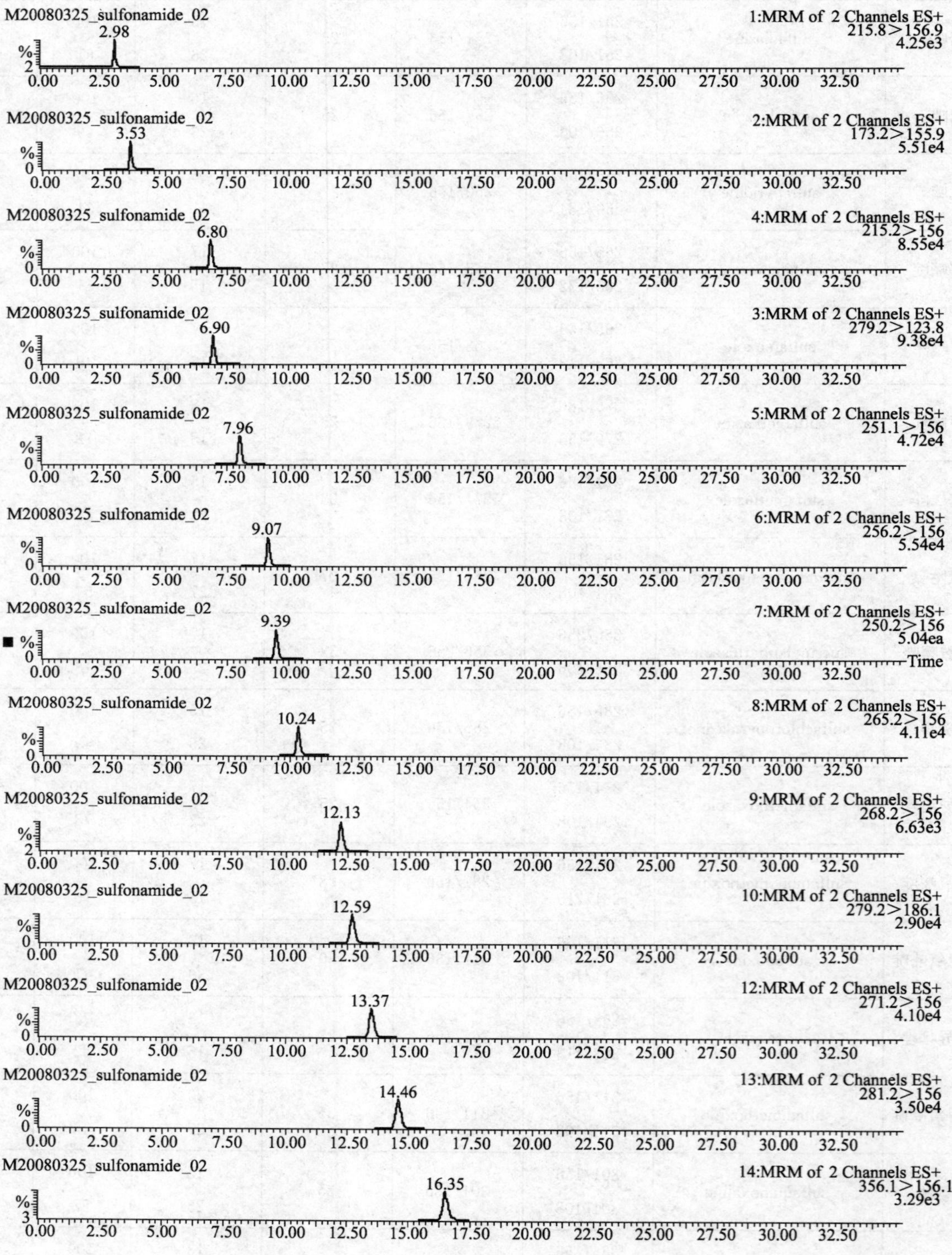

图 B.1

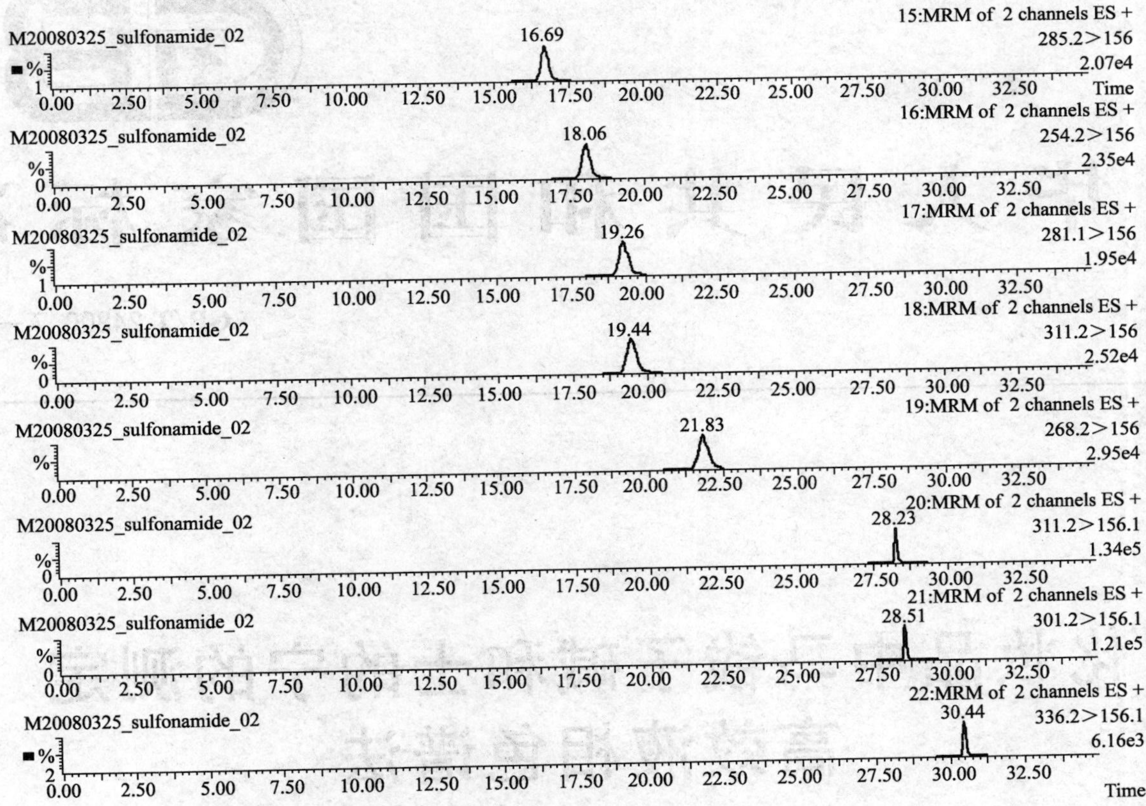

图 B.1 二十一种磺胺的选择离子质量色谱图

ICS 71.100.70
Y 42

中华人民共和国国家标准

GB/T 24800.7—2009

化妆品中马钱子碱和士的宁的测定 高效液相色谱法

Determination of brucine and strychnine in cosmetics by high performance liquid chromatography method

2009-11-30 发布

2010-05-01 实施

中华人民共和国国家质量监督检验检疫总局
中国国家标准化管理委员会 发布

前　言

本标准的附录A、附录B为资料性附录。

本标准由中国轻工业联合会提出。

本标准由全国香料香精化妆品标准化技术委员会（SAC/TC 257）归口。

本标准负责起草单位：中国检验检疫科学研究院、上海市日用化学工业研究所、上海香料研究所。

本标准主要起草人：马强、肖海清、王超、王星、范敏、朱丽、崔俭杰、李琼。

引　言

本标准中的被测物质是我国《化妆品卫生规范》规定的禁用物质，不得作为化妆品生产原料即组分添加到化妆品中。如果技术上无法避免禁用物质作为杂质带入化妆品时，则化妆品成品应符合《化妆品卫生规范》对化妆品的一般要求，即在正常及合理的可预见的使用条件下，不得对人体健康产生危害。

目前我国尚未规定这些物质的限量值，本标准的制定，仅对化妆品中测定这些物质提供检测方法。

化妆品中马钱子碱和士的宁的测定 高效液相色谱法

1 范围

本标准规定了化妆品中马钱子碱和士的宁的高效液相色谱测定方法。

本标准适用于化妆品中马钱子碱和士的宁的测定。

本标准的检出限和定量限：马钱子碱和士的宁的检出限为 2.5mg/kg，定量限为 8mg/kg。

2 规范性引用文件

下列文件中的条款通过本标准的引用而成为本标准的条款。凡是注日期的引用文件，其随后所有的修改单（不包括勘误的内容）或修订版均不适用于本标准，然而，鼓励根据本标准达成协议的各方研究是否可使用这些文件的最新版本。凡是不注日期的引用文件，其最新版本适用于本标准。

GB/T 6682　分析实验室用水规格和试验方法（GB/T 6682—2008，ISO 3696：1987，MOD）

3 原理

试样经溶剂提取，离心过滤后，用高效液相色谱测定，外标法定量，液相色谱－质谱确认。

4 试剂和材料

除非另有说明，所用试剂均为分析纯，水为 GB/T 6682 规定的一级水。

4.1　甲醇：色谱纯。

4.2　四氢呋喃：色谱纯。

4.3　甲酸铵溶液（0.01mol/L）：准确称取 0.630 6g 甲酸铵于 1L 容量瓶中，加入约 980mL 水溶解，用甲酸调节 pH 至 3.0 后，定容至 1L 备用。

4.4　甲醇水溶液：准确量取 64mL 甲醇和 36mL 水，混匀后备用。

4.5　马钱子碱和士的宁标准品：纯度不小于 97%。

4.6　马钱子碱和士的宁的标准储备液：准确称取马钱子碱和士的宁标准物质各 100mg，分别置于 100mL 棕色容量瓶中，用甲醇溶解并定容至刻度，摇匀，配制成浓度分别为 1 000μg/mL 的标准储备液，于 4℃避光保存，可使用三个月。

4.7　马钱子碱和士的宁的混合标准储备液：分别准确移取马钱子碱和士的宁的标准储备液各 25mL 于 50mL 棕色容量瓶中，用甲醇定容至刻度，该溶液中马钱子碱和士的宁的浓度均为 500μg/mL。

5 仪器和设备

5.1　高效液相色谱（HPLC）仪：配有紫外检测器或二极管阵列检测器。

5.2　高效液相色谱-质谱联用（LC－MS/MS）仪：配有电喷雾离子源（ESI）。

5.3　分析天平：感量 0.000 1g 和 0.001g。

5.4　离心机：转速不低于 5 000r/min。

5.5　超声波水浴。

5.6　具塞比色管：10mL。

5.7　具塞塑料离心管：10mL。

5.8　微孔滤膜：0.45μm，有机相。

5.9　pH计。

6　分析步骤

6.1　样品处理

6.1.1　膏霜、水剂、香波类样品

称取1g（精确至0.001g）试样于10mL具塞比色管中，加甲醇水溶液（4.4）至刻度，超声提取20min。取部分溶液转移至10mL具塞塑料离心管中，以不低于5 000r/min离心15min，上清液经0.45μm微孔滤膜过滤，滤液作为待测样液。

注：如离心难以获得上清液可加适量氯化钠破乳。

6.1.2　散粉类样品

称取1g（精确至0.001g）试样于10mL具塞比色管中，加入6mL甲醇，超声提取20min。取部分溶液转移至10mL具塞塑料离心管中，以不低于5 000r/min离心15min，上清液经0.45μm微孔滤膜过滤，取滤液0.6mL，加入0.4mL水，混合液经0.45μm微孔滤膜过滤，滤液作为待测样液。

6.1.3　唇膏类样品

称取1.0g（精确至0.001g）试样于10mL具塞比色管中，加入2mL，四氢呋喃和1mL甲醇，超声提取10min，再加水至10mL，超声提取10min。取部分溶液转移至10mL具塞塑料离心管中，以不低于5 000r/min离心15min，上清液经0.45μm微孔滤膜过滤，滤液作为待测样液。

6.2　测定条件

高效液相色谱测定条件如下：

a）色谱柱：Kromasil C_{18}，5μm，250mm×4.6mm（内径），或相当者。

b）流动相：甲酸铵溶液（0.01 mol/L）（4.3）-甲醇（64+36，v/v）。

c）流速：1.0mL/min。

d）柱温：25℃。

e）波长：264nm。

f）进样量：20μL。

6.3　标准曲线的绘制

用甲醇将马钱子碱和士的宁的混合标准储备液逐级稀释得到的0.1 μg/mL、0.5μg/mL、1μg/mL、5μg/mL、10μg/mL、20μg/mL、50μg/mL、100μg/mL的混合标准工作液，按6.2的测定条件浓度由低到高进样测定，以峰面积-浓度作图，得到标准曲线回归方程。

马钱子碱和士的宁的标准品色谱图参见附录A中的图A.1。

6.4　测定

按6.2的测定条件对待测样液进行测定，用外标法定量。待测样液中马钱子碱和士的宁的响应值应在标准曲线的线性范围内，超过线性范围则应稀释后再进样分析。必要时，阳性样品需用液相色谱-质谱进行确认试验（参见附录B）。

6.5　空白试验

除不称取样品外，均按上述测定条件和步骤进行。

7　结果计算

结果按式（1）计算，计算结果保留两位小数：（计算结果应扣除空白值）。

$$W = \frac{1\,000 \times c \times V}{m} \times f \quad \cdots\cdots (1)$$

式中：

W——试样中马钱子碱和士的宁的含量，单位为毫克每千克（mg/kg）；

c——从标准工作曲线上查出的样液中马钱子碱和士的宁的浓度，单位为微克每毫升（μg/mL）；

V——样液最终定容体积，单位为升（L）；

m——试样的质量，单位为克（g）；

f——稀释倍数。

8 检出限和定量限

本标准的检出限和定量限：马钱子碱和士的宁的检出限为2.5mg/kg，定量限为8mg/kg。

9 回收率

在添加浓度2.5mg/kg～250mg/kg浓度范围内，回收率在85％～105％之间，相对标准偏差小于10％。

10 允许差

在重复性条件下获得的两次独立测定结果的绝对差值不应超过算术平均值的10％。

附 录 A
（资料性附录）
标准品色谱图

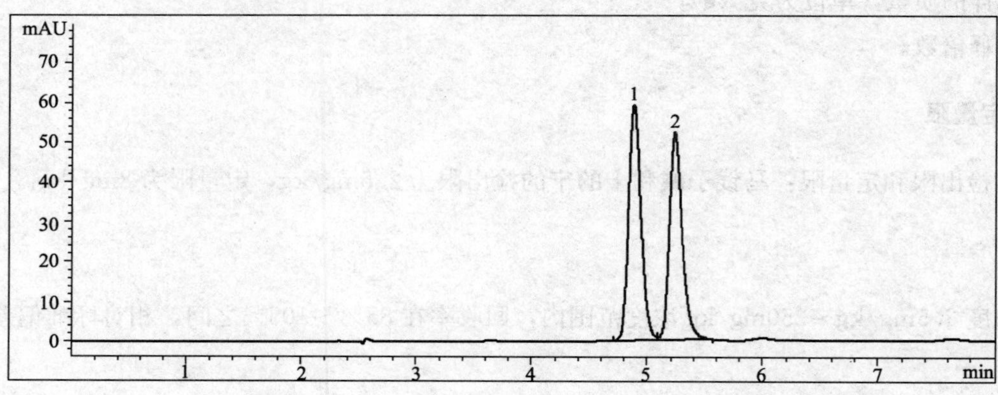

图 A.1 士的宁和马钱子碱标准品色谱图

1—士的宁；2—马钱子碱

附 录 B
（资料性附录）
确 认 试 验

B.1 液相色谱条件

a）色谱柱：SunFire C_{18}，5μm，150mm×2.1mm（i.d.），或相当者。

b）流动相：甲酸铵溶液（0.01mol/L）（4.3）-甲醇（64+36，体积比）。

c）流速：0.2 mL/min。

d）柱温：30℃。

e）进样量：20μL。

B.2 质谱条件

a）电离方式：电喷雾电离，正离子。

b）毛细管电压：3.0kV。

c）萃取电压：3.0V。

d）射频透镜电压：0.3V。

e）离子源温度：120℃。

f）脱溶剂气：氮气，流速 600L/hr，温度 350℃。

g）锥孔气：氮气，流速 50L/hr。

h）碰撞气：氩气。

i）扫描模式：多反应监测（MRM），定性离子对、定量离子对、锥孔电压和碰撞气能量见表 B.1。

表 B.1 马钱子碱和士的宁的定性离子对、定量离子对、锥孔电压和碰撞气能量

中文名称	英文名称	定性离子对/(m/z)	定量离子对/(m/z)	锥孔电压/V	碰撞气能量/V	相对丰度	允许偏差/%
士的宁	strychnine	335/184 335/156	335/184	55	35 43	100 76	±20
马钱子碱	brucine	395/324 395/244	395/324	55	30 35	100 87	±20

B.3 定性判定

按照上述条件测定试样和标准工作溶液，如果试样中的质量色谱峰保留时间与标准工作溶液一致（变化范围在±2.5%之内）；样品中目标化合物的两个子离子的相对丰度与浓度相当标准溶液的相对丰度一致，相对丰度偏差不超过表 B.1 的规定，则可判断样品中存在马钱子碱或士的宁。

士的宁和马钱子碱的选择离子质量色谱图见图 B.1。

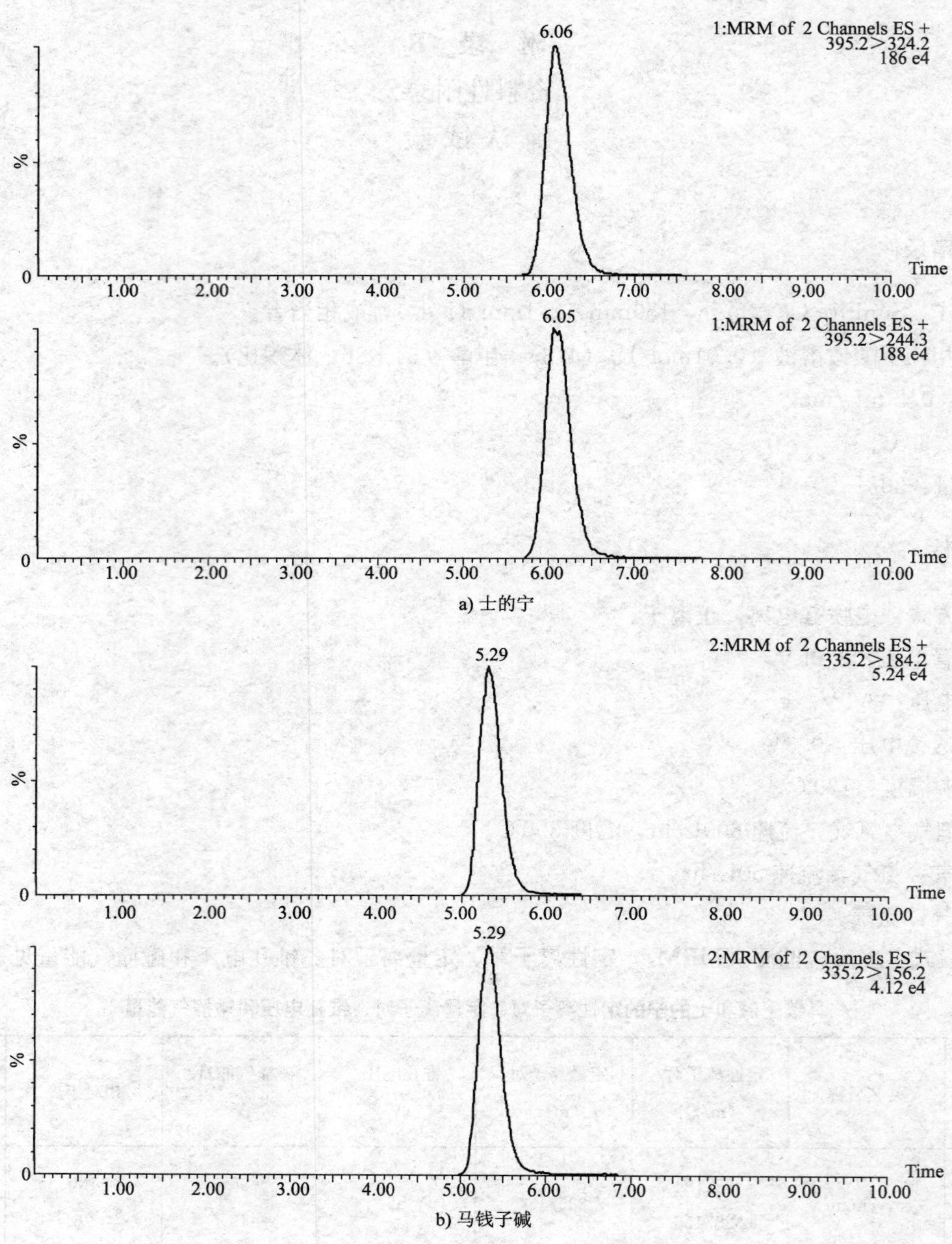

图 B.1 士的宁和马钱子碱的选择离子质量色谱图

ICS 71.100.70
Y 42

中华人民共和国国家标准

GB/T 24800.8—2009

化妆品中甲氨喋呤的测定 高效液相色谱法

Determination of methotrexate in cosmetics by high performance liquid chromatography method

2009-11-30 发布　　2010-05-01 实施

中华人民共和国国家质量监督检验检疫总局
中国国家标准化管理委员会　发布

前　　言

本标准的附录A为资料性附录。

本标准由中国轻工业联合会提出。

本标准由全国香料香精化妆品标准化技术委员会（SAC/TC 257）归口。

本标准负责起草单位：中国检验检疫科学研究院、上海市日用化学工业研究所、上海香料研究所。

本标准主要起草人：王星、武婷、张庆、肖海清、席广成、马强、沈敏、康薇。

引　言

本标准中的被测物质是我国《化妆品卫生规范》规定的禁用物质，不得作为化妆品生产原料即组分添加到化妆品中。如果技术上无法避免禁用物质作为杂质带入化妆品时，则化妆品成品应符合《化妆品卫生规范》对化妆品的一般要求，即在正常及合理的可预见的使用条件下，不得对人体健康产生危害。

目前我国尚未规定该物质的限量值，本标准的制定，仅对化妆品中测定该物质提供检测方法。

化妆品中甲氨嘌呤的测定
高效液相色谱法

1 范围

本标准规定了化妆品中甲氨嘌呤的测定方法。

本标准适用于化妆品中甲氨嘌呤的测定。

本标准对于甲氨嘌呤的检出限为1mg/kg，定量限为2.5mg/kg。

2 原理

以流动相-甲醇与0.025mol/L磷酸二氢钠（pH5.0）（30＋70，v/v）为溶剂，超声提取、离心，0.45μm的有机滤膜过滤，溶液注入配有二极管阵列检测器（DAD）的液相色谱仪检测，外标法定量。

3 试剂和材料

除另有规定外，试剂均为分析纯。水为超纯水。

3.1 甲醇：色谱纯。

3.2 四氢呋喃：色谱纯。

3.3 甲氨嘌呤，纯度不小于97%，CAS编号为：59-05-2。

3.4 甲氨嘌呤标准储备液：准确称取甲氨嘌呤0.05g，精确到0.000 1g，于50mL烧杯中，加1mL0.1mol/L氢氧化钠溶液溶解后移入100mL容量瓶中，用超纯水定容至刻度，即得甲氨嘌呤溶液浓度为500mg/L的标准储备液。储备液在冰箱冷藏保存，可使用两个月。

3.5 标准工作溶液：用水将上述标准储备液（3.4）分别配成一系列浓度0.05mg/L、0.1mg/L、1mg/L、2mg/L、5mg/L、10mg/L、20mg/L的标准工作溶液，冰箱冷藏保存，可使用一周。

3.6 0.1 mol/L的氢氧化钠溶液：称取氢氧化钠0.4g，精确到0.001g，于50mL烧杯中，加水溶解后转移至100mL容量瓶中，加水定容至刻度，即得0.1 mol/L的氢氧化钠溶液。

3.7 0.025mol/L的磷酸二氢钠（pH5.0）：称取磷酸二氢钠（$NaH_2PO_4 \cdot 2H_2O$）3.9g，精确到0.001g，于100mL烧杯中，加水溶解转移至1 000mL容量瓶中，加水定容至刻度，即得0.025mol/L的磷酸二氢钠溶液，用0.1mol/L的氢氧化钠溶液（3.6）调节pH至5.0。

4 仪器

4.1 液相色谱仪，配有二极管阵列检测器。

4.2 微量进样器，10μL。

4.3 超声波清洗器。

4.4 离心机，大于5 000r/min。

4.5 溶剂过滤器和0.45μm有机过滤膜。

4.6 具塞比色管，10mL。

5 测定步骤

5.1 样品处理

称取化妆品试样约0.2g，精确到0.001g，于10mL具塞比色管中，加入8mL流动相（甲醇：0.025mol/L磷酸二氢钠（pH5.0）＝30＋70，v/v），在超声波清洗器中超声振荡20min，冷却后用流动相稀释至刻度，混匀。取部分溶液放入离心管中，在离心机上于5 000r/min离心20min，离心后的上清液经0.45μm有机滤膜过滤，滤液待测定用。

对于口红等含蜡质较多的化妆品样品，提取溶剂为四氢呋喃-磷酸二氢钠（0.025mol/L，pH5.0）（1＋1，v/v），其他步骤同上。

5.2 测定

5.2.1 色谱条件

5.2.1.1 色谱柱：C_{18}柱（250mm×4.6mm内径，5μm），或相当者；

5.2.1.2 流动相：甲醇：0.025mol/L磷酸二氢钠溶液（pH 5.0），30＋70（v/v）；

5.2.1.3 流速：1.0mL/min；

5.2.1.4 柱温：25℃；

5.2.1.5 检测波长：302nm；

5.2.1.6 进样量：10μL。

5.2.2 标准工作曲线绘制

分别移取10μL浓度为一系列0.05mg/L、0.1mg/L、1mg/L、2mg/L、5mg/L、10mg/L、20mg/L的标准工作溶液，按色谱条件（5.2.1）进行测定，以色谱峰的峰面积为纵坐标，对应的溶液浓度为横坐标作图，绘制标准工作曲线。

标准物质色谱图参见附录A的图A.1。

5.2.3 试样测定

用微量注射器准确吸取10μL试样溶液（5.1）注入液相色谱仪，按色谱条件（5.2.1）进行测定，记录色谱峰的保留时间和峰面积，由色谱峰的峰面积可从标准曲线上求出相应的甲氨嘌呤的浓度。试样溶液中的被测物的响应值均应在仪器测定的线性范围之内。被测物含量高的试样可取适量试样溶液用流动相稀释后进行测定。

5.2.4 定性确认

液相色谱仪对样品进行定性测定，进行样品测定时，如果检出甲氨嘌呤的色谱峰的保留时间与标准品相一致，并且在扣除背景后的样品色谱图中，该物质的紫外吸收图谱与标准品的紫外吸收图谱相一致，则可初步确认样品中存在甲氨嘌呤。必要时，阳性样品需用其他方法进行确认试验。

5.3 平行试验

按以上步骤，对同一试样进行平行试验测定。

5.4 空白试验

除不称取试样外，均按上述步骤进行。

6 结果计算

结果按式（1）计算（计算结果应扣除空白值）：

$$X_i = \frac{c_i \times V_i}{m} \quad \cdots\cdots (1)$$

式中：

X_i——样品中甲氨嘌呤的质量浓度，单位为毫克每千克（mg/kg）；

c_i——标准曲线查得甲氨嘌呤的浓度，单位为毫克每升（mg/L）；

V_i——样品稀释后的总体积，单位为毫升（mL）；

m——样品质量，单位为克（g）。

7 方法检出限与定量限

甲氨嘌呤的检出限为 1mg/kg，定量限为 2.5mg/kg。

8 回收率与精密度

在添加浓度 1mg/kg～2.5mg/kg 浓度范围内，回收率在 85%～110%之间，相对标准偏差小于 10%。

9 允许差

在重复性条件下获得的两次独立测定结果的绝对差值不应超过算术平均值的 10%。

附　录　A
（资料性附录）
标准物质的液相色谱图

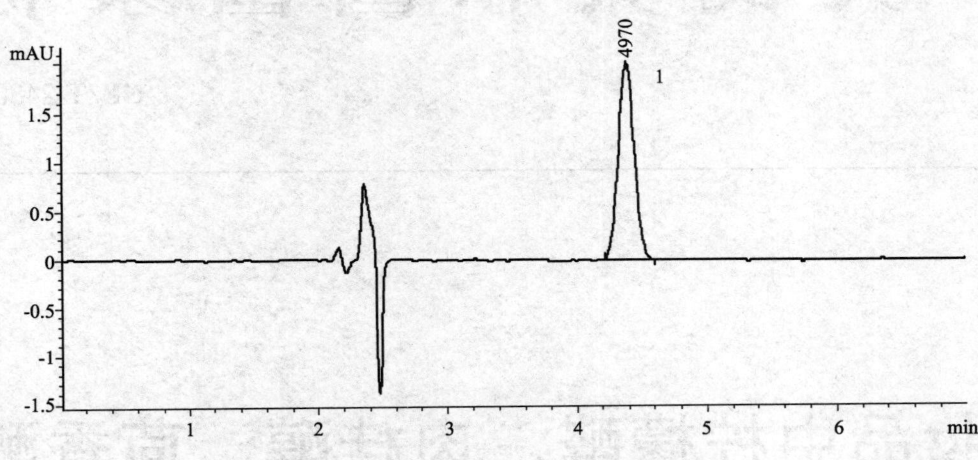

图 A.1　甲氨嘌呤的标准液相色谱图

1—甲氨嘌呤（4.37min）

ICS 71.100.70
Y 42

中华人民共和国国家标准

GB/T 24800.9—2009

化妆品中柠檬醛、肉桂醇、茴香醇、肉桂醛和香豆素的测定　气相色谱法

Determination of citral, cinnamyl alcohol, anise alcohol, cinammal and coumarin in cosmetics by gas chromatography method

2009-11-30 发布　　2010-05-01 实施

中华人民共和国国家质量监督检验检疫总局
中国国家标准化管理委员会
发布

前　言

本标准的附录A、附录B和附录C为资料性附录。

本标准由中国轻工业联合会提出。

本标准由全国香料香精化妆品标准化技术委员会（SAC/TC 257）归口。

本标准负责起草单位：中国检验检疫科学研究院。

本标准主要起草人：周新、郝楠、蔡天培、马强、任司娜、陈会明、于文莲、陈伟。

化妆品中柠檬醛、肉桂醇、茴香醇、肉桂醛和香豆素的测定 气相色谱法

1 范围

本标准规定了化妆品中柠檬醛、肉桂醇、茴香醇、肉桂醛和香豆素的气相色谱测定方法。

本标准适用于化妆品中柠檬醛、肉桂醇、茴香醇、肉桂醛和香豆素的测定。

本标准的检出限为：柠檬醛 3mg/kg，肉桂醇 2.5mg/kg，茴香醇 2mg/kg，肉桂醛 2mg/kg，香豆素 3mg/kg；定量限为：柠檬醛 10mg/kg，肉桂醇 7.5mg/kg，茴香醇 7mg/kg，肉桂醛 7mg/kg，香豆素 10mg/kg。

2 规范性引用文件

下列文件中的条款通过本标准的引用而成为本标准的条款。凡是注日期的引用文件，其随后所有的修改单（不包括勘误的内容）或修订版均不适用于本标准，然而，鼓励根据本标准达成协议的各方研究是否可使用这些文件的最新版本。凡是不注日期的引用文件，其最新版本适用于本标准。

GB/T 6682 分析实验室用水规格和试验方法

3 原理

用无水乙醇超声提取化妆品中的柠檬醛、肉桂醇、茴香醇、肉桂醛和香豆素，经高速离心，上清液以微孔滤膜过滤，滤液用气相色谱进行分析，外标法定量，气相色谱-质谱确认。

4 试剂和材料

除非另有说明，所有试剂均为分析纯，水为 GB/T 6682 规定的一级水。

4.1 无水乙醇：色谱纯。

4.2 无水硫酸钠。

4.3 柠檬醛、肉桂醇、茴香醇、肉桂醛、香豆素标准品：纯度均不小于 99%。

4.4 标准储备液：准确称取柠檬醛、肉桂醇、茴香醇、肉桂醛、香豆素标准品各 0.100 0g 置于 100mL 容量瓶中，用无水乙醇溶解并定容至刻度，摇匀，配制成柠檬醛、肉桂醇、茴香醇、肉桂醛和香豆素浓度均为 1 000μg/mL 的标准储备液，于 4℃避光保存，可使用三个月。

4.5 氮气、氢气：纯度均不小于 99.999%。

5 仪器和设备

5.1 气相色谱（GC）仪：配有火焰离子化检测器（FID）。

5.2 气相色谱-质谱（GC-MS）仪：配有电子轰击电离离子源（EI）。

5.3 超声波水浴。

5.4 离心机：转速不低于 12 000r/min。

5.5 具塞比色管：10mL。

5.6 微孔滤膜：0.45μm，有机相。

6 分析步骤

6.1 样品处理

6.1.1 固体、膏状、乳液类样品

称取1g（精确至0.001g）试样于10mL具塞比色管中，加入无水乙醇至10mL，超声提取20min。取部分溶液转移至10mL具塞塑料离心管中，以不低于12 000r/min离心15min，上清液加入3g无水硫酸钠脱水，经0.45 μm微孔滤膜过滤，滤液作为待测样液。

6.1.2 液体类样品

称取1g（精确至0.001g）试样于10mL具塞比色管中，加入无水乙醇至10mL，充分摇匀，加入3g无水硫酸钠脱水，经0.45μm微孔滤膜过滤，滤液作为待测样液。

6.2 测定条件

6.2.1 气相色谱参考条件

a）色谱柱：DB－1701石英毛细管柱，30m×0.25mm（内径）×0.25μm，或相当者。

b）载气：氮气，流速：1.2mL/min。

c）程序升温：初始温度100℃，以20℃/min的速率升温至130℃，再以5℃/min的速率升温至170℃，再以50℃/min的速率升温至250℃。

d）氢气流量30mL/min、空气流量300mL/min、尾吹气氮气流量25mL/min。

e）进样口温度：250℃。

f）检测器温度：260℃。

g）进样量：1μL。

h）进样方式：分流进样，分流比1∶5。

6.2.2 质谱参考条件

a）电离方式：电子轰击电离（EI）。

b）传输线温度：280℃。

c）电离能量：70eV。

d）扫描方式：全扫描，质量范围40m/z～250m/z。

e）溶剂延迟：3min。

6.3 标准曲线的绘制

用无水乙醇将混合标准储备液（4.4）逐级稀释得到浓度为0.5mg/L、1mg/L、10mg/L、50mg/L、100mg/L的混合标准工作液，按6.2.1的测定条件浓度由低到高进样测定，以峰面积-浓度作图，得到标准曲线回归方程。

标准品色谱图参见附录A中的图A.1。

柠檬醛、肉桂醇、茴香醇、肉桂醛和香豆素的总离子流图参见附录B的图B.1。

柠檬醛、肉桂醇、茴香醇、肉桂醛和香豆素的标准物质的质谱图分别参见附录C的图C.1、图C.2、图C.3、图C.4、图C.5。

柠檬醛、肉桂醇、茴香醇、肉桂醛和香豆素的特征选择离子及丰度比见表1。

表1　柠檬醛、肉桂醇、茴香醇、肉桂醛和香豆素的特征选择离子及丰度比

名称	分子式	CAS号	特征选择离子及丰度比
柠檬醛	$C_{10}H_{16}O$	5392－40－5	69（100），41（75），84（27）
肉桂醇	$C_9H_{10}O$	104－54－1	92（100），78（63），134（60）

续表

名称	分子式	CAS号	特征选择离子及丰度比
茴香醇	$C_8H_{10}O_2$	105-13-5	138 (100), 109 (64), 121 (45)
肉桂醛	C_9H_8O	104-55-2	131 (100), 103 (56), 77 (42)
香豆素	$C_9H_6O_2$	91-64-5	146 (100), 118 (59), 90 (32)

6.4 定量测定

按6.2.1的测定条件对待测样液进行测定。待测样液中柠檬醛、肉桂醇、茴香醇、肉桂醛和香豆素的响应值应在标准曲线的线性范围内，超过线性范围则应稀释后再进样分析。

6.5 定性判定

阳性样品，需用气相色谱-质谱进行确认。以标准样品的保留时间和监测离子定性，待测样品中监测离子的丰度比与标准品的相同离子丰度比相差不大于20%。

6.6 空白试验

除不称取样品外，均按上述测定条件和步骤进行。

7 结果计算

结果按式（1）计算，计算结果保留到小数点后两位，计算结果需扣除空白值。

$$X_i = \frac{c_i \times V}{m \times 10^6} \times 100 \quad \cdots\cdots (1)$$

式中：

X_i——柠檬醛、肉桂醇、茴香醇、肉桂醛和香豆素的含量（%）；

c_i——标准曲线查得的柠檬醛、肉桂醇、茴香醇、肉桂醛和香豆素的浓度，单位为微克每毫升（μg/mL）；

V——样品稀释后总体积，单位为毫升（mL）；

m——样品质量，单位为克（g）。

8 检出限和定量限

本标准的检出限：柠檬醛3mg/kg，肉桂醇2.5mg/kg，茴香醇2mg/kg，肉桂醛2mg/kg，香豆素3mg/kg；定量限：柠檬醛10mg/kg，肉桂醇7.5mg/kg，茴香醇7mg/kg，肉桂醛7mg/kg，香豆素10mg/kg。

9 回收率

在添加浓度0.05%～0.5%浓度范围内，回收率在80%～110%之间．相对标准偏差小于10%。

10 允许差

在重复性条件下获得的两次独立测定结果的绝对差值不应超过算术平均值的10%。

附　录　A
（资料性附录）
标准物质色谱图

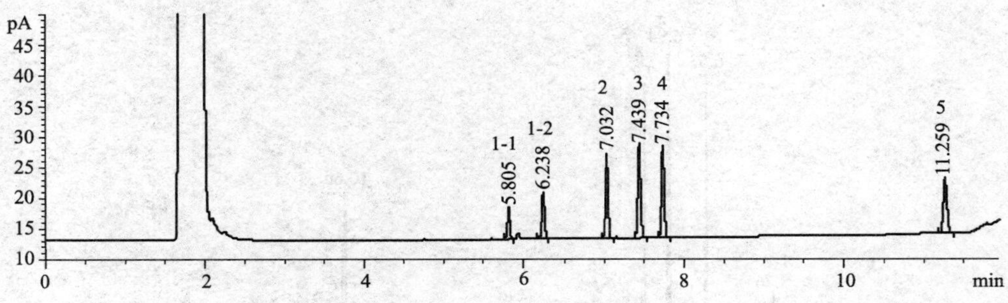

图 A.1　柠檬醛、肉桂醇、茴香醇、肉桂醛和香豆素标准物质的色谱图

1—柠檬醛；2—肉桂醇；3—茴香醇；4—肉桂醛；5—香豆素

附 录 B
（资料性附录）
标准物质的总离子流图

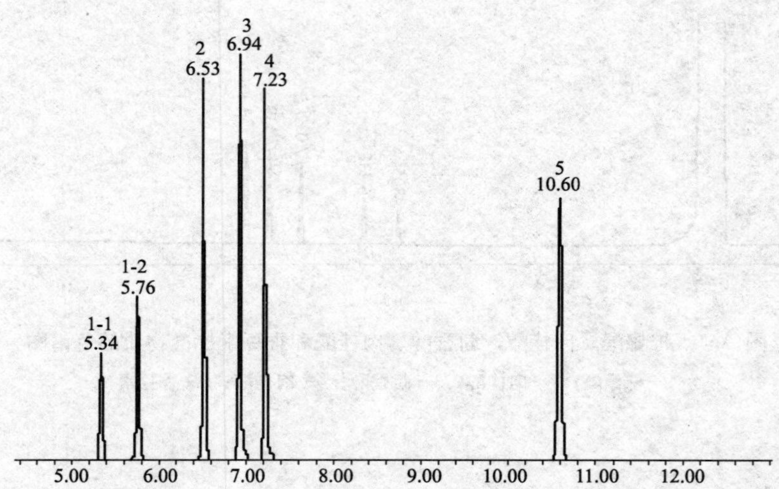

图 B.1 柠檬醛、肉桂醇、茴香醇、肉桂醛和香豆素的总离子流图

1—柠檬醛；2—肉桂醇；3—茴香醇；4—肉桂醛；5—香豆素

附　录　C
（资料性附录）
标准物质的质谱图

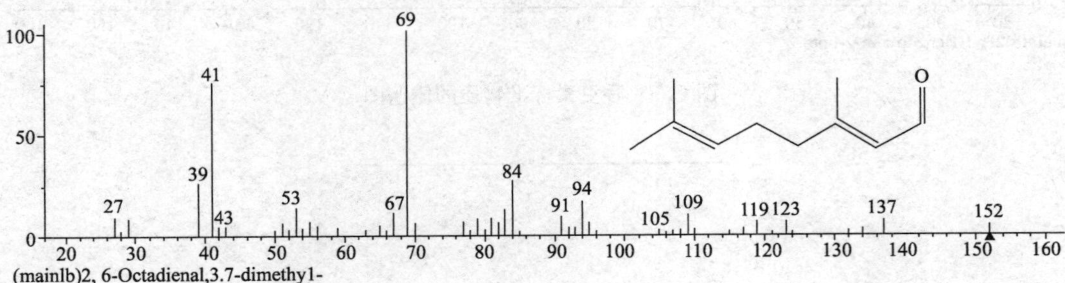

图 C.1　柠檬醛标准物质的质谱图

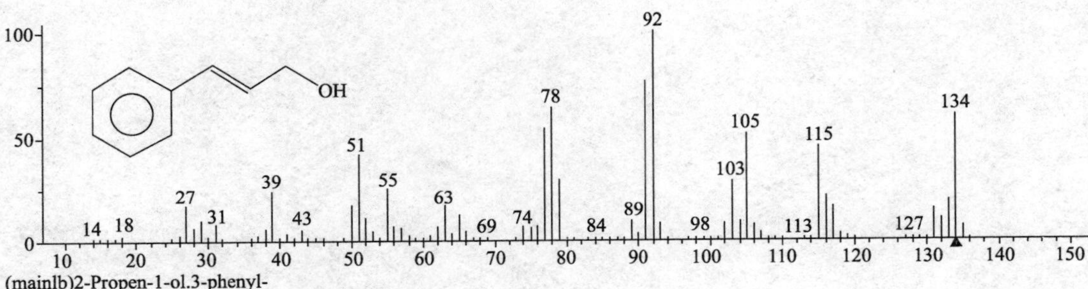

图 C.2　肉桂醇标准物质的质谱图

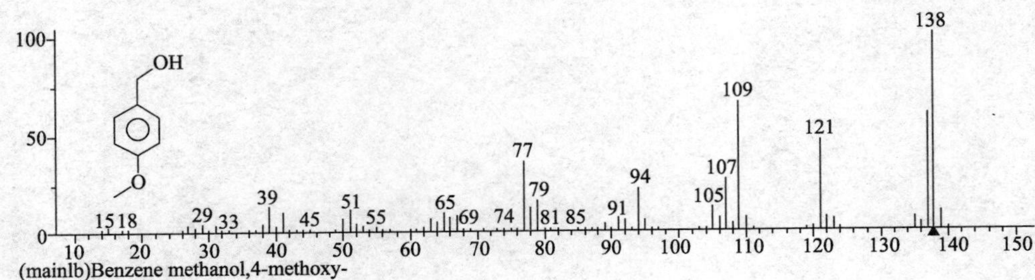

图 C.3　茴香醇标准物质的质谱图

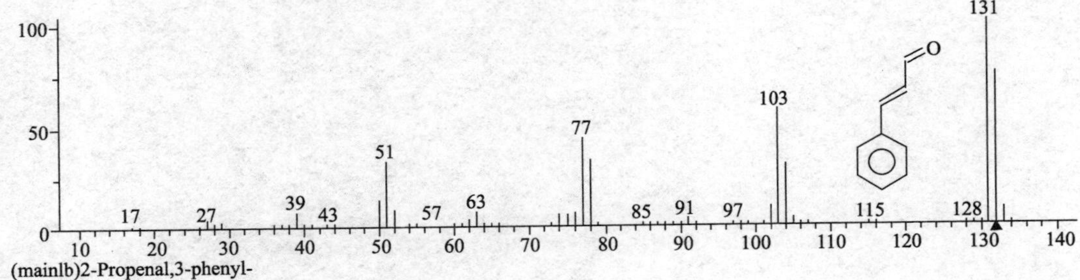

图 C.4　肉桂醛标准物质的质谱图

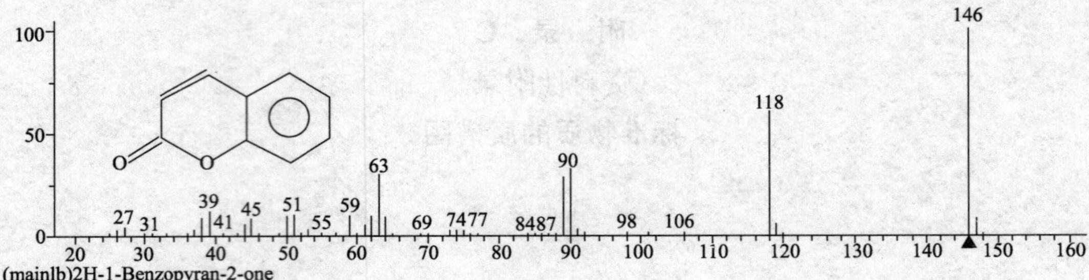

图 C.5　香豆素标准物质的质谱图

ICS 71.100.70
Y 42

中华人民共和国国家标准

GB/T 24800.10—2009

化妆品中十九种香料的测定 气相色谱-质谱法

Determination of 19 flavors in cosmetics by gas chromatography - mass spectrometry method

2009-11-30 发布

2010-05-01 实施

中华人民共和国国家质量监督检验检疫总局
中国国家标准化管理委员会
发布

前　　言

本标准的附录A为资料性附录。

本标准由中国轻工业联合会提出。

本标准由全国香料香精化妆品标准化技术委员会（SAC/TC 257）归口。

本标准负责起草单位：中国检验检疫科学研究院。

本标准主要起草人：周新、郝楠、陈伟、马强、陈会明、季美琴、任司娜、于文莲、蔡天培、王超、王星。

化妆品中十九种香料的测定
气相色谱-质谱法

1 范围

本标准规定了化妆品中苧烯、苄醇、芳樟醇、2-辛炔酸甲酯、香茅醇、香叶醇、羟基香茅醛、丁香酚、异丁香酚、α-异甲基紫罗兰酮、丁苯基甲基丙醛、戊基肉桂醛、羟基异己基-3-环己烯甲醛、戊基肉桂醇、金合欢醇、己基肉桂醛、苯甲酸苄酯、水杨酸苄酯、肉桂酸苄酯等十九种香料的气相色谱-质谱测定方法。

本标准适用于化妆品中苧烯、苄醇、芳樟醇、2-辛炔酸甲酯、香茅醇、香叶醇、羟基香茅醛、丁香酚、异丁香酚、α-异甲基紫罗兰酮、丁苯基甲基丙醛、戊基肉桂醛、羟基异己基-3-环己烯甲醛、戊基肉桂醇、金合欢醇、己基肉桂醛、苯甲酸苄酯、水杨酸苄酯、肉桂酸苄酯等十九种香料的测定。

本标准的检出限和定量限：十九种香料的检出限均为3mg/kg，定量限均为10mg/kg。

2 规范性引用文件

下列文件中的条款通过本标准的引用而成为本标准的条款。凡是注日期的引用文件，其随后所有的修改单（不包括勘误的内容）或修订版均不适用于本标准，然而，鼓励根据本标准达成协议的各方研究是否可使用这些文件的最新版本。凡是不注日期的引用文件，其最新版本适用于本标准。

GB/T 6682 分析实验室用水规格和试验方法

3 原理

用甲醇超声提取试样中的十九种香料，经高速离心，上清液经干燥脱水后以微孔滤膜过滤，滤液用气相色谱-质谱进行分析，外标法定量。

4 试剂和材料

除非另有说明，所有试剂均为分析纯，水为GB/T 6682规定的一级水。

4.1 甲醇：色谱纯。

4.2 无水硫酸钠。

4.3 苧烯、苄醇、芳樟醇、2-辛炔酸甲酯、香茅醇、香叶醇、羟基香茅醛、丁香酚、异丁香酚、α-异甲基紫罗兰酮、丁苯基甲基丙醛、戊基肉桂醛、羟基异己基-3-环己烯甲醛、戊基肉桂醇、金合欢醇、己基肉桂醛、苯甲酸苄酯、水杨酸苄酯、肉桂酸苄酯标准品：纯度均不小于99%。

4.4 十九种香料混合标准储备液：准确称取苧烯、苄醇、芳樟醇、2-辛炔酸甲酯、香茅醇、香叶醇、羟基香茅醛、丁香酚、异丁香酚、α-异甲基紫罗兰酮、丁苯基甲基丙醛、戊基肉桂醛、羟基异己基-3-环己烯甲醛、戊基肉桂醇、金合欢醇、己基肉桂醛、苯甲酸苄酯、水杨酸苄酯、肉桂酸苄酯标准品各1.000 0g置于100mL容量瓶中，用甲醇溶解并定容至刻度，摇匀，配制成十九种香料浓度均为10mg/mL的混合标准储备液，于4℃避光保存，可使用三个月。

4.5 氦气：纯度不小于99.999%。

5 仪器和设备

5.1 气相色谱-质谱（GC-MS）仪：配有电子轰击电离离子源（EI）。

5.2 超声波水浴。

5.3 离心机：转速不低于12 000r/min。

5.4 具塞比色管：10mL。

5.5 微孔滤膜：0.45μm，有机相。

6 分析步骤

6.1 样品处理

6.1.1 固体、膏状、乳液类样品

称取1g（精确至0.001g）试样于10mL具塞比色管中，加入甲醇至10mL，超声提取15min。取部分溶液转移至10mL具塞塑料离心管中，以不低于12 000r/min离心15min，上清液加入2g无水硫酸钠脱水，经0.45μm微孔滤膜过滤，滤液作为待测样液。

6.1.2 液体类样品

称取1g（精确至0.001g）试样于10mL具塞比色管中，加入甲醇至10mL，充分摇匀，加入2g无水硫酸钠脱水，经0.45μm微孔滤膜过滤，滤液作为待测样液。

6.2 测定条件

气相色谱-质谱测定条件如下：

a）色谱柱：5%苯基二甲基聚硅氧烷石英毛细管柱，30m×0.25mm（内径）×0.25μm，或相当者。

b）载气：氦气，流速：1.2mL/min。

c）程序升温：80℃保持5min，以8℃/min的速率升温至250℃，保持1min。

d）传输线温度：280℃。

e）进样口温度：250℃。

f）进样方式：分流进样，分流比10：1。

g）进样量：1 μL。

h）电离方式：电子轰击电离（EI）。

i）电离能量：70eV。

j）扫描方式：选择离子扫描，特征选择离子及丰度比见表1。

表1 特征选择离子及丰度比

香料名称	分子式	CAS	特征选择离子及丰度比
苧烯	$C_{10}H_{16}$	5989-27-5	68（100）、93（59）、67（45）
苄醇	C_7H_8O	100-51-6	79（100）、108（89）、107（69）
芳樟醇	$C_{10}H_{18}O$	78-70-6	71（100）、41（64）、43（64）
2-辛炔酸甲酯	$C_9H_{14}O_2$	111-12-6	95（100）、123（73）、55（59）
香茅醇	$C_{10}H_{20}O$	106-22-9	41（100）、69（83）、55（48）
香叶醇	$C_{10}H_{18}O$	106-24-1	69（100）、41（65）、68（20）
羟基香茅醛	$C_{10}H_{20}O_2$	107-75-5	59（100）、43（50）、71（38）
丁香酚	$C_8H_8O_2$	97-53-0	164（100）、103（36）、77（35）
异丁香酚	$C_{10}H_{12}O_2$	97-54-1	164（100）、77（45）、149（40）
α-异甲基紫罗兰酮	$C_{14}H_{22}O$	127-51-5	135（100）、150（82）、107（73）

续表

香料名称	分子式	CAS	特征选择离子及丰度比
丁苯基甲基丙醛	$C_{14}H_{20}O$	80-54-6	189 (100)、147 (13)、131 (40)
戊基肉桂醛	$C_{14}H_{18}O$	122-40-7	117 (100)、129 (95)、91 (78)
羟基异己基-3-环己烯甲醛	$C_{13}H_{22}O_2$	31906-04-4	136 (100)、93 (70)、79 (62)
戊基肉桂醇	$C_{14}H_{20}O$	101-85-9	91 (100)、133 (82)、115 (66)
金合欢醇	$C_{15}H_{26}O$	4602-84-0	69 (100)、81 (49)、41 (43)
己基肉桂醛	$C_{15}H_{20}O$	101-86-0	129 (100)、117 (63)、91 (54)
苯甲酸苄酯	$C_{14}H_{12}O_2$	120-51-4	105 (100)、91 (46)、77 (32)
水杨酸苄酯	$C_{14}H_{12}O_3$	118-58-1	91 (100)、65 (20)、39 (13)
肉桂酸苄酯	$C_{16}H_{14}O_2$	103-41-3	91 (100)、81 (49)、41 (43)

6.3 标准曲线的绘制

用甲醇将十九种香料混合标准储备液（4.4）逐级稀释得到浓度为 1mg/L、5mg/L、10mg/L、20mg/L、50mg/L 的混合标准工作液，按 6.2 的测定条件浓度由低到高进样测定，以峰面积-浓度作图，得到标准曲线回归方程。

十九种香料标准品色谱图参见附录 A 中的图 A.1。

6.4 定量测定

按 6.2 的测定条件对待测样液进行测定，用外标法定量。待测样液中十九种香料的响应值应在标准曲线的线性范围内，超过线性范围则应稀释后再进样分析。

6.5 定性判定

以标准样品的保留时间和监测离子定性，待测样品中监测离子的丰度比与标准品的相同离子丰度比相差不大于 20%。

6.6 空白试验

除不称取样品外，均按上述测定条件和步骤进行。

7 结果计算

结果按式（1）计算，计算结果保留两位小数，计算结果需扣除空白值。

$$X_i = \frac{c_i \times V}{m \times 10^6} \times 100 \quad \cdots\cdots (1)$$

式中：

X_i——样品中被测香料的含量，%；

c_i——标准曲线查得的待测样液中被测香料的浓度，单位为微克每毫升（μg/mL）；

V——样品稀释后总体积，单位为毫升（mL）；

m——样品质量，单位为克（g）。

8 检出限和定量限

本标准的检出限和定量限：十九种香料的检出限均为 3mg/kg，定量限均为 10mg/kg。

9 回收率

在添加浓度 10mg/kg～500mg/kg 浓度范围内，回收率在 80%～110%之间，相对标准偏差小于 10%。

10 允许差

在重复性条件下获得的两次独立测定结果的绝对差值不应超过算术平均值的 10%。

附　录　A
（资料性附录）
标准物质色谱图

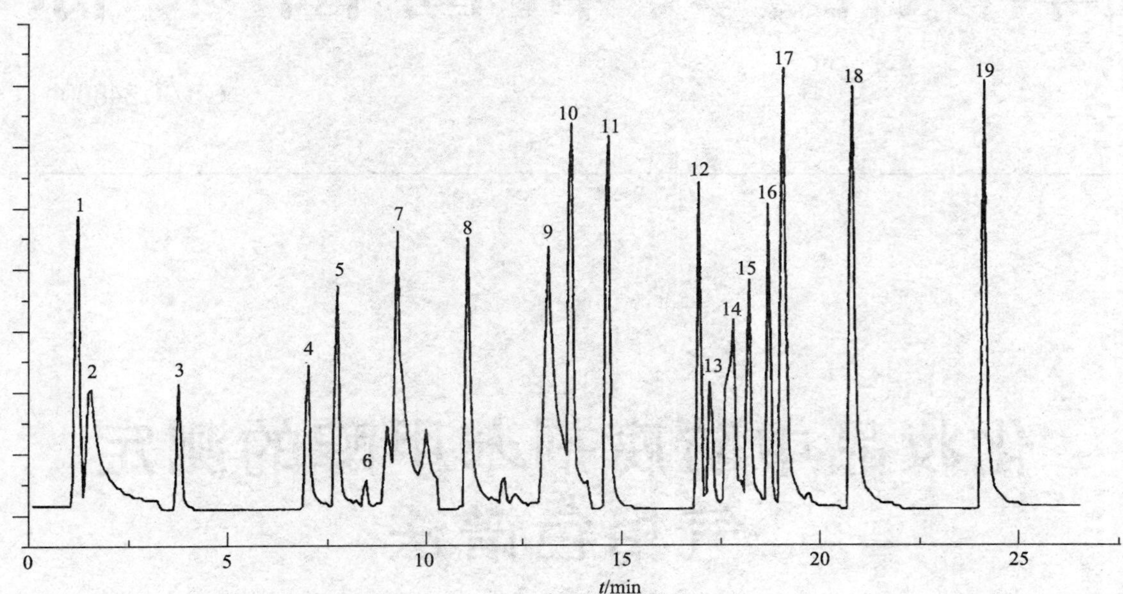

图 A.1　十九种香料标准物质的选择离子色谱图

1—苧烯；2—苄醇；3—芳樟醇；4—2-辛炔酸甲酯；

5—香茅醇；6—香叶醇；7—羟基香茅醛；8—丁香酚；9—异丁香酚；

10—α-异甲基紫罗兰酮；11—丁苯基甲基丙醛；12—戊基肉桂醛；

13—羟基异己基-3-环己烯甲醛；14—戊基肉桂醇；15—金合欢醇；

16—己基肉桂醛；17—苯甲酸苄酯；18—水杨酸苄酯；19—肉桂酸苄酯

ICS 71.100.70
Y 42

中华人民共和国国家标准

GB/T 24800.11—2009

化妆品中防腐剂苯甲醇的测定 气相色谱法

Determination of benzyl alcohol as antiseptic in cosmetics by gas chromatography method

2009-11-30 发布　　2010-05-01 实施

中华人民共和国国家质量监督检验检疫总局
中国国家标准化管理委员会　发布

前　　言

本标准的附录A为资料性附录。

本标准由中国轻工业联合会提出。

本标准由全国香料香精化妆品标准化技术委员会（SAC/TC 257）归口。

本标准负责起草单位：上海市质量监督检验技术研究院。

本标准主要起草人：曹程明、周耀斌、李勤、顾宇翔、周泽琳。

化妆品中防腐剂苯甲醇的测定
气相色谱法

1 范围

本标准规定了用气相色谱法测定化妆品中防腐剂苯甲醇的含量。

本标准适用于膏霜、乳液、化妆水、染发剂等化妆品中苯甲醇的测定。本方法的检出限为13μg/g，本方法的定量限为0.005％。

2 原理

试样经无水乙醇超声提取，离心沉淀分离后，以氮气为载气，采用气相色谱毛细管柱分离，氢火焰离子化检测器（FID检测器）检测，外标法定量。

3 试剂和材料

除另外说明外，所有试剂均为分析纯。

3.1 无水乙醇。

3.2 苯甲醇，色谱纯，含量不小于99.5％。

3.3 苯甲醇标准储备液：准确称取苯甲醇0.100 0g于100mL的容量瓶中，用乙醇溶解并定容至刻度。此溶液1mL相当于1.0mg苯甲醇。

4 仪器和设备

4.1 气相色谱仪：具氢火焰离子化检测器（FID)。

4.2 分析天平，感量为0.1mg。

4.3 分析天平，感量为0.01g。

4.4 容量瓶：10mL、100mL。

4.5 具塞离心刻度试管：10mL。

4.6 超声振荡器。

4.7 离心机：转速不小于3 000r/min。

4.8 滤膜：孔径0.45mm。

5 分析步骤

5.1 标准曲线制备

5.1.1 标准系列溶液

准确分别吸取苯甲醇标准储备液（3.3）1.00mL、2.00mL、3.00mL、4.00mL、5.00mL于10mL容量瓶中，用乙醇稀释至刻度。配制成浓度为100μg/mL、200μg/mL、300μg/mL、400μg/mL、500μg/mL的标准系列溶液。

5.1.2 气相色谱参考条件

气相色谱参考条件如下：

a）色谱柱：5％苯基二甲基聚硅氧烷石英毛细管，60m×0.53mm（内径）×1.0μm，或相当者；

b）柱温：100℃保持 3min，以 10℃/min 的速率升温至 240℃，再以 40℃/min 的速率升温至 280℃保持 3min；

c）汽化室温度：230℃；

d）检测器温度：300℃；

e）载气：N_2，纯度不小于 99.99%；

f）燃气，H_2，纯度不小于 99.99%；

g）载气流速：4.0mL/min；

h）氢气流速：40mL/min；

i）空气流速：450mL/min；

j）进样方式：分流进样，分流比 1∶5。

注：载气、空气、氢气流速随仪器而异，操作者可根据仪器及色谱柱等差异，通过试验选择最佳操作条件，使苯甲醇与化妆品中其他组分峰获得完全分离。

5.1.3 标准曲线

按 5.1.2 色谱条件进样 1.0μL 进行检测。以标准系列溶液的浓度为横坐标，对应的峰面积为纵坐标，作标准曲线，或进行线性回归得到标准曲线方程。

标准液相色谱图参见附录 A 的图 A.1。

5.2 测定

5.2.1 试样处理

称取 0.5g～1.0g（精确至 0.01g）样品于 10mL 容量瓶中，加入 5mL 无水乙醇，超声振荡 20min，用乙醇定容至刻度，充分混匀后，转移至 10mL 刻度离心管中，以 3 000r/min 离心 10min。上清液经 0.45μm 滤膜过滤，滤液作为待测样液。

5.2.2 试样溶液的测定

按 5.1.2 的色谱条件，取 5.2.1 步骤中滤液 1μL 进样，得到试样溶液的峰面积，根据保留时间定性，峰面积定量，从标准曲线上查得试样溶液中苯甲醇的含量。试样溶液中苯甲醇的响应值应在标准曲线线性范围内，超过线性范围则应稀释后再进样分析。

5.2.3 空白实验

除不称取样品外，均按上述测定条件和步骤进行。

6 结果计算

苯甲醇含量按式（1）计算：

$$X=\frac{c\times V\times 10^{-6}}{m}\times 100 \quad \cdots\cdots (1)$$

式中：

X——试样中苯甲醇的质量百分比含量，%；

c——从标准曲线中得出的苯甲醇浓度，单位为微克每毫升（μg/mL）；

V——试样溶液的体积，单位为毫升（mL）；

m——试样质量，单位为克（g）。

计算结果保留两位有效数字。

7 方法回收率

当样品添加标准浓度在 0.01%～0.5%范围内，测定结果的平均回收率在 96.85%～112.93%。

8 允许差

在重复条件下获得的两次独立测定结果的绝对差值不应超过算术平均值的 10%。

附　录　A
（资料性附录）
色谱谱图示例

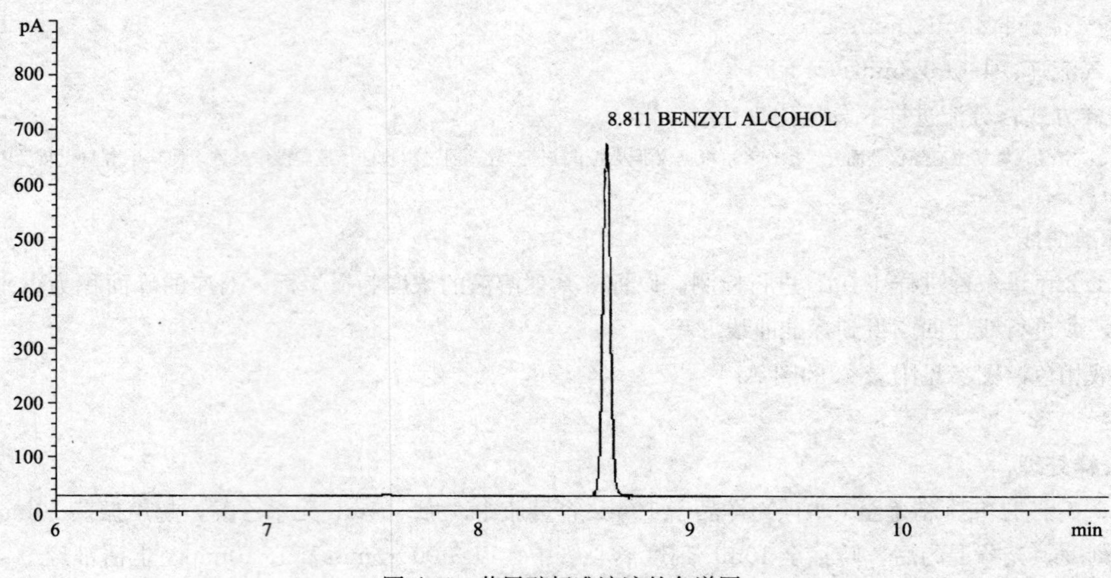

图 A.1　苯甲醇标准溶液的色谱图

ICS 71.100.70
Y 42

中华人民共和国国家标准

GB/T 24800.12—2009

化妆品中对苯二胺、邻苯二胺和间苯二胺的测定

Determination of p-phenylenediamine, o-phenylenediamine and m-phenylenediamine in cosmetics

2009-11-30 发布　　2010-05-01 实施

中华人民共和国国家质量监督检验检疫总局
中国国家标准化管理委员会　发布

前　　言

本标准的附录A、附录B为资料性附录。

本标准由中国轻工业联合会提出。

本标准由全国香料香精化妆品标准化技术委员会（SAC/TC 257）归口。

本标准负责起草单位：上海市质量监督检验技术研究院。

本标准主要起草人：周泽琳、张辉、王丁林、严罗美、巢强国。

引　言

本标准中的被测物质邻苯二胺、间苯二胺是我国《化妆品卫生规范》规定的禁用物质，不得作为化妆品生产原料即组分添加到化妆品中。如果技术上无法避免禁用物质作为杂质带入化妆品时，则化妆品成品应符合《化妆品卫生规范》对化妆品的一般要求，即在正常及合理的可预见的使用条件下，不得对人体健康产生危害。

目前我国尚未规定这些物质的限量值，本标准的制定，仅对化妆品中测定这些物质提供检测方法。

化妆品中对苯二胺、邻苯二胺和间苯二胺的测定

1 范围

本标准规定了用高效液相色谱法和气相色谱法测定化妆品中对苯二胺、邻苯二胺和间苯二胺的含量。

本标准适用于化妆品中对苯二胺、邻苯二胺和间苯二胺的测定。

本标准高效液相色谱法对苯二胺、邻苯二胺和间苯二胺的检出限均为150μg/g，定量限均为500μg/g；气相色谱法对苯二胺、邻苯二胺和间苯二胺的检出限均为150μg/g，定量限均为500μg/g。

2 规范性引用文件

下列文件中的条款通过本标准的引用而成为本标准的条款。凡是注明日期的引用文件，其随后所有的修改单（不包括勘误的内容）或修订版均不适用于本标准，然而，鼓励根据本标准达成协议的各方研究是否可使用这些文件的最新版本。凡是不注明日期的引用文件，其最新版本适用于本标准。

GB/T 6682 分析实验室用水规格和试验方法（GB/T 6682—2008，ISO 3696：1987，MOD）

3 高效液相色谱法

3.1 原理

试样经甲醇超声提取后，经滤膜过滤，采用高效液相色谱分离，二极管阵列检测器检测，外标法定量。

3.2 试剂和材料

除另外说明外，所有试剂均为分析纯，水为符合GB/T 6682规定的一级水。

3.2.1 标准物质：对苯二胺，纯度不小于99%。

3.2.2 标准物质：邻苯二胺，纯度不小于99%。

3.2.3 标准物质：间苯二胺，纯度不小于99%。

3.2.4 甲醇：色谱纯。

3.2.5 乙腈：色谱纯。

3.2.6 亚硫酸钠溶液：质量分数为2%。

3.2.7 三乙醇胺。

3.2.8 磷酸。

3.2.9 三乙醇胺磷酸缓冲溶液：准确移取10.0mL三乙醇胺溶解于1 000mL水中，用磷酸调pH7.7，经0.45μm滤膜过滤。

3.2.10 对苯二胺、邻苯二胺、间苯二胺混合标准溶液储备液：分别准确称取对苯二胺、邻苯二胺、间苯二胺各0.25g（精确至0.1mg）于100mL的容量瓶中，用甲醇溶解并定容至刻度。此溶液1mL相当于2.50mg对苯二胺、邻苯二胺、间苯二胺，该溶液4℃可避光保存3天。

3.2.11 对苯二胺、邻苯二胺、间苯二胺混合标准系列使用溶液：准确吸取混合标准溶液储备液（3.2.10）0.50mL、1.00mL、2.00mL、3.00mL、4.00mL、5.00mL于6个25mL容量瓶中，用甲醇稀释至刻度。配制成浓度为50mg/L、100mg/L、200mg/L、300mg/L、400mg/L、500mg/L的混合标准系列使用溶液，并另配制试剂空白，溶液现配现用。

3.3 仪器和设备

3.3.1 高效液相色谱仪：具二极管阵列检测器。

3.3.2 分析天平：感量0.1mg。

3.3.3 分析天平：感量0.01g。

3.3.4 pH计：测量精度±0.02pH。

3.3.5 具塞比色管：50mL。

3.3.6 容量瓶：25mL、100mL。

3.3.7 漩涡振荡器。

3.3.8 超声振荡器。

3.3.9 滤膜：孔径0.45μm。

3.4 分析步骤

3.4.1 样品处理

称取2.00g（精确至0.01g）样品于50mL具塞比色管，加入1mL 2%亚硫酸钠溶液（3.2.6）、25mL甲醇（3.2.4），漩涡振荡30 s，再加入15mL甲醇（3.2.4），混匀，超声提取15min，用甲醇（3.2.4）定容至刻度。充分混匀后，静置，上清液经0.45μm滤膜过滤，滤液作为待测样液。

3.4.2 高效液相色谱参考条件

a）色谱柱：反相C_{18}柱，250mm×4.6mm，5μm，或相当者；

b）流动相：三乙醇胺磷酸缓冲溶液＋乙腈（97＋3）；

c）流速：1.0 mL/min；

d）柱温：30℃；

e）检测器：二极管阵列检测器；

f）检测波长：280nm；

g）进样量：5μL。

注：流动相比例、流速等色谱条件随仪器而异，应通过试验选择最佳操作条件，使苯二胺类化合物与化妆品中其他组分峰获得完全分离。

3.4.3 测定

按3.4.2色谱条件，取混合标准系列使用溶液（3.2.11）和3.4.1步骤中滤液5μL进样。得到标准曲线和试样溶液的峰面积。从标准曲线上查得试样溶液中的对苯二胺、邻苯二胺、间苯二胺的浓度。

标准物质与加标样品的液相色谱图参见附录A的图A.1。

3.5 结果计算

试样中对苯二胺、邻苯二胺和间苯二胺的含量按式（1）进行计算。

$$X_1=\frac{c_1\times V_1\times 100}{m_1\times 10^6} \qquad \cdots\cdots(1)$$

式中：

X_1——试样中对苯二胺、邻苯二胺和间苯二胺的含量，单位为质量分数（%）；

c_1——试样溶液中对苯二胺、邻苯二胺和间苯二胺的浓度，单位为毫克每升（mg/L）；

V_1——试样溶液的体积，单位为毫升（mL）；

m_1——试样质量，单位为克（g）。

计算结果保留两位有效数字。

注：对于混合使用的试样，取含有苯二胺染料的试样进行检测，计算结果按实际使用时的比例进行折算。

3.6 允许差

在重复条件下获得的两次独立测定结果的绝对差值不应超过算术平均值的10%。

3.7 方法回收率

在添加浓度为0.05%～0.5%范围内，对苯二胺、间苯二胺和邻苯二胺的回收率分别为91%～102%、79%～99%和73%～91%。

4 气相色谱法

4.1 原理

试样经甲醇超声提取后，经滤膜过滤，采用毛细管气相色谱柱分离，氢火焰离子化检测器检测，外标法定量。

4.2 试剂和材料

同3.2.1～3.2.4、3.2.6、3.2.10。

4.3 仪器和设备

4.3.1 气相色谱仪：具氢火焰离子化检测器。

4.3.2 其他设备：同3.3.2、3.3.3、3.3.5～3.3.9。

4.4 分析步骤

4.4.1 样品处理

同3.4.1。

4.4.2 气相色谱参考条件

a）色谱柱：HP－5，60m×0.25mm×1.0μm，或相当者；

b）柱温：100℃保持1min，以10℃/min的速率升温至200℃，再以18℃/min的速率升温至280℃保持15min；

c）汽化室温度：220℃；

d）分流比：1∶5；

e）检测器温度：300℃；

f）载气：氮气，流速：1.0mL/min；

g）氢气：40mL/min；

h）空气：400mL/min。

注：载气、空气、氢气流速及程序升温条件等随仪器而异，应通过试验选择最佳操作条件，使苯二胺类化合物与化妆品中其他组分峰获得完全分离。

4.4.3 测定

按4.4.2色谱条件，取混合标准系列使用溶液（3.2.11）和4.4.1步骤中滤液1μL进样。得到标准曲线和试样溶液的峰面积。从标准曲线上查得试样溶液中的对苯二胺、邻苯二胺和间苯二胺的浓度。标准物质与加标样品的气相色谱图参见附录B的图B.1。

4.5 结果计算

试样中对苯二胺、邻苯二胺和间苯二胺的含量按式（2）进行计算。

$$X_2 = \frac{c_2 \times V_2 \times 100}{m_2 \times 10^6} \quad \cdots\cdots (2)$$

式中：

X_2——试样中对苯二胺、邻苯二胺和间苯二胺的含量，单位为质量分数（%）；

c_2——试样溶液中对苯二胺、邻苯二胺和间苯二胺的浓度，单位为毫克每升（mg/L）；

V_2——试样溶液的体积，单位为毫升（mL）；

m_2——试样质量，单位为克（g）。

计算结果保留两位有效数字。

注：对于混合使用的试样，取含有苯二胺染料的试样进行检测，计算结果按实际使用时的比例进行折算。

4.6 允许差

在重复条件下获得的两次独立测定结果的绝对差值不应超过算术平均值的10%。

4.7 方法回收率

在添加浓度为0.05%～0.5%范围内，对苯二胺、间苯二胺和邻苯二胺的回收率分别为89%～100%、85%～93%和80%～93%。

附 录 A
（资料性附录）
标准物质与加标样品液相色谱图

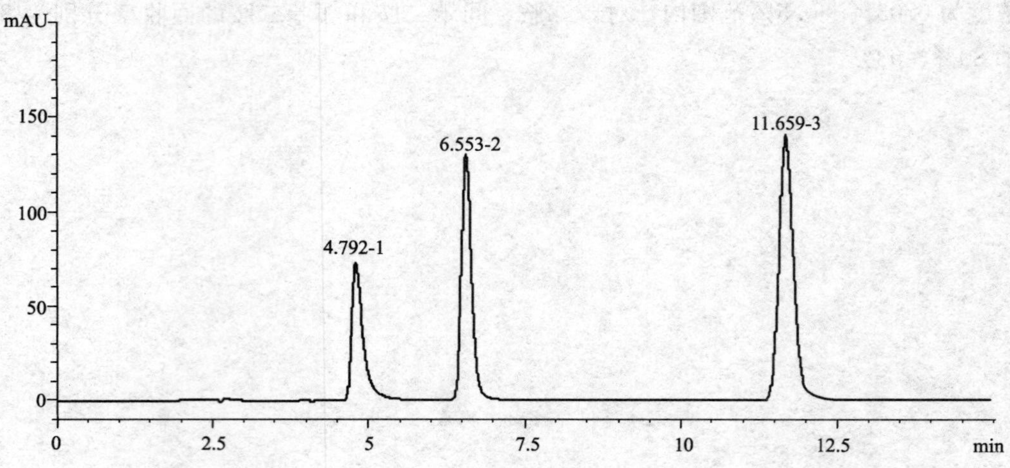

a)标准物质液相色谱图

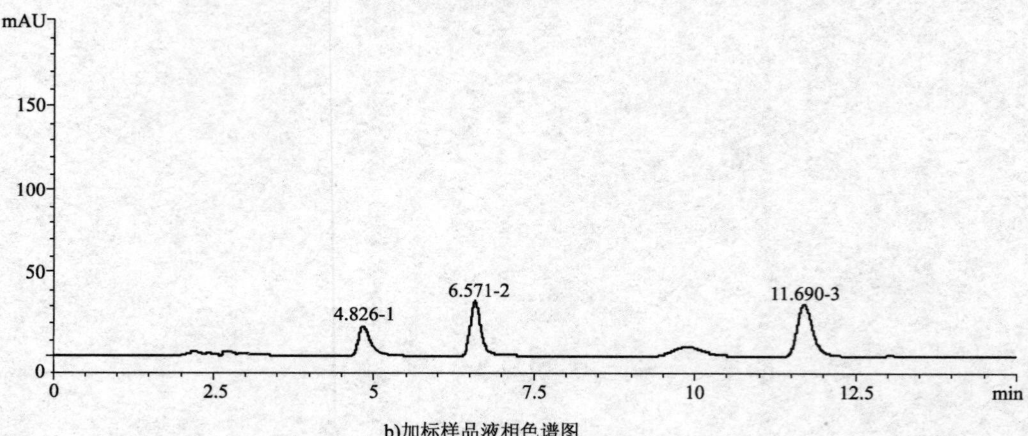

b)加标样品液相色谱图

图 A.1　标准物质与加标样品的液相色谱图

1—对苯二胺；2—间苯二胺；3—邻苯二胺

附　录　B

（资料性附录）

标准物质与加标样品气相色谱图

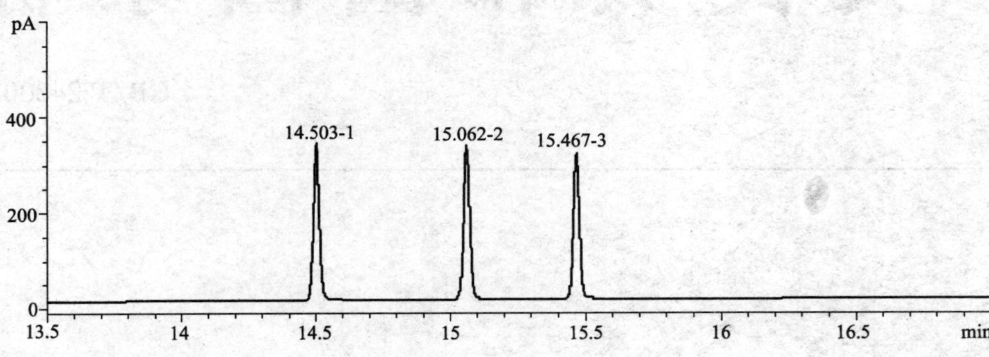

a)标准物质气相色谱图

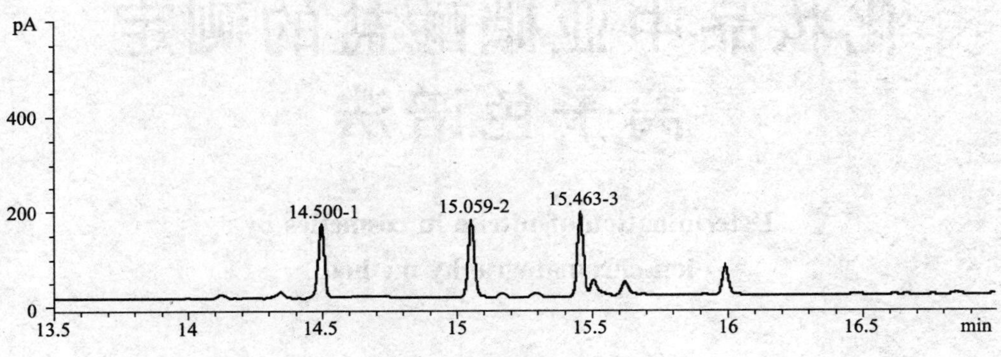

b) 加标样品气相色谱图

图 B.1　标准物质与加标样品的气相色谱图

1—邻苯二胺；2—对苯二胺；3—间苯二胺

ICS 71.100.70
Y 42

中华人民共和国国家标准

GB/T 24800.13—2009

化妆品中亚硝酸盐的测定 离子色谱法

Determination of nitrite in cosmetics by ion chromatography method

2009-11-30 发布　　2010-05-01 实施

中华人民共和国国家质量监督检验检疫总局
中国国家标准化管理委员会　发布

前　　言

本标准的附录A为资料性附录。

本标准由中国轻工业联合会提出。

本标准由全国香料香精化妆品标准化技术委员会（SAC/TC 257）归口。

本标准负责起草单位：中国检验检疫科学研究院、上海香料研究所。

本标准主要起草人：王超、武婷、肖海清、马强、席广成、王星、李琼、沈敏。

引　言

无机亚硝酸盐（亚硝酸钠除外，亚硝酸钠允许作为防锈剂使用，限用量为0.2%）是我国《化妆品卫生规范》规定的禁用物质，不得作为化妆品生产原料即组分添加到化妆品中。如果技术上无法避免禁用物质作为杂质带入化妆品时，则化妆品成品应符合《化妆品卫生规范》对化妆品的一般要求，即在正常及合理的可预见的使用条件下，不得对人体健康产生危害。

目前我国尚未规定这些物质的限量值。本标准的制定，仅对化妆品中测定这些物质提供检测方法。

化妆品中亚硝酸盐的测定 离子色谱法

1 范围

本标准规定了化妆品中亚硝酸盐的测定方法。

本标准适用于皮肤护理类化妆品中亚硝酸盐的测定。

本标准对于亚硝酸盐的检出限为0.000 025%，定量限为0.000 05%。

2 原理

以乙腈作为破乳剂，高速振荡、离心，上清液经超纯水稀释后，过0.22μm的尼龙滤膜和RP柱（或C_{18}柱）后，溶液注入配有电导检测器的离子色谱仪检测，外标法定量。

3 试剂和材料

除另有规定外，试剂均为分析纯。

3.1 水：超纯水。

3.2 亚硝酸盐标准液：国家标准物质，储备液在冰箱冷藏保存，可使用两个月。

3.3 亚硝酸盐标准工作溶液：用水将上述标准液（3.2）分别配成0.1mg/L、0.2mg/L、0.5mg/L、1.0mg/L一系列浓度的标准工作溶液，现用现配。

4 仪器

4.1 离子色谱仪，配有数字型电导检测器。

4.2 涡旋振荡器。

4.3 超声波清洗器。

4.4 离心机，大于5 000r/min。

4.5 溶剂过滤器和0.22μm尼龙滤膜。

4.6 具塞比色管，10mL。

4.7 RP柱或C_{18}柱，1mL。

注：RP柱或C_{18}柱使用前需活化：分别用5mL甲醇、10mL水活化后，放置30min后即可使用。

5 测定步骤

5.1 样品处理

称取化妆品试样约2.0g，精确到0.001g，于10mL具塞比色管中，加乙腈定容至刻度，在涡旋振荡器上高速振荡1min后，在离心机上于6 000r/min离心20min，取上清液1mL至10mL比色管中，加超纯水定容至刻度，依次通过0.22μm尼龙滤膜，RP柱（或C_{18}柱）后，滤液供测定用。

5.2 测定

5.2.1 色谱条件

5.2.1.1 色谱柱：阴离子交换柱，4mm×250mm（带4mm×50mm保护柱）；

5.2.1.2 淋洗液：4.5mmol/L Na_2CO_3+1.4mmol/L $NaHCO_3$；

5.2.1.3 流速：1.0mL/min；

5.2.1.4 柱温：30℃；

5.2.1.5 抑制器；

5.2.1.6 检测器：数字型电导检测器；

5.2.1.7 进样量：50μL。

5.2.2 标准工作曲线绘制

分别移取一系列浓度为0.1mg/L、0.2mg/L、0.5mg/L、1.0mg/L的标准工作溶液，按色谱条件（5.2.1）进行测定，以色谱峰的峰面积为纵坐标，对应的溶液浓度为横坐标作图，绘制标准工作曲线。

标准物质色谱图参见附录A的图A.1。

5.2.3 试样测定

用微量注射器准确吸取试样溶液（5.1）注入离子色谱仪，按色谱条件（5.2.1）进行测定，记录色谱峰的保留时间和峰面积，由色谱峰的峰面积可从标准曲线上求出亚硝酸盐的浓度。样品溶液中的亚硝酸盐的响应值均应在仪器测定的线性范围之内。亚硝酸盐含量高的试样可取适量试样溶液用超纯水稀释后进行测定。

5.2.4 定性确认

离子色谱仪对样品进行定性测定时，如果检出亚硝酸盐的色谱峰的保留时间与标准品相一致，则可确认样品中存在亚硝酸盐。

5.3 平行试验

按以上步骤，对同一试样进行平行试验测定。

5.4 空白试验

除不称取试样外，均按上述步骤进行。

6 结果计算

结果按式（1）计算（计算结果应扣除空白值）：

$$X_i = \frac{c_i \times V_i}{1\,000m} \times 100 \quad \cdots\cdots (1)$$

式中：

X_i——样品中亚硝酸盐的质量浓度，%；

c_i——标准曲线查得亚硝酸盐的浓度，单位为毫克每升（mg/L）；

V_i——样品稀释后的总体积，单位为升（L）；

m——样品质量，单位为克（g）。

7 方法检出限与定量限

亚硝酸盐的检出限为0.000 025%，定量限为0.000 05%。

8 回收率与精密度

在添加浓度0.000 125%～0.005%浓度范围内，回收率在85%～110%之间，相对标准偏差小于10%。

9 允许差

在重复性条件下获得的两次独立测定结果的绝对差值不应超过算术平均值的10%。

附　录　A
（资料性附录）
标准物质的离子色谱图

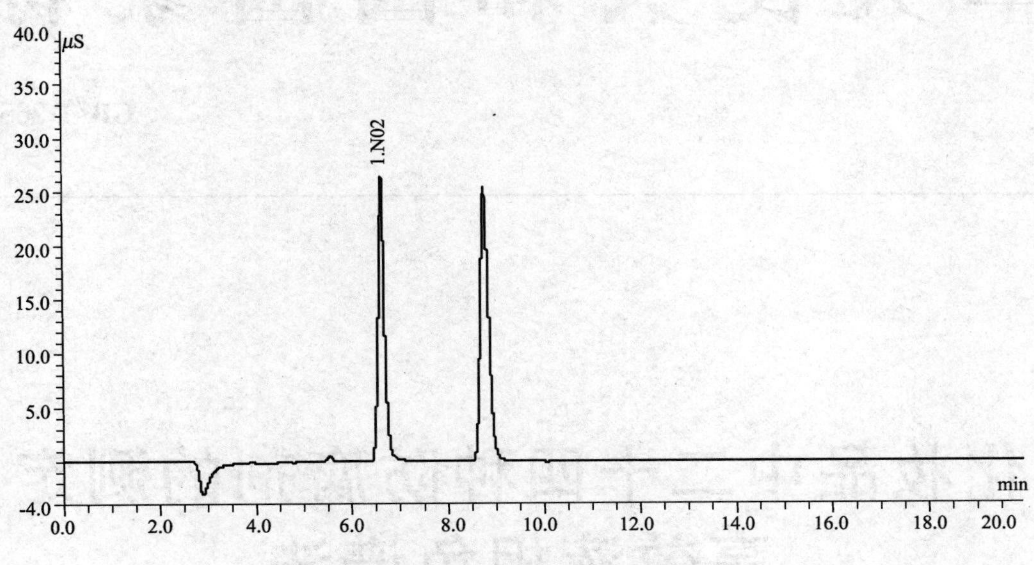

图 A.1　亚硝酸盐的离子色谱图

1—亚硝酸盐（6.60min）

ICS 71.100.70
Y 42

中华人民共和国国家标准

GB/T 26517—2011

化妆品中二十四种防腐剂的测定 高效液相色谱法

Determination of 24 preservatives in cosmetics—High performance liquid chromatography method

2011-05-12 发布

2011-10-01 实施

中华人民共和国国家质量监督检验检疫总局
中国国家标准化管理委员会
发布

前　言

本标准由中国轻工业联合会提出。

本标准由全国香料香精化妆品标准化技术委员会（SAC/TC 257）归口。

本标准起草单位：中国检验检疫科学研究院、上海市日用化学工业研究所、上海香料研究所、上海市质量监督检验技术研究院。

本标准主要起草人：武婷、王超、马强、肖海清、张庆、沈敏、康薇。

化妆品中二十四种防腐剂的测定 高效液相色谱法

1 范围

本标准规定了化妆品中二十四种防腐剂的高效液相色谱测定方法。

本标准适用于膏霜、乳液、化妆水等皮肤护理类化妆品中二十四种防腐剂的测定。

2 规范性引用文件

下列文件中的条款通过本标准的引用而成为本标准的条款。凡是注日期的引用文件，其随后所有的修改单（不包括勘误的内容）或修订版均不适用于本标准，然而，鼓励根据本标准达成协议的各方研究是否可使用这些文件的最新版本。凡是不注日期的引用文件，其最新版本适用于本标准。

GB/T 6682 分析实验室用水规格和试验方法

3 原理

以甲醇为溶剂，超声提取、离心，0.45μm 的有机滤膜过滤，溶液注入配有二极管阵列检测器（DAD）的液相色谱仪检测，外标法定量。

4 试剂和材料

除另有规定外，试剂均为分析纯。水为 GB/T 6682 规定的一级水。

4.1 甲醇：色谱纯。

4.2 水杨酸，纯度不小于 99.0%；4-羟基苯甲酸乙酯，纯度不小于 99.0%；4-羟基苯甲酸丙酯，纯度不小于 99.0%；4-羟基苯甲酸丁酯，纯度不小于 99.0%；4-羟基苯甲酸甲酯，纯度不小于 99.0%；甲基氯异噻唑啉酮，纯度不小于 99.0%；甲基异噻唑啉酮，纯度不小于 99.0%；苯甲醇，纯度不小于 99.0%；苯氧乙醇，纯度不小于 99.0%；*p*-氯-*m*-甲苯酚，纯度不小于 98.0%；三氯生，纯度不小于 97.0%；三氯卡班，纯度不小于 99.0%；苯甲酸甲酯，纯度不小于 99.0%；苯甲酸乙酯，纯度不小于 99.0%；苯甲酸苯酯，纯度不小于 99.0%；2-溴-2-硝基丙烷-1，3 二醇，纯度不小于 98.0%；2，4-二氯-3，5-二甲酚，纯度不小于 99.0%；4-羟基苯甲酸异丙酯，纯度不小于 99.0%；*o*-苯基苯酚，纯度不小于 98.0%；氯二甲酚，纯度不小于 98.0%；4—羟基苯甲酸异丁酯，纯度不小于 99.0%；苄氯酚，纯度不小于 99.0%；苯甲酸，纯度不小于 99.0%；山梨酸，纯度不小于 99.0%。

注：2，4-二氯-3，5-二甲酚未列入卫监督发［2007］1号《化妆品卫生规范》的表4“化妆品组分中限用防腐剂”中。

4.3 防腐剂标准储备液：准确称取各防腐剂（4.2）0.5g，精确到 0.000 1g，分别置于 50mL 烧杯中，加适量甲醇溶解，移入 100mL 容量瓶中，用甲醇稀释至刻度，混匀，即得 5 000mg/L 的各防腐剂标准储备液。

4.4 防腐剂混合标准储备液：分别移取 2mL 的标准储备液（4.3）至 100mL 容量瓶中，用甲醇定容至刻度，即得各防腐剂浓度均为 100mg/L 混合标准储备液。冰箱冷藏保存，可使用三个月。

4.5 防腐剂标准工作溶液：用甲醇将混合标准储备液（4.4）分别配成一系列浓度为 0.5μg/mL、1μg/mL、5μg/mL、10μg/mL、20μg/mL 的标准工作溶液，在冰箱冷藏保存，可使用一周。

4.6 0.025mol/L 磷酸二氢钠溶液（pH3.80）：称取磷酸二氢钠（$NaH_2PO_4 \cdot 2H_2O$）3.9g，精确至 0.001g，于 50mL 烧杯中，加水溶解，移入 1 000mL 容量瓶中，用水定容至刻度，混匀，即得 0.025mol/L

的磷酸二氢钠溶液。用10%磷酸溶液调节pH值至3.80。

5 仪器

5.1 液相色谱仪，配有二极管阵列检测器。

5.2 微量进样器，10μL。

5.3 超声波清洗器。

5.4 离心机，大于5 000r/min。

5.5 溶剂过滤器和0.45μm有机过滤膜。

5.6 具塞比色管，10mL。

6 测定步骤

6.1 样品处理

称取化妆品试样约0.2g（精确到0.001g）于10mL具塞比色管中，加入8mL甲醇，在超声波清洗器中超声振荡30min，冷却后，用甲醇稀释至刻度，混匀。取部分溶液放入离心管中，在离心机上于5 000r/min离心20min，离心后的上清液经0.45μm有机滤膜过滤，滤液供测定用。

6.2 测定

6.2.1 色谱条件

6.2.1.1 色谱柱：Kromasil C_{18}柱［250mm×4.6mm（i.d.），5μm］。

6.2.1.2 流动相：A：甲醇，B：0.025 mol/L磷酸二氢钠溶液（pH3.80）（4.6），梯度洗脱条件见表1。

表1 方法的梯度洗脱条件

时间/min	A/%	B/%
0	45	55
10	45	55
20	70	30
30	85	15
37	85	15

6.2.1.3 流速：1.0mL/min。

6.2.1.4 检测波长：程序可变波长在0～6.00min为280nm；在6.01min～37.00min为254nm。

6.2.1.5 柱温：25℃。

6.2.1.6 进样量：10μL。

注：方法中所使用的色谱柱仅供参考，同等性能的色谱柱均可使用。流动相比例、流速等色谱条件随仪器而异，操作者可根据试验选择最佳操作条件使目标峰与干扰峰得到完全分离。

6.2.2 标准工作曲线绘制

分别移取0.5μg/mL、1 μg/mL、5μg/mL、10 μ8/mL、20μg/mL的一系列浓度的标准工作溶液，按色谱条件（6.2.1）进行测定，以色谱峰的峰面积为纵坐标，对应的溶液浓度为横坐标作图，绘制标准工作曲线。二十四种防腐剂的标准液相色谱图参见附录A的图A.1。

6.2.3 试样测定

用微量进样器准确吸取试样溶液（6.1）注入液相色谱仪中，按色谱条件（6.2.1）进行测定，记录色谱峰的保留时间和峰面积，可从标准曲线上由色谱峰的峰面积求出相应的防腐剂浓度。试样溶液中的被测防腐剂的响应值均应在仪器测定的线性范围之内。被测防腐剂含量高的试样可取适量试样溶液用流动相稀释后进行测定。

6.2.4 定性确证

液相色谱仪对样品进行定性测定，进行样品测定时，如果检出被测防腐剂的色谱峰的保留时间与标准品相一致，并且在扣除背景后的样品色谱图中，该物质的紫外吸收图谱与标准品的紫外吸收图谱相一致，则可初步确认样品中存在被测防腐剂。必要时，需用其他方法进行确认试验。

6.3 空白试验

除不称取试样外，均按上述步骤进行。

7 结果计算

结果按式（1）计算（计算结果应扣除空白值）：

$$X_i = \frac{c_i \times V_i}{1\,000m} \times 100\% \qquad (1)$$

式中：

X_i——样品中某一防腐剂的质量分数，%；

c_i——标准曲线查得某一防腐剂的浓度，单位为毫克每升（mg/L）；

V_i——样品稀释后的总体积，单位为升（L）；

m——样品质量，单位为克（g）。

8 方法检出限与定量限

结果参见附录 B 的表 B.1。

9 回收率与精密度

在添加浓度 0.000 062 5%～0.028 75%范围内，回收率在 85%～110%之间，相对标准偏差小于 10%。

10 允许差

在重复性条件下获得的两次独立测定结果的绝对差值不应超过算术平均值的 10%。

附 录 A
（资料性附录）
标准物质的液相色谱图

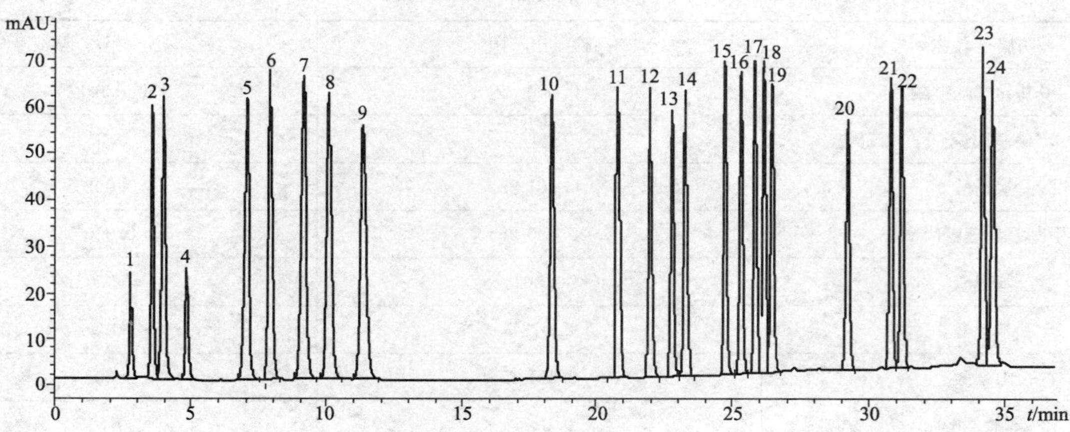

图 A.1 二十四种防腐剂的标准液相色谱图

1—甲基异噻唑啉酮（2.701min）；2—2-溴-2-硝基丙烷-1，3二醇（3.552min）；
3—水杨酸（3.964min）；4—甲基氯异噻唑啉酮（4.843min）；5—苯甲酸（7.038min）；
6—苯甲醇（7.894min）；7—山梨酸（9.108min）；8—苯氧乙醇（10.064min）；
9—4-羟基苯甲酸甲酯（11.321min）；10—4-羟基苯甲酸乙酯（18.302min）；
11—苯甲酸甲酯（20.777min）；12—4-羟基苯甲酸异丙酯（21.977min）；
13—4-羟基苯甲酸丙酯（22.775min）；14—*p*-氯-*m*-甲苯酚（23.267min）；
15—苯甲酸乙酯（24.732min）；16—*o*-苯基苯酚（25.321min）；
17—4-羟基苯甲酸异丁酯（25.844min）；18—4-羟基苯甲酸丁酯（26.190min）；
19—氯二甲酚（26.482min）；20—苯甲酸苯酯（29.258min）；21—2，4-二氯-3，5-二甲酚（30.832min）；
22—苄氯酚（31.254min）；23—三氯卡班（34.251min）；24—三氯生（34.626min）

附 录 B
（资料性附录）
二十四种防腐剂的检出限与定量限

表 B.1 二十四种防腐剂的检出限与定量限 以%表示

防腐剂名称	检 出 限	定 量 限
甲基异噻唑啉酮	0.000 05	0.000 125
2-溴-2-硝基丙烷-1，3二醇	0.007 5	0.015
水杨酸	0.001 25	0.002 5
甲基氯异噻唑啉酮	0.000 25	0.000 5
苯甲酸	0.001	0.002
苯甲醇	0.022 5	0.06
山梨酸	0.001 25	0.002 5
苯氧乙醇	0.007 5	0.015
4-羟基苯甲酸甲酯	0.005	0.01
4-羟基苯甲酸乙酯	0.002 5	0.005
苯甲酸甲酯	0.01	0.02
4-羟基苯甲酸异丙酯	0.002 5	0.005
4-羟基苯甲酸丙酯	0.000 75	0.003 75
p-氯-*m*-甲苯酚	0.005	0.01
苯甲酸乙酯	0.012 5	0.025
o-苯基苯酚	0.000 5	0.002 5
4-羟基苯甲酸异丁酯	0.002 5	0.005
4-羟基苯甲酸丁酯	0.002 5	0.005
氯二甲酚	0.007 5	0.012 5
苯甲酸苯酯	0.007 5	0.015
2，4-二氯-3，5-二甲酚	0.007 5	0.015
苄氯酚	0.007 5	0.012 5
三氯卡班	0.000 5	0.002 5
三氯生	0.004	0.007 5

中华人民共和国轻工行业标准

QB/T 1863—1993

染发剂中对苯二胺的测定　气相色谱法

1　主题内容与适用范围

本标准规定了染发剂中对苯二胺的测定方法，本方法最低检测浓度为0.03mg/mL。

本标准适用于含对苯二胺为主的染发剂的测定。

2　方法提要

试样经溶剂直接溶解，分离萃取后用气相色谱进行测定与标准系列比较定量。

3　试剂与材料

3.1　乙酸乙酯：分析纯。

3.2　对苯二胺：化学纯，99.0％。

3.3　氯化钠（GB 1253）化学纯。

3.4　离心机：一台。

3.5　刻度离心管：10mL。

3.6　容量瓶（棕色）：10mL；50mL。

3.7　载气：氮气，纯度＞99.9％。

3.8　燃气：氢气，纯度＞99.9％。

3.9　助燃气二次净化空气。

3.10　Chromosorb WAW（60～80目）经氢氧化钾-甲醇处理过担体。

称取0.20g氢氧化钾溶解于20mL甲醇试剂中，倒入已称量10.0g的Chromosorb WAW担体中浸过，风干，置于100℃烘箱中烘干。

4　仪器

4.1　色谱仪具有如下部分：

a. 检测器：氢火焰离子化检测器（FID）；

b. 色谱柱：不锈钢或玻璃柱管，规格约2m×ϕ3mm，内充填10％ Carobowax 20M＋Chromsorb WAW（60～80目）碱醇处理；

c. 微量注射器：10μL。

4.2　色谱分析条件

根据选用的色谱柱设定色谱条件，参考条件如下：

a. 汽化室温度：250℃；

b. 检测器温度：230℃；

c. 柱温：210℃；

中华人民共和国轻工业部 1993-11-13 批准　　　1994-07-01 实施

d. 氮气流量：30mL/min；

e. 氢气流量：30mL/min；

f. 空气流量：250mL/min；

g. 进样量：1μL。

5 分析步骤

5.1 试样的制备

5.1.1 粉剂试样

称取0.050g（精确至0.001g）试样（仅指含对苯二胺）于10mL容量瓶中，用乙酸乙酯稀释至刻度，避光静止约4h，取出过滤待用。

5.1.2 水剂试样

称取0.50g（精确至0.01g）试样（仅指含对苯二胺）于10mL离心管中，加5mL乙酸乙酯，盖紧塞子，振荡30s后，加0.1g氯化钠，再振荡30s，放置离心机（2000r/min）中分离10min，静止片刻，分出上层溶液，下层水相溶液用2.5mL乙酸乙酯萃取2次，分出上层溶液，合并萃取液，并用乙酸乙酯稀释定容至10mL容量瓶中，待用。

5.2 对苯二胺标准溶液

5.2.1 称取0.5000g（精确至0.0001g）对苯二胺于50mL棕色容量瓶中，用乙酸乙酯定容至刻度。避光，冰箱保存待用，此溶液每毫升含对苯二胺10mg。

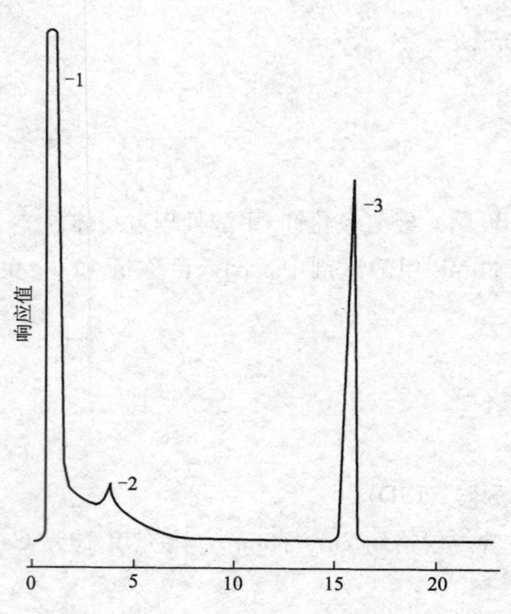

染发剂中对苯二胺色谱图示

1—乙酸乙酯；2—十二烷基硫酸钠；3—对苯二胺

5.2.2 分别移取0.5，1.0，1.5，2.0mL对苯二胺标准溶液（5.2.1）置于10mL容量瓶中，用乙酸乙酯定容至刻度，此标准序列，每毫升含对苯二胺为0.5，1.0，1.5，2.0mg。

5.3 测定

5.3.1 依次从各容量瓶中（5.2.2）移取1μL标准溶液直接注入气相色谱仪中，记下各次峰面积（或峰高），并绘制峰面积（或峰高）-对苯二胺浓度标准工作曲线。

5.3.2 移取（5.1）试样溶液1μL，注入气相色谱仪中，记录色谱峰面积（或峰高），根据标准工作曲线查出相应的对苯二胺浓度。

6 分析结果的计算

按下式计算试样中对苯二胺的百分含量：

$$对苯二胺(\%)=\frac{P}{W}$$

式中：

P——从标准工作曲线上查得样液中对苯二胺浓度，mg/mL；

W——试样的质量，g。

以平行测定两个结果的算术平均值作为对苯二胺的含量。

判断染发剂中对苯二胺是否符合 GB 7916 最大允许浓度时，应按上述分析结果换算为实际使用浓度时的对苯二胺含量为准。

7 精密度

平行测定两个结果的差应不超过 0.5%。

附加说明：

本标准由轻工业部质量标准司提出。

本标准由全国化妆品标准化中心归口。

本标准由上海市日用化学工业研究所负责起草。

本标准主要起草人黄捷、姜慧敏、林燕。

QB/T 1863—1993《染发剂中对苯二胺的测定　气相色谱法》第 1 号修改单

本修改单经中国轻工总会办公厅于 1996 年 1 月 29 日以轻总办质［1996］23 号文批准，自 1996 年 4 月 1 日起实施。

---

(1) 第 6 章分析结果的计算：

按下式计算试样中对苯二胺的百分含量，计算公式更改为：对苯二胺（%）$=P/W$。

(2) 在第 6 章最后补充新条文：

判断染发剂中对苯二胺是否符合 GB 7916 最大允许浓度时，应按上述分析结果换算为实际使用浓度时的对苯二胺含量为准。

中华人民共和国轻工行业标准

QB/T 1864—1993

电位溶出法测定化妆品中铅

1 主题内容与适用范围

本标准规定了电位溶出法测定铅的方法。

本标准适用于化妆品中铅的测定。

2 方法提要

经过硝化后的样品，在恒定电位下将待测铅富集到工作电极上，再利用氧化剂（空气中的氧气）氧化使其溶出，同时记录 $dt/d\varepsilon-E$ 曲线，对于选定的体系和实验参数，$(dt/d\varepsilon)$ max 与被测元素的浓度成正比。

3 试剂

分析中应使用优级纯试剂，试验用水应为重蒸水或去离子水。

3.1 硝酸（GB 626）；

3.2 高氯酸；

3.3 过氧化氢（GB 6684）；

3.4 硝酸（1＋1）；

3.5 铅标准溶液：根据样品含量选择合适的浓度。

3.5.1 称取纯度为 99.99％的金属铅 1.000g，加入 20mL（1＋1）硝酸（3.1），加热使溶解，转移到 1 000mL容量瓶中，用水稀释至刻度。此标准溶液 1mL 相当于 1.00mg 铅。

3.5.2 移取铅标准液（3.5.1）10.0mL 至 100mL 容量瓶中，加 2mL（1＋1）硝酸（3.4）用水稀释至刻度，此溶液 1mL 相当于 100.0μg 铅。

3.5.3 移取铅标准液（3.5.2）10.0mL 至 100mL 容量瓶中，加 2mL（1＋1）硝酸（3.4）用水稀释至刻度，此溶液 1mL 相当于 10.0μg 铅。

3.6 玻碳电极镀汞液

称取 68.5mg $Hg(NO_3)_2 \cdot H_2O$ 和 25.3g KNO_3 混合于水，加入 0.63mL 浓硝酸（3.1），用水定容至 1000mL。此镀汞液的组成为 2×10^{-4}mol/L Hg^{2+}＋0.25mol/L KNO_3＋0.01mol/L HNO_3。

4 仪器

4.1 DPSA－3 型微分电位溶出仪，包括三电极系统：玻碳电极、饱和甘汞电极、铂电极。

4.2 具塞试管：25mL。

4.3 容量瓶：25mL，1000mL。

4.4 烧杯：25mL。

4.5 微量注射器：25mL，50mL，100mL。

4.6 刻度吸管：1mL，10mL。

中华人民共和国轻工业部 1993-11-13 批准　　1994-07-01 实施

5 分析步骤

5.1 测定操作参数视样品选择，参考条件为：

溶出方式：静态电位溶出；

下限电位：－0.1V；

上限电位：－0.9V；

电解电位：－1.0V；

清洗电位：0V；

清洗时间：15s；

富集时间：视样品铅含量定，选择 30～400s；

灵敏度代码：视样品铅含量定，选择 10～40。

5.2 样品预处理

含有乙醇等有机溶剂的化妆品称量后，先在水浴或电热板上将有机物挥发。

5.2.1 方法一

称取约 1.000～2.000g 试样置于具塞试管中，加入数粒玻璃珠，然后加入 10mL 硝酸（3.1），由低温至高温加热消解，当消解液体积减少到 2～3mL，移去热源，冷却。然后加入 2～5mL 高氯酸（3.2），继续加热消解，不时缓缓摇动使之均匀。消解至冒白烟，消解液至黄色或无色溶液，浓缩消解液至 1mL 左右，冷却，转移到 25mL 容量瓶中，用水定容至刻度（同时做试剂空白），如样液混浊可离心沉淀后，待测。

注：如使用不当，高氯酸有爆炸危险。安全使用高氯酸，应注意以下几点：

①洒溅出的高氯酸要立即用水冲洗。

②避免在使高氯酸消化的通风橱中使用有机物或其他产烟物质。

③用高氯酸湿法氧化，除非另有说明，应将样品首先用硝酸破坏易氧化的有机物，并注意避免烧干。

5.2.2 方法二

称取约 0.500～1.000g 样品于 25mL 具塞试管内，加 10mL 硝酸（3.1）在水浴内煮沸 2.5h 取下冷却片刻，再逐滴加 2mL 过氧化氢（3.3），继续煮沸 15min，然后取下冷却，稀释至 25mL 静止至上层呈清晰（必要时将浮于液面的悬浮物去掉）。吸 1.0mL 清液于 25mL 烧杯中，加 9.0mL 水（同时做试剂空白），待测。

5.2.3 方法三（本方法适合粉类产品）

称取约 0.500～1.000g 样品于 25mL 具塞试管内，加 10mL（1＋1）硝酸（3.4），在水浴内煮沸 2.5h，取下冷却，稀释至 25mL，摇匀，静止至上层呈清晰，吸 1.0mL 清液于 25mL 烧杯中，加 9.0mL 水（同时做试剂空白），待测。

5.3 测定步骤

5.3.1 玻碳电极镀汞

工作电极经清洗处理后将三电极系统浸入镀汞液（3.6）中，设定下限电位－0.1V，上限电位－0.9V，在－1.0V 电解电位下镀汞四次，使汞膜均匀、光亮、无残缺、麻点。

5.3.2 测定

将三电极浸入试液中，采用 5.1 中规定的条件，先测定试样的峰高，再在试液中加入铅标准溶液，采用与试样相同的条件，同样得到一个峰高。根据标加法原理测得其铅含量，扣除空白，以波峰与波后脚的垂直高度为信号峰高。见图 1。

6 分析结果的计算

按式（1）计算铅浓度：

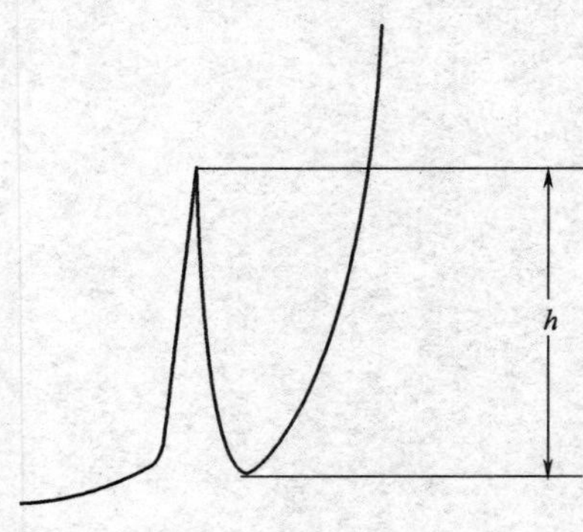

图1 铅溶出峰示意图

$$\mathrm{Pb(mg/kg)}=\frac{h_1-h_0}{h_2(1+V_S)-h_1}\times\frac{\mu}{W}\times 25 \quad \cdots\cdots (1)$$

当加入铅标准溶液的体积不到总体积的1%，公式可写为：

$$\mathrm{Pb(mg/kg)}=\frac{h_1-h_0}{h_2-h_1}\times\frac{\mu}{W}\times 25 \quad \cdots\cdots (2)$$

式中：h_0——空白的峰高，格数；

h_1——样品的峰高，格数；

h_2——加入铅标准溶液后的峰高，格数；

V_S——加入铅标准溶液的体积，mL；

W——试样的质量，g；

μ——加入铅标准溶液的量，μg。

7 精密度

两次平行试验的差值应不超过3.5mg/kg。

附加说明：

本标准由轻工业部质量标准司提出。

本标准由全国化妆品标准化中心归口。

本标准由上海市日用化学工业研究所负责起草。

本标准主要起草人沈敏、费玠、逄志遂。

中华人民共和国轻工行业标准

QB/T 2186—1995

氨气敏电极法测定水解蛋白液含氮量

1 主题内容与适用范围

本标准规定了氨气敏电极法测定含氮量的方法。本方法最低检测浓度为0.00001 mol/L。

本标准适用于水解蛋白液中含氮量的测定。

2 方法提要

水解蛋白液用硫酸钾和硫酸铜在硫酸溶液中进行分解，使有机化合物中的氮转变成氨。在碱性溶液中，释放出的氨气，用氨气敏电极测定。

3 试剂

分析中应使用分析纯试剂，试验用水为重蒸水或去离子水。

3.1 氢氧化钠（GB/T 629）11 mol/L。

3.2 浓硫酸（GB/T 625）。

3.3 硫酸铜（GB/T 665）。

3.4 硫酸钾（HG/T 3—920）。

3.5 氯化钠（GB/T 1266）。

3.6 硝酸钾（GB/T 647）0.1 mol/L。

3.7 氯化铵标准溶液

称取优级纯氯化铵（GB/T 658）1.337g溶于水中，用水定容至250mL，此溶液为0.1 mol/L氯化铵溶液。

3.7.1 移取25mL上述氯化铵溶液（3.7）至250mL容量瓶中，用水稀释至刻度，此溶液为0.01mol/L氯化铵溶液。

3.7.2 移取25mL上述氯化铵溶液（3.7.1）至250mL容量瓶中，用水稀释至刻度，此溶液为0.001mol/L氯化铵溶液。

3.7.3 移取25mL上述氯化铵溶液（3.7.2）至250mL容量瓶中，用水稀释至刻度，此溶液为0.0001mol/L氯化铵溶液。

3.7.4 移取25mL上述氯化铵溶液（3.7.3）至250mL容量瓶中，用水稀释至刻度，此溶液为0.00001mol/L氯化铵溶液。

3.8 电极内充液

称取0.534g氯化铵和5.844g氯化钠混合于水，用水定容至1 000mL。

4 仪器

4.1 离子活度计，包括复合式PNH_3－1型氨气敏电极，饱和甘汞电极。

4.2 磁力搅拌器。

中国轻工总会 1995-12-05 批准　　1996-07-01 实施

4.3 容量瓶：100mL，250mL，1 000mL。

4.4 烧杯：100mL。

4.5 移液管：25mL，1.5mL，1mL，0.1mL。

4.6 分析天平：精度±0.0002g。

5 分析步骤

5.1 样品预处理

准确称取水解蛋白液约0.1g或量取0.1mL于定氮瓶中，加入2g硫酸钾，0.2g硫酸铜，20mL浓硫酸，由低温至高温加热消解，当溶液由黑色逐渐转为透明时，继续加热5～10min，冷却，将内容物移至100mL容量瓶中，用水定容至100mL，摇匀，待测。

5.2 测定

5.2.1 仪器准备

将离子活度计接通电源，预热30min，揿下选择开关毫伏键，调节零点（使数字稳定显示±0.000mV），按下氨气敏电极，用水洗涤电极，直至毫伏数低于－20mV。

5.2.2 测定步骤

移取1mL待测消化液于100mL烧杯中，开动磁力搅拌器进行搅拌，加0.1 mol/L硝酸钾50mL，11mol/L氢氧化钠溶液1.5mL，立即插入氨气敏电极，揿下测量键，读取稳定的电位值E（mV），松开测量键，洗涤数分钟，直至毫伏数降至－20mV以下，然后取出电极，用吸水纸吸干电极表面水分，再进行另一样品测定。

5.2.3 标准曲线的绘制

移取标准系列浓度的氯化铵0.00001，0.0001，0.001，0.01，0.1mol/L各1mL，按测定步骤，由低浓度到高浓度测定，读取稳定的电位值（mV），以电位值为纵坐标，以－1gNH_4＋标准液浓度c（mol/L）为横坐标，在半对数纸上作图。

5.3 分析结果的计算

$$N=\frac{c\times 14.00}{G\times 10}\times 100$$

式中：

N——含氮量，%；

c——根据样品的电位值，从标准曲线上查得样品浓度，mol/L；

G——取样量，g；

14.00——氮的摩尔质量数，g/mol。

6 允许差

两次平行测定，结果之差应不大于0.35。

附加说明：

本标准由中国轻工总会质量标准部提出。

本标准由全国化妆品标准化中心归口。

本标准由上海日用化学工业研究所负责起草。

本标准主要起草人林燕、姜慧敏、胡茵。

前　言

化妆品中使用的紫外线吸收剂，能够减少或安全吸收紫外线，保护皮肤。但如果过量使用或使用禁用紫外线吸收剂，则易对皮肤产生刺激，引起皮肤过敏。国际上使用紫外线吸收剂有严格的管理和限制，GB 7916—1987《化妆品卫生标准》也规定了化妆品中允许使用的紫外线吸收剂的种类和限用量。为贯彻执行卫生标准并和国际上接轨，特制定了本标准，用以测定防晒化妆品中的紫外线吸收剂含量。

本标准是根据不同紫外线吸收剂对液相色谱的相分配不同，而被流动相依次洗脱，并能被紫外检测器检出的原理制定的。

本标准的附录A、附录B、附录C都是标准的附录。

本标准可一次分离十五种紫外线吸收剂，附录C（标准的附录）方法中可分离五种紫外线吸收剂，共可定量测定十九种紫外线吸收剂，方法简单、快速。

本标准由中国轻工总会质量标准部提出。

本标准由全国化妆品标准化中心归口。

本标准起草单位：北京市日用化学研究所。

本标准主要起草人：徐卫、杜小豪。

中华人民共和国轻工行业标准

QB/T 2333—1997

防晒化妆品中紫外线吸收剂定量测定 高效液相色谱法

1 范围

本标准规定了测定化妆品中紫外线吸收剂含量的高效液相色谱方法。

本标准适用于防晒化妆品中19种紫外线吸收剂的分离和定量测定，其最低检出量和检出浓度见附录A（标准的附录）。

2 方法提要

试样用混合溶剂溶解、萃取、分离，清液过滤后，用高效液相色谱仪分离各种紫外线吸收剂成分后，用保留时间定性，外标法或工作曲线法测定含量。

3 试剂与材料

3.1 混合溶液的配制

a）四氢呋喃：分析纯；

b）甲醇：分析纯；

c）高氯酸：优级纯（70%）；

d）蒸馏水：经二次蒸馏；

e）混合溶液：甲醇∶四氢呋喃∶水∶高氯酸＝60∶100∶80∶0.05（体积比）。

3.2 各紫外线吸收剂标准储备液的配制见附录B（标准的附录）。

3.3 0.5μm脂溶性样品过滤膜和过滤器。

4 仪器设备

a）高效液相色谱仪，包括数据处理系统和打印机或积分仪；

b）微量注射器：25μL；

c）超声波清洗器。

5 色谱分离条件

当防晒化妆品中同时含有Uvinul MS40、Parsol HS、Uvinul DS49三种紫外线吸收剂中的两种或两种以上时，或含有Uvinul T150、Uvinul P25时，使用附录C（标准的附录）中的参考色谱分离条件测定。除此以外，化妆品中含有一种或同时存在几种本标准应用范围中规定的紫外线吸收剂时，均应使用本色谱分离条件。

a）色谱柱：不锈钢YWG－C18柱，250mm×4.6mm（或同类型C18柱）；

b）流动相：混合溶液（3.1e），经0.5μm滤膜过滤并脱气；

中国轻工总会 1997-12-04 批准　　1998-08-01 实施

c）流速：1.0mL/min；

d）检测器：紫外检测器，310nm 检测波长；

e）检测灵敏度：0.05 a.u.f.s.；

f）进样量：10μL。

6 分析步骤

6.1 试样预处理

称取防晒化妆品 0.5g 于 50mL 小烧杯中，精确至 0.001g，加入混合溶液（3.1e）25mL，将小烧杯固定在超声波清洗器中超声振荡 15～20min，样品完全分散后将溶液转移至 100mL 容量瓶中，用混合溶液（3.1e）清洗小烧杯三次以上，洗液并入容量瓶中，稀释至刻度。样品溶液为乳浊液时，将部分溶液离心分离，取上层清液用样品过滤器和 0.5μm 的脂溶性样品过滤膜过滤，滤液待用。

6.2 试样的配制

根据试样中紫外线吸收剂含量的大小（紫外线吸收剂在色谱图上有完整的色谱峰），选定 5～50 倍稀释倍数，将待用滤液（6.1）用混合溶液（3.1e）稀释，配成待测试样。

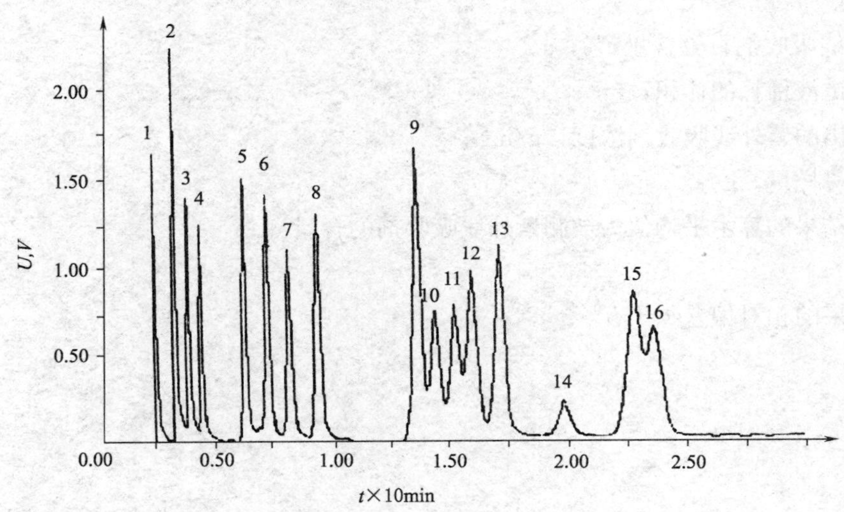

图 1　色谱条件分离各种紫外线吸收剂的出峰顺序

1—MS-40 P-HS DS-49 P-25；2—PABA；3—D-50；4—SS-Na；5—M-40；6—Salol；7—S-22；8—P-5 000；9—P-O；10—E-8020；11—P-1789；12—N-539；13—P-MCX；14—HMS；15—E-587；16—HMS

6.3 绘制工作曲线

6.3.1 紫外线吸收剂系列标准溶液的配制

绘制每一种紫外线吸收剂的工作曲线时，分别移取附录 B（标准的附录）中该种紫外线吸收剂的标准储备液 0，0.10，0.20，0.50，1.00，2.00mL 于 100mL 容量瓶中，用混合溶液（3.1e）稀释至刻度，备用。

6.3.2

用微量注射器分别取 6.3.1 中标准溶液 10μL 注入高效液相色谱仪中，记录色谱峰的保留时间和峰面积。用峰面积与标准紫外线吸收剂浓度（g/mL）做图，得到工作曲线。

6.4 测定防晒样品待测试样

用微量注射器取待测试样（6.2）10/μL 注入高效液相色谱仪中，记录各色谱峰的保留时间和峰面积。

7 计算

7.1 外标法求被测紫外线吸收剂百分含量

$$X_i = c_i \times \frac{A_i \times V_i}{A_E \times M_i} \times 100 \quad \cdots\cdots (1)$$

式中：

X_i——被测紫外线吸收剂百分含量，%；

c_i——标准紫外线吸收剂试液浓度，g/mL；

A_E——标准紫外线吸收剂峰面积；

A_i——被测紫外线吸收剂峰面积；

V_i——被测样品试液稀释的体积，mL；

M_i——被测样品称样量，g。

7.2 工作曲线法求被测紫外线吸收剂百分含量

$$X_i = \frac{c_i \times V_i}{M_i} \times 100 \quad \cdots\cdots (2)$$

式中：

X_i——被测紫外线吸收剂百分含量，%；

V_i——被测样品试液稀释的体积，mL；

c_i——曲线上查出的紫外线吸收剂浓度，g/mL；

M_i——被测样品称样量，g。

以平行测定两次结果的算术平均值为被测紫外线吸收剂的含量。

7.3 精密度

平行测定两次结果的相对偏差小于5%。

附 录 A

（标准的附录）

本方法测定的紫外线吸收剂的名称、CAS号、限用量及最小检出量

A1 见表A1。

表A1　本方法测定的紫外线吸收剂的名称、CAS号、限用量及最小检出量

中文名称	英文名称	CAS登记号	商品名或通用名（厂商）	本标准用商品名简称	限用浓度 %	最小检出量 ng	最低检出浓度 %
氨基苯甲酸	Aminobenzoic acid	150-13-0	lPABA（国产）	PABA	5	2	0.02
对氨基苯甲酸聚氧乙烯酯	Ethoxylated ethyl-4-aminobenzoate	113010-52-9	PEG-25 PABA，Uvinul P-25 (BAFS)	P-25	10	6	0.06
二甲基氨基苯甲酸辛酯	2-Ethylhexyl-4-dimethyl-aminobenzoate	21245-02-3	Octyl dimethyl PABA，Padimate Q，Escalol 507（ISP Van Dyk），Eusolex 6007（Rona/E，Merck）	P-O	8	2.5	0.025
水杨酸高盖酯	Homosalate	118-56-9	Eusolex HMS（Rona/E. Merck）	HMS	10	30	0.30
水杨酸辛酯	2-Ethylhexyl salicylate	118-60-5	Escalol 587（ISP Van Dyk）	E-587	5	18	0.18
水杨酸钠	Sodium salicylate	532-32-1	本文使用代号为SS-Na（国产）	SS-Na	2（酸）	6	0.06
水杨酸苯酯	Phenyl salicylate	93-99-2	Salol（国产）	Salol	1	6	0.06
甲氧基肉桂酸辛酯	2-Ethylhexyl-4-methoxycinnamate	5466-77-3	Escalol 557（ISP Van Dyk），Eusolex 2292（Rona/E. Merck），Uvinul MC 80（BASF），Parsol MCX（Hoffmann-LaRoche）	P-MCX	7.5	4	0.04
羟苯甲酮-3	Oxybcnzone	131-57-7	Benzophenone-3. Escalol 567（ISP Van Dyk），Eusolex 4360（Rona/E. merck），Uvinul M-40（BASF）	M-40	10	2	0.02
2，2′，4，4′-四羟基二苯甲酮	2′2，4，4′-Tetrahydroxy-benzophenone	131-55-5	Benzophenone-2，Uvinul D-50 (BASF)	D-50	5	1.5	0.015
2-羟基-4-二苯甲酮-5-磺酸	2-Hydroxy-4-methoxybe-nzophenone 5-sulfonic acid	4065-45-6	Benzophenone-4，Uvinul MS-40 (BASF)	MS-40	5	4	0.01
2，2′-二羟基-4，4′-二甲氧基二苯甲酮-5，5′-二磺钠	2，2′-Dihydroxy-4，4′-dimethoxy benzophenone-5，5′-disulfonate		Benzophenone-9，Uvinul DS-49 (BASF)	DS-49	5	5	0.05
异丙基二苯甲酰甲烷	Isopropyl dibenzoylmethane	63250-25-9	Eusolex 8020（Rona/E. Merck）	E-8020	5	12	0.12

续表

中文名称	英文名称	CAS 登记号	商品名或通用名（厂商）	本标准用商品名简称	限用浓度 %	最小检出量 ng	最低检出浓度 %
苄叉樟脑	3-Benzylidene camphor	15087-24-8	Mexoryl SD（Chimex）	S-22	6	2	0.02
3，4′-甲基苄叉樟脑	4-Methyl benzylidene camphor	38102-62-4	Eusolex 6300（Rona/E. Merck），Parsol 5000（Hoffmann-LaRoche）	P-5000	6	1	0.01
特丁基-甲氧基二苯酰甲烷	Butyl methoxydibenzoyl-methane	70356-09-1	Eusolex 9020（Rona/E. Merck），Parsol 1789（Hoffmann-LaRoche）	P-1789	5	12	0.12
辛基三嗪酮	Octyl triazone	88122-99-0	Uvinul T-150（BASF）	T-150	5	1	0.01
2-氰基-3，3′二苯基丙烯酸-2-辛酯	2-Ethylhexyl 2-cyano-3，3′-diphenyl-carylate	6197-30-4	Uvinul N539 SG（BASF），Escalol 597（ISP Van Dyk），Eusolex OCR（Rona/E. Merck）	N-539	10	5	0.05
2-苯基苯咪唑-5-磺酸及盐	2-Phenyl benzimidazole-5-sulfonic acid and salts	27503-81-7	Eusolex 232（Rona/E. Merck），Parsol HS（Hoffmann-LaRoche）	P-HS	8（酸） 4（盐）	1	0.01

附　录　B
（标准的附录）
紫外线吸收剂标准储备液的配制

B1　称取紫外线吸收剂标准样品于100mL容量瓶中，用混合溶液（3.1e）稀释至刻度。0～4℃保存。各紫外线吸收剂标准样品称样量及标液浓度见表B1。

B2　紫外线吸收剂混合标准溶液的配制

表B1　**配制各紫外线吸收剂标准样品溶液的称样量和溶液浓度**

紫外线吸收剂商品名（通用名）	紫外线吸收剂标准品称样量 g	紫外线吸收剂标液浓度 mg/mL
PABA	0.240	2.4
Uvinul P-25	0.800	8
Padimate O	0.280	2.8
Eusolex HMS	2.400	24
Escalol 587	2.200	22
SS-Na	0.800	8
Salol	1.000	10
Parsol MCX	0.340	3.4
Uvinul M-40	0.400	4
Uvinul MS-40	0.800	8
Uvinul D-50	0.400	4
Uvinul DS-49	1.500	15
Eusolex 8020	1.000	10
Mexoryl SD，(Unisol S-22)	0.300	3
Parsol 5000	0.240	2.4
Parsol 1789	1.400	14
Uvinul T150	0.100	1
Uvinul N539	1.200	12
Parsol HS	0.200	2

附　录　C

（标准的附录）

液相色谱的参考分离条件

C1　参考色谱条件一：适用于 Uvinul MS－40、Parsol HS、Uvinul DS－49 三种紫外线吸收剂中两种或两种以上同时存在的情况下，每种紫外线吸收剂的分离和定量测定。见图 C1。

a）色谱柱：同 5a；

b）流动相：乙腈：水＝7：93，经 0.5μm 滤膜过滤并脱气；

c）流速：1.4mL/min；

d）检测器：同 5d；

c）检测灵敏度：同 5e；

f）进样量：同 5f。

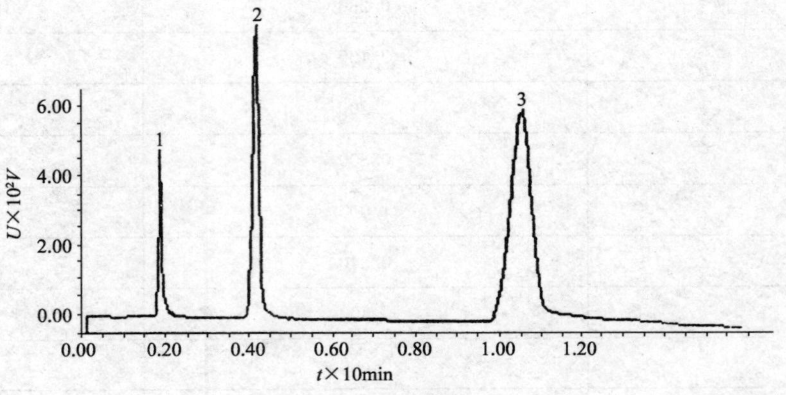

图 C1　参考色谱条件一

分离三种紫外线吸收剂的出峰顺序

C2　参考色谱条件二：适用于 Uvinul P25 和 Uvinul T150 两种紫外线吸收剂的分离和每种紫外线吸收剂的定量测定。见图 C2。

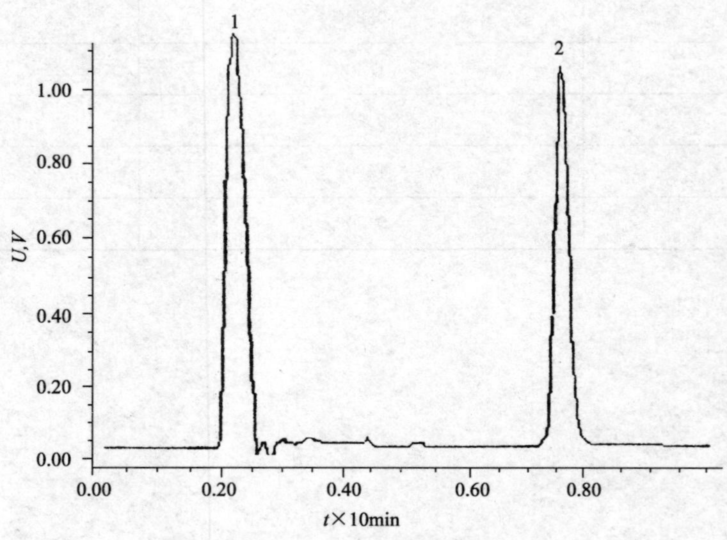

图 C2　参考色谱条件二

分离两种紫外线吸收剂的出峰顺序

a）色谱柱：同 5a；

b）流动相：甲醇：四氢呋喃：水：高氯酸＝30：90：30：0.05，经 0.5μm 滤膜过滤并脱气；

c）流速：同 5c；

d）检测器：同 5d；

e）检测灵敏度：同 5e；

f）进样量：同 5f。

前　　言

阳光中的紫外线是200～400nm的电磁波，其中280～320nm的UVB区和320～400nm UVA区的紫外线，能使皮肤晒红、晒黑、晒伤。化妆品中加入一定量的防晒剂，能预防减少紫外线对人体的损伤。目前化妆品中使用的防晒剂有紫外线吸收剂和紫外线屏蔽剂，前者对UVA区和UVB区的紫外线有较强的吸收性能，能减少或完全吸收紫外线。本测试方法根据紫外线在280～400nm处能被吸收原理而制定的，仅适用于化妆品中的紫外线吸收剂的定性测定。

本标准由中国轻工总会质量标准部提出。

本标准由全国化妆品标准化中心归口。

本标准起草单位：上海市日用化学工业研究所。

本标准主要起草人：费介、林燕。

中华人民共和国轻工行业标准

QB/T 2334—1997

化妆品中紫外线吸收剂定性测定 紫外分光光度计法

1 范围

本标准规定了化妆品中紫外线吸收剂的定性测定方法。

本标准适用于化妆品中紫外线吸收剂的定性测定。

本标准不适用于化妆品中非紫外线吸收剂的定性测定。

本方法的最低检测浓度为 1.5×10^{-6}。

2 方法提要

试样经溶剂直接溶解，用紫外分光光度计进行测定。

3 试剂

95％乙醇（GB/T 679），分析纯。

4 仪器

4.1 天平：分度值 0.1g。

4.2 紫外分光光度计：带扫描，分辨率 0.1nm。

4.3 烧杯：100mL。

5 分析步骤

5.1 试样的制备

称取 0.1g 试样于 100mL 烧杯内，加 95％乙醇 100mL 溶解、搅拌，静止片刻，取清液作为待测试样。根据试样中防晒剂含量的大小，选择稀释倍数。

5.2 测定步骤

测定前，先将仪器稳定 30min。调节紫外分光光度计波长于 280～400nm，以 95％乙醇作为空白。取待测试样清液倒入比色皿内，用擦镜纸把比色皿表面擦干，进行扫描。

6 结果表示

仪器在此波长范围内有吸收峰则该样品含紫外吸收剂，无吸收峰则该样品不含紫外吸收剂。

中国轻工总会 1997-12-04 批准

1998-08-01 实施

前　言

本标准是按 GB/T 1.1—1993《标准化工作导则　第 1 单元：标准的起草与表述规则　第 1 部分：标准编写的基本规定》进行编写。

本标准是根据 D-泛醇水解后，与荧胺反应，生成强荧光性的衍生物，该衍生物能用分光光度计测定的原理而制定的。

本标准由国家轻工业局行业管理司提出。

本标准由全国化妆品标准化中心归口。

本标准起草单位：上海市日用化学研究所。

本标准主要起草人：林燕、韩梅芳、甘平平。

中华人民共和国轻工行业标准

QB/T 2407—1998

化妆品中D-泛醇含量的测定

1 范围

本标准规定了化妆品中D-泛醇含量测定的紫外分光光度法。

本标准适用于化妆品中D-泛醇的测定，当本方法有干扰时，建议采用高效液相色谱法测定。

本标准定量检出D-泛醇的最低限为0.03%。

2 引用标准

下列标准所包含的条文，通过在本标准中引用而构成为本标准的条文。本标准出版时，所示版本均为有效。所有标准都会被修订，使用本标准的各方应探讨使用下列标准最新版本的可能性。

GB/T 8170—1987 数值修约规则

3 原理

D-泛醇在一定温度下与酸会发生水解，水解产物在pH（8～9）的介质中与荧胺反应，生成强荧光性的衍生物，该配合物可用吸收波长380nm～390nm的可见分光光度计测定。

4 试剂

分析中应使用分析纯（AR）试剂，试验用水应用蒸馏水或相当纯度的水。

4.1 荧胺-乙腈液（Fluorescamine-Acetontrile）0.4mg/mL

准确称取荧胺0.0400g于烧杯中加少量乙腈，移入100mL容量瓶，用乙腈稀释至刻度，摇匀，待用。

4.2 硼酸盐缓冲溶液（Borate buffer）0.6mol/L

称取硼酸约35g，用蒸馏水稀释至1L，在pH计上用2mol/L氢氧化钠溶液调节pH至8.0±0.1。

4.3 盐酸（GB/T 622）0.5mol/L乙醇溶液

移取浓盐酸42mL于1L的95%乙醇中，即得0.5mol/L盐酸-乙醇溶液。

4.4 D-泛醇标准溶液 0.2mg/mL

精确称取D-泛醇（经干燥）2.000g，用95%乙醇定容至100mL。摇匀后再吸取10mL于100mL试管中，加入0.5mol/L盐酸-乙醇溶液80mL，置于（85±2）℃的水浴中加热30min。取出冷却，移入100mL容量瓶中，用95%乙醇稀释至刻度。移取25mL上述溶液于250mL容量瓶中，用95%乙醇稀释至250mL。

5 仪器

5.1 分光光度计：波长范围200nm～500nm。

5.2 恒温水浴槽。

5.3 pH计：分度值0.02。

5.4 容量瓶：100，250，1000mL。

国家轻工业局1998-11-25批准　　1999-06-01实施

5.5 烧杯：100，250mL。

5.6 移液管：1，2，25mL。

5.7 刻度试管：10，100mL。

5.8 分析天平：分度值0.000 1g。

6 测定步骤

6.1 标准曲线的绘制

准确移取D-泛醇标准溶液0，1，2，3，4mL于10mL刻度试管中（相当0.0，0.2，0.4，0.6，0.8mg)，分别用移液管移入4mL荧胺液后，用硼酸盐缓冲液稀释至10mL刻度。摇匀，用1cm比色皿在387nm处测得吸光度，并绘制吸光度对浓度的标准曲线。

6.2 样品制备

准确称取样品10g（准确至±0.000 2g，样品中含D-泛醇1%左右)，于100mL刻度试管中，置于80℃左右水浴中加热约30min。取出冷却后，加入0.5mol/L盐酸-乙醇80mL，再放入（85±2)℃水浴中加热30min后。取出冷却，移入100mL容量瓶中，用95%乙醇定容，摇匀，若出现混浊，离心后，取出清液待用。

6.3 测定

移取试液0.1mL～0.3mL于10mL刻度试管中，以下按6.1步骤进行。通过标准曲线计算D-泛醇含量。

6.4 结果的表示

样品中D-泛醇含量按式（1）进行计算：

$$\text{D-泛醇含量}(\%)=\frac{C\times 100/V}{m\times 1\,000}\times 100 \qquad (1)$$

式中：

C——标准曲线上查得相当于D-泛醇的量，mg；

m——样品质量，g；

V——移取试液量，mL。

所得结果按GB/T 8170修约用两位小数表示。

7 精密度

两次平行测定结果之差不大于平均值的10%。

前　　言

本标准是按 GB/T 1.1—1993《标准化工作导则　第 1 单元：标准的起草与表述规则　第 1 部分：标准编写的基本规定》进行编写。

本标准是根据维生素 E 在硅胶 GF 254 层析板上，于混合溶剂中的展开速度与其他物质不同，所形成的斑点在紫外灯下有吸收原理而制定的。

本标准由国家轻工业局行业管理司提出。

本标准由全国化妆品标准化中心归口。

本标准起草单位：上海市日用化学研究所。

本标准主要起草人：林燕、韩梅芳、甘平平。

中华人民共和国轻工行业标准

QB/T 2408—1998

化妆品中维生素E的测定

1 范围

本标准规定了采用薄层层析法半定量测定化妆品中维生素E含量。

本标准适用于化妆品中维生素E（包括α-生育酚，α-维生素E乙酸酯）含量的测定。

本标准不适用于既含有防晒剂又含有维生素E（包括α-生育酚，α-维生素E乙酸酯）的化妆品。

2 方法提要

样品破乳后，用石油醚萃取获得试样。将试样与标样同时在硅胶GF 254层析板上点样，在三氯甲烷与环己烷混合溶剂中展开后，紫外灯下进行目测。

3 仪器

3.1 紫外灯。

3.2 层析缸：25cm×16cm×30cm。

3.3 薄层层析预制板：硅胶GF 254层析板20cm×20cm。

3.4 点样器：定量毛细管10μL。

3.5 具塞刻度试管：10mL。

3.6 分析天平：分度值0.001g。

4 试剂

分析中应使用分析纯（AR）试剂。

4.1 展开剂：三氯甲烷：环己烷（3∶2），配好摇匀后，静止24h后使用。

4.2 石油醚（30℃～60℃）。

4.3 维生素E参考溶液（纯维生素E含量不小于95%）：

精确称取标准维生素E 0.05g，溶于石油醚中，稀释于100mL容量瓶中，此浓度为0.5μg/μL。

4.4 95%乙醇。

5 测定步骤

5.1 试样的制备

精确称取样品约（1±0.02）g于10mL刻度试管中，加入95%乙醇5mL，置于（60±2）℃水浴中加热振荡。使之破乳后，加入石油醚5mL，充分振荡，使维生素E完全萃取于石油醚中，直接取石油醚层点样。

5.2 层析操作

按一般薄层层析的操作，在硅胶GF层析板上，用点样器点上预先制备好的维生素E标样10μL（若α-维生素E乙酸酯作标样，则点20μL），在标样的间隔中再直接点上经过预处理的样品之石油醚溶液100μL～

国家轻工业局1998-11-25批准　　　　1999-06-01实施

120μL（若α-维生素E乙酸酯作标样，则滴200μL）于同一层析板上，点好，自然晾干后，置于三氯甲烷：环己烷为3：2的展开剂中。展开至一定高度，取出置于通风橱中晾干后，放在紫外灯下照射，比较维生素E标样相同位置的色斑情况。

6　结果的表示

在规定条件下，若试样色斑与标样色斑相同，说明化妆品中维生素E的含量相当于0.025%；若试样色斑较标样色斑浅，则说明样品中维生素E含量低于0.025%；若试样色斑较标样色斑深，说明样品中维生素E含量大于0.025%。

前　　言

本标准是按 GB/T1.1—1993《标准化工作导则　第1单元：标准的起草与表述规则　第1部分：标准编写的基本规定》进行编写。

本标准是根据氨基酸在一定 pH 条件下，与茚三酮反应生成蓝紫色化合物进行比色定量原理而制定的。

本标准由国家轻工业局行业管理司提出。

本标准由全国化妆品标准化中心归口。

本标准起草单位：上海市日用化学工业研究所。

本标准主要起草人：甘平平、孔佳华、潘海燕、汤智凌。

中华人民共和国轻工行业标准

QB/T 2409—1998

化妆品中氨基酸含量的测定

1 范围

本标准规定了化妆品中氨基酸含量的茚三酮比色测定法。

本标准适用于化妆品中蛋白质及其水解液、氨基酸含量的测定。

本方法最小检测浓度为0.01%。

2 引用标准

下列标准所包含的条文，通过在本标准中引用而构成为本标准的条文。本标准出版时，所示版本均为有效。所有标准都会被修订，使用本标准的各方应探讨使用下列标准最新版本的可能性。

GB/T 8170—1987 数值修约规则

3 原理

蛋白质物质经水解成氨基酸，而氨基酸在一定的pH条件下，与茚三酮反应生成蓝紫色化合物，对其进行比色定量测定，从而计算出相应的氨基酸含量。

4 试剂

分析中应使用分析纯（AR）试剂，试验用水应为蒸馏水或纯度相当的水。

4.1 2%茚三酮溶液

称取茚三酮（HG3—984）1.0g，溶于一定量热水中，待冷却后定容至50mL。该溶液每隔（2～3）天需重新配制。

4.2 磷酸盐缓冲溶液（pH=8.04）

4.2.1 1/15mol/L磷酸二氢钾溶液

称取磷酸二氢钾（GB/T 1274）9.070g，溶于水中后定容至1L。

4.2.2 1/15mol/L磷酸氢二钠溶液

称取磷酸氢二钠（GB/T 1263）23.876g，溶于水中后定容至IL。

4.2.3 取4.2.1溶液5.0mL于100mL容量瓶中，用4.2.2溶液稀释至刻度，摇匀。

4.3 盐酸（GB/T 622）6mol/L溶液

4.4 氨基酸标准溶液（200μg/mL）

准确称取白氨酸（L－Leucine含量不小于98%）0.2000g，用水溶解并定容至100mL，摇匀后再吸取10mL于100mL容量瓶中加水稀释至刻度。

4.5 蜡块

蜂蜡与石蜡之比为1∶9。

国家轻工业局 1998-11-25 批准　　　　1999-06-01 实施

5 仪器

5.1 分光光度计：波长范围 400nm～700nm。

5.2 酸度计：分度值 0.02。

5.3 电磁搅拌器。

5.4 容量瓶：100，1000mL。

5.5 移液管：1，2，5，10mL。

5.6 水浴锅。

5.7 试管：30mm×200mm。

5.8 分析天平：分度值 0.0001g。

5.9 刻度试管：25，100mL。

5.10 烧杯：100mL。

6 测定步骤

6.1 标准曲线的绘制

准确移取氨基酸标准溶液 0.0，0.2，0.4，0.6，0.8，1.0mL（相当于氨基酸 0，40，80，120，160，200μg）分别置于 25mL 刻度试管中，加水补充至 4mL，然后各加入 2%茚三酮溶液和磷酸盐缓冲溶液各 1mL，摇匀。置沸水浴中加热 15min，取出冷却至室温，加水至刻度，摇匀。静置 15min，用分光光度计在 570nm 波长下以水作参比，用 1cm 比色皿测定试液的吸光度，绘制吸光度对氨基酸含量（μg）的标准曲线。

6.2 样品前处理

准确称取样品约 5g（准确至 0.001g）于试管，加入 6mol/L 盐酸溶液约 10mL～20mL。于沸水浴中水解约 6h（对乳化体可先将试样置于沸水浴中破乳 1h～2h）。加入约 1g～2g 蜡块约 30min 后，取出试管冷却。去除蜡块，将溶液移至 100mL 烧杯中，在酸度计上用碱液调节 pH 至 7.5～8.0，再将溶液移入 100mL 容量瓶中并加水稀释至刻度，摇匀待用。

6.3 测定

移取试液（6.2）1mL～4mL 置于 25mL 刻度试管中，以下按 6.1 测定步骤进行。测得吸光度，通过标准曲线计算氨基酸的含量，同时做一空白样。

7 结果表示

样品中氨基酸含量（以白氨酸计）按式（1）进行计算：

$$\text{氨基酸含量}(\%) = \frac{(C_1 - C_0) \times 100/V}{m \times 10^6} \times 100 \qquad (1)$$

式中：

C_1——从标准曲线上查得样品的氨基酸的量，μg；

C_0——从标准曲线上查得空白样的数值，μg；

V——移取样品溶液的量，mL；

m——样品量，g。

所得结果按 GB/T 8170 修约用两位小数表示。

8 精密度

两次平行测定结果之差应不大于其平均值的 10%。

前　言

本标准是参照 GB/T 601—1988《化学试剂　滴定分析（容量分析）用标准溶液的制备》制定而成。本标准规定了标三复二的标定方法，适用于化妆品行业的质量分析。

本标准由国家轻工业局行业管理司提出。

本标准由全国化妆品标准化中心归口。

本标准起草单位：上海市日用化学工业研究所。

本标准主要起草人：奚婉玲、胡茵。

中华人民共和国轻工行业标准

QB/T 2470—2000

化妆品通用试验方法
滴定分析（容量分析）用标准溶液的制备

1 范围

本标准规定了滴定分析（容量分析）用标准滴定溶液的配制和标定方法。

本标准适用于制备准确浓度之溶液，应用于化妆品质量分析。

2 引用标准

下列标准所包含的条文，通过在本标准中引用而构成为本标准的条文。本标准出版时，所示版本均为有效。所有标准都会被修订，使用本标准的各方应探讨，使用下列标准最新版本的可能性。

GB/T 601—1988 化学试剂 滴定分析（容量分析）用标准溶液的制备

GB/T 5173—1995 表面活性剂和洗涤剂 阴离子活性物的测定 直接两相滴定法

GB/T 6682—1992 分析实验室用水规格和试验方法

3 一般规定

3.1 本标准中所用的水，应符合 GB/T 6682 中三级水的规格。

3.2 本标准中所用试剂的纯度应在分析纯以上。

3.3 本标准中标定时所用的基准试剂为容量分析工作基准试剂。

3.4 工作中所用分析天平的砝码、滴定管、容量瓶及移液管均需定期校正。

3.5 本标准“标定”规定为两人作标三复二，结果的极差与平均值之比不得大于 0.3%。结果取平均值。浓度值取四位有效数字。

3.6 滴定分析（容量分析）用标准滴定溶液在常温下，保存时间一般不得超过三个月。

4 标准滴定溶液的配制与标定

4.1 配制

4.1.1 0.1mol/L 硝酸银的配制

称取硝酸银 17.5g，溶于 1000mL 水中，摇匀。溶液保存于棕色瓶中。

4.1.2 5%铬酸钾的配制

称取铬酸钾 5g，用蒸馏水溶解并稀释至 100mL。

4.2 标定

称取于 500℃～600℃灼烧至恒重的基准氯化钠 0.2g，称准至 0.0001g，于 250mL 锥形瓶中，以 50mL 蒸馏水溶解，加 5%铬酸钾 1mL 作指示剂，用配制好的硝酸银溶液滴定至生成砖红色铬酸银沉淀为止。

硝酸银标准滴定溶液的浓度按式（1）进行计算：

国家轻工业局 2000-03-30 批准　　2000-08-01 实施

$$c(AgNO_3)=\frac{m}{V\times 0.05844} \quad\cdots\cdots(1)$$

式中：

c（$AgNO_3$）——硝酸银标准滴定溶液物质的量浓度，mol/L；

m——氯化钠的质量，g；

V——硝酸银溶液的用量，mL；

0.05844——与1.00mL硝酸银标准滴定溶液 c（$AgNO_3$）＝1.000mol/L 相当的以克表示的氯化钠质量。

4.3 0.1mol/L 氢氧化钠标准滴定溶液

配制与标定均按 GB/T 601—1988 中 4.1 的规定。

4.4 0.1mol/L 盐酸标准滴定溶液

配制与滴定均按 GB/T 601—1988 中 4.2 的规定。

4.5 0.1mol/L 硫酸标准滴定溶液

配制与标定均按 GB/T 601—1988 中 4.3 的规定。

4.6 0.1mol/L 硫代硫酸钠标准滴定溶液

配制与标定均按 GB/T 601—1988 中 4.6 的规定。

4.7 0.1mol/L 碘标准滴定溶液

配制与标定均按 GB/T 601—1988 中 4.9 的规定。

4.8 0.1mol/L 高锰酸钾标准滴定溶液

配制与标定均按 GB/T 601—1988 中 4.12 的规定。

4.9 0.004mol/L 海明（氯化苄苏翁）标准滴定溶液

配制与标定均按 GB/T 5173 中的规定。

中华人民共和国轻工行业标准

QB/T 2789—2006

化妆品通用试验方法 色泽三刺激值和色差 ΔE^* 的测定

General methods on determination of cosmetics—Determination of colour tristimulus values and colour difference ΔE^*

1 主题内容与适用范围

本标准规定了化妆品色泽三刺激值和 ΔE^* 的测定方法。

本标准适用于不添加珠光剂的化妆品的反射色和透明类化妆品透射色的颜色测定以及试样和参照样间的色差测定。

2 原理

该方法是对被测样品直接进行透射色或反射色测定，得到三刺激值，并将被测样品的明度（L^*）、色度（a^*、b^*）与标样（标准参数）进行比较，得出色差（ΔE^*）值。

3 仪器和用具

a. TC－PⅡG 全自动测色色差计；

b. HY－3 型恒压粉体压样器；

c. 标准白板；

d. 工作白板；

e. 黑筒；

f. 热敏打印纸；

g. 保护盒；

h. 液容器（8mm）；

i. 样品盒；

j. 固定架；

k. 工作台。

4 试样的制备

4.1 反射色

4.1.1 膏霜

将样品刮入样品盒内，振荡结实，用边缘光滑的刮板（刀）刮平表面，使膏体表面不留有气泡和明显刮痕，然后擦净样品盒周围粘附的膏体，放入保护盒待测。

4.1.2 蜜、指甲油、护发素

将样品慢慢倒入样品盒内至样品盒表面平齐为至，赶走表面气泡，使液体表面平整，放入保护盒待测。

2006-06-12 发布　　2007-03-01 实施

中华人民共和国国家发展和改革委员会　发布

4.1.3 油膏蜡制品

将样品放在水浴中加热熔化，然后倒入样品盒内，使表面凝结平滑，放入保护盒待测。

4.1.4 散状粉

用HY-3型恒压粉体压样器制样（如下图）。在压盖中放入玻璃板（毛面朝上），然后使之与样品盒拧紧，将粉样倒入其中，振荡，使样品充实于样品盒内，然后将压块放在粉体上面，再将压样器螺母安到样品盒上旋紧，然后顺时针转动手柄至发出"咯咯"声即可。逆时针松开，压样器螺母取下压块拧上底盖，再将压样器反置，拧下压盖，取出玻璃板，样品即压制完成待测。

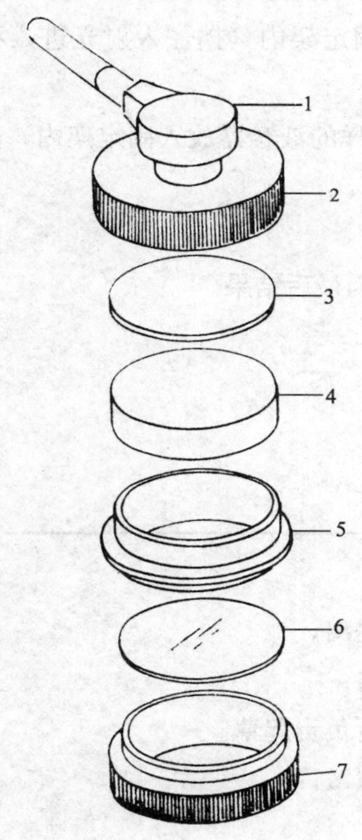

HY-3型恒压粉体压样器

1—手柄；2—压样器螺母；3—底盖；4—压块；

5—样品盒；6—玻璃板；7—压盖

4.1.5 块状粉

先将块状粉捣碎成散状粉，然后同4.1.4制样待测。

4.2 透射色

4.2.1 水类、透明香波

小心将样品慢慢倒入液容器中，避免留有气泡和外溢，装至达液容器3/4处待测。

5 测定步骤

5.1 接通电源按POWER开关，将探头置于工作白板上，预热1h。

5.2 在数码器上设定仪器所附的标准白板值（X，Y，Z）（测透射色除外）和测定平均次数值：2。

5.3 选定表色系 L^*、a^*、b^*。

5.4 反射色测定

5.4.1 对仪器依次进行调零，调标准白板。

5.4.2 将选定的标样置于探头下，几秒后，按 MEASU 开关，打印出标样的颜色参量值，将其中二次制样测得的 L^* 、a^* 、b^* 的平均值拨入相应位置的数码器中，（也可将存档的 L^* 、a^* 、b^* 值直接拨入）按下 Lab SET 开关，记录纸上即打印出输入的 L^* 、a^* 、b^* 值。

5.4.3 取下标样，换上待测样品，按 MEASU 开关，即打印出第一个待测样品的颜色参量值与标准样品的色差 ΔE^* 值。第二，第三……样品重复以上步骤即可。当待测样品数量多时，须在 0.5h 后重新调零，调标准白板。如须重新设定标准样品值，按 RESET 复原。再重复以上步骤即可。

5.5 透射色测定

5.5.1 首先将数码器上的 X、Y、Z 值分别拨为 $X=94.83$，$Y=100.00$，$Z=107.38$，将工作台和探测头一起卧放，用一适当大小的黑硬纸板放在固定架内（挡住入射光进入积分球），把标准白板放在探头端面，进行调零，然后拿下黑硬纸板，进行调白。

5.5.2 将白板放在探头端面，把装有标样的液容器放入固定架内，然后同 5.4.2、5.4.3 操作。

6 分析结果的表述

以两次制样测量的平均值读数 ΔE^* 为最后结果。

7 精密度

两次测量的平行误差应小于 0.50。

附加说明：

本标准由中华人民共和国轻工业部提出。

本标准由全国化妆品标准化中心归口。

本标准由上海市日用化学工业研究所负责起草。

本标准主要起草人沈敏、黄捷、姜慧敏。

ICS 71.100.70
分类号：Y42
备案号：30242—2011

中华人民共和国轻工行业标准

QB/T 4078—2010

发用产品中吡硫翁锌（ZPT）的测定 自动滴定仪法

Determination of ZPT as antidandruff agent in hair cosmetics by autotitration

2010-11-22 发布　　2011-03-01 实施

中华人民共和国工业和信息化部　发　布

前　　言

本标准的附录A和附录B为资料性附录。

本标准由中国轻工业联合会提出。

本标准由全国香料香精化妆品标准化技术委员会（SAC/TC 257）归口。

本标准负责起草单位：广州宝洁有限公司、上海市日用化学工业研究所、湖北丝宝日化有限公司和上海香料研究所。

本标准主要起草人：蒋燕、陈洪蕊、沈敏、康薇、皮峻岭、武晓剑。

本标准首次发布。

发用产品中吡硫翁锌（ZPT）的测定 自动滴定仪法

1 范围

本标准规定了测定发用产品中吡硫翁锌（ZPT）含量的自动滴定仪方法。

本标准适用于洗发香波、护发素两类发用产品中吡硫翁锌（ZPT）的测定。

本方法吡硫翁锌（ZPT）的检出浓度为0.001%，定量浓度为0.003%。

2 规范性引用文件

下列文件对于本文件的应用是必不可少的。凡是注日期的引用文件，仅注日期的版本适用于本文件。凡是不注日期的引用文件，其最新版本（包括所有的修改单）适用于本文件。

GB/T 601 化学试剂 标准滴定溶液的制备

3 原理

将样品稀释在酸化的6%正丁醇水溶液和己烷-异丙醇混合溶剂中，根据氧化还原反应的原理用碘标准溶液对吡硫翁锌滴定。

本方法采用滴定仪滴定法，应用氧化还原电极（如复合铂金电极）确定滴定终点。

4 试剂和材料

分析中使用的试剂均为分析纯，试验用水应为蒸馏水或纯度相当的水。

4.1 无水硫代硫酸钠：纯度大于99%。

使用前在105℃烘箱中干燥2h，然后置于干燥器中冷却并保存在干燥器中。

4.2 0.02mol/L碘标准溶液：按如下方法配制并标定。

配制方法一：称取0.52g碘及1.4g碘化钾，溶于10mL水中，稀释至100mL，摇匀后保存于棕色具塞瓶中；或准确量取按GB/T 601配制的0.1mol/L碘标准溶液10mL，移入50mL容量瓶中，加水至刻度，摇匀后保存于棕色具塞瓶中。

配制方法二：购买市售的碘标准溶液，根据需要稀释后保存于棕色具塞瓶中。

标定方法一（滴定仪标定）：在一滴定仪烧杯中，准确称取预先烘干的硫代硫酸钠（4.1）0.050g，精确至1mg，加约50mL去离子水。调整好自动滴定仪并清除滴定管及管路内所有的气泡，立即以待标定的碘溶液滴定该硫代硫酸钠溶液。此项操作重复至少3次，取其结果的平均值，三次滴定结果的相对标准偏差应小于1%。每周需对碘溶液进行重新标定或需要时新鲜配制并标定（可参考以Mettler DL70自动滴定仪为例的参数设置，见附录A）。

标定方法二（滴定管标定）：按GB/T 601的方法标定。

4.3 盐酸（含量36%～38%）。

4.4 体积分数为6% 正丁醇：将6份体积的正丁醇与94份体积的去离子水混合，搅拌至少0.5h。

4.5 体积分数为13%的盐酸正丁醇溶液：在1000mL容量瓶中加入大约600mL 6%正丁醇（4.4），将容量瓶放在冰浴中，缓慢向容量瓶中加入130mL盐酸（4.3），待冷却至室温，用6%正丁醇（4.4）稀释至刻度，并充分混合。

4.6 己烷。

4.7 异丙醇。

4.8 己烷-异丙醇（1∶1）混合液：将等体积的己烷（4.6）和异丙醇（4.7）混合而成。

5 仪器

5.1 分析天平：精度 0.1mg。

5.2 电极：氧化还原电极（如复合铂金环氧化还原电极 Mettler DM140—SC）。

5.3 自动滴定仪：带有 10mL 滴定管系统，也可连接自动样品转换器进行全自动滴定分析。

5.4 滴定烧杯：100mL 聚丙烯材质或同类产品（烧杯的容量各异，取决于使用的自动滴定仪的类型）。

5.5 量筒：100mL，500mL。

5.6 容量瓶：1000mL。

5.7 磁性搅拌器和搅拌子。

6 测定步骤

6.1 样品制备

将样品充分摇匀后，在一清洁干燥的滴定杯（5.4）中加入按公式（1）估算的试样量，精确到 0.0001g，实际称重与估算值相差应不超过 0.05g，记录试样质量。平行测定时试样的称重质量应尽可能一致。如果使用其他体积的滴定管，可适当调整滴定剂的浓度，使滴定剂消耗量控制在滴定管总体积的 10%～90%。在滴定杯中加入 40 mL13%的盐酸正丁醇溶液（4.5），并快速搅拌约 10s，然后加入 40mL 的己烷—异丙醇混合液（4.8），搅拌至少 30s 使之分散，准备滴定。

$$m_G=\frac{2}{ZPT_G\%} \qquad (1)$$

式中：

m_G——估算的试样称量质量，单位为克（g）；

$ZPT_G\%$——估计样品中 ZPT 的质量分数，%。

6.2 仪器准备

参照操作手册调整自动滴定仪，将试剂溶液与相应的加样系统正确连接，并清除滴定管及连接管内的气泡。设定适当的参数和指令，并生成相应的方法名称或方法号码，存储在滴定仪的系统里。可参考附录 B 中的仪器和程序的参数设定。

6.2.1 主要参数

在滴定仪中设置电位法测定 ZPT 百分含量的具体参数，建立方法后并存储。方法设定中采用等当点滴定模式和动态滴定剂添加模式进行滴定。方法中的主要常数包括：

158.11——标定碘溶液（4.2）时所用的常数，为硫代硫酸钠的摩尔质量，单位为克每摩尔（g/mol）。

317.7——滴定吡硫翁锌时所用的常数，为吡硫翁锌的摩尔质量，单位为克每摩尔（g/mol）。

6.2.2 其他主要参数（以 Mettler DL70 自动滴定仪为例）

Titration Mode（滴定模式）	EQP（等当点滴定）
Titrant Addition（滴定剂添加）	DYN（动态模式）
Measure Mode（测量模式）	EQU（平衡控制模式）
ΔE [mV]［电压（毫伏）］	0.5
Δt [s]	1.0

t（min）[s] [时间（最小）秒]　　3.0

t（max）[s] [时间（最大）秒]　　30.0

Threshold（阈值）　　50.0

Maximum vol. [mL] [最大体积（毫升）]　　5.0

Evaluation procedure（测定步骤）　　Standard

Steepest jump only（最陡处跳转）　　Yes

Burette size（滴定管容量）　　10

6.3 仪器操作

6.3.1 半自动程序（适用于未装配自动样品转换器的滴定仪）

调整好自动滴定仪并清除滴定管内所有的气泡，将盛有样品及40mL13%的盐酸正丁醇（4.5）溶液的滴定杯放置在自动滴定仪上，剧烈搅拌10s使样品大致被溶解。随即人工或滴定仪的加样系统自动加入40mL己烷-异丙醇混合液（4.8），剧烈搅拌至少30s，使样品在滴定前充分混合，以标定过的0.02mol/L碘溶液（4.2）进行滴定（可参考以Mettler DL70自动滴定仪为例的参数设置，见附录B.1）。

6.3.2 全自动程序（适用于装配自动样品转换器的滴定仪）

调整好自动滴定仪并清除滴定管内所有的气泡，将盛有样品的滴定杯放置于自动滴定仪上。启动程序后，自动滴定仪将会自动加入40mL 13%的盐酸丁醇溶液（4.5）及40mL己烷-异丙醇混合液（4.8），并继续以标定过的0.02mol/L碘溶液（4.2）进行滴定。每一次滴定结束后结果将会自动打印，并由样品转换器自动将下一滴定杯移至适当位置进行滴定，直至全部样品滴定完成（可参考以Mettler DL70自动滴定仪为例的参数设置，见附录B.2）。

6.3.3 电极的维护

每次使用含有己烷-异丙醇混合溶液后应当清洗电极。参见电极使用手册。

6.3.4 结果计算

6.3.4.1 碘溶液的标定

碘溶液浓度以碘的物质的量浓度 c 计，以摩尔每升（mol/L）表示，按公式（2）计算：

$$c=\frac{m_1\times 1000}{V_1\times M_1\times 2} \quad \cdots\cdots (2)$$

式中：

m_1——无水硫代硫酸钠的质量，单位为克（g）；

V_1——消耗碘溶液（4.2）的体积，单位为毫升（mL）；

M_1——无水硫代硫酸钠的摩尔质量，单位为克每摩尔（g/mol）（$M_1=158.11$）。

6.3.4.2 吡硫翁锌百分含量

吡硫翁锌（ZPT）的含量以质量分数 $ZPT\%$ 计，以%表示，按公式（3）计算：

$$ZPT\%=\frac{V\times c\times M\times 100}{W\times 1000} \quad \cdots\cdots (3)$$

式中：

c——碘溶液（4.2）的物质的量浓度，单位为摩尔每升（mol/L）；

W——试样质量，单位为克（g）；

V——消耗碘溶液（4.2）的体积，单位为毫升（mL）；

M——吡硫翁锌（ZPT）的摩尔质量，单位为克每摩尔（g/mol）（$M=317.7$）。

在重复条件下获得的两次独立测定结果的绝对差值不得超过算术平均值的5%。

6.4 结果报告

按照产品规格限度中列出的有效数字报告测定结果。

7 质量保证和控制

在测试实际样品前，应当测试已知吡硫翁锌含量的控制样品，以确保整个实验系统的正常运行。

8 精密度和回收率

在0.4%～1.2%的ZPT添加浓度范围内，回收率在98.1%～100.8%之间，6次平行测定样结果的相对标准偏差为0.20%～0.27%。

附 录 A
（资料性附录）
滴定仪用于标定碘溶液的典型参数
（以 Mettler DL 70 自动滴定仪为例）

A.1 半自动程序（适用于未装配自动样品转换器的滴定仪）

Method ID	S020
Title	Standardization－I
Sample	
Number samples	1
Titration Stand	Stand 1
Entry Type	Weight m
Lower limit [g]	0.0
Upper limit [g]	2.0
ID1	S_2O_3
Molar Mass M	158.11
Equivalent number z	1
Temperature sensor	Manual
Stir	
Speed [%]	70
Time [s]	30
Titration	
Titrant	I2
Concentration [mol/L]	0.02
Sensor	DM140－SC
Unit of meas	mV
Titration mode	EQP
Titrant addition	DYN
E (set) [mV]	8.0
Limits V	Absolute
V (min) [mL]	0.02
V (max) [mL]	0.2
Measure mode	EQU
E [mV]	0.5
t [s]	1.0
t (min) [s]	3.0
t (max) [s]	30.0
Threshold	50.0
Maximum volume [mL]	10.0

Evaluation procedure	Standard
Steepest jump only	Yes
Calculation	
Result name	R1
Formula	R1=VEQ
Constant	
Result unit	mL
Decimal places	3
Calculation	
Result name	Conc. of I_2
Formula	R2=W＊1000/ (M＊VEQ ＊2)
Result unit	mol/L
Decimal places	4
Record	
Output unit	Printer
E—V Curve	Yes
ΔE/ΔV—V curve	Yes
Statistics	
Ri (i=index)	R2
Standard deviation s	Yes
Rel. standard deviation srel	Yes
Titer	
Titrant	I_2
Concentration [mol/L]	0.02
Formula	t=x

A.2 全自动程序（适用于装配自动样品转换器的滴定仪）

Method ID	S020
Title	Standardization—Ⅰ
Sample	
Number samples	1
Titration Stand	ST20 1
Entry Type	Weight m
Lower limit [g]	0.0
Upper limit [g]	2.0
ID1	S_2O_3
Molar Mass M	158.11
Equivalent number z	1
Temperature sensor	Manual
Pump	
Auxiliary reagent	H_2O
Volume [mL]	55.0

Stir	
Speed [%]	65
Time [s]	20
Titration	
Titrant	I_2
Concentration [mol/L]	0.02
Sensor	DM140-SC
Unit of meas	mV
Titration mode	EQP
Predispensing 1	mL
Volume [mL]	5
Titrant addition	DYN
ΔE (set) [mV]	8.0
Limits ΔV	Absolute
ΔV (min) [mL]	0.02
ΔV (max) [mL]	0.2
Measure mode	EQU
ΔE [mV]	0.5
Δt [s]	1.0
t (min) [s]	3.0
t (max) [s]	30.0
Threshold	50.0
Maximum volume [mL]	10.0
Evaluation procedure	Standard
Steepest jump only	Yes
Rinse	
Auxiliary reagent	H_2O
Volume [mL]	15.0
Conditioning	
Interval	1
Time [s]	40
Calculation	
Result name	R1
Formula	R1=VEQ
Constant	
Result unit	mL
Decimal places	3
Calculation	
Result name	Conc. of I_2
Formula	R2=m * 1000/ (M * VEQ * 2)
Result unit	mol/L

Decimal places	4
Record	
Output unit	Printer
E －V Curve	Yes
ΔE/ΔV－V curve	Yes
Statistics	
Ri (i=index)	R2
Standard deviation s	Yes
Rel. standard deviation srel	Yes
Titer	
Titrant	I_2
Concentration [mol/L]	0.02
Formula	t=x (average)
Conditioning	
Interval	1
Time [s]	10

附 录 B
（资料性附录）
滴定仪用于测定产品中的吡硫翁锌含量时的典型参数
（以 Mettler DL 70 自动滴定仪为例）

B.1 半自动程序（适用于未装配自动样品转换器的滴定仪）

Method ID	m002
Title	ZPT Analysis
Sample	
Number samples	1
Titration Stand	Stand 1
Entry Type	Weight m
Lower limit [g]	1.0
Upper limit [g]	5.0
ID1	Sample
Molar Mass M	317.7
Equivalent number z	2
Temperature sensor	Manual
Stir	
Speed [%]	70
Time [s]	10
Instruction	Add 40mL of Hexane/IPA
Stir	
Speed [%]	70
Time [s]	30
Titration	
Titrant	I2
Concentration [mol/L]	0.02
Sensor	DM140-SC
Unit of meas	mV
Titration mode	EQP
Titrant addition	DYN
E (set) [mV]	8.0
Limits V	Absolute
V (min) [mL]	0.02
V (max) [mL]	0.2
Measure mode	EQU
E [mV]	0.5
t [s]	1.0

t (min) [s]	3.0
t (max) [s]	30.0
Threshold	50.0
Maximum volume [mL]	4.0
Evaluation procedure	Standard
Steepest jump only	Yes
Calculation	
Result name	End point
Formula	R1=VEQ
Constant	
Result unit	ml
Decimal places	2
Calculation	
Result name	% ZPT
Formula	R= (VEQ* c* M) / (m* 10)
Result unit	%w/w
Decimal places	4
Record	
Output unit	Printer
Results last sample	Yes
E-V curve	Yes
ΔE/ΔV-V curve	Yes

B.2 全自动程序（适用于装配自动样品转换器的滴定仪）

当使用样品转换器时（如ST20），在转台上每隔3个样品杯以及最后一个样品的后面放置一个盛有约80mL已烷一异丙醇混合溶液（4.8）的烧杯。按下面所列的参数设置，自动滴定仪在滴定一个样品后，会自动将电极在已烷-异丙醇溶液（4.8）中浸润40s。在最后的位置放置一个盛水的滴定杯，以便分析结束后将电极浸泡在水中。本参数的设置是将13%的盐酸正丁醇溶液（4.5）与ST20样品换样器中的DOSE相连，将已烷一异丙醇混合溶液（4.8）与滴定管驱动3相连（使用20mL的滴定管能缩短分析时间），并连接去离子水用来进行润洗。

Method ID	m021
Title	ZPT Auto organic
Sample	
Number samples	1
Titration Stand	ST20 1
Entry Type	Weight m
Lower limit [g]	0.0
Upper limit [g]	8.0
ID1	Sample
Molar Mass M	317.7
Equivalent number z	2
Temperature sensor	Manual

Pump	
Auxiliary reagent	butaHClaq
Volume [mL]	40.0
Stir	
Speed [%]	70
Time [s]	10
Dispense	Hexane/IPA
Volume [mL]	40.0
Stir	
Speed [%]	70
Time [s]	30（此处搅拌时间至少30s，可视具体情况延长）
Titration	
Titrant	I_2
Concentration [mol/L]	0.02
Sensor	DM140－SC
Unit of meas	mV
Titration mode	EQP
Predispensing 1	mL
Volume [mL]	0.3
Titrant addition	DYN
ΔE (set) [mV]	8.0
Limits ΔV	Absolute
ΔV (min) [mL]	0.02
ΔV (max) [mL]	0.2
Measure mode	EQU
ΔE [mV]	0.5
Δt [s]	3.0
t (min) [s]	3.0
t (max) [s]	30.0
Threshold	50.0
Maximum volume [mL]	4.0
Evaluation procedure	Standard
Steepest jump only	Yes
Rinse	
Auxiliary reagent	H_2O
Volume [mL]	15.0
Conditioning	
Interval	1
Time [s]	40
Calculation	
Result name	%zpt

Formula	R= (VEQ* c* M) / (m* 10)
Constant	
Result unit	%
Decimal places	4
Calculation	
Result name	
Formula	R2=VEQ
Constant	
Result unit	mL
Decimal places	3
Record	
Output unit	Printer
Results last sample	Yes
E—V curve	Yes
ΔE/ΔV—V curve	Yes
Statistics	
Ri (i=index)	R1
Standard deviation s	Yes
Rel. standard deviation srel	Yes
Record	
Output unit	Computer+Printer
All Results	Yes
Conditioning	
Interval	1
Time [s]	40

ICS 71.100.70
分类号：Y42
备案号：31074—2011

中华人民共和国轻工行业标准

QB/T 4127—2010

化妆品中吡罗克酮乙醇胺盐（OCT）的测定 高效液相色谱法

Determination of piroctone olamine in cosmetics by high performance liquid chromatography

2010-12-29 发布　　2011-04-01 实施

中华人民共和国工业和信息化部　发布

前　　言

本标准由中国轻工业联合会提出。

本标准由全国香料香精化妆品标准化技术委员会（SAC/TC 257）归口。

本标准负责起草单位：上海应用技术学院、上海市日用化学工业研究所、上海香料研究所、上海家化联合股份有限公司。

本标准主要起草人：张婉萍、张健、崔俭杰、沈敏、康薇、刘超、徐伟东。

化妆品中吡罗克酮乙醇胺盐（OCT）的测定 高效液相色谱法

1 范围

本标准规定了化妆品中吡罗克酮乙醇胺盐（OCT）含量的高效液相色谱测定方法。

本标准适用于洗发类和护发类化妆品中吡罗克酮乙醇胺盐（OCT）含量的测定。

本标准对吡罗克酮乙醇胺盐（OCT）的检出限为0.01%，定量限为0.1%。

2 规范性引用文件

下列文件对于本文件的应用是必不可少的。凡是注日期的引用文件，仅注日期的版本适用于本文件。凡是不注日期的引用文件，其最新版本（包括所有的修改单）适用于本文件。

GB/T 6682 分析实验室用水规格和试验方法

3 原理

以甲醇溶液为提取溶剂，超声提取，离心，用0.45μm的有机滤膜过滤，溶液注入配有二极管阵列检测器的液相色谱仪检测，外标法定量。

4 试剂和材料

除另有规定外，试剂均为分析纯，水为GB/T 6682规定的二级水。

4.1 甲醇：色谱纯。

4.2 乙腈：色谱纯。

4.3 OCT：纯度不小于98%。

4.4 EDTA二钠（乙二胺四乙酸二钠）。

4.5 NaH_2PO_4。

4.6 NaH_2PO_4－EDTA二钠缓冲溶液：精确称取1.361g的NaH_2PO_4和0.186 g EDTA二钠配制成1L的水溶液。

4.7 OCT标准储备液（5.0mg/mL）：准确称取0.5g OCT（精确到0.0001g），用甲醇溶解并定容至100mL，制得标准储备液。

4.8 标准工作溶液：标准工作溶液：分别移取OCT标准储备液（4.7）0.2mL、0.4mL、1.0mL、2.0mL、4.0mL于不同的10mL容量瓶中用甲醇稀释至刻度，配成一系列浓度为0.1mg/mL、0.2mg/mL、0.5mg/mL、1.0mg/mL、2.0mg/mL的标准工作溶液。

5 仪器

5.1 液相色谱仪，配有二极管阵列检测器。

5.2 微量进样器，10μL。

5.3 超声波清洗器。

5.4 高速离心机，转速不小于6000 r/min。

5.5 分析天平，感量0.1mg。

5.6 溶剂过滤器和0.45μm有机过滤膜。

6 测定步骤

6.1 样品处理

称取化妆品试样2.0g（精确到0.001g），置于25mL具塞比色管中，加入甲醇10 mL，充分混匀，在超声波清洗器中超声提取20min，用甲醇定容至25mL，混匀。取约1.5mL上述溶液于离心管中，以6000r/min高速离心30min，取上清液，经注射式溶剂过滤器（有机溶剂型，0.45μm）过滤，滤液供液相色谱测定用。

6.2 测定

6.2.1 色谱条件

6.2.1.1 色谱柱：C_{18}柱：长度250 mm，内径4.6 mm，粒径5μm。

6.2.1.2 流动相：乙腈/NaH_2PO_4－EDTA二钠缓冲溶液（4.6）为70∶30（体积比）。

6.2.1.3 流速：0.8 mL/min。

6.2.1.4 检测波长：217nm。

6.2.1.5 柱温：35℃。

6.2.1.6 进样量：10μL。

6.2.2 标准工作曲线绘制

分别移取10μL浓度为0.1mg/mL、0.2mg/mL、0.5mg/mL、1.0mg/mL、2.0mg/mL的标准工作溶液（4.8），按色谱条件（6.2.1）进行测定，以色谱峰的峰面积为纵坐标，对应的溶液浓度为横坐标作图，绘制标准工作曲线。标准物质色谱图参见附录图A.1。

6.2.3 试样测定

微量注射器准确吸取10μL样品溶液（6.1）注入液相色谱仪，按色谱条件（6.2.1）进行测定，记录色谱峰的保留时间和峰面积，由色谱峰的峰面积可从标准曲线上查得相应的色谱峰浓度。样品溶液中的OCT的响应值均应在仪器测定的线性范围之内。OCT含量高的样品可取适量样品溶液用流动相稀释后进行测定；OCT含量低的样品可加大称样量。

6.2.4 定性确认

液相色谱仪对样品进行定性测定，进行样品测定时，如果检出OCT的保留时间与标准品相一致，并且在扣除背景后的样品色谱图中，该物质的紫外吸收图谱与标准品的紫外吸收图谱相一致，则可确认样品中存在OCT。必要时，需用其他方法进行确认试验。

6.3 平行试验

按以上步骤，对同一样品进行平行试验测定。

7 结果计算

结果按公式（1）计算：

$$X=\frac{c\times V}{1000M}\times 100 \quad \cdots\cdots (1)$$

式中：

X——样品中OCT的质量浓度，%；

c——标准曲线查得OCT的浓度，单位为毫克每毫升（mg/mL）；

V——样品稀释后的总体积，单位为毫升（mL）；

M——样品质量，单位为克（g）。

8 方法检出限与定量限

本方法对OCT的检出限为0.01%，定量限为0.1%。

9 回收率

OCT含量在0.30%～1.50%范围，回收率在95%～102%之间。

10 精密度

OCT的含量为0.30%，测定结果间（n=6）的相对标准偏差为0.55%。

OCT的含量为0.75 %，测定结果间（n=6）的相对标准偏差为3.52%。

OCT的含量为1.50 %，测定结果间（n=6）的相对标准偏差为2.02%。

11 允许差

在重复性条件下获得的两次独立测定结果的绝对差值不应超过算术平均值的10%。

附 录 A
（资料性附录）
标准物质液相色谱图

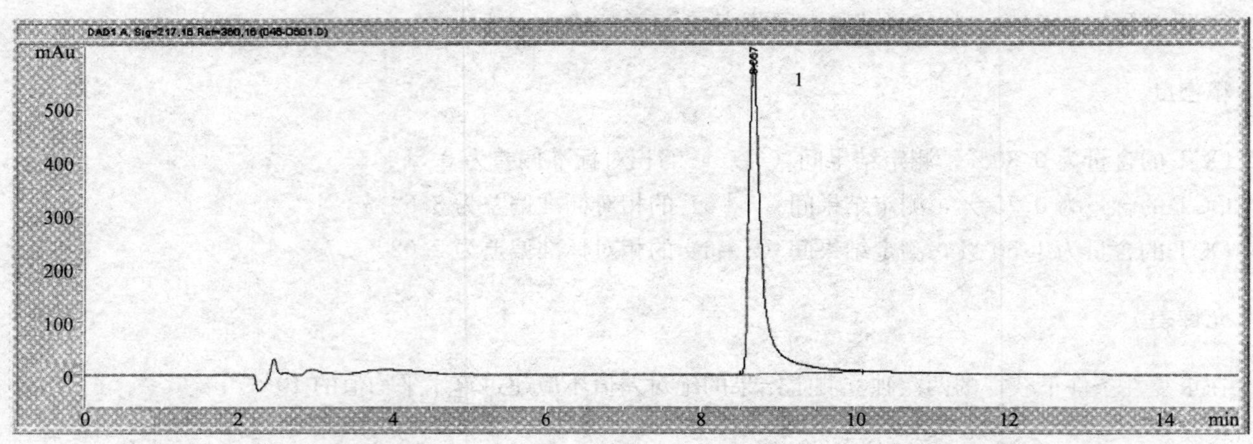

图 A.1　OCT 标准物质液相色谱图

说明：1—OCT（8.667min）

ICS 71.100.70
分类号：Y42
备案号：31075—2011

中华人民共和国轻工行业标准

QB/T 4128 — 2010

化妆品中氯咪巴唑（甘宝素）的测定 高效液相色谱法

Determination of climbazole in cosmetics by high performance liquid chromatography

2010-12-29 发布

2011-04-01 实施

中华人民共和国工业和信息化部　发　布

前　言

本标准由中国轻工业联合会提出。

本标准由全国香料香精化妆品标准化技术委员会（SAC/TC 257）归口。

本标准负责起草单位：上海应用技术学院、上海市日用化学工业研究所、上海香料研究所、上海家化联合股份有限公司。

本标准主要起草人：张婉萍、崔俭杰、张健、沈敏、康薇、刘超、徐伟东。

化妆品中氯咪巴唑（甘宝素）的测定 高效液相色谱法

1 范围

本标准规定了化妆品中氯咪巴唑（甘宝素）含量的高效液相色谱测定方法。

本标准适用于洗发类和护发类化妆品中氯咪巴唑（甘宝素）含量的测定。

本标准对氯咪巴唑（甘宝素）的检出限为0.001%，定量限为0.01%。

2 规范性引用文件

下列文件对于本文件的应用是必不可少的。凡是注日期的引用文件，仅注日期的版本适用于本文件。凡是不注日期的引用文件，其最新版本（包括所有的修改单）适用于本文件。

GB/T 6682 分析实验室用水规格和试验方法

3 原理

以甲醇溶液为提取溶剂，超声提取，离心，用0.45μm的有机滤膜过滤，溶液注入配有二极管阵列检测器的液相色谱仪检测，外标法定量。

4 试剂和材料

除另有规定外，试剂均为分析纯，水为GB/T 6682规定的二级水。

4.1 甲醇：色谱纯。

4.2 乙腈：色谱纯。

4.3 甘宝素：纯度不小于98%。

4.4 EDTA二钠（乙二胺四乙酸二钠）。

4.5 NaH_2PO_4。

4.6 NaH_2PO_4－EDTA二钠缓冲溶液：精确称取1.361g的NaH_2PO_4和0.186gEDTA二钠配制成1L的水溶液。

4.7 甘宝素标准储备液（1.0 mg/mL）：准确称取0.1g（精确到0.0001g）甘宝素，用甲醇溶解并定容至100mL，制得标准储备液。

4.8 标准工作溶液：分别移取甘宝素标准储备液（4.7）0.05mL、0.1mL、0.2mL、0.5mL、1.0mL、2.0mL、5.0mL于不同的10mL容量瓶中，用甲醇稀释至刻度，配成一系列浓度为0.005mg/mL、0.01mg/mL、0.02mg/mL、0.05mg/mL、0.1mg/mL、0.2mg/mL、0.5mg/mL的标准工作溶液。

5 仪器

5.1 液相色谱仪，配有二极管阵列检测器。

5.2 微量进样器，10μL。

5.3 超声波清洗器。

5.4 高速离心机，转速不小于6000 r/min。

5.5　分析天平，感量 0.1mg。

5.6　溶剂过滤器和 0.45μm 有机过滤膜。

6　测定步骤

6.1　样品处理

称取化妆品试样 1.0g（精确到 0.001 g），置于 25mL 具塞比色管中，加入甲醇 10mL，充分混匀，在超声波清洗器中超声提取 20min，用甲醇定容至 25mL，混匀。取约 1.5mL 上述溶液于离心管中，以 6000r/min 高速离心 30min，取上清液，经注射式溶剂过滤器（有机溶剂型，0.45μm）过滤，滤液供液相色谱测定用。

6.2　测定

6.2.1　色谱条件

6.2.1.1　色谱柱：C_{18}柱：长度 250mm，内径 4.6mm，粒径 5μm。

6.2.1.2　流动相：乙腈/NaH_2PO_4－EDTA 二钠缓冲溶液（4.6）为 70∶30（体积比）。

6.2.1.3　流速：0.8 mL/min。

6.2.1.4　检测波长：217nm。

6.2.1.5　柱温：35℃。

6.2.1.6　进样量：10μL。

6.2.2　标准工作曲线绘制

分别用微量注射器准确吸取 10μL 浓度为 0.005mg/mL、0.01mg/mL、0.02mg/mL、0.05mg/mL、0.1mg/mL、0.2mg/mL、0.5mg/mL 的标准工作溶液（4.8），按色谱条件（6.2.1）进行测定，以色谱峰的峰面积为纵坐标，对应的溶液浓度为横坐标作图，绘制标准工作曲线。标准物质色谱图参见附录 A 图 A.1。

6.2.3　试样测定

用微量注射器准确吸取 10μL 样品溶液（6.1）注入液相色谱仪，按色谱条件（6.2.1）进行测定，记录色谱峰的保留时间和峰面积，由色谱峰的峰面积可从标准曲线上求出相应的色谱峰浓度。样品溶液中的甘宝素的响应值均应在仪器测定的线性范围之内。甘宝素含量高的样品可取适量样品溶液用流动相稀释后进行测定；甘宝素含量低的样品可加大称样量。

6.2.4　定性确认

液相色谱仪对样品进行定性测定，进行样品测定时，如果检出甘宝素的保留时间与标准品相一致，并且在扣除背景后的样品色谱图中，该物质的紫外吸收图谱与标准品的紫外吸收图谱相一致，则可确认样品中存在甘宝素。必要时，需用其他方法进行确认试验。

6.3　平行试验

按以上步骤，对同一样品进行平行试验测定。

7　结果计算

结果按公式（1）计算：

$$X=\frac{c\times V}{1000M}\times 100 \qquad (1)$$

式中：

X——样品中甘宝素的质量浓度，%；

c——标准曲线查得甘宝素的浓度，单位为毫克每毫升（mg/mL）；

V——样品稀释后的总体积，单位为毫升（mL）；

M——样品质量，单位为克（g）。

8 方法检出限与定量限

本方法对甘宝素的检出限为0.001%，定量限为0.01%。

9 回收率

甘宝素含量在0.02%～1.00%范围，回收率在95%～104%之间。

10 精密度

甘宝素的含量为0.02%，测定结果间（n=6）的相对标准偏差为1.18%。
甘宝素的含量为0.10%，测定结果间（n=6）的相对标准偏差为0.20%。
甘宝素的含量为1.00 %，测定结果间（n=6）的相对标准偏差为0.11%。

11 允许差

在重复性条件下获得的两次独立测定结果的绝对差值不应超过算术平均值的10%。

附 录 A
（资料性附录）
标准物质液相色谱图

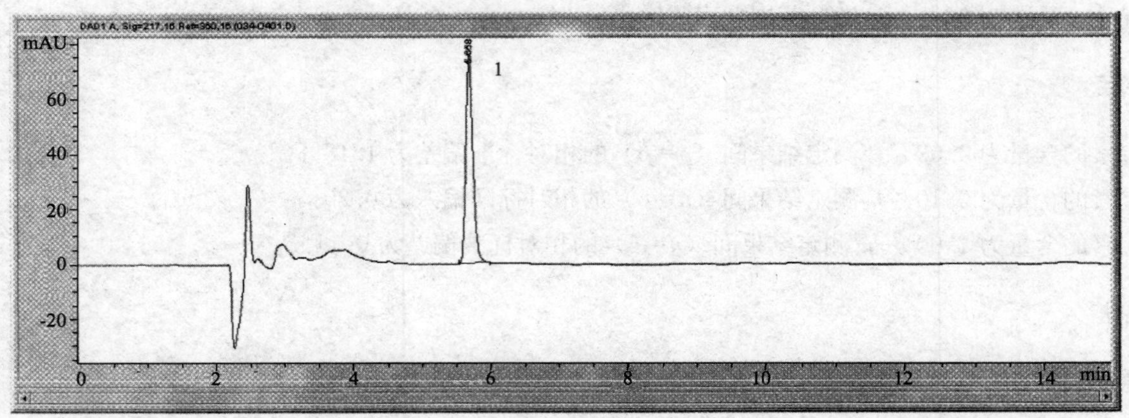

图 A.1 甘宝素标准物质液相色谱

说明：1——甘宝素（5.658min）

三、卫生检验方法标准

中华人民共和国国家标准 UDC 668.58：543.062
GB 7917.1—1987

化妆品卫生化学标准检验方法
汞

Standard methods of hygienic test for cosmetics
Mercury

本标准适用于化妆品中总汞的测定。本法最低检出量为0.01μg汞，若取1g样品测定，最低检测浓度为0.01μg/g。

本标准采用冷原子吸收分光光度法。

1 方法提要

汞蒸气对波长253.7nm的紫外光具特征吸收。在一定的浓度范围内，吸收值与汞蒸气浓度成正比。样品经消解、还原处理将化合态的汞转化为元素汞，再以载气带入测汞仪，测定吸收值，与标准系列比较定量。

2 样品采集

2.1 受检的化妆品应按随机抽样原则抽取并应满足检验所需的样品量（不得少于六个最小包装单位），以确保采集的样品具有代表性。

2.2 供检样品应严格保持原有的包装状态。容器不得破损。

2.3 所取样品应由供、取单位双方共同加封。

2.4 实验室接到样品后应进行登记，并检查封口的完整性。最少对其中三个最小包装单位开封检验（但不大于所取包装的半数）。未开封样品应保存待查至提出报告后的二个月。

3 试剂

3.1 去离子水或同等纯度的水；将一次蒸馏水经离子交换净水器净水，贮存于全玻璃瓶或聚乙烯瓶中。

注：试剂的配制和分析步骤中均使用此水。

3.2 硝酸（密度1.42g/mL）：优级纯。

3.3 硫酸（密度1.84g/mL）：优级纯。

3.4 盐酸（密度1.19g/mL）：优级纯。

3.5 过氧化氢（30%）：分析纯。

3.6 五氧化二钒：分析纯。

3.7 硫酸（10%）。

3.8 氯化亚锡溶液（20%）：称取20g氯化亚锡（分析纯）置于250mL烧杯中，加入20mL浓盐酸（3.4），加水稀释至100mL。

3.9 重铬酸钾溶液（10%）：称取10g重铬酸钾（分析纯），溶至100mL水中。

3.10 重铬酸钾硝酸溶液：取5mL重铬酸钾溶液（3.9），加入硝酸（3.2）50mL，用水稀释至1000mL。

3.11 汞标准溶液

中华人民共和国卫生部1987-05-28批准 1987-10-01实施

3.11.1 称取0.1354g氯化汞（$HgCl_2$，分析纯）置于100mL烧杯中，加入重铬酸钾硝酸溶液（3.10）溶解。移入1 000mL容量瓶中，再用重铬酸钾硝酸溶液稀释至刻度。此溶液每毫升含汞100μg。

3.11.2 移取10.0mL汞标准溶液（3.11.1）置于100mL容量瓶中，用重铬酸钾硝酸溶液（3.10）稀释至刻度。此溶液每毫升含汞10.0μg。此溶液可保存一个月。

3.11.3 移取10.0mL汞标准溶液（3.11.2）置于100mL容量瓶中，用重铬酸钾硝酸溶液（3.10）稀释至刻度。此溶液每毫升含汞1.00μg。此溶液临用前配制。

3.11.4 移取汞标准溶液（3.11.3）10.0mL至100mL容量瓶中，用重铬酸钾硝酸溶液（3.10）稀释至刻度。此溶液每毫升含汞0.10μg。

4 仪器

4.1 50mL比色管。

4.2 100mL锥形瓶。

4.3 圆底烧瓶（250mL）及40cm长全玻璃磨口球形冷凝管。

4.4 水浴锅。

4.5 冷原子吸收测汞仪。

4.6 汞蒸气发生瓶。

5 分析步骤

5.1 样品预处理（以下方法可任选一种）

5.1.1 湿式回流消解法

5.1.1.1 称取约1.00g试样，置于250mL圆底烧瓶中。随同试样做试剂空白。

5.1.1.2 样品如含有乙醇等有机溶剂，先在水浴或电热板上低温挥发（不得干涸）。

5.1.1.3 加入30mL硝酸①（3.2）、5mL水、5mL硫酸（3.3）及数粒玻璃珠。置于电炉上，接上球形冷凝管，使冷凝水循环。

5.1.1.4 加热回流消解2h。消解液一般呈微黄或黄色。

5.1.1.5 从冷凝管上口注入10mL水，继续加热回流10min，放置冷却。

5.1.1.6 用预先用水湿润的滤纸过滤消解液，除去固形物。对于含油脂蜡质多的试样，可预先将消解液冷冻使油质蜡质凝固。

5.1.1.7 用蒸馏水洗滤器数次，合并洗涤液于滤液中，定容至50mL备用。

5.1.2 湿式催化消解法

5.1.2.1 称取约1.00g试样，置于100mL锥形瓶中。随同试样做试剂空白。

5.1.2.2 样品如含有乙醇等有机溶剂，先在水浴或电热板上低温挥发（不得干涸）。

5.1.2.3 加入50mg五氧化二钒（3.6）、7mL浓硝酸（3.2）。置沙浴或电热板上用微火加热至微沸。取下放冷，加8mL硫酸（3.3），于锥形瓶口放一小玻璃漏斗，在135～140℃温度下继续消解并于必要时补加少量硝酸，消解至溶液呈现透明蓝绿色或桔红色。冷却后，加少量水继续加热煮沸约2min以驱赶二氧化氮。定容至50mL备用。

5.1.3 浸提法，本方法不适用于含蜡质样品。

5.1.3.1 称取约1.00g试样，置于50mL比色管中，随同试样做试剂空白。

5.1.3.2 样品如含有乙醇等有机溶剂，先在水浴挥发（不得干涸）。

---

① 样品中含有碳酸钙等碳酸盐类的粉剂，在加酸时应缓慢加入，以防二氧化碳气体产生过于猛烈。

5.1.3.3　加入 5mL 硝酸（3.2）和 1mL 过氧化氢（3.5），放置 30min 后，沸水浴加热约 2h。冷至室温，用 10%硫酸（3.7）定容至 50mL 备用。

5.2　测定

移取 0、0.10、0.30、0.50、0.70、1.00、2.00mL 汞标准溶液（3.11.4）、适量样品溶液（5.1.1.7、5.1.2.3 或 5.1.3.3）和空白溶液，置于 100mL 锥形瓶中，用 10%硫酸（3.7）定容至一定体积。按仪器说明书调整好测汞仪。将标准系列、空白和样品逐个倒入汞蒸气发生瓶中，加入 2mL 氯化亚锡溶液（3.8），迅速塞紧瓶塞。开启仪器气阀，待指针至最高读数时，记录其读数。

5.3　绘制工作曲线，从曲线上查出测试液中汞含量。

6　分析结果的计算

按下式计算汞浓度：

$$\mathrm{Hg}(\mu g/g)=\frac{m_1-m_0}{m\times\frac{V_1}{V}}$$

式中：

m_0——从工作曲线上查得试剂空白的汞量，μg；

m_1——从工作曲线上查得样品测试液中的汞量，μg；

m——称样量，g；

V_1——分取样品溶液体积，mL；

V——样品溶液总体积，mL。

附加说明：

本标准由中国预防医学科学院环境卫生监测所归口。

本标准由“化妆品卫生化学标准检验方法”起草小组负责起草。

本标准主要起草人郑星泉、沈文、王鹏、杜秀玲、刘玉清。

本标准由中国预防医学科学院环境卫生监测所负责解释。

中华人民共和国国家标准 UDC 668.58：543.062
GB 7917.2－1987

化妆品卫生化学标准检验方法
砷
Standard methods of hygienic test for cosmetics
Arsenic

本标准适用于化妆品中总砷的测定。规定的两种方法最低检出量为0.5μg砷。若取1g样品测定，最低检测浓度为0.5μg/g。

1 二乙氨基二硫代甲酸银分光光度法

1.1 方法提要

经灰化或消解后的试样，在碘化钾和氯化亚锡的作用下，样液中五价砷被还原为三价。三价砷与新生态氢生成砷化氢气体。通过用乙酸铅溶液浸泡的棉花去除硫化氢干扰，然后与溶于三乙醇胺-氯仿中的二乙氨基二硫代甲酸银作用，生成棕红色的胶态银，比色定量。钴、镍、汞、银、铂、铬和钼可干扰砷化氢的发生，但正常情况下，化妆品中含量不会产生干扰。锑对测定有明显干扰。

1.2 样品采集

见GB 7917.1—1987《化妆品卫生化学标准检验方法　汞》第2章。

1.3 试剂

1.3.1 去离子水或同等纯度的水：将一次蒸馏水经离子交换净水器净水，贮存于全玻璃瓶或聚乙烯瓶中。

注：试剂的配制，提纯和分析步骤中均用此水。

1.3.2 硝酸（密度1.42g/mL）：分析纯。

1.3.3 硫酸（密度1.84g/mL）：分析纯。

1.3.4 硫酸（1＋1）。

1.3.5 硫酸（1mol/L）。

1.3.6 氢氧化钠（20％）。

1.3.7 酚酞指示剂（0.1％乙醇溶液）：称取0.1g酚酞，溶于50mL 95％乙醇，加水至100mL。

1.3.8 氧化镁：分析纯。

1.3.9 硝酸镁（10％）。

1.3.10 盐酸（1＋1）。

1.3.11 碘化钾（15％）。

1.3.12 氯化亚锡溶液（40％）：称取40g氯化亚锡（分析纯），溶于40mL浓盐酸（分析纯）中，加水至100mL溶液中，可放入金属锡粒数颗。

1.3.13 无砷锌粒：10～20目。

1.3.14 乙酸铅溶液（10％）。

1.3.15 乙酸铅棉花：将脱脂棉浸入10％乙酸铅溶液（1.3.14），2h后取出，晾干，并使膨松。

1.3.16 二乙氨基二硫代甲酸银（DDC－Ag）溶液：称取0.25g DDC－Ag，用少许氯仿溶解。加入1.0mL

中华人民共和国卫生部1987-05-28批准　　1987-10-01实施

三乙醇胺，再用氯仿稀释至100mL。必要时可过滤。置于棕色瓶内，于冰箱中存放。

1.3.17 氯仿：分析纯。

1.3.18 三乙醇胺。

1.3.19 砷标准贮备液：称取0.6600g经105℃干燥2h的三氧化二砷（As_2O_3，分析纯），溶于5mL20%氢氧化钠溶液（1.3.6）中，以酚酞（1.3.7）作指示剂，用1mol/L硫酸溶液（1.3.5）中和至中性后，再加入15mL 1mol/L硫酸溶液（1.3.5），并用水定容至500mL。此溶液1.00mL含1.00mg砷。

1.3.20 砷标准溶液：移取砷标准贮备液（1.3.19）1.00mL置于100mL容量瓶中，加水至刻度，混匀。临用时吸取此溶液10.0mL，加水定容至100mL，混匀。此溶液1.00mL含1.00μg砷。

1.4 仪器

1.4.1 凯氏定氮瓶（250mL），或锥形瓶（125mL）。

1.4.2 瓷蒸发皿（50mL）。

1.4.3 砷测定装置：如图1。

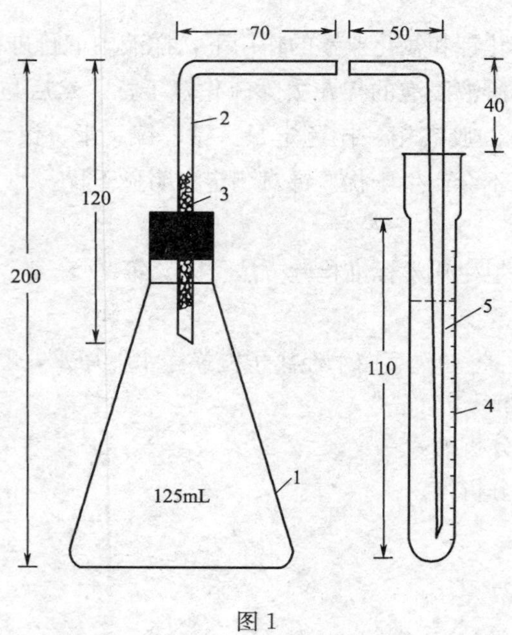

图1

1—125mL锥形瓶；2—导气管；3—乙酸铅棉花；
4—10mL刻度试管；5—二乙氨基二硫代甲酸银吸收液

1.4.4 分光光度计。

1.5 分析步骤

1.5.1 样品前处理（可任选一种处理方法）

1.5.1.1 $HNO_3-H_2SO_4$ 湿式消解法

试样如含有乙醇等溶剂，则应预先将溶剂挥发（不得干涸），如含有甘油特别多的试样，消解时应特别注意安全。

称取约1.00～2.00g经充分混匀的试样，同时作试剂空白。置于250mL定氮消解瓶或125mL锥形瓶中，加入数颗玻璃珠。然后加5mL水、10～15mL硝酸（1.3.2），放置片刻后，缓缓加热，反应开始后移去热源，冷却后加入5mL硫酸（1.3.3），继续加热消解。若消解过程中溶液出现棕色，可加少许硝酸继续消解，如此反复，直至溶液澄清或微黄。放置冷却后加20mL水，继续加热煮沸至产生白烟。如此处理两次，将消解液定量转移至50mL容量瓶中，加水定容至刻度，备用。此溶液每10mL相当含（1+1）硫酸2mL。

1.5.1.2 干灰化法

称取约 1.00～2.00g 经充分混匀的试样，置于 50mL 瓷蒸发皿中，同时作试剂空白，加入 10mL 10%硝酸镁溶液（1.3.9）[①]、1g 氧化镁（1.3.8）粉末，将试样及灰化助剂充分混匀，在水浴上蒸干水分，然后在小火上炭化至不冒烟，移入箱形电炉，在 600℃下灰化 4h，冷却取出，向灰分加水少许，使润湿，然后用 20mL（1＋1）盐酸（1.3.10）分数次加入以溶解灰分及洗蒸发皿。并加水定容至 50mL，备用。此溶液每 10mL 相当含盐酸（1＋1）（已除外中和消耗量）2.0mL。

1.5.2 测定

移取 0、0.50、1.00、2.00、4.00、6.00、8.00、10.0mL 砷标准溶液（1.3.20）、适量样液（1.5.1.1 或 1.5.1.2）和空白溶液，分别置于砷化氢发生瓶中。样品采用湿式消解法（1.5.1.1）处理者，加入硫酸使总酸量相当含（1＋1）硫酸 10mL；样品采用干灰化法（1.5.1.2）处理者，加入盐酸（1＋1）使总酸含量为 10mL。然后加水至总体积为 50mL。

各加 2.5mL 15%碘化钾溶液（1.3.11）及 2.0mL 40%氯化亚锡溶液（1.3.12），摇匀。放置 10min 后，加入 3～5g 锌粒（1.3.13），立即接上塞有乙酸铅棉的导气管，并将其插入已加有 5.0mL 二乙氨基二硫代甲酸银溶液（1.3.12）的吸收管。室温（25℃）下反应 1h。

反应完毕，若吸收液体积减少，则用氯仿补至 5.0mL。将部分吸收液移入 1cm 比色皿中，以氯仿为参比，在分光光度计上，于波长 515nm 处，测量吸光度。

1.5.3 绘制工作曲线，从曲线上查出测试液中砷含量。

1.6 分析结果的计算

按式（1）计算砷浓度：

$$\mathrm{As}(\mu g/g)=\frac{m_1-m_0}{m\times\frac{V_1}{V}} \qquad (1)$$

式中：

m_0——从工作曲线上查得试剂空白的砷量，μg；

m_1——从工作曲线上查得样品测试液中的砷量，μg；

m——称样量，g；

V_1——分取样品溶液体积，mL；

V——样品溶液总体积，mL。

2 砷斑法

2.1 方法提要

经灰化或消解后的试样，在碘化钾、氯化亚锡以及新生态氢的作用下，生成砷化氢。经去除硫化氢干扰后，与溴化汞试纸作用生成黄棕色斑点。与标准砷斑比较定量。

钴、镍、汞、银、铂、铬和钼可干扰砷化氢的发生，但正常情况下化妆品含量，不会产生干扰。锑含量在 0.1mg 以下无影响。

2.2 样品采集

同 1.2。

2.3 试剂

2.3.1～2.3.15 同 1.3.1～1.3.15。

---

① 含油、蜡质高的样品，改为 1g 硝酸镁固体。

2.3.16　乙酸铅滤纸片：经10％乙酸铅溶液（1.3.14）浸渍的滤纸，晾干并切成4cm×7cm片状，用时卷成小纸卷。

2.3.17　溴化汞溶液（5％）：称取5g溴化汞（分析纯），溶于95％乙醇中，并稀释到100mL，贮于棕色瓶中。

2.3.18　溴化汞试纸：直径2cm圆形滤纸片，在5％溴化汞溶液（2.3.17）中浸渍，用前晾干。

2.3.19～2.3.20同1.3.19～1.3.20。

2.4　仪器

2.4.1～2.4.2同1.4.1～1.4.2。

2.4.3　砷化氢发生瓶。

2.4.4　测砷管：见图2。

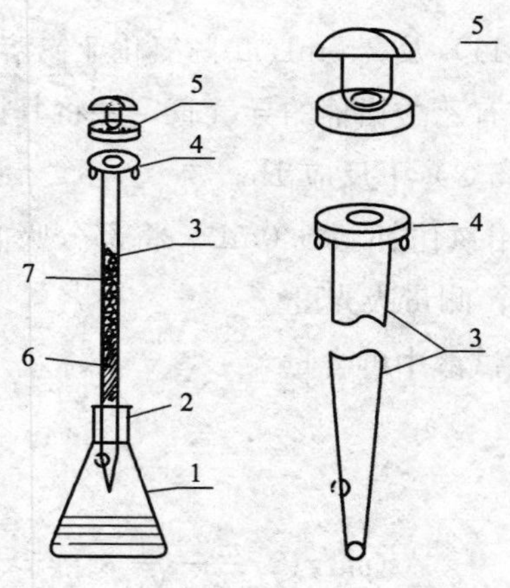

图2

1—锥形瓶；2—标准 玻璃磨口；3—测砷管；4—管口；

5—玻璃帽；6—乙酸铅纸；7—乙酸铅棉

2.5　分析步骤

2.5.1　样品前处理

2.5.1.1～2.5.1.2同1.5.1.1～1.5.1.2。

2.5.2　测定

移取0、0.50、1.00、2.00、3.00mL砷标准溶液（2.3.20）、适量样液（2.5.1.1或2.5.1.2）和空白溶液，分别置于砷化氢发生瓶中，各加10mL（1+1）盐酸（2.3.10）（样品及空白瓶要分别减去加入的样品液及空白液的含酸量），加水至总体积为50mL，再加2.5mL 15％碘化钾（1.3.11）及2.0mL 40％氯化亚锡溶液（2.3.12），摇匀，放置10min左右。

将乙酸铅棉花及乙酸铅滤纸装入测砷管中，并将溴化汞试纸紧夹于测砷管上部磨口之间。注意试纸必须夹紧，并对准孔径位置。

向各砷化氢发生瓶中加入3～5g锌粒（2.3.13），迅速装上测砷管并塞紧。在室温（25℃）下反应1h，取下溴化汞试纸。将样品砷斑与标准砷斑比较，定量。

2.6　分析结果的计算

按式（2）计算砷浓度：

$$\mathrm{As}(\mu g/g)=\frac{m_1-m_0}{m\times\frac{V_1}{V}} \qquad \cdots\cdots(2)$$

式中：

m_0——与标准砷斑比较得空白含砷量，μg；

m_1——与标准砷斑比较得测试液含砷量，μg；

m——样品质量，g；

V_1——测定时样液取样体积，mL；

V——样液总体积，mL。

附加说明：

本标准由中国预防医学科学院环境卫生监测所归口。

本标准由“化妆品卫生化学标准检验方法”起草小组负责起草。

本标准主要起草人沈文、郑星泉、陈辰、刘玉清。

本标准由中国预防医学科学院环境卫生监测所负责解释。

中华人民共和国国家标准 UDC 668.58：543.062

GB 7917.3—1987

化妆品卫生化学标准检验方法
铅

Standard methods of hygienic test for cosmetics
Lead

1 火焰原子吸收分光光度法

本方法适用于化妆品中铅的测定。本方法样品最低检测浓度为4μg/g。

1.1 方法提要

样品经预处理，使铅以离子状态存在于试液中，试液中铅离子被原子化后，基态原子吸收来自铅空心阴极灯发出的共振线，其吸收量与样品中铅含量成正比。在其他条件不变的情况下，根据测量被吸收后的谱线强度，与标准系列比较，进行定量。

1.2 样品采集

同GB 7917.1—1987《化妆品卫生化学标准检验方法　汞》第2章。

1.3 试剂

1.3.1 去离子水或同等纯度的水：将一次蒸馏水经离子交换净水器净水，贮存于全玻璃瓶或聚乙烯瓶中。

注：所有试剂配制及分析步骤中所用的水均为此水。

1.3.2 硝酸（密度1.42g/mL）：优级纯。

1.3.3 高氯酸（70%～72%）：优级纯。

1.3.4 过氧化氢（30%）：优级纯。

1.3.5 硝酸（1+1）。

1.3.6 混合酸：硝酸（1.3.2）和高氯酸（1.3.3）按（3+1）混合。

1.3.7 铅标准溶液

1.3.7.1 称取纯度为99.99%的金属铅1.000g，加入20mL（1+1）硝酸（1.3.5），加热使溶解，转移到1000mL容量瓶中，用水稀释至刻度。此标准溶液1mL相当于1.00mg铅。

1.3.7.2 移取铅标准液（1.3.7.1）10.0mL至100mL容量瓶中，加2mL（1+1）硝酸（1.3.5），用水稀释至刻度，此溶液1mL相当于100μg铅。

1.3.7.3 移取铅标准液（1.3.7.2）10.0mL至100mL容量瓶中，加2mL（1+1）硝酸，用水稀释至刻度，此溶液1mL相当于10.0μg铅。

1.3.8 MIBK（甲基异丁基酮）：分析纯。

1.3.9 盐酸（7mol/L）：取30mL盐酸（密度1.19g/mL），加水至50mL。

1.3.10 BTB（溴麝香草酚蓝）（0.1%）：称取100mg BTB，溶于50mL 95%乙醇溶液，加水至100mL。

1.3.11 柠檬酸铵（25%）：必要时用DDTC（1.3.14）和MIBK（1.3.8）萃取除铅。

1.3.12 氢氧化铵（1+1）：优级纯。

1.3.13 硫酸铵（40%）：必要时，以DDTC（1.3.14）和MIBK（1.3.8）萃取除铅。

中华人民共和国卫生部1987-05-28批准　　1987-10-01实施

1.3.14 DDTC（二乙氨基二硫代甲酸钠）（2%）。

1.3.15 APDC（吡咯烷二硫代甲酸铵）（2%）。

1.3.16 柠檬酸（20%）：必要时用 APDC（1.3.15）和 MIBK（1.3.8）萃取除铅。

1.4 仪器

1.4.1 原子吸收分光光度计及其配件。

1.4.2 离心机。

1.4.3 硬质玻璃消解管或小型定氮消解瓶。

1.4.4 比色管：10mL 及 25mL。

1.4.5 分液漏斗：100mL。

1.4.6 瓷坩埚：50mL。

1.4.7 箱形电炉。

1.5 分析步骤

1.5.1 样品预处理

1.5.1.1 湿式消解法

称取约 1.00～2.00g 试样置于消化管中。同时做试剂空白。

含有乙醇等有机溶剂的化妆品，先在水浴或电热板上将有机溶剂挥发。若为膏霜型样品，可预先在水浴中加热使瓶颈上样品熔化流入消化管底部。

加入数粒玻璃珠，然后加入 10mL 硝酸（1.3.2），由低温至高温加热消解，当消解液体积减少到 2～3mL，移去热源，冷却。然后加入 2mL～5mL 高氯酸①，继续加热消解，不时缓缓摇动使均匀，消解至冒白烟，消解液呈淡黄色或无色溶液。浓缩消解液至 1mL 左右。

冷至室温后定量转移至 10mL（如为粉类样品，则至 25mL）具塞比色管中，以去离子水定容至刻度。如样液混浊，离心沉淀后，可取上清液进行测定。

1.5.1.2 干湿消解法

称取约 1.00～2.00g 试样，置于瓷坩埚中，在小火上缓缓加热直至炭化。移入箱形电炉中，500℃下灰化 6h 左右，冷却取出。

向瓷坩埚加入混合酸（1.3.6）约 2～3mL，同时作试剂空白。小心加热消解，直至冒白烟，但不得干涸。若有残存炭粒，应补加 2～3mL 混合酸，反复消解，直至样液为无色或微黄色。微火浓缩至近干。然后，定量转移至 10mL 刻度试管（如为粉类，则至 25mL 刻度试管）中，用水定容至刻度。必要时离心沉淀。

1.5.1.3 浸提法（本方法不适用于含蜡质样品）

称取约 1.00g 试样，置于比色管（1.4.4）中。同时做试剂空白。

样品中如含有乙醇等有机溶液，先在水浴中挥发，但不得干涸。加 2mL 硝酸②（1.3.2）、5mL 过氧化氢（1.3.4），摇匀，于沸水浴中加热 2h。冷却后加水定容至 10mL（如为粉类样品，则定容至 25mL）。如样

---

① 如使用不当，高氯酸有爆炸危险。

安全使用高氯酸，应注意以下几点：

1）洒溅出的高氯酸要立即用水冲洗。

2）通风橱、导气管和其他排除高氯酸蒸气的装置，应由化学惰性物质制成，并在消化完成后，用水冲洗擦净。排气系统应安装在安全的位置。

3）避免在使用高氯酸消化的通风橱中使用有机物或其他产烟物质。

4）应使用护目镜、防护板及其他个人防护设备。用聚氯乙烯手套，不能用橡胶手套。

5）用高氯酸湿法氧化，除非另有说明，应将样品首先用硝酸破坏易氧化的有机物，并注意避免烧干。

6）高氯酸在浓度为 72%（恒沸混合物，沸点 203℃）时，是稳定的。如果高氯酸被脱水（如与强脱水剂接触），形成无水高氯酸等，其稳定性十分显著的下降，此时遇热、撞击或遇有机物、还原剂（如纸、木头或橡皮）就会发生爆炸。

② 样品中含有碳酸钙等碳酸盐类的粉剂，在加酸时应缓慢加入，以防二氧化碳气体产生过于猛烈。

品混浊，离心沉淀后，取上清液备用。

1.5.2 测定

1.5.2.1 移取0、0.50、1.00、2.00、4.00、6.00mL铅标准溶液（1.3.7.3），分别置于数支10mL比色管中，加水至刻度。按仪器规定的程序，分别测定标准、空白和样品溶液。但如样品溶液含有大量离子如铁、铋、铝、钙等干扰测定时，应预先按1.5.2.2进行萃取处理。

绘制浓度-吸光度曲线，计算样品含量。

1.5.2.2 样品如含有大量铁离子，按1.5.2.3进行萃取。如含有大量铋等离子干扰，按1.5.2.4进行萃取。如含有大量铝、钙等离子，按1.5.2.5进行萃取。

1.5.2.3 将标准、空白和样品溶液转移至蒸发皿中，在水浴上蒸发至干。加入10mL 7mol/L盐酸（1.3.9）溶解残渣，用等量的MIBK（1.3.8）萃取二次，再用5mL 7mol/L盐酸洗MIBK层，合并盐酸溶液，必要时赶酸，定容，进行直接测定或按1.5.2.4或1.5.2.5再次萃取，以除去其他干扰离子。

1.5.2.4 将标准、空白或样品溶液转移至100mL分液漏斗中，加2mL柠檬酸铵（1.3.11）、1滴BTB指示剂（1.3.10），用氢氧化铵（1.3.12）调溶液为绿色，加2m硫酸铵（1.3.13），加水到30mL，加2mL DDTC（1.3.14），混匀。放置数分钟，加10mL MIBK（1.3.8），振摇3min，静置分层，取MIBK层进行测定。

1.5.2.5 将标准试剂空白和样品溶液转移至100mL分液漏斗。加2mL柠檬酸（1.3.16），用（1+1）氢氧化铵（1.3.12）调pH至2.5～3.0，加水至30mL，加2mL 2% APDC（1.3.15），混合，放置3min，静置片刻，加入10mL MIBK振摇萃取3min，将有机相转移至离心管中，于3000r/min，离心5min。取MIBK层溶液进行测定。

1.6 分析结果的计算

按式（1）计算铅浓度：

$$\mathrm{Pb}(\mu g/g)=\frac{(A-B)\times V}{m} \qquad \cdots\cdots (1)$$

式中：

A——从标准曲线查得样品溶液铅浓度，μg/mL；

B——从标准曲线查得试剂空白铅浓度，μg/mL；

V——样液总体积，mL；

m——样品质量，g。

2 双硫腙萃取分光光度法

本方法适用于化妆品中铅的测定。本方法最低检出量为1.0μg铅，若取1g样品测定，则最低检出浓度为1μg/g。

2.1 方法提要

样品经预处理后，在弱碱性下样液中的铅与双硫腙作用生成红色螯合物，用氯仿提取，比色定量。有大量锡存在下干扰测定。本方法不适用于含有氧化钛及铋化合物的试样。

2.2 样品采集

见GB 7917.1—1987《化妆品卫生化学标准检验方法　汞》第2章。

2.3 试剂

2.3.1 去离子水或同等纯度的水：同1.3.1。

2.3.2 氨水（1+1）：优级纯。

2.3.3 盐酸（1+1）：优级纯。

2.3.4　酚红指示液：0.1%乙醇溶液。

2.3.5　20%盐酸羟胺溶液：取盐酸羟胺 20g，加 50mL 水溶液，加 2 滴酚红指示液，加（1+1）氨水（2.3.2）调至 pH8.5～9.0，用双硫腙氯仿溶液（2.3.10）提取，直至氯仿层绿色不变，再用氯仿（2.3.8）洗水层两次。此水层以（1+1）盐酸（2.3.2）调至酸性，加水至 100mL 备用。

2.3.6　20%柠檬酸铵溶液：取柠檬酸铵 50g，溶于 100mL 水中，加 2 滴酚红指示液，加（1+1）氨水（2.3.2）调至 pH8.5～9.0，用双硫腙氯仿溶液提取数次，每次 10～20mL，直至氯仿层绿色不变为止。水层再用氯仿萃取数次至氯仿无色为止。弃除氯仿层，水层加水稀释至 250mL。

2.3.7　10%氰化钾溶液（注意有剧毒）：如试剂含铅需纯化时，应先将 10g 氰化钾溶于 20mL 水中，以下按 2.3.6 所述方法纯化后再稀释至 100mL。

2.3.8　氯仿：不应含氧化物。

2.3.9　双硫腙贮备液：0.1%氯仿溶液，保存在冷暗处。必要时按下述方法纯化：称取 0.5g 研细的双硫腙，溶于 50mL 氯仿中，如不全溶，可用滤纸滤过于 250mL 分液漏斗中，用 1：99 氨水提取三次，每次 100mL，合并提取液，再用 10mL 氯仿洗氨水溶液二次，用 6mol/L 盐酸调至酸性，将沉淀出的双硫腙用氯仿提取 2～3 次，每次 100mL，合并氯仿层，加氯仿至总体积为 500mL。

2.3.10　双硫腙应用液；0.001%氯仿溶液。

2.3.11　硝酸（1%）。

2.3.12　无铅脱脂棉：医用脱脂棉，必要时用双硫腙氯仿液去除铅。

2.3.13　铅标准溶液：同 1.3.7。

2.4　仪器

2.4.1　分液漏斗：125mL，预先用稀酸浸泡，并经去离子水洗。

2.4.2　分光光度计。

2.5　分析步骤

2.5.1　样品预处理

2.5.1.1　湿式消解法同 1.5.1.1。

2.5.1.2　干湿消解法同 1.5.1.2。

2.5.2　测定

取适量已按 2.5.1 处理的样液，于 125mL 分液漏斗中，加水至总体积为 50mL，另取 0、0.10、0.20、0.30、0.40、0.50mL 铅标准溶液（1.3.7.3）分别置于 125mL 分液漏斗中，各补加 1%硝酸溶液（2.3.11），至总体积为 50mL。然后向样品溶液、试剂空白及铅标准溶液中各加 2mL 20%柠檬酸铵溶液（2.3.6）、1mL 盐酸羟胺溶液（2.3.5）、2 滴酚红指示液（2.3.4），用氨水（2.3.2）调节至红色出现，然后向各分液漏斗中加入 2mL10%氰化钾溶液（2.3.7），混匀。准确加入 5mL 双硫腙应用液（2.3.10），剧烈振摇提取 1min，静置分层，在分液漏斗下颈部塞入少许无铅脱脂棉（2.3.12），然后将氯仿层滤入比色杯中，以氯仿调零，在波长 510nm 下测定吸光度，并绘制标准曲线。

2.6　分析结果的计算

按式（2）计算铅浓度：

$$\mathrm{Pb}(\mu g/g)=\frac{(m_1-m_0)\times V}{m\times V_1} \qquad (2)$$

式中：

m_1——从标准曲线查得样液的铅含量，μg；

m_0——从标准曲线查得的试剂空白的铅含量，μg；

m——样品质量，g；

V——样液总体积，mL；

V_1——测定时样液取用量，mL。

附加说明：

本标准由中国预防医学科学院环境卫生监测所归口。

本标准由“化妆品卫生化学标准检验方法”起草小组负责起草。

本标准主要起草人郑星泉、沈文、王鹏、刘桂兰、陈辰。

本标准由中国预防医学科学院环境卫生监测所负责解释。

中华人民共和国国家标准　UDC 668.58：543.062
GB 7917.4—1987

化妆品卫生化学标准检验方法
甲　醇

Standard methods of hygienic test for cosmetics
Methanol

本标准适用于含乙醇的化妆品中甲醇含量的测定。

1　方法提要

试样直接或经蒸馏后，以气相色谱法进行测试和定量。

2　样品采集

见 GB 7917.1—1987《化妆品卫生化学标准检验方法　汞》第 2 章。

3　试剂

3.1　甲醇（99.5%）：分析纯。
3.2　无甲醇乙醇：取 1.0μL 注入色谱仪，应无杂峰出现。
3.3　GDX－102（60～80 目）：气相色谱试剂。
3.4　甲醇标准溶液：取甲醇 2.5mL，置于预先注入 95mL 水的 100mL 容量瓶中，然后加水至刻度，混匀备用。此溶液为 2.5%甲醇溶液。
3.5　氯化钠：分析纯。
3.6　消泡剂：乳化硅油。如 284PS，上海树脂厂出品。

4　仪器

4.1　气相色谱仪：具氢火焰离子化检测器。
4.2　色谱柱：玻璃柱或不锈钢柱，规格 2m×φ4mm，内填充 GDX－102（60～80 目）担体。
4.3　全玻璃磨口水蒸馏装置：如图。
4.4　微量进样器：0.5μL 或 1μL。

5　分析步骤

5.1　启动色谱仪，进行必要的调节，以达到仪器最佳工作条件。
色谱条件依具体情况选择，参考条件为：
气化温度：190℃。
检测器温度：180℃。
柱温：170℃。
氮气流速：40mL/min。

中华人民共和国卫生部 1987-05-28 批准　　1987-10-01 实施

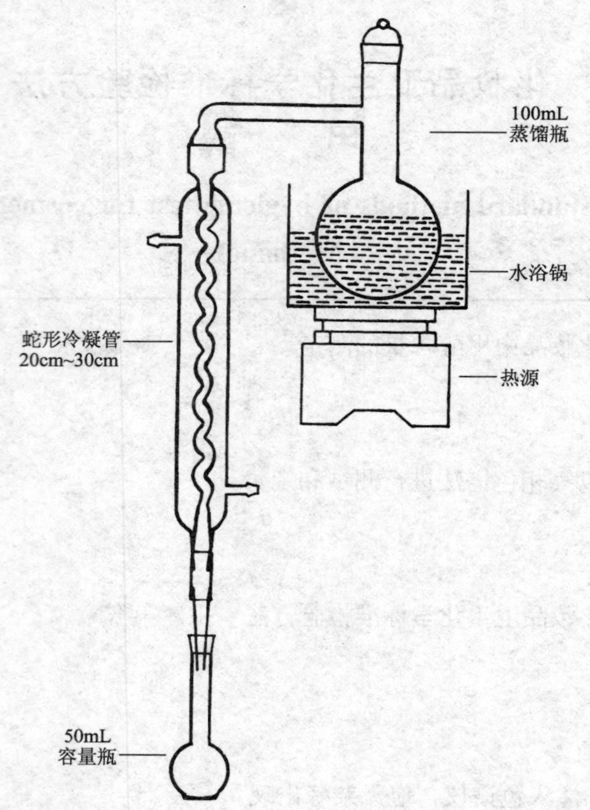

氢气流速：40mL/min。

空气流速：500mL/min。

进样量：1μL。

5.2 样品预处理：液体或低黏度样品，且甲醇含量较高时，可取 10mL 试样，加无甲醇乙醇（3.2）至总体积为 50mL，必要时可过滤，作为样液备用。甲醇含量低的花露水等，也可不经稀释直接测定。样品黏度较大，无法直接测定，可以取 10g 试样，置于蒸馏瓶中（如图），加 50mL 水、2g 氯化钠（3.5）、必要时加 1 滴消泡剂（3.6），再加 30mL 无甲醇乙醇（3.2），在沸水浴中蒸馏，收集约 40mL 蒸馏液于 50mL 容量瓶中，冷至室温后，加无甲醇乙醇（3.2）至刻度，作为样液。

5.3 测定

取 50mL 容量瓶四只，分别注入 1.00、2.00、3.00、4.00mL 甲醇标准溶液（3.4），然后分别加入无甲醇乙醇 30mL，并分别加水至刻度，此标准序列含甲醇为：0.05%、0.10%、0.15%、0.20%。

依次从各容量瓶取 1μL 标准注入气相色谱仪，记下各次色谱面积，并绘制峰面积-甲醇浓度（V/V）曲线。

取 5.2 制备的样液 1μL，注入气相色谱仪，记录色谱峰面积，并从标准曲线查出对应的甲醇浓度。

6 分析结果的计算

按下式计算甲醇浓度：

$$\text{甲醇}(\%,V/V)=\frac{P}{K}$$

式中：

P——从标准曲线上查得样液甲醇浓度，%；

K——样品稀释系数，如按本方法稀释系数为$\frac{10}{50}$。样品经蒸馏处理时，也视稀释系数为$\frac{10}{50}$。

附加说明：

本标准由中国预防医学科学院环境卫生监测所归口。

本标准由“化妆品卫生化学标准检验方法”起草小组负责起草。

本标准主要起草人沈文、郑星泉、陈辰。

本标准由中国预防医学科学院环境卫生监测所负责解释。

中华人民共和国国家标准　UDC 668.58：576.85.07
GB 7918.1—1987

化妆品微生物标准检验方法
总　　则

Standard methods of microbiological examination for cosmetics
General rules

1　样品的采集及注意事项

1.1　所采集的样品，应具有代表性，一般视每批化妆品数量大小，随机抽取相应数量的包装单位。检验时，应分别从两个包装单位以上的样品中共取 10g 或 10mL。包装量小的样品，取样量可酌减。

1.2　供检样品，应严格保持原有的包装状态。容器不应有破裂，在检验前不得启开，以防再污染。

1.3　接到样品后，应立即登记，编写检验序号，并按检验要求尽快检验。如不能及时检验，样品应放在室温阴凉干燥处，不要冷藏或冷冻。

1.4　若只有一个样品而同时需做多种分析，如细菌、毒理、化学等，则宜先取出部分样品作细菌检验，再将剩余样品作其他分析。

1.5　在检验过程中，从开封到全部检验操作结束，均须防止微生物的再污染和扩散，所用器皿及材料均应事先灭菌，全部操作应在无菌室内进行。或在相应条件下，按无菌操作规定进行。

1.6　如检出粪大肠菌群或其他致病菌，自报告发出起该菌种及被检样品应保存一个月备查。

2　供检样品的制备

2.1　培养基和试剂

2.1.1　生理盐水

氯化钠	8.5g
蒸馏水	1000mL

溶解后，分装到加玻璃珠的锥形瓶内，每瓶 90mL，121℃（15 lb）20min 高压灭菌。

2.1.2　SCDLP 液体培养基

成分：	
酪蛋白胨	17g
大豆蛋白胨	3g
氯化钠	5g
磷酸氢二钾	2.5g
葡萄糖	2.5g
卵磷脂	1g
吐温 80	7g
蒸馏水	1000mL

制法：将上述成分混合后，加热溶解，调 pH 为 7.2～7.3 分装，121℃（15 lb）20min 高压灭菌。注意振荡，使沉淀于底层的吐温 80 充分混合，冷却至 25℃左右使用。

中华人民共和国卫生部 1987-05-28 批准　　　　1987-10-01 实施

注：如无酪蛋白胨和大豆蛋白胨，也可用日本多胨代替。

2.1.3　灭菌液体石蜡。

2.1.4　灭菌吐温80。

2.2　仪器

2.2.1　天平。

2.2.2　灭菌锥形瓶：内含玻璃珠及90mL稀释液。

2.2.3　灭菌刻度吸管：10mL、5mL。

2.2.4　水浴箱。

2.2.5　灭菌研钵及灭菌研棒。

2.2.6　均质器。

2.3　不同类型样品的检样制备

2.3.1　液体样品

2.3.1.1　水溶性的液体样品，可量取10mL加到90mL灭菌生理盐水中，如样品少于10mL。仍按10倍稀释法进行。如为5mL则加45mL灭菌生理盐水，混匀后，制成1∶10稀释液。

2.3.1.2　油性液体。取样品10mL，先加5mL灭菌液体石蜡混匀，再加10mL灭菌的吐温80，在40～44℃水浴中振荡混合10min，加入灭菌的生理盐水75mL（在40～44℃水浴中预温），在40～44℃水浴中乳化，制成1∶10的悬液。

2.3.2　膏、霜、乳剂半固体状样品

2.3.2.1　亲水性的样品，称取10g，加到灭菌的带玻璃珠加有90mL灭菌生理盐水的锥形瓶中，充分振荡混匀，放32℃水浴静置15min。用其上清液作为1∶10的稀释液。

2.3.2.2　疏水性的样品，称取10g，放到灭菌的研钵中，加10mL灭菌液体石蜡，研磨成黏稠状，再加10mL灭菌吐温80，研磨待溶解后，加70mL灭菌生理盐水，在40～44℃水浴中充分混合，制成1∶10稀释液。

2.3.2.3　固体样品，称取10g，加到灭菌的生理盐水稀释瓶中，振荡混匀，使其分散混悬后，放30～32℃水浴中，15min后取出，充分振荡混合，再放到30～32℃水浴中静置15min，取上清液作为1∶10的稀释液。

如有均质器，上述水溶性膏、霜、粉剂等，可称10g样品加90mL灭菌生理盐水，均质1～2min；疏水性膏、霜及眉笔、口红等，称10g样品加90mL SCDLP液体培养基，或1g样品加1mL灭菌液体石蜡、1mL灭菌吐温80、7mL灭菌生理盐水，均质3～5min。

附加说明：

本标准由中国预防医学科学院环境卫生监测所归口。

本标准由“化妆品微生物标准检验方法”起草小组起草。

本标准主要起草人周淑玉。

本标准由中国预防医学科学院环境卫生监测所负责解释。

中华人民共和国国家标准 UDC 668.58：576.85.07

GB 7918.2—1987

化妆品微生物标准检验方法 细菌总数测定

Standard methods of microbiological examination for cosmetics Standard plate count

细菌总数系指 1g 或 1mL 化妆品中所含的活菌数量。测定细菌总数可用来判明化妆品被细菌污染的程度，以及生产单位所用的原料、工具设备、工艺流程、操作者的卫生状况，是对化妆品进行卫生学评价的综合依据。

本标准采用标准平板计数法。

1 方法提要

化妆品中污染的细菌种类不同，每种细菌都有它一定的生理特性，培养时对营养要求，培养温度、培养时间、pH 值、需氧性质等均有所不同。在实际工作中，不可能做到满足所有菌的要求，因此所测定的结果，只包括在本方法所使用的条件下（在卵磷脂、吐温 80 营养琼脂上，于 37℃培养 48h）生长的一群嗜中温的需氧及兼性厌氧的细菌总数。

2 培养基和试剂

2.1 生理盐水：见 GB 7918.1—1987《化妆品微生物标准检验方法 总则》。

2.2 卵磷脂、吐温 80-营养琼脂培养基

成分：	
蛋白胨	20g
牛肉膏	3g
氯化钠	5g
琼脂	15g
卵磷脂	1g
吐温 80	7g
蒸馏水	1000mL

制法：先将卵磷脂加到少量蒸馏水中，加热溶解，加入吐温 80 将其他成分（除琼脂外）加到其余的蒸馏水中，溶解。加入已溶解的卵磷脂、吐温 80，混匀，调 pH 值为 7.1～7.4，加入琼脂，121℃（15 lb）20min 高压灭菌，储存于冷暗处备用。

3 仪器

3.1 锥形烧瓶。

3.2 量筒。

3.3 pH 计或精密 pH 试纸。

3.4 高压消毒锅。

中华人民共和国卫生部 1987-05-28 批准 1987-10-01 实施

3.5 试管。

3.6 灭菌平皿：直径 9cm。

3.7 灭菌刻度吸管：10mL、2mL、1mL。

3.8 酒精灯。

3.9 恒温培养箱。

3.10 放大镜。

4 操作步骤

4.1 用灭菌吸管吸取 1：10 稀释的检样 2mL，分别注入到两个灭菌平皿内，每皿 1mL。另取 1mL 注入到 9mL 灭菌生理盐水试管中（注意勿使吸管接触液面），更换一支吸管，并充分混匀，使成 1：100 稀释液。吸取 2mL，分别注入到两个灭菌平皿内，每皿 1mL。如样品含菌量高，还可再稀释成 1：1000，1：10000，等，每种稀释度应换 1 支吸管。

4.2 将熔化并冷至 45℃～50℃的卵磷脂、吐温 80、营养琼脂培养基倾注平皿内，每皿约 15mL，另倾注一个不加样品的灭菌空平皿，作空白对照。随即转动平皿，使样品与培养基充分混合均匀，待琼脂凝固后，翻转平皿，置 37℃培养箱内培养 48h。

5 菌落计数方法

先用肉眼观察，点数菌落数，然后再用放大 5～10 倍的放大镜检查，以防遗漏。记下各平皿的菌落数后。求出同一稀释度各平皿生长的平均菌落数。若平皿中有连成片状的菌落或花点样菌落蔓延生长时，该平皿不宜计数。若片状菌落不到平皿中的一半，而其余一半中菌落数分布又很均匀，则可将此半个平皿菌落计数后乘 2，以代表全皿菌落数。

6 菌落计数及报告方法

6.1 首先选取平均菌落数在 30～300 之间的平皿，作为菌落总数测定的范围。当只有一个稀释度的平均菌落数符合此范围时，即以该平皿菌落数乘其稀释倍数（见表中例 1）。

6.2 若有两个稀释度，其平均菌落数均在 30～300 个之间，则应求出两者菌落总数之比值来决定。若其比值小于或等于 2，应报告其平均数，若大于 2 则报告其中较小的菌落数（见表中例 2 及例 3）。

6.3 若所有稀释度的平均菌落数均大于 300 个，则应按稀释度最高的平均菌落数乘以稀释倍数报告之（见表中例 4）。

6.4 若所有稀释度的平均菌落数均少于 30 个，则应按稀释度最低的平均菌落数乘以稀释倍数报告之（见表中例 5）。

6.5 若所有稀释度的平均菌落数均不在 30～300 个之间，其中一个稀释度大于 300 个，而相邻的另一稀释度小于 30 个时，则以接近 30 或 300 的平均菌落数乘以稀释倍数报告之（见表中例 6）。

6.6 若所有的稀释度均无菌生长，报告数为每克或每毫升小于 10 个。

6.7 菌落计数的报告，菌落数在 10 以内时，按实有数值报告之，大于 100 时，采用二位有效数字，在二位有效数字后面的数值，应以四舍五入法计算。为了缩短数字后面零的个数，可用 10 的指数来表示（见下表报告方式栏）。在报告菌落数为“不可计”时，应注明样品的稀释度。

表 1－1　　细菌计数结果及报告方法

例次	不同稀释度的平均菌落数			两稀释度菌数之比	菌落总数 /（个/g或个/mL）	报告方式 /（个/g或个/mL）
	10^{-1}	10^{-2}	10^{-3}			
1	1365	164	20	—	16400	16000 或 1.6×10^4
2	2760	295	46	1.6	38000	38000 或 3.8×10^4
3	2890	271	60	2.2	27100	27000 或 2.7×10^4
4	不可计	4650	513	—	513000	510000 或 5.1×10^5
5	27	11	5	—	270	270 或 2.7×10^2
6	不可计	305	12	—	30500	31000 或 3.1×10^4

附加说明：

本标准由中国预防医学科学院环境卫生监测所归口。

本标准由“化妆品微生物标准检验方法”起草小组起草。

本标准主要起草人周淑玉。

本标准由中国预防医学科学院环境卫生监测所负责解释。

中华人民共和国国家标准 UDC 668.58：576.85.07
GB 7918.3—1987

化妆品微生物标准检验方法
粪大肠菌群

Standard methods of microbiological examination for cosmetics
Fecal coliforms

粪大肠菌群细菌来源于人和温血动物的粪便。检出粪大肠菌群表明该化妆品已被粪便污染，有可能存在其他肠道致病菌或寄生虫等病原体的危险。因此粪大肠菌被列为重要的卫生指标菌。

1 方法提要

根据粪大肠菌群所具有的生物特性，如革兰氏阴性无芽孢杆菌在44℃培养24～48h能发酵乳糖产酸并产气，能在选择性培养基上产生典型菌落，能分解色氨酸产生靛基质。

2 培养基和试剂

2.1 乳糖胆盐培养基

成分：	
蛋白胨	20g
猪胆盐	5g
乳糖	5g
0.4%溴甲酚紫水溶液	2.5mL
蒸馏水	1000mL

制法：将蛋白胨、胆盐及乳糖溶于蒸馏水中，调pH到7.4，加入指示剂，混匀，分装试管（每支试管中加一个小导管）。115℃（10 lb）20min灭菌。

2.2 双倍浓度乳糖胆盐培养基

按上述乳糖胆盐培养基成分，蒸馏水量不变，其他成分量加倍。

2.3 伊红美蓝（EMB）琼脂

成分：	
蛋白胨	10g
乳糖	10g
磷酸氢二钾	2g
琼脂	20g
2%伊红水溶液	20mL
0.5%美蓝水溶液	13mL
蒸馏水	1000mL

制法：先将琼脂加到900mL蒸馏水中，加热溶解，然后加入磷酸氢二钾蛋白胨，混匀，使之溶解。再以蒸馏水补足至1000mL。校正pH为7.2～7.4，分装于烧瓶内，121℃（15 lb）15min高压灭菌备用。临用时加入乳糖并加热融化琼脂。冷至60℃左右以无菌手续加入灭菌的伊红美蓝溶液，摇匀。倾注平皿备用。

中华人民共和国卫生部1987-05-28批准　　1987-10-01实施

2.4 蛋白胨水（作靛基质试验用）

成分：蛋白胨（或胰蛋白胨） 20g

氯化钠 5g

蒸馏水 1000mL

制法：将上述成分加热熔化，调pH值为7.0～7.2，分装小试管，高压灭菌121℃（15 lb）15min。

2.5 靛基质试剂

柯凡克试剂：将5g对二甲氨基苯甲醛溶解于75mL戊醇中，然后缓慢加入浓盐酸25mL。

试验方法：接种细菌于蛋白胨水中，于44℃培养24h。沿管壁加柯凡克试剂0.3mL～0.5mL，轻摇试管。阳性者于试剂层显深玫瑰红色。

注：蛋白胨应含有丰富的色氨酸，每批蛋白胨买来后，应先用已知菌种鉴定后方可使用。

2.6 革兰氏染色法

2.6.1 染液制备

2.6.1.1 结晶紫染色液：

结晶紫 1g

95%酒精 20mL

1%草酸铵水溶液 80mL

将结晶紫溶于酒精中，然后与草酸铵溶液混合。

2.6.1.2 革兰氏碘液：

碘 1g

碘化钾 2g

蒸馏水 300mL

将碘与碘化钾先进行混合，加入蒸馏水少许，充分振摇，待完全溶解后，再加蒸馏水至300mL。

2.6.1.3 脱色液：95%乙醇。

2.6.1.4 复染液：

a. 沙黄复染液：

沙黄 0.25g

95%酒精 10mL

蒸馏水 90mL

将沙黄溶解于酒精中，然后用蒸馏水稀释。

b. 稀石碳酸复红液：称取碱性复红10g，研细，加95%乙醇100mL，放置过夜，滤纸过滤。取该液10mL，加5%石碳酸水溶液90mL混合，即为石碳酸复红液。再取此液10mL加水90mL，即为稀石碳酸复红液。

2.6.2 染色法

2.6.2.1 将涂片在火焰上固定，滴加结晶紫染色液，染1min，水洗。

2.6.2.2 滴加革兰氏碘液，作用1min，水洗。

2.6.2.3 滴加95%酒精脱色，约30s，或将酒精滴满整个涂片，立即倾去，再用酒精滴满整个涂片，脱色10s，水洗。

2.6.2.4 滴加复染液，复染1min，水洗，待干，镜检。

2.6.3 染色结果

革兰氏阳性菌呈紫色，革兰氏阴性菌呈红色。

注：如用1∶10稀释石碳酸复红染色液作复染液，复染时间仅需10s。

3 仪器

3.1 恒温水浴或隔水式恒温箱：44℃。

3.2 温度计。

3.3 显微镜。

3.4 载玻片。

3.5 接种环。

3.6 电炉。

3.7 锥形瓶。

3.8 试管。

3.9 小导管。

3.10 pH 计或 pH 试纸。

3.11 高压消毒锅。

3.12 灭菌吸管。

3.13 灭菌平皿。

4 操作步骤

4.1 取 10mL 1∶10 稀释的样品，加到 10mL 双倍浓度的乳糖胆盐培养基中，置 44℃培养箱中培养 24～48h，如不产酸也不产气，则报告为粪大肠菌群阴性。

4.2 如产酸产气，划线接种到伊红美蓝琼脂平板上，置 37℃培养 18～24h。同时取该培养液 1～2 滴接种到蛋白胨水中，置 44℃培养 24h。

经培养后，在上述平板上观察有无典型菌落生长。大肠菌群在伊红美蓝琼脂培养基上的典型菌落呈深紫黑色，圆形，边缘整齐，表面光滑湿润，常具有金属光泽。也有的呈紫黑色，不带或略带金属光泽，或粉紫色，中心较深的菌落。亦常为大肠菌群，均应注意挑选。

4.3 挑取上述可疑菌落，涂片作革兰氏染色镜检。

4.4 在蛋白胨水培养液中，加入靛基质试剂约 0.5mL，观察靛基质反应。阳性者液面呈玫瑰红色；阴性反应液面呈试剂本色。

5 检验结果报告

平板上有典型菌落，并经证实为革兰氏阴性短杆菌，靛基质试验阳性，则可报告被检样品中检出粪大肠菌群。

附加说明：

本标准由中国预防医学科学院环境卫生监测所归口。

本标准由“化妆品微生物标准检验方法”起草小组起草。

本标准主要起草人周淑玉。

本标准由中国预防医学科学院环境卫生监测所负责解释。

中华人民共和国国家标准　UDC 668.58：576.85.07
GB 7918.4—1987

化妆品微生物标准检验方法
绿脓杆菌

Standard methods of microbiological examination for cosmetics
Pseudomonas aeruginosa

绿脓杆菌在自然界分布甚广，空气、水、土壤中均有存在。对人有致病力，常引起人皮肤化脓感染，特别是烧伤、烫伤、眼部疾病患者被感染后，常使病情恶化，并可引起败血症，因此，在化妆品卫生标准中规定不得检出绿脓杆菌。

1　方法提要

根据本菌生物学特征：革兰氏阴性杆菌，氧化酶阳性，能产生绿脓菌素。此外还能液化明胶，还原硝酸盐为亚硝酸盐，在42℃条件下生长等，可与类似菌相区别。

2　培养基和试剂

2.1　SCDLP液体培养基

见GB 7918.1—1987《化妆品微生物标准检验方法　总则》。

2.2　十六烷三甲基溴化铵培养基

成分：	
牛肉膏	3g
蛋白胨	10g
氯化钠	5g
十六烷三甲基溴化铵	0.3g
琼脂	20g
蒸馏水	1000mL

制法：除琼脂外，将上述成分混合加热溶解，调pH为7.4～7.6，加入琼脂，115℃（10 lb）20min灭菌后，制成平板备用。

2.3　乙酰胺培养基

成分：	
乙酰胺	10.0g
氯化钠	5.0g
无水磷酸氢二钾	1.39g
无水磷酸二氢钾	0.73g
硫酸镁（$MgSO_4 \cdot 7H_2O$）	0.5g
酚红	0.012g
琼脂	20g
蒸馏水	1000mL

制法：除琼脂和酚红外，将其他成分加到蒸馏水中，加热溶解，调pH为7.2，加入琼脂、酚红，121℃（15 lb）20min高压灭菌后，制成平板备用。

中华人民共和国卫生部1987-05-28批准　　1987-10-01实施

2.4　绿脓菌色素测定用培养基

成分：蛋白胨　20g

氯化镁　1.4g

硫酸钾　10g

琼脂　18g

甘油（化学纯）　10g

蒸馏水　1000mL

制法：将蛋白胨、氯化镁和硫酸钾加到蒸馏水中，加温使溶解，调 pH 至 7.4，加入琼脂和甘油，加热溶解，分装于试管内，115℃（10 lb）20min 高压灭菌后，制成斜面备用。

2.5　明胶培养基

成分：牛肉膏　3g

蛋白胨　5g

明胶　120g

蒸馏水　1000mL

制法：取各成分加在蒸馏水中浸泡 20min，随时搅拌加温使溶解，调 pH 至 7.4，分装于试管内，经 115℃（10 lb）20min 灭菌后，直立制成高层备用。

2.6　硝酸盐蛋白胨水培养基

成分：蛋白胨　10g

酵母浸膏　3g

硝酸钾　2g

亚硝酸钠　0.5g

蒸馏水　1000mL

制法：将蛋白胨和酵母浸膏加到蒸馏水中，加温使溶解，调 pH 为 7.2，煮沸过滤后补足液量，加入硝酸钾和亚硝酸钠，溶解混匀，分装到加有小导管的试管中，115℃（10 lb）20min 灭菌后备用。

2.7　普通琼脂斜面培养基

成分：蛋白胨　10g

牛肉膏　3g

氯化钠　5g

琼脂　15g

蒸馏水　1000mL

制法：除琼脂外，将其余成分溶解于蒸馏水中，调 pH 为 7.2～7.4，加入琼脂，加热溶解，分装试管，121℃（15 lb）15min 高压灭菌后，制成斜面备用。

3　仪器

3.1　培养箱：37℃、42℃。

3.2　锥形烧瓶。

3.3　试管。

3.4　灭菌平皿。

3.5　灭菌刻度吸管。

3.6　显微镜。

3.7　载玻片。

3.8 接种针、接种环。

3.9 电炉。

3.10 高压消毒锅。

4 操作步骤

4.1 增菌培养：取1∶10样品稀释液10mL加到90mL SCDLP液体培养基中，置37℃培养18～24h。如有绿脓杆菌生长，培养液表面多有一层薄菌膜，培养液常呈黄绿色或蓝绿色。

注：如无SCDLP液体培养基时，可用普通肉汤培养基。检验含防腐剂的化妆品时，在每1000mL普通肉汤中加1g卵磷脂、7g吐温80。

4.2 分离培养：从培养液的薄菌膜处挑取培养物，划线接种在十六烷三甲基溴化铵琼脂平板上，置37℃培养18～24h。凡绿脓杆菌在此培养基上，其菌落扁平无定型，向周边扩散或略有蔓延，表面湿润，菌落呈灰白色，菌落周围培养基常扩散有水溶性色素，此培养基选择性强，大肠艾希氏菌不能生长，革兰氏阳性菌生长较差。

在缺乏十六烷三甲基溴化铵琼脂时也可用乙酰胺培养基进行分离，将菌液划线接种于平皿中，放37℃培养24h，绿脓杆菌在此培养基上生长良好，菌落扁平，边缘不整，菌落周围培养基略带粉红色，其他菌不生长。

4.3 染色镜检：挑取可疑的菌落，涂片，革兰氏染色，镜检为革兰氏阴性者应进行氧化酶试验。

4.4 氧化酶试验：取一小块洁净的白色滤纸片放在灭菌平皿内，用无菌玻璃棒挑取绿脓杆菌可疑菌落涂在滤纸片上，然后在其上滴加一滴新配制的1%二甲基对苯二胺试液，在15～30s之内，出现粉红色或紫红色时，为氧化酶试验阳性，若培养物不变色，氧化酶试验阴性。

4.5 绿脓菌素试验：取可疑菌落2～3个，分别接种在绿脓菌素测定用培养基上，置37℃培养24h，加入氯仿3～5mL，充分振荡使培养物中的绿脓菌素溶解于氯仿液内，待氯仿提取液呈蓝色时，用吸管将氯仿移到另一试管中并加入1mol/L的盐酸1mL左右，振荡后，静置片刻。如上层盐酸液内出现粉红色到紫红色时为阳性，表示被检物中有绿脓菌素存在。

4.6 硝酸盐还原产气试验：挑取被检的纯培养物，接种在硝酸盐胨水培养基中，置37℃培养24h，观察结果。凡在硝酸盐胨水培养基内的小导管中有气体者，即为阳性，表明该菌能还原硝酸盐，并将亚硝酸盐分解产生氮气。

4.7 明胶液化试验，取绿脓杆菌可疑菌落的纯培养物，穿刺接种在明胶培养基内，置37℃培养24h，取出放冰箱10～30min，如仍呈溶解状时即为明胶液化试验阳性，如凝固不溶者为阴性。

4.8 42℃生长试验：挑取纯培养物，接种在普通琼脂斜面培养基上，放在41～42℃培养箱中，培养24～48h，绿脓杆菌能生长，为阳性，而近似的荧光假单胞菌则不能生长。

5 检验结果报告

被检样品经增菌分离培养后，经证实为革兰氏阴性杆菌，氧化酶及绿脓菌素试验皆为阳性者，即可报告被检样品中检出有绿脓杆菌。如绿脓菌素试验阴性而液化明胶、硝酸盐还原产气和42℃生长试验三者皆为阳性时，仍可报告被检样品中有绿脓杆菌。

附加说明：

本标准由中国预防医学科学院环境卫生监测所归口。

本标准由“化妆品微生物标准检验方法”起草小组起草。

本标准主要起草人周淑玉。

本标准由中国预防医学科学院环境卫生监测所负责解释。

中华人民共和国国家标准　UDC 668.58：576.85.07
GB 7918.5—1987

化妆品微生物标准检验方法
金黄色葡萄球菌

Standard methods of microbiological examination for cosmetics
Staphylococcus aureus

金黄色葡萄球菌在外界分布较广，抵抗力也较强，能引起人体局部化脓性病灶，严重时可导致败血症，因此化妆品中检验金黄色葡萄球菌有重要意义。

1　方法提要

根据本菌特有的形态及培养特性，应用 Baird Parker 平板进行分离，该平板中的氯化锂可抑制革兰氏阴性细菌生长，丙酮酸钠可刺激金黄色葡萄球菌生长，以提高检出率，并利用分解甘露醇和血浆凝固酶等特征，以兹鉴别。

2　培养基和试剂

2.1　培养基

2.1.1　SCDLP 液体培养基

见 GB 7918.1—1987《化妆品微生物标准检验方法　总则》。

2.1.2　7.5%的氯化钠肉汤

成分：	
蛋白胨	10g
牛肉膏	3g
氯化钠	75g
蒸馏水	1000mL

制法：将上述成分加热溶解，调 pH 为 7.4，分装，121℃（15 lb）15min 高压灭菌。

2.1.3　Baird Parker 平板

成分：	
胰蛋白胨	10g
牛肉膏	5g
酵母浸膏	1g
丙酮酸钠	10g
甘氨酸	12g
氯化锂（$LiCl \cdot 6H_2O$）	5g
琼脂	20g
蒸馏水	950mL
	pH7.0±0.2

增菌剂的配制：30%卵黄盐水 50mL 与除菌过滤的 1%亚碲酸钾溶液 10mL 混合，保存于冰箱内。

制法：将各成分加到蒸馏水中，加热煮沸完全溶解，冷至 25℃校正 pH。分装每瓶 95mL，121℃高压灭

中华人民共和国卫生部 1987-05-28 批准　　1987-10-01 实施

菌15min。临用时加热熔化琼脂，每95mL加入预热至50℃的卵黄亚碲酸钾增菌剂5mL，摇匀后倾注平板。培养基应是致密不透明的。使用前在冰箱储存不得超过48h。

2.1.4 血琼脂培养基

成分：营养琼脂 100mL
脱纤维羊血（或兔血） 10mL

制法：将营养琼脂加热熔化，待冷至50℃左右以无菌手续加入脱纤维羊血，摇匀，制成平板，置冰箱内备用。

2.1.5 甘露醇发酵培养基

成分：蛋白胨 10g
氯化钠 5g
甘露醇 10g
牛肉膏 5g
0.2%溴麝香草酚蓝溶液 12mL
蒸馏水 1000mL

制法：将蛋白胨、氯化钠、牛肉膏加到蒸馏水中，加热溶解，调pH 7.4，加入甘露醇和指示剂，混匀后分装试管中，115℃（10 lb）20min灭菌备用。

2.1.6 兔（人）血浆制备

取3.8%柠檬酸钠溶液［121℃（15 lb）30min灭菌］1份加兔（人）全血4份，混匀静置，2000～3000r/min离心3～5min。血球下沉，取上面血浆。

3 设备和材料

3.1 显微镜。
3.2 培养箱。
3.3 离心机。
3.4 灭菌吸管：1mL，5mL，10mL。
3.5 灭菌试管。
3.6 载玻片。
3.7 酒精灯。

4 操作步骤

4.1 增菌：取1∶10稀释的样品10mL接种到90mL SCDLP液体培养基中（如无此培养基也可用7.5%氯化钠肉汤），置37℃培养箱，培养24h。

注：如无此培养基也可用7.5%氯化钠肉汤，检验含防腐剂的化妆品时，可在1000mL此培养基中加1g卵磷脂、7g吐温80。

4.2 分离：自上述增菌培养液中，取1～2接种环，划线接种在Baird Parker氏培养基，如无此培养基也可划线接种到血琼脂平板，置37℃培养24～48h。在血琼脂平板上菌落呈金黄色，大而突起，圆形，不透明，表面光滑，周围有溶血圈。在Baird Parker氏培养基上为圆形，光滑，凸起，湿润，直径为2～3mm，颜色呈灰色到黑色，边缘为淡色，周围为一混浊带，在其外层有一透明带。用接种针接触菌落似有奶油树胶的软度。偶然会遇到非脂肪溶解的类似菌落，但无混浊带及透明带。挑取单个菌落分纯在血琼脂平板上，置37℃培养24h。

4.3 染色镜检：挑取分纯菌落，涂片，进行革兰氏染色，镜检。金黄色葡萄球菌为革兰氏阳性菌，排列成葡萄状，无芽孢，无夹膜，致病性葡萄球菌，菌体较小，直径约为0.5～1μm。

4.4 甘露醇发酵试验：取上述分纯菌落接种到甘露醇发酵培养基中，置37℃培养24h，金黄色葡萄球菌应能发酵甘露醇产酸。

4.5 血浆凝固酶试验

4.5.1 玻片法：取清洁干燥载玻片，一端滴加一滴灭菌生理盐水，另一端滴加一滴血浆，用接种环挑取待检菌落，分别在生理盐水及血浆中充分研磨混合。血浆与菌苔混悬液在5min内出现团块或颗粒状凝块时，而盐水滴仍呈均匀混浊无凝固现象者为阳性，如两者均无凝固现象则为阴性。凡玻片试验呈阴性反应或盐水滴与血浆滴均有凝固现象，再进行试管凝固酶试验。

4.5.2 试管法：吸取1∶4新鲜血浆0.5mL，放入灭菌小试管中，再加入待检菌24h肉汤培养物0.5mL。混匀，放37℃温箱或水浴中，每半小时观察一次，24h之内如呈现凝块即为阳性。同时以已知血浆凝固酶阳性和阴性菌株肉汤培养物及肉汤培养基各0.5mL，分别加入灭菌小试管内0.5mL 1∶4血浆混匀，作为对照。

5 检验结果报告

凡在上述选择平板上有可疑菌落生长，经染色镜检，证明为革兰氏阳性葡萄球菌，并能发酵甘露醇产酸。血浆凝固酶试验阳性者，可报告被检样品检出金黄色葡萄球菌。

附加说明：

本标准由中国预防医学科学院环境卫生监测所归口。

本标准由“化妆品微生物标准检验方法”起草小组起草。

本标准主要起草人刘以贤。

本标准由中国预防医学科学院环境卫生监测所负责解释。

前　言

为配合中华人民共和国《化妆品卫生监督条例》的实施特制定本标准。

本标准是不同种类化妆品皮肤病诊断标准和处理原则的总则。凡符合本标准中所规定的定义，并具有相应临床表现者均可按本标准的原则进行诊断和处理。

本标准从1998年12月1日起实施。

本标准的附录A、B是标准的附录。

本标准的附录C是提示的附录。

本标准由中华人民共和国卫生部提出。

本标准起草单位：解放军空军总医院、南京医学院第一附属医院、中国预防医学科学院劳动卫生与职业病研究所、大连医学院第二附属医院、北京协和医院。

本标准主要起草人：赵辨、蔡瑞康、刘玮、薛春霄、黄畋、袁兆庄。

本标准由卫生部委托技术归口单位中国预防医学科学院负责解释。

中华人民共和国国家标准

GB 17149.1—1997

化妆品皮肤病诊断标准及处理原理 总则

Diagnostic criteria and principles of management of skin diseases induced by cosmetics —General guideline

化妆品皮肤病是指人们日常生活中使用化妆品引起的皮肤及其附属器的病变。

1 范围

本标准规定了化妆品皮肤病的诊断及处理原则。

本标准适用于使用化妆品所引起的皮肤及其附属器的病变。

2 引用标准

下列标准所包含的条文，通过在本标准中引用而构成为本标准的条文。本标准出版时，所示版本均为有效。所有标准都会被修订，使用本标准的各方应探讨使用下列标准最新版本的可能性。

GB 17149.2—1997 化妆品接触性皮炎诊断标准及处理原则

GB 17149.3—1997 化妆品痤疮诊断标准及处理原则

GB 17149.4—1997 化妆品毛发损害诊断标准及处理原则

GB 17149.5—1997 化妆品甲损害诊断标准及处理原则

GB 17149.6—1997 化妆品光感性皮炎诊断标准及处理原则

GB 17149.7—1997 化妆品皮肤色素异常诊断标准及处理原则

3 定义

本标准所称的化妆品是指以涂擦、喷洒或者其他类似的方法，散布于人体表面任何部位（皮肤、毛发、指甲、口唇等），以达到清洁、消除不良气味、护肤、美容和修饰目的的日用化学工业产品。使用化妆品所引起的皮肤及其附属器的病变采用下列定义：

3.1 化妆品接触性皮炎 contact dermatitis induced by cosmetics

化妆品引起的刺激性或变应性接触性皮炎。

3.2 化妆品光感性皮炎 photosensitive dermatitis induced by cosmetics

由化妆品中某些成分和光线共同作用引起的光毒性或光变应性皮炎。

3.3 化妆品皮肤色素异常 skin discolouration induced by cosmetics

接触化妆品的局部或其邻近部位发生的慢性色素异常改变，或在化妆品接触性皮炎、光感性皮炎消退后局部遗留的皮肤色素沉着或色素脱失。

3.4 化妆品痤疮 acne induced by cosmetics

经一定时间接触化妆品后，在局部发生的痤疮样皮损。

国家技术监督局 1997-12-15 批准 1998-12-01 实施

3.5 化妆品毛发损害 hair damage induced by cosmetics

应用化妆品后出现的毛发干枯、脱色、折断、分叉、变形或脱落（不包括以脱毛为目的的特殊用途化妆品）。

3.6 化妆品甲损害 nail damage induced by cosmetics

长期应用化妆品引起的甲剥离、甲软化、甲变脆及甲周皮炎等。

4 诊断原则

根据下列条件，综合分析进行诊断。

4.1 发病前必须有明确的化妆品接触史。

4.2 皮损的原发部位是使用该化妆品的部位。

4.3 排除非化妆品因素引起的相似皮肤病。

4.4 必要时进行可疑化妆品的皮肤斑贴试验（见 GB 17149.2）或光斑贴试验（见 GB 17149.6）；如需进一步做化妆品系列变应原的皮肤斑贴试验，见附录 A 或附录 B。

5 诊断标准

不同类型的化妆品皮肤病，其诊断标准分别见：

GB 17149.2—1997 化妆品接触性皮炎诊断标准及处理原则

GB 17149.3—1997 化妆品痤疮诊断标准及处理原则

GB 17149.4—1997 化妆品毛发损害诊断标准及处理原则

GB 17149.5—1997 化妆品甲损害诊断标准及处理原则

GB 17149.6—1997 化妆品光感性皮炎诊断标准及处理原则

GB 17149.7—1997 化妆品皮肤色素异常诊断标准及处理原则

6 处理原则

6.1 停用可疑致病的化妆品。

6.2 根据临床类型及病情按一般皮肤病的治疗原则对症处理。

6.3 避免再次接触已经明确的致病物质。

附 录 A
（标准的附录）
化妆品斑贴试验浓度及稀释剂

A1 皮肤斑贴试验是用来诊断化妆品接触性皮炎的有效手段之一。皮肤斑贴试验结果受很多因素的影响，在排除假阳性和假阴性反应后，斑贴试验阳性者可诊断为化妆品皮炎。具体试验方法见 GB 17149.2—1997 附录 A。

A2 化妆品斑贴试验时，可按其不同性质选用下列稀释剂：蒸馏水、白凡士林、植物油、70％乙醇及丙酮。

A3 选择化妆品斑贴试验浓度原则上应低于其刺激浓度，对下列各类化妆品建议采用以下浓度及稀释剂进行斑试：

表 A1 化妆品斑贴试验浓度及稀释剂

种 类	浓 度/％	稀 释 剂
护肤类膏剂	50 或 100	白凡士林（油包水型化妆品）或蒸馏水（水包油型化妆品）
护发类发乳	50 或 100	白凡士林（油包水型化妆品）或蒸馏水（水包油型化妆品）
护发类发油	50 或 100	植物油
烫发剂	5 或 10	蒸馏水
染发剂	2 或 5	蒸馏水
摩 丝	50 或 100	蒸馏水
香 波	2 或 5	蒸馏水
香 皂	2 或 5	蒸馏水
甲 油	5 或 10	丙酮
香 水	5 或 10	70％乙醇
唇 膏	50 或 100	白凡士林
其他：根据具体使用情况选用原物或适当稀释。		

附 录 B
（标准的附录）

表 B1 化妆品变应原斑贴试验浓度及稀释剂

编号	物品名称	浓度/%	稀释剂
1	肉桂醇	5	凡士林
2	羟基香茅醛	5	凡士林
3	异丁香酚	5	凡士林
4	混合香料	10	凡士林
5	戊基肉桂醇	5	凡士林
6	香兰素	10	凡士林
7	葵子麝香	5	凡士林
8	橡苔浸膏	1	凡士林
9	丁香酚	1	凡士林
10	香叶油	2	凡士林
11	尼泊金甲酯	3	凡士林
12	尼泊金乙酯	3	凡士林
13	尼泊金丙酯	3	凡士林
14	尼泊金丁酯	3	凡士林
15	珍珠粉	2.5	凡士林
16	羟苯甲酮	1	凡士林
17	溴硝丙醇	0.5	凡士林
18	异噻唑啉酮	1	凡士林
19	对氨基苯甲酸	5	凡士林
20	十八醇	5	凡士林
21	山梨酸	3	凡士林
22	三乙醇胺	3	凡士林
23	柳酸苄酯	2	凡士林
24	苯甲酸	1	凡士林
25	丙二醇	10	凡士林
26	羊毛脂	50	凡士林
27	单硬脂酸甘油酯	20	凡士林
28	硬脂酸	10	凡士林
29	丁基化羟基甲苯	5	凡士林
30	苯甲醇	5	凡士林
31	十二醇硫酸钠	0.1	凡士林
32	氢醌	1	凡士林
33	烷基醇聚氧乙烯醚硫酸钠	0.5	凡士林
34	脂肪酸硫酸钠	0.1	凡士林
35	升汞	0.1	水
36	对苯二胺	1	凡士林
37	松香	5	酒精
38	氯化镍	5	水
39	甲醛	5	水

附 录 C
（提示的附录）
正确使用标准的说明

C1 本标准仅适用于日常生活中使用化妆品所引起的皮肤及其附属器的病变，不适用于生产、职业性接触化妆品及其原料所引起的病变；也不适用于化妆品中某些化学物质，经皮肤吸收而引起的系统性不良反应。

C2 皮肤斑贴试验或光斑贴试验是协助诊断化妆品接触性皮炎或光感性皮炎的重要依据之一，试验阳性者可诊断为化妆品皮炎或化妆品光感性皮炎；试验阴性者应结合病史、临床表现综合判断。必要时进行其他相关的特殊检查。

C3 诊断化妆品皮肤病应紧密结合临床资料，对一时无法确诊者，可以采取暂停使用化妆品，进行动态观察，对具体病例作具体分析。

C4 化妆品品种繁多，化妆品所致皮肤病临床表现各异，凡未列入本标准范围内的皮肤及其附属器的损伤，应根据具体情况作全面分析。

前　言

为配合中华人民共和国《化妆品卫生监督条例》的实施特制定本标准。

本标准规定的诊断标准和治疗原则仅涉及化妆品引起的刺激性接触性皮炎和变应性接触性皮炎。

本标准从 1998 年 12 月 1 日实施。

本标准的附录 A、附录 B 是标准的附录。

本标准的附录 C、附录 D 是提示的附录。

本标准由中华人民共和国卫生部提出。

本标准起草单位：解放军空军总医院、大连医学院第二附属医院、南京医学院第一附属医院、北京协和医院。

本标准主要起草人：黄畋、蔡瑞康、刘玮、赵辨、袁兆庄。

本标准由卫生部委托技术归口单位中国预防医学科学院负责解释。

中华人民共和国国家标准

GB 17149.2—1997

化妆品接触性皮炎诊断标准及处理原则

Diagnostic criteria and principles of management of contact dermatitis induced by cosmetics

化妆品接触性皮炎系指由接触化妆品而引起的刺激性接触性皮炎和变应性接触性皮炎。

1 范围

本标准规定了化妆品接触性皮炎的诊断标准和处理原则。

本标准适用于化妆品引起的刺激性接触性皮炎和变应性接触性皮炎。

2 引用标准

下列标准所包含的条文，通过在本标准中引用而构成为本标准的条文。本标准出版时，所示版本均为有效。所有标准都会被修订，使用本标准的各方应探讨使用下列标准最新版本的可能性。

GB 17149.1—1997 化妆品皮肤病诊断标准及处理原则 总则

3 诊断原则

有明确的化妆品接触史，并根据发病部位，皮疹形态，必要时进行皮肤斑贴试验进行综合分析而诊断，但需要排除非化妆品引起之接触性皮炎。

4 诊断标准

4.1 刺激性接触性皮炎

4.1.1 有明确的化妆品接触史，且接触后较快出现皮炎改变。

4.1.2 皮损局限于接触部位，界限清楚。

4.1.3 在同样条件下，一般较多接触者发病。

4.1.4 皮损形态常呈急性或亚急性皮炎，有程度不等的红斑、丘疹、水肿、水疱。破溃后可有糜烂，渗液，结痂。自觉局部皮损瘙痒灼热或疼痛。皮损严重程度和接触物的浓度、接触时间有明显联系。

4.1.5 发生在口唇黏膜时可有干燥、脱屑，局部刺痒或灼痛。

4.1.6 去除病因后很快痊愈。

4.1.7 排除其他非化妆品接触因素所致病变。

4.2 变应性接触性皮炎

4.2.1 有明确使用或多次使用化妆品的历史，并有一定的潜伏期。

4.2.2 在使用同一种化妆品的人群中，一般仅有少数人发病。

4.2.3 原发部位局限于接触部位，但可向周围或远隔部位扩散。

4.2.4 皮损形态多样，自觉瘙痒。可表现为皮炎、红斑鳞屑、头面部红肿、眼周皮炎伴发结合膜炎、手掌手指汗疱疹样以及接触性荨麻疹样表现。

国家技术监督局 1997-12-15 批准　　　　1998-12-01 实施

4.2.5　口唇黏膜可表现为红肿、渗出、结痂、糜烂等，病程较长时可有浸润、增厚等慢性皮炎改变。

4.2.6　皮损常迁延不愈。

4.2.7　斑试常获阳性结果，见附录 A。

4.2.8　排除其他非化妆品的接触因素所致病变。

4.2.9　斑试结果阴性者，必要时可做皮肤开放试验，见附录 B。

5　处理原则

5.1　及时清除皮肤上存留的化妆品。

5.2　停用引起病变或可疑引起病变的化妆品。

5.3　按皮炎-湿疹的治疗原则对症治疗。

附 录 A
（标准的附录）
皮肤斑贴试验方法

A1 本方法适用于寻找由化妆品引起的接触性皮炎的刺激物或致敏原。

A2 进行皮肤斑贴试验时，待检物的稀释浓度及稀释剂见 GB 17149.1—1997 附录 A。

A3 操作步骤

A3.1 将斑试器（标准芬兰小室）标好顺序。

A3.2 将化妆品按品种稀释至规定浓度或使用化妆品系列变应原顺序加至斑试器内。斑试物用量，膏、霜物可用约 0.03g，变应原如为液体，则先在小室中放一滤纸片，然后滴加变应原（约 0.02～0.04mL）；对照斑试器仅用化妆品稀释剂。

A3.3 将加有变应原的斑试器用胶带敷贴于上背部或前臂屈侧，用手掌轻轻按压几次，使之均匀贴敷于皮肤上。

A4 观察与判定

A4.1 观察时间：斑贴 48h 后除掉斑试胶带，间隔 30min 待斑试器压痕消失后判定反应强度。如结果为阴性，为避免遗漏迟发反应，可于 72h 和 96h 分别再观察一次结果。

A4.2 受试部位反应程度判定

皮肤无反应	（－）
皮肤呈淡红斑、无浸润	（±）
皮肤呈红斑、浸润、丘疹	（＋）
皮肤呈红斑、水肿、丘疹、小水疱	（＋＋）
皮肤在红斑、水肿上出现大水疱	（＋＋＋）

A5 注意事项

A5.1 皮炎急性期不宜做斑贴试验，试验期间受试者应避免服用抗炎性介质类药物如皮质类固醇类激素、抗组织胺药等。

A5.2 斑试前应向受试者说明意义和可能出现的反应，以便取得合作。

A5.3 如试验处感到重度烧灼或剧痒，可及时去掉斑试物。

A5.4 斑试期间要保持局部干燥，不要挪动斑试器，防止脱落，不宜洗澡。

A5.5 夏季酷暑不宜做皮肤斑贴试验。

附　录　B
（标准的附录）
开放性斑贴试验方法

B1　适应证

开放性斑贴试验适应于（1）疑为化妆品引起的变应性接触性皮炎但斑贴试验可疑或阴性反应者；（2）未知的或新的变应性抗原。

B2　操作步骤

将受试物（膏霜类约0.3g，液体类约0.3mL）涂于前臂屈侧近肘窝处约5cm×5cm大的皮肤上，每日两次，连续七天。

B3　观察与判定

每日观察局部皮肤反应，无反应者为阴性，出现皮炎者为阳性。

B4　注意事项

B4.1　如受试中有任何刺激现象发生则随时停止。

B4.2　反应多在使用4日内发生，少数反应慢者可于第5日至第7日出现反应，因此应观察一周为宜。

B4.3　避免在试验期内水洗，搓揉局部皮肤。

附 录 C

（提示的附录）

化妆品皮炎的常见致敏物及其斑贴浓度

表 C1

常 见 物	斑贴试验浓度/%
α-戊基肉桂醛（α-amyl-cinnamaldehyde）	1
α-萘酚（α-naphthol）	0.5
桉树油（eucalyptus oil）	2
氨基汞化氯（ammoniated mercury）	1
苯甲醇（benzyl alcohol）	5
苯甲醛（benzaldehyde）	5
秘鲁香脂（balsam of peru）	10
薄荷油（peppermint oil）	2
苯酮（benzophenones）	1
氯化苯甲羟铵 benzalkonium chloride（in water）	0.1
苯并三唑（benzotriazole）	1
丙二醇（propylene glycol）	10
草酸及其酯类和碱性盐类（oxalic acid，its esters and alkaline salts）	5
橙油（orange oil）	2
丁子香酚（eugenol）	1
丁子香油（clove oil）	2
丁基化羟基甲苯（butyl hydroxytduene）（BHT）	5
丁基化羟基甲氧基苯（butyl hydroxyamisole）（BHA）	2
丁卡因盐酸盐（tetracaine hydrochloride；amethocaine）	1
对羟基苯甲酸甲酯（methyl parahydroxybenzoate）	3
对羟基苯甲酸乙酯（ethyl parahydroxybenzoate）	3
对羟基苯甲酸丙酯（propyl parahydroxybenzoate）	3
对羟基苯甲酸丁酯（butyl parahydroxybenzoate）	3
对羟基苯甲酸苄酯（benzyl parahydroxybenzoate）	3
对叔丁基苯酚（paratertiary butylphenol）	1
对氨基苯甲酸（p-aminobenzoic acid）	2
对氨基苯酚（p-aminophenol）	2
对苯二胺（p-phenylenediamine）	1
对叔丁基儿茶酚（paratertiary butylcatechol）	1
2-氯-N-羟甲基乙酰胺（2-chloro-N-hydroxy methyl-acetamide）	0.2
二硫化硒（selenium disulphide）	0.01
分散橙 3（disperse orange 3）C1 11005	1
分散黄 3（disperse yellow 3）	1
分散红 1（disperse red 1）	1

续表

常 见 物	斑贴试验浓度/%
分散红 17（disperse red 17）	1
分散蓝 3（disperse bule 3）C1 61505	1
酚及其碱性盐类（phenol and its alkali salts）	1
杆菌肽（bacitracin）	20
汞（mercury）	1
过氧化氢（hydrogen peroxide）	12
过氧化苯甲酰（benzoyl peroxide）	1
过氧化松节油（turpentine peroxide）	0.3
茴香醇（anisyl alcohol）	5
甲醇（methanol）	0.2
甲醛（formaldehyde）	2
间苯二酚（雷锁辛）（resorcinol）	2
焦醅酚，1，2，3 苯三酚（pyrogallol）	1
洁美 115（imidazolidinyl urea；germall 115）	2
洁美 2（germall 2；diazolidinyl urea） N-［1，3-二（羟甲基）-2，5 二氧代-4-咪唑烷基］-N，N-二（羟甲基）脲	1
金合欢醇（farnesol）	5
聚氧乙烯山梨糖醇酐单棕榈酸酯（polyoxyethylene sorbitin monopalmitate）	10
聚氧乙烯山梨糖醇酐单油酸酯（polyoxyethylene sorbitan monooleate）	10
绝对橡苔（oak moss absolute）	1
凯松 CG（kathon CG）（in water）	0.67
苦橙花油（neroli oil）	2
葵子麝香（musk ambrette）	5
奎诺仿（clioguind；chinoform）	5
奎宁及其盐类（quinine and its salts）	0.2
利多卡因盐酸盐（lidocaine hydrochloride）	15
6-甲基香豆素（6-methylcoumarin）	1
硫酸铜（copper sulphate）（in water）	1
硫柳汞（thiomersal）	0.1
氯化氯烯丙基六亚甲基四胺（quaternium-15）	1
氯甲酚（chlorocresol；PCMC）	0.5
氯二甲苯酚（chloroxy lenol；PCMX）	1
氯已定二葡糖酸盐（chlorhoxidine digluconate）	0.5
氯胺 T（chloramine T）	0.5
氯乙酰胺（chloracetamide）	0.2
氯喹哪啶醇（chlorqainaldol）	5
卤化醌醇（halquinol）	1
茉莉（jasmine）	5
玫瑰油（rose oil）	2
柠檬草油（lemon grass oil）	2

续表

常　见　物	斑贴试验浓度/%
柠檬油（lemon oil）	2
硼酸（boric acid）	0.5
羟基香茅醛（hydroxycitronellal）	5
氢醌（对苯二酚）（hydroquinone）	1
肉桂醛（cinnamyl aldehyde）	1
肉桂醇（cinnamyl alcohol）	5
肉桂酸苄酯（benzyl cinnamate）	5
山金车酊（arnica tincture）	20
山梨酸（sorbic acid）	3
山梨糖醇酐倍半油酸酯（sorbitan sesquioleate）	20
三乙醇胺（trolamine）（triethanolamine）	3
三氯生（triclosan）	2
水杨醛（salicylaldehyde）	2
水杨酸（salicylic acid）	0.5
水杨酸苯酯（phenyl salicylate）	1
水基紫 201（V-201）C1 60725	5
水杨酸苄酯（benzyl salicylate）	2
曙红，四溴荧光素（eosine）	50
十六烷醇和十八烷醇（cety/stearyl alcohol）	20
十二烷基硫酸钠（sodium lauryl sulfate）	0.5
松香酯（balsam of pine）	20
松香（rosin）	2
苏丹Ⅰ（sudan Ⅰ）	0.1
苏合香酯（storax）	2
檀香油（sandalwood oil）	2
塔鲁香酯（balsam of tolu）	20
戊基肉桂醇（alpha amyl cinnamic alcohol）	5
戊二醛（glutardialdehyde）	1
辛可卡因盐酸盐（cinchocaine hydrochloride）	5
溴硝丙二醇（bronopol）	0.5
硝酸苯汞（pheny lmercuric nitrate）（in water）	0.01
香兰素（香草醛）（vanillin）	10
香叶醇（geraniol）	1
雪松油（cedarwood oil）	10
薰衣草油（lavender oil）	20
颜料黄 204（Y-204）C1 47000	0.5
颜料红 219（R-219）C1 15800	1
颜料红 226（R-226）C1 73360	1
颜料红 404（R-404）C1 12315	1
颜料红 221（R-221）C1 12120	1

续表

常　见　物	斑贴试验浓度/%
盐酸普鲁卡因（procaine hydrochloride）	1
盐酸硫胺（thiamine hydrochloride）（Vit. B1）	10
盐酸吡哆醇（pyridoxine hydrochloride）（Vit. B6）	10
羊毛脂（lanolin）	50
羊毛醇（lanolin alcohol）	30
1-十二烷基胍乙酸盐（1-dodecy lguanidinium acetate）	0.5
1，3，5三（2-羟乙基）六氢三嗪 1，3，5-tris（2-hydroxyethyl）-hexahydrotriazine	1
乙酸苯汞（pheny lmercuric acetate）（in water）	0.01
乙基汞硫代水杨酸钠（tionersal）	0.1
异噻唑化合物（isothiazalium compounds）	1
异丁子香酚（isoeugenol）	5
己基间苯二酚（hexyl resorcinol）	2
依兰油（cananga oil）	15
液体石蜡和羊毛脂醇（amerchol L 101）	50
优塞林（eucerin）	100
月桂油（lauryl oil）	2
云杉香酯（balsam of spruce）	20

附　录　D
（提示的附录）
正确使用标准的附录

D1　接触性皮炎是临床常见的皮肤病之一，诊断化妆品接触性皮炎时应排除其他原因引起的类似病变；此外，和其他炎症性皮肤病如湿疹、脂溢性皮炎、慢性红斑狼疮、多形性日光疹、手部汗疱疹、接触性荨麻疹等也需要进行鉴别诊断。

D2　皮肤斑贴试验是协助诊断化妆品接触性皮炎的重要依据之一，试验阳性者可诊断为化妆品接触性皮炎；试验阴性者应结合病史、临床表现全面分析。必要时进行皮肤开放试验，见附录 B。

D3　具有刺激性的化妆品（如脱毛、祛臭类产品）不宜作皮肤斑贴试验。可根据病史和典型临床表现进行诊断。

前　言

为配合中华人民共和国《化妆品卫生监督条例》的实施特制定本标准。

本标准规定的诊断标准和处理原则仅涉及化妆品引起的面部痤疮样皮疹。

本标准从 1998 年 12 月 1 日起实施。

本标准的附录 A 是提示的附录。

本标准由中华人民共和国卫生部提出。

本标准起草单位：解放军空军总医院、北京协和医院、南京医学院第一附属医院、大连医学院第二附属医院。

本标准主要起草人：袁兆庄、蔡瑞康、刘玮、赵辨、黄畋。

本标准由卫生部委托技术归口单位中国预防医学科学院负责解释。

中华人民共和国国家标准

GB 17149.3—1997

化妆品痤疮诊断标准及处理原则

Diagnostic criteria and principles of management of acne induced by cosmetics

化妆品痤疮是指由化妆品引起的面部痤疮样皮疹。

1 范围

本标准规定了化妆品痤疮的诊断及处理原则。

本标准适用于因使用化妆品引起的皮肤痤疮样损害。

2 诊断原则

有明确的化妆品接触史，在接触部位出现与毛孔一致的黑头粉刺、炎性丘疹及脓疱等。除外非化妆品引起的痤疮，必要时对患者所用化妆品做质量鉴定。

3 诊断标准

3.1 发病前有明确的化妆品接触史。

3.2 皮损仅局限于接触化妆品的部位。

3.3 化妆品痤疮一般表现为黑头粉刺、炎性丘疹、脓疱等。

3.4 若原先已有寻常痤疮存在，则症状会明显加重。

3.5 停用可疑化妆品后，痤疮样皮损可明显改善或消退。

3.6 排除非化妆品引起的其他一切痤疮。

4 处理原则

4.1 停用一切可疑的化妆品。

4.2 清除面部所残留的化妆品，保持清洁卫生。

4.3 按消炎、抗菌和角质溶解等原则对症处理。

国家技术监督局 1997-12-15 批准　　1998-12-01 实施

附　录　A

（提示的附录）

正确使用标准的说明

A1　化妆品痤疮主要因劣质油性或粉质化妆品填塞毛孔导致皮脂排泄障碍而形成黑头粉刺及炎症丘疹或继发感染形成脓疱性损害，与化妆品的质量（如含有不纯的凡士林、卤素等化学物质）及选用或使用化妆品不当有关。是外因（化妆品）所致的痤疮，应与其他外因引起的职业性及油性痤疮相区别。

A2　化妆品痤疮应与寻常痤疮、类固醇性痤疮和月经前痤疮相鉴别，但化妆品痤疮有时可在寻常痤疮基础上发生。要根据病史和症状加以区别。

A3　化妆品痤疮目前主要靠病史及症状来诊断，必要时对所用化妆品进行质量分析，可以协助诊断。

前　言

为配合中华人民共和国《化妆品卫生监督条例》的实施特制定本标准。

本标准规定的诊断标准和处理原则，仅涉及化妆品引起的毛发损害。

本标准从1998年12月1日起实施。

本标准的附录A是提示的附录。

本标准由中华人民共和国卫生部提出。

本标准起草单位：解放军空军总医院、北京协和医院、南京医学院第一附属医院、大连医学院第二附属医院。

本标准主要起草人：袁兆庄、蔡瑞康、刘玮、赵辨、黄畋。

本标准由卫生部委托技术归口单位中国预防医学科学院负责解释。

中华人民共和国国家标准

GB 17149.4—1997

化妆品毛发损害诊断标准及处理原则

Diagnostic criteria and principles of management of hair damage induced by cosmetics

化妆品毛发损害是指应用化妆品后引起的毛发损伤。

1 范围

本标准规定了化妆品毛发损害的诊断及处理原则。

本标准适用于化妆品引起的毛发损害。

2 诊断原则

有明确的毛发化妆品接触史，使用化妆品后发生毛发损害，停用化妆品后可以逐渐恢复正常。应除外其他毛发病变，必要时对所用化妆品进行鉴定分析。

3 诊断标准

3.1 化妆品毛发损害必须有发用化妆品接触史，如洗发护发剂、发乳、发胶、染发剂、生发水、描眉笔、眉胶、睫毛油等。

3.2 在使用上述化妆品后出现毛发脱色、变脆、分叉、断裂、脱落、失去光泽、变形等病变。

3.3 应除外其他原因引起的毛发损害，如头癣、发结节纵裂、管状发、斑秃、男型秃发等。

3.4 停止使用毛发化妆品后可逐渐恢复正常。

3.5 必要时对毛发化妆品及损害之毛发进行分析检查以协助确定病因。

4 处理原则

4.1 停用原来使用的毛发化妆品。

4.2 清洁毛发，除去残留化妆品。

4.3 可做一般的护发处理，不需特别治疗。

国家技术监督局 1997-12-15 批准　　1998-12-01 实施

附　录　A

（提示的附录）

正确使用标准的说明

A1　化妆品毛发损害与化妆品中所含成分（如染料、去污剂、表面活性剂、化学烫发剂以及其他添加剂等）有关。

A2　非化妆品引起的毛发损害如头癣、发结节纵裂、管状发、斑秃、男型秃发等，应注意与化妆品毛发损害区别。

A3　取发样做显微镜下观察，分辨毛发损害的状态，必要时做化妆品分析有利于确诊。

前　言

为配合中华人民共和国《化妆品卫生监督条例》的实施特制定本标准。

本标准规定的诊断标准和处理原则，涉及化妆品引起的指、趾甲损害。

本标准从1998年12月1日起实施。

本标准的附录A是提示的附录。

本标准由中华人民共和国卫生部提出。

本标准起草单位：解放军空军总医院、北京协和医院、南京医学院第一附属医院、大连医学院第二附属医院。

本标准主要起草人：袁兆庄、蔡瑞康、刘玮、赵辨、黄畋。

本标准由卫生部委托技术归口单位中国预防医学科学院负责解释。

中华人民共和国国家标准

GB 17149.5—1997

化妆品甲损害诊断标准及处理原则

Diagnostic criteria and principles of management of nail damage induced by cosmetics

化妆品甲损害是指应用甲化妆品所致的甲本身及甲周围组织的病变。

1 范围

本标准规定了化妆品甲损害的诊断及处理原则。

本标准适用于化妆品引起的甲及甲周组织损害，不适用于甲及甲周组织非化妆品病变及其指（趾）甲病。

2 引用标准

下列标准所包含的条文，通过在本标准中引用而构成为本标准的条文。本标准出版时，所示版本均为有效。所有标准都会被修订，使用本标准的各方应探讨使用下列标准最新版本的可能性。

GB 17149.2—1997 化妆品接触性皮炎诊断标准及处理原则

3 诊断原则

有明确的甲化妆品接触史，在甲及甲周发生病变，停用化妆品后可逐渐恢复正常。应除外其他甲病，必要时做斑贴试验（GB 17149.2），以协助诊断。

4 诊断标准

4.1 化妆品甲损害必须是在应用甲化妆品如甲油、染料、甲清洁剂等之后发生。

4.2 化妆品甲损害表现为甲板变形、软化剥离、脆裂、失去光泽，有时也可伴有甲周皮炎症状，如皮肤红肿甚至化脓、破溃，自觉疼痛。

4.3 应除外其他原因引起的甲损害，如真菌、球菌、物理损伤、营养性甲改变等。

4.4 停用化妆品后，甲可逐渐恢复正常，甲周皮炎不再复发。

4.5 必要时做斑贴试验（GB 17149.2）以协助诊断。

5 处理原则

5.1 停用甲化妆品。

5.2 清除甲及甲周残留的化妆品。

5.3 按一般甲损伤及甲周皮炎对症治疗。

国家技术监督局 1997-12-15 批准　　1998-12-01 实施

附 录 A
（提示的附录）
正确使用标准的说明

A1 化妆品甲损害常见下列病变：由清洁甲板的有机溶剂引起的，如甲失去光泽、变脆、变形、纵裂等；由纤维型胶引起的勺状甲、甲沟炎；由染料等引起的甲周围皮炎等。须依据病史及症状综合分析方能作出诊断。

A2 其他甲及甲周病变有多种原因，如营养缺乏、内脏疾病、高原气候、物理因素、真菌及细菌感染等，应予以排除。

A3 对指（趾）甲做显微镜观察有助于确诊，对甲化妆品做化学分析及必要的斑贴试验（见 GB 17149.2），有利于化妆品甲损伤及甲周皮炎的确诊。

前　言

为配合中华人民共和国《化妆品卫生监督条例》的实施特制定本标准。

本标准规定的诊断标准和治疗原则仅涉及化妆品引起的光感性皮炎。

本标准从1998年12月1日起实施。

本标准的附录A是标准的附录。

本标准的附录B是提示的附录。

本标准由中华人民共和国卫生部提出。

本标准起草单位：解放军空军总医院、大连医学院第二附属医院、南京医学院第一附属医院、北京协和医院。

本标准主要起草人：黄畋、蔡瑞康、刘玮、赵辨、袁兆庄。

本标准由卫生部委托技术归口单位中国预防医学科学院负责解释。

中华人民共和国国家标准

GB 17149.6—1997

化妆品光感性皮炎诊断标准及处理原则

Diagnostic criteria and principles of management of photosensitive dermatitis induced by cosmetics

化妆品光感性皮炎是指使用化妆品后，又经过光照而引起的皮肤炎症性改变，它是化妆品中的光感物质引起的皮肤黏膜的光毒反应或光变应反应。

1 范围

本标准规定了化妆品光感性皮炎的诊断及处理原则。

本标准适用于化妆品引起的光感性皮炎。

2 引用标准

下列标准所包含的条文，通过在本标准中引用而构成为本标准的条文。本标准出版时，所示版本均为有效。所有标准都会被修订，使用本标准的各方应探讨使用下列标准最新版本的可能性。

GB 17149.2—1997 化妆品接触性皮炎诊断标准及处理原则

3 诊断原则

有明确的化妆品接触史，又经过光照而在相应部位出现光感性皮炎。必要时可结合光斑贴试验，见附录A，排除非化妆品引起的光感性皮炎。

4 诊断标准

4.1 有明确的化妆品接触史和光照史。

4.2 皮损主要发生于曾使用化妆品后的光照部位。

4.3 皮损形态多样，可出现红斑、丘疹、小水疱。自觉症状瘙痒；慢性皮损可呈浸润、增厚、苔癣化等。

4.4 发生在口唇黏膜时可表现为肿胀、干裂、渗出等，下唇发病多见或较重。

4.5 病程可迁延，停用化妆品后仍可有皮疹发生，再接触光敏物质后可再发病。

4.6 化妆品光斑贴试验阳性，见附录A。

4.7 排除非化妆品引起的光感性皮炎。

5 处理原则

5.1 及时清除皮肤上存留的化妆品。

5.2 停止使用致病的化妆品，避免光照。

5.3 根据病情，按光感性皮炎对症治疗。

国家技术监督局 1997-12-15 批准

1998-12-01 实施

附　录　A
（标准的附录）
皮肤光斑贴试验方法

A1　原理：在皮肤斑试基础上再光照，若对斑试试验物有光变应性，则光照后可产生皮肤迟发型光变态反应。

A2　方法及反应程度判定：

A2.1　将可疑光敏物于患者背部同时做三处斑贴试验或使用斑贴试验胶带同时进行几种不同试验物，见 GB 17149.2—1997 附录 A。

A2.2　光源：一般采用高压汞气石英灯或水冷式石英灯，在前臂屈侧或腹部测定最小红斑量（MED)。

A2.3　24h 后去除三处斑贴试验物，其中一处去除后立即用遮光物覆盖，避免任何光线照射，作为对照；第二处用低于 MED 的亚红斑量照射（主要是 UVB)；第三处用经普通窗玻璃滤过的光源照射（主要是 UVA，时间为 MED 的 20～30 倍）。

A2.4　于照射后 24，48，72h 分别观察结果，反应程度评定同 GB 17149.2。

A3　结果判定：未经光照处出现阳性反应者可参照 GB 17149.2 进行诊断；仅在亚红斑量照射处出现阳性反应可判定为光毒性反应；仅在窗玻璃滤过的光源照射处出现阳性反应可判定为光变应性反应；若后两者均出现阳性反应则说明既有光毒反应又有光变应性反应。

附　录　B
（提示的附录）
化妆品光感性皮炎的常见致敏物及其斑贴浓度

表 B1　　化妆品光感性皮炎的常见致敏物及其斑贴浓度

常　　见　　物	斑贴浓度/%
苯酮（benzophenones）	1
对氨基苯甲酸（p-Aminobenzoic acid）（PABA）	2
二甲苯麝香（musk xylene）	5
芬替克洛（fenticlor）	1
磺胺（sulfanilamide）	5
甲醛（formaldehyde）	1
葵子麝香（musk ambrette）	5
雷弗奴尔（rivanol）	0.1
6-甲基香豆素（6-methylcoumarin）	1
硫氯酚（bithionol）	1
六氯酚（hexachlorophene）	1
硫脲（thiourea）	0.1
氯己定二醋酸盐（chlorhoxidine diacetate）（醋酸洗比泰）	0.5
美蓝（blue methylene）	1
柠檬油（lemon oil）	2
肉桂醛（cinnamaldehyde）	1
三溴沙仑（tribromsalan）	1
三氯生（triclosan）	2
三氯卡因（triclocarban）	1
伞花麝香（moskene）	5
四氯-N-水杨酰苯胺（tetrachloro Salicylanilide）	0.1
檀香油（sandalwood oil）	2
酮麝香（musk ketone）	5
盐酸氯丙嗪（chlorpromazine hydrochloride）	0.1
盐酸普鲁麦嗪（promethazine hydrochloride）	1
盐酸二苯羟胺（diphenhydamine hydrochloride）	1
伊红（eosin）	1
荧光素（fluorescein）	50

前 言

为配合中华人民共和国《化妆品卫生监督条例》的实施特制定本标准。

本标准规定的诊断标准和处理原则，涉及化妆品引起的皮肤色素异常改变。

本标准从 1998 年 12 月 1 日起实施。

本标准的附录 A 是提示的附录。

本标准由中华人民共和国卫生部提出。

本标准起草单位：解放军空军总医院、北京协和医院、南京医学院第一附属医院、大连医学院第二附属医院。

本标准主要起草人：袁兆庄、蔡瑞康、刘玮、赵辨、黄畋。

本标准由卫生部委托技术归口单位中国预防医学科学院负责解释。

中华人民共和国国家标准

GB 17149.7—1997

化妆品皮肤色素异常诊断标准及处理原则

Diagnostic criteria and principles of management of skin discolouration induced by cosmetics

化妆品皮肤色素异常是指应用化妆品引起的皮肤色素沉着或色素脱失等。

1 范围

本标准规定了化妆品皮肤色素异常的诊断及处理原则。

本标准适用于因使用化妆品引起的皮肤色素沉着或色素脱失等异常改变。

2 引用标准

下列标准所包含的条文，通过在本标准中引用而构成为本标准的条文。本标准出版时，所示版本均为有效。所有标准都会被修订，使用本标准的各方应探讨使用下列标准最新版本的可能性。

GB 17149.2—1997 化妆品接触性皮炎诊断标准及处理原则

GB 17149.6—1997 化妆品光感性皮炎诊断标准及处理原则

3 诊断原则

有明确的化妆品接触史，在接触部位发生皮肤色素沉着和色素减退，或继发于皮肤炎症之后发生上述病变。除外非化妆品引起的色素异常，必要时做斑贴试验（见 GB 17149.2）和光斑贴试验（见 GB 17149.6）以协助诊断。

4 诊断标准

4.1 有明确的化妆品接触史。

4.2 皮肤色素异常发生在接触化妆品的部位。

4.3 面部色素异常可在较长时间使用某种化妆品后直接发生或在日晒后发生，或继发于皮肤炎症之后。

4.4 化妆品皮肤色素改变可表现为青黑色不均匀的色素沉着或色素脱失斑，且常伴有面部皮肤过早老化现象，可因某些化妆品直接作用造成，亦可因应用含有感光物质的化妆品经日晒后发生，或继发于化妆品皮炎之后。

4.5 必要时做斑贴试验（见 GB 17149.2）或光斑贴试验（见 GB 17149.6）以协助寻找病因。

4.6 排除非化妆品引起的其他皮肤色素异常改变。

5 处理原则

5.1 停用所有可疑的化妆品。

5.2 避免日晒。

5.3 按一般色素沉着或色素脱失皮肤病治疗原则进行治疗。

国家技术监督局 1997-12-15 批准　　1998-12-01 实施

附　录　A

（提示的附录）

正确使用标准的说明

A1　化妆品色素异常多因化妆品直接染色或刺激皮肤色素增生造成，亦可继发于化妆品皮炎或化妆品光感性皮炎后，应根据病史症状及必要的斑贴试验（见 GB 17149.2—1997 附录 A）和光斑贴试验（见 GB 17149.6—1997）予以确诊。

A2　化妆品中含有不纯的石油分馏产品、某些染料及感光的香料等均可引起皮肤色素异常。

A3　引起皮肤色素变化的因素很多，应注意和非化妆品所致的黄褐斑、女子颜面黑斑、色素型扁平苔藓、瑞尔黑变病、阿狄森病、白癜风、单纯糠疹等鉴别。

A4　诊断化妆品皮肤色素异常主要靠病史和临床表现，必要时可做组织病理学及内分泌学检查。

四、产品质量标准

前　　言

本标准是在 QB 1643—1992《发用摩丝》的基础上，按 GB/T 1.1—1993《标准化工作导则　第 1 单元：标准的起草与表述规则　第 1 部分：标准编写的基本规定》进行修订、编写。

本标准作为强制性行业标准，其技术指标删除了 QB 1643—1992 中残留物、总固体指标部分；修订了外观、pH 值，增加了喷出率及包装标志；试验方法采用 GB/T 14449—1993《气雾剂产品的测试方法》；并且其净含量指标按定量包装商品计量监督规定执行。

本标准由国家轻工业局行业管理司提出。

本标准由全国化妆品标准化中心归口。

本标准起草单位：上海家化有限公司、上海市日用化学工业研究所。

本标准主要起草人：陈雅芳、薛志岗、笪宝林、姜慧敏。

本标准自实施之日起，原轻工业部发布的轻工行业标准 QB 1643—1992《发用摩丝》废止。

中华人民共和国轻工行业标准

QB 1643—1998

代替 QB 1643—1992

发用摩丝

1 范围

本标准规定了发用摩丝的产品分类、技术要求、试验方法、检验规则及标志、包装、运输、贮存等要求。

本标准适用于以丙丁烷或含有二甲醚的混合气体为抛射剂，以高分子聚合物等为原料配制的，用于固定发型或保护、修饰、美化发型的摩丝。

2 引用标准

下列标准所包含的条文，通过在本标准中引用而构成为本标准的条文。本标准出版时，所示版本均为有效。所有标准都会被修订，使用本标准的各方应探讨使用下列标准最新版本的可能性。

GB 5296.3—1995 消费品使用说明 化妆品通用标签

GB 7916—1987 化妆品卫生标准

GB/T 7917.1—1987 化妆品卫生化学标准检验方法 汞

GB/T 7917.2—1987 化妆品卫生化学标准检验方法 砷

GB/T 7917.3—1987 化妆品卫生化学标准检验方法 铅

GB/T 13531.1—1992 化妆品通用试验方法 pH 值的测定

GB/T 14449—1993 气雾剂产品测试方法

BB 0005—1995 气雾剂产品标示

QB/T 1684—1993 化妆品检验规则

QB/T 1685—1993 化妆品产品包装外观要求

国家技术监督局令（95）第 43 号 定量包装商品计量监督规定

3 术语

发用摩丝 hair mousse

用于头发造型、护理及修饰美化头发的呈泡沫的气雾剂产品。

4 产品分类

按发用摩丝使用功能分为定型摩丝、护发摩丝和修饰美化发型摩丝。

5 技术要求

发用摩丝所用原料应符合 GB 7916 要求。

5.1 感官、理化和卫生指标按表 1 规定。

国家轻工业局 1998-11-25 批准　　1999-12-01 实施

表 1

	项　目	要　求
感官指标	外观	泡沫均匀，手感细腻，富有弹性
	香气	符合规定之香型
理化指标	pH	3.5～9.0
	耐热性能	40℃ 4h，恢复至室温能正常使用
	耐寒性能	0℃～5℃ 24h，恢复至室温能正常使用
	喷出率,%	≥95
	泄漏试验	在50℃恒温水浴中试验不得有泄漏现象
	内压力，MPa	在25℃恒温水浴中试验应小于0.8
卫生指标	汞，mg/kg	≤1
	铅（以Pb计），mg/kg	≤40
	砷（以As计），mg/kg	≤10
	甲醇,%	≤0.2

5.2　净含量

单件定量包装商品净含量应符合国家技术监督局令（95）第43号中表（一）；批量定量包装商品的平均偏差 $\Delta Q \geqslant 0$。

5.3　包装外观要求

应符合 QB/T 1685—1993 中 3.6，3.10.2，3.10.3 的规定。

6　试验方法

6.1　外观

按产品使用方法喷出试样，目测，并用手指接触。泡沫均匀、细腻及弹性。

6.2　香气

按产品使用方法喷于闻香纸上，间歇嗅之，鉴别其香气是否符合规定之香型。

6.3　pH

6.3.1　仪器

——天平一台：精度 0.1g；

——pH 仪一台：精度±0.02。

6.3.2　试样制备

取一罐试样，在天平上称出其质量 W_1（g），按使用方法将试样约 1g 放入 250mL 烧杯中，再称放出试样后的样品质量 W_2（g）用测量法求出试样量：$W=W_1-W_2$。

6.3.3　测定方法

按 GB/T 13531.1 测定。

6.4　耐热性能

预先将恒温水浴调节到（40±2)℃，把包装完整的试样一瓶放入恒温水浴内，保温 4h 取出，恢复至室温后，按正常使用方法进行使用观察。

6.5　耐寒性能

预先将冰箱调节到 0℃～5℃，把包装完整的试样一瓶放入冰箱内，放置 24h 取出，恢复至室温后，按正常使用方法进行使用观察。

6.6 喷出率

按 GB/T 14449—1993 中 4.10 测定。

6.7 泄漏试验

预先将恒温水浴调节到（50±2)℃，然后放入三瓶试样摇匀，将脱去塑盖的试样直立放入水浴中，5min 内每罐冒出气泡不超过 5 个为合格。

6.8 内压力

按 GB/T 14449—1993 中 4.1 测定。

6.9 汞

按 GB/T 7917.1 测定。

6.10 砷

按 GB/T 7917.2 测定。

6.11 铅

按 GB/T 7917.3 测定。

6.12 甲醇

6.12.1 试剂

6.12.1.1 无甲醇乙醇：取无水乙醇（优级品）1.0μL 注入色谱仪，应无杂峰出现。

6.12.1.2 乙醇（C_2H_5OH＝75％）：取乙醇（6.12.1.1）75mL，用纯水稀释至 100mL。

6.12.1.3 气相色谱试剂：GDX－102（60～80 目）。

6.12.1.4 气相色谱试剂：聚乙二醇 1540（或 1500）。

6.12.1.5 甲醇标准溶液（CH_3OH＝1％）；取色谱纯甲醇 1.0mL 置于 100mL 容量瓶中，用 75％乙醇（6.12.1.2）定容至刻度。于冰箱中保存。

6.12.1.6 氯化钠：分析纯。

6.12.1.7 消泡剂：乳化硅油，如 284PS，上海树脂厂。

6.12.2 仪器

6.12.2.1 气相色谱仪：具氢火焰离子化检测器。

6.12.2.2 色谱柱：规格 2m×φ2mm，内填充 GDX－102。适用于不含二甲醚的样品。

6.12.2.3 色谱柱：规格 2m×φ4mm，内填充涂有 25％聚乙二醇 1540（或 1500）的 GDX－102（6.12.1.3）担体。本色谱柱适用于含二甲醚的样吊。

6.12.2.4 全玻璃磨口水蒸馏装置。

6.12.2.5 超级恒温水浴：温度范围 0℃～100℃，控温精度±0.5℃。

6.12.2.6 注射器：0.5μL，1μL，1mL。

6.12.3 分析步骤

6.12.3.1 启动色谱仪

进行必要的调节，以达到仪器最佳工作条件，色谱条件依据具体情况选择，参考条件为：

a）色谱条件 1（适用于不含二甲醚的样品）

——柱温：170℃；气化室、检测器温度：200℃；

——氮气流速：40mL/min；氢气流速：40mL/min；空气流速：500mL/min（流速可根据具体仪器调整）。

b）色谱条件 2（适用于含二甲醚的样品）

——柱温：75℃；气化温度 90℃；检测器温度：150℃；

——氮气流速：30mL/min；氢气流速：30mL/min；空气流速：300mL/min（流速可根据具体仪器调整）。

6.12.3.2 取样

取一定量75%乙醇（6.12.1.2）于蒸馏瓶中，用带导管的喷头换下原喷头，将导管另一端插入到乙醇液面下，缓缓按压喷嘴，使样品流入到乙醇溶液中。用减差法计算取样量。

6.12.3.3 样品预处理（蒸馏法）

取样品10mL于蒸馏瓶中加蒸馏水50mL，氯化钠（6.12.1.6）2g，消泡剂（6.12.1.7）1滴和无甲醇乙醇（6.12.1.1）30mL，在沸水浴中蒸馏，收集蒸馏液约40mL于50mL容量瓶中，加无甲醇乙醇至刻度，以此作为样品溶液。

6.12.3.4 标准曲线的绘制

取50mL容量瓶7只，分别加入甲醇标准溶液（6.12.1.5）：0.25，0.50，1.00，2.00，4.00，7.00，10.00mL，然后分别加入75%乙醇（6.12.1.2）至刻度。此标准系列含甲醇为：0.005%，0.01%，0.02%，0.04%，0.08%，0.14%，0.20%。

6.12.3.5 测定

依次取待测样品液1μL和标准液1μL，注入气相色谱仪，记录各次色谱峰面积并绘制峰面积-甲醇浓度（V/V）曲线。

6.12.4 计算

$$\varphi_B = \frac{P}{K} \quad \cdots\cdots (1)$$

式中：

φ_B——样品中甲醇的体积分数，%；

P——从标准曲线上查得样品溶液中甲醇体积分数，%；

K——样品稀释系数。

6.13 净含量

按国家技术监督局令（95）第43号测定。

7 检验规则

按QB/T 1684执行。

8 标志、包装、运输、贮存

8.1 销售包装标志

按GB 5296.3及BB 0005要求执行。

8.2 运输包装标志

应有品名、商标、制造者名称及地址、标准号、净含量、数量、毛重、体积、储运图示、生产期和保质期、或生产批号和最终使用日期。

8.3 包装

瓶子视生产企业需要可用瓦楞纸中包装，中包装纸内有瓦楞纸夹档。大包装采用双瓦楞纸箱，内装实无空隙。放有合格标志或合格证。

8.4 运输

必须轻放轻卸，按箱子箭头标志堆放，避免剧烈震动、撞击和日晒雨淋。

8.5 贮存

8.5.1 应贮存在温度不高于38℃通风干燥的仓库内，不得靠近火炉暖气，堆放时必须离地面20cm，离墙50cm，中间应留通道，按箱子箭头堆放，不得倒放。如属危险品，应按危险品要求进行贮存。

8.5.2 保质期

在规定的运输和贮存条件下，产品在包装完整和未经启封的情况下保质期按QB/T 1685中有关保质期的规定执行。

前　　言

本标准是在 QB 1644—1992《定型发胶》的基础上，按 GB/T 1.1—1993《标准化工作导则　第 1 单元：标准的起草与表述规则　第 1 部分：标准编写的基本规定》进行修订、编写。

本标准作为强制性行业标准，其技术指标删除了总固体指标要求及检验方法，增加了卫生指标中的汞、砷、铅指标，试验方法采用 GB/T 14449—1993《气雾剂产品测试方法》，修订了包装标志，并且其净容量指标按定量包装商品计量监督规定执行。

本标准由国家轻工业局行业管理司提出。

本标准由全国化妆品标准化中心归口。

本标准起草单位：上海家化有限公司、上海日用化学工业研究所。

本标准主要起草人：姜慧敏、陈雅芳、笪宝林、薛志岗。

本标准自实施之日起，原轻工业部发布的轻工行业标准 QB 1644—1992《定型发胶》作废。

中华人民共和国轻工行业标准

QB 1644—1998

代替 QB 1644—1992

定型发胶

1 范围

本标准规定了定型发胶的产品分类、技术要求、试验方法、检验规则及标志、包装、运输、贮存等要求。

本标准适用于以高分子聚合物等原料配制而成为固定修饰、美化发型的液体喷发胶。

2 引用标准

下列标准所包含的条文，通过在本标准中引用而构成为本标准的条文。本标准出版时，所示版本均为有效。所有标准都会被修订，使用本标准的各方应探讨使用下列标准最新版本的可能性。

GB 5296.3—1995 消费品使用说明 化妆品通用标签

GB/T 7917.1—1987 化妆品卫生化学标准检验方法 汞

GB/T 7917.2—1987 化妆品卫生化学标准检验方法 砷

GB/T 7917.3—1987 化妆品卫生化学标准检验方法 铅

GB/T 7918—1987 化妆品微生物标准检验方法

GB/T 14449—1993 气雾剂产品测试方法

BB 0005—1995 气雾剂产品标示

QB/T 1684—1993 化妆品检验规则

QB/T 1685—1993 化妆品产品包装外观要求

国家技术监督局令（95）第 43 号 定量包装商品计量监督规定

3 产品分类

按定型发胶的喷射动力分为气压式喷发胶和泵式喷发胶。

4 技术要求

4.1 感官、理化及卫生指标应符合表 1 规定。

4.2 净含量

单件定量包装商品净含量应符合国家技术监督局令（95）第 43 号中表（一）；批量定量包装商品的平均偏差 $\Delta Q \geqslant 0$。

4.3 包装外观要求

应符合 QB/T 1685—1993 中 3.6，3.10.2，3.10.3 的规定。

国家轻工业局 1998-11-25 批准

1999-12-01 实施

表 1

	项　目	要　求
感官指标	色　泽	符合企业规定
	香　气	符合企业规定
理化指标	喷出率（气压式），%	≥95
	泄漏试验（气压式）	在 50℃恒温水浴中试验不得出现泄漏现象
	内压力（气压式），MPa	在 25℃恒温水浴中试验应小于 0.8
	起喷次数（泵式），次	≤5
卫生指标	甲醇，%	≤0.2
	汞，mg/kg	≤1
	砷（以 As 计），mg/kg	≤10
	铅（以 Pb 计），mg/kg	≤40
	细菌总数（泵式）	≤1000
	绿脓杆菌（泵式）	不得检出
	金黄色葡萄球菌（泵式）	不得检出
	粪大肠杆菌（泵式）	不得检出

5 试验方法

5.1 色泽

按产品使用方法喷出试样，目测检验。

5.2 香气

按产品使用方法喷于闻香纸上，间歇嗅之，鉴别其香气是否符合规定之香型。

5.3 喷出率

按 GB/T 14449—1993 中 4.10 测试。

5.4 泄漏试验

预先将恒温水浴调节到（50±2）℃，然后放入三罐摇匀，脱去塑盖的试样，直立放入水浴中，5min 内以每罐冒出气泡不超过 5 个为合格。

5.5 内压力

按 GB/T 14449—1993 中 4.1 测试。

5.6 起喷次数

取三瓶泵式喷发胶，按动至开始喷出液体止，计算每瓶按动次数。每瓶的起喷次数不得超过 5 次。

5.7 甲醇

5.7.1 试剂

5.7.1.1 无甲醇乙醇：取无水乙醇（优级品）1.0μL 注入色谱仪，应无杂峰出现。

5.7.1.2 乙醇（C_2H_5OH=75%）：取乙醇（5.7.1.1）75mL，用纯水稀释至 100mL。

5.7.1.3 气相色谱试剂：GDX－102（60～80 目）。

5.7.1.4 气相色谱试剂：聚乙二醇 1540（或 1500）。

5.7.1.5 甲醇标准溶液（CH_3OH＝1%）：取色谱纯甲醇 1.0mL 置于 100mL 容量瓶中，用 75% 乙醇（5.7.1.2）定容至刻度。于冰箱中保存。

5.7.1.6 氯化钠：分析纯。

5.7.1.7 消泡剂：乳化硅油，如 284PS，上海树脂厂。

5.7.2 仪器

5.7.2.1 气相色谱仪：具氢火焰离子化检测器。

5.7.2.2 色谱柱，规格 2m×ϕ2mm，内填充 GDX-102，适用于不含二甲醚的样品。

5.7.2.3 色谱柱，规格 2m×ϕ4mm，内填充涂有 25％聚乙二醇 1540（或 1500）的 GDX-102（5.7.1.3）担体。本色谱柱适用于含二甲醚的样品。

5.7.2.4 全玻璃磨口水蒸馏装置。

5.7.2.5 超级恒温水浴：温度范围 0℃～100℃，控温精度±0.5℃。

5.7.2.6 注射器：0.5μL，1μL，1mL。

5.7.3 分析步骤

5.7.3.1 启动色谱仪

进行必要的调节，以达到仪器最佳工作条件，色谱条件依据具体情况选择，参考条件为：

a）色谱条件 1（适用于不含二甲醚的样品）

——柱温：170℃；气化室、检测器温度：200℃；

——氮气流速：40mL/min；氢气流速：40mL/min；空气流速：500mL/min（流速可根据具体仪器调整）。

b）色谱条件 2（适用于含二甲醚的样品）

——柱温：75℃；气化温度 90℃，检测器温度：150℃；

——氮气流速：30mL/min；氢气流速：30mL/min；空气流速：300mL/min（流速可根据具体仪器调整）。

5.7.3.2 取样

不含抛射剂的化妆品直接取样。含抛射剂的样品，按以下方法取样：取一定量 75％乙醇（5.7.1.2）于蒸馏瓶中，用带导管的喷头换下原喷头，将导管另一端插入到乙醇液面下，缓缓按压喷嘴，使样品流入到乙醇溶液中。用减差法计算取样量。

5.7.3.3 样品预处理（蒸馏法）

取样品 10mL 于蒸馏瓶中（5.7.2.4）加蒸馏水 50mL，氯化钠（5.7.1.6）2g，消泡剂（5.7.1.7）1 滴和无甲醇乙醇（5.7.1.1）30mL，在沸水浴中蒸馏，收集蒸馏液约 40mL 于 50mL 容量瓶中，加无甲醇乙醇至刻度，以此作为样品溶液。

5.7.3.4 标准曲线的绘制

取 50mL 容量瓶 7 只，分别加入甲醇标准溶液（5.7.1.5）0.25，0.50，1.00，2.00，4.00，7.00，10.00mL 然后分别加入 75％乙醇（5.7.1.2）至刻度。此标准系列含甲醇为：0.005％，0.01％，0.02％，0.04％，0.08％，0.14％，0.20％。

5.7.3.5 测定

依次取待测样品液 1μL 和标准液 1μL，注入气相色谱仪，记录各次色谱峰面积并绘制峰面积-甲醇浓度（V/V）曲线。

5.7.4 计算

$$\varphi_B = \frac{P}{K} \quad \cdots\cdots (1)$$

式中：

φ_B——样品中甲醇的体积分数，％；

P——从标准曲线上查得样品溶液中甲醇体积分数，％；

K——样品稀释系数。

5.8 汞

按 GB/T 7917.1 检验。

5.9 砷

按 GB/T 7917.2 检验。

5.10 铅

按 GB/T 7917.3 检验。

5.11 细菌总数

按 GB/T 7918.2 检验。

5.12 绿脓杆菌、金黄色葡萄球菌、粪大肠杆菌

按 GB/T 7918.3～GB/T 7918.5 检验。

5.13 净含量

按国家技术监督局令（95）第 43 号执行。

6 检验规则

按 QB/T 1684 执行。

7 标志、包装、运输、贮存

7.1 销售包装标志

按 GB 5296.3 及 BB 0005 要求执行。

7.2 运输包装标志

应有品名、商标、制造者名称及地址、标准号、净含量、数量、毛重、体积、储运图示、生产期和保质期或生产批号和最终使用日期。

7.3 包装

瓶子视生产企业需要可用瓦楞纸中包装，中包装纸内有瓦楞纸夹档，大包装采用双瓦楞纸箱，内装实无空隙，放有合格标志或合格证。

7.4 运输

必须轻放轻卸，按箱子箭头标志堆放，避免剧烈震动、撞击和日晒雨淋。如属危险品，应按危险品要求进行运输。

7.5 贮存

7.5.1 应贮存在温度不高于 38℃通风干燥的仓库内，不得靠近火炉暖气，堆放时必须离地面 20cm，离墙 50cm，中间应留通道，按箱子箭头堆放，不得倒放。如属危险品，应按危险品要求进行贮存。

7.5.2 保质期

在规定的运输和贮存条件下，产品在包装完整和未经启封的情况下保质期按 QB/T 1685 中有关保质期的规定执行。

ICS 71.100.70
分类号：Y42
备案号：15108—2005

中华人民共和国轻工行业标准

QB/T 1645—2004
代替 QB/T 1645—1992

洗面奶（膏）

Facial cleaning milk and cream

2004-12-14 发布

2005-06-01 实施

中华人民共和国国家发展和改革委员会 发布

前　　言

本标准是对QB/T 1645—1992《洗面奶》的修订，主要对如下内容进行了修改：

——产品分为表面活性剂型和脂肪酸盐型；

——增加了GB 5296.3《消费品使用说明　化妆品通用标签》的引用；

——净含量按国家技术监督局令［1995］第43号《定量包装商品计量监督规定》执行。

本标准由中国轻工业联合会提出。

本标准由全国香料香精化妆品标准化技术委员会归口。

本标准由强生（中国）有限公司、佛山市安安化妆品厂、资生堂丽源化妆品有限公司、大宝化妆品有限公司和上海花王有限公司负责起草。

本标准主要起草人：闻萍、关玲、张昱、戚玲、姜筱燕。

本标准于1993年首次发布为轻工行业标准QB/T 1645—1992《洗面奶》，本次为第一次修订。

本标准自实施之日起，代替原轻工业部发布的轻工行业标准QB/T 1645—1992《洗面奶》。

洗面奶(膏)

1 范围

本标准规定了洗面奶(膏)的产品分类、要求、试验方法、检验规则和标志、包装、运输、贮存、保质期。

本标准适用于以清洁面部皮肤为主要目的，同时兼有保护皮肤作用的洗面奶(膏)。

2 规范性引用文件

下列文件中的条款通过本标准的引用而成为本标准的条款。凡是注日期的引用文件，其随后所有的修改单(不包括勘误的内容)或修订版均不适用于本标准，然而，鼓励根据本标准达成协议的各方研究是否可使用这些文件的最新版本。凡是不注日期的引用文件，其最新版本适用于本标准。

GB 5296.3 消费品使用说明 化妆品通用标签

GB/T 13531.1 化妆品通用试验方法 pH 值的测定

QB/T 1684 化妆品检验规则

QB/T 1685 化妆品产品包装外观要求

QB/T 2286—1997 润肤乳液

JJF 1070—2000 定量包装商品净含量计量检验规则

国家技术监督局令[1995]第 43 号 定量包装商品计量监督规定

卫法监发[2002]第 229 号 化妆品卫生规范

3 产品分类

根据洗面奶(膏)产品的主要成分不同，可分为表面活性剂型和脂肪酸盐型两类。

4 要求

4.1 卫生指标应符合表 1 的要求。使用的原料应符合卫法监发[2002]第 229 号规定。

表 1 卫生指标

项目		要求
微生物指标	细菌总数/(CFU/g)	≤1 000 (儿童用产品≤500)
	霉菌和酵母菌总数/(CFU/g)	≤100
	粪大肠菌群	不得检出
	金黄色葡萄球菌	不得检出
	绿脓杆菌	不得检出
有毒物质限量	铅/(mg/kg)	≤40
	汞/(mg/kg)	≤1
	砷/(mg/kg)	≤10

4.2 感官和理化指标应符合表 2 的要求。

表 2　　　　感官和理化指标

项目		要求	
		表面活性剂型	脂肪酸盐型
感官指标	色泽	符合规定色泽	
	香气	符合规定香型	
	质感	均匀一致	
理化指标	耐热	(40±1)℃保持 24 h，恢复至室温后无油水分离现象	
	耐寒	－10℃～－5℃保持 24 h，恢复至室温后无分层、泛粗、变色现象	
	pH	4.0～8.5 （果酸类产品除外）	5.5～11.0
	离心分离	2 000r/min，30min 无油水分离 （颗粒沉淀除外）	—

4.3　净含量偏差应符合国家技术监督局令［1995］第 43 号规定。

5　试验方法

5.1　卫生指标

按卫法监发［2002］第 229 号中规定的方法检验。

5.2　感官指标

5.2.1　色泽

取试样在室温和非阳光直射下目测观察。

5.2.2　香气

取试样用嗅觉进行鉴别。

5.2.3　质感

取试样适量，在室温下涂于手背或双臂内侧。

5.3　理化指标

5.3.1　耐热

5.3.1.1　仪器

恒温培养箱：温控精度±1℃。

5.3.1.2　操作程序

预先将恒温培养箱调节到（40±1)℃，把包装完整的试样一瓶置于恒温培养箱内。24h 后取出，恢复至室温后目测观察。

5.3.2　耐寒

5.3.2.1　仪器

冰箱：温控精度±2℃。

5.3.2.2　操作程序

预先将冰箱调节到－10℃～－5℃，把包装完整的试样一瓶置于冰箱内。24h 后取出，恢复至室温后目测观察。

5.3.3　pH

按 GB/T 13531.1 中规定的方法测定（稀释法）。

5.3.4 离心分离

按 QB/T 2286—1997 中 5.7 规定的方法测定。

5.4 净含量偏差

按 JJF 1070—2000 中 6.1.1 规定的方法测定。

6 检验规则

按 QB/T 1684 执行。

7 标志、包装、运输、贮存、保质期

7.1 销售包装的标志

按 GB 5296.3 执行。

7.2 包装

按 QB/T 1685 执行。

7.3 运输

应轻装轻卸，按箱子图示标志堆放。避免剧烈震动、撞击和日晒雨淋。

7.4 贮存

应贮存在温度不高于 38℃的常温通风干燥仓库内，不得靠近水源、火炉或暖气。贮存时应距地面至少 20cm，距内墙至少 50cm，中间应留有通道。按箱子图示标志堆放，并严格掌握先进先出原则。

7.5 保质期

在符合规定的运输和贮存条件下，产品在包装完整和未经启封的情况下，保质期按销售包装标注执行。

ICS 71.100.70
分类号：Y42
备案号：15109—2005

中华人民共和国轻工行业标准

QB/T 1857—2004
代替 QB/T 1857—1993，QB/T 1861—1993

润肤膏霜

Skin care cream

2004-12-14 发布　　2005-06-01 实施

中华人民共和国国家发展和改革委员会　发布

前　言

本标准是对 QB/T 1857—1993《雪花膏》、QB/T 1861—1993《香脂》的修订，主要对如下内容进行了修改：

——产品分为 W/O 型和 O/W 型；

——增加了 GB 5296.3《消费品使用说明　化妆品通用标签》的引用；

——净含量按国家技术监督局令［1995］第 43 号《定量包装商品计量监督规定》执行。

本标准由中国轻工业联合会提出。

本标准由全国香料香精化妆品标准化技术委员会归口。

本标准由春丝丽有限公司、上海家化联合股份有限公司、联合利华股份有限公司、大宝化妆品有限公司和南京金芭蕾化妆品有限公司负责起草。

本标准主要起草人：谢建红、王寒洲、焦晨星、戚 玲、戴 莉。

本标准所代替标准的历次版本发布情况为：

——QB 963—1985、QB/T 1857—1993；

——ZB/TY 42001—1986、QB/T 1861—1993。

本标准自实施之日起，代替原轻工业部发布的轻工行业标准 QB/T 1857—1993《雪花膏》、QB/T 1861—1993《香脂》。

润肤膏霜

1 范围

本标准规定了润肤膏霜的产品分类、要求、试验方法、检验规则和标志、包装、运输、贮存、保质期。

本标准适用于滋润人体皮肤的具有一定稠度的乳化型膏霜。

2 规范性引用文件

下列文件中的条款通过本标准的引用而成为本标准的条款。凡是注日期的引用文件，其随后所有的修改单（不包括勘误的内容）或修订版均不适用于本标准，然而，鼓励根据本标准达成协议的各方研究是否可使用这些文件的最新版本。凡是不注日期的引用文件，其最新版本适用于本标准。

GB 5296.3 消费品使用说明 化妆品通用标签

GB/T 13531.1 化妆品通用试验方法 pH 值的测定

QB/T 1684 化妆品检验规则

QB/T 1685 化妆品产品包装外观要求

JJF 1070—2000 定量包装商品净含量计量检验规则

国家技术监督局令［1995］第 43 号 定量包装商品计量监督规定

卫法监发［2002］第 229 号 化妆品卫生规范

3 产品分类

产品可分为水包油型（O/W 型）和油包水型（W/O 型）两类。

4 要求

4.1 卫生指标应符合表 1 的要求。使用的原料应符合卫法监发［2002］第 229 号规定。

表 1 卫生指标

项目		要求
微生物指标	细菌总数/（CFU/g）	≤1 000 （眼部用、儿童用产品≤500）
	霉菌和酵母菌总数/（CFU/g）	≤100
	粪大肠菌群	不得检出
	金黄色葡萄球菌	不得检出
	绿脓杆菌	不得检出
有毒物质限量	铅/（mg/kg）	≤40
	汞/（mg/kg）	≤1 （含有机汞防腐剂的眼部化妆品除外）
	砷/（mg/kg）	≤10

4.2 感官和理化指标应符合表 2 的要求。

表 2 感官和理化指标

<table>
<tr><td colspan="2" rowspan="2">项　　目</td><td colspan="2">要　　求</td></tr>
<tr><td>O/W 型</td><td>W/O 型</td></tr>
<tr><td rowspan="2">感官指标</td><td>外观</td><td colspan="2">膏体细腻，均匀一致</td></tr>
<tr><td>香气</td><td colspan="2">符合规定香型</td></tr>
<tr><td rowspan="3">理化指标</td><td>耐热</td><td>(40±1)℃保持 24h，恢复至室温后膏体无油水分离现象</td><td>(40±1)℃保持 24h，恢复至室温后渗油率≤3%</td></tr>
<tr><td>耐寒</td><td colspan="2">−10℃～−5℃保持 24h，恢复至室温后与试验前无明显性状差异</td></tr>
<tr><td>pH</td><td>4.0～8.5
（粉质产品、果酸类产品除外）</td><td>—</td></tr>
</table>

4.3　净含量偏差应符合国家技术监督局令［1995］第 43 号规定。

5　试验方法

5.1　卫生指标

按卫法监发［2002］第 229 号中规定的方法检验。

5.2　感官指标

5.2.1　外观

取试样在室温和非阳光直射下目测观察。

5.2.2　香气

取试样用嗅觉进行鉴别。

5.3　理化指标

5.3.1　耐热（O/W 型）

5.3.1.1　仪器

恒温培养箱：温控精度±1℃。

5.3.1.2　操作程序

预先将恒温培养箱调节到（40±1)℃，把包装完整的试样一瓶置于恒温培养箱内。24h 后取出，恢复至室温后目测观察。

5.3.2　耐热（W/O 型）

5.3.2.1　仪器

a）恒温培养箱：温控精度±1℃；

b）培养皿：外径 90mm；

c）天平：精度 0.001g；

d）角架：15°。

5.3.2.2　操作程序

预先将恒温培养箱调节到（40±1)℃，在已称量的培养皿中称取试样约 10g（约占培养皿面积的 1/4)，刮平，再精密称量，斜放在恒温培养箱内的 15°角架上。24h 后取出，放入干燥器中冷却后再称量。如有油渗出，则将渗油部分小心揩去，留下膏体部分，然后将培养皿连同剩余的膏体部分进行称量。试样的渗油率，数值以%表示，按公式（1）计算。

$$\text{渗油率}=\frac{m_1-m_2}{m}\times 100\% \qquad (1)$$

式中：

m——试样的质量，单位为克（g）；

m_1——24h 后试样的质量加培养皿的质量，单位为克（g）；

m_2——渗油部分揩去后试样的质量加培养皿的质量，单位为克（g）。

5.3.3 耐寒

5.3.3.1 仪器

冰箱：温控精度±2℃。

5.3.3.2 操作程序

预先将冰箱调节到－10℃～－5℃，把包装完整的试样一瓶置于冰箱内。24h 后取出，恢复至室温后目测观察。

5.3.4 pH

按 GB/T 13531.1 中规定的方法测定（稀释法）。

5.4 净含量偏差

按 JJF 1070—2000 中 6.1.1 规定的方法测定。

6 检验规则

按 QB/T 1684 执行。

7 标志、包装、运输、贮存、保质期

7.1 销售包装的标志

按 GB 5296.3 执行。

7.2 包装

按 QB/T 1685 执行。

7.3 运输

应轻装轻卸，按箱子图示标志堆放。避免震动、撞击和日晒雨淋。

7.4 贮存

应贮存在温度不高于 38℃的常温通风干燥仓库内，不得靠近水源、火炉或暖气。贮存时应距地面至少 20cm，距内墙至少 50cm，中间应留有通道。按箱子图示标志堆放，并严格掌握先进先出原则。

7.5 保质期

在符合规定的运输和贮存条件下，产品在包装完整和未经启封的情况下，保质期按销售包装标注执行。

ICS 71.100.70
分类号：Y42
备案号：15110—2005

中华人民共和国轻工行业标准

QB/T 1858—2004
代替 QB/T 1858—1993

香水、古龙水

Perfume and cologne

2004-12-14 发布　　2005-06-01 实施

中华人民共和国国家发展和改革委员会　发布

前　　言

本标准是对 QB/T 1858—1993《香水、花露水》的修订，主要对如下内容进行了修改：

——标准名称改为“香水、古龙水”，原标准中“花露水”另行制定标准；

——指标中“密度”改为“相对密度”；

——增加了 GB 5296.3《消费品使用说明　化妆品通用标签》的引用；

——净含量允差按国家技术监督局令［1995］第 43 号《定量包装商品计量监督规定》执行。

本标准由中国轻工业联合会提出。

本标准由全国香料香精化妆品标准化技术委员会归口。

本标准由上海家化联合股份有限公司负责起草。

本标准主要起草人：王寒洲、薛志岗、张伟。

本标准于 1985 年首次发布为轻工业部部标准 QB 965—1985《香水、花露水》，1993 年 11 月第一次修订为轻工行业标准 QB/T 1858—1993《香水、花露水》，本次为第二次修订。

本标准自实施之日起，代替原轻工业部发布的轻工行业标准 QB/T 1858—1993《香水、花露水》中的香水部分。

香水、古龙水

1 范围

本标准规定了香水和古龙水的要求、试验方法、检验规则，以及标志、包装、运输、贮存、保质期。

本标准适用于卫生化妆用的香水和古龙水。

2 规范性引用文件

下列文件中的条款通过本标准的引用而成为本标准的条款。凡是注日期的引用文件，其随后所有的修改单（不包括勘误的内容）或修订版均不适用于本标准，然而，鼓励根据本标准达成协议的各方研究是否可使用这些文件的最新版本。凡是不注日期的引用文件，其最新版本适用于本标准。

GB 5296.3 消费品使用说明 化妆品通用标签

GB/T 13531.3 化妆品通用试验方法 浊度的测定

GB/T 13531.4 化妆品通用试验方法 相对密度的测定

QB/T 1684 化妆品检验规则

QB/T 1685 化妆品产品包装外观要求

JJF 1070—2000 定量包装商品净含量计量检验规则

国家技术监督局令［1995］第43号 定量包装商品计量监督规定

卫法监发［2002］第229号 化妆品卫生规范

3 要求

3.1 感官、理化、卫生指标应符合表1的要求。使用的原料应符合卫法监发［2002］第229号规定。

表1 感官、理化、卫生指标

项目		要求
感官指标	色泽	符合规定色泽
	香气	符合规定香型
	清晰度	水质清晰，不应有明显杂质和黑点
理化指标	相对密度（20℃/20℃）	规定值±0.02
	浊度	5℃水质清晰，不浑浊
	色泽稳定性	(48±1)℃保持24h，维持原有色泽不变
卫生指标	甲醇/（mg/kg）	≤2 000

3.2 净含量偏差应符合国家技术监督局令［1995］第43号规定。

4 试验方法

4.1 卫生指标

按卫法监发［2002］第229号中规定的方法检验。

4.2 感官指标

4.2.1 色泽

取样于25mL比色管内，在室温和非阳光直射下目测观察。

4.2.2 香气

先将等量的试样和规定试样（按企业内控规定）分别放在相同的容器内，用宽0.5 cm～1.0 cm、长10cm～15cm的吸水纸作为评香纸，分别蘸取试样和规定试样约1cm～2cm（两者应接近），用嗅觉鉴别。

4.2.3 清晰度

原瓶在室温和非阳光直射下，距观察者30cm处观察。

4.3 理化指标

4.3.1 相对密度

按GB/T 13531.4中规定的方法测定。

4.3.2 浊度

按GB/T 13531.3中规定的方法测定。

4.3.3 色泽稳定性

4.3.3.1 仪器

a）恒温培养箱：温控精度±1℃；

b）试管：ϕ2cm×13cm。

4.3.3.2 操作程序

将试样分别倒入两支试管内，高度约2/3处，并塞上干净的软木塞，把一支待检的试管置于预先调节至(48±1)℃的恒温培养箱内。1h后打开软木塞一次，然后仍旧塞好，继续放入恒温培养箱内。经24h后取出，恢复到室温与另一支在室温下保存的试管内的样品进行目测比较。

4.4 净含量偏差

按JJF 1070—2000中6.1.1规定的方法测定。

5 检验规则

按QB/T 1684执行。

6 标志、包装、运输、贮存、保质期

6.1 销售包装的标志

按GB 5296.3执行。

6.2 包装

按QB/T 1685执行。

6.3 运输

应轻装轻卸，按箱子图示标志堆放。避免剧烈震动、撞击和日晒雨淋。

6.4 贮存

应贮存在温度不高于35℃的常温通风干燥仓库内，不得靠近水源、火炉或暖气。贮存时应距地面至少20cm，距内墙至少50cm，中间应留有通道。按箱子图示标志堆放，并严格掌握先进先出原则。

6.5 保质期

在符合规定的运输和贮存条件下，产品在包装完整和未经启封的情况下，保质期按销售包装标注执行。

ICS 71.100.70
分类号：Y42
备案号：19959—2007

中华人民共和国轻工行业标准

QB/T 1858.1—2006
代替 QB/T 1858—1993

花露水

Florida water

2006-12-17 发布　　2007-08-01 实施

中华人民共和国国家发展和改革委员会　发布

前　　言

本标准是对 QB/T 1858—1993《香水、花露水》标准中的花露水部分的修订。

本标准与 QB/T 1858—1993 中的花露水部分相比，主要变化如下：

——指标中“密度”改为“相对密度”。根据花露水产品特点将相对密度范围定为“0.84～0.94”；

——增加了 GB 5296.3《消费品使用说明　化妆品通用标签》的引用；

——净含量允差按国家质量监督检验检疫总局令［2005］第 75 号　定量包装商品计量监督管理办法；

——净含量检验规则按 JJF 1070　定量包装商品净含量计量检验规则。

本标准由中国轻工业联合会提出。

本标准由全国香料香精化妆品标准化技术委员会归口。

本标准起草单位：上海家化联合股份有限公司。

本标准主要起草人：王寒洲、李慧良、林惠芬、刘超、郑跃红。

本标准自实施之日起，代替原轻工业部发布的轻工行业标准 QB/T 1858—1993《香水、花露水》中花露水部分。

本标准所代替标准的历次版本发布情况为：

——QB/T 1858—1993。

花 露 水

1 范围

本标准规定了花露水的术语和定义、要求、试验方法、检验规则和标志、包装、运输、贮存。

本标准适用于由乙醇、水、香精和（或）添加剂等成分配制而成的产品。

2 规范性引用文件

下列文件中的条款通过本标准的引用而成为本标准的条款。凡是注日期的引用文件，其随后所有的修改单（不包括勘误的内容）或修订版均不适用于本标准，然而，鼓励根据本标准达成协议的各方研究是否可使用这些文件的最新版本。凡是不注日期的引用文件，其最新版本适用于本标准。

GB 5296.3 消费品使用说明 化妆品通用标签

GB/T 13531.3 化妆品通用试验方法 浊度的测定

GB/T 13531.4 化妆品通用试验方法 相对密度的测定

QB/T 1684 化妆品检验规则

QB/T 1685 化妆品产品包装外观要求

JJF 1070 定量包装商品净含量计量检验规则

国家质量监督检验检疫总局令［2005］第75号 定量包装商品计量监督管理办法

卫法监发［2002］229号 化妆品卫生规范

3 术语和定义

下列术语和定义适用于本标准。

3.1

花露水 florida water

由乙醇、水、香精和（或）添加剂等成分配制而成的液体，对人体皮肤具有芳香、清凉、祛痱止痒等作用的产品。

4 要求

4.1 感官、理化、卫生指标

感官、理化、卫生指标应符合表1的规定。使用的原料应符合卫法监发［2002］第229号的规定。

表1 感官、理化、卫生指标

项目		要求
感官指标	色泽	符合规定色泽
	香气	符合规定香气
	清晰度	水质清晰，不应有明显杂质和黑点
理化指标	相对密度（20℃/20℃）	0.84～0.94
	浊度	10℃时水质清晰，不浑浊
	色泽稳定性	(48±1)℃，24h维持原有色泽不变

续表

项　　目		要　　求
卫生指标	甲醇/（mg/kg）	≤2000
	铅/（mg/kg）	≤40
	砷/（mg/kg）	≤10
	汞/（mg/kg）	≤1

4.2　乙醇

产品中使用的乙醇应是食用级乙醇。

4.3　净含量

应符合国家质量监督检验检疫总局令［2005］第 75 号的规定。

5　试验方法

5.1　感官指标

5.1.1　色泽

取样于 25mL 比色管内，在室温和非阳光直射下观察。

5.1.2　香气

先将等量的试样和规定试样（按企业内控规定）分别放在相同的容器内，用宽 0.5cm～1.0cm，长 10cm～15cm 的吸水纸作为评香纸，分别蘸取试样和规定试样约高 1cm～2cm（两者应接近），用嗅觉来鉴别。

5.1.3　清晰度

原瓶在室温和非阳光直射下，距观察者 30cm 处观察。

5.2　理化指标

5.2.1　相对密度

按 GB/T 13531.4 的方法测定。

5.2.2　浊度

按 GB/T 13531.3 的方法测定。

5.2.3　色泽稳定性

5.2.3.1　仪器

a）温度计，精度±0.5℃；

b）电热恒温培养箱，温控精度±1℃。

5.2.3.2　分析步骤

将试样一式二份，分别倒入 ϕ20mm×130mm 的试管内，使液面高度约为试管的三分之二，并塞上干净的软木塞，将其中一支待检的试管置于预先调节至（48±1）℃恒温培养箱内，1h 后打开软木塞一次，然后仍旧塞好，继续放入恒温培养箱内。经 24h 后取出，冷却至室温，与另一份在室温存放的样品进行目测比较。

5.3　卫生指标

按卫法监发［2002］229 号中规定的方法检验。

5.4　净含量

按 JJF 1070 的方法测定。

6　检验规则

按 QB/T 1684 执行。

7 标志、包装、运输、贮存、保质期

7.1 标志

销售包装的标志按 GB 5296.3 执行。并标注避火使用和贮藏等安全使用的注意事项。

7.2 包装

按 QB/T 1685 执行。

7.3 运输

产品应轻装轻卸，按箱子图示标志堆放。避免剧烈震动、撞击和日晒雨淋。

7.4 贮存

产品应贮存在温度不高于 35℃的通风、干燥仓库内，不应靠近水源、火炉或暖气。贮存时应距地面 20cm，距内墙 50cm，中间应留有通道。按箱子图示标志堆放，并严格掌握先进先出原则。

7.5 保质期

在符合规定的运输和贮存条件下，产品在包装完整和未经启封的情况下，保质期按销售包装标注执行。

ICS 71.100.70
分类号：Y42
备案号：15111—2005

中华人民共和国轻工行业标准

QB/T 1859—2004
代替 QB/T 1859—1993

香粉、爽身粉、痱子粉

Face powder, talcum powder and prickly - heat powder

2004-12-14 发布　　2005-06-01 实施

中华人民共和国国家发展和改革委员会　发布

前　　言

本标准是对 QB/T 1859—1993《香粉、爽身粉、痱子粉》的修订，主要对如下内容进行了修改：

——增加了 GB 5296.3《消费品使用说明　化妆品通用标签》的引用；

——净含量按国家技术监督局令［1995］第 43 号《定量包装商品计量监督规定》执行。

本标准由中国轻工业联合会提出。

本标准由全国香料香精化妆品标准化技术委员会归口。

本标准由强生（中国）有限公司、上海家化联合股份有限公司和雅芳（中国）有限公司负责起草。

本标准主要起草人：闻萍、王寒洲、黄少娟。

本标准于 1985 年首次发布为轻工业部部标准 QB 966—1985《香粉、爽身粉、痱子粉》，1993 年 11 月第一次修订为轻工行业标准 QB/T 1859—1993《香粉、爽身粉、痱子粉》，本次为第二次修订。

本标准自实施之日起，代替原轻工业部发布的轻工行业标准 QB/T 1859—1993《香粉、爽身粉、痱子粉》。

香粉、爽身粉、痱子粉

1 范围

本标准规定了香粉、爽身粉、痱子粉的术语和定义、产品分类、要求、试验方法、检验规则和标志、包装、运输、贮存、保质期。

本标准适用于以粉体原料为基质，添加其他辅料成分配制而成的香粉、爽身粉、痱子粉。

2 规范性引用文件

下列文件中的条款通过本标准的引用而成为本标准的条款。凡是注日期的引用文件，其随后所有的修改单（不包括勘误的内容）或修订版均不适用于本标准，然而，鼓励根据本标准达成协议的各方研究是否可使用这些文件的最新版本。凡是不注日期的引用文件，其最新版本适用于本标准。

GB 5296.3　消费品使用说明　化妆品通用标签

GB/T 13531.1　化妆品通用试验方法　pH 值的测定

QB/T 1684　化妆品检验规则

QB/T 1685　化妆品产品包装外观要求

JJF 1070—2000　定量包装商品净含量计量检验规则

国家技术监督局令［1995］第 43 号　定量包装商品计量监督规定

卫法监发［2002］第 229 号　化妆品卫生规范

3 术语和定义

下列术语和定义适用于本标准。

3.1

香粉

由粉体基质、护肤和香精等原料配制而成，用于人面部的护肤品。具有护肤、遮蔽面部瑕疵、芳肌等功能。

3.2

爽身粉

由粉体基质、吸汗剂和香精等原料配制而成，用于人体肌肤的护肤卫生品。具有吸汗、爽肤、芳肌等功能。

3.3

痱子粉

由粉体基质、吸汗剂和杀菌剂等原料配制而成，用于人体肌肤的护肤卫生品。具有防痱、祛痱等功能。

4 产品分类

产品按使用对象分为儿童用品和成人用品两类。

5 要求

5.1　卫生指标应符合表 1 的要求。使用的原料应符合卫法监发［2002］第 229 号规定。

表 1　　卫生指标

项　目		要　求
微生物指标	细菌总数/（CFU/g）	≤1 000 （儿童用产品≤500）
	霉菌和酵母菌总数/（CFU/g）	≤100
	粪大肠菌群	不得检出
	金黄色葡萄球菌	不得检出
	绿脓杆菌	不得检出
有毒物质限量	铅/（mg/kg）	≤40
	汞/（mg/kg）	≤1
	砷/（mg/kg）	≤10

5.2　感官和理化指标应符合表 2 的要求。

表 2　　感官和理化指标

项　目		要　求
感官指标	色泽	符合规定色泽
	香气	符合规定香型
	粉体	洁净，无明显杂质及黑点
理化指标	细度（120 目）/（%）	≥95
	pH	4.5～10.5 （儿童用产品 4.5～9.5）

5.3　净含量偏差应符合国家技术监督局令［1995］第 43 号规定。

6　试验方法

6.1　卫生指标

按卫法监发［2002］第 229 号中规定的方法检验。

6.2　感官指标

6.2.1　色泽

取试样置于白色衬物上，在室温和非阳光直射下目测观察。

6.2.2　香气

取试样用嗅觉进行鉴别。

6.2.3　粉体

取试样置于白色衬物上，在室温和非阳光直射下目测观察。

6.3　理化指标

6.3.1　细度

6.3.1.1　仪器

a）标准筛：120 目；

b）软毛刷：约宽 4cm、长 5cm；

c）天平：精度 0.01g。

6.3.1.2 **操作程序**

称取粉体约5g，置于120目标准筛内，用软毛刷刷落粉体，称取筛出物质量。测试结果取两次数据的平均值。

6.3.1.3 **计算**

细度的数值以%表示，按公式（1）计算。

$$细度=\frac{m_1}{m}\times100\% \qquad (1)$$

式中：

m——试样的质量，单位为克（g）；

m_1——筛出物的质量，单位为克（g）。

6.3.2 **pH**

按GB/T 13531.1中规定的方法测定（稀释法）。

6.4 **净含量偏差**

按JJF 1070—2000中6.1.1规定的方法测定。

7 检验规则

按QB/T 1684执行。

8 标志、包装、运输、贮存、保质期

8.1 销售包装的标志

按GB 5296.3执行。

8.2 包装

按QB/T 1685执行。

8.3 运输

应轻装轻卸，按箱子图示标志堆放。避免震动、撞击和日晒雨淋。

8.4 贮存

应贮存在温度不高于38℃的常温通风干燥仓库内，不得靠近水源、火炉或暖气。贮存时应距地面至少20cm，距内墙至少50cm，中间应留有通道。按箱子图示标志堆放，并严格掌握先进先出原则。

8.5 保质期

在符合规定的运输和贮存条件下，产品在包装完整和未经启封的情况下，保质期按销售包装标注执行。

中华人民共和国轻工行业标准

QB/T 1862—1993

代替 ZBY 42002—86

发　　油

1　主题内容与适用范围

本标准规定了发油的产品分类、技术要求、试验方法、检验规则、标志、包装、运输、贮存。

本标准适用于以矿物油、有机硅氧烷及植物油等为主要原料，供滋润、保护、美化头发用的发油。

2　引用标准

GB 7916　化妆品卫生标准

QB/T 1684　化妆品检验规则

QB/T 1685　化妆品产品包装外观要求

3　产品分类

按包装形式分：玻璃瓶装、喷雾罐装及泵式喷发油。

4　技术要求

产品卫生指标应符合 GB 7916 有关规定要求。

4.1　理化指标、感官指标

理化指标、感官指标应符合表 1 规定。

表 1

指　标　名　称		指　　标
理化指标	耐　寒	－5℃，8h，恢复室温，透明、无凝析物
	密度（20℃），g/mL	单相发油：0.810～0.880
		双相发油：油相 0.810～0.880，水相 0.900～1.000
感官指标	透明度	单相发油：室温下清晰，无明显杂质、黑点
		双相发油：室温下透明，油水相分别透明，无雾状物及尘粒
	色　泽	符合规定色泽
	香　气	符合规定香型

4.2　喷雾罐装发油除应符合气雾剂类产品有关规定外，其余指标应符合表 2 规定。

表 2

指 标 名 称	指 标 要 求
耐　寒	－5C，8h，恢复室温（20℃左右）能正常使用
喷出率（气压式），%	≥95
起喷次数（泵式），次	≤5

中华人民共和国轻工业部 1993-11-13 批准　　　　1994-07-01 实施

4.3　容量允差

4.3.1　玻璃瓶装，泵式发油

≤50g±8%；

>50g±6%。

4.3.2　喷雾罐装

规定质量±5%。

4.4　外观要求

按 QB/T 1685 执行。

5　试验方法

5.1　耐寒

5.1.1　仪器

冰箱：灵敏度±2℃，一台。

5.1.2　操作

取样品两瓶（罐）放置温度－5℃的冰箱中，8h 取出，玻璃瓶装发油待恢复室温后观察；喷雾罐装及泵式发油恢复室温能正常使用。

5.2　密度

5.2.1　仪器

a. 密度计：0.8～0.9，0.9～1.0，精度 0.01，各一支；

b. 温度计：0～100℃，精度±1℃，一支；

c. 量筒：250mL，一只。

5.2.2　操作

取样品置量筒中（双相发油分别吸取油、水相），调整温度 20±0.5℃，用密度计测量。

5.3　透明度

5.3.1　仪器

比色管 50mL，一支。

5.3.2　操作

取试样 50mL 于比色管中，在室温下观察，双相发油取样直接观察。

5.4　色泽

目测。

5.5　香气

在室温条件下，凭嗅觉辨别。

5.6　喷出率

5.6.1　操作

把测定的样品称量后，按罐上标注的正确喷射方法，喷射剂液，喷毕称重。将包装罐打开，倒出余液，擦干，称量罐重。

5.6.2　计算

喷出率 X（%）按下式计算：

$$X(\%)=\frac{W_1-W_2}{W_1-W_3}\times 100$$

式中：

W_1——喷液前罐重，g；

W_2——喷液后罐重，g；

W_3——空罐重，g。

5.7 起喷次数

将泵式发油按动，至开始喷出液体止，计算按动次数。

5.8 容量允差

5.8.1 玻璃瓶、泵式发油

随机取样10瓶，称其总重量，然后再将空瓶内液体倒空，将瓶洗净烘干，称重，再将总重量减去空瓶重量，取平均值，按规定容量计算允差。

5.8.2 喷雾罐装发油

随机取样10瓶，称其总重量，再取空瓶10只，称取皮重。总重量减去皮重，取平均值，按规定容量计算允差。

6 检验规则

按QB/T 1684执行。

7 标志、包装、运输、贮存

7.1 标志、包装

符合QB/T 1685中有关规定。

7.2 运输

必须轻装轻卸，按箱子箭头标志堆放，避免剧烈震动、撞击和日晒雨淋。

7.3 贮存

贮存在温度不高于38℃通风干燥仓库内，堆放时必须距离地面20cm、内墙50cm，中间留有通道，不得倒放，切忌靠近火源或暖气，并严格掌握先进先出原则。

符合本标准的运输、贮存条件，在包装完整，未经启封的情况下，产品保质期依据QB/T 1685中有关条款执行。

附加说明：

本标准由轻工业部质量标准司提出。

本标准由全国化妆品标准化中心归口。

本标准由上海红星日用化学品厂负责起草。

本标准主要起草人王建伟、陈烨、徐锡森。

ICS 71.100.70
分类号：Y42
备案号：15112—2005

中华人民共和国轻工行业标准

QB/T 1974—2004
代替 QB/T 1974—1994，QB/T 1860—1993

洗发液（膏）

Hair shampoo

2004-12-14 发布　　2005-06-01 实施

中华人民共和国国家发展和改革委员会　发布

前　　言

本标准是对 QB/T 1974—1994《洗发液》、QB/T 1860—1994《洗发膏》的修订，主要对如下内容进行了修改：

——产品分为洗发液和洗发膏两类；

——有效物指标按成人和儿童分别设定；

——删除黏度指标；

——增加了 GB 5296.3《消费品使用说明　化妆品通用标签》的引用；

——净含量按国家技术监督局令［1995］第 43 号《定量包装商品计量监督规定》执行。

本标准由中国轻工业联合会提出。

本标准由全国香料香精化妆品标准化技术委员会归口。

本标准由宝洁（中国）有限公司、联合利华股份有限公司、湖北丝宝股份有限公司、强生（中国）有限公司、上海家化联合股份有限公司和上海花王有限公司负责起草。

本标准主要起草人：黄 亮、焦晨星、皮峻岭、闻 萍、王寒洲、姜筱燕。

本标准所代替标准的历次版本发布情况为：

——QB/T 1974—1994；

——QB 964—1985、QB/T 1860—1993。

本标准自实施之日起，代替原轻工业部发布的轻工行业标准 QB/T 1974—1994《洗发液》、QB/T 1860—1993《洗发膏》。

洗 发 液（膏）

1 范围

本标准规定了洗发液（膏）的产品分类、要求、试验方法、检验规则和标志、包装、运输、贮存、保质期。

本标准适用于以表面活性剂或脂肪酸盐类为主体复配而成的、具有清洁人的头皮和头发、并保持其美观作用的洗发液（膏）。

2 规范性引用文件

下列文件中的条款通过本标准的引用而成为本标准的条款。凡是注日期的引用文件，其随后所有的修改单（不包括勘误的内容）或修订版均不适用于本标准，然而，鼓励根据本标准达成协议的各方研究是否可使用这些文件的最新版本。凡是不注日期的引用文件，其最新版本适用于本标准。

GB/T 5173 表面活性剂和洗涤剂 阴离子活性物的测定 直接两相滴定法

GB 5296.3 消费品使用说明 化妆品通用标签

GB/T 13173.6 洗涤剂发泡力的测定

GB/T 13531.1 化妆品通用试验方法 pH 值的测定

QB/T 1684 化妆品检验规则

QB/T 1685 化妆品产品包装外观要求

QB/T 2470 化妆品通用试验方法 滴定分析（容量分析）用标准溶液的制备

JJF 1070—2000 定量包装商品净含量计量检验规则

国家技术监督局令［1995］第 43 号 定量包装商品计量监督规定

卫法监发［2002］第 229 号 化妆品卫生规范

3 产品分类

按产品的形态可分为洗发液和洗发膏两类。

4 要求

4.1 卫生指标应符合表 1 的要求。使用的原料应符合卫法监发［2002］第 229 号规定。

表 1 卫生指标

项目		要求
微生物指标	细菌总数/（CFU/g）	≤1000 （儿童用产品≤500）
	霉菌和酵母菌总数/（CFU/g）	≤100
	粪大肠菌群	不得检出
	金黄色葡萄球菌	不得检出
	绿脓杆菌	不得检出
有毒物质限量	铅/（mg/kg）	≤40
	汞/（mg/kg）	≤1
	砷/（mg/kg）	≤10

4.2 感官和理化指标应符合表2的要求。

表2 感官和理化指标

<table>
<tr><td colspan="2" rowspan="2">项　目</td><td colspan="2">要　求</td></tr>
<tr><td>洗发液</td><td>洗发膏</td></tr>
<tr><td rowspan="3">感官指标</td><td>外观</td><td colspan="2">无异物</td></tr>
<tr><td>色泽</td><td colspan="2">符合规定色泽</td></tr>
<tr><td>香气</td><td colspan="2">符合规定香型</td></tr>
<tr><td rowspan="6">理化指标</td><td>耐热</td><td colspan="2">(40±1)℃保持24h，恢复至室温后无分离现象</td></tr>
<tr><td>耐寒</td><td colspan="2">−10℃～−5℃保持24h，恢复至室温后无分离析水现象</td></tr>
<tr><td>pH</td><td>4.0～8.0
(果酸类产品除外)</td><td>4.0～10.0</td></tr>
<tr><td>泡沫(40℃)/mm</td><td>透明型≥100
非透明型≥50
(儿童产品≥40)</td><td>≥100</td></tr>
<tr><td>有效物/(%)</td><td>成人产品≥10.0
儿童产品≥8.0</td><td>—</td></tr>
<tr><td>活性物含量
(以100%K_{12}计)/(%)</td><td>—</td><td>≥8.0</td></tr>
</table>

4.3 净含量偏差应符合国家技术监督局令［1995］第43号规定。

5 试验方法

5.1 卫生指标

按卫法监发［2002］第229号中规定的方法检验。

5.2 感官指标

5.2.1 外观和色泽

取试样在室温和非阳光直射下目测观察。

5.2.2 香气

取试样用嗅觉进行鉴别。

5.3 理化指标

5.3.1 耐热（洗发液）

5.3.1.1 仪器

a) 恒温培养箱：温控精度±1℃；

b) 试管：ϕ20mm×120mm。

5.3.1.2 操作程序

将试样分别倒入2支ϕ20mm×120mm的试管内，使液面高度约80mm，塞上干净的胶塞，把一支待检的试管置于预先调节至(40±1)℃的恒温培养箱内。24h后取出，恢复至室温后与另一试管的试样进行目测比较。

5.3.2 耐热（洗发膏）

5.3.2.1 仪器

恒温培养箱：温控精度±1℃。

5.3.2.2 **操作程序**

预先将恒温培养箱调节到（40±1）℃，把包装完整的试样一瓶置于恒温培养箱内。24h 后取出，恢复至室温后目测观察。

5.3.3 **耐寒（洗发液）**

5.3.3.1 **仪器**

a）冰箱：温控精度±2℃；

b）试管：ϕ20mm×120mm。

5.3.3.2 **操作程序**

将试样分别倒入 2 支 ϕ20mm×120mm 的试管内，使液面高度约 80mm，塞上干净的胶塞，把一支待检的试管置于预先调节至－10℃～－5℃的冰箱内。24h 后取出，恢复至室温后与另一试管的试样进行目测比较。

5.3.4 **耐寒（洗发膏）**

5.3.4.1 **仪器**

冰箱：温控精度±2℃。

5.3.4.2 **操作程序**

预先将冰箱调节到－10℃～－5℃，把包装完整的试样一瓶置于冰箱内。24h 后取出，恢复至室温后目测观察。

5.3.5 **pH**

按 GB/T 13531.1 中规定的方法测定（稀释法）。

5.3.6 **泡沫（洗发液）**

5.3.6.1 **仪器**

a）罗氏泡沫仪；

b）温度计：精度±2℃；

c）天平：精度 0.1 g；

d）超级恒温仪：精度±1℃；

e）量筒：100mL；

f）烧杯：1000mL。

5.3.6.2 **试剂**

1500mg/kg 硬水：称取无水硫酸镁（$MgSO_4$）3.7g 和无水氯化钙（$CaCl_2$）5.0g，充分溶解于 5000mL 蒸馏水中。

5.3.6.3 **操作程序**

将超级恒温仪预热至（40±1）℃，使罗氏泡沫仪恒温在（40±1）℃。称取样品 2.5 g，加入 1500mg/kg 硬水 100mL，再加入蒸馏水 900mL，加热至（40±1）℃。搅拌使样品均匀溶解，用 200mL 定量漏斗吸取部分试液，沿泡沫仪管壁冲洗一下。然后取试液放入泡沫仪底部对准标准刻度至 50mL，再用 200mL 定量漏斗吸取试液，固定漏斗中心位置，放下试液，立即记下泡沫高度。结果保留整数位。

5.3.7 **泡沫（洗发膏）**

按 GB/T 13173.6 中规定的方法测定。

试液质量浓度：2%。

5.3.8 **有效物（洗发液）**

5.3.8.1 **总固体**

5.3.8.1.1 **仪器**

a）温度计：精度 0.2℃；

b）分析天平：精度 0.000 2g；

c）恒温烘箱：精度±1℃；

d）烧杯：250mL；

e）干燥器。

5.3.8.1.2　**操作程序**

在烘干恒重的烧杯中称取试样 2g（精确至 0.000 2 g），于（105±1）℃恒温烘箱内烘干 3h，取出放入干燥器中冷却至室温，称其质量（精确至 0.000 2 g）。

5.3.8.1.3　**结果表示**

总固体的含量，数值以%表示，按公式（1）计算。

$$总固体=\frac{m_3-m_1}{m_2-m_1}\times100\% \qquad (1)$$

式中：

m_1——空烧杯的质量，单位为克（g）；

m_2——烘干前试样和烧杯的质量，单位为克（g）；

m_3——烘干后残余物和烧杯的质量，单位为克（g）。

结果保留一位小数。

5.3.8.2　**无机盐（乙醇不溶物）**

5.3.8.2.1　**仪器**

a）温度计：精度 0.2℃；

b）分析天平：精度 0.000 2 g；

c）恒温干燥箱：精度±2℃；

d）水浴加热器；

e）古氏坩埚：30mL；

f）锥形抽滤瓶：500mL；

g）抽滤器或小型真空泵；

h）量筒：100mL；

i）干燥器。

5.3.8.2.2　**试剂**

95%中性乙醇（化学纯）：取适量 95%乙醇，加入几滴酚酞指示剂，用 0.1mol/L 氢氧化钠溶液滴定至微红色。

5.3.8.2.3　**操作程序**

利用 5.3.8.1.2 中烘干的试样，加入 90%中性乙醇 100mL，在水浴中加热至微沸，取出。轻轻搅拌，使样品尽量溶解。静置沉淀后，将上层澄清液倒入已恒重并铺有滤层的古氏坩埚内，用抽滤器过滤至抽滤瓶中，尽可能将固体不溶物留在烧杯中，并用适量 95%中性乙醇洗涤烧杯两次。洗涤液和沉淀一起移入已恒重的古氏坩埚内过滤，滤液手同一抽滤瓶中。将古氏坩埚放入（105±1）℃的烘箱内，恒温 3h，取出放入干燥器内冷却至室温后称重（精确至 0.000 2 g）。

5.3.8.2.4　**结果表示**

无机盐含量，数值以%表示，按公式（2）计算。

$$无机盐=\frac{m_1}{m_0}\times100\% \qquad (2)$$

式中：

m_1——古氏坩埚中沉淀物的质量，单位为克（g）；

m_0——试样的质量，单位为克（g）。

结果保留一位小数。

5.3.8.3 **氯化物**

5.3.8.3.1 **仪器**

棕色酸式滴定管。

5.3.8.3.2 **试剂**

a）铬酸钾（分析纯）：5%；

b）0.1mol/L 硝酸银标准溶液：称取分析纯硝酸银 16.989 g，用水溶解并移入 1L 棕色容量瓶中，稀释至刻度，摇匀。按 QB/T 2470 中的方法标定。

5.3.8.3.3 **操作程序**

在 5.3.8.2.3 中所过滤的滤液中，滴入几滴酚酞指示剂，用酸碱溶液调节使溶液呈微红色，然后加入 5%铬酸钾 2mL～3mL，用 0.1mol/L 硝酸银标准溶液滴定至红色缓慢褪去，最后呈橙色时为终点。

5.3.8.3.4 **结果表示**

氯化物含量（以氯化钠计），数值以%表示，按公式（3）计算。

$$\text{氯化物}=\frac{c\times V\times 0.0585}{m}\times 100\% \quad \cdots\cdots(3)$$

式中：

c——硝酸银标准溶液的浓度，单位为摩尔每升（mol/L）；

V——滴定试样时消耗的硝酸银标准溶液的体积，单位为毫升（mL）；

0.0585——与 1.00mL 硝酸银标准溶液［c（$AgNO_3$）＝1.0000mol/L］相当的以克（g）表示的氯化钠的质量，单位为克每毫摩尔（g/mmol）；

m——试样的质量，单位为克（g）。

结果保留一位小数。

5.3.8.4 **有效物含量**

有效物含量，数值以%表示，按公式（4）计算。

$$\text{有效物（\%）}=\text{总固体（\%）}-\text{无机盐（\%）}-\text{氯化物（\%）} \quad \cdots\cdots(4)$$

式中总固体（%）、无机盐（%）、氯化物（%）分别按公式（1）、公式（2）和公式（3）计算。

结果保留一位小数。

5.3.9 **活性物（洗发膏）**

按 GB/T 5173 中规定的方法测定。

5.4 **净含量偏差**

按 JJF 1070—2000 中 6.1.1 规定的方法测定。

6 检验规则

按 QB/T 1684 执行。

7 标志、包装、运输、贮存、保质期

7.1 销售包装的标志

按 GB 5296.3 执行。

7.2 包装

按 QB/T 1685 执行。

7.3 运输

应轻装轻卸，按箱子图示标志堆放。避免剧烈震动、撞击和日晒雨淋。

7.4 贮存

应贮存在温度不高于 38℃的常温通风干燥仓库内，不得靠近水源、火炉或暖气。贮存时应距地面至少 20cm，距内墙至少 50cm，中间应留有通道。按箱子图示标志堆放，并严格掌握先进先出原则。

7.5 保质期

在符合规定的运输和贮存条件下，产品在包装完整和未经启封的情况下，保质期按销售包装标注执行。

ICS 71.100.70
分类号：Y42
备案号：15113—2005

中华人民共和国轻工行业标准

QB/T 1975—2004
代替 QB/T 1975—1994

护　发　素

Hair conditioner

2004-12-14 发布　　　　2005-06-01 实施

中华人民共和国国家发展和改革委员会　发　布

前　　言

本标准是对 QB/T 1975—1994《护发素》的修订，主要对如下内容进行了修改：

—— 增加了 GB 5296.3《消费品使用说明　化妆品通用标签》的引用；

—— 净含量按国家技术监督局令［1995］第 43 号《定量包装商品计量监督规定》执行。

本标准由中国轻工业联合会提出。

本标准由全国香料香精化妆品标准化技术委员会归口。

本标准由宝洁（中国）有限公司、联合利华股份有限公司、湖北丝宝股份有限公司、强生（中国）有限公司、上海家化联合股份有限公司和上海花王有限公司负责起草。

本标准主要起草人：黄 亮、焦晨星、皮峻岭、闻 萍、王寒洲、姜筱燕。

本标准于 1989 年首次发布为轻工专业标准 ZB/TY 42003—1989《护发素》，1994 年 7 月第一次修订为轻工行业标准 QB/T 1975—1994《护发素》，本次为第二次修订。

本标准自实施之日起，代替原轻工业部发布的轻工行业标准 QB/T 1975—1994《护发素》。

护 发 素

1 范围

本标准规定了护发素的要求、试验方法、检验规则和标志、包装、运输、贮存、保质期。

本标准适用于以由抗静电剂、柔软剂和各种护发剂配制而成的乳状产品，用于漂洗头发、使头发有光泽且易于梳理的漂洗型护发素。

2 规范性引用文件

下列文件中的条款通过本标准的引用而成为本标准的条款。凡是注日期的引用文件，其随后所有的修改单（不包括勘误的内容）或修订版均不适用于本标准，然而，鼓励根据本标准达成协议的各方研究是否可使用这些文件的最新版本。凡是不注日期的引用文件，其最新版本适用于本标准。

GB 5296.3 消费品使用说明 化妆品通用标签

GB/T 13531.1 化妆品通用试验方法 pH 值的测定

QB/T 1684 化妆品检验规则

QB/T 1685 化妆品产品包装外观要求

JJF 1070—2000 定量包装商品净含量计量检验规则

国家技术监督局令［1995］第 43 号 定量包装商品计量监督规定

卫法监发［2002］第 229 号 化妆品卫生规范

3 要求

3.1 卫生指标应符合表 1 的要求。使用的原料应符合卫法监发［2002］第 229 号规定。

表 1 卫生指标

项目		要求
微生物指标	细菌总数/（CFU/g）	≤1 000 （儿童用产品≤500）
	霉菌和酵母菌总数/（CFU/g）	≤100
	粪大肠菌群	不得检出
	金黄色葡萄球菌	不得检出
	绿脓杆菌	不得检出
有毒物质限量	铅/（mg/kg）	≤40
	汞/（mg/kg）	≤1
	砷/（mg/kg）	≤10

3.2 感官和理化指标应符合表 2 的要求。

表 2 感官和理化指标

项目		要求
感官指标	外观	无异物
	色泽	符合规定色泽
	香气	符合规定香型
理化指标	耐热	(40±1)℃保持 24h，恢复至室温后无分层现象
	耐寒	−10℃～−5℃保持 24h，恢复至室温后无分层现象
	pH	2.5～7.0
	总固体/(%)	≥4.0

3.3 净含量偏差应符合国家技术监督局令［1995］第 43 号规定。

4 试验方法

4.1 卫生指标

按卫法监发［2002］第 229 号中规定的方法检验。

4.2 感官指标

4.2.1 外观和色泽

取试样在室温和非阳光直射下目测观察。

4.2.2 香气

取试样用嗅觉进行鉴别。

4.3 理化指标

4.3.1 耐热

4.3.1.1 仪器

a）恒温培养箱：温控精度±1℃；

b）试管：ϕ20mm×120mm。

4.3.1.2 操作程序

将试样分别倒入 2 支 ϕ20mm×120mm 的试管内，使液面高度约 80mm，塞上干净的胶塞，把一支待检的试管置于预先调节至（40±1)℃的恒温培养箱内。24h 后取出，恢复至室温后与另一试管的试样进行目测比较。

4.3.2 耐寒

4.3.2.1 仪器

a）冰箱：温控精度±2℃；

b）试管：ϕ20mm×120mm。

4.3.2.2 操作程序

将试样分别倒入 2 支 ϕ20mm×120mm 的试管内，使液面高度约 80mm，塞上干净的胶塞，把一支待检的试管置于预先调节至−10℃～−5℃的冰箱内。24h 后取出，恢复至室温后与另一试管的试样进行目测比较。

4.3.3 pH

按 GB/T 13531.1 中规定的方法测定（稀释法）。

4.3.4 总固体

4.3.4.1 仪器

a）温度计：精度 0.2℃；

b）分析天平：精度 0.000 2 g；

c）恒温烘箱：精度±1℃；

d）扁形称量瓶：100mL；

e）干燥器。

4.3.4.2 操作程序

在烘干恒重的扁形称量瓶中称取试样 2g（精确至 0.000 2 g），于（105±1）℃恒温烘箱内烘干 3h，取出放入干燥器中冷却至室温，称其质量（精确至 0.000 2 g）。

4.3.4.3 结果表示

总固体的含量，数值以%表示，按公式（1）计算。

$$总固体=\frac{m_3-m_1}{m_2-m_1}\times 100\% \quad \cdots\cdots (1)$$

式中：

m_1——空扁形称量瓶的质量，单位为克（g）；

m_2——烘干前试样和烧杯的质量，单位为克（g）；

m_3——烘干后残余物和烧杯的质量，单位为克（g）。

结果保留一位小数。

4.4 净含量偏差

按 JJF 1070—2000 中 6.1.1 规定的方法测定。

5 检验规则

按 QB/T 1684 执行。

6 标志、包装、运输、贮存、保质期

6.1 销售包装的标志

按 GB 5296.3 执行。

6.2 包装

按 QB/T 1685 执行。

6.3 运输

应轻装轻卸，按箱子图示标志堆放。避免剧烈震动、撞击和日晒雨淋。

6.4 贮存

应贮存在温度不高于 38℃的常温通风干燥仓库内，不得靠近水源、火炉或暖气。贮存时应距地面至少 20cm，距内墙至少 50cm，中间应留有通道。按箱子图示标志堆放，并严格掌握先进先出原则。

6.5 保质期

在符合规定的运输和贮存条件下，产品在包装完整和未经启封的情况下，保质期按销售包装标注执行。

ICS 71.100.70
分类号：Y42
备案号：15114—2005

中华人民共和国轻工行业标准

QB/T 1976—2004
代替 QB/T 1976—1994

化妆粉块

Make-up pressed powder

2004-12-14 发布　　2005-06-01 实施

中华人民共和国国家发展和改革委员会　发布

前 言

本标准是对 QB/T 1976—1994《化妆粉块》的修订，主要对如下内容进行了修改：

——增加了跌落试验；

——增加了 GB 5296.3《消费品使用说明　化妆品通用标签》的引用；

——净含量允差按国家技术监督局令［1995］第 43 号《定量包装商品计量监督规定》执行。

本标准由中国轻工业联合会提出。

本标准由全国香料香精化妆品标准化技术委员会归口。

本标准由安利（中国）日用品有限公司、靳羽西-科蒂化妆品（上海）有限公司、资生堂丽源化妆品有限公司、春丝丽有限公司和上海家化联合股份有限公司负责起草。

本标准主要起草人：曾建玲、张健兴、张昱、谢建红、王寒洲。

本标准于 1989 年首次发布为轻工专业标准 ZB/TY 42004—1989《化妆粉块》，1994 年 7 月第一次修订为轻工行业标准 QB/T 1976—1994《化妆粉块》，本次为第二次修订。

本标准自实施之日起，代替原轻工业部发布的轻工行业标准 QB/T 1976—1994《化妆粉块》。

化 妆 粉 块

1 范围

本标准规定了化妆粉块的产品分类、要求、试验方法、检验规则和标志、包装、运输、贮存、保质期。

本标准适用于以粉质为主体经压制成型的胭脂、眼影、粉饼等。

2 规范性引用文件

下列文件中的条款通过本标准的引用而成为本标准的条款。凡是注日期的引用文件，其随后所有的修改单（不包括勘误的内容）或修订版均不适用于本标准，然而，鼓励根据本标准达成协议的各方研究是否可使用这些文件的最新版本。凡是不注日期的引用文件，其最新版本适用于本标准。

GB 5296.3　消费品使用说明　化妆品通用标签

GB/T 13531.1　化妆品通用试验方法　pH 值的测定

QB/T 1684　化妆品检验规则

QB/T 1685　化妆品产品包装外观要求

JJF 1070—2000　定量包装商品净含量计量检验规则

国家技术监督局令［1995］第 43 号　定量包装商品计量监督规定

卫法监发［2002］第 229 号　化妆品卫生规范

3 产品分类

产品按用途分为胭脂、眼影、粉饼等。

4 要求

4.1　卫生指标应符合表 1 的要求。使用的原料应符合卫法监发［2002］第 229 号规定。

表 1　卫生指标

项　　目		要　　求
微生物指标	细菌总数/（CFU/g）	≤1 000 （眼部用、儿童用产品≤500）
	霉菌和酵母菌总数/（CFU/g）	≤100
	粪大肠菌群	不得检出
	金黄色葡萄球菌	不得检出
	绿脓杆菌	不得检出
有毒物质限量	铅/（mg/kg）	≤40
	汞/（mg/kg）	≤1
	砷/（mg/kg）	≤10

4.2　感官和理化指标应符合表 2 的要求。

表 2 感官和理化指标

项目		要求
感官指标	外观	颜料及粉质分布均匀，无明显斑点
	香气	符合规定香型
	块型	表面应完整，无缺角、裂缝等缺陷
理化指标	涂擦性能	油块面积≤1/4 粉块面积
	跌落试验/份	破损≤1
	pH	6.0～9.0
	疏水性	粉质浮在水面保持 30 min 不下沉
注：疏水性仅适用于干湿两用粉饼。		

4.3 净含量偏差应符合国家技术监督局令［1995］第 43 号规定。

5 试验方法

5.1 卫生指标

按卫法监发［2002］第 229 号中规定的方法检验。

5.2 感官指标

5.2.1 外观

取试样在室温和非阳光直射下目测观察。

5.2.2 香气

取试样用嗅觉进行鉴别。

5.2.3 块型

取试样在室温和非阳光直射下目测观察。

5.3 理化指标

5.3.1 涂擦性能

5.3.1.1 仪器

恒温培养箱：温控精度±1℃。

5.3.1.2 操作程序

预先将恒温培养箱调节到（50±1）℃，将试样盒打开，置于恒温培养箱内。24h 后取出，恢复至室温后用所附粉扑或粉刷在块面不断轻擦，随时吹去擦下的粉尘。每擦拭 10 次除去粉扑或粉刷上附着的粉，继续擦拭，共擦拭 100 次，观察块面的油块大小。

5.3.2 跌落试验

5.3.2.1 材料

表面光滑平整的正方形木板，厚度 1.5cm，宽度 30cm。

5.3.2.2 操作程序

取试样 5 份。依次将粉盒从花盒里取出，打开粉盒，再取出盒内的附件，如刷子等，然后合上粉盒。将粉盒置于 50cm 的高度，粉盒底部朝下，水平地自由跌落到正方形木板中央。打开粉盒观察。

5.3.2.3 结果判定

依次逐份记录粉盒、镜子等破碎、脱落情况（筒装粉块除外）、粉块碎裂情况。当出现破损不大于 1 份时则为合格。

5.3.3 **pH**

按 GB/T 13531.1 中规定的方法测定（稀释法）。

5.3.4 **疏水性**

5.3.4.1 **仪器**

a）筛子：80 目；

b）烧杯：150mL。

5.3.4.2 **操作程序**

从粉块表面将粉轻轻刮下，用筛子过筛，称取过筛物 0.1g 于 100mL 水中，观察 30min，应无下沉物。

5.4 **净含量偏差**

按 JJF 1070—2000 中 6.1.1 规定的方法测定。

6 检验规则

按 QB/T 1684 执行。

7 标志、包装、运输、贮存、保质期

7.1 **销售包装的标志**

按 GB 5296.3 执行。

7.2 **包装**

按 QB/T 1685 执行。

7.3 **运输**

应轻装轻卸，按箱子图示标志堆放。避免剧烈震动、撞击和日晒雨淋。

7.4 **贮存**

应贮存在温度不高于 38℃的常温通风干燥仓库内，不得靠近水源、火炉或暖气。贮存时应距地面至少 20cm，距内墙至少 50cm，中间应留有通道。按箱子图示标志堆放，并严格掌握先进先出原则。

7.5 **保质期**

在符合规定的运输和贮存条件下，产品在包装完整和未经启封的情况下，保质期按销售包装标注执行。

ICS 71.100.70
分类号：Y42
备案号：15115—2005

中华人民共和国轻工行业标准

QB/T 1977—2004
代替 QB/T 1977—1994

唇 膏

Lipstick

2004-12-14 发布　　2005-06-01 实施

中华人民共和国国家发展和改革委员会 发 布

前　言

本标准是对 QB/T 1977—1994《唇膏》的修订，主要对如下内容进行了修改：

——增加了 GB 5296.3《消费品使用说明　化妆品通用标签》的引用；

——净含量按国家技术监督局令［1995］第 43 号《定量包装商品计量监督规定》执行。

本标准由中国轻工业联合会提出。

本标准由全国香料香精化妆品标准化技术委员会归口。

本标准由雅芳（中国）有限公司、靳羽西-科蒂化妆品（上海）有限公司和安利（中国）日用品有限公司负责起草。

本标准主要起草人：黄少娟、何永福、丰文娟、曾建玲。

本标准于 1994 年 7 月首次发布，本次为第一次修订。

本标准自实施之日起，代替原轻工业部发布的轻工行业标准 QB/T 1977—1994《唇膏》。

唇　膏

1　范围

本标准规定了唇膏的要求、试验方法、检验规则和标志、包装、运输、贮存、保质期。

本标准适用于油、脂、蜡、色素等主要成分复配而成的护唇用品。

2　规范性引用文件

下列文件中的条款通过本标准的引用而成为本标准的条款。凡是注日期的引用文件，其随后所有的修改单（不包括勘误的内容）或修订版均不适用于本标准，然而，鼓励根据本标准达成协议的各方研究是否可使用这些文件的最新版本。凡是不注日期的引用文件，其最新版本适用于本标准。

GB 5296.3　消费品使用说明　化妆品通用标签

QB/T 1684　化妆品检验规则

QB/T 1685　化妆品产品包装外观要求

JJF 1070—2000　定量包装商品净含量计量检验规则

国家技术监督局令［1995］第 43 号　定量包装商品计量监督规定

卫法监发［2002］第 229 号　化妆品卫生规范

3　要求

3.1　卫生指标应符合表 1 的要求。使用的原料应符合卫法监发［2002］第 229 号规定。

表 1　　卫生指标

项　　目		要　　求
微生物指标	细菌总数/（CFU/g）	≤500
	霉菌和酵母菌总数/（CFU/g）	≤100
	粪大肠菌群	不得检出
	金黄色葡萄球菌	不得检出
	绿脓杆菌	不得检出
有毒物质限量	铅/（mg/kg）	≤40
	汞/（mg/kg）	≤1
	砷/（mg/kg）	≤10

3.2　感官和理化指标应符合表 2 的要求。

表 2　　感官和理化指标

项　　目		要　　求
感官指标	外观	表面平滑无气孔
	色泽	符合规定色泽
	香气	符合规定香型
理化指标	耐热	(45±1)℃保持 24h，恢复至室温后外观无明显变化，能正常使用
	耐寒	−10℃～−5℃保持 24h，恢复至室温后能正常使用

3.3 净含量偏差应符合国家技术监督局令［1995］第43号规定。

4 试验方法

4.1 卫生指标

按卫法监发［2002］第229号中规定的方法检验。

4.2 感官指标

4.2.1 外观和色泽

取试样在室温和非阳光直射下目测观察。

4.2.2 香气

取试样用嗅觉进行鉴别。

4.3 理化指标

4.3.1 耐热

4.3.1.1 仪器

恒温培养箱：温控精度±1℃。

4.3.1.2 操作程序

预先将恒温培养箱调节到（45±1）℃，将试样脱去套子并全部旋出，垂直置于恒温培养箱内。24h后取出，恢复至室温后目测观察，并将试样少许涂擦于手背上，观察其使用性能。

4.3.2 耐寒

4.3.2.1 仪器

冰箱：温控精度±2℃。

4.3.2.2 操作程序

预先将冰箱调节到－10℃～－5℃，将试样置于冰箱内。24h后取出，恢复至室温后将试样少许涂擦于手背上，目测观察其使用性能。

4.4 净含量偏差

按JJF 1070—2000中6.1.1规定的方法测定。

5 检验规则

按QB/T 1684执行。

6 标志、包装、运输、贮存、保质期

6.1 销售包装的标志

按GB 5296.3执行。

6.2 包装

按QB/T 1685执行。

6.3 运输

应轻装轻卸，按箱子图示标志堆放。避免剧烈震动、撞击和日晒雨淋。

6.4 贮存

应贮存在温度不高于38℃的常温通风干燥仓库内，不得靠近水源、火炉或暖气。贮存时应距地面至少20cm，距内墙至少50cm，中间应留有通道。按箱子图示标志堆放，并严格掌握先进先出原则。

6.5 **保质期**

在符合规定的运输和贮存条件下，产品在包装完整和未经启封的情况下，保质期按销售包装标注执行。

ICS 71.100.70
分类号：Y42
备案号：15116—2005

中华人民共和国轻工行业标准

QB/T 1978—2004
代替 QB/T 1978—1994

染　发　剂

Hair coloring preparation

2004-12-14 发布　　　　2005-06-01 实施

中华人民共和国国家发展和改革委员会　发　布

前　　言

本标准是对 QB/T 1978—1994《染发剂　染发水、染发粉、染发膏》的修订，主要对如下内容进行了修改：

——增加了 GB 5296.3《消费品使用说明　化妆品通用标签》的引用；

——增加了卫法监发［2002］第 229 号《化妆品卫生规范》的引用；

——净含量按国家技术监督局令［1995］第 43 号《定量包装商品计量监督规定》执行；

——产品分类中染料型染发剂明确为非氧化型染发剂；

——感官和理化指标增加对氧化型粉、水两剂型产品、非氧化型染发剂的要求；

——单剂型染发粉的 pH 范围由 8.0～11.5 调整为 7.0～11.5；

——两剂型染发粉中染剂的 pH 范围由 4.0～7.5 调整为 4.0～9.0；

——染发膏中染剂的 pH 范围由 8.0～11.0 调整为 7.0～11.0；

——染发水和染发膏中氧化剂的 pH 范围由 2.0～5.0 调整为 1.8～5.0；

——染发水和染发膏中氧化剂含量（%）的限制由 4.0～7.0 调整为不大于 12.0；

——染色能力增加彩色染发；

——对苯二胺的含量限制明确了以实际使用时的含量为准。

本标准由中国轻工业联合会提出。

本标准由全国香料香精化妆品标准化技术委员会归口。

本标准由欧莱雅（中国）有限公司和上海汉高日用化学品服务有限公司负责起草。

本标准主要起草人：姜宜凡、陈向东。

本标准于 1989 年首次发布为轻工专业标准 ZB/TY 42005—1989《染发水、染发粉》和 ZB/TY 42006—1989《染发乳液》，1994 年 7 月第一次修订时合并为轻工行业标准 QB/T 1978—1994《染发剂　染发水、染发粉、染发膏》，本次为第二次修订。

本标准自实施之日起，代替原轻工业部发布的轻工行业标准 QB/T 1978—1994《染发剂　染发水、染发粉、染发膏》。

染 发 剂

1 范围

本标准规定了染发剂的产品分类、要求、试验方法、检验规则和标志、包装、运输、贮存、保质期。

本标准适用于能使头发改变颜色的氧化型和非氧化型染发剂。

2 规范性引用文件

下列文件中的条款通过本标准的引用而成为本标准的条款。凡是注日期的引用文件，其随后所有的修改单（不包括勘误的内容）或修订版均不适用于本标准，然而，鼓励根据本标准达成协议的各方研究是否可使用这些文件的最新版本。凡是不注日期的引用文件，其最新版本适用于本标准。

GB 5296.3 消费品使用说明 化妆品通用标签

GB/T 13531.1 化妆品通用试验方法 pH 值的测定

QB/T 1684 化妆品检验规则

QB/T 1685 化妆品产品包装外观要求

QB/T 1863 染发剂中对苯二胺的测定 气相色谱法

JJF 1070—2000 定量包装商品净含量计量检验规则

国家技术监督局令［1995］第 43 号 定量包装商品计量监督规定

卫法监发［2002］第 229 号 化妆品卫生规范

3 产品分类

3.1 产品按形态可分为：染发粉、染发水和染发膏（啫喱）。

3.2 产品按剂型可分为：单剂型和两剂型。

3.3 产品按染色原理可分为：氧化型染发剂和非氧化型染发剂。

4 要求

4.1 卫生和化学指标应符合表 1 的要求。使用的原料应符合卫法监发［2002］第 229 号规定。

表 1　　卫生和化学指标

项目		要求
有毒物质限量	铅/（mg/kg）	≤40
	汞/（mg/kg）	≤1
	砷/（mg/kg）	≤10
限用物质	对苯二胺/（%）	≤6 （以实际使用时的含量为准）

4.2 感官和理化指标应符合表 2 的要求。

表 2　　感官和理化指标

<table>
<tr><th colspan="3" rowspan="4">项　目</th><th colspan="6">要　求</th></tr>
<tr><th colspan="5">氧化型染发剂</th><th rowspan="3">非氧化型染发剂</th></tr>
<tr><th colspan="3">染发粉</th><th rowspan="2">染发水</th><th rowspan="2">染发膏（啫喱）</th></tr>
<tr><th>单剂型</th><th>两剂型 粉-粉型</th><th>两剂型 粉-水型</th></tr>
<tr><td rowspan="2">感官指标</td><td colspan="2">外　观</td><td colspan="6">符合规定要求</td></tr>
<tr><td colspan="2">香　气</td><td colspan="6">符合规定香型</td></tr>
<tr><td rowspan="5">理化指标</td><td rowspan="2">pH</td><td>染剂</td><td rowspan="2">7.0～11.5</td><td>4.0～9.0</td><td>7.0～11.0</td><td>8.0～11.0</td><td>7.0～11.0</td><td>4.5～8.0</td></tr>
<tr><td>氧化剂</td><td>8.0～12.0</td><td colspan="3">1.8～5.0</td><td></td></tr>
<tr><td colspan="2">氧化剂含量/（%）</td><td colspan="2">—</td><td colspan="3">≤12.0</td><td>—</td></tr>
<tr><td colspan="2">耐热</td><td colspan="5">—</td><td>(40±1)℃保持 6 h，恢复至室温后无油水分离现象</td></tr>
<tr><td colspan="2">耐寒</td><td colspan="5">—</td><td>(−10±2)℃保持 24h，恢复至室温后无油水分离现象</td></tr>
<tr><td></td><td colspan="2">染色能力</td><td colspan="6">将头发染至标志规定颜色</td></tr>
</table>

4.3　净含量偏差按国家技术监督局令［1995］第 43 号执行。

5　试验方法

5.1　卫生和化学指标

按 QB/T 1863 和卫法监发［2002］第 229 号中规定的方法检验。

5.2　感官指标

5.2.1　外观

取试样在室温和非阳光直射下目测观察。

5.2.2　香气

取试样用嗅觉进行鉴别。

5.3　理化指标

5.3.1　耐热

5.3.1.1　仪器

恒温培养箱：温控精度±1℃。

5.3.1.2　操作程序

预先将恒温培养箱调节到（40±1)℃，把包装完整的试样一瓶置于恒温培养箱内。6h 后取出，恢复至室温后目测观察。

5.3.2　耐寒

5.3.2.1　仪器

冰箱：温控精度±2℃。

5.3.2.2　**操作程序**

预先将冰箱调节到（－10±2)℃，把包装完整的试样一瓶置于冰箱内。24h 后取出，恢复至室温后目测观察。

5.3.3　**pH**

5.3.3.1　**染发粉**

5.3.3.1.1　**粉剂**

按 GB/T 13531.1 中规定的试剂和仪器执行，分析步骤如下：

—— 试样量：1 份；

—— 溶剂：水 100 份，并不断搅拌加热至（65±5)℃，冷却至室温，测定。

5.3.3.1.2　**水剂**

按 GB/T 13531.1 中规定的方法测定（直测法）。

5.3.3.2　**染发水**

按 GB/T 13531.1 中规定的方法测定（直测法）。

5.3.3.3　**染发膏**

按 GB/T 13531.1 中规定的方法测定（稀释法）。

5.3.3.4　**非氧化型染发剂**

按 GB/T 13531.1 中规定的方法测定（稀释法）。

5.3.4　**氧化剂浓度**

5.3.4.1　**仪器、试剂**

a）天平：精度 0.1mg；

b）三角烧瓶：150mL；

c）硫酸：1∶1（体积分数）；

d）高锰酸钾标准溶液：0.1mol/L。

5.3.4.2　**操作程序**

准确称取试样约 1g 于 150mL 三角烧瓶中，加蒸馏水 10mL 和 1∶1（体积分数）硫酸 10mL，摇匀。用 0.1mol/L 高锰酸钾标准溶液滴定至粉红色出现、30s 不褪色即为终点。氧化剂含量，数值以％表示，按公式（1）计算。

$$\text{氧化剂含量}=\frac{0.017\,01\times c\times V}{m}\times 100\% \qquad (1)$$

式中：

0.017 01——与 1.00mL 高锰酸钾标准溶液［$c(\frac{1}{5}KMnO_4)=1.000mol/L$］相当的以克（g）表示的过氧化氢（$H_2O_2$）的质量，单位为克每毫摩尔（g/mmol）。

c——高锰酸钾标准溶液的浓度，单位为摩尔每升（mol/L）；

V——滴定所用高锰酸钾标准溶液的体积，单位为毫升（mL）；

m——试样的质量，单位为克（g）。

结果保留一位小数。

5.3.5　**染色能力**

5.3.5.1　**仪器和材料**

a）烧杯：50mL；

b）量筒：10mL；

c）玻璃平板：20cm×15cm；

d）取未经染发剂染过的洗净晾干后的人的白发或黑发，或白色的山羊胡须一束，长度为 9cm～11cm，一端用线扎牢。

5.3.5.2 操作程序

5.3.5.2.1 氧化型染发剂

按产品说明书中的使用方法取适量试样，搅拌均匀，将放置在玻璃平板上的头发用试样涂抹均匀。按产品说明书中规定的方法和时间停留后，用水漂洗干净，晾干后在非阳光直射的明亮处观察。

5.3.5.2.2 非氧化型染发剂

按产品说明书中的使用方法，将放置在玻璃平板上的头发用试样涂抹均匀达到饱和状态。涂抹时应使试样均匀覆盖所有发丝，但又不至引起粘连，然后按产品说明书中规定时间停留后，在非阳光直射的明亮处观察。如果产品说明书中没有规定等候时间，应停留 15min 后观察。

5.4 净含量偏差

按 JJF 1070—2000 中 6.1.1 规定的方法测定。

6 检验规则

按 QB/T 1684 执行。

7 标志、包装、运输、贮存、保质期

7.1 销售包装的标志

按 GB 5296.3 执行。

7.2 包装

按 QB/T 1685 执行。

7.3 运输

应轻装轻卸，按箱子图示标志堆放。避免震动、撞击和日晒雨淋。

7.4 贮存

应贮存在温度不高于 38℃的常温通风干燥仓库内，不得靠近水源、火炉或暖气。贮存时应距地面至少 20cm，距内墙至少 50cm，中间应留有通道。按箱子图示标志堆放，并严格掌握先进先出原则。

7.5 保质期

在符合规定的运输和贮存条件下，产品在包装完整和未经启封的情况下，保质期按销售包装标注执行。

前　　言

本标准由 GB 11429—1989《发乳》修订而成，主要修改内容如下：

——按 GB/T 1.1—1993《标准化工作导则　第 1 单元：标准的起草与表述规则　第 1 部分：标准编写的基本规定》进行编写；

——有关部分采用引用 QB/T 1684—1993《化妆品检验规则》，QB/T 1685—1993《化妆品产品包装外观要求》的方式代替原技术内容；

——取消了色泽稳定性指标；

——取消了分等分级规定；

——改变了耐热、耐寒试验方法；

——净含量指标及试验方法执行国家技术监督令［1995］第 43 号《定量包装商品的计量监督规定》。

本标准由中国轻工总会质量标准部提出。

本标准由全国化妆品标准化中心归口。

本标准起草单位：上海家化有限公司。

本标准主要起草人：王寒洲、薛志岗、陈雅芳。

本标准自实施之日起，同时代替 GB 11429—1989《发乳》。

中华人民共和国轻工行业标准

QB/T 2284—1997

发　乳

1　范围

本标准规定了发乳的技术要求、试验方法、检验规则及标志、包装、运输、贮存等要求。

本标准适用于护发用的水包油型乳化膏体产品。

2　引用标准

下列标准所包含的条文，通过在本标准中引用而构成为本标准的条文。本标准出版时，所示版本均为有效。所有标准都会被修订，使用本标准的各方应探讨使用下列标准最新版本的可能性。

GB 7916—1987　化妆品卫生标准

GB 5296.3—1995　消费品使用说明　化妆品通用标签

GB/T 13531.1—1992　化妆品通用试验方法　pH 值的测定

QB/T 1685—1993　化妆品产品包装外观要求

QB/T 1684—1993　化妆品检验规则

3　产品分类

产品按色泽、香型、功能的不同分为多种规格。

4　技术要求

产品卫生指标应符合 GB 7916 规定。

4.1　感官指标、理化指标见表 1。

表 1

指标名称		指　标
感官指标	色泽	符合企业规定
	香气	符合企业规定
	膏体结构	细　腻
理化指标	pH 值（25℃）	4.0～8.5
	耐寒	－15℃～－5℃ 24h，恢复室温后膏体无油水分离
	耐热	40℃ 24h，膏体无油水分离

4.2　净含量允差（以 10 件平均计）

≤40g±2.0g，41～100g±4.0g，101～200g±5.0g，＞200g±10.0g。

塑袋：＜49g±1.0g，50～100g±2.0g。

散装不低于规定质量＋5%。

中国轻工总会 1997-04-10 批准　　　　1997-12-01 实施

4.3　包装外观要求

应符合 QB/T 1685 要求。

5　试验方法

5.1　色泽

取样在室温和非阳光直射下观察。

5.2　香气

用嗅觉鉴定香型。

5.3　膏体结构

取样擦于皮肤上，在室温和非阳光直射下观察。

5.4　pH 值

按 GB/T 13531.1 进行。

5.5　耐寒

5.5.1　仪器

温度计：分度值 0.5℃；

冰　箱：灵敏度 ±2℃。

5.5.2　步骤

预先将冰箱调节到规定的温度范围内，将试样于干净的 30mL 高型称量瓶中，使膏体装实无气泡，放入规定温度下的冰箱里 24h 后取出，恢复室温后观察膏体。

5.6　耐热

5.6.1　仪器

温度计：分度值为 0.5℃；

电热恒温培养箱：温控精度为±1℃。

5.6.2　步骤

将试样于干净的 30mL 高型称量瓶中，使膏体装实无气泡，置于规定温度±1℃的恒温培养箱里，保持 24h 后取出立即观察。

5.7　净含量允差

5.7.1　操作方法

取 10 瓶试样，称其毛重，然后去尽内容物，洗净并干燥，再称其皮重。

5.7.2　净含量允差按式（1）计算。

$$\Delta Q=\frac{\sum_{i=1}^{n}(Q_i-Q_0)}{n} \qquad (1)$$

式中：

ΔQ——试样净含量允差，g；

Q_0——试样标注净含量，g；

Q_i——试样实际净含量，g；

n——试样件数为 10。

试样净含量如以毫升标注，试样净含量须以试样密度（25℃）折算后，再按式（1）计算净含量允差。

5.8　外观试验

按 QB/T 1685 第 4 章执行。

6 检验规则

按 QB/T 1684 执行。

7 标志、包装、运输、贮存

7.1 标志

7.1.1 大、中包装合格证标志

按 QB/T 1685 中 3.9.5，3.10.2.3，3.10.3.3 执行。

7.1.2 销售包装标志

按 GB 5296.3 执行。

7.2 包装

成品用中包装包装，并应贴盒头签。大包装要装实无空隙，封箱及打包应牢固，并有合格证。

7.3 运输

必须轻放、轻卸，按箱上所示箭头标志堆放，避免剧烈震动、撞击和日晒雨淋。

7.4 贮存

应贮存在温度不高于 35C 干燥通风的仓库内，不得靠近火炉和暖气。贮存时必须距地面 20cm，距内墙 50cm，中间应留通风道，并按箱子箭头堆放。掌握先进先出原则。

前　言

本标准由 GB 11428—1989《头发用冷烫液》修订而成，主要修改内容如下：

——按 GB/T 1.1—1993《标准化工作导则　第 1 单元：标准的起草与表述规则　第 1 部分：标准编写的基本规定》进行编写；

——有关部分采用引用 QB/T 1684—1993《化妆品检验规则》，QB/T 1685—1993《化妆品产品包装外观要求》的方式代替原技术内容；

——技术要求中，巯基乙酸铵含量由 0.0850～0.1390g/mL 修改为 0.0680～0.1175g/mL，在试验方法中，对有关巯基乙酸铵含量的检测方法进行了完善；

——卷发剂 pH 值由 8.5～9.5 修改为上限 9.8；

——取消了分等分级规定；

——定型剂双氧水含量由下限 0.0150g/mL 修改为 0.0150～0.0400g/mL，pH 值由 2～3 修改为 4；

——增加氧化剂溴酸钠及其指标；

净含量指标及试验方法执行国家技术监督令［1995］第 43 号《定量包装商品的计量监督规定》。

本标准由中国轻工总会质量标准部提出。

本标准由全国化妆品标准化中心归口。

本标准起草单位：天津市第一日用化学厂。

本标准主要起草人：陈印兰、时红、李函英、马耀琦、李红、王德志。

本标准自实施之日起，同时代替 GB 11428—1989《头发用冷烫液》。

中华人民共和国轻工行业标准

QB/T 2285 — 1997

头发用冷烫液

1 范围

本标准规定了头发用冷烫液产品技术要求、试验方法、检验规则及标志、包装、运输、贮存等要求。

本标准适用于完全以巯基乙酸为还原剂，添加各种乳化剂、芳香剂等辅料配制而成的化学卷发剂系美发用化妆品。

2 引用标准

下列标准所包含的条文，通过在本标准中引用而构成为本标准的条文。本标准出版时，所示版本均为有效。所有标准都会被修订，使用本标准的各方应探讨使用下列标准最新版本的可能性。

GB/T 1623—1979 过硼酸钠

GB 7916—1987 化妆品卫生标准

GB/T 601—1988 化学试剂 滴定分析容量分析用标准溶液的制备

GB 5296.3—1995 消费品使用说明 化妆品通用标签

QB/T 1684—1993 化妆品检验规则

QB/T 1685—1993 化妆品产品包装外观要求

3 产品分类

3.1 冷烫液按其剂型分为：

3.1.1 水剂型（水溶液型）。

3.1.2 乳剂型。

3.2 冷烫液按其使用方法分为：

3.2.1 热敷型。

3.2.2 不热敷型。

4 技术要求

4.1 冷烫液由卷发剂和定型剂两部分组成。

4.2 卷发剂见表1规定。

表1

指标名称	规 定
外 观	水剂：清晰透明液体（允许微有沉淀） 乳剂：乳状液体（允许轻微分层）
气 味	略有氨的气味
pH值	<9.8

中国轻工总会 1997-04-10 批准 1997-12-01 实施

续表

指标名称	规定	
游离氨含量，g/mL	≥0.0050	
巯基乙酸含量，g/mL	热敷型	不热敷型
	0.0680～0.1174	0.0800～0.1175

4.3　定型剂见表2规定。

表2

定型剂	指标名称	规定
双氧水 （溶液）	外观 含量，g/mL pH值	透明水状溶液 0.0150～0.0400 2～4
溴酸钠 （溶液）	外观 含量，g/mL pH值	透明或乳状液体 ≥0.0700 4～7
过硼酸钠 （固体）	外观 含量，% 稳定度，%	细小白色结晶 ≥96 ≥90

4.4　产品卫生指标符合GB 7916中巯基乙酸浓度的规定。

4.5　净含量允差（以10瓶平均计）

≤100g为±2g；101～500g为±5g；501～1000g为±10g；≥1001g，补加损耗1%。

4.6　包装外观要求

符合QB/T 1685中有关规定。

5　试验方法

5.1　外观：卷发剂和定型剂均凭视觉于明亮处观察。

5.2　气味：凭嗅觉检查。

5.3　pH值

5.3.1　仪器：酸度计1台，精度±0.02。

5.3.2　卷发剂和定型剂均用酸度计直接测定产品。

5.4　游离氨含量

5.4.1　试剂

a）硫酸标准溶液：0.1mol/L，按GB/T 601配制及标定；

b）氢氧化钠标准溶液：0.1mol/L，按GB/T 601配制及标定；

c）溴甲酚绿-甲基红（1∶1）指示剂：0.1%乙醇溶液。

5.4.2　测定

用移液管吸取冷烫液10mL于100mL容量瓶中，用去离子水稀释至刻度再用移液管吸取10mL于300mL锥形瓶中，加去离子水50mL，准确加入0.1mol/L硫酸标准溶液25mL，加热至沸，冷却后加入溴甲酚绿-甲基红混合指示剂2～3滴，用0.1mol/L氢氧化钠标准溶液滴定至溶液由红变为绿色为终点。游离氨的含量

X_1（g/mL）按式（1）计算。

$$X_1 = (25c_1 - V \cdot c_2) \times 0.01703 \quad \cdots\cdots (1)$$

式中：

c_1——硫酸标准溶液的实际浓度，mol/L，c_1（$1/2H_2SO_4$）＝0.1mol/L，即每升含有硫酸 0.1×49g，基本单元是硫酸分子的二分之一；

V——氢氧化钠标准溶液的用量，mL；

c_2——氢氧化钠标准溶液的实际浓度，mol/L，c_2（NaOH）＝0.1mol/L，即每升含氢氧化钠 0.1×40.01g，基本单元是氢氧化钠分子；

0.01703——与 1.00mL 硫酸标准溶液［c_1（$1/2H_2SO_4$）＝1.000mol/L］相当的游离氨的质量，g。

所得结果应表示至四位小数。

5.5 巯基乙酸含量

5.5.1 方法提要

含有巯基乙酸及其盐类的化妆品经预处理后，用碘的标准溶液滴定定量。其反应方式如下：

$$2HSCH_2COOH + I_2 \longrightarrow HOOCH_2C—S—CH_2COOH + 2HI$$

5.5.2 试剂

a）盐酸（优级纯）：φ（HCl）＝10％；

b）三氯甲烷（优级纯）；

c）硫代硫酸钠溶液：0.1mol/L，配制及标定见 GB/T 601—1988 中 4.6；

d）淀粉溶液：10g/L，称可溶性淀粉 1g 溶于 100mL 煮沸水中，加水杨酸 0.1g 或氯化锌 0.4g 防腐；

e）碘标准溶液：c（I_2）＝0.05mol/L，称碘 13.0g 和碘化钾 40g，加水 50mL，溶解后加入盐酸 3 滴，用水稀释至 1000mL，过滤后转入棕色瓶中，用硫代硫酸钠溶液标定其准确浓度，方法如下：

准确吸取碘标准溶液 25.00mL 置于碘量瓶中，加纯水 150mL，用 0.1mol/L 硫代硫酸钠标准溶液（5.5.2c）滴定，近终点时加淀粉溶液（5.5.2d）2mL，继续滴定至蓝色消失，同时做水所消耗碘的空白试验，按式（2）计算结果。

$$c = \frac{(V - V_0)M}{25.00} \quad \cdots\cdots (2)$$

式中：

c——碘标准溶液浓度，mol/L；

V——滴定碘标准溶液硫代硫酸钠用量，mL；

V_0——空白试验硫代硫酸钠用量，mL；

M——硫代硫酸钠标准溶液的浓度，mol/L。

5.5.3 仪器

a）酸式滴定管；

b）电磁搅拌器：搅棒外层不要包裹塑料套。

5.5.4 样品预处理

准确量取溶液状样品 2.0mL 于锥形瓶中，加 10％盐酸 20mL 及水 50mL 缓慢加热至沸腾，冷却后加三氯甲烷 5mL，用电磁搅拌器搅拌 5min 作为待测液备用。

5.5.5 测定

以淀粉溶液作指示剂，用 0.05mol/L 的碘标准溶液滴定待测液，至溶液呈稳定的蓝色即为终点。

5.5.6 计算

按式（3）计算巯基乙酸及其盐酸类的含量 X_2（均以巯基乙酸计）。

$$X_2(g/100mL)=\frac{92.1\times c\times V_1\times 2\times 100}{1000\times V_2} \quad\cdots\cdots(3)$$

式中：

c——碘标准溶液的浓度，mol/L；

V_1——滴定后碘溶液的消耗量；mL；

V_2——溶液状样品的取样体积；mL；

92.1——巯基乙酸的摩尔质量；

2——碘与巯基乙酸反应的分子系数（即 1 分子碘与 2 分子巯基乙酸反应）。

5.6 过硼酸钠

含量及稳定度均按 GB/T 1623 测定。

5.7 双氧水

5.7.1 试剂

a）碘化钾溶液：5%；

b）钼酸铵溶液：3%；

c）硫酸溶液：2mol/L；

d）硫代硫酸钠标准溶液：0.1mol/L，按 GB/T 601 配制及标定。

5.7.2 测定

用移液管吸取定型剂 10mL，于容量瓶中稀释至 100mL，取上述溶液 10mL 放入锥形瓶中，加去离子水 80mL，2mol/L 硫酸 20mL 酸化，再加入 5%碘化钾溶液 20mL，加钼酸铵溶液 3 滴，用 0.1mol/L 硫代硫酸钠标准溶液滴定，近终点时加入 1%淀粉指示剂 2mL，滴至无色为终点。

双氧水的含量 X_3（g/mL）按式（4）计算。

$$X_3=V\times c\times 0.01710 \quad\cdots\cdots(4)$$

式中：

V——硫代硫酸钠标准溶液的用量，mL；

c——硫代硫酸钠标准溶液的实际浓度，mol/L；c（$Na_2S_2O_3$）＝0.1mol/L，即每升含有硫代硫酸钠 0.1×158.1g，基本单元是硫代硫酸钠分子；

0.01710——与 1.00mL 硫代硫酸钠标准溶液［c（$Na_2S_2O_3$）＝1.000mol/L］相当的双氧水的质量，g。

所得结果应表示至四位小数。

5.8 溴酸钠

5.8.1 试剂

a）硫代硫酸钠标准溶液：0.1mol/L，按 GB/T 601 配制及标定；

b）碘化钾：分析纯；

c）稀硫酸：1∶10；

d）淀粉指示剂。

5.8.2 测定

用移液管吸取定型剂 10mL 于 100mL 容量瓶中用去离子水稀释至刻度，再用移液管吸取 10mL 于 300mL 碘量瓶中，加入去离子水 40mL、碘化钾 3g 及稀硫酸 15mL，盖好瓶盖后于冷暗处放置 5min 加淀粉指示剂 3mL，用 0.1mol/L 硫代硫酸钠滴定至无色，并做空白试验。溴酸钠含量 X_4（g/mL）按式（5）计算。

$$X_4=c(V_A-V_B)\times 0.02515 \quad\cdots\cdots(5)$$

式中：

c——硫代硫酸钠标准溶液的实际浓度，mol/L，c（$Na_2S_2O_3$）＝0.1mol/L 即每升含硫代硫酸钠

0.1×158.1g，基本单元是硫代硫酸钠分子；

V_A——试样所消耗硫代硫酸钠标准溶液的体积，mL；

V_B——空白所消耗硫代硫酸钠标准溶液的体积，mL；

0.02515——与1.00mL硫代硫酸钠标准溶液［c（$Na_2S_2O_3$）=1.000mol/L］相当的溴酸钠的质量，g。

6 检验规则

按QB/T 1684执行。

7 标志、包装、运输、贮存

7.1 标志

大、中包装的标志按QB/T 1685中3.9.5，3.10.2.3，3.10.3.3执行，销售包装的标志按GB 5296.3执行。

7.2 包装

按QB/T 1685执行。

7.3 运输及贮存

运输时应注意轻装轻卸，按箱上所示箭头堆放，不得倒置，避免剧烈震动。应贮存在不高于38C，通风干燥的仓库内，堆放时距离地面20cm，离墙50cm，中间留有通道，忌近靠水源和暖气，谨防日晒雨淋。

前　言

本标准由 GB 11431—1989《润肤乳液》修订而成，主要修改内容如下：

——按 GB/T1.1—1993《标准化工作导则　第 1 单元：标准的起草与表述规则　第 1 部分：标准编写的基本规定》进行编写；

——有关部分采用引用 QB/T 1684—1993《化妆品检验规则》，QB/T 1685—1993《化妆品产品包装外观要求》的方式代替原技术内容；

——取消了卫生指标；

——取消了分等分级规定；

——修改了耐热指标及耐热、耐寒的试验方法；

——含量指标及试验方法执行国家技术监督令［1995］第 43 号《定量包装商品的计量监督规定》。

本标准由中国轻工总会质量标准部提出。

本标准由全国化妆品标准化中心归口。

本标准起草单位：上海凤凰日用化学有限公司。

本标准主要起草人：姚珏、邢静。

本标准自实施之日起，同时代替 GB 11431—1989《润肤乳液》。

中华人民共和国轻工行业标准

QB/T 2286—1997

润肤乳液

1 范围

本标准规定了润肤乳液的产品分类、技术要求、试验方法、检验规则及标志、包装、运输、贮存等要求。

本标准适用于滋润人体皮肤的具有流动性的水包油乳化型化妆品。

2 引用标准

下列标准所包含的条文，通过在本标准中引用而构成为本标准的条文。本标准出版时，所示版本均为有效。所有标准都会被修订，使用本标准的各方应探讨使用下列标准最新版本的可能性。

GB 7916—1987 化妆品卫生标准

GB 5296.3—1995 消费品使用说明 化妆品通用标签

GB/T 13531.1—1992 化妆品通用检验方法 pH 值的测定

QB/T 1684—1993 化妆品检验规则

QB/T 1685—1993 化妆品产品包装外观要求

3 产品分类

根据乳液的色泽、香型、包装形式不同分多种规格。

4 技术要求

产品卫生指标应符合 GB 7916 有关规定要求。

4.1 感官指标、理化指标按表 1 规定。

4.2 净含量允差（以 10 瓶平均计）见表 2。

4.3 外观要求

应符合 QB/T 1685 的规定。

表 1

指标名称		指标要求
感官指标	色泽	符合企业规定
	香气	符合企业规定
	结构	细腻
理化指标	pH 值	4.5～8.5（果酸类产品除外）
	耐热	40℃ 24h，恢复室温后无油水分离现象
	耐寒	－15～－5℃ 24h，恢复室温后无油水分离现象
	离心考验	2000r/min 旋转 30min 不分层（含不溶性粉质颗粒沉淀物除外）

中国轻工总会 1997-04-10 批准　　1997-12-01 实施

表 2 单位：g

质　量	偏　差
≤30	±2.0
>30～40	±2.5
>40～55	±3.0
>55～70	±3.5
>70～80	±4.0
>80	±5.0

5 试验方法

5.1 色泽

取样品在非阳光直射条件下目测。

5.2 香气

用辨香纸蘸取试样，用嗅觉进行辨别。

5.3 结构

取试样擦于皮肤上在室内和非阳光直射条件下，观察。

5.4 pH 值

按 GB/T 13531.1 方法测定。

5.5 耐热

5.5.1 仪器

a）温度计：分度值 0.5℃，1 支。

b）电热恒温培养箱：灵敏度±1℃，1 台。

5.5.2 操作

将试样分别倒入 2 支 ϕ20mm×120mm 的试管内，使液面高度约 80mm，塞上干净的软木塞。把一支待验的试管置于预先调节至规定温度±1℃的恒温培养箱内，经 24h 后取出，恢复室温后与另一支试管的试样进行目测比较。

5.6 耐寒

5.6.1 仪器

a）温度计：分度值 0.5℃，1 支。

b）冰箱：灵敏度±2℃，1 台。

5.6.2 操作

将试样分别倒入 2 支 ϕ20mm×120mm 的试管内，使液面高度约 80mm，塞上干净的软木塞。把一支待验的试管置于预先调节至规定温度±2℃的冰箱内，保持 24h 后取出，恢复室温后与另一支试管的试样进行目测比较。

5.7 离心考验

5.7.1 仪器

a）离心机：1 台；

b）离心管：刻度 10mL，2 支；

c）电热恒温培养箱：灵敏度±1℃，1 台；

d）温度计：分度值 0.5℃，1 支。

5.7.2 操作

于离心管中注入试样约三分之二高度并装实，用软木塞塞好。然后放入预先调节到38±1℃的电热恒温培养箱内，保温1h后，立即移入离心机中，并将离心机调整到2000r/min的离心速度，旋转30min取出观察。

5.8 净含量允差

5.8.1 操作方法

取试样10瓶，称其毛重，然后去尽内容物，洗净并干燥，再称其皮重，按式（1）进行计算。

$$\Delta Q = \frac{\sum_{i=1}^{n}(Q_i - Q_0)}{n} \qquad \cdots\cdots (1)$$

式中：

ΔQ——试样净含量允差，g；

Q_0——试样标注净含量，g；

Q_i——试样实际净含量，g；

n——试检数为10。

试样净含量如以毫升标注，试样净含量须以试样密度（25℃）折算后，再按式（1）计算净含量允差。

5.9 外观试验

按QB/T 1685执行。

6 检验规则

按QB/T 1684执行。

7 标志、包装、运输、贮存

7.1 标志

大、中包装的标志按QB/T 1685中3.9.5，3.10.2.3，3.10.3.3执行，销售包装的标志按GB 5296.3执行。

7.2 包装

按QB/T 1685执行。

7.3 运输

必须轻装轻卸，按箱子箭头标志堆放，避免剧烈震动、撞击和日晒雨淋。

7.4 贮存

成品应贮存在温度不高于38℃的干燥通风仓库内，堆放时必须离地面20cm，离内墙50cm，中间留有通道，不得倒放，切忌靠近水源和暖气，并应严格掌握先进先出的原则。

前　　言

本标准由 ZBY 42007—1989《指甲油》修订而成，主要修改内容如下：

——按 GB/T1.1—1993《标准化工作导则　第 1 单元：标准的起草与表述规则　第 1 部分：标准编写的基本规定》进行编写；

——有关部分采用引用 QB/T 1684—1993《化妆品检验规则》，QB/T 1685—1993《化妆品产品包装外观要求》的方式代替原技术内容；

——原技术指标“干燥度”改称“干燥时间”；

——取消原标准中粘度及其试验方法；

——净含量指标及试验方法执行国家技术监督令［1995］第 43 号《定量包装商品的计量监督规定》。

本标准由中国轻工总会质量标准部提出。

本标准由全国化妆品标准化中心归口。

本标准起草单位：上海家化有限公司。

本标准主要起草人：王寒洲、薛志岗、陈雅芳。

本标准自实施之日起，原轻工业部发布的专业标准 ZBY 42007—1989《指甲油》作废。

中华人民共和国轻工行业标准

QB/T 2287—1997

指　甲　油

1　范围

本标准规定了指甲油的技术要求、试验方法、检验规则及标志、包装、运输、贮存等要求。

本标准适用于修饰美容指甲用的一种粘稠液体。

2　引用标准

下列标准所包含的条文，通过在本标准中引用而构成为本标准的条文。本标准出版时，所示版本均为有效。所有标准都会被修订，使用本标准的各方应探讨使用下列标准最新版本的可能性。

GB 7916—1987　化妆品卫生标准

GB 5296.3—1995　消费品使用说明　化妆品通用标签

QB/T 1685—1993　化妆品产品包装外观要求

QB/T 1684—1993　化妆品检验规则

3　产品分类

指甲油按产品可分为透明指甲油、有色指甲油等多种规格。

4　技术要求

产品中有毒物质 Hg、As、Pb 含量应符合 GB 7916 要求。

4.1　物理指标应符合表 1 规定。

表 1

指标名称	指　标
色泽	符合企业规定
干燥时间，min	≤10
牢固度	无脱落
净含量允差，g（mL） （10 瓶平均计）	≤10，±1 >10，±2

4.2　包装外观要求

按 QB/T 1685 执行。

5　试验方法

5.1　色泽

取样在室温和非阳光直射下目测。

中国轻工总会 1997-04-10 批准　　　　1997-12-01 实施

5.2 干燥时间

5.2.1 试剂和仪器

a) 乙酸乙酯（化学纯）；

b) 温度计：分度值，0.2℃；

c) 载玻片：75.5mm×25.5mm×1.2mm；

d) 秒表。

5.2.2 步骤

在室温下（20±5℃），用乙酸乙酯擦洗干净载玻片，待干燥后用笔刷蘸满指甲油试样一次性涂刷在载玻片上，立即按动秒表，10min 后用手触摸干燥与否。

5.3 牢固度

5.3.1 试剂与仪器

a) 乙酸乙酯（化学纯）；

b) 温度计：分度值，0.2℃；

c) 载玻片：75.5mm×25.5mm×1.2mm；

d) 不锈钢尺；

e) 绣花针：长 9 号。

5.3.2 步骤

在室温下（20±5℃），用乙酸乙酯擦洗干净载玻片，待干燥后用笔刷蘸满指甲油试样涂刷一层在载玻片上，放置 24h 后，用绣花针划成横和竖交叉的各五条线，每条间隔为 1mm，观察，应无一方格脱落。

5.4 净含量允差

5.4.1 操作方法

取试样 10 瓶，称其毛重，然后去尽内容物，用乙酸乙酯（化学纯）洗净并干燥，再称其皮重。

5.4.2 净含量允差按式（1）计算。

$$\Delta Q=\frac{\sum_{i=1}^{n}(Q_i-Q_0)}{n} \qquad (1)$$

式中：

ΔQ——试样净含量允差，g；

Q_0——试样标注净含量，g；

Q_i——试样实际净含量，g；

n——试样数 10。

毫升测定以密度（25℃）折算：或以水的容积计算。

5.5 包装外观

按 QB/T 1685 执行。

6 检验规则

按 QB/T 1684 执行。

7 标志、包装、运输、贮存

7.1 标志

7.1.1 大、中包装合格证标志

按 QB/T 1685 中 3.9.5，3.10.2.3，3.10.3.3 条执行。

7.1.2 销售包装标志

按 GB 5296.3 执行。

7.2 包装

成品用中包装包装，并应贴盒头签。大包装要装实无空隙、封箱及打包应牢固，并有合格证。

7.3 运输

必须轻放，轻卸，按箱上所示箭头标志堆放，避免剧烈震动、撞击和日晒雨淋。

7.4 贮存

应贮存在温度不高于 35℃的通风干燥仓库内，不得靠近火炉和暖气。贮存时必须距地面 20cm，距内墙 50cm，中间应留有通风道，并应掌握先进先出原则。

ICS 71.100.70
分类号：Y42
备案号：19936—2007

中华人民共和国轻工行业标准

QB/T 2488—2006
代替 QB/T 2488—2000

化妆品用芦荟汁、粉

Aloe juice/powder for cosmetics

2006-12-17 发布　　2007-08-01 实施

中华人民共和国国家发展和改革委员会　发布

前 言

本标准是对 QB/T 2488—2000《化妆品用芦荟制品》的修订。

本标准与 QB/T 2488—2000 相比，主要变化如下：

——对部分产品重新进行定义并对产品分类进行了简化；

——将液体产品的总固形物指标，调整为可溶性固形物指标；

——调整了多糖、芦荟苷、钙、镁等指标，增加了 *O*—乙酰基指标；

——修订了测试方法。钙和镁的测试直接引用国家标准方法进行，芦荟苷和 *O*—乙酰基的测试借鉴《中华人民共和国药典》方法进行。

本标准由中国轻工业联合会提出。

本标准由全国香料香精化妆品标准化技术委员会归口。

本标准由北京工商大学、云南元江万绿生物（集团）有限公司负责起草。

本标准主要起草人：赵华、黄运喜、罗秉俊。

本标准自实施之日起，代替原国家轻工业局发布的轻工行业标准 QB/T 2488—2000《化妆品用芦荟制品》。

本标准所代替标准的历次版本发布情况为：

——QB/T 2488—2000。

化妆品用芦荟汁、粉

1 范围

本标准规定了化妆品用芦荟汁、粉的定义、分类、要求、试验方法、检验规则和标志、包装、运输、贮存。

本标准适用于以芦荟（*Aloe vera L.*）为原料，经清洗、榨汁、杀菌等工序制成的芦荟汁、粉。

2 规范性引用文件

下列文件中的条款通过本标准的引用而成为本标准的条款。凡是注日期的引用文件，其随后所有的修改单（不包括勘误的内容）或修订版均不适用于本标准，然而，鼓励根据本标准达成协议的各方研究是否可使用这些文件的最新版本。凡是不注日期的引用文件，其最新版本适用于本标准。

GB 2760 食品添加剂使用卫生标准

GB/T 5009.3 食品中水分的测定方法

GB/T 5009.90 食品中铁、镁、锰的测定方法

GB/T 5009.92 食品中钙的测定方法

GB 5296.3 消费品使用说明 化妆品标签通用标准

GB 7718 食品标签通用标准

GB/T 10788 罐头食品中可溶性固形物的测定 折光计法

GB/T 13531.1 化妆品通用试验方法 pH的测定

GB/T 13531.4 化妆品通用试验方法 相对密度的测定

QB/T 1685 化妆品产品包装外观要求

卫法监发［2002］第229号 化妆品卫生规范

3 术语和定义

下列术语和定义适用于本标准。

3.1

芦荟凝胶汁 aloe gel juices

芦荟叶片经清洗、去皮、榨汁、过滤、浓缩、杀菌等工序加工制得的液状产品。

3.2

芦荟凝胶粉 aloe gel powder

芦荟叶片经清洗、去皮、榨汁、过滤、浓缩、干燥、杀菌等工序加工制得的粉状产品。包括芦荟凝胶喷雾干燥粉和芦荟凝胶冷冻干燥粉。

3.3

芦荟全叶汁 aloe whole leaf juices

芦荟叶片经清洗、榨汁、过滤、浓缩、杀菌等工序加工制得的液状产品。

3.4

芦荟全叶粉 aloe whole leaf powder

芦荟叶片经清洗、榨汁、过滤、浓缩、干燥、杀菌等工序加工制得的粉状产品。包括芦荟全叶喷雾干燥

粉和芦荟全叶冷冻干燥粉。

3.5

脱色芦荟汁　aloe decolorized juices

经脱色处理的芦荟凝胶汁或芦荟全叶汁。

3.6

脱色芦荟粉　aloe decolorized powder

经脱色处理的芦荟凝胶汁或芦荟全叶汁经干燥得到的粉状产品。

3.7

喷雾干燥粉　spray dried powder

芦荟凝胶汁或芦荟全叶汁经喷雾干燥得到的粉状产品。

3.8

冷冻干燥粉　freeze dried powder

芦荟凝胶汁或芦荟全叶汁经冷冻干燥得到的粉状产品。

4　分类

化妆品用芦荟汁、粉分为液态和固态两大类产品。

4.1　液态类

液态类产品可分为两类：芦荟凝胶汁和芦荟全叶汁。

4.1.1　芦荟凝胶汁

芦荟凝胶汁可分为脱色芦荟凝胶汁和未脱色芦荟凝胶汁两类产品。

4.1.2　芦荟全叶汁

芦荟全叶汁可分为脱色芦荟全叶汁和未脱色芦荟全叶汁两类产品。

4.2　固态类

固态类产品可分为两类：芦荟凝胶粉（不含芦荟叶片外皮部分）和芦荟全叶粉（包含芦荟叶片外皮部分）。

4.2.1　芦荟凝胶粉

芦荟凝胶粉可分为芦荟凝胶喷雾干燥粉和芦荟凝胶冷冻干燥粉两类产品。

4.2.1.1　芦荟凝胶喷雾干燥粉

芦荟凝胶喷雾干燥粉可分为脱色芦荟凝胶喷雾干燥粉和未脱色芦荟凝胶喷雾干燥粉两类产品。

4.2.1.2　芦荟凝胶冷冻干燥粉

芦荟凝胶冷冻干燥粉可分为脱色芦荟凝胶冷冻干燥粉和未脱色芦荟凝胶冷冻干燥粉两类产品。

4.2.2　芦荟全叶粉

芦荟全叶粉可分为芦荟全叶喷雾干燥粉和芦荟全叶冷冻干燥粉两类产品。

4.2.2.1　芦荟全叶喷雾干燥粉

芦荟全叶喷雾干燥粉可分为脱色芦荟全叶喷雾干燥粉和未脱色芦荟全叶喷雾干燥粉两类产品。

4.2.2.2　芦荟全叶冷冻干燥粉

芦荟全叶冷冻干燥粉可分为脱色芦荟全叶冷冻干燥粉和未脱色芦荟全叶冷冻干燥粉两类产品。

5　要求

5.1　感官特性

液态类产品感官特性应符合表1要求；固态类产品感官特性应符合表2和表3要求。

表 1

项　目	指　　标			
	芦荟凝胶汁		芦荟全叶汁	
	未脱色	脱色	未脱色	脱色
外观	呈黄色至有微量沉淀的琥珀色液体	呈无色透明至有微量沉淀的淡黄色液体	呈黄绿色至有微量沉淀的琥珀色液体	呈无色透明至有微量沉淀的淡黄色液体
气味	具有芦荟植物味，无异味（以可溶性固形物为 0.5%计）			
色泽稳定性	暴露在紫外线灯下照射 6h，应不变色或轻微变色（以可溶性固形物为 0.5%计）			

表 2

项　目	指　　标			
	芦荟全叶喷雾干燥粉		芦荟全叶冷冻干燥粉	
	未脱色	脱色	未脱色	脱色
外观	淡黄色至棕色粉末	灰白色至浅黄色粉末	淡黄色至棕色粉末	灰白色至浅黄色粉末
气味	具有芦荟植物味，无异味（以 1%水溶液计）			
色泽稳定性	暴露在紫外线灯下照射 6h，应不变色或轻微变色（以 1%水溶液计）			

表 3

项　目	指　　标			
	芦荟凝胶喷雾干燥粉		芦荟凝胶冷冻干燥粉	
	未脱色	脱色	未脱色	脱色
外观	棕色粉末	白色至灰白色粉末	棕色粉末	白色至灰白色粉末
气味	具有芦荟植物味，无异味（以 1%水溶液计）			
色泽稳定性	暴露在紫外线灯下照射 6h，应不变色或轻微变色（以 1%水溶液计）			

5.2　理化指标

液态类产品理化指标应符合表 4 要求；固态类产品理化指标应符合表 5 和表 6 要求。

表 4

项　目		指　　标			
		芦荟凝胶汁		芦荟全叶汁	
		脱色	未脱色	脱色	未脱色
可溶性固形物/（%）	≥	0.5		1.0	
多糖/（mg/L）	≥	4.00×10^2		6.00×10^2	
相对密度		1.000～1.200			
O-乙酰基/（mg/L）	≥	3.75×10^2		5.0×10^2	
以下指标均以复水到 0.5%（凝胶汁）或 1.0%（全叶汁）的可溶性固形物时测定为准					
吸光度（400nm）	≤	0.20	0.70	0.30	2.50
pH		3.5～5.0			
钙/（mg/L）		9.82×10～4.48×10^2		4.48×10^2～1.02×10^3	
镁/（mg/L）		2.34×10～1.18×10^2		3.30×10～2.30×10^2	
芦荟苷/（mg/L）	≤	1.00×10	5.00×10	1.00×10	5.00×10^2

表 5

项　目	指　　标			
	芦荟全叶喷雾干燥粉		芦荟全叶冷冻干燥	
	脱色	未脱色	脱色	未脱色
多糖/（mg/kg）　≥	6.00×10^4			
钙/（mg/kg）	4.48×10^4～1.02×10^5			
镁/（mg/kg）	3.30×10^3～2.30×10^4			
水分/%　≤	8.00		5.00	
芦荟苷/（mg/kg）　≤	8.00×10^2	5.00×10^4	8.00×10^2	5.00×10^4
O-乙酰基/（mg/L）　≥	5.00×10^4			
以下指标均以 1%水溶液时测定为准				
吸光度（400nm）　≤	0.20	2.50	0.20	2.50
pH	3.5～5.0			

表 6

项　目	指　　标			
	芦荟凝胶喷雾干燥粉		芦荟凝胶冷冻干燥粉	
	脱色	未脱色	脱色	未脱色
多糖/（mg/kg）　≥	8.0×10^4			
钙/（mg/kg）	9.82×10^3～8.96×10^4			
镁/（mg/kg）	2.34×10^3～2.36×10^4			
水分/（mg/kg）　≤	8.00		5.00	
芦荟苷/（mg/kg）　≤	1.60×10^3	8.00×10^3	1.60×10^3	8.00×10^3
O-乙酰基/（mg/L）　≥	7.50×10^4			
以下指标均以 0.5%水溶液时测定为准				
吸光度（400nm）　≤	0.20	0.50	0.20	0.50
pH	3.5～5.0			

5.3　卫生指标

卫生指标应符合表 7 的要求。

表 7

项　目	指　　标	
	液体制品	固体制品
汞/（mg/L 或 mg/kg）　≤	1	1
铅/（mg/L 或 mg/kg）　≤	30	40
砷/（mg/L 或 mg/kg）　≤	10	20
菌落总数/（CFU/mL 或 CFU/g）　≤	500	1000
粪大肠菌群/mL 或 g	不应检出	
金黄色葡萄球菌/mL 或 g	不应检出	
绿脓杆菌/mL 或 g	不应检出	

6 试验方法

除非另有说明，在分析中仅使用确认为分析纯的试剂和蒸馏水或去离子水或相当纯度的水。

6.1 感官特性

6.1.1 外观

在自然光或相当于自然光条件下，以正常视力观察。

6.1.2 气味

取一定量的被测样品于洁净的玻璃容器中，加水稀释到可溶性固形物为0.5%（液体样品）或配成1%的水溶液（固体样品），混合均匀，在室温下，立即用嗅觉仔细鉴别其气味，检查有无异味。

6.1.3 色泽稳定性

6.1.3.1 仪器

a）配有石英玻璃盖的培养皿：ϕ8cm；

b）具塞比色管：25mL；

c）紫外线灯：20W。

6.1.3.2 试液的制备

取一定量的被测样品于洁净的玻璃容器中，加水稀释到可溶性固形物为0.5%（液体样品）或配成1%的水溶液（固体样品），不断搅拌，使其完全溶解。将该试液分作2份待用。

6.1.3.3 操作

将1份试液（6.1.3.2）装入具塞比色管中，用作参比。

将另1份试液（6.1.3.2）放入培养皿中，盖上石英玻璃盖。将培养皿放在距紫外线灯30cm处垂直照射6h。然后，将试液转移至具塞比色管中，置于白色衬物上，在自然光或相当于自然光条件下，与参比进行比较。

6.2 理化指标

6.2.1 可溶性固形物测定

按GB/T 10788规定的方法检验。

6.2.2 多糖

6.2.2.1 方法提要

乙醇提取以除去单糖、低聚糖、苷类及生物碱等干扰成分，然后用水提取其中所含的多糖类成分。多糖在硫酸作用下，水解成单糖，并迅速脱水生成糠醛衍生物，与苯酚缩合成有色化合物，用分光光度法测定其多糖含量。

6.2.2.2 试剂和溶液

a）95%乙醇；

b）浓硫酸；

c）葡萄糖标准液：精确称取经105℃干燥恒重的葡萄糖（优级纯）100.0mg，置100mL容量瓶中，加水溶解并稀释至刻度（可加几滴甲苯或几粒苯甲酸防腐），此标准溶液1.00mL含葡萄糖1.00mg；

d）苯酚液：取苯酚100g，加铝片0.1g，碳酸氢钠0.05g，蒸馏收集182℃馏分，称取此馏分10.0g，加水150g，混匀置棕色瓶中备用。

6.2.2.3 仪器

分光光度计。

6.2.2.4 分析步骤

6.2.2.4.1 标准曲线的制备

吸取葡萄糖标准液［6.2.2.2c)］0.25mL、0.50mL、1.00mL、1.50mL、2.00mL、2.50mL，分别置于50mL容量瓶中，加水定容。吸取上述溶液各2.00mL，再加苯酚液1.00mL，摇匀，迅速滴加浓硫酸［6.2.2.2b)］5.00mL，摇匀后放置5min，置沸水浴中加热15min，取出后冷却至室温，于490nm处以水作参比测吸光度，绘制标准曲线。

6.2.2.4.2 样品预处理

准确移取一定量的液体样品，或称取一定量的固体样品（精确至0.0001g）加适量热水超声波萃取后，置于100mL三角烧瓶中，加入9倍体积的95%乙醇［6.2.2.2a)］，4℃下静止12h，于4000r/min离心20min，弃去上清液，将沉淀物用（60±2)℃热水50mL充分溶解，并用10mL（60±2)℃热水洗涤离心管三次，合并沉淀物溶解液和洗涤液倒入100mL容量瓶中，放冷后定容至刻度备用。

6.2.2.4.3 样品中多糖含量测定

吸取2.00mL样品液（6.2.2.4.2），置于10mL容量瓶中，加水定容。吸取上述溶液2.00mL，再加苯酚液1.00mL，摇匀，迅速滴加浓硫酸［6.2.2.2b)］5.00mL，摇匀后放置5min，置沸水浴中加热15min，取出后冷却至室温，于490nm处以水作参比测定吸光度。另以2.00mL水，同上操作做空白。查标准曲线得样品溶液中葡萄糖含量（μg/mL）。

6.2.2.4.4 分析结果的计算

样品中多糖的含量按式（1）计算：

$$X_1=\frac{(c_1-c_2)\times V_1\times D_1}{V_2\text{（或 }m_1\text{）}} \qquad (1)$$

式中：

X_1——样品中多糖含量（以葡萄糖计），单位为毫克每升或毫克每千克（mg/L或mg/kg）；

c_1——从浓度-吸光度曲线上查得样品溶液的葡萄糖浓度，单位为微克每毫升（μg/mL）；

c_2——从浓度-吸光度曲线上查得空白溶液的葡萄糖浓度，单位为微克每毫升（μg/mL）；

V_1——待测样品溶液的定容体积，单位为毫升（mL）；

D_1——稀释倍数，如按本方法为5；

V_2——移取液体样品的初始体积，单位为毫升（mL），推荐10mL；

m_1——称取固体样品的质量，单位为克（g），推荐1g。

平行测定两次，如果其结果符合允许差时，取两次测定结果的算术平均值作为结果，报告结果取三位有效数字。

6.2.2.4.5 允许差

同一样品的两次测定值之差应不超过两次测定平均值的10%。

6.2.3 吸光度

6.2.3.1 仪器

分光光度计。

6.2.3.2 试液的制备

准确移取一定量的液体样品，加水稀释到可溶性固形物为0.5%，或称取一定量的固体样品（精确至0.0001g），配成相应规定浓度水溶液，不断搅拌，使其完全溶解，备用。

6.2.3.3 分析步骤

6.2.3.3.1 吸光度的测定

用1cm比色皿，以水调零，在400nm波长处测定试液（6.2.3.2）的吸光度。

6.2.3.3.2 允许差

同一样品的两次测定值之差应不超过两次测定平均值的10%。

6.2.4 **pH**

按 GB/T 13531.1 规定的方法检验（直测法）。

6.2.5 **相对密度**

按 GB/T 13531.4 规定的方法检验。

6.2.6 **钙的测定**

按 GB/T 5009.92 规定的方法检验。

6.2.7 **镁的测定**

按 GB/T 5009.90 规定的方法检验。

6.2.8 **水分**

按 GB/T 5009.3 规定的第二法减压干燥法检验。

6.2.9 **芦荟苷**

6.2.9.1 **高效液色谱相法（第一法）**

6.2.9.1.1 **方法提要**

本方法采用甲醇超声提取后用反相液相色谱法测定芦荟苷的含量。

6.2.9.1.2 **试剂和溶液**

a）甲醇：色谱纯；

b）1%冰乙酸溶液：移取 10mL 冰乙酸，加水溶解并稀释至 1000mL；

c）芦荟苷标准液：准确称取芦荟苷 10.0mg，置于 250mL 容量瓶中，加甲醇［6.2.9.1.2a)］溶解并稀释至刻度。此标准液 1.00mL 相当于芦荟苷 40.0μg。此标准溶液应现用现配；

d）二次蒸馏水。

6.2.9.1.3 **仪器**

a）超声波振荡器；

b）高效液相色谱仪配有紫外检测器。

6.2.9.1.4 **分析步骤**

6.2.9.1.4.1 **色谱条件**

a）色谱柱：250mm×4.6mm（内径）不锈钢柱，内填 5μmC_{18}键合固定相；

b）流动相：甲醇-1%冰乙酸水溶液（60+40）；

c）测量波长：359nm；

d）流速：1.0mL/min；

e）测定温度：室温。

6.2.9.1.4.2 **标准曲线的制备**

吸取芦荟苷标准液［6.2.9.1.2c)］0.50mL、1.00mL、2.00mL、3.00mL、5.00mL，分置于 10mL 容量瓶中，用流动相定容，摇匀。在上述色谱条件（6.2.9.1.4.1）下进行测定，保留时间约为 20min。

6.2.9.1.4.3 **样品预处理**

准确移取一定量的液体样品，或称取一定量的固体样品（精确至 0.0001g），置于 25mL 容量瓶内，再加入甲醇［6.2.9.1.2a)］15mL，混匀。置于超声波振荡器内超声波萃取 30min，再用水定容，静止沉淀，取上清液以 0.45μm 滤膜过滤，备用。

6.2.9.1.4.4 **样品中芦荟苷含量的测定**

取样品液（6.2.9.1.4.3），在上述色谱条件（6.2.9.1.4.1）下进行测定，查标准曲线得样品溶液中芦荟苷含量（μg/mL）。

6.2.9.1.4.5 **分析结果的计算**

样品中芦荟苷的含量按式（2）计算：

$$X_2=\frac{c_3\times V_3}{V_4\text{（或}m_2\text{）}} \quad \cdots\cdots (2)$$

式中：

X_2——样品的芦荟苷含量，单位为毫克每升或毫克每千克（mg/L 或 mg/kg）；

c_3——从浓度-峰面积标准曲线上查得样品溶液的芦荟苷浓度，单位为微克每毫升（μg/mL）；

V_3——待测样品溶液定容体积，单位为毫升（mL）；

V_4——移取液体样品的初始体积，单位为毫升（mL）；

m_2——称取固体样品的质量，单位为克（g）。

平行测定两次，如果其结果符合允许差时，取两次测定结果的算术平均值作为结果，报告结果取三位有效数字。

6.2.9.1.4.6　允许差

同一样品的两次测定值之差应不超过两次测定平均值的10%。

6.2.9.2　分光光度法（第二法）

6.2.9.2.1　方法提要

本方法采用甲醇超声提取后用分光光度法测定芦荟苷的含量。

6.2.9.2.2　试剂和溶液

a）盐酸；

b）甲醇；

c）CCl_4；

d）60%$FeCl_3$ 溶液：称取 60g$FeCl_3\cdot 6H_2O$ 加水溶解并稀释至 100mL；

e）1mol/L NaOH 溶液：称取 NaOH40g，加水溶解并稀释至 1000mL；

f）0.5%乙酸镁甲醇溶液：称取 Mg（$C_2H_3O_2$）25g，加甲醇溶解并稀释至 1000mL。

6.2.9.2.3　仪器

a）可见紫外分光光度计；

b）玻璃回流装置；

c）水浴锅；

d）离心机；

e）超声波振荡器。

6.2.9.2.4　分析步骤

6.2.9.2.4.1　样品处理

准确移取一定量的液体样品，或称取一定量的固体样品（精确至 0.0001g）加适量热水超声波萃取后，加到盛有 60%$FeCl_3$ 溶液［6.2.9.2.2d)］1.0mL，盐酸［6.2.9.2.2a)］6mL 的 150mL 回流瓶中混匀，至沸水浴中加热回流 4h，放冷，移至 150mL 分液漏斗中。用 1mol/L NaOH 溶液 4mL［6.2.9.2.2e)］和蒸馏水 4mL 依次洗涤回流瓶，一并倒入分液漏斗中。用 CCl_4［6.2.9.2.2c)］提取 3 次，每次 20mL，合并 CCl_4 液，用蒸馏水洗涤 2 次，每次 10mL，弃去水层。置提取液于 100mL 容量瓶中，加 CCl_4［6.2.9.2.2c)］定容至刻度，摇匀。准确吸取一定量的萃取液，置水浴上小心蒸干。准确吸取 0.5%乙酸镁甲醇溶液 10mL［6.2.9.2.2f)］使之溶解。

6.2.9.2.4.2　样品中芦荟苷含量的测定

在波长 512nm 处，用 1cm 比色皿测定吸光度。按芦荟苷（$C_{20}H_{20}O_8$）吸收系数（$E^{1cm}_{1\%}$）为 240 计算。

6.2.9.2.4.3 **分析结果的计算**

样品中芦荟苷的含量按式（3）计算：

$$X_3=\frac{41.67\times A_1\times V_5\times V_7}{V_6\times V_8\text{（或 }m_3\text{）}} \quad\cdots\cdots\cdots\cdots(3)$$

式中：

X_3——样品的芦荟苷含量，单位为毫克每升或毫克每千克（mg/L 或 mg/kg）；

A_1——样品的0.5%乙酸镁甲醇溶液的吸光度；

V_5——所移取的0.5%乙酸镁甲醇溶液的体积，单位为毫升（mL），推荐为10mL；

V_6——所移取的 CCl_4 萃取液的体积，单位为毫升（mL），推荐为10mL～20mL；

V_7——用 CCl_4 定容的体积，单位为毫升（mL）；

V_8——移取液体样品的体积，单位为毫升（mL）；

m_3——称取固体样品的质量，单位为克（g），推荐为1g。

平行测定两次，如果其结果符合允许差时，取两次测定结果的算术平均值作为结果，报告结果取三位有效数字。

6.2.9.2.4.4 **允许差**

同一样品的两次测定值之差应不超过两次测定平均值的10%。

注：对同一样品的芦荟苷含量检测有异议时以第一法为准。

6.2.10 ***O*—乙酰基**

6.2.10.1 **方法提要**

乙酰化甘露聚糖的*O*—乙酰基，在碱性羟胺溶液中，能生成含乙酰基的复合物，并与三氯化铁-盐酸溶液在酸性条件下作用，缩合成有色化合物，在540nm处有吸收峰，通过吸光度即可测定其*O*—乙酰基含量。

6.2.10.2 **试剂和溶液**

a）盐酸；

b）盐酸羟胺溶液（2mol/L）：取盐酸羟胺13.9g，加水溶解成100mL，冷藏保存；

c）氢氧化钠溶液（3.5mol/L）：取氢氧化钠14.0g，加水溶解成100mL；

d）盐酸溶液（4mol/L）：取盐酸33.3mL，加水配制成100mL的溶液；

e）三氯化铁-盐酸溶液（0.37mol/L）：取三氯化铁（$FeCl_3\cdot 6H_2O$）10.0g，加0.1mol/L盐酸溶液，使溶解成100mL；

f）碱性羟胺溶液：将等体积的盐酸羟胺溶液与氢氧化钠溶液混合，临用现配；

g）氯化乙酰胆碱标准溶液：称取氯化乙酰胆碱（标准品）22.7mg（精确至0.0001g），置于50mL容量瓶中，加0.001mol/L乙酸钠溶液（pH4.5），使之溶解，然后定容至刻度，临用现配。

6.2.10.3 **仪器**

a）可见紫外分光光度计；

b）电动离心机；

c）超声波振荡器；

d）电子天平。

6.2.10.4 **分析步骤**

6.2.10.4.1 **样品预处理**

准确移取一定量的液体样品，或称取一定量的固体样品（精确至0.0001g），加适量热水超声波萃取后，置于50mL锥形瓶中，加水超声振荡萃取20min，冷却，定容至100mL，摇匀，于4000r/min离心20min，取上清液备用。

6.2.10.4.2 标准曲线的制备

移取氯化乙酰胆碱标准溶液［6.2.10.2g)］0mL、0.2mL、0.4mL、0.6mL、0.8mL、1.0mL，分别置于试管中，补加水至1mL，加2mL新鲜配制的碱性羟胺溶液［6.2.10.2f)］，摇匀，于室温放置4min，加4mol/L盐酸［6.2.10.2a)］1mL，使pH为1.2±0.2，摇匀，加0.37mol/L三氯化铁-盐酸溶液［6.2.10.2e)］1mL，摇匀，按照分光光度法，在540nm的波长处测定吸光度。同步作标准空白，即作与上相同的各列标准管，先加4mol/L盐酸［6.2.10.2a)］1mL，再加碱性羟胺溶液［6.2.10.2f)］2mL（即加酸与加碱性羟胺的次序颠倒），其他操作同上，绘制标准曲线。

6.2.10.4.3 样品中*O*－乙酰基含量的测定

移取样品液（6.2.10.4.1）1mL，置于试管中，加2mL新鲜配制的碱性羟胺溶液［6.2.10.2f)］，摇匀，于室温放置4min，加4mol/L盐酸［6.2.10.2a)］1mL，使pH为1.2±0.2，摇匀，加0.37mol/L三氯化铁-盐酸溶液［6.2.10.2e)］1mL，摇匀，按照分光光度法，在540nm的波长处测定吸光度。同步做标准空白，移取已处理样品液（6.2.10.4.1）1mL，置于试管中，先加4mol/L盐酸［6.2.10.2a)］1mL，后加碱性羟胺溶液［6.2.10.2f)］2mL，其他操作同上。

6.2.10.4.4 分析结果计算

样品中*O*-乙酰基含量按式（4）计算：

$$X_4=\frac{(c_4-c_5)\times V_9\times 1\,000}{V_{10}\text{（或 }m_4\text{）}} \qquad \cdots\cdots(4)$$

式中：

X_4—— 样品中*O*-乙酰基含量，单位为毫克每升或毫克每千克（mg/L或mg/kg）；

c_4——从浓度-吸光度曲线上查得样品溶液的*O*-乙酰基浓度，单位为毫克每毫升（mg/mL）；

c_5——从浓度-吸光度曲线上查得空白溶液的*O*-乙酰基浓度，单位为毫克每毫升（mg/mL）；

V_9——待测样品溶液定容体积，单位为毫升（mL）；

V_{10}——移取液体样品的初始体积，单位为毫升（mL），推荐为10mL；

m_4——称取固体样品的质量，单位为克（g），推荐为1g。

平行测定两次，如果其结果符合允许差时，取两次测定结果的算术平均值作为结果，报告结果取三位有效数字。

6.2.10.4.5 允许差

同一样品的两次测定值之差应不超过两次测定平均值的10％。

6.3 卫生指标

按卫法监发［2002］第229号中规定的方法检验。

7 检验规则

7.1 批的组成

工艺条件、品种、规格、生产日期相同的产品为一批。

7.2 出厂检验

7.2.1 出厂检验项目

出厂检验项目包括感官特性、理化指标中规定的全部检验项目和卫生指标中规定的菌落总数、粪大肠菌群。

7.2.2 抽样方法和数量

产品由生产厂的技术检验部门随机从每一批产品中，液体：1kg以下（含1kg）包装抽取2‰，1kg以上包装抽取3‰，但取样总量不超过10kg；固体：1kg以下（含1kg）包装抽取0.5‰，1kg以上包装抽取1‰，但取样总量不超过500g，如果每一批产品数量较少，在100kg以下，其取样量也不能少于50g，按本标准规定进行出厂检验，经检验合格，签发合格证的产品方准出厂。

7.3 型式检验

7.3.1 有下列情况之一时，应进行型式检验。

a）当生产原料、工艺等方面有较大变化时；

b）长期停产后，恢复生产时；

c）正常生产时，定期或累计一定产量后，周期性进行一次型式检验；

d）出厂检验结果与上次型式检验有较大差异时；

e）国家质量监督机构要求进行型式检验要求时。

7.3.2 型式检验项目

型式检验项目应包括本标准技术要求规定的全部项目。

7.3.3 抽样方法和数量

随机从任一批产品中，按 7.2.2 的抽样方法和数量抽样，并按本标准规定的方法进行型式检验。

7.4 判定规则

7.4.1 检验结果若感官特性和理化指标不符合本标准规定时，应加倍抽样，对不合格项目进行复检。若复检结果仍有一项指标不符合本标准要求，则判该批产品不合格。若卫生指标有一项指标不符合本标准要求，则判该批产品为不合格品。

7.4.2 在保质期内，供需双方对产品质量有异议时，可共同协商选定仲裁机构，进行仲裁检验与判定。

8 标志、包装、运输、贮存

8.1 标志

产品的标签与标志除了符合 GB 7718 外，还应符合 GB 5296.3 的规定。

8.2 包装

产品的包装材料和容器应符合 QB/T 1685 的规定。

8.3 运输、贮存

8.3.1 运输工具应清洁、卫生，搬运时应轻拿轻放，严禁摔撞。

8.3.2 在贮运过程中，应防止暴晒雨淋，严禁与有毒或有异味的物品混贮、混运。

8.3.3 产品应贮存于阴凉、干燥、通风的仓库中，不应露天堆放。

8.4 保质期

8.4.1 在正常贮运条件下，液体产品保质期不低于 12 个月，固体产品保质期不低于 24 个月。

8.4.2 企业可根据自身条件自行规定不少于 8.4.1 规定的保质期。

ICS 71.100.70
分类号：Y42
备案号：15117—2005

中华人民共和国轻工行业标准

QB/T 2660—2004
代替 QB/T 2660—1994

化 妆 水

Skin tonic

2004-12-14 发布　　2005-06-01 实施

中华人民共和国国家发展和改革委员会 发 布

前　　言

本标准参考了日本、欧美等国的化妆水标准，是深入了解化妆水的现状及发展趋势，根据我国有关规定，结合我国具体情况并在多年对化妆水产品的分析、研究基础上制定的。

本标准由中国轻工业联合会提出。

本标准由全国香料香精化妆品标准化技术委员会归口。

本标准由春丝丽有限公司、靳羽西-科蒂化妆品（上海）有限公司、上海家化联合股份有限公司和雅芳（中国）有限公司负责起草。

本标准主要起草人：谢建红、朱信强、王寒洲、黄少娟。

本标准首次发布。

化　妆　水

1　范围

本标准规定了化妆水的产品分类、要求、试验方法、检验规则和标志、包装、运输、贮存、保质期。

本标准适用于补充皮肤所需水分、保护皮肤的水剂型护肤品。

2　规范性引用文件

下列文件中的条款通过本标准的引用而成为本标准的条款。凡是注日期的引用文件，其随后所有的修改单（不包括勘误的内容）或修订版均不适用于本标准，然而，鼓励根据本标准达成协议的各方研究是否可使用这些文件的最新版本。凡是不注日期的引用文件，其最新版本适用于本标准。

GB 5296.3　消费品使用说明　化妆品通用标签

GB/T 13531.1　化妆品通用试验方法　pH 值的测定

GB/T 13531.4　化妆品通用试验方法　相对密度的测定

QB/T 1684　化妆品检验规则

QB/T 1685　化妆品产品包装外观要求

JJF 1070—2000　定量包装商品净含量计量检验规则

国家技术监督局令［1995］第 43 号　定量包装商品计量监督规定

卫法监发［2002］第 229 号　化妆品卫生规范

3　产品分类

产品按形态可分为单层型和多层型两类。

3.1　单层型

由均匀液体组成的、外观呈现单层液体的化妆水。

3.2　多层型

以水、油、粉或含功能性颗粒组成的、外观呈现多层液体的化妆水。

4　要求

4.1　卫生指标应符合表 1 的要求。使用的原料应符合卫法监发［2002］第 229 号规定。

表 1　　卫生指标

项　目		要　求
微生物指标	细菌总数/（CFU/g）	≤1 000 （儿童用产品≤500）
	霉菌和酵母菌总数/（CFU/g）	≤100
	粪大肠菌群	不得检出
	金黄色葡萄球菌	不得检出
	绿脓杆菌	不得检出

续表

项目		要求
有毒物质限量	铅/（mg/kg）	≤40
	汞/（mg/kg）	≤1
	砷/（mg/kg）	≤10
	甲醇/（mg/kg）	≤2 000 （不含乙醇、异丙醇的化妆水不测甲醇）

4.2 感官和理化指标应符合表2的要求。

表2 感官和理化指标

项目		要求	
		单层型	多层型
感官指标	外观	均匀液体，不含杂质	两层或多层液体
	香气	符合规定香型	
理化指标	耐热	(40±1)℃保持24h，恢复至室温后与试验前无明显性状差异	
	耐寒	(5±1)℃保持24h，恢复至室温后与试验前无明显性状差异	
	pH	4.0～8.5（直测法） （α-羟基酸类、β-羟基酸类产品除外）	
	相对密度（20℃/20℃）	规定值±0.02	

4.3 净含量偏差应符合国家技术监督局令［1995］第43号规定。

5 试验方法

5.1 卫生指标

按卫法监发［2002］第229号中规定的方法检验。

5.2 感官指标

5.2.1 外观

取试样在室温和非阳光直射下目测观察。

5.2.2 香气

先将等量的试样和规定试样（按企业内部规定）分别放在相同的容器内，用宽0.5 cm～1.0 cm、长10cm～15cm的吸水纸作为评香纸，分别蘸取试样和规定试样约1cm～2cm（两者应接近），用嗅觉来鉴别。

5.3 理化指标

5.3.1 耐热

5.3.1.1 仪器

恒温培养箱：温控精度±1℃。

5.3.1.2 操作程序

预先将恒温培养箱调节到（40±1)℃，把包装完整的试样一瓶置于恒温培养箱内。24h后取出，恢复至室温后目测观察。

5.3.2 耐寒

5.3.2.1 仪器

恒温培养箱：温控精度±1℃。

5.3.2.2 操作程序

预先将恒温培养箱调节到（5±1)℃，把包装完整的试样一瓶置于恒温培养箱内。24h后取出，恢复至室温后目测观察。

5.3.3 pH

按GB/T 13531.1中规定的方法测定（直测法)。

5.3.4 相对密度

按GB/T 13351.4中规定的方法测定。

5.4 净含量偏差

按JJF 1070—2000中6.1.1规定的方法测定。

6 检验规则

按QB/T 1684执行。

7 标志、包装、运输、贮存、保质期

7.1 销售包装的标志

按GB 5296.3执行。

7.2 包装

按QB/T 1685执行。

7.3 运输

应轻装轻卸，按箱子图示标志堆放。避免剧烈震动、撞击和日晒雨淋。

7.4 贮存

应贮存在温度不高于38℃的常温通风干燥仓库内，不得靠近水源、火炉或暖气。贮存时应距地面至少20cm，距内墙至少50cm，中间应留有通道。按箱子图示标志堆放，并严格掌握先进先出原则。

7.5 保质期

在符合规定的运输和贮存条件下，产品在包装完整和未经启封的情况下，保质期按销售包装标注执行。

ICS 71.100.70
分类号：Y42
备案号：19969—2007

中华人民共和国轻工行业标准

QB/T 2835—2006

免洗护发素

Leave on hair conditioner

2006-12-17 发布

2007-08-01 实施

中华人民共和国国家发展和改革委员会　发布

前　　言

本标准是结合我国的具体情况，在多年对免洗护发素产品的分析、研究基础上起草、制定的。

本标准由中国轻工业联合会提出。

本标准由全国香料香精化妆品标准化技术委员会归口。

本标准由广州宝洁有限公司、湖北丝宝股份有限公司和欧莱雅（中国）有限公司负责起草。

本标准主要起草人：陈洪蕊、皮峻岭、姜宜凡。

本标准首次发布。

免洗护发素

1 范围

本标准规定了免洗护发素的要求、试验方法、检验规则和标志、包装、运输、贮存。

本标准适用于由抗静电剂、柔软剂和护发剂等配制而成的，可用于滋润、保护头发，使头发易于梳理的免洗型乳状护发素。

2 规范性引用文件

下列文件中的条款通过本标准的引用而成为本标准的条款。凡是注日期的引用文件，其随后所有的修改单（不包括勘误的内容）或修订版均不适用于本标准，然而，鼓励根据本标准达成协议的各方研究是否可使用这些文件的最新版本。凡是不注日期的引用文件，其最新版本适用于本标准。

GB 5296.3 消费品使用说明 化妆品通用标签

GB/T 13531.1 化妆品通用试验方法 pH 值的测定

QB/T 1684 化妆品检验规则

QB/T 1685 化妆品产品包装外观要求

JJF 1070 定量包装商品净含量计量检验规则

国家质量监督检验检疫总局令［2005］第 75 号 定量包装商品计量监督管理办法

卫法监发［2002］229 号 化妆品卫生规范

3 要求

3.1 感官、理化、卫生指标

感官、理化、卫生指标应符合表 1 的规定。使用的原料应符合卫法监发［2002］第 229 号的规定。

表 1 感官、理化、卫生指标

项目		要求
感官指标	外观	无异物
	色泽	符合规定色泽
	香气	符合规定香气
理化指标	pH（25℃）	3.5～8.0
	耐热	(40±1)℃保持 24h，恢复至室温后无分层现象
	耐寒	(−5±2)℃保持 24h，恢复至室温后无分层现象
卫生指标	菌落总数/（CFU/g）	≤1000，儿童用产品≤500
	霉菌和酵母菌总数/（CFU/g）	≤100
	粪大肠菌群/g	不应检出
	金黄色葡萄球菌/g	不应检出
	绿脓杆菌/g	不应检出
	铅/（mg/kg）	≤40
	汞/（mg/kg）	≤1
	砷/（mg/kg）	≤10

3.2 净含量

净含量应符合国家质量监督检验检疫总局令［2005］第75号的规定。

4 试验方法

4.1 感官指标

4.1.1 外观、色泽

取试样在室温和非阳光直射下目测观察。

4.1.2 香气

取试样用嗅觉进行鉴别。

4.2 理化指标

4.2.1 pH

按 GB/T 13531.1 中规定的方法测定（直测法）。

4.2.2 耐热

4.2.2.1 仪器

a）恒温培养箱：温控精度±1℃；

b）试管：ϕ20mm×120mm。

4.2.2.2 操作程序

将试样分别倒入2支ϕ20mm×120mm的试管内，使液面高度约80mm，塞上干净的胶塞，把一支待检的试管置于预先调节至（40±1）℃的恒温培养箱内。24h后取出，恢复至室温后与另一试管的试样进行目测比较。

4.2.3 耐寒

4.2.3.1 仪器

a）冰箱：温控精度±2℃；

b）试管：ϕ20mm×120mm。

4.2.3.2 操作程序

将试样分别倒入2支ϕ20mm×120mm的试管内，使液面高度约80mm，塞上干净的胶塞，把一支待检的试管置于预先调节至（－5±2）℃的冰箱内。24h后取出，恢复至室温后与另一试管的试样进行目测比较。

4.3 卫生指标

按卫法监发［2002］229号中规定的方法检验。

4.4 净含量

按 JJF 1070 的方法测定。

5 检验规则

产品的检验按 QB/T 1684 执行。

6 标志、包装、运输、贮存、保质期

6.1 标志

销售包装的标志按 GB 5296.3 执行。

6.2 包装

按 QB/T 1685 执行。

6.3 运输

产品应轻装轻卸，按箱子图示标志堆放。避免剧烈震动、撞击和日晒雨淋。

6.4 贮存

产品应贮存在温度不高于38℃的通风、干燥仓库内，不应靠近水源、火炉或暖气。贮存时应距地面20cm，距内墙50cm，中间应留有通道。按箱子图示标志堆放，并严格掌握先进先出原则。

6.5 保质期

在符合规定的运输和贮存条件下，产品在包装完整和未经启封的情况下，保质期按销售包装标注执行。

ICS 71.100.70
分类号：Y42
备案号：22118—2007

中华人民共和国轻工行业标准

QB/T 2872—2007

面　　膜

Skin mask

2007-10-08 发布　　2008-03-01 实施

中华人民共和国国家发展和改革委员会　发布

前　言

本标准由中国轻工业联合会提出。

本标准由全国香料香精化妆品标准化技术委员会归口。

本标准起草单位：广州市产品质量监督检验所、广州市采诗化妆品有限公司、广州市美晟美容化妆品有限公司、广州市番禺华新日用化工研究所、仙维娜（广州）化妆品有限公司和中山市嘉丹婷日用品有限公司。

本标准主要起草人：陈丽暖、吴玉銮、林镇才、岳慧、雷浩权、许卡生、肖军、张贵生。

本标准首次发布。

面　膜

1　范围

本标准规定了面膜的术语和定义、分类、要求、试验方法、检验规则和标志、包装、运输、贮存。

本标准适用于涂或敷于人体皮肤表面，经一段时间后揭离、擦洗或保留，起到集中护理或清洁作用的产品。

2　规范性引用文件

下列文件中的条款通过本标准的引用而成为本标准的条款。凡是注日期的引用文件，其随后所有的修改单（不包括勘误的内容）或修订版均不适用于本标准，然而，鼓励根据本标准达成协议的各方研究是否可使用这些文件的最新版本。凡是不注日期的引用文件，其最新版本适用于本标准。

GB 5296.3　消费品使用说明　化妆品通用标签

GB/T 13531.1　化妆品通用试验方法　pH 值的测定

QB/T 1684　化妆品检验规则

QB/T 1685　化妆品产品包装外观要求

JJF 1070　定量包装商品净含量计量检验规则

国家质量监督检验检疫总局令［2005］第 75 号　定量包装商品计量监督管理办法

卫法监发［2002］第 229 号　化妆品卫生规范

3　术语和定义

下列术语和定义适用于本标准。

3.1

面膜

涂或敷于人体皮肤表面，经一段时间后揭离、擦洗或保留，起到集中护理或清洁作用的产品。

3.2

膏（乳）状面膜

具有膏霜或乳液外观特性的面膜产品。

3.3

啫喱面膜

具有凝胶特性的面膜产品。

3.4

面贴膜

具有固定形状，可直接敷于皮肤表面的面膜产品。

3.5

纤维贴膜

以赋形物（合成或天然片状纤维物）为基体，配合相应护肤液浸润的面膜产品。

3.6

胶状成形贴膜

以凝胶状基质经加工成形，呈片状的面膜产品。

3.7

粉状面膜

以粉体原料为基质，添加其他辅助成分配制而成的粉状面膜产品。

4 分类

4.1 根据产品形态可分为膏（乳）状面膜、啫喱面膜、面贴膜、粉状面膜四类。

4.2 面贴膜按产品材质分为纤维贴膜和胶状成形面膜。

5 要求

5.1 感官、理化、卫生指标

感官、理化、卫生指标应符合表1的要求。使用的原料应符合卫法监发［2002］第229号规定。

表1 感官、理化、卫生指标

项目		要求			
		膏（乳）状面膜	啫喱面膜	面贴膜	粉状面膜
感官指标	外观	均匀膏体或乳液	透明或半透明凝胶状	湿润的纤维贴膜或胶状成形贴膜	均匀粉末
	香气	符合规定香气			
理化指标	pH（25℃）	3.5～8.5			5.0～10.0
	耐热	(40±1)℃保持24h，恢复至室温后与试验前无明显差异		—	—
	耐寒	−10℃～−5℃保持24h，恢复至室温后与试验前无明显差异		—	—
卫生指标	菌落总数/（CFU/g）	≤1000，眼、唇部、儿童用产品≤500			
	霉菌和酵母菌总数/（CFU/g）	≤100			
	粪大肠菌群/g	不应检出			
	金黄色葡萄球菌/g	不应检出			
	绿脓杆菌/g	不应检出			
	铅/（mg/kg）	≤40			
	汞/（mg/kg）	≤1			
	砷/（mg/kg）	≤10			
	甲醇/（mg/kg）	—	≤2000（乙醇、异丙醇含量之和≥10%时需测甲醇）		

5.2 净含量

净含量应符合国家质量监督检验检疫总局令［2005］第75号规定。

6 试验方法

6.1 感官指标

6.1.1 外观

取试样在室温和非阳光直射下目测观察。

6.1.2 香气

取试样用嗅觉进行鉴别。

6.2 理化指标

6.2.1 pH

6.2.1.1 膏（乳）状面膜、啫喱面膜、粉状面膜

按 GB/T 13531.1 的方法进行（稀释法）。

6.2.1.2 面贴膜

6.2.1.2.1 纤维贴膜

将贴膜中的水或黏稠液挤出，按 GB/T 13531.1 中规定的方法测定（稀释法）。

6.2.1.2.2 胶状成形贴膜

称取剪碎成约 5mm×5mm 试样 1 份，加入经煮沸并冷却的实验室用水 10 份，于 25℃条件下搅拌 10min，取清液按 GB/T 13531.1 规定方法测定。

6.2.2 耐热

6.2.2.1 仪器

a）恒温培养箱：温控精度±1℃；

b）试管：ϕ20mm×120mm。

6.2.2.2 操作程序

6.2.2.2.1 非透明包装产品

将试样分别装入 2 支 ϕ20mm×120mm 的试管内，高度约 80mm，塞上干净的胶塞。将一支待检的试管置于预先调节至（40±1）℃的恒温培养箱内，24h 后取出，恢复至室温后与另一试管的试样进行目测比较。

6.2.2.2.2 面贴膜和透明包装产品

取 2 袋（瓶）包装完整的试样，把一袋（瓶）试样置于预先调节至（40±1）℃的恒温培养箱内。24h 后取出，恢复至室温后，剪开面贴膜包装袋与另一袋试样进行目测比较；透明包装产品则直接与另一瓶试样进行目测比较。

6.2.3 耐寒

6.2.3.1 仪器

a）冰箱：温控精度±2℃；

b）试管：ϕ20mm×120mm。

6.2.3.2 操作程序

6.2.3.2.1 非透明包装产品

将试样分别装入 2 支 ϕ20mm×120mm 的试管内，高度约 80mm，塞上干净的胶塞。将一支待检的试管置于预先调节至−10℃～−5℃的冰箱内，24h 后取出，恢复至室温后与另一试管的试样进行目测比较。

6.2.3.2.2 面贴膜和透明包装产品

取两袋（瓶）包装完整的试样，把一袋（瓶）试样置于预先调节至−10℃～−5℃的冰箱内。24h 后取出，恢复至室温后，剪开面贴膜包装袋与另一袋试样进行目测比较；透明包装产品则直接与另一瓶试样进行目测比较。

6.3 卫生指标

按卫法监发［2002］第 229 号中规定的方法检验。贴膜类产品取样是将贴膜中的液体或黏稠液挤出，然后取挤出液进行测定。

6.4 净含量

按 JJF 1070 的方法测定。

7 检验规则

按 QB/T 1684 执行。

8 标志、包装、运输、贮存、保质期

8.1 销售包装的标志

销售包装的标志按 GB 5296.3 执行。应标注产品使用说明。

8.2 包装

包装按 QB/T 1685 执行。

8.3 运输

产品运输时应轻装轻卸，按箱子图示标志堆放。避免剧烈震动、撞击和日晒雨淋。

8.4 贮存

产品应贮存在温度不高于 38℃的常温通风、干燥仓库内，不应靠近水源、火炉或暖气。贮存时应距地面 20cm，距内墙 50cm，中间应留有通道。按箱子图示标志堆放，并严格掌握先进先出原则。

8.5 保质期

在符合规定的运输和贮存条件下，产品在包装完整和未经启封的情况下，保质期按销售包装标注执行。

QB/T 2872—2007《面膜》 第 1 号修改单

①第 2 章更改引用文件：

“卫法监发［2002］第 229 号 化妆品卫生规范”更改为“卫监督发［2007］第 1 号 化妆品卫生规范（2007 年版）”。

②5.1 条更改条文：

“感官、理化、卫生指标应符合表 1 的要求。使用的原料应符合卫法监发［2002］第 229 号规定。”更改为“感官、理化、卫生指标应符合表 1 的要求。使用的原料应符合卫监督发［2007］第 1 号 化妆品卫生规范（2007 年版）规定。”

表 1 中的“绿脓杆菌”更改为“铜绿假单胞菌”。

③6.2.2.2.2 条改用新条文：

6.2.2.2.2 透明包装产品

取两瓶包装完整的试样，把一瓶试样置于预先调节到（40±1）℃的恒温培养箱内。24h 后取出，恢复至室温后与另一瓶试样进行目测比较。

④6.2.3.2.2 条改用新条文：

6.2.3.2.2 透明包装产品

取两瓶包装完整的试样，把一瓶试样置于预先调节到－10℃～－5℃的冰箱内。24h 后取出，恢复至室温后与另一瓶试样进行目测比较。

⑤6.3 条更改条文：

“按卫法监发［2002］第 229 号中规定的方法检验。”更改为“按卫监督发［2007］第 1 号 化妆品卫生规范（2007 年版）中规定的方法检验。”

ICS 71.100.70
分类号：Y 42
备案号：22119—2007

中华人民共和国轻工行业标准

QB/T 2873—2007

发用啫喱（水）

Hair care gel (lotion)

2007-10-08 发布　　　　2008-03-01 实施

中华人民共和国国家发展和改革委员会　发布

前　言

本标准由中国轻工业联合会提出。

本标准由全国香料香精化妆品标准化技术委员会归口。

本标准起草单位：广州市产品质量监督检验所、广州市好迪化妆品有限公司、湖北丝宝股份有限公司、广州市宝丽化妆品有限公司和广东熊猫日化用品有限公司。

本标准主要起草人：吴玉銮、陈丽暖、谢文缄、蔡玮红、姜家东、皮峻岭、冼绍广、吴桂谦。

本标准首次发布。

发用啫喱（水）

1 范围

本标准规定了发用啫喱（水）的术语和定义、分类、要求、试验方法、检验规则和标志、包装、运输、贮存。

本标准适用于以高分子聚合物为主要原料配制而成、对头发起到定型和护理作用的凝胶或液体状发用啫喱（水）。

2 规范性引用文件

下列文件中的条款通过本标准的引用而成为本标准的条款。凡是注日期的引用文件，其随后所有的修改单（不包括勘误的内容）或修订版均不适用于本标准，然而，鼓励根据本标准达成协议的各方研究是否可使用这些文件的最新版本。凡是不注日期的引用文件，其最新版本适用于本标准。

GB 5296.3 消费品使用说明 化妆品通用标签

GB/T 13531.1 化妆品通用试验方法 pH 值的测定

QB/T 1684 化妆品检验规则

QB/T 1685 化妆品产品包装外观要求

JJF 1070 定量包装商品净含量计量检验规则

国家质量监督检验检疫总局令［2005］第 75 号 定量包装商品计量监督管理办法

卫法监发［2002］第 229 号 化妆品卫生规范

3 术语和定义

下列术语和定义适用于本标准。

3.1

发用啫喱

以高分子聚合物为凝胶剂配制而成、对头发起到定型和护理作用的黏稠状液体或凝胶状产品。

3.2

发用啫喱水

以高分子聚合物为凝胶剂配制而成、对头发起到定型和护理作用的水状液体产品。

4 分类

按产品的形态分为发用啫喱和发用啫喱水两类。

5 要求

5.1 感官、理化、卫生指标

感官、理化、卫生指标应符合表 1 的要求。使用的原料应符合卫法监发［2002］第 229 号规定。

表 1 感官、理化、卫生指标

项目		要求	
		发用啫喱	发用啫喱水
感官指标	外观	凝胶状或黏稠状	水状均匀液体
	香气	符合规定香气	
理化指标	pH（25℃）	3.5～9.0	
	耐热	(40±1)℃保持 24h，恢复至室温后与试验前外观无明显差异	
	耐寒	−10℃～−5℃保持 24h，恢复至室温后与试验前外观无明显差异	
	起喷次数（泵式）/次	≤10	≤5
卫生指标	菌落总数/（CFU/g）	≤1000，儿童用产品≤500	
	霉菌和酵母菌总数/（CFU/g）	≤100	
	粪大肠菌群/g	不应检出	
	金黄色葡萄球菌/g	不应检出	
	绿脓杆菌/g	不应检出	
	铅/（mg/kg）	≤40	
	汞/（mg/kg）	≤1	
	砷/（mg/kg）	≤10	
	甲醇/（mg/kg）	≤2000（乙醇、异丙醇含量之和≥10%时需测甲醇）	

5.2 净含量

净含量应符合国家质量监督检验检疫总局令［2005］第 75 号规定。

6 试验方法

6.1 感官指标

6.1.1 外观

取试样在室温和非阳光直射下目测观察。

6.1.2 香气

取试样用嗅觉进行鉴别。

6.2 理化指标

6.2.1 pH

6.2.1.1 发用啫喱

按 GB/T 13531.1 的方法进行（稀释法）。

6.2.1.2 发用啫喱水

按 GB/T 13531.1 的方法进行（直测法）。

6.2.2 耐热

6.2.2.1 仪器

a）恒温培养箱：温控精度±1℃；

b）试管：ϕ20mm×120mm。

6.2.2.2 操作程序

6.2.2.2.1 液体、黏稠状和非透明包装产品

将试样分别倒入 2 支 ϕ20mm×120mm 的试管内，高度约 80mm，塞上干净的胶塞。将一支待检的试管置

于预先调节至（40±1)℃的恒温培养箱内，24h后取出，恢复至室温后与另一试管的试样进行目测比较。

6.2.2.2.2 **凝胶状透明包装产品**

取两瓶包装完整的试样，把一瓶待检的试样置于预先调节至（40±1)℃的恒温培养箱内，24h后取出，恢复至室温后与另一瓶试样进行目测比较。

6.2.3 **耐寒**

6.2.3.1 **仪器**

a）冰箱：温控精度±2℃；

b）试管：ϕ20mm×120mm。

6.2.3.2 **操作程序**

6.2.3.2.1 **液体、黏稠状和非透明包装产品**

将试样分别倒入2支ϕ20mm×120mm的试管内，高度约80mm，塞上干净的胶塞。把一支待检的试管置于预先调节至－10℃～－5℃的冰箱内，24h后取出，恢复至室温后与另一试管的试样进行目测比较。

6.2.3.2.2 **凝胶状透明包装产品**

取两瓶包装完整的试样，把一瓶待检的试样置于预先调节至－10℃～－5℃的冰箱内，24h后取出，恢复至室温后与另一瓶试样进行目测比较。

6.2.4 **起喷次数**

取5瓶泵式样品，瓶身立正摆放或按使用说明操作，分别按动至开始喷出内容物为止，记录每瓶起喷次数。超过规定起喷次数的样品不大于1瓶时为合格。

6.3 **卫生指标**

按卫法监发［2002］第229号中规定的方法检验。

6.4 **净含量**

按JJF 1070的方法测定。

7 检验规则

按QB/T 1684执行。

8 标志、包装、运输、贮存、保质期

8.1 **销售包装的标志**

销售包装的标志按GB 5296.3执行。

8.2 **包装**

包装按QB/T 1685执行。

8.3 **运输**

产品运输时应轻装轻卸，按箱子图示标志堆放。避免剧烈震动、撞击和日晒雨淋。

8.4 **贮存**

产品应贮存在温度不高于38℃的常温通风、干燥仓库内，不应靠近水源、火炉或暖气。贮存时应距地面20cm，距内墙50cm，中间应留有通道。按箱子图示标志堆放，并严格掌握先进先出原则。

8.5 **保质期**

在符合规定的运输和贮存条件下，产品在包装完整和未经启封的情况下，保质期按销售包装标注执行。

QB/T 2873—2007《发用啫喱（水)》 第1号修改单

①第2章更改引用文件：

“卫法监发［2002］第229号 化妆品卫生规范”更改为“卫监督发［2007］第1号 化妆品卫生规范（2007年版)”。

②5.1条更改条文：

“感官、理化、卫生指标应符合表1的要求。使用的原料应符合卫法监发［2002］第229号规定。”更改为“感官、理化、卫生指标应符合表1的要求。使用的原料应符合卫监督发［2007］第1号 化妆品卫生规范（2007年版）规定。”

表1中的“绿脓杆菌”更改为：“铜绿假单胞菌”。

③6.3条更改条文：

“按卫法监发［2002］第229号中规定的方法检验。”更改为“按卫监督发［2007］第1号 化妆品卫生规范（2007年版）中规定的方法检验。”

ICS 71.100.70
分类号：Y42
备案号：22120—2007

中华人民共和国轻工行业标准

QB/T 2874—2007

护肤啫喱

Skin care gel

2007-10-08 发布　　　　2008-03-01 实施

中华人民共和国国家发展和改革委员会　发布

前　　言

本标准由中国轻工业联合会提出。

本标准由全国香料香精化妆品标准化技术委员会归口。

本标准起草单位：广州市产品质量监督检验所、广州市采诗化妆品有限公司、广州市好迪化妆品有限公司、广州市美晟美容化妆品有限公司和广州市番禺华新日用化工研究所。

本标准主要起草人：吴玉銮、陈丽暖、蔡玮红、谢文缄、樊豫萍、姜家东、岳慧、雷浩权。

本标准首次发布。

护肤啫喱

1 范围

本标准规定了护肤啫喱的术语和定义、要求、试验方法、检验规则和标志、包装、运输、贮存。

本标准适用于以护理人体皮肤为主要目的的护肤啫喱，其配方中主要使用高分子聚合物为凝胶剂。

2 规范性引用文件

下列文件中的条款通过本标准的引用而成为本标准的条款。凡是注日期的引用文件，其随后所有的修改单（不包括勘误的内容）或修订版均不适用于本标准，然而，鼓励根据本标准达成协议的各方研究是否可使用这些文件的最新版本。凡是不注日期的引用文件，其最新版本适用于本标准。

GB 5296.3 消费品使用说明 化妆品通用标签

GB/T 13531.1 化妆品通用试验方法 pH 值的测定

QB/T 1684 化妆品检验规则

QB/T 1685 化妆品产品包装外观要求

JJF 1070 定量包装商品净含量计量检验规则

国家质量监督检验检疫总局令［2005］第 75 号 定量包装商品计量监督管理办法

卫法监发［2002］第 229 号 化妆品卫生规范

3 术语和定义

下列术语和定义适用于本标准。

3.1

护肤啫喱

以护理人体皮肤为主要目的的凝胶状产品。

4 要求

4.1 感官、理化、卫生指标

感官、理化、卫生指标应符合表 1 的要求。使用的原料应符合卫法监发［2002］第 229 号规定。

表 1 感官、理化、卫生指标

项目		要求
感官指标	外观	透明或半透明凝胶状，无异物（允许添加起护肤或美化作用的粒子）
	香气	符合规定香气
理化指标	pH（25℃）	3.5～8.5
	耐热	(40±1)℃保持 24h，恢复至室温后与试验前外观无明显差异
	耐寒	－10℃～－5℃保持 24h，恢复至室温后与试验前外观无明显差异
卫生指标	菌落总数/（CFU/g）	≤1000，眼、唇部、儿童用产品≤500
	霉菌和酵母菌总数/（CFU/g）	≤100
	粪大肠菌群/g	不应检出

续表

项　　目		要　　求
卫生指标	金黄色葡萄球菌/g	不应检出
	绿脓杆菌/g	不应检出
	铅/（mg/kg）	≤40
	汞/（mg/kg）	≤1
	砷/（mg/kg）	≤10
	甲醇/（mg/kg）	≤2000（乙醇、异丙醇含量之和≥10%时需测甲醇）

4.2　净含量

净含量应符合国家质量监督检验检疫总局令［2005］第75号规定。

5　试验方法

5.1　感官指标

5.1.1　外观

取试样在室温和非阳光直射下目测观察。

5.1.2　香气

取试样用嗅觉进行鉴别。

5.2　理化指标

5.2.1　pH

按GB/T 13531.1的方法进行（稀释法）。

5.2.2　耐热

5.2.2.1　仪器

a）恒温培养箱：温控精度±1℃；

b）试管：ϕ20mm×120mm。

5.2.2.2　操作程序

5.2.2.2.1　非透明包装产品

将试样分别装入2支ϕ20mm×120mm的试管内，高度约80mm，塞上干净的胶塞。将一支待检的试管置于预先调节至（40±1)℃的恒温培养箱内，24h后取出，恢复至室温后与另一试管的试样进行目测比较。

5.2.2.2.2　透明包装产品

取两瓶包装完整的试样，把一瓶待检的试样置于预先调节至（40±1)℃的恒温培养箱内，24h后取出，恢复至室温后与另一瓶试样进行目测比较。

5.2.3　耐寒

5.2.3.1　仪器

a）冰箱：温控精度±2℃；

b）试管：ϕ20mm×120mm。

5.2.3.2　操作程序

5.2.3.2.1　非透明包装产品

将试样分别装入2支ϕ20mm×120mm的试管内，高度约80mm，塞上干净的胶塞。将一支待检的试管置于预先调节至－10℃～－5℃的冰箱内，24h后取出，恢复至室温后与另一试管的试样进行目测比较。

5.2.3.2.2　透明包装产品

取两瓶包装完整的试样，把一瓶待检的试样置于预先调节至－10℃～－5℃的冰箱内，24h后取出，恢复至室温后与另一瓶试样进行目测比较。

5.3 卫生指标

按卫法监发［2002］第229号中规定的方法检验。

5.4 净含量

按JJF 1070的方法测定。

6 检验规则

按QB/T 1684执行。

7 标志、包装、运输、贮存、保质期

7.1 销售包装的标志

销售包装的标志按GB 5296.3执行。

7.2 包装

包装按QB/T 1685执行。

7.3 运输

产品运输时应轻装轻卸，按箱子图示标志堆放。避免剧烈震动、撞击和日晒雨淋。

7.4 贮存

产品应贮存在温度不高于38℃的常温通风、干燥仓库内，不应靠近水源、火炉或暖气。贮存时应距地面20cm，距内墙50cm，中间应留有通道。按箱子图示标志堆放，并严格掌握先进先出原则。

7.5 保质期

在符合规定的运输和贮存条件下，产品在包装完整和未经启封的情况下，保质期按销售包装标注执行。

QB/T 2874—2007《护肤啫喱》 第1号修改单

---

① 第2章更改引用文件：

“卫法监发［2002］第229号 化妆品卫生规范”更改为“卫监督发［2007］第1号 化妆品卫生规范（2007年版）”。

② 4.1条更改条文：

“感官、理化、卫生指标应符合表1的要求。使用的原料应符合卫法监发［2002］第229号规定。”更改为“感官、理化、卫生指标应符合表1的要求。使用的原料应符合卫监督发［2007］第1号 化妆品卫生规范（2007年版）规定。”

表1中的“绿脓杆菌”更改为“铜绿假单胞菌”。

③ 5.3条更改条文：

“按卫法监发［2002］第229号中规定的方法检验。”更改为“按卫监督发［2007］第1号 化妆品卫生规范（2007年版）中规定的方法检验。”

ICS 71.100.70
分类号：Y42
备案号：30240—2011

中华人民共和国轻工行业标准

QB/T 4076—2010

发　蜡

Hair wax

2010-11-22 发布　　　　2011-03-01 实施

中华人民共和国工业和信息化部　发　布

前　　言

本标准由中国轻工业联合会提出。

本标准由全国香料香精化妆品标准化技术委员会（SAC/TC 257）归口。

本标准负责起草单位：湖北丝宝日化有限公司、上海市日用化学工业研究所、欧莱雅（中国）有限公司、上海花王有限公司、汉高（中国）有限公司、上海华银日用品有限公司。

本标准主要起草人：皮峻岭、李琼、沈敏、康薇、张科峰、许峥、杨依瑾、张沪青。

本标准首次发布。

发　蜡

1　范围

本标准规定了发蜡的术语和定义、要求、试验方法、检验规则和标志、包装、运输、贮存、保质期。

本标准适用于蜡或/和油、脂、水等配制而成的发蜡产品。

2　规范性引用文件

下列文件对于本文件的应用是必不可少的。凡是注日期的引用文件，仅注日期的版本适用于本文件。凡是不注日期的引用文件，其最新版本（包括所有的修改单）适用于本文件。

GB 5296.3　消费品使用说明　化妆品通用标签

GB/T 13531.1　化妆品通用试验方法　pH 值的测定

GB/T 14449—2008　气雾剂产品测试方法

QB 2549—2002　一般气雾剂产品的安全规定

BB 0005　气雾剂产品标示

QB/T 1684　化妆品检验规则

QB/T 1685—2006　化妆品产品包装外观要求

JJF 1070　定量包装商品净含量计量检验规则

国家质量监督检验检疫总局令第 75 号　定量包装商品计量监督管理办法

卫监督发［2007］1 号　化妆品卫生规范

3　术语和定义

下列术语和定义适用于本标准。

3.1

发蜡

以蜡或/和油、脂、水等为基质原料配制而成的头发造型产品，对头发起到塑形、造型、美化等作用。

3.2

蜡状发蜡

以蜡或/和油、脂等为基质原料经混合工艺制成，形态呈蜡状的发蜡产品。

3.3

乳膏状发蜡

以蜡或/和油、脂、乳化剂、水等为基质原料经混合乳化工艺制成，形态呈乳液或乳膏状的发蜡产品。

3.4

凝胶状发蜡

以蜡或/和油、脂、高分子聚合物、增稠剂、水等为基质原料经混合或混合乳化工艺制成，形态呈透明或半透明凝胶状的发蜡产品。

3.5

液体状发蜡

以蜡或/和油、脂、高分子聚合物、水等为基质原料经混合工艺制成，形态呈液体状，可以通过充气或以特定包装形式产生泡沫的发蜡产品。

4 要求

4.1 使用的原料应符合卫监督发［2007］1号规定。

4.2 对气雾罐产品安全灌装量应符合 GB 2549—2002 的规定。

4.3 感官、理化、卫生指标应符合表1的规定。

表 1　感官、理化、卫生指标

<table>
<tr><th colspan="2" rowspan="4">指标名称</th><th colspan="6">指标要求</th></tr>
<tr><th rowspan="3">蜡状发蜡</th><th rowspan="3">乳膏状发蜡</th><th rowspan="3">凝胶状发蜡</th><th colspan="3">液体状发蜡</th></tr>
<tr><th colspan="2">泵式</th><th rowspan="2">气雾罐式</th></tr>
<tr><th>普通</th><th>特定包装</th></tr>
<tr><td rowspan="3">感官指标</td><td>外观</td><td>膏体均匀一致、无异物</td><td>膏体细腻均匀、无异物</td><td>透明或半透明凝胶状，无异物（允许含有添加粒子）</td><td>水状均匀液体，无异物</td><td>水状均匀液体，无异物。泵出的泡沫细腻</td><td>水状均匀液体，无异物。喷出的泡沫细腻</td></tr>
<tr><td>色泽</td><td colspan="6">符合企业规定</td></tr>
<tr><td>香气</td><td colspan="6">符合企业规定</td></tr>
<tr><td rowspan="7">理化指标</td><td>pH（25℃）</td><td>—</td><td colspan="5">4.0～8.5</td></tr>
<tr><td>起喷次数（泵式）/次</td><td colspan="3">—</td><td>≤10</td><td>≤10</td><td>—</td></tr>
<tr><td>喷出率（气雾罐式）/%</td><td colspan="3">—</td><td>—</td><td>—</td><td>≥90</td></tr>
<tr><td>泄漏试验（气雾罐式）</td><td colspan="3">—</td><td>—</td><td>—</td><td>在50℃恒温水浴中试验不得有泄漏现象</td></tr>
<tr><td>内压力（气雾罐式）/MPa</td><td colspan="3">—</td><td>—</td><td>—</td><td>在25℃恒温水浴中试验应小于0.7</td></tr>
<tr><td>耐热</td><td colspan="5">(40±1)℃保持24h，恢复至室温后与试验前无明显差异</td><td>(40±1)℃保持24h，恢复至室温后能正常使用，与试验前无明显差异</td></tr>
<tr><td>耐寒</td><td colspan="5">(−10～−5)℃保持24h，恢复至室温后与试验前无明显差异</td><td>(−10～−5)℃保持24h，恢复至室温后能正常使用，与试验前无明显差异</td></tr>
<tr><td rowspan="8">卫生指标</td><td>菌落总数/（CFU/g或CFU/mL）</td><td colspan="6">≤1000，儿童产品≤500</td></tr>
<tr><td>霉菌和酵母菌总数/（CFU/g或CFU/mL）</td><td colspan="6">≤100</td></tr>
<tr><td>粪大肠菌群/（g或mL）</td><td colspan="6">不得检出</td></tr>
<tr><td>金黄色葡萄球菌/（g或mL）</td><td colspan="6">不得检出</td></tr>
<tr><td>铜绿假单胞菌/（g或mL）</td><td colspan="6">不得检出</td></tr>
<tr><td>铅/（mg/kg）</td><td colspan="6">≤40</td></tr>
<tr><td>汞/（mg/kg）</td><td colspan="6">≤1</td></tr>
<tr><td>砷/（mg/kg）</td><td colspan="6">≤10</td></tr>
</table>

4.4 净含量

应符合国家质量监督检验检疫总局令第75号规定。

4.5 包装外观要求

应符合 QB/T 1685—2006 规定。

5 试验方法

5.1 安全灌装量

按 GB 2549—2002 中 5.5 测定。

5.2 感官指标

5.2.1 外观

取试样在室温和非阳光直射下目测观察。泵式和气雾罐式产品按使用方法喷出试样，在室温和非阳光直射下目测观察。

5.2.2 色泽

取试样在室温和非阳光直射下目测观察。

5.2.3 香气

取试样用嗅觉进行鉴别。

5.3 理化指标

5.3.1 **pH**

按 GB/T 13531.1 的方法进行（稀释法）。气雾罐式产品按其正常的使用方法喷出泡沫于烧杯中，静置，取消泡后的液体为试样。

5.3.2 起喷次数

取三瓶泵式样品，瓶身立正摆放，全行程按动至开始喷出内容物为止，记录每瓶按动次数。每瓶的起喷次数不得超过10次。

5.3.3 喷出率

按 GB/T 14449—2008 中 5.10 喷出率的测试方法测定。

5.3.4 泄漏试验

预先将恒温水浴调节至（50±2)℃，将摇匀后并脱去盖子的三罐试样，浸没于恒温水浴中，以5min内每罐试样冒出气泡不超过5个为合格。

5.3.5 内压力

按 GB/T 14449—2008 中 5.1 内压的测试方法测定。

5.3.6 耐热

5.3.6.1 仪器

a）恒温培养箱：温控精度±1℃；

b）恒温水浴锅：温控精度±1℃；

c）具塞称量瓶：ϕ30mm×60mm。

5.3.6.2 操作程序

将试样分别移入2个ϕ30mm×60mm的具塞称量瓶内，使高度约为40mm，把一个待检的具塞称量瓶置于预先调节至（40±1)℃的恒温培养箱内。24h后取出，恢复至室温后与另一个具塞称量瓶内的试样进行目测比较。

将一罐包装完整的气雾罐式产品，放入预先调节至（40±1)℃的恒温水浴锅内，24h后取出，恢复至室温后按使用说明喷出观察。喷出的试样与未放入恒温水浴锅的另一罐产品喷出的试样进行目测比较。

5.3.7 耐寒

5.3.7.1 仪器

a）冰箱：温控精度±2℃；

b）具塞称量瓶：ϕ30mm×60mm。

5.3.7.2 操作程序

将试样分别移入 2 个 ϕ30mm×60mm 的具塞称量瓶内，使高度约为 40mm，把一个待检的具塞称量瓶置于预先调节至（－10～－5）℃的冰箱内。24h 后取出，恢复至室温后与另一个具塞称量瓶内的试样进行目测比较。

将一罐包装完整的气雾罐式产品，放入预先调节至（－10～－5）℃的冰箱内。24h 后取出，恢复至室温后按使用说明喷出观察。喷出的试样与未放入冰箱的另一罐产品喷出的试样进行目测比较。

5.4 卫生指标

按卫监督发［2007］1 号中规定的方法检验。

5.5 净含量

5.5.1 净含量标注毫升的气雾罐式产品

5.5.1.1 仪器

a）电子天平：精度 0.01g；

b）耐压玻璃气雾剂试管、防护装置及连接装置一套。

5.5.1.2 操作

在（20±2）℃的条件下，任取试样一罐称其质量（m_1），将试样充分摇匀，转移其中一部分至已预先称量洁净的耐压玻璃气雾剂试管（m_2），并称取总质量（m_3），待试管中内容物液面稳定后，记取液面的刻度，然后将原先气雾罐中的内容物排放干净，称取空罐质量（m_4）。

放空耐压玻璃气雾剂试管中内容物，试管经洗净晾干后，用纯水注入至以上所记下的刻度，测出所注入纯水的质量（m_5）。

按公式（1）计算试样的净含量 X（mL）。

$$X=\frac{(m_1-m_4)\times m_5}{(m_3-m_2)\,\rho_{水}} \qquad (1)$$

式中：

X——试样的净含量，单位为毫升（mL）；

m_1——试样的质量，单位为克（g）；

m_2——空耐压玻璃气雾剂试管质量，单位为克（g）；

m_3——转移试样和耐压玻璃气雾剂试管质量总和，单位为克（g）；

m_4——空试样罐质量，单位为克（g）；

m_5——注入耐压玻璃气雾剂试管中纯水的质量，单位为克（g）；

$\rho_{水}$——20℃蒸馏水的密度，0.998g/mL。

5.5.2 净含量标注质量的产品或标注体积的非气雾罐式产品

按 JJF 1070 的方法测定。

5.6 包装外观要求

按 QB/T 1685—2006 中 6.1 执行。

6 检验规则

6.1 发蜡的检验分常规检验项目和非常规检验项目。常规检验项目为表 1 中感官指标、理化指标、卫生指标中的菌落总数、净含量、包装外观要求。其余为非常规检验项目。

6.2　检验分类按 QB/T 1684 执行。

6.3　组批规则和抽样方案按 QB/T 1684 执行。

6.4　抽样方法按 QB/T 1684 执行。

6.5　判定和复检规则按 QB/T 1684 执行。

6.6　转移规则按 QB/T 1684 执行。

6.7　检验的暂停和恢复按 QB/T 1684 执行。

7　标志、包装、运输、贮存、保质期

7.1　包装标志

销售包装标志按 GB 5296.3 执行。气雾罐产品同时按 BB 0005 执行。产品大包装标志应符合 QB 2549—2002 中 6.1.2 规定。

7.2　包装

按 QB/T 1685—2006 执行。气雾罐产品运输包装同时按 QB 2549—2002 中 6.2 执行。

7.3　运输

必须轻装轻卸，按箱子图示标志堆放。避免剧烈震动、撞击和日晒雨淋。

7.4　贮存

应贮存在温度不高于 38℃ 的常温通风干燥仓库内，并配备相应的消防设施。不得靠近水源、火炉或暖气。贮存时必须距地距墙 10cm，中间应留有通道。按箱子图示标志堆放，并严格掌握先进先出原则。

7.5　保质期

在符合规定的运输和贮存条件下，产品在包装完整和未经启封的情况下，保质期按销售包装标注执行。

ICS 71.100.70
分类号：Y42
备案号：30241—2011

中华人民共和国轻工行业标准

QB/T 4077—2010

焗油膏（发膜）

Hair mask

2010-11-22 发布　　2011-03-01 实施

中华人民共和国工业和信息化部　发布

前　言

本标准由中国轻工业联合会提出。

本标准由全国香料香精化妆品标准化技术委员会（SAC/TC 257）归口。

本标准负责起草单位：湖北丝宝日化有限公司、上海市日用化学工业研究所、上海联合利华有限公司、欧莱雅（中国）有限公司、汉高（中国）有限公司和上海香料研究所。

本标准主要起草人：皮峻岭、沈敏、胡茵、朱介兵、张科峰、杨依瑾、李琼、康薇。

本标准首次发布。

焗油膏（发膜）

1 范围

本标准规定了焗油膏（发膜）的分类、要求、试验方法、检验规则和标志、包装、运输、贮存、保质期。

本标准适用于以抗静电剂或柔软剂和各种护发剂配制而成的凝胶状或乳膏状产品，能深度滋养、修护头发，改善发质、使头发有光泽且易于梳理的发用产品。不适用于永久性、涂染型暂时性染发剂类的焗油膏（发膜）。

2 规范性引用文件

下列文件对于本文件的应用是必不可少的。凡是注日期的引用文件，仅注日期的版本适用于本文件。凡是不注日期的引用文件，其最新版本（包括所有的修改单）适用于本文件。

GB 5296.3 消费品使用说明 化妆品通用标签

GB/T 13531.1 化妆品通用试验方法 pH 值的测定

QB/T 1684 化妆品检验规则

QB/T 1685—2006 化妆品产品包装外观要求

JJF 1070 定量包装商品净含量计量检验规则

国家质量监督检验检疫总局令第 75 号 定量包装商品计量监督管理办法

卫监督发［2007］1 号 化妆品卫生规范

3 分类

按产品的形态可以分凝胶状焗油膏（发膜）和乳膏状焗油膏（发膜）。

按产品的使用方法可以分免洗型焗油膏（发膜）和冲洗型焗油膏（发膜），冲洗型焗油膏（发膜）包括热蒸式焗油膏（发膜）和免蒸式焗油膏（发膜）。

4 要求

4.1 使用的原料应符合卫监督发［2007］1 号的规定。

4.2 感官、理化、卫生指标应符合表 1 的规定。

4.3 净含量应符合国家质量监督检验检疫总局令第 75 号的规定。

4.4 包装外观要求应符合 QB/T 1685—2006 的规定。

表 1 感官、理化、卫生指标

指标名称		要求	
		免洗型焗油膏（发膜）	冲洗型焗油膏（发膜）
感官指标	外观	符合企业规定	
	色泽	符合企业规定	
	香气	符合企业规定	
理化指标	pH（25℃）	4.0～8.5	2.5～7.0
	总固体/%	≥4.0	≥8.0
	耐热	(40±1)℃保持 24h，恢复至室温后与试验前无明显差异	
	耐寒	(−10～−5)℃保持 24h，恢复至室温后与试验前无明显差异	

续表

指 标 名 称		要 求	
		免洗型焗油膏（发膜）	冲洗型焗油膏（发膜）
卫生指标	菌落总数/（CFU/g）	≤1000，儿童用产品≤500	
	霉菌和酵母菌总数/（CFU/g）	≤100	
	粪大肠菌群/g	不得检出	
	金黄色葡萄球菌/g	不得检出	
	铜绿假单胞菌/g	不得检出	
	铅/（mg/kg）	≤40	
	汞/（mg/kg）	≤1	
	砷/（mg/kg）	≤10	

5 试验方法

5.1 感官指标

5.1.1 外观

取试样在室温和非阳光直射下目测观察。

5.1.2 色泽

取试样在室温和非阳光直射下目测观察。

5.1.3 香气

取试样用嗅觉进行鉴别。

5.2 理化指标

5.2.1 pH

按 GB/T 13531.1 的方法（稀释法）测定。

5.2.2 总固体

5.2.2.1 仪器

a）分析天平：分度值 0.0001g；

b）扁形称量瓶：100mL；

c）鼓风干燥箱：灵敏度±1℃。

5.2.2.2 试验步骤

在烘干恒重的扁形称量瓶中称取 2g 试样（准确至±0.0001g）于（105±1）℃鼓风干燥箱内烘干 3h，取出放入干燥器内冷却至室温称其质量（准确至±0.0001g）。

5.2.2.3 结果表示

总固体的含量按公式（1）计算：

$$总固体（\%）=\frac{m_3-m_1}{m_2-m_1}\times 100 \qquad (1)$$

式中：

m_1——空扁形称量瓶的质量，单位为克（g）；

m_2——烘干前试样和扁形称量瓶的质量，单位为克（g）；

m_3——烘干后残余物和扁形称量瓶的质量，单位为克（g）。

结果保留一位小数。

5.2.3 耐热

5.2.3.1 仪器

a）恒温培养箱：温控精度±1℃；

b）具塞称量瓶：ϕ30mm×60mm。

5.2.3.2 操作程序

将试样分别倒入2个ϕ30mm×60mm的具塞称量瓶内，使液面高度约40mm，把一个待检的具塞称量瓶置于预先调节至（40±1)℃的恒温培养箱内。24h后取出，恢复至室温后与另一个具塞称量瓶内的试样进行目测比较。

5.2.4 耐寒

5.2.4.1 仪器

a）冰箱：温控精度±2℃；

b）具塞称量瓶：ϕ30mm×60mm。

5.2.4.2 操作程序

将试样分别倒入2个ϕ30mm×60mm的具塞称量瓶内，使液面高度约40mm，把一个待检的具塞称量瓶置于预先调节至（−10～−5)℃的冰箱内。24h后取出，恢复至室温后与另一个具塞称量瓶内的试样进行目测比较。

5.3 卫生指标

按卫监督发［2007］1号中规定的方法检验。

5.4 净含量

按JJF 1070的方法进行测定。

5.5 包装外观要求

按QB/T 1685—2006中6.1执行。

6 检验规则

按QB/T 1684执行。

7 标志、包装、运输、贮存、保质期

7.1 标志

销售包装的按GB 5296.3执行。

7.2 包装

按QB/T 1685—2006执行。

7.3 运输

必须轻装轻卸，按箱子图示标志堆放。避免剧烈震动、撞击和日晒雨淋。

7.4 贮存

应贮存在温度不高于38℃的常温通风干燥仓库内，不得靠近水源、火炉或暖气。贮存时必须距地距墙10cm，中间应留有通道。按箱子图示标志堆放，并严格掌握先进先出原则。

7.5 保质期

在符合规定的运输和贮存条件下，产品在包装完整和未经启封的情况下，保质期按销售包装标注执行。

ICS 71.100.70
分类号：Y42
备案号：30243—2011

QB

中华人民共和国轻工行业标准

QB/T 4079—2010

按摩基础油、按摩油

Massage base oil，Massage oil

2010-11-22发布　　2011-03-01实施

中华人民共和国工业和信息化部　发布

前　　言

本标准的附录A、附录B、附录C为规范性附录。

本标准由中国轻工业联合会提出。

本标准由全国香料香精化妆品标准化技术委员会（SAC/TC 257）归口。

本标准负责起草单位：上海家化联合股份有限公司、上海香料研究所、上海市日用化学工业研究所、浙江省质量技术监督检测研究院、安和生化科技有限公司。

本标准主要起草人：王寒洲、金其璋、李慧良、沈敏、何乔桑、徐伟东、王群、康薇、李琼、梅家齐。

本标准首次发布。

按摩基础油、按摩油

1 范围

本标准规定了按摩基础油、按摩油的术语和定义、分类、要求、试验方法、检验规则和标志、包装、运输、贮存及保质期。

本标准适用于按摩基础油、按摩油产品，不适用儿童按摩产品和眼部按摩产品。

2 规范性引用文件

下列文件对于本文件的应用是必不可少的。凡是注日期的引用文件，仅注日期的版本适用于本文件。凡是不注日期的引用文件，其最新版本（包括所有的修改单）适用于本文件。

GB 5296.3 消费品使用说明 化妆品通用标签

GB/T 26516 按摩精油

QB/T 1684 化妆品检验规则

QB/T 1685 化妆品产品包装外观要求

JJF 1070 定量包装商品净含量计量检验规则

国家质量监督检验检疫总局令第75号 定量包装商品计量监督管理办法

卫监督发［2007］1号 化妆品卫生规范

3 术语和定义

下列术语和定义适用于本文件。

3.1

按摩基础油 massage base oil

由精制植物油、矿油、抗氧剂等原料混合制成，用于稀释按摩精油和/或人体皮肤按摩的油状产品。

3.2

按摩精油 massage essential oil

由一种或多种精油和/或净油及为提高其质量而加入的该精油/或净油中含有的香料成分和适量的溶剂、抗氧剂等混合制成的对人体皮肤起护理作用的产品。该产品不是直接使用于人体皮肤上的化妆品，需用按摩基础油适当稀释后以涂抹或按摩方法施于皮肤。

3.3

按摩油 massage oil

由按摩精油和按摩基础油配制而成的按摩产品。

4 分类

按摩基础油按植物油的种类分为：橄榄油、霍霍巴油、甜杏仁油、红景天油、小麦胚芽油、鳄梨油、葡萄籽油、米糠油等。

5 要求

5.1 按摩基础油、按摩油使用的原料应符合卫监督发［2007］1号的规定。按摩油所使用的按摩精油应符合

GB/T 26516 的要求。

5.2 感官、理化应符合表 1 的规定。

表 1 感官、理化指标

项目		指标
外观		无色或淡黄色至黄绿色澄清油状液体
气味		无异味
酸值/（mg KOH /g）	≤	5
过氧化值/（mmol/kg）	≤	10
皂化值/（mg KOH/g）	≥	80

5.3 卫生指标应符合表 2 的规定。

表 2 卫生指标

项目		指标
菌落总数/（CFU/g 或 CFU/mL）	≤	1000
霉菌和酵母菌总数/（CFU/g 或 CFU/mL）	≤	100
粪大肠菌群/（g 或 mL）		不应检出
铜绿假单胞菌/（g 或 mL）		不应检出
金黄色葡萄球菌/（g 或 mL）		不应检出
铅/（mg/kg）	≤	40
砷/（mg/kg）	≤	10
汞/（mg/kg）	≤	1

5.4 净含量

应符合国家质量监督检验检疫总局令第 75 号规定。

5.5 包装外观要求

应符合 QB/T 1685 的规定。

6 试验方法

6.1 感官指标

6.1.1 外观

取试样在室温和非阳光直射下目测观察。

6.1.2 气味

取试样用嗅觉进行鉴别。

6.2 理化指标

6.2.1 酸值

按附录 A 的方法检验。

6.2.2 过氧化值

按附录 B 的方法检验。

6.2.3 皂化值

按附录 C 的方法检验。

6.3 卫生指标

按卫监督发［2007］1号规定的方法检验。

6.4 净含量

按JJF 1070附录中D.3或D.4的相对密度法检验。

6.5 包装外观要求

按QB/T 1685的方法检验。

7 检验规则

按QB/T 1684执行。

8 标志、包装、运输、贮存、保质期

8.1 销售包装的标志

8.1.1 按摩基础油应标注产品添加的植物油种类。

8.1.2 按摩油应标注下列内容：

a）按摩精油的种类和含量；

b）产品添加按摩基础油的植物油种类；

c）避免接触眼部四周；

d）不可内服；

e）孕妇、婴幼儿、高血压、肾病、癫痫、皮肤破损者勿用。肌肤敏感者，皮试合格后方可使用；

f）避光、密封、低温贮存。

8.1.3 其他标志按GB 5296.3执行。

8.2 包装

产品的内包装应采用能避光的玻璃瓶或陶瓷瓶密封包装，其他按QB/T 1685执行。

8.3 运输

必须轻装轻卸，按箱子的图示标志堆放。避免高温、剧烈震动、撞击和日晒雨淋。

8.4 贮存

应贮存在低温通风干燥仓库内，不得靠近水源、火源。贮存时必须距地面20cm，距内墙50cm，中间应留有通道。按箱子上图示标志堆放，并严格掌握先进先出原则。

8.5 保质期

在符合规定的运输和贮存条件下，产品在包装完整和未经启封的情况下，保质期按销售包装标注执行。

附录 A
（规范性附录）
酸值的检验方法

A.1 原理

用氢氧化钾标准溶液滴定按摩基础油、按摩油中的游离脂肪酸。

A.2 试剂和材料

除另有规定外，试剂均为分析纯，水为蒸馏水或与其相当纯度的水。

A.2.1 乙醚－乙醇混合液：按乙醚－乙醇（2＋1）混合。用氢氧化钾溶液（3g/L）中和至酚酞指示液呈中性。

A.2.2 氢氧化钾标准滴定溶液［c（KOH）＝0.05mol/L］。

A.2.3 酚酞指示液：10g/L 乙醇溶液。

A.3 仪器

A.3.1 分析天平：精度 0.0001g。

A.3.2 锥形瓶。

A.3.3 滴定管。

A.4 分析步骤

准确称取 3～5g 样品（精确到 0.0001g），置于锥形瓶中，加入 50mL 中性乙醚－乙醇混合液（A.2.1），振摇使油溶解，必要时可置热水中，温热促其溶解。冷至室温，加入酚酞指示液（A.2.3）2～3 滴，以 0.05mol/L 氢氧化钾标准滴定溶液（A.2.2）滴定，至初现微红色，且 0.5min 内不褪色为终点。

A.5 结果计算

酸值按公式（A.1）计算：

$$X_0=\frac{V_0\times c_0\times 56.1}{m_0} \qquad \text{(A.1)}$$

式中：

X_0——样品的酸值，mgKOH/g；

V_0——耗用氢氧化钾标准滴定溶液的体积，单位为毫升（mL）；

c_0——氢氧化钾标准滴定溶液的浓度，单位为摩尔每升（mol/L）；

m_0——样品质量，单位为克（g）；

56.1——氢氧化钾的相对分子质量。

平行试验结果允许差不超过 0.2mgKOH/g。取两次平行测定的算术平均值为试验结果，有效位数保留至小数点后一位。

附录 B
（规范性附录）
过氧化值的检验方法

B.1 原理

按摩基础油、按摩油氧化过程中产生过氧化物，与碘化钾作用，生成游离碘，以硫代硫酸钠溶液滴定，计算含量。

B.2 试剂和材料

除另有规定外，试剂均为分析纯，水为蒸馏水或与其相当纯度的水。

B.2.1 饱和碘化钾溶液：称取 14g 碘化钾，加 10mL 水溶解，必要时微热使其溶解，冷却后贮于棕色瓶中。

B.2.2 三氯甲烷—冰乙酸混合液：量取 40mL 三氯甲烷，加 60mL 冰乙酸，混匀。

B.2.3 硫代硫酸钠标准滴定溶液［c（$Na_2S_2O_3$）＝0.002mol/L］。

B.2.4 淀粉指示剂（10g/L）：称取可溶性淀粉 0.5g，加少许水，调成糊状，倒入 50mL 沸水中调匀，煮沸。使用时现配。

B.3 仪器

B.3.1 分析天平：精度 0.0001g。

B.3.2 碘量瓶。

B.3.3 滴定管。

B.4 分析步骤

称取 2.00～3.00g 混匀的样品，置于 250mL 碘量瓶中，加 30mL 三氯甲烷－冰乙酸混合液（B.2.2），使样品完全溶解。加入 1.00mL 饱和碘化钾溶液（B.2.1），紧密塞好瓶盖，并轻轻振摇 0.5min，然后在暗处放置 3min。取出加 100mL 水，摇匀，立即用 0.002mol/L 硫代硫酸钠标准滴定溶液（B.2.3）滴定，至淡黄色时，加 1mL 淀粉指示剂（B.2.4），继续滴定至蓝色消失为终点。

同时进行空白试验。

B.5 结果计算

过氧化值按公式（B.1）计算：

$$X_1=\frac{1000\times(V_1-V_2)\times c_1}{2\times m_1} \qquad \text{(B.1)}$$

式中：

X_1——样品的过氧化值，单位为毫摩尔每千克（mmol/kg）；

V_1——样品耗用硫代硫酸钠标准滴定溶液的体积，单位为毫升（mL）；

V_2——试剂空白耗用硫代硫酸钠标准滴定溶液的体积，单位为毫升（mL）；

c_1——硫代硫酸钠标准滴定溶液的浓度，单位为摩尔每升（mol/L）；

m_1——样品质量，单位为克（g）。

取两次平行测定的算术平均值为试验结果，有效位数保留至小数点后一位。

附录 C
（规范性附录）
皂化值的检验方法

C.1 原理

在回流条件下将样品和氢氧化钾－乙醇溶液一起煮沸，随后用标定的盐酸溶液滴定过量的氢氧化钾。

C.2 试剂和材料

除另有规定外，试剂均为分析纯，水为蒸馏水或与其相当纯度的水。

C.2.1 氢氧化钾－乙醇溶液：大约 0.5mol/L 氢氧化钾溶解在 95%（体积分数）乙醇中。此溶液应为无色或淡黄色。通过下列任一步骤可制得稳定的无色溶液：

a）将 8g 氢氧化钾和 5g 铝片放在 1L 乙醇中回流 1h，立刻蒸馏。将需要量的氢氧化钾溶解于蒸馏物中，静置数天，然后倾出清亮的上层清液而除去碳酸钾沉淀；

b）加 4g 特丁醇铝到 1L 乙醇中，静置数天，倾出上层清液，将需要量的氢氧化钾溶解于其中，静置数天，然后从碳酸钾的沉淀中倾出清亮的上层清液。

将此液贮存在配有橡皮塞的棕色或黄色玻璃瓶中备用。

C.2.2 盐酸标准滴定溶液：c（HCl）＝0.5mol/L。

C.2.3 酚酞指示剂：10g/L 溶于 95%（体积分数）乙醇。

C.2.4 碱性蓝（6B）指示剂：碱性蓝（6B）20g/L 溶于 95%（体积分数）乙醇。

C.2.5 助沸物：玻璃珠或瓷粒。

C.3 仪器

实验室常用仪器，特别是下列仪器：

a）锥形瓶：容量 250mL，耐碱玻璃制成，带有磨口；

b）回流冷凝管：带有连接锥形瓶的磨玻璃接头；

c）加热装置：如水浴锅、电热板或其他适合的仪器。不能用明火加热；

d）滴定管：容量 50mL，最小刻度为 0.1mL；

e）移液管：容量 25mL；

f）分析天平：精度 0.0001g。

C.4 分析步骤

称取试验样品 2g，准确到 0.005g 于锥形瓶中（以皂化值 170～200 为依据，被测样量为 2g。对于其他范围皂化值，样量将以约一半氢氧化钾－乙醇溶液被中和为依据而改变）。

用移液管将 25.0mL 氢氧化钾－乙醇溶液（C.2.1）加到试样中，并加入一些助沸物（C.2.5），连接回流冷凝管与锥形瓶，并将锥形瓶放在加热装置上慢慢煮沸，不时摇动，油脂维持沸腾状态 60min。难于皂化的需煮沸 2h。加 0.5mL～1mL 酚酞指示剂（C.2.3）于热溶液中，并用盐酸标准溶液滴定到指示剂的粉色刚消失。如果皂化液是深色的，则用 0.5mL～1mL 的碱性蓝（6B）溶液（C.2.4）。

同时进行空白试验。

C.5　结果计算

皂化值按公式 C.1 计算：

$$X_2=\frac{(V_4-V_3)\times c_2\times 56.1}{m_2} \qquad \text{(C.1)}$$

式中：

X_2——样品的皂化值，mgKOH/g；

V_3——样品耗用盐酸溶液的体积，单位为毫升（mL）；

V_4——试剂空白耗用盐酸溶液的体积，单位为毫升（mL）；

c_2——盐酸溶液的浓度，单位为摩尔每升（mol/L）；

m_2——样品质量，单位为克（g）；

56.1——氢氧化钾的相对分子质量。

平行试验结果允许差不超过 1.0mgKOH/g。取两次平行测定的算术平均值为试验结果，有效位数保留至小数点后一位。

ICS 71.100.70
分类号：Y42
备案号：31073—2011

中华人民共和国轻工行业标准

QB/T 4126—2010

发用漂浅剂

Hair bleaching preparation

2010-12-29 发布　　　　2011-04-01 实施

中华人民共和国工业和信息化部　发　布

前言

本标准由中国轻工业联合会提出。

本标准由全国香料香精化妆品标准化技术委员会（SAC/TC 257）归口。

本标准负责起草单位：欧莱雅（中国）有限公司、汉高（中国）有限公司、上海市日用化学工业研究所、上海香料研究所。

本标准主要起草人：金卫华、张科峰、姜宜凡、杨依瑾、沈敏、康薇、李琼。

发用漂浅剂

1 范围

本标准规定了发用漂浅剂的术语和定义、分类、要求、试验方法、检验规则和标志、包装、运输、贮存。

本标准适用于以过硫化物为主体复配而成，漂剂为粉状或湿润粉状的，具有漂浅头发功能的发用产品。

2 规范性引用文件

下列文件对于本文件的应用是必不可少的。凡是注日期的引用文件，仅注日期的版本适用于本文件。凡是不注日期的引用文件，其最新版本（包括所有的修改单）适用于本文件。

GB 5296.3 消费品使用说明 化妆品通用标签

GB/T 13531.1 化妆品通用试验方法 pH 值的测定

QB/T 1684 化妆品检验规则

QB/T 1685 化妆品产品包装外观要求

QB/T 1978 染发剂

QB/T 2470 化妆品通用试验方法 滴定分析（容量分析）用标准溶液的制备

JJF 1070 定量包装商品净含量计量检验规则

国家质量监督检验检疫总局令［2005］第 75 号 定量包装商品计量监督管理办法

卫监督发［2007］1 号 化妆品卫生规范

3 术语和定义

下列术语和定义适用于本文件。

漂剂（漂浅粉） hair bleaching powder

以过硫化物为主体的粉状或湿润粉状制品，一般不含有氧化型发用着色剂（oxidising coloring agents for hair dyeing），配合使用后具有使头发颜色漂白或变浅的功能。

4 分类

产品按剂型可分为：单剂型、两剂型和三剂型。

单剂型：一般由漂剂和水直接混合后使用。

两剂型：一般由漂剂和含有过氧化氢的漂浅显色剂混合后使用。

三剂型：一般由漂剂、含有过氧化氢的漂浅显色剂和主要起调节黏度等作用的调节剂混合后使用。

5 要求

5.1 使用的原料应符合卫监督发［2007］1 号的规定。产品应通过安全性评价。

5.2 有毒物质限量应符合表 1 的要求。

5.3 感官、理化指标应符合表 2 的要求。

5.4 净含量应符合国家质量监督检验检疫总局令［2005］第 75 号规定。

表 1 有毒物质限量

指标名称		指　　标
有毒物质限量	铅/（mg/kg）	≤40
	汞/（mg/kg）	≤1
	砷/（mg/kg）	≤10

表 2 感官、理化指标

项　　目		要　　求					
		单剂型	两剂型		三剂型		
		漂剂	漂剂	漂浅显色剂	漂剂	调节剂	漂浅显色剂
感官指标	外观	符合规定要求					
	色泽	符合规定色泽					
理化指标	pH（25℃）	9.0～12.0	9.0～12.0	1.8～5.0	9.0～12.0	7.0～11.0	1.8～5.0
	过氧化氢含量/%	—	—	≤12.0	—	—	≤12.0
	漂剂中过硫化物总量，以 $S_2O_8^{2-}$ 计/%	20.0～60.0	20.0～60.0	—	20.0～60.0	—	—
	耐热	—	—	—	—	(40±1)℃，保持 6h，恢复至室温后，无油水分离现象	—
	耐寒	—	—	—	—	(－10～－5)℃，保持 24h，恢复至室温后，无油水分离现象	—
	漂染能力	将头发颜色漂浅					

6 测定步骤

6.1 有毒物质限量指标

按卫监督发［2007］1 号规定执行。

6.2 感官指标

6.2.1 外观

取试样在室温和非阳光直射下目测观测。

6.2.2 色泽

取试样在室温和非阳光直射下目测观测。

6.3 理化指标

6.3.1 耐热

6.3.1.1 仪器

恒温培养箱：温控精度±1℃。

6.3.1.2 操作程序

预先将恒温培养箱调节到（40±1）℃，把包装完整的试样一瓶置于恒温培养箱内。6h 后取出，恢复至室温后目测观察。

6.3.2 耐寒

6.3.2.1 仪器

冰箱：温控精度±2℃。

6.3.2.2 操作程序

预先将冰箱调节到（−10～−5)℃，把包装完整的试样一瓶置于冰箱内。24h 后取出，恢复至室温后目测观察。

6.3.3 pH

6.3.3.1 漂剂

称取试样 1 份（精确至 0.1g），加入 100 份（质量比）的水，并不断搅拌加热至（65±5)℃，冷却至室温待用。其他按 GB/T13531.1 中规定的方法测定。

6.3.3.2 漂浅显色剂

按 GB/T 13531.1 中规定的方法测定（直测法）。

6.3.3.3 调节剂

按 GB/T 13531.1 中规定的方法测定（稀释法）。

6.3.4 过氧化氢含量

按 QB/T 1978 中测定氧化剂浓度的方法进行。

6.3.5 漂剂中过硫化物总量测定

6.3.5.1 仪器、试剂

a）天平：精度 0.1mg；

b）称量瓶；

c）锥形瓶：250mL；

d）移液管：2mL；

e）碱式滴定管；

f）移液管：50mL；

g）硫酸溶液：25%（体积分数）；

h）6%碘化钾溶液：6g 碘化钾完全溶解于 94g 水中；

i）0.1mol/L 硫代硫酸钠标准溶液：按 QB/T 2470 执行；

j）淀粉指示剂：0.1g 可溶性淀粉用少量水混合均匀，加入 100mL 沸水中溶解均匀。

6.3.5.2 操作程序

准确量取 6%碘化钾溶液 50mL，置于 250mL 锥形瓶中，精确称取约 0.3g 样品，加入锥形瓶中，然后再加入 25%的硫酸溶液 2mL，混合后放在黑暗中静置 3h。

取出，加入 2mL 淀粉指示剂，用 0.1mol/L 的硫代硫酸钠溶液滴定至颜色消失，记录滴定所耗费的硫代硫酸钠溶液的体积。

过硫化物总量，数值以%表示，按公式（1）计算。

$$\text{过硫化物总量}\ \%(\text{以}\ S_2O_8^{2-}\ \text{计}) = 0.9606 \times \frac{V}{m} \qquad (1)$$

式中：

V——滴定所用硫代硫酸钠标准溶液的体积，单位为毫升（mL）；

m——试样的质量，单位为克（g）；

0.9606——转换系数。

结果保留一位小数。

6.3.6 漂浅能力

6.3.6.1 仪器、材料

a）烧杯：50mL；

b）量筒：10mL；

c）玻璃平板：20cm×15cm；

d）取未经漂浅剂漂过的洗净晾干后的人的黑发，分为二束，长度为9cm～11cm，一端用线扎牢。

6.3.6.2　操作程序

按产品说明书中的使用方法取适量试样，搅拌均匀，将两束黑发中的一束放置在玻璃平板上，并用试样涂抹均匀。按产品说明书中规定的方法和时间停留后，用水漂洗干净，晾干后在非阳光直射的明亮处与未被漂过的那束黑发对比观察。

6.4　净含量

按JJF 1070的方法进行。

7　检验规则

按QB/T 1684执行。

8　标志、包装、运输、贮存、保质期

8.1　销售包装的标志

8.1.1　按GB 5296.3执行，同时应标注特殊用途化妆品批准文号。

8.1.2　根据产品特点应标注产品安全使用说明和警示语，警示语应包含下述要点：

a）请在使用前阅读以下重要信息，必须严格按照使用说明操作；

b）避免儿童抓拿，也不要使用在儿童头发上；

c）正确戴好合适的手套；

d）不要使用在眉毛或睫毛上；

e）使用前必须脱下隐形眼镜，不要将调配好的混合物和眼部接触，如不慎触及眼部，立即用水冲洗。如有任何不适，请立即就医；

f）本品可能引起过敏反应，一旦有任何不适反应（包括发红、灼伤、疼痛或发痒），请立即停止以后的操作，并洽询医生；

g）不要在头皮不适、发红或受损的情况下使用本品；

h）不要在脆弱或受损的头发上使用，建议在24h内只使用一次本品；

i）只能使用塑料或玻璃器皿、夹子或梳子，绝对不能使用金属器皿；

j）漂剂须标注：避免吸入。

8.2　包装

按QB/T 1685执行。

8.3　运输

必须轻装轻卸，按箱子图示标志堆放。避免剧烈震动、撞击和日晒雨淋。

8.4　贮存

应贮存在温度不高于38℃的常温通风干燥仓库内，不得靠近水源、火炉或暖气。贮存时必须距地面10cm，中间应留有通道。按箱子图示标志堆放，并严格掌握先进先出原则。

8.5　保质期

在符合规定的运输和贮存条件下，产品在包装完整和未经启封的情况下，保质期按销售包装标注执行。

ICS 71.100.70
Y 42

中华人民共和国国家标准

GB/T 26513—2011

润 唇 膏

Lip moisturizer

2011-05-12 发布　　2011-12-01 实施

中华人民共和国国家质量监督检验检疫总局
中国国家标准化管理委员会　发 布

前　言

本标准由中国轻工业联合会提出。

本标准由全国香料香精化妆品标准化技术委员会（SAC/TC 257）归口。

本标准起草单位：上海市日用化学工业研究所、曼秀雷敦（中国）药业有限公司、上海东洋之花化妆品有限公司、广东拉芳日化有限公司、杭州市余杭区质量计量监测中心。

本标准主要起草人：康薇、沈敏、黎渊友、王峥、吴桂谦、徐颖红、何良兴。

润　唇　膏

1　范围

本标准规定了润唇膏的术语和定义、分类、要求、试验方法、检验规则及标志、包装、运输、贮存和保质期的要求。

本标准适用于棒状润唇膏。

2　规范性引用文件

下列文件中的条款通过本标准的引用而成为本标准的条款。凡是注日期的引用文件，其随后所有的修改单（不包括勘误的内容）或修订版均不适用于本标准，然而，鼓励根据本标准达成协议的各方研究是否可使用这些文件的最新版本。凡是不注日期的引用文件，其最新版本适用于本标准。

GB/T 5009.37　食用植物油卫生标准的分析方法

GB 5296.3　消费品使用说明　化妆品通用标签

GB/T 22731　日用香精

QB/T 1684　化妆品检验规则

QB/T 1685　化妆品产品包装外观要求

JJF 1070　定量包装商品净含量计量检验规则

国家质量监督检验检疫总局令第75号《定量包装商品计量监督管理办法》

《化妆品卫生规范》

3　术语和定义

下列术语和定义适用于本标准。

3.1

润唇膏　lip moisturizer

以油、脂、蜡为主要原料，经加热混合、成型等工艺制成的蜡状固体唇用产品，主要起滋润、保护嘴唇的作用。

4　分类

按产品浇制成型工艺的不同，可分为以下两种：

a）模具型：料体浇制模具后成型脱模；

b）非模具型：直浇不脱模成型。

5　要求

5.1　使用的原料

应符合《化妆品卫生规范》的要求，使用的香精应符合GB/T 22731的要求。

5.2　感官、理化、卫生指标

应符合表1的要求。

表 1　　　　感官、理化、卫生指标

项　目		要　求	
		模具型	非模具型
感官指标	外观	棒体表面光滑、无气孔及无肉眼可见外来杂质	棒体顶部表面光滑。棒体无凹塌裂纹，无气孔及无肉眼可见外来杂质
	色泽	符合规定色泽，颜色均匀一致	
	香气	符合规定香气，无油脂异味	
理化指标	耐热	(45±1)℃，24 h，无弯曲软化，能正常使用	
	耐寒	−10℃～−5℃，24h，恢复室温后无裂纹，能正常使用	
	过氧化值/%	≤0.2	
卫生指标	汞/（mg/kg）	符合《化妆品卫生规范》的规定	
	砷/（mg/kg）		
	铅/（mg/kg）		
	菌落总数/（CFU/g）		
	霉菌和酵母菌/（CFU/g）		
	粪大肠菌群/g		
	铜绿假单胞菌/g		
	金黄色葡萄球菌/g		

5.3　包装外观要求

应符合 QB/T 1685 规定。

5.4　净含量

应符合国家质量监督检验检疫总局令第 75 号的规定。

6　试验方法

6.1　感官指标

6.1.1　外观

取试样一支，全部旋出，在室温和非阳光直射下进行目测。

6.1.2　色泽

取试样一支，全部旋出，在室温和非阳光直射下进行目测。

6.1.3　香气

取试样一支用嗅觉鉴别。

6.2　理化指标

6.2.1　耐热

6.2.1.1　仪器

电热恒温箱：温控精度±1℃。

6.2.1.2　操作

预先将恒温培养箱调节到（45±1)℃，将试样一支脱去套子并全部旋出，垂直置于恒温箱内，24h 后目测观察是否弯曲软化。如无弯曲软化现象，取出，待恢复室温后，将试样少许涂擦于手背上，观察其使用性能。

6.2.2 耐寒

6.2.2.1 仪器

冰箱：温控精度±2℃。

6.2.2.2 操作

预先调节冰箱到－10℃～－5℃，将试样一支置于冰箱内。24h后取出，恢复室温后目测观察，并将试样少许涂擦于手背上，观察其使用性能。

6.2.3 过氧化值

6.2.3.1 仪器

a）超声波清洗器；

b）分析天平：精度0.001g；

c）酸式滴定管：25mL；

d）碘量瓶：250mL。

6.2.3.2 操作

按GB/T 5009.37的方法检验。溶解样品时，在加入溶剂后宜超声振荡至溶解。

6.3 卫生指标

按《化妆品卫生规范》中规定的方法检验。

6.4 包装外观要求

按QB/T 1685规定的方法检验。

6.5 净含量

按JJF 1070规定的方法测定。

7 检验规则

7.1 检验项目

本标准分常规检验项目和非常规检验项目。

常规检验项目为外观、色泽、香气、耐热、耐寒、包装外观要求、净含量、卫生指标中的菌落总数，其余为非常规检验项目。

7.2 检验分类

按QB/T 1684执行。

7.3 组批规则和抽样方案

按QB/T 1684执行。

7.4 抽样方法

按QB/T 1684执行。

7.5 判定和复检规则

按QB/T 1684执行。

7.6 转移规则

按QB/T 1684执行。

7.7 检验的暂停和恢复

按QB/T 1684执行。

8 标志、包装、运输、贮存和保质期

8.1 标志

销售包装的标志按GB 5296.3执行。

8.2 包装

按QB/T 1685执行。

8.3 运输

应轻装轻卸，按箱子图示标志堆放。避免剧烈震动、撞击和日晒雨淋。

8.4 贮存

应贮存在温度不高于38℃的常温通风干燥仓库内，不得靠近水源、火炉或暖气。贮存时应距地距墙10cm，中间应留有通道。按箱子图示标志堆放，并严格掌握先进先出原则。

8.5 保质期

在符合规定的运输和贮存条件下，产品在包装完整和未经启封的情况下，保质期按销售包装标注执行。

ICS 71.100.70
Y 42

中华人民共和国国家标准

GB/T 26516—2011

按摩精油

Massage essential oil

2011-05-12 发布　　2011-10-01 实施

中华人民共和国国家质量监督检验检疫总局
中国国家标准化管理委员会　发布

前　言

本标准由中国轻工业联合会提出。

本标准由全国香料香精化妆品标准化技术委员会（SAC/TC 257）归口。

本标准起草单位：浙江方圆检测集团股份有限公司、上海家化联合股份有限公司、上海香料研究所、上海市日用化学工业研究所、安和生化科技有限公司。

本标准主要起草人：王寒洲、金其璋、胡丹、郑希俊、李琼、严敏、徐伟东、王群、沈敏、康薇、梅家齐。

按 摩 精 油

1 范围

本标准规定了按摩精油的术语和定义、分类、要求、试验方法、检验规则和标志、包装、运输、贮存及保质期要求。

本标准适用于需要经过按摩基础油稀释后方可用于人体皮肤按摩和护理的按摩精油产品。

2 规范性引用文件

下列文件中的条款通过本标准的引用而成为本标准的条款。凡是注日期的引用文件，其随后所有的修改单（不包括勘误的内容）或修订版均不适用于本标准。然而，鼓励根据本标准达成协议的各方研究是否可使用这些文件的最新版本。凡是不注日期的引用文件，其最新版本适用于本标准。

GB 5296.3 消费品使用说明 化妆品通用标签

GB/T 13531.4 化妆品通用检验方法 相对密度的测定

GB/T 14454.2—2008 香料 香气评定法

GB/T 14454.4 香料 折光指数的测定

QB/T 1684 化妆品检验规则

QB/T 1685 化妆品产品包装外观要求

JJF 1070 定量包装商品净含量计量检验规则

国家质量监督检验检疫总局令第 75 号 定量包装商品计量监督管理办法

卫监督发［2007］1 号 化妆品卫生规范

3 术语和定义

下列术语和定义适用于本标准。

3.1

精油 essential oil

从植物原料经下列任何一种方法所得的产物：

——水蒸馏或水蒸气蒸馏；

——柑桔类水果的外果皮经机械法加工；

——干馏。

注：随后用物理方法使精油与水相分离。

3.2

净油 absolute

浸膏、花香脂或香树脂经在室温下用乙醇提取后所得的一种有香气的产物。

注：通常乙醇溶液经冷却和过滤以除去蜡质，随后用蒸馏法除去乙醇。

3.3

按摩精油 massage essential oil

由一种或多种精油和/或净油及为提高其质量而加入的该精油/或净油中含有的香料成分和适量的溶剂、抗氧剂等混合制成的对人体皮肤起护理作用的产品。该产品不是直接使用于人体皮肤上的化妆品，需用按摩基础油适当稀释后以涂抹或按摩方法施于皮肤。

3.4

按摩基础油　massage base oil

由精制植物油、矿油、抗氧剂等原料混合制成，用于稀释按摩精油和/或人体皮肤按摩的油状产品。

4　分类

按产品提取植物种类的拉丁文学名分为：椒样薄荷（*mentha piperita*）油、葡萄柚（*citrus paradisi*）油、甜橙油（*citrus sinensis*）、柠檬油（*citrus limon*）、罗勒油（*ocimum basilicum*）、迷迭香（*rosmarinus officinalis*）油、玫瑰（*rosa damascena*）油、苦水玫瑰（*rosa sertata*×*rosa rugosa*）油、香叶（*pelargonium graveolens*）油、大花茉莉（*jasminum gradiflorum*）油、小花茉莉（*jasminum sambac*）油、柠檬草（*cymbopogon flexuosus*）油、母菊（*chamomilla recutica syn. matricaria recutica*）油、春黄菊（*anthemis nobilis syn. chamaemelum nobile*）油、薰衣草（*lavandula angustifolia*）油、穗薰衣草（*lavandula latifolia*）油、杂薰衣草（*lavandula angustifolia*×*L. latifolia*）油、蓝桉（*eucalipotus globules*）油、百里香（*thymus vulgaris*）油、茶树（*melaleuca alternifolia*）油、甘牛至（*origanum marjorana*）油等。

5　要求

5.1　使用的原料

使用的原料应符合卫监督发［2007］1号《化妆品卫生规范》的规定，严禁使用《化妆品卫生规范》表2（2）中78种植物的精油或净油。

5.2　安全性试验要求

根据产品说明书中的实际使用浓度按照卫监督发［2007］1号《化妆品卫生规范》普通化妆品的要求通过相关的皮肤安全性试验（试验前需用经过相关的皮肤安全性试验合格的按摩基础油来配制实际使用浓度）。

5.3　感官、理化、卫生指标

感官、理化、卫生指标见表1。

表1　感官、理化、卫生指标

项　目		要　求
感官指标	色泽	符合规定色泽
	香气	符合规定香气
理化指标	相对密度/（20℃/20℃）	规定值±0.015
	折光指数/（20℃）	规定值±0.01
	酸值（以KOH计）/（mg/g）	≤7
卫生指标	菌落总数/（CFU/g）或（CFU/mL）	≤1000
	霉菌和酵母菌总数/（CFU/g）或（CFU/mL）	≤100
	粪大肠菌群/g或mL	不得检出
	铜绿假单胞菌/g或mL	不得检出
	金黄色葡萄球菌/g或mL	不得检出
	铅/（mg/kg）	≤40
	砷/（mg/kg）	≤10
	汞/（mg/kg）	≤1

5.4 净含量

应符合国家质量监督检验检疫总局令第 75 号规定。

5.5 包装外观要求

应符合 QB/T 1685 的规定。

6 试验方法

6.1 感官指标

6.1.1 色泽

取试样于 25mL 比色管内，在室温和非阳光直射下观察。

6.1.2 香气

按 GB/T 14454.2—2008 的方法检验。

6.2 理化指标

6.2.1 相对密度

按 GB/T 13531.4 的方法检验。

6.2.2 折光指数

按 GB/T 14454.4 的方法检验。

6.2.3 酸值

按附录 A 的方法检验。

6.3 卫生指标

按卫监督发［2007］1 号规定的方法检验。

6.4 净含量

按 JJF 1070 附录中的方法检验。

6.5 包装外观要求

按 QB/T 1685 的方法检验。

7 检验规则

按 QB/T 1684 执行。

8 标志、包装、运输、贮存、保质期

8.1 销售包装的标志

8.1.1 销售包装可视面应标注“使用前请见说明书”等的词语，其他按 GB 5296.3 执行。

8.1.2 每瓶销售包装产品应附使用说明书，应标注下列内容：

a）精油名，附拉丁文植物学名；

b）不得直接使用于皮肤，应与按摩基础油配制使用；使用配制量：在××mL（或 g）按摩基础油中加入××mL（或 g）（××滴）按摩精油，按摩精油用量过多会导致不良反应；

c）避光、密封、低温贮存；

d）溶剂的含量。

8.1.3 警告用语应标注以下内容：

a）不可内服；

b）不得直接使用于皮肤；

c）孕妇、婴幼儿、高血压、肾病、癫痫、皮肤破损者勿用；肌肤敏感者，皮试合格后方可使用。

8.2 包装

销售包装应采用能避光的玻璃瓶或陶瓷瓶密封包装，其他按 QB/T 1685 执行。

8.3 运输

应轻装轻卸，按箱子的图示标志堆放。避免高温、剧烈震动、撞击和日晒雨淋。

8.4 贮存

应贮存在低温通风干燥仓库内，不得靠近水源、火源。贮存时应距地面 20cm，距内墙 50cm，中间应留有通道。按箱子上图示标志堆放，并严格掌握先进先出原则。

8.5 保质期

在符合规定的运输和贮存条件下，产品在包装完整和未经启封的情况下，保质期或限期使用日期按销售包装的标注执行。

附 录 A
（规范性附录）
按摩精油酸值的试验方法

A.1 原理

用氢氧化钾标准溶液滴定按摩精油中的游离脂肪酸。

A.2 试剂和材料

除另有规定外，试剂均为分析纯，水为蒸馏水或与其相当纯度的水。

A.2.1 乙醚-乙醇混合液：按乙醚-乙醇（2+1，体积分数）混合。用氢氧化钾溶液（3g/L）中和至酚酞指示液呈中性。

A.2.2 氢氧化钾标准滴定溶液［c（KOH）＝0.05mol/L］。

A.2.3 酚酞指示液：10g/L 乙醇溶液。

A.3 仪器

A.3.1 分析天平：精度 0.000 1 g。

A.3.2 锥形瓶。

A.3.3 滴定管。

A.4 分析步骤

准确称取 3g～5g 样品（精确到 0.000 1g），置于锥形瓶中，加入 50mL 中性乙醚-乙醇混合液（A.2.1），振摇使油溶解，必要时可置热水中，温热促其溶解。冷至室温，加入酚酞指示液（A.2.3）2 滴～3 滴，以 0.05mol/L 氢氧化钾标准滴定溶液（A.2.2）滴定，至初现微红色，且 0.5min 内不褪色为终点。

A.5 结果计算

酸值按式（A.1）计算：

$$X_0 = \frac{V_0 \times c_0 \times 56.1}{m_0} \qquad \text{(A.1)}$$

式中：

X_0——样品的酸值，以 KOH 计，单位为毫克每克（mg/g）；

V_0——耗用氢氧化钾标准滴定溶液的体积，单位为毫升（mL）；

c_0——氢氧化钾标准滴定溶液的浓度，单位为摩尔每升（mol/L）；

m_0——样品质量，单位为克（g）；

56.1——氢氧化钾的相对分子质量。

平行试验结果允许差不超过 0.2mg/g（以 KOH 计）。取两次平行测定的算术平均值为试验结果，有效位数保留至小数点后一位。

五、包装储运及其相关标准

ICS 55.020
A 80

中华人民共和国国家标准

GB/T 191—2008
代替 GB/T 191—2000

包装储运图示标志

Packaging—Pictorial marking for handling of goods

(ISO 780：1997，MOD)

2008-04-01 发布　　　　2008-10-01 实施

中华人民共和国国家质量监督检验检疫总局
中国国家标准化管理委员会　发布

前　言

本标准修改采用国际标准 ISO 780：1997《包装　储运图示标志》，主要差异如下：

——在国际标准三种规格的基础上，增加了 50mm 的规格尺寸；

——在 4.1 标志的使用中增加了“印制标志时，外框线及标志名称都要印上，出口货物可省略中文标志名称和外框线；喷涂时，外框线及标志名称可以省略”；

——在表 1 中增加了每个标志的完整图形。

本标准代替 GB/T 191—2000《包装储运图示标志》。

本标准与 GB/T 191—2000 相比主要变化如下：

——取消了标志在包装件上的粘贴位置；

——在表 1 中增加了标志图形一栏。

本标准由全国包装标准化技术委员会提出并归口。

本标准起草单位：铁道部标准计量研究所、北京出入境检验检疫协会。

本标准主要起草人：张锦、赵靖宇、徐思桥、苏学锋。

本标准所代替标准的历次版本发布情况为：

——GB/T 191—1963、GB/T 191—1973、GB/T 191—1985、GB/T 191—1990、GB/T 191—2000；

——GB 5892—1985。

包装储运图示标志

1 范围

本标准规定了包装储运图示标志（以下简称标志）的名称、图形符号、尺寸、颜色及应用方法。

本标准适用于各种货物的运输包装。

2 标志的名称和图形符号

标志由图形符号、名称及外框线组成，共17种，见表1。

表1　　标志名称及图形

序号	标志名称	图形符号	标　志	含　义	说明及示例
1	易碎物品		易碎物品	表明运输包装件内装易碎物品，搬运时应小心轻放	见4.2.2a)。 位置示例
2	禁用手钩		禁用手钩	表明搬运运输包装件时禁用手钩	
3	向上		向上	表明该运输包装件在运输时应竖直向上	见4.2.2b)。 位置示例 (a)　(b) (c)

续表

序号	标志名称	图形符号	标　志	含　义	说明及示例
4	怕晒		怕晒	表明该运输包装件不能直接照晒	
5	怕辐射		怕辐射	表明该物品一旦受辐射会变质或损坏	
6	怕雨		怕雨	表明该运输包装件怕雨淋	
7	重心		重心	表明该包装件的重心位置，便于起吊	见4.2.2c)。 位置示例 该标志应标在实际位置上
8	禁止翻滚		禁止翻滚	表明搬运时不能翻滚该运输包装件	

续表

序号	标志名称	图形符号	标　　志	含　　义	说明及示例
9	此面禁用手推车		此面禁用手推车	表明搬运货物时此面禁止放在手推车上	
10	禁用叉车		禁用叉车	表明不能用升降叉车搬运的包装件	
11	由此夹起		由此夹起	表明搬运货物时可用夹持的面	见4.2.2d)
12	此处不能卡夹		此处不能卡夹	表明搬运货物时不能用夹持的面	
13	堆码质量极限	…kg max	…kg max 堆码质量极限	表明该运输包装件所能承受的最大质量极限	

续表

序号	标志名称	图形符号	标　志	含　义	说明及示例
14	堆码层数极限	*n*	*n* 堆码层数极限	表明可堆码相同运输包装件的最大层数	包含该包装件，*n* 表示从底层到顶层的总层数
15	禁止堆码		禁止堆码	表明该包装件只能单层放置	
16	由此吊起		由此吊起	表明起吊货物时挂绳索的位置	见 4.2.2e)。 位置示例 应标在实际起吊位置上
17	温度极限		温度极限	表明该运输包装件应该保持的温度范围	…℃max …℃min a) …℃min　…℃max b)

3 标志尺寸和颜色

3.1 标志尺寸

标志外框为长方形，其中图形符号外框为正方形，尺寸一般分为 4 种，见表 2。如果包装尺寸过大或过小，可等比例放大或缩小。

表 2　图形符号及标志外框尺寸　单位为毫米

序号	图形符号外框尺寸	标志外框尺寸
1	50×50	50×70
2	100×100	100×140
3	150×150	150×210
4	200×200	200×280

3.2 标志颜色

标志颜色一般为黑色。

如果包装的颜色使得标志显得不清晰，则应在印刷面上用适当的对比色，黑色标志最好以白色作为标志的底色。

必要时，标志也可使用其他颜色，除非另有规定，一般应避免采用红色、橙色或黄色，以避免同危险品标志相混淆。

4 标志的应用方法

4.1 标志的使用

可采用直接印刷、粘贴、拴挂、钉附及喷涂等方法。印制标志时，外框线及标志名称都要印上，出口货物可省略中文标志名称和外框线；喷涂时，外框线及标志名称可以省略。

4.2 标志的数目和位置

4.2.1 一个包装件上使用相同标志的数目，应根据包装件的尺寸和形状确定。

4.2.2 标志应标注在显著位置上，下列标志的使用应按如下规定：

a) 标志 1“易碎物品”应标在包装件所有的端面和侧面的左上角处（见表 1 标志 1 的说明及示例）；

b) 标志 3“向上”应标在与标志 1 相同的位置［见表 1 中标志 3 示例 a）所示］。当标志 1 和标志 3 同时使用时，标志 3 应更接近包装箱角［见表 1 中标志 3 示例 b）所示］；

c) 标志 7“重心”应尽可能标在包装件所有六个面的重心位置上，否则至少也应标在包装件 2 个侧面和 2 个端面上（见表 1 中标志 7 的说明及示例）；

d) 标志 11“由此夹起”只能用于可夹持的包装件上，标注位置应为可夹持位置的两个相对面上，以确保作业时标志在作业人员的视线范围内；

e) 标志 16“由此吊起”至少应标注在包装件的两个相对面上（见表 1 中标志 16 的说明及示例）。

ICS 71.040.40；71.040.30
G 60

中华人民共和国国家标准

GB/T 601—2002
代替 GB/T 601—1988

化学试剂
标准滴定溶液的制备

Chemical reagent—
Preparations of standard volumetric solutions

2002-10-15 发布　　　　2003-04-01 实施

中华人民共和国
国家质量监督检验检疫总局　发布

前 言

本标准代替 GB/T 601—1988《化学试剂 滴定分析(容量分析)用标准溶液的制备》。

本标准与 GB/T 601—1988 相比主要变化如下:

——标准名称修改为“化学试剂 标准滴定溶液的制备”;

——增加了对滴定速度的规定(本版的 3.3);

——调整了称量的精度(1988 年版的 4.1.2.1、4.2.2.1、4.3.2.1、4.6.2.1、4.9.2.1、4.12.2.1、4.14.2.1、4.15.2.1、4.20.2.1、4.21.2.1、4.22.2.1、4.23.2.1;本版的 3.4);

——调整了标定的精密度的要求(1988 年版的 3.6;本版的 3.6);

——取消了“比较”法(1988 年版的 3.6、3.7、4.1.3、4.2.3、4.3.3、4.6.3、4.9.3、4.12.3、4.14.3、4.20.3、4.21.3);

——增加了“本标准中标准滴定溶液浓度平均值的扩展不确定度一般不应大于 0.2%,可根据需要报出,其计算参见附录 B。”(本版的 3.7、附录 B);

——增加了用二级纯度标准物质或定值标准物质代替工作基准试剂进行标定或直接制备的规定(本版的 3.8);

——增加了对贮存容器的要求(本版的 3.11);

——调整了的工作基准试剂的摩尔质量的有效位数(1988 年版的 4.1.2.2、4.2.2.2、4.3.2.2、4.6.2.2、4.9.2.2、4.12.2.2、4.14.2.2、4.20.2.2、4.21.2.2、4.22.2.2、4.23.2.2;本版的 4.1.2、4.2.2、4.3.2、4.6.2、4.9.2.1、4.12.2、4.14.2、4.20.2.1、4.21.2、4.22.2、4.23.2);

——重铬酸钾标准滴定溶液、碘酸钾标准滴定溶液和氯化钠标准滴定溶液的制备增加了方法二(用工作基准试剂直接配制)(本版的 4.5.2、4.10.2、4.19.2);

——碘标准滴定溶液和硫氰酸钠标准滴定溶液的标定增加了方法二(本版的 4.9.2.2、4.20.2.2);

——修改了硫代硫酸钠标准滴定溶液配制方法和溴标准滴定溶液的基本单元(1988 年版的 4.6.1、4.7;本版的 4.6.1、4.7);

——修改了氯化锌标准滴定溶液、氯化镁标准滴定溶液和硫氰酸钠标准滴定溶液的标定方法(1988 年版的 4.16、4.17、4.20;本版的 4.16、4.17、4.20);

——高氯酸标准滴定溶液的配制增加了方法二(本版的 4.23);

——增加了“氢氧化钾—乙醇标准滴定溶液”(本版的 4.24);

——附录 A 中增加了碳酸钠标准滴定溶液和氢氧化钾—乙醇标准滴定溶液的补正值(1988 年版的附录 A;本版的附录 A)。

本标准的附录 A 为规范性附录、附录 B 为资料性附录。

本标准由原国家石油和化学工业局提出。

本标准由全国化学标准化技术委员会化学试剂分会归口。

本标准起草单位:北京化学试剂研究所、成都化学试剂厂。

本标准主要起草人:郝玉林、刘冬霓、王素芳、强京林、关瑞宝、陈俊儒、郭善培。

本标准于 1965 年首次发布,于 1977 年第一次修订,1988 年第二次修订。

化 学 试 剂
标准滴定溶液的制备

1 范围

本标准规定了化学试剂标准滴定溶液的配制和标定方法。

本标准适用于制备准确浓度的标准滴定溶液，以供滴定法测定化学试剂的纯度及杂质含量，也可供其他行业选用。

2 规范性引用文件

下列标准中的条款通过本标准的引用而成为本标准的条款。凡是注日期的引用文件，其随后所有的修改单（不包括勘误的内容）或修订版均不适用于本标准，然而，鼓励根据本标准达成协议的各方研究是否可使用这些文件的最新版本。凡是不注日期的引用文件，其最新版本适用于本标准。

GB/T 603—2002 化学试剂 试验方法中所用制剂及制品的制备

GB/T606—1988 化学试剂 水分测定通用方法（卡尔・费休法）（eqv ISO 6353—1：1982）

GB/T 6682—1992 分析实验室用水规格和试验方法（neq ISO 3696：1987）

GB/T 9725—1988 化学试剂 电位滴定法通则（eqv ISO 6353—1：1982）

3 一般规定

3.1 本标准除另有规定外，所用试剂的纯度应在分析纯以上，所用制剂及制品，应按 GB/T 603—2002 的规定制备，实验用水应符合 GB/T 6682—1992 中三级水的规格。

3.2 本标准制备的标准滴定溶液的浓度，除高氯酸外，均指 20℃时的浓度。在标准滴定溶液标定、直接制备和使用时若温度有差异，应按附录 A 补正。标准滴定溶液标定、直接制备和使用时所用分析天平、砝码、滴定管、容量瓶、单标线吸管等均须定期校正。

3.3 在标定和使用标准滴定溶液时，滴定速度一般应保持在 6mL/min～8mL/min。

3.4 称量工作基准试剂的质量的数值小于等于 0.5g 时，按精确至 0.01mg 称量；数值大于 0.5g 时，按精确至 0.1mg 称量。

3.5 制备标准滴定溶液的浓度值应在规定浓度值的±5%范围以内。

3.6 标定标准滴定溶液的浓度时，须两人进行实验，分别各做四平行，每人四平行测定结果极差的相对值[1]不得大于重复性临界极差［C_rR_{95}（4）］的相对值[2] 0.15%，两人共八平行测定结果极差的相对值不得大于重复性临界极差［C_rR_{95}（8）］的相对值 0.18%。取两人八平行测定结果的平均值为测定结果。在运算过程中保留五位有效数字，浓度值报出结果取四位有效数字。

3.7 本标准中标准滴定溶液浓度平均值的扩展不确定度一般不应大于 0.2%，可根据需要报出，其计算参见附录 B（资料性附录）。

1）极差的相对值是指测定结果的极差值与浓度平均值的比值，以“%”表示。

2）重复性临界极差［C_rR_{95}（n）］的定义见 GB/T 11792—1989。重复性临界极差的相对值是指重复性临界极差与浓度平均值的比值，以“%”表示。

3.8　本标准使用工作基准试剂标定标准滴定溶液的浓度。当对标准滴定溶液浓度值的准确度有更高要求时，可使用二级纯度标准物质或定值标准物质代替工作基准试剂进行标定或直接制备，并在计算标准滴定溶液浓度值时，将其质量分数代入计算式中。

3.9　标准滴定溶液的浓度小于等于0.02mol/L时，应于临用前将浓度高的标准滴定溶液用煮沸并冷却的水稀释，必要时重新标定。

3.10　除另有规定外，标准滴定溶液在常温（15℃～25℃）下保存时间一般不超过两个月。当溶液出现浑浊、沉淀、颜色变化等现象时，应重新制备。

3.11　贮存标准滴定溶液的容器，其材料不应与溶液起理化作用，壁厚最薄处不小于0.5mm。

3.12　本标准中所用溶液以（%）表示的均为质量分数，只有乙醇（95%）中的（%）为体积分数。

4　标准滴定溶液的配制与标定

4.1　氢氧化钠标准滴定溶液

4.1.1　配制

称取110g氢氧化钠，溶于100mL无二氧化碳的水中，摇匀，注入聚乙烯容器中，密闭放置至溶液清亮。按表1的规定，用塑料管量取上层清液，用无二氧化碳的水稀释至1 000mL，摇匀。

表1

氢氧化钠标准滴定溶液的浓度［c（NaOH）］/（mol/L）	氢氧化钠溶液的体积 V/mL
1	54
0.5	27
0.1	5.4

4.1.2　标定

按表2的规定称取于105℃～110℃电烘箱中干燥至恒重的工作基准试剂邻苯二甲酸氢钾，加无二氧化碳的水溶解，加2滴酚酞指示液（10g/L），用配制好的氢氧化钠溶液滴定至溶液呈粉红色，并保持30s。同时做空白试验。

表2

氢氧化钠标准滴定溶液的浓度［c（NaOH）］/（mol/L）	工作基准试剂邻苯二甲酸氢钾的质量 m/g	无二氧化碳水的体积 V/mL
1	7.5	80
0.5	3.6	80
0.1	0.75	50

氢氧化钠标准滴定溶液的浓度［c（NaOH）］，数值以摩尔每升（mol/L）表示，按式（1）计算：

$$c(\mathrm{NaOH})=\frac{m\times 1\,000}{(V_1-V_2)M} \qquad (1)$$

式中：

m——邻苯二甲酸氢钾的质量的准确数值，单位为克（g）；

V_1——氢氧化钠溶液的体积的数值，单位为毫升（mL）；

V_2——空白试验氢氧化钠溶液的体积的数值，单位为毫升（mL）；

M——邻苯二甲酸氢钾的摩尔质量的数值，单位为克每摩尔（g/mol）［M（$KHC_8H_4O_4$）=204.22］。

4.2 盐酸标准滴定溶液

4.2.1 配制

按表3的规定量取盐酸，注入1 000mL水中，摇匀。

表3

盐酸标准滴定溶液的浓度［c（HCl）］/（mol/L）	盐酸的体积V/mL
1	90
0.5	45
0.1	9

4.2.2 标定

按表4的规定称取于270℃～300℃高温炉中灼烧至恒重的工作基准试剂无水碳酸钠，溶于50mL水中，加10滴溴甲酚绿-甲基红指示液，用配制好的盐酸溶液滴定至溶液由绿色变为暗红色，煮沸2min，冷却后继续滴定至溶液再呈暗红色。同时做空白试验。

表4

盐酸标准滴定溶液的浓度［c（HCl）］/（mol/L）	工作基准试剂无水碳酸钠的质量m/g
1	1.9
0.5	0.95
0.1	0.2

盐酸标准滴定溶液的浓度［c（HCl）］，数值以摩尔每升（mol/L）表示，按式（2）计算：

$$c(\mathrm{HCl})=\frac{m\times 1\,000}{(V_1-V_2)M} \qquad (2)$$

式中：

m——无水碳酸钠的质量的准确数值，单位为克（g）；

V_1——盐酸溶液的体积的数值，单位为毫升（mL）；

V_2——空白试验盐酸溶液的体积的数值，单位为毫升（mL）；

M——无水碳酸钠的摩尔质量的数值，单位为克每摩尔（g/mol）［$M(\frac{1}{2}Na_2CO_3)=52.994$］。

4.3 硫酸标准滴定溶液

4.3.1 配制

按表5的规定量取硫酸，缓缓注入1 000mL水中，冷却，摇匀。

表5

硫酸标准滴定溶液的浓度［$c(\frac{1}{2}H_2SO_4)$］/（mol/L）	硫酸的体积V/mL
1	30
0.5	15
0.1	3

4.3.2 标定

按表6的规定称取于270℃～300℃高温炉中灼烧至恒重的工作基准试剂无水碳酸钠，溶于50mL水中，加10滴溴甲酚绿-甲基红指示液，用配制好的硫酸溶液滴定至溶液由绿色变为暗红色，煮沸2min，冷却后继续滴定至溶液再呈暗红色。同时做空白试验。

表 6

硫酸标准滴定溶液的浓度 [c ($\frac{1}{2}H_2SO_4$)] / (mol/L)	工作基准试剂无水碳酸钠的质量 m/g
1	1.9
0.5	0.95
0.1	0.2

硫酸标准滴定溶液的浓度 [c ($\frac{1}{2}H_2SO_4$)]，数值以摩尔每升（mol/L）表示，按式（3）计算：

$$[c(\frac{1}{2}H_2SO_4)] = \frac{m \times 1\,000}{(V_1 - V_2)M} \qquad (3)$$

式中：

m——无水碳酸钠的质量的准确数值，单位为克（g）；

V_1——硫酸溶液的体积的数值，单位为毫升（mL）；

V_2——空白试验硫酸溶液的体积的数值，单位为毫升（mL）；

M——无水碳酸钠的摩尔质量的数值，单位为克每摩尔（g/mol）[M ($\frac{1}{2}Na_2CO_3$) =52.994]。

4.4 碳酸钠标准滴定溶液

4.4.1 配制

按表 7 的规定称取无水碳酸钠，溶于 1 000mL 水中，摇匀。

表 7

碳酸钠标准滴定溶液的浓度 [c ($\frac{1}{2}Na_2CO_3$)] / (mol/L)	无水碳酸钠的质量 m/g
1	53
0.1	5.3

4.4.2 标定

量取 35.00mL～40.00mL 配制好的碳酸钠溶液，加表 8 规定体积的水，加 10 滴溴甲酚绿-甲基红指示液，用表 8 规定的相应浓度的盐酸标准滴定溶液滴定至溶液由绿色变为暗红色，煮沸 2min，冷却后继续滴定至溶液再呈暗红色。

表 8

碳酸钠标准滴定溶液的浓度 [c ($\frac{1}{2}Na_2CO_3$)] / (mol/L)	加入水的体积 V/mL	盐酸标准滴定溶液的浓度 [c (HCl)] / (mol/L)
1	50	1
0.1	20	0.1

碳酸钠标准滴定溶液的浓度 [c ($\frac{1}{2}Na_2CO_3$)]，数值以摩尔每升（mol/L）表示，按式（4）计算：

$$c(\frac{1}{2}Na_2CO_3) = \frac{V_1c_1}{V} \qquad (4)$$

式中：

V_1——盐酸标准滴定溶液的体积的数值，单位为毫升（mL）；

c_1——盐酸标准滴定溶液的浓度的准确数值，单位为摩尔每升（mol/L）；

V——碳酸钠溶液的体积的准确数值，单位为毫升（mL）。

4.5 重铬酸钾标准滴定溶液

$c(\frac{1}{6}K_2Cr_2O_7)=0.1mol/L$

4.5.1 方法一

4.5.1.1 配制

称取 5g 重铬酸钾，溶于 1 000mL 水中，摇匀。

4.5.1.2 标定

量取 35.00mL～40.00mL 配制好的重铬酸钾溶液，置于碘量瓶中，加 2g 碘化钾及 20mL 硫酸溶液（20%），摇匀，于暗处放置 10min。加 150mL 水（15℃～20℃），用硫代硫酸钠标准滴定溶液［$c(Na_2S_2O_3)=0.1$ mol/L］滴定，近终点时加 2mL 淀粉指示液（10g/L），继续滴定至溶液由蓝色变为亮绿色。同时做空白试验。

重铬酸钾标准滴定溶液的浓度［$c(\frac{1}{6}K_2Cr_2O_7)$］，数值以摩尔每升（mol/L）表示，按式（5）计算：

$$c(\frac{1}{6}K_2Cr_2O_7)=\frac{(V_1-V_2)c_1}{V} \qquad (5)$$

式中：

V_1——硫代硫酸钠标准滴定溶液的体积的数值，单位为毫升（mL）；

V_2——空白试验硫代硫酸钠标准滴定溶液的体积的数值，单位为毫升（mL）；

c_1——硫代硫酸钠标准滴定溶液的浓度的准确数值，单位为摩尔每升（mol/L）；

V——重铬酸钾溶液的体积的准确数值，单位为毫升（mL）。

4.5.2 方法二

称取 4.90g±0.20g 已在 120℃±2℃的电烘箱中干燥至恒重的工作基准试剂重铬酸钾，溶于水，移入 1 000mL容量瓶中，稀释至刻度。

重铬酸钾标准滴定溶液的浓度［$c(\frac{1}{6}K_2Cr_2O_7)$］，数值以摩尔每升（mol/L）表示，按式（6）计算：

$$c(\frac{1}{6}K_2Cr_2O_7)=\frac{m\times 1\,000}{VM} \qquad (6)$$

式中：

m——重铬酸钾的质量的准确数值，单位为克（g）；

V——重铬酸钾溶液的体积的准确数值，单位为毫升（mL）；

M——重铬酸钾的摩尔质量的数值，单位为克每摩尔（g/mol）［$M(\frac{1}{6}K_2Cr_2O_7)=49.031$］。

4.6 硫代硫酸钠标准滴定溶液

$c(Na_2S_2O_3)=0.1mol/L$

4.6.1 配制

称取 26g 硫代硫酸钠（$Na_2S_2O_3\cdot 5H_2O$）（或 16g 无水硫代硫酸钠），加 0.2g 无水碳酸钠，溶于 1 000mL水中，缓缓煮沸 10min，冷却。放置两周后过滤。

4.6.2 标定

称取 0.18g 于 120℃±2℃干燥至恒重的工作基准试剂重铬酸钾，置于碘量瓶中，溶于 25mL 水，加 2g

碘化钾及 20mL 硫酸溶液（20%），摇匀，于暗处放置 10min。加 150mL 水（15℃～20℃），用配制好的硫代硫酸钠溶液滴定，近终点时加 2mL 淀粉指示液（10g/L），继续滴定至溶液由蓝色变为亮绿色。同时做空白试验。

硫代硫酸钠标准滴定溶液的浓度［$c(Na_2S_2O_3)$］，数值以摩尔每升（mol/L）表示，按式（7）计算：

$$c(Na_2S_2O_3)=\frac{m\times 1\,000}{(V_1-V_2)M} \qquad (7)$$

式中：

m——重铬酸钾的质量的准确数值，单位为克（g）；

V_1——硫代硫酸钠溶液的体积的数值，单位为毫升（mL）；

V_2——空白试验硫代硫酸钠溶液的体积的数值，单位为毫升（mL）；

M——重铬酸钾的摩尔质量的数值，单位为克每摩尔（g/mol）［$M(\frac{1}{6}K_2Cr_2O_7)=49.031$］。

4.7 溴标准滴定溶液

$c(\frac{1}{2}Br_2)=0.1$mol/L

4.7.1 配制

称取 3g 溴酸钾及 25g 溴化钾，溶于 1 000mL 水中，摇匀。

4.7.2 标定

量取 35.00mL～40.00mL 配制好的溴溶液，置于碘量瓶中，加 2g 碘化钾及 5mL 盐酸溶液（20%），摇匀，于暗处放置 5min。加 150mL 水（15℃～20℃），用硫代硫酸钠标准滴定溶液［$c(Na_2S_2O_3)=0.1$ mol/L）滴定，近终点时加 2mL 淀粉指示液（10g/L），继续滴定至溶液蓝色消失。同时做空白试验。

溴标准滴定溶液的浓度［$c(\frac{1}{2}Br_2)$］，数值以摩尔每升（mol/L）表示，按式（8）计算：

$$c(\frac{1}{2}Br_2)=\frac{(V_1-V_2)c_1}{V} \qquad (8)$$

式中：

V_1——硫代硫酸钠标准滴定溶液的体积的数值，单位为毫升（mL）；

V_2——空白试验硫代硫酸钠标准滴定溶液的体积的数值，单位为毫升（mL）；

c_1——硫代硫酸钠标准滴定溶液的浓度的准确数值，单位为摩尔每升（mol/L）；

V——溴溶液的体积的准确数值，单位为毫升（mL）。

4.8 溴酸钾标准滴定溶液

$c(\frac{1}{6}KBrO_3)=0.1$mol/L

4.8.1 配制

称取 3g 溴酸钾，溶于 1 000mL 水中，摇匀。

4.8.2 标定

量取 35.00mL～40.00mL 配制好的溴酸钾溶液，置于碘量瓶中，加 2g 碘化钾及 5mL 盐酸溶液（20%），摇匀，于暗处放置 5min。加 150mL 水（15℃～20℃），用硫代硫酸钠标准滴定溶液［$c(Na_2S_2O_3)=0.1$ mol/L］滴定，近终点时加 2mL 淀粉指示液（10g/L），继续滴定至溶液蓝色消失。同时做空白试验。

溴酸钾标准滴定溶液的浓度［$c(\frac{1}{6}KBrO_3)$］，数值以摩尔每升（mol/L）表示，按式（9）计算：

$$c(\frac{1}{6}KBrO_3)=\frac{(V_1-V_2)c_1}{V} \qquad (9)$$

式中：

V_1——硫代硫酸钠标准滴定溶液的体积的数值，单位为毫升（mL）；

V_2——空白试验硫代硫酸钠标准滴定溶液的体积的数值，单位为毫升（mL）；

c_1——硫代硫酸钠标准滴定溶液的浓度的准确数值，单位为摩尔每升（mol/L）；

V——溴酸钾溶液的体积的准确数值，单位为毫升（mL）。

4.9 **碘标准滴定溶液**

$c(\frac{1}{2}I_2)=0.1$mol/L

4.9.1 **配制**

称取13g碘及35g碘化钾，溶于100mL水中，稀释至1 000mL，摇匀，贮存于棕色瓶中。

4.9.2 **标定**

4.9.2.1 **方法一**

称取0.18g预先在硫酸干燥器中干燥至恒重的工作基准试剂三氧化二砷，置于碘量瓶中，加6mL氢氧化钠标准滴定溶液[c(NaOH)=1mol/L]溶解，加50mL水，加2滴酚酞指示液（10g/L），用硫酸标准滴定溶液[$c(\frac{1}{2}H_2SO_4)=1$mol/L]滴定至溶液无色，加3g碳酸氢钠及2mL淀粉指示液（10g/L），用配制好的碘溶液滴定至溶液呈浅蓝色。同时做空白试验。

碘标准滴定溶液的浓度[$c(\frac{1}{2}I_2)$]，数值以摩尔每升（mol/L）表示，按式（10）计算：

$$c(\frac{1}{2}I_2)=\frac{m\times 1\,000}{(V_1-V_2)M} \quad\cdots\cdots(10)$$

式中：

m——三氧化二砷的质量的准确数值，单位为克（g）；

V_1——碘溶液的体积的数值，单位为毫升（mL）；

V_2——空白试验碘溶液的体积的数值，单位为毫升（mL）；

M——三氧化二砷的摩尔质量的数值，单位为克每摩尔（g/mol）[$M(\frac{1}{4}As_2O_3)=49.460$]。

4.9.2.2 **方法二**

量取35.00mL～40.00mL配制好的碘溶液，置于碘量瓶中，加150mL水（15℃～20℃），用硫代硫酸钠标准滴定溶液[$c(Na_2S_2O_3)=0.1$mol/L]滴定，近终点时加2mL淀粉指示液（10g/L），继续滴定至溶液蓝色消失。

同时做水所消耗碘的空白试验：取250mL水（15℃～20℃），加0.05mL～0.20mL配制好的碘溶液及2mL淀粉指示液（10g/L），用硫代硫酸钠标准滴定溶液[$c(Na_2S_2O_3)=0.1$mol/L]滴定至溶液蓝色消失。

碘标准滴定溶液的浓度[$c(\frac{1}{2}I_2)$]，数值以摩尔每升（mol/L）表示，按式（11）计算：

$$c(\frac{1}{2}I_2)=\frac{(V_1-V_2)c_1}{V_3-V_4} \quad\cdots\cdots(11)$$

式中：

V_1——硫代硫酸钠标准滴定溶液的体积的数值，单位为毫升（mL）；

V_2——空白试验硫代硫酸钠标准滴定溶液的体积的数值，单位为毫升（mL）；

c_1——硫代硫酸钠标准滴定溶液的浓度的准确数值，单位为摩尔每升（mol/L）；

V_3——碘溶液的体积的准确数值，单位为毫升（mL）；

V_4——空白试验中加入的碘溶液的体积的准确数值，单位为毫升（mL）。

4.10 碘酸钾标准滴定溶液

4.10.1 方法一

4.10.1.1 配制

称取表 9 规定量的碘酸钾，溶于 1 000mL 水中，摇匀。

表 9

碘酸钾标准滴定溶液 [$c(\frac{1}{6}KIO_3)$] / (mol/L)	碘酸钾的质量 m/g
0.3	11
0.1	3.6

4.10.1.2 标定

按表 10 的规定，取配制好的碘酸钾溶液、水及碘化钾，置于碘量瓶中，加 5mL 盐酸溶液（20%），摇匀，于暗处放置 5min。加 150mL 水（15℃～20℃），用硫代硫酸钠标准滴定溶液 [$c(Na_2S_2O_3)=0.1$ mol/L] 滴定，近终点时加 2mL 淀粉指示液（10g/L），继续滴定至溶液蓝色消失。同时做空白试验。

表 10

碘酸钾标准滴定溶液 [$c(\frac{1}{6}KIO_3)$] / (mol/L)	碘酸钾溶液的体积 V/mL	水的体积 V/mL	碘化钾的质量 m/g
0.3	11.00～13.00	20	3
0.1	35.00～40.00	0	2

碘酸钾标准滴定溶液的浓度 [$c(\frac{1}{6}KIO_3)$]，数值以摩尔每升（mol/L）表示，按式（12）计算：

$$c(\frac{1}{6}KIO_3)=\frac{(V_1-V_2)c_1}{V} \qquad (12)$$

式中：

V_1——硫代硫酸钠标准滴定溶液的体积的数值，单位为毫升（mL）；

V_2——空白试验硫代硫酸钠标准滴定溶液的体积的数值，单位为毫升（mL）；

c_1——硫代硫酸钠标准滴定溶液的浓度的准确数值，单位为摩尔每升（mol/L）；

V——碘酸钾溶液的体积的准确数值，单位为毫升（mL）。

4.10.2 方法二

称取表 11 规定量的已在 180℃±2℃ 的电烘箱中干燥至恒重的工作基准试剂碘酸钾，溶于水，移入 1 000mL容量瓶中，稀释至刻度。

表 11

碘酸钾标准滴定溶液的浓度 [$c(\frac{1}{6}KIO_3)$] / (mol/L)	工作基准试剂碘酸钾的质量 m/g
0.3	10.70±0.50
0.1	3.57±0.15

碘酸钾标准滴定溶液的浓度 [$c(\frac{1}{6}KIO_3)$]，数值以摩尔每升（mol/L）表示，按式（13）计算：

$$c(\frac{1}{6}KIO_3)=\frac{m\times 1\,000}{VM} \qquad (13)$$

式中：

m——碘酸钾的质量的准确数值，单位为克（g）；

V——碘酸钾溶液的体积的准确数值，单位为毫升（mL）；

M——碘酸钾的摩尔质量的数值，单位为克每摩尔（g/mol）［$M(\frac{1}{6}KIO_3)=35.667$］。

4.11 草酸标准滴定溶液

$c(\frac{1}{2}H_2C_2O_4)=0.1mol/L$

4.11.1 配制

称取6.4g草酸（$H_2C_2O_4 \cdot 2H_2O$），溶于1 000mL水中，摇匀。

4.11.2 标定

量取35.00mL～40.00mL配制好的草酸溶液，加100mL硫酸溶液（8+92），用高锰酸钾标准滴定溶液［$c(\frac{1}{5}KMnO_4)=0.1mol/L$］滴定，近终点时加热至约65℃，继续滴定至溶液呈粉红色，并保持30s。同时做空白试验。

草酸标准滴定溶液的浓度［$c(\frac{1}{2}H_2C_2O_4)$］，数值以摩尔每升（mol/L）表示，按式（14）计算：

$$c(\frac{1}{2}H_2C_2O_4)=\frac{(V_1-V_2)c_1}{V} \quad \cdots\cdots (14)$$

式中：

V_1——高锰酸钾标准滴定溶液的体积的数值，单位为毫升（mL）；

V_2——空白试验高锰酸钾标准滴定溶液的体积的数值，单位为毫升（mL）；

c_1——高锰酸钾标准滴定溶液的浓度的准确数值，单位为摩尔每升（mol/L）；

V——草酸溶液的体积的准确数值，单位为毫升（mL）。

4.12 高锰酸钾标准滴定溶液

$c(\frac{1}{5}KMnO_4)=0.1mol/L$

4.12.1 配制

称取3.3g高锰酸钾，溶于1 050mL水中，缓缓煮沸15min，冷却，于暗处放置两周，用已处理过的4号玻璃滤埚过滤。贮存于棕色瓶中。

玻璃滤埚的处理是指玻璃滤埚在同样浓度的高锰酸钾溶液中缓缓煮沸5min。

4.12.2 标定

称取0.25g于105℃～110℃电烘箱中干燥至恒重的工作基准试剂草酸钠，溶于100mL硫酸溶液（8+92）中，用配制好的高锰酸钾溶液滴定，近终点时加热至约65℃，继续滴定至溶液呈粉红色，并保持30s。同时做空白试验。

高锰酸钾标准滴定溶液的浓度［$c(\frac{1}{5}KMnO_4)$］，数值以摩尔每升（mol/L）表示，按式（15）计算：

$$c(\frac{1}{5}KMnO_4)=\frac{m\times 1\,000}{(V_1-V_2)M} \quad \cdots\cdots (15)$$

式中：

m——草酸钠的质量的准确数值，单位为克（g）；

V_1——高锰酸钾溶液的体积的数值，单位为毫升（mL）；

V_2——空白试验高锰酸钾溶液的体积的数值，单位为毫升（mL）；

M——草酸钠的摩尔质量的数值，单位为克每摩尔（g/mol）[M（$\frac{1}{2}Na_2C_2O_4$）=66.999]。

4.13 硫酸亚铁铵标准滴定溶液

c［$(NH_4)_2Fe(SO_4)_2$］=0.1mol/L

4.13.1 配制

称取40g硫酸亚铁铵［$(NH_4)_2Fe(SO_4)_2 \cdot 6H_2O$］，溶于300mL硫酸溶液（20%）中，加700mL水，摇匀。

4.13.2 标定

量取35.00mL～40.00mL配制好的硫酸亚铁铵溶液，加25mL无氧的水，用高锰酸钾标准滴定溶液［c（$\frac{1}{5}KMnO_4$）=0.1mol/L］滴定至溶液呈粉红色，并保持30s。临用前标定。

硫酸亚铁铵标准滴定溶液的浓度｛c［$(NH_4)_2Fe(SO_4)_2$］｝，数值以摩尔每升（mol/L）表示，按式（16）计算：

$$c[(NH_4)_2Fe(SO_4)_2]=\frac{V_1c_1}{V} \qquad (16)$$

式中：

V_1——高锰酸钾标准滴定溶液的体积的数值，单位为毫升（mL）；

c_1——高锰酸钾标准滴定溶液的浓度的准确数值，单位为摩尔每升（mol/L）；

V——硫酸亚铁铵溶液的体积的准确数值，单位为毫升（mL）。

4.14 硫酸铈（或硫酸铈铵）标准滴定溶液

c［$Ce(SO_4)_2$］=0.1mol/L、c［$2(NH_4)_2SO_4 \cdot Ce(SO_4)_2$］=0.1mol/L

4.14.1 配制

称取40g硫酸铈［$Ce(SO_4)_2 \cdot 4H_2O$）｛或67g硫酸铈铵［$2(NH_4)_2SO_4 \cdot Ce(SO_4)_2 \cdot 4H_2O$)｝，加30mL水及28mL硫酸，再加300mL水，加热溶解，再加650mL水，摇匀。

4.14.2 标定

称取0.25g于105℃～110℃电烘箱中干燥至恒重的工作基准试剂草酸钠，溶于75mL水中，加4mL硫酸溶液（20%）及10mL盐酸，加热至65℃～70℃，用配制好的硫酸铈（或硫酸铈铵）溶液滴定至溶液呈浅黄色。加入0.10mL 1，10-菲啰啉-亚铁指示液使溶液变为桔红色，继续滴定至溶液呈浅蓝色。同时做空白试验。

硫酸铈（或硫酸铈铵）标准滴定溶液的浓度（c），数值以摩尔每升（mol/L）表示，按式（17）计算：

$$c=\frac{m\times 1\,000}{(V_1-V_2)M} \qquad (17)$$

式中：

m——草酸钠的质量的准确数值，单位为克（g）；

V_1——硫酸铈（或硫酸铈铵）溶液的体积的数值，单位为毫升（mL）；

V_2——空白试验硫酸铈（或硫酸铈铵）溶液的体积的数值，单位为毫升（mL）；

M——草酸钠的摩尔质量的数值，单位为克每摩尔（g/mol）[M（$\frac{1}{2}Na_2C_2O_4$）=66.999]。

4.15 乙二胺四乙酸二钠标准滴定溶液

4.15.1 配制

按表12的规定量称取乙二胺四乙酸二钠，加1 000mL水，加热溶解，冷却，摇匀。

表 12

乙二胺四乙酸二钠标准滴定溶液的浓度 [c (EDTA)] / (mol/L)	乙二胺四乙酸二钠的质量 m/g
0.1	40
0.05	20
0.02	8

4.15.2 标定

4.15.2.1 乙二胺四乙酸二钠标准滴定溶液 [c (EDTA) =0.1mol/L]、[c (EDTA) =0.05mol/L]

按表 13 的规定量称取于 800℃±50℃的高温炉中灼烧至恒重的工作基准试剂氧化锌，用少量水湿润，加 2mL 盐酸溶液（20%）溶解，加 100mL 水，用氨水溶液（10%）调节溶液 pH 至 7～8，加 10mL 氨-氯化铵缓冲溶液甲（pH≈10）及 5 滴铬黑 T 指示液（5g/L），用配制好的乙二胺四乙酸二钠溶液滴定至溶液由紫色变为纯蓝色。同时做空白试验。

表 13

乙二胺四乙酸二钠标准滴定溶液的浓度 [c (EDTA)] / (mol/L)	工作基准试剂氧化锌的质量 m/g
0.1	0.3
0.05	0.15

乙二胺四乙酸二钠标准滴定溶液的浓度 [c (EDTA)]，数值以摩尔每升（mol/L）表示，按式（18）计算：

$$c(\text{EDTA})=\frac{m\times 1\,000}{(V_1-V_2)M} \qquad (18)$$

式中：

m——氧化锌的质量的准确数值，单位为克（g）；

V_1——乙二胺四乙酸二钠溶液的体积的数值，单位为毫升（mL）；

V_2——空白试验乙二胺四乙酸二钠溶液的体积的数值，单位为毫升（mL）；

M——氧化锌的摩尔质量的数值，单位为克每摩尔（g/mol）[M (ZnO) =81.39]。

4.15.2.2 乙二胺四乙酸二钠标准滴定溶液 [c (EDTA) =0.02 mol/L]

称取 0.42g 于 800℃±50℃的高温炉中灼烧至恒重的工作基准试剂氧化锌，用少量水湿润，加 3 mL 盐酸溶液（20%）溶解，移入 250mL 容量瓶中，稀释至刻度，摇匀。取 35.00mL～40.00mL，加 70mL 水，用氨水溶液（10%）调节溶液 pH 至 7～8，加 10mL 氨-氯化铵缓冲溶液甲（pH≈10）及 5 滴铬黑 T 指示液（5g/L），用配制好的乙二胺四乙酸二钠溶液滴定至溶液由紫色变为纯蓝色。同时做空白试验。

乙二胺四乙酸二钠标准滴定溶液的浓度 [c (EDTA)]，数值以摩尔每升（mol/L）表示，按式（19）计算：

$$c(\text{EDTA})=\frac{m\times\frac{V_1}{250}\times 1\,000}{(V_2-V_3)M} \qquad (19)$$

式中：

m——氧化锌的质量的准确数值，单位为克（g）；

V_1——氧化锌溶液的体积的准确数值，单位为毫升（mL）；

V_2——乙二胺四乙酸二钠溶液的体积的数值，单位为毫升（mL）；

V_3——空白试验乙二胺四乙酸二钠溶液的体积的数值，单位为毫升（mL）；

M——氧化锌的摩尔质量的数值，单位为克每摩尔（g/mol）[M (ZnO) =81.39]。

4.16 氯化锌标准滴定溶液

c（$ZnCl_2$）＝0.1mol/L

4.16.1 配制

称取14g氯化锌，溶于1 000mL盐酸溶液（1＋2 000）中，摇匀。

4.16.2 标定

称取1.4g经硝酸镁饱和溶液恒湿器中放置7d后的工作基准试剂乙二胺四乙酸二钠，溶于100mL热水中，加10mL氨-氯化铵缓冲溶液甲（pH≈10），用配制好的氯化锌溶液滴定，近终点时加5滴铬黑T指示液（5g/L），继续滴定至溶液由蓝色变为紫红色。同时做空白试验。

氯化锌标准滴定溶液的浓度［c（$ZnCl_2$）］，数值以摩尔每升（mol/L）表示，按式（20）计算：

$$c(ZnCl_2)=\frac{m\times 1\,000}{(V_1-V_2)M} \qquad (20)$$

式中：

m——乙二胺四乙酸二钠的质量的准确数值，单位为克（g）；

V_1——氯化锌溶液的体积的数值，单位为毫升（mL）；

V_2——空白试验氯化锌溶液的体积的数值，单位为毫升（mL）；

M——乙二胺四乙酸二钠的摩尔质量的数值，单位为克每摩尔（g/mol）［M（EDTA）＝372.24］。

4.17 氯化镁（或硫酸镁）标准滴定溶液

c（$MgCl_2$）＝0.1mol/L、c（$MgSO_4$）＝0.1mol/L

4.17.1 配制

称取21g氯化镁（$MgCl_2\cdot 6H_2O$）［或25g硫酸镁（$MgSO_4\cdot 7H_2O$）］，溶于1 000mL盐酸溶液（1＋2 000）中，放置1个月后，用3号玻璃滤埚过滤。

4.17.2 标定

称取1.4g经硝酸镁饱和溶液恒湿器中放置7d后的工作基准试剂乙二胺四乙酸二钠，溶于100mL热水中，加10mL氨-氯化铵缓冲溶液甲（pH≈10），用配制好的氯化镁（或硫酸镁）溶液滴定，近终点时加5滴铬黑T指示液（5g/L），继续滴定至溶液由蓝色变为紫红色。同时做空白试验。

氯化镁（或硫酸镁）标准滴定溶液的浓度（c），数值以摩尔每升（mol/L）表示，按式（21）计算：

$$c=\frac{m\times 1\,000}{(V_1-V_2)M} \qquad (21)$$

式中：

m——乙二胺四乙酸二钠的质量的准确数值，单位为克（g）；

V_1——氯化镁（或硫酸镁）溶液的体积的数值，单位为毫升（mL）；

V_2——空白试验氯化镁（或硫酸镁）溶液的体积的数值，单位为毫升（mL）；

M——乙二胺四乙酸二钠的摩尔质量的数值，单位为克每摩尔（g/mol）［M（EDTA）＝372.24］。

4.18 硝酸铅标准滴定溶液

c［$Pb(NO_3)_2$］＝0.05mol/L

4.18.1 配制

称取17g硝酸铅，溶于1 000mL硝酸溶液（1＋2 000）中，摇匀。

4.18.2 标定

量取35.00mL～40.00mL配制好的硝酸铅溶液，加3mL乙酸（冰醋酸）及5g六次甲基四胺，加70mL水及2滴二甲酚橙指示液（2g/L），用乙二胺四乙酸二钠标准滴定溶液［c（EDTA）＝0.05mol/L］滴定至溶液呈亮黄色。

硝酸铅标准滴定溶液的浓度｛c［$Pb(NO_3)_2$］｝，数值以摩尔每升（mol/L）表示，按式（22）计算：

$$c[\mathrm{Pb(NO_3)_2}]=\frac{V_1c_1}{V} \quad \cdots\cdots (22)$$

式中：

V_1——乙二胺四乙酸二钠标准滴定溶液的体积的数值，单位为毫升（mL）；

c_1——乙二胺四乙酸二钠标准滴定溶液的浓度的准确数值，单位为摩尔每升（mol/L）；

V——硝酸铅溶液的体积的准确数值，单位为毫升（mL）。

4.19 氯化钠标准滴定溶液

c（NaCl）＝0.1mol/L

4.19.1 方法一

4.19.1.1 配制

称取5.9g氯化钠，溶于1 000mL水中，摇匀。

4.19.1.2 标定

按GB/T 9725——1988的规定测定。其中：量取35.00mL～40.00mL配制好的氯化钠溶液，加40mL水、10mL淀粉溶液（10g/L），以216型银电极作指示电极，217型双盐桥饱和甘汞电极作参比电极，用硝酸银标准滴定溶液［c（$AgNO_3$）＝0.1 mol/L］滴定，并按GB/T 9725—1988中6.2.2条的规定计算V_0。

氯化钠标准滴定溶液的浓度［c（NaCl）］，数值以摩尔每升（mol/L）表示，按式（23）计算：

$$c(\mathrm{NaCl})=\frac{V_0c_1}{V} \quad \cdots\cdots (23)$$

式中：

V_0——硝酸银标准滴定溶液的体积的数值，单位为毫升（mL）；

c_1——硝酸银标准滴定溶液的浓度的准确数值，单位为摩尔每升（mol/L）；

V——氯化钠溶液的体积的准确数值，单位为毫升（mL）。

4.19.2 方法二

称取5.84g±0.30g已在550℃±50℃的高温炉中灼烧至恒重的工作基准试剂氯化钠，溶于水，移入1 000mL容量瓶中，稀释至刻度。

氯化钠标准滴定溶液的浓度［c（NaCl）］，数值以摩尔每升（mol/L）表示，按式（24）计算：

$$c(\mathrm{NaCl})=\frac{m\times 1\,000}{VM} \quad \cdots\cdots (24)$$

式中：

m——氯化钠的质量的准确数值，单位为克（g）；

V——氯化钠溶液的体积的准确数值，单位为毫升（mL）；

M——氯化钠的摩尔质量的数值，单位为克每摩尔（g/mol）［M（NaCl）＝58.442］。

4.20 硫氰酸钠（或硫氰酸钾或硫氰酸铵）标准滴定溶液

c（NaSCN）＝0.1mol/L、c（KSCN）＝0.1mol/L、c（NH_4SCN）＝0.1mol/L

4.20.1 配制

称取8.2g硫氰酸钠（或9.7g硫氰酸钾或7.9g硫氰酸铵），溶于1 000mL水中，摇匀。

4.20.2 标定

4.20.2.1 方法一

按GB/T 9725—1988的规定测定。其中：称取0.6g于硫酸干燥器中干燥至恒重的工作基准试剂硝酸银，溶于90mL水中，加10mL淀粉溶液（10g/L）及10mL硝酸溶液（25%），以216型银电极作指示电极，217型双盐桥饱和甘汞电极作参比电极，用配制好的硫氰酸钠（或硫氰酸钾或硫氰酸铵）溶液滴定，并按GB/T 9725—1988中6.2.2条的规定计算V_0。

硫氰酸钠（或硫氰酸钾或硫氰酸铵）标准滴定溶液的浓度（c），数值以摩尔每升（mol/L）表示，按式（25）计算：

$$c=\frac{m\times 1\,000}{V_0M} \qquad (25)$$

式中：

m——硝酸银的质量的准确数值，单位为克（g）；

V_0——硫氰酸钠（或硫氰酸钾或硫氰酸铵）溶液的体积的数值，单位为毫升（mL）；

M——硝酸银的摩尔质量的数值，单位为克每摩尔（g/mol）［M（$AgNO_3$）＝169.87］。

4.20.2.2　方法二

按 GB/T 9725—1988 的规定测定。其中：量取 35.00mL～40.00mL 硝酸银标准滴定溶液［c（$AgNO_3$）＝0.1 mol/L］，加 60mL 水、10mL 淀粉溶液（10g/L）及 10mL 硝酸溶液（25%），以 216 型银电极作指示电极，217 型双盐桥饱和甘汞电极作参比电极，用配制好的硫氰酸钠（或硫氰酸钾或硫氰酸铵）溶液滴定，并按 GB/T 9725—1988 中 6.2.2 条的规定计算 V_0。

硫氰酸钠（或硫氰酸钾或硫氰酸铵）标准滴定溶液的浓度（c），数值以摩尔每升（mol/L）表示，按式（26）计算：

$$c=\frac{Vc_1}{V_0} \qquad (26)$$

式中：

V——硝酸银标准滴定溶液的体积的准确数值，单位为毫升（mL）；

c_1——硝酸银标准滴定溶液的浓度的准确数值，单位为摩尔每升（mol/L）；

V_0——硫氰酸钠（或硫氰酸钾或硫氰酸铵）溶液的体积的准确数值，单位为毫升（mL）。

4.21　硝酸银标准滴定溶液

c（$AgNO_3$）＝0.1mol/L

4.21.1　配制

称取 17.5g 硝酸银，溶于 1 000mL 水中，摇匀。溶液贮存于棕色瓶中。

4.21.2　标定

按 GB/T 9725—1988 的规定测定。其中：称取 0.22g 于 500℃～600℃的高温炉中灼烧至恒重的工作基准试剂氯化钠，溶于 70mL 水中，加 10mL 淀粉溶液（10g/L），以 216 型银电极作指示电极，217 型双盐桥饱和甘汞电极作参比电极，用配制好的硝酸银溶液滴定。按 GB/T 9725—1988 中 6.2.2 条的规定计算 V_0。

硝酸银标准滴定溶液的浓度［c（$AgNO_3$）］，数值以摩尔每升（mol/L）表示，按式（27）计算：

$$c(AgNO_3)=\frac{m\times 1\,000}{V_0M} \qquad (27)$$

式中：

m——氯化钠的质量的准确数值，单位为克（g）；

V_0——硝酸银溶液的体积的数值，单位为毫升（mL）；

M——氯化钠的摩尔质量的数值，单位为克每摩尔（g/mol）［M（NaCl）＝58.442］。

4.22　亚硝酸钠标准滴定溶液

4.22.1　配制

按表 14 的规定量称取亚硝酸钠、氢氧化钠及无水碳酸钠，溶于 1 000mL 水中，摇匀。

表 14

亚硝酸钠标准滴定溶液的浓度 [c ($NaNO_2$)] / (mol/L)	亚硝酸钠的质量 m/g	氢氧化钠的质量 m/g	无水碳酸钠的质量 m/g
0.5	36	0.5	1
0.1	7.2	0.1	0.2

4.22.2 标定

按表 15 的规定称取于 120℃±2℃的电烘箱中干燥至恒重的工作基准试剂无水对氨基苯磺酸，加氨水溶解，加 200mL 水及 20mL 盐酸，按永停滴定法安装好电极和测量仪表（见图 1）。将装有配制好的相应浓度的亚硝酸钠溶液的滴管下口插入溶液内约 10mm 处，在搅拌下于 15℃～20℃进行滴定，近终点时，将滴管的尖端提出液面，用少量水淋洗尖端，洗液并入溶液中，继续慢慢滴定，并观察检流计读数和指针偏转情况，直至加入滴定液搅拌后电流突增，并不再回复时为滴定终点。临用前标定。

表 15

亚硝酸钠标准滴定溶液的浓度 [c ($NaNO_2$)] / (mol/L)	工作基准试剂无水对氨基苯磺酸的质量 m/g	氨水的体积 V/mL
0.5	3	3
0.1	0.6	2

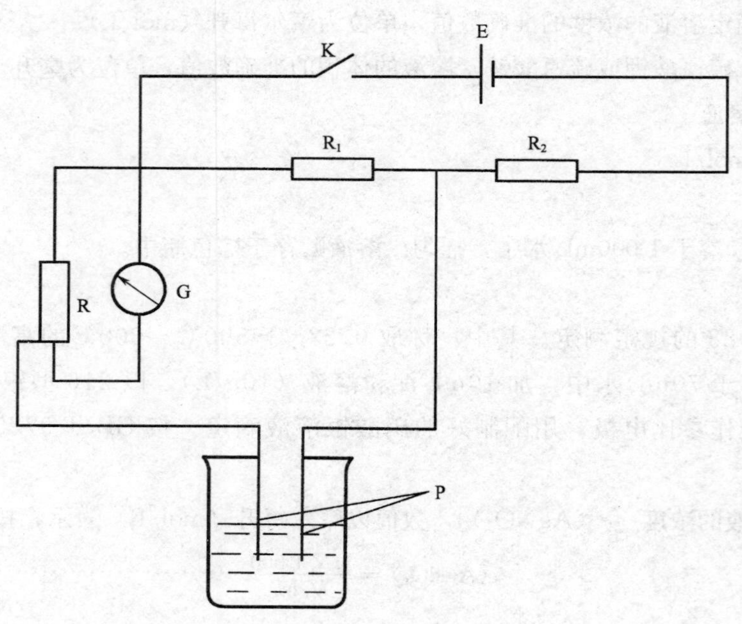

图 1 测量仪表安装示意图

R——电阻（其阻值与检流计临界阻尼电阻值近似）；

R_1—电阻（60Ω～70Ω，或用可变电阻，使加于二电极上的电压约为 50mV）；

R_2—电阻（2 000Ω）；E—干电池（1.5 V）；K—开关；

G—检流计（灵敏度为 10^{-9}A/格）；P—铂电极

亚硝酸钠标准滴定溶液的浓度 [c ($NaNO_2$)]，数值以摩尔每升（mol/L）表示，按式（28）计算：

$$c(NaNO_2)=\frac{m\times 1\,000}{VM} \qquad (28)$$

式中：

m——无水对氨基苯磺酸的质量的准确数值，单位为克（g）；

V——亚硝酸钠溶液的体积的数值，单位为毫升（mL）；

M——无水对氨基苯磺酸的摩尔质量的数值，单位为克每摩尔（g/mol）{M［C_6H_4（NH_2）（SO_3H）］＝173.19}。

4.23 高氯酸标准滴定溶液

c（$HClO_4$）＝0.1mol/L

4.23.1 配制

4.23.1.1 方法一

量取8.7mL高氯酸，在搅拌下注入500mL乙酸（冰醋酸）中，混匀。滴加20mL乙酸酐，搅拌至溶液均匀。冷却后用乙酸（冰醋酸）稀释至1 000mL。

4.23.1.2 方法二[3)]

量取8.7mL高氯酸，在搅拌下注入950mL乙酸（冰醋酸）中，混匀。取10mL，按GB/T 606—1988的规定测定水的质量分数，每次5mL，用吡啶做溶剂。以两平行测定结果的平均值（X_1）计算高氯酸溶液中乙酸酐的加入量。滴加计算量的乙酸酐，搅拌均匀。冷却后用乙酸（冰醋酸）稀释至1 000mL，摇匀。

高氯酸溶液中乙酸酐的加入量（V），数值以毫升（mL）表示，按式（29）计算：

$$V = 5\,320 \times w_1 - 2.8 \qquad (29)$$

式中：

w_1——未加乙酸酐的高氯酸溶液中的水的质量分数，数值以%表示。

4.23.2 标定

称取0.75g于105℃～110℃的电烘箱中干燥至恒重的工作基准试剂邻苯二甲酸氢钾，置于干燥的锥形瓶中，加入50mL乙酸（冰醋酸），温热溶解。加3滴结晶紫指示液（5g/L），用配制好的高氯酸溶液滴定至溶液由紫色变为蓝色（微带紫色）。临用前标定。

标定温度下高氯酸标准滴定溶液的浓度［c（$HClO_4$）］，数值以摩尔每升（mol/L）表示，按式（30）计算：

$$c(HClO_4) = \frac{m \times 1\,000}{VM} \qquad (30)$$

式中：

m——邻苯二甲酸氢钾的质量的准确数值，单位为克（g）；

V——高氯酸溶液的体积的数值，单位为毫升（mL）；

M——邻苯二甲酸氢钾的摩尔质量的数值，单位为克每摩尔（g/mol）［M（$KHC_8H_4O_4$）＝204.22］。

4.23.3 修正方法

使用高氯酸标准滴定溶液时的温度应与标定时的温度相同；若温度不相同，应将高氯酸标准滴定溶液的浓度修正到使用温度下的浓度的数值。

高氯酸标准滴定溶液修正后的浓度［c_1（$HClO_4$）］，数值以摩尔每升（mol/L）表示，按式（31）计算：

$$c_1(HClO_4) = \frac{c}{1 + 0.001\,1(t_1 - t)} \qquad (31)$$

式中：

c——标定温度下高氯酸标准滴定溶液的浓度的准确数值，单位为摩尔每升（mol/L）；

3）本方法控制高氯酸标准滴定溶液中的水的质量分数约为0.05%。

t_1——使用时高氯酸标准滴定溶液的温度的数值，单位为摄氏度（℃）；

t——标定高氯酸标准滴定溶液的温度的数值，单位为摄氏度（℃）；

0.001 1——高氯酸标准滴定溶液每改变1℃时的体积膨胀系数。

4.24 氢氧化钾-乙醇标准滴定溶液

c（KOH）=0.1 mol/L

4.24.1 配制

称取8g氢氧化钾，置于聚乙烯容器中，加少量水（约5mL）溶解，用乙醇（95%）稀释至1 000mL，密闭放置24h。用塑料管虹吸上层清液至另一聚乙烯容器中。

4.24.2 标定

称取0.75g于105℃～110℃电烘箱中干燥至恒重的工作基准试剂邻苯二甲酸氢钾，溶于50mL无二氧化碳的水中，加2滴酚酞指示液（10g/L），用配制好的氢氧化钾-乙醇溶液滴定至溶液呈粉红色，同时做空白试验。临用前标定。

氢氧化钾-乙醇标准滴定溶液的浓度［c（KOH）］，数值以摩尔每升（mol/L）表示，按式（32）计算：

$$c(\mathrm{KOH})=\frac{m\times 1\,000}{(V_1-V_2)M} \qquad (32)$$

式中：

m——邻苯二甲酸氢钾的质量的准确数值，单位为克（g）；

V_1——氢氧化钾-乙醇溶液的体积的数值，单位为毫升（mL）；

V_2——空白试验氢氧化钾-乙醇溶液的体积的数值，单位为毫升（mL）；

M——邻苯二甲酸氢钾的摩尔质量的数值，单位为克每摩尔（g/mol）［M（$KHC_8H_4O_4$）=204.22］。

附 录 A

(规范性附录)

不同温度下标准滴定溶液的体积的补正值

不同温度下标准滴定溶液的体积的补正值,按表 A.1 计算。

表 A.1 单位为毫升每升(mL/L)

温度/℃	水及 0.05mol/L 以下的各种水溶液	0.1mol/L 及 0.2mol/L 各种水溶液	盐酸溶液 c(HCl)=0.5mol/L	盐酸溶液 c(HCl)=1mol/L	硫酸溶液 $c(\frac{1}{2}H_2SO_4)$=0.5mol/L、氢氧化钠溶液 c(NaOH)=0.5mol/L	硫酸溶液 $c(\frac{1}{2}H_2SO_4)$=1mol/L、氢氧化钠溶液 c(NaOH)=1mol/L	碳酸钠溶液 $c(\frac{1}{2}Na_2CO_3)$=1mol/L	氢氧化钾-乙醇溶液 c(KOH)=0.1mol/L
5	+1.38	+1.7	+1.9	+2.3	+2.4	+3.6	+3.3	
6	+1.38	+1.7	+1.9	+2.2	+2.3	+3.4	+3.2	
7	+1.36	+1.6	+1.8	+2.2	+2.2	+3.2	+3.0	
8	+1.33	+1.6	+1.8	+2.1	+2.2	+3.0	+2.8	
9	+1.29	+1.5	+1.7	+2.0	+2.1	+2.7	+2.6	
10	+1.23	+1.5	+1.6	+1.9	+2.0	+2.5	+2.4	+10.8
11	+1.17	+1.4	+1.5	+1.8	+1.8	+2.3	+2.2	+9.6
12	+1.10	+1.3	+1.4	+1.6	+1.7	+2.0	+2.0	+8.5
13	+0.99	+1.1	+1.2	+1.4	+1.5	+1.8	+1.8	+7.4
14	+0.88	+1.0	+1.1	+1.2	+1.3	+1.6	+1.5	+6.5
15	+0.77	+0.9	+0.9	+1.0	+1.1	+1.3	+1.3	+5.2
16	+0.64	+0.7	+0.8	+0.8	+0.9	+1.1	+1.1	+4.2
17	+0.50	+0.6	+0.6	+0.6	+0.7	+0.8	+0.8	+3.1
18	+0.34	+0.4	+0.4	+0.4	+0.5	+0.6	+0.6	+2.1
19	+0.18	+0.2	+0.2	+0.2	+0.2	+0.3	+0.3	+1.0
20	0.00	0.00	0.00	0.0	0.00	0.00	0.0	0.0
21	−0.18	−0.2	−0.2	−0.2	−0.2	−0.3	−0.3	−1.1
22	−0.38	−0.4	−0.4	−0.5	−0.5	−0.6	−0.6	−2.2
23	−0.58	−0.6	−0.7	−0.7	−0.8	−0.9	−0.9	−3.3
24	−0.80	−0.9	−0.9	−1.0	−1.0	−1.2	−1.2	−4.2
25	−1.03	−1.1	−1.1	−1.2	−1.3	−1.5	−1.5	−5.3
26	−1.26	−1.4	−1.4	−1.4	−1.5	−1.8	−1.8	−6.4
27	−1.51	−1.7	−1.7	−1.7	−1.8	−2.1	−2.1	−7.5
28	−1.76	−2.0	−2.0	−2.0	−2.1	−2.4	−2.4	−8.5
29	−2.01	−2.3	−2.3	−2.3	−2.4	−2.8	−2.8	−9.6
30	−2.30	−2.5	−2.5	−2.6	−2.8	−3.2	−3.1	−10.6
31	−2.58	−2.7	−2.7	−2.9	−3.1	−3.5		−11.6
32	−2.86	−3.0	−3.0	−3.2	−3.4	−3.9		−12.6
33	−3.04	−3.2	−3.3	−3.5	−3.7	−4.2		−13.7
34	−3.47	−3.7	−3.6	−3.8	−4.1	−4.6		−14.8
35	−3.78	−4.0	−4.0	−4.1	−4.4	−5.0		−16.0
36	−4.10	−4.3	−4.3	−4.4	−4.7	−5.3		−17.0

注 1:本表数值是以 20℃为标准温度以实测法测出。

注 2:表中带有“+”、“−”号的数值是以 20℃为分界。室温低于 20℃的补正值为“+”,高于 20℃的补正值均为“−”。

注 3:本表的用法:如 1L 硫酸溶液[$c(\frac{1}{2}H_2SO_4)$=1mol/L]由 25℃换算为 20℃时,其体积补正值为−1.5mL,故 40.00mL 换算为 20℃时的体积为:

$$V_{20}=40.00-\frac{1.5}{1\,000}\times 40.00=39.94\ (\text{mL})$$

附　录　B

（资料性附录）

标准滴定溶液浓度平均值不确定度的计算

首次制备标准滴定溶液时应进行不确定度的计算，日常制备不必每次计算，但当条件（如人员、计量器具、环境等）改变时，应重新进行不确定度的计算。

B.1　标准滴定溶液的标定方法

本标准中标准滴定溶液浓度的标定方法大体上有四种方式：第一种是用工作基准试剂标定标准滴定溶液的浓度；第二种是用标准滴定溶液标定标准滴定溶液的浓度；第三种是将工作基准试剂溶解、定容、量取后标定标准滴定溶液的浓度；第四种是用工作基准试剂直接制备的标准滴定溶液。因此，不确定度的计算也分为四种。

B.1.1　第一种方式

包括：氢氧化钠、盐酸、硫酸、硫代硫酸钠、碘、高锰酸钾、硫酸铈、乙二胺四乙酸二钠［c（EDTA）＝0.1mol/L、0.05mol/L］、高氯酸、硫氰酸钠、硝酸银、亚硝酸钠、氯化锌、氯化镁、氢氧化钾-乙醇共15种标准滴定溶液。

本标准规定使用工作基准试剂（其质量分数按100％计）标定标准滴定溶液的浓度。当对标准滴定溶液浓度值的准确度有更高要求时，可用二级纯度标准物质或定值标准物质代替工作基准试剂进行标定，并在计算标准滴定溶液浓度时，将其纯度值的质量分数代入计算式中，因此计算标准滴定溶液的浓度值（c），数值以摩尔每升（mol/L）表示，按式（B.1）计算：

$$c=\frac{mw\times 1\,000}{(V_1-V_2)M} \qquad \text{(B.1)}$$

式中：

m——工作基准试剂的质量的准确数值，单位为克（g）；

w——工作基准试剂的质量分数的数值，％；

V_1——被标定溶液的体积的数值，单位为毫升（mL）；

V_2——空白试验被标定溶液的体积的数值，单位为毫升（mL）；

M——工作基准试剂的摩尔质量的数值，单位为克每摩尔（g/mol）。

B.1.2　第二种方式

包括：碳酸钠、重铬酸钾、溴、溴酸钾、碘酸钾、草酸、硫酸亚铁铵、硝酸铅、氯化钠共9种标准滴定溶液。

计算标准滴定溶液的浓度值（c），数值以摩尔每升（mol/L）表示，按式（B.2）计算：

$$c=\frac{(V_1-V_2)c_1}{V} \qquad \text{(B.2)}$$

式中：

V_1——标准滴定溶液的体积的数值，单位为毫升（mL）；

V_2——空白试验标准滴定溶液的体积的数值，单位为毫升（mL）；

c_1——标准滴定溶液的浓度的准确数值，单位为摩尔每升（mol/L）；

V——被标定标准滴定溶液的体积的数值，单位为毫升（mL）。

B.1.3　第三种方式

包括：乙二胺四乙酸二钠标准滴定溶液［c（EDTA）＝0.02mol/L］。

计算标准滴定溶液的浓度值（c），数值以摩尔每升（mol/L）表示，按式（B. 3）计算：

$$c=\frac{\left(\frac{m}{V_3}\right)V_4 w\times 1\ 000}{(V_1-V_2)M} \qquad \text{(B. 3)}$$

式中：

m ——工作基准试剂的质量的准确数值，单位为克（g）；

V_3 ——工作基准试剂溶液的体积的数值，单位为毫升（mL）；

V_4 ——量取工作基准试剂溶液的体积的数值，单位为毫升（mL）；

w ——工作基准试剂的质量分数的数值，%；

V_1 ——被标定溶液的体积的数值，单位为毫升（mL）；

V_2 ——空白试验被标定溶液的体积的数值，单位为毫升（mL）；

M ——工作基准试剂的摩尔质量的数值，单位为克每摩尔（g/mol）。

B. 1. 4　第四种方式

包括：重铬酸钾、碘酸钾、氯化钠共 3 种标准滴定溶液。

计算标准滴定溶液的浓度值（c），数值以摩尔每升（mol/L）表示，按式（B. 4）计算：

$$c=\frac{mw\times 1\ 000}{VM} \qquad \text{(B. 4)}$$

式中：

m ——工作基准试剂的质量的准确数值，单位为克（g）；

w ——工作基准试剂的质量分数的数值，%；

V ——标准滴定溶液的体积的数值，单位为毫升（mL）；

M ——工作基准试剂的摩尔质量的数值，单位为克每摩尔（g/mol）。

B. 2　扩展不确定度的计算

B. 2. 1　标准滴定溶液浓度平均值的扩展不确定度［U（$\bar{c}$）］，按式（B. 5）计算：

$$U\bar{c}=ku_{\text{c}}(\bar{c}) \qquad \text{(B. 5)}$$

式中：

k——包含因子（一般情况下，$k=2$）；

u_{c}（$\bar{c}$）——标准滴定溶液浓度平均值的合成标准不确定度，单位为摩尔每升（mol/L）。

式（B. 5）中：

$$u_{\text{c}}(\bar{c})=\sqrt{[u_{\text{A}}(\bar{c})]^2+[u_{\text{cB}}(\bar{c})]^2} \qquad \text{(B. 6)}$$

式中：

u_{A}（$\bar{c}$）——标准滴定溶液浓度平均值的 A 类标准不确定度分量，单位为摩尔每升（mol/L）；

u_{cB}（$\bar{c}$）——标准滴定溶液浓度平均值的 B 类合成标准不确定度分量，单位为摩尔每升（mol/L）。

B. 3　用工作基准试剂标定标准滴定溶液浓度平均值不确定度的计算

B. 3. 1　标准滴定溶液浓度平均值的 A 类标准不确定度的计算

标准滴定溶液浓度平均值的 A 类标准不确定度有两种计算方法。

B. 3. 1. 1　标准滴定溶液浓度平均值的 A 类相对标准不确定度分量［μ_{Arel}（$\bar{c}$）］估算，按式（B. 7）计算：

$$u_{\text{Arel}}(\bar{c})=\frac{\sigma(c)}{\sqrt{8}\times\bar{c}} \qquad \text{(B. 7)}$$

式中：

$\sigma(c)$ ——标准滴定溶液浓度值的总体标准差，单位为摩尔每升（mol/L）；

$\bar{c}$ ——两人八平行测定的标准滴定溶液浓度平均值，单位为摩尔每升（mol/L）。

式（B.7）中：

$$\sigma(c) = \frac{[C_r R_{95}(8)]}{f(n)} \qquad \cdots\cdots (B.8)$$

式中：

$[C_r R_{95}(8)]$ ——两人八平行测定的重复性临界极差，单位为摩尔每升（mol/L）；

$f(n)$ ——临界极差系数（由 GB/T 11792—1989 中表 1 查得）。

B.3.1.2 标准滴定溶液浓度平均值的 A 类相对标准不确定度分量的计算

用贝塞尔法计算两人八平行测定的实验标准差后，标准滴定溶液浓度平均值的 A 类相对标准不确定度分量 $[u_{\text{Arel}}(\bar{c})]$，按式（B.9）计算：

$$u_{\text{Arel}}(\bar{c}) = \frac{s(c)}{\sqrt{8} \times \bar{c}} \qquad \cdots\cdots (B.9)$$

式中：

$s(c)$ ——两人八平行测定结果的实验标准差，单位为摩尔每升（mol/L）；

$\bar{c}$ ——两人八平行测定的标准滴定溶液浓度平均值，单位为摩尔每升（mol/L）。

B.3.2 标准滴定溶液浓度平均值的 B 类相对合成标准不确定度分量的计算

以用电子天平称量为例进行不确定度的计算。

根据式（B.1），标准滴定溶液浓度平均值的 B 类相对合成标准不确定度分量 $[u_{\text{cBrel}}(\bar{c})]$，按式（B.10）计算：

$$u_{\text{cBrel}}(\bar{c}) = \sqrt{u_{\text{rel}}^2(m) + u_{\text{rel}}^2(w) + u_{\text{rel}}^2(V_1 - V_2) + u_{\text{rel}}^2(M) + u_{\text{rel}}^2(r)} \qquad \cdots\cdots (B.10)$$

式中：

$u_{\text{rel}}(m)$ ——工作基准试剂质量的数值的相对标准不确定度分量；

$u_{\text{rel}}(w)$ ——工作基准试剂的质量分数的数值的相对标准不确定度分量；

$u_{\text{rel}}(V_1 - V_2)$ ——被标定溶液体积的数值的相对标准不确定度分量；

$u_{\text{rel}}(M)$ ——工作基准试剂摩尔质量的数值的相对标准不确定度分量；

$u_{\text{rel}}(r)$ ——被标定溶液浓度的数值修约的相对标准不确定度分量。

B.3.2.1 工作基准试剂质量的数值的相对标准不确定度分量 $[u_{\text{rel}}(m)]$，按式（B.11）计算：

$$u_{\text{rel}}(m) = \frac{u(m)}{m} \qquad \cdots\cdots (B.11)$$

式中：

$u(m)$ ——工作基准试剂质量的数值的标准不确定度分量，单位为克（g）；

m ——工作基准试剂质量的数值，单位为克（g）。

式（B.11）中：

$$u(m) = \sqrt{2 \times \left(\frac{a}{k}\right)^2} \text{（按均匀分布，} k = \sqrt{3}\text{）} \qquad \cdots\cdots (B.12)$$

式中：

a ——电子天平的最大允许误差，单位为克（g）。

B.3.2.2 工作基准试剂的质量分数的数值的相对标准不确定度分量 $[u_{\text{rel}}(w)]$，按式（B.13）计算：

$$u_{\text{rel}}(w) = \frac{\sqrt{u^2(w) + u^2(w_r)}}{w} \qquad \cdots\cdots (B.13)$$

式中：

$u(w)$ ——工作基准试剂的质量分数的数值的标准不确定度分量，%；

$u(w_r)$——工作基准试剂的质量分数的数值范围的标准不确定度分量（标准物质不包含此项），%；

w——工作基准试剂的质量分数的数值，%。

式（B.13）中：

$$u(w)=\frac{U}{k} \quad \text{(B.14)}$$

式中：

U——工作基准试剂的质量分数的数值的扩展不确定度（总不确定度），%；

k——包含因子（一般情况下，$k=2$）。

式（B.13）中：

$$u(w_r)=\frac{a}{k}(按均匀分布,k=\sqrt{3}) \quad \text{(B.15)}$$

式中：

a——工作基准试剂的质量分数的数值范围的半宽，%。

B.3.2.3 被标定溶液体积的数值的相对标准不确定度分量

被标定溶液体积的相对标准不确定度分量［u_{rel}（V_1-V_2）］，应按式（B.16）计算：

$$u_{rel}(V_1-V_2)=\frac{\sqrt{u^2(V_1)+u^2(V_2)}}{V_1-V_2} \quad \text{(B.16)}$$

式中：

$u(V_1)$——被标定溶液体积的数值的标准不确定度分量，单位为毫升（mL）；

$u(V_2)$——空白试验被标定溶液体积的数值的标准不确定度分量，单位为毫升（mL）；

V_1-V_2——被标定溶液实际消耗的体积的数值，单位为毫升（mL）。

经必要的省略，被标定溶液体积的数值的相对标准不确定度分量［u_{rel}（V_1-V_2）］，按式（B.17）计算：

$$u_{rel}(V_1-V_2)=\frac{\sqrt{u_1^2(V)+u_2^2(V)+u_3^2(V)+u_4^2(V)}}{V_1-V_2} \quad \text{(B.17)}$$

式中：

$u_1(V)$——称量水校正滴定管体积时引入的标准不确定度分量，单位为毫升（mL）；

$u_2(V)$——由内插法确定被标定溶液体积校正值时引入的标准不确定度分量，单位为毫升（mL）；

$u_3(V)$——被标定溶液体积校正值修约误差引入的标准不确定度分量，单位为毫升（mL）；

$u_4(V)$——温度补正值的修约误差引入的标准不确定度分量，单位为毫升（mL）；

V_1——被标定溶液体积的数值，单位为毫升（mL）；

V_2——空白试验被标定溶液体积的数值，单位为毫升（mL）。

B.3.2.3.1 称量水校正滴定管体积时引入的标准不确定度分量［u_1（V）］

JJG 196—1990 规定：量器在标准温度 20℃时的实际体积的数值（V_{20}），单位为毫升（mL），按式（B.18）计算：

$$V_{20}=V_0+\frac{m_0-m}{\rho_w} \quad \text{(B.18)}$$

式中：

V_0——量器标称体积的数值，单位为毫升（mL）；

m_0——称得纯水的质量的数值，单位为克（g）；

m——衡量法用表中查得纯水质量的数值，单位为克（g）；

ρ_w——纯水在 t℃时密度的数值，单位为克每毫升（g/mL）。

则被标定溶液体积校正值应为：

$$V=\frac{m_0-m}{\rho_w} \qquad \text{(B.19)}$$

故称量水校正滴定管体积时引入的相对标准不确定度分量 u_{1rel}（V），按（B.20）计算：

$$u_{1rel}(V)=\sqrt{[u_{rel}(m_0-m)]^2+[u_{rel}(\rho_w)]^2} \qquad \text{(B.20)}$$

式中：

$u_{rel}(m_0-m)$——称量纯水的质量的数值与衡量法用表中查得纯水质量的数值的差值的相对标准不确定度分量；

$u_{rel}(\rho_w)$——纯水密度值引入的相对标准不确定度分量。

其中：m 是 JJG 196—1990《国家计量检定规程常用玻璃量器》中提供的一定容量、温度、空气密度、玻璃体积膨胀系数下纯水的质量，故视其为真值，其标准不确定度分量为零，但存在纯水质量的数值修约引入的标准不确定度分量。

式（B.20）中：

$$u_{rel}(m_0-m)=\frac{\sqrt{u^2(m_0)+u^2(m)}}{m_0-m} \qquad \text{(B.21)}$$

式中：

$u(m_0)$——称量纯水质量的数值的标准不确定度分量，单位为克（g）；

$u(m)$——衡量法用表中查得纯水质量的数值的标准不确定度分量，单位为克（g）；

m_0——称量纯水的质量的数值，单位为克（g）；

m——衡量法用表中查得纯水质量的数值，单位为克（g）。

式（B.21）中：

$$u(m_0)=\sqrt{2\times\left(\frac{a}{k}\right)^2}(\text{按均匀分布},k=\sqrt{3}) \qquad \text{(B.22)}$$

式中：

a——电子天平的最大允许误差，单位为克（g）。

式（B.21）中：

$$u(m)=\frac{a}{k}(\text{按均匀分布},k=\sqrt{3}) \qquad \text{(B.23)}$$

式中：

a——衡量法用表中查得纯水质量值修约误差区间的半宽，单位为克（g）。

式（B.20）中：

$$u_{rel}(\rho_w)=\frac{u(\rho_w)}{\rho_w} \qquad \text{(B.24)}$$

式中：

$u(\rho_w)$——纯水密度值引入的标准不确定度分量，单位为克每毫升（g/mL）；

ρ_w——纯水在 t℃时的密度的数值，单位为克每毫升（g/mL）。

式（B.24）中：

$$u(\rho_w)=\frac{a}{k}(\text{按均匀分布},k=\sqrt{3}) \qquad \text{(B.25)}$$

式中：

a——纯水密度值修约误差区间的半宽，单位为克每毫升（g/mL）。

将 u_{rel}（m_0-m）、u_{rel}（ρ_w）代入式（B20）中，即得 u_{1rel}（V）。则称量水校正滴定管体积值时引入的标准不确定度分量 u_1（V），按式（B.26）计算：

$$u_1(V)=\frac{m_0-m}{\rho_w}\times u_{1rel}(V) \qquad \text{(B.26)}$$

B. 3. 2. 3. 2　由内插法确定被标定溶液体积校正值时引入的标准不确定度分量［u_2（V）］，数值以毫升（mL）表示，按式（B. 27）计算：

$$u_2(V)=\frac{a}{k}(\text{按三角分布},k=\sqrt{6}) \qquad \cdots\cdots(B.27)$$

式中：

a——大于被标定溶液体积的数值与小于被标定溶液体积的数值两校正点校正值差值的一半，单位为毫升（mL）。

B. 3. 2. 3. 3　被标定溶液体积校正值修约误差引入的标准不确定度分量［u_3（V）］，数值以毫升（mL）表示，按式（B. 28）计算：

$$u_3(V)=\frac{a}{k}(\text{按均匀分布},k=\sqrt{3}) \qquad \cdots\cdots(B.28)$$

式中：

a——滴定管校正值的修约误差区间的半宽，单位为毫升（mL）。

B. 3. 2. 3. 4　温度补正值的修约误差引入的标准不确定度分量［u_4（V）］，数值以毫升（mL）表示，按式（B. 29）计算：

$$u_4(V)=\frac{aV_1}{k\times 1\,000}(\text{按均匀分布},k=\sqrt{3}) \qquad \cdots\cdots(B.29)$$

式中：

a——温度补正值的修约误差区间的半宽，单位为毫升每升（mL/L）；

V_1——被标定溶液体积的数值，单位为毫升（mL）。

将上述$u_1(V)$、$u_2(V)$、$u_3(V)$、$u_4(V)$代入式（B. 17），即得到被标定溶液体积的数值的相对标准不确定度分量。

B. 3. 2. 4　工作基准试剂摩尔质量的数值的相对标准不确定度分量［u_{rel}（M）］，按式（B. 30）计算：

$$u_{rel}(M)=\frac{u(M)}{M} \qquad \cdots\cdots(B.30)$$

式中：

$u(M)$——工作基准试剂摩尔质量的数值的标准不确定度分量，单位为克每摩尔（g/mol）；

M——工作基准试剂的摩尔质量的数值，单位为克每摩尔（g/mol）。

式（B. 30）中：

$$u(M)=\sqrt{u^2(M_1)+u^2(M_2)} \qquad \cdots\cdots(B.31)$$

式中：

$u(M_1)$——工作基准试剂分子中各元素的相对原子质量的数值的标准不确定度引入的标准不确定度分量，单位为克每摩尔（g/mol）；

$u(M_2)$——工作基准试剂摩尔质量的数值的修约误差引入的标准不确定度分量，单位为克每摩尔（g/mol）。

式（B. 31）中：

$$u(M_1)=\sqrt{\sum_{i=1}^{n}q_iu^2(A_i)} \qquad \cdots\cdots(B.32)$$

式中：

q_i——工作基准试剂分子中某元素A_i的个数；

$u(A_i)$——工作基准试剂分子中某元素相对原子质量的数值的标准不确定度，单位为克每摩尔（g/mol）；

n——工作基准试剂分子中元素的个数。

式（B. 31）中：

$$u(M_2)=\frac{a}{k}(按均匀分布,k=\sqrt{3}) \quad\cdots\cdots(B.33)$$

式中：

a——工作基准试剂摩尔质量的数值的修约误差区间的半宽，单位为克每摩尔（g/mol）。

B.3.2.5 两人八平行测定的标准滴定溶液浓度平均值的修约误差引入的相对标准不确定度分量［u_{rel}（r）］，按式（B.34）计算：

$$u_{rel}(r)=\frac{a/k}{\bar{c}}(按均匀分布,k=\sqrt{3}) \quad\cdots\cdots(B.34)$$

式中：

a——两人八平行测定的标准滴定溶液浓度平均值的修约误差区间的半宽，单位为摩尔每升（mol/L）；

$\bar{c}$——两人八平行测定的标准滴定溶液浓度平均值，单位为摩尔每升（mol/L）。

B.3.2.6 将$u_{rel}(m)$、$u_{rel}(p)$、$u_{rel}(V_1-V_2)$、$u_{rel}(M)$、$u_{rel}(r)$代入式（B.10）得到标准滴定溶液浓度平均值的B类合成相对标准不确定度分量［u_{cBrel}（c）］。

B.3.3 标准滴定溶液浓度平均值的扩展不确定度的计算

将B.3.1条、B.3.2条分别求得的标准滴定溶液浓度平均值的A类和B类相对标准不确定度分量u_{Arel}（$\bar{c}$）和u_{cBrel}（$\bar{c}$）乘以浓度平均值$\bar{c}$以后，分别得到A类和B类标准不确定度分量u_A（$\bar{c}$）和u_{cB}（$\bar{c}$），再代入式（B.6）得到标准滴定溶液浓度平均值的合成标准不确定度［u_c（$\bar{c}$）］，将［u_c（$\bar{c}$）］代入式（B.5），即可求得标准滴定溶液浓度平均值的扩展不确定度。

B.4 标准滴定溶液浓度平均值的扩展不确定度的表示（依据JJF1059—1999）

示例：

标准滴定溶液浓度平均值的合成标准不确定度u_c（$\bar{c}$）$=5.6\times10^{-5}$mol/L，取包含因子$k=2$，标准滴定溶液浓度平均值（$\bar{c}=0.1$mol/L）的扩展不确定度$U=2\times5.6\times10^{-5}mol/L=0.000\,112$ mol/L。

以浓度值的形式表示为：

a）$\bar{c}=0.100\,0$ mol/L，$U=0.000\,2$ mol/L；$k=2$。

b）$\bar{c}=$（$0.100\,0\pm0.000\,2$）mol/L；$k=2$。

以浓度值的相对形式表示为：

a）$\bar{c}=0.100\,0$（$1\pm2\times10^{-3}$）mol/L；$U=2\times10^{-4}$；$k=2$。

b）$\bar{c}=0.100\,0$ mol/L；$U=2\times10^{-4}$；$k=2$。

以上四种表示方法任选其一。

B.5 其他三种方式的不确定度的计算

参考第一种方式的标准滴定溶液浓度平均值不确定度的计算，可进行第二种方式、第三种方式、第四种方式标准滴定溶液浓度平均值的不确定度的计算。

B.6 说明

B.6.1 在标准滴定溶液浓度平均值的不确定度的计算中，未包括终点误差引入的相对标准不确定度分量。使用者可按分析化学原理，计算终点误差引入的相对标准不确定度分量。

B.6.2 在本附录中列出的不确定度分量，有些可以忽略不计，但应验算后确定。

参 考 文 献

[1] 国家计量技术规范 JJF 1059—1999 测量不确定度评定与表示

[2] 国家质量技术监督局计量司组编．测量不确定度评定与表示指南．第一版．中国计量出版社，2000 年

[3] 国家计量检定规程 JJG 196—1990 常用玻璃量器

[4] GB/T 11792—1989 测试方法的精密度在重复性或再现性条件下所得测试结果可接受性的检查和最终测试结果的确定

中华人民共和国国家标准

UDC 658.788.004.11

GB 6388 — 1986

运输包装收发货标志

Transport package shipping mark

本标准规定了铁路、公路、水路和空运的货物外包装上的分类标志及其他标志和文字说明的事项及其排列的格式。

1 含义

外包装件上的商品分类图示标志及其他标志和其他的文字说明排列格式的总称为收发货标志。

2 内容

内容详见表1。

表1

序号	项目			含义
	代号	中文	英文	
1	FL	商品分类图示标志	CLASSIFICATION MARKS	表明商品类别的特定符号。见本标准第3章。
2	GH	供货号	CONTRACT No	供应该批货物的供货清单号码（出口商品用合同号码）
3	HH	货号	ART No	商品顺序编号。以便出入库、收发货登记和核定商品价格
4	PG	品名规格	SPECIFICA TIONS	商品名称或代号；标明单一商品的规格、型号尺寸、花色等
5	SL	数量	QUANTITY	包装容器内含商品的数量
6	ZL	重量（毛重）（净重）	GBOSS WT NET WT	包装件的重量（kg）包括毛重和净重
7	CQ	生产日期	DATE OF PRODUCTION	产品生产的年、月、日
8	CC	生产工厂	MANUF ACTURER	生产该产品的工厂名称
9	TJ	体积	VOLUME	包装件的外径尺寸长×宽×高（cm）=体积（m^3）
10	XQ	有效期限	TERM OF VALIDITY	商品有效期至×年×月
11	SH	收货地点和单位	PLACE OF DESTINATION ANDCONS IGNEE	货物到达站、港和某单位（人）收（可用贴签或涂写）
12	FH	发货单位	CONS IGNOR	发货单位（人）
13	YH	运输号码	SHIPPING No	运输单号码
14	JS	发运件数	SHIPPING PIECES	发运的件数
说明	①分类标志一定要有，其他各项合理选用。 ②外贸出口商品根据国外客户要求，以中、外文对照，印制相应的标志和附加标志。 ③国内销售的商品包装上不填英文项目。			

国家标准局 1986-05-13 发布

1987-04-01 实施

3 商品分类图示标志

3.1 图示标志尺寸见表 2。

表 2　　　　　　　　　　　　　　　　　　　　　　　　　　　　　　　mm

包装件高度 （袋按长度）	分类图案 尺　寸	图形的具体参数		备　　注
		外框线宽	内框线宽	
500 及以下	50×50	1	2	平视距离 5m，包装标志清晰可见
500～1000	80×80	1	2	
1000 以上	100×100	1	2	平视距离 10m，包装标志清晰可见

3.2 图示标志图形

12 类图形，见图 1－1～图 1－12。

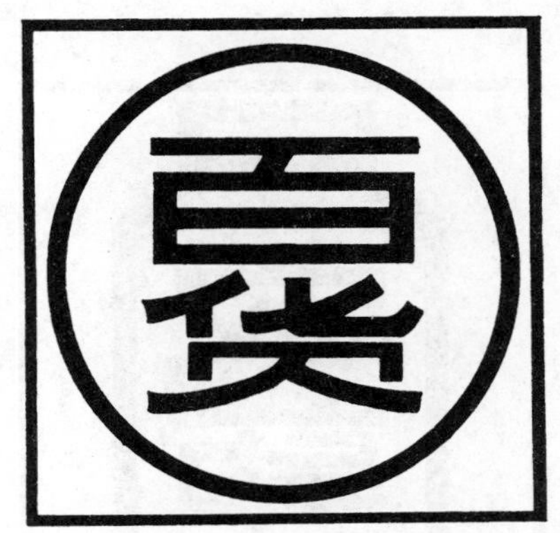

图 1－1

图 1－2

图 1－3

图 1－4

图 1－5

图 1－6　R=8.5mm

图 1-7

图 1-8　R=1cm

图 1-9　R=1.6cm

图 1-10

图 1-11

图 1-12

4　收发货标志的字体

标志的全部内容，中文都用仿宋体字，代号用汉语拼音大写字母；数码用阿拉伯数码；英文用大写的拉丁文字母。标志必须清晰、醒目，不脱落，不退色。

5　收发货标志的颜色

5.1　纸箱、纸袋、塑料袋、钙塑箱，按商品类别以表 3 规定的颜色用单色印刷。

表 3

商品类别	颜 色	商品类别	颜 色
百 货 类	红 色	医 药 类	红 色
文化用品类	红 色	食 品 类	绿 色
五 金 类	黑 色	农副产品类	绿 色
交 电 类	黑 色	农 药	黑 色
化 工 类	黑 色	化 肥	黑 色
针 纺 类	绿 色	机 械	黑 色

参考色样见表 4。

表 4

红 色	
绿 色	
黑 色	

5.2 麻袋、布袋用绿色或黑色印刷；木箱、木桶不分类别，一律用黑色印刷；铁桶用黑、红、绿、蓝底印白字，灰底印黑字；表内未包括的其他商品，包装标志的颜色按其属性归类。

6 收发货标志的方式

6.1 印刷

适用于纸箱、纸袋、钙塑箱、塑料袋。在包装容器制造过程中，将需要的项目按 5.1 规定印刷在包装容器上。有些不固定的文字和数字在商品出厂和发运时填写。

6.2 刷写

适用于木箱、桶、麻袋、布袋、塑料编织袋。利用印模、镂模，按 5.2 规定涂写在包装容器上。要求醒目、牢固。

6.3 粘贴

对于不固定的标志，如收货单位和到达站需要临时确定，所以先将需要的项目印刷在 $60g/m^2$ 以上的白纸或牛皮纸上，然后粘贴在包装件有关栏目内。

6.4 拴挂

对于不便印刷、刷写的运输包装件筐、篓、捆扎件，将需要的项目印刷在不低于 $120g/m^2$ 的牛皮纸或布、塑料薄膜、金属片上，拴挂包装件上（不得用于出口商品包装）。

7 标志位置

7.1 六面体包装件的分类图示标志位置，按 GB 3538—83《运输包装件各部位的标志方法》标志部位，放在包装件 5、6 两面的左上角。收发货标志的其他各项，见图 2－1，图 2－2；图 3－1，图 3－2。

7.2 袋类包装件的分类图示标志放在两大面的左上角，收发货标志的其他各项，见图 4。

7.3 桶类包装的分类图示标志放在左上方，收发货标志的其他各项，见图 5。

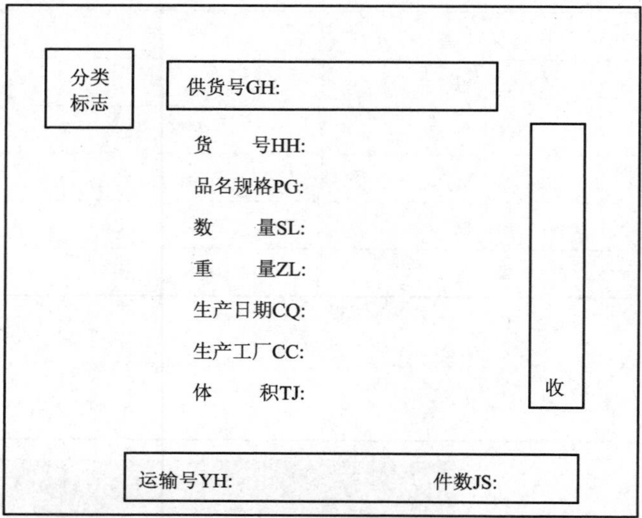

图 2－1

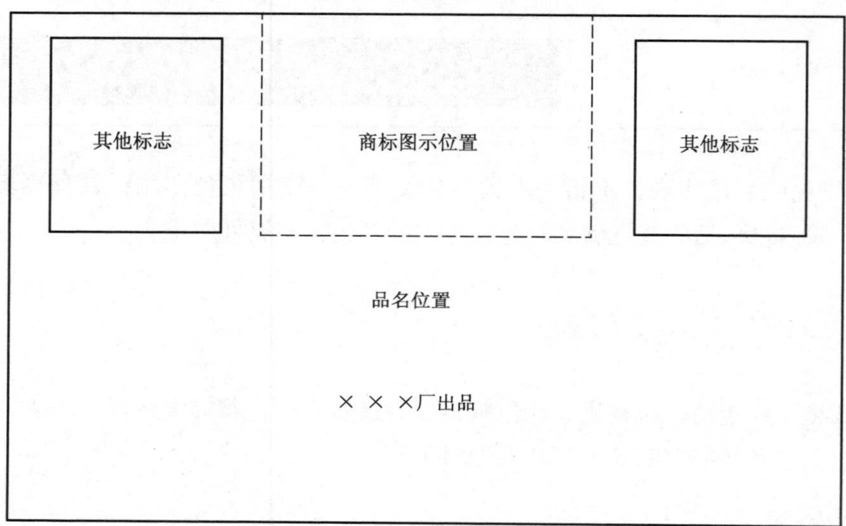

图 2－2

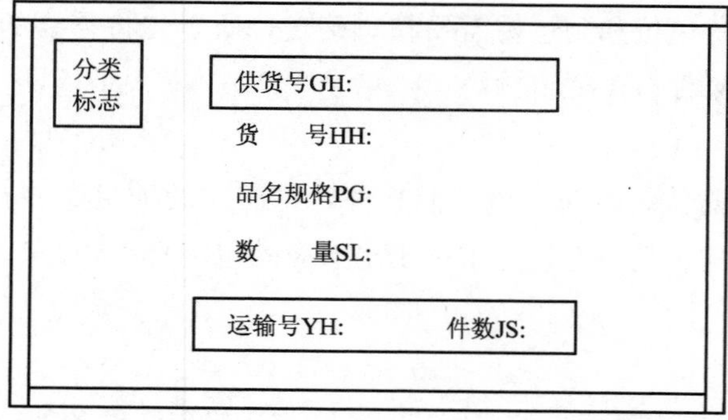

图 3－1

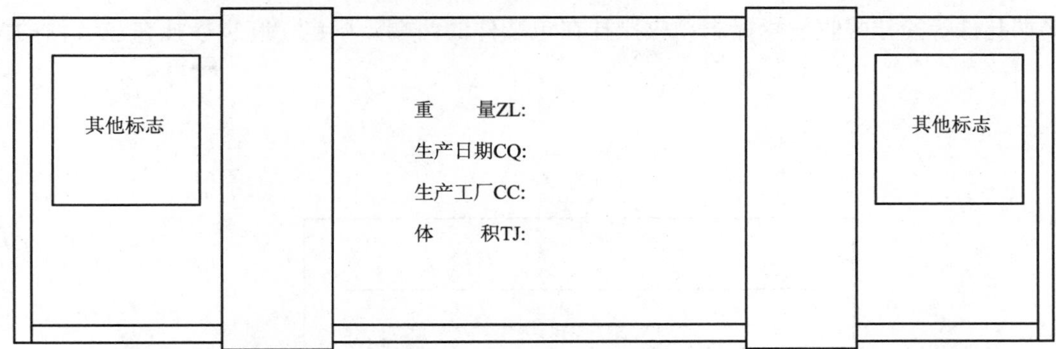

图 3－2

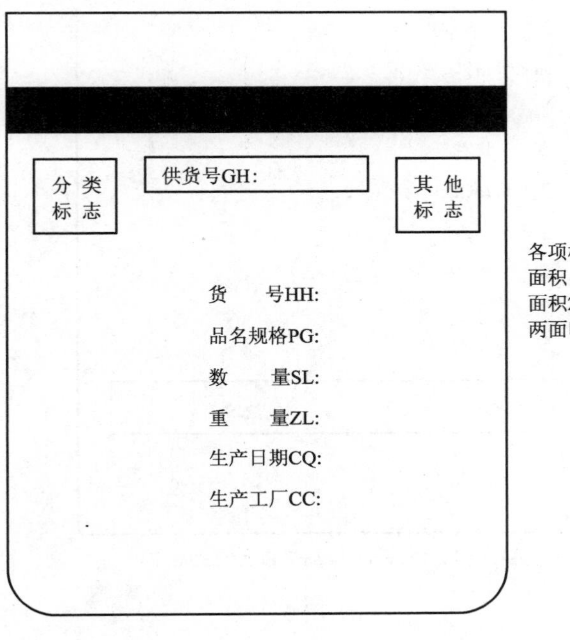

各项标志面积占袋面积2/3，两面印制

图 4

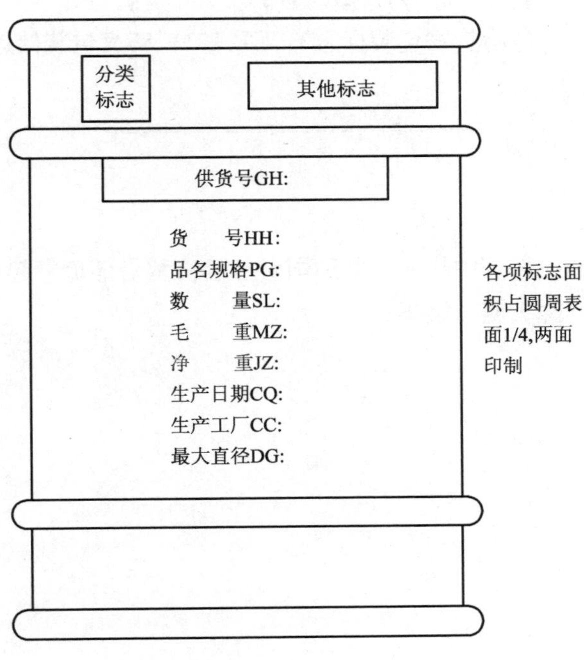

各项标志面积占圆周表面1/4，两面印制

图 5

7.4 筐、篓捆扎件等拴挂式收发货标志，应拴挂在包装件的两端；草包、麻袋拴挂在包装件的两上角，见图6。

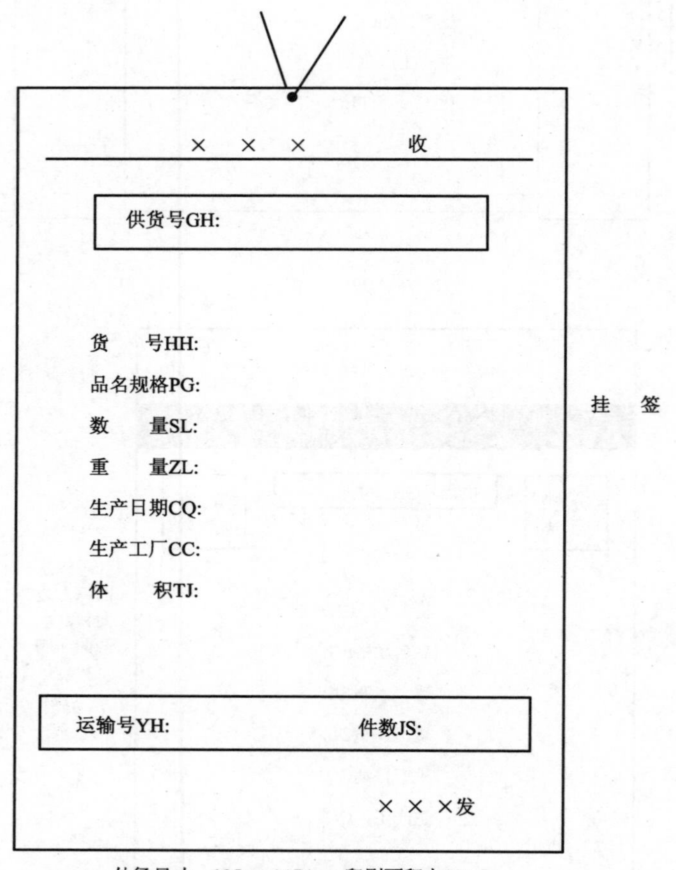

图6

7.5 粘贴标志应贴在包装件的5、6两个面的有关栏目内。

7.6 其他的标志按GB 190—85《危险货物包装标志》、GB 191—85《包装储运图示标志》等的规定执行。

附加说明：

本标准由国家标准局提出。

本标准由中华人民共和国商业部、中华人民共和国对外经济贸易部负责起草。

本标准主要起草人丁文民、陈大明、姚崇。

ICS 71.040.30
G 60

中华人民共和国国家标准

GB/T 6682—2008
代替 GB/T 6682—1992

分析实验室用水规格和试验方法

**Water for analytical laboratory use—
Specification and test methods**

(ISO 3696:1987,MOD)

2008-05-15 发布　　2008-11-01 实施

中华人民共和国国家质量监督检验检疫总局
中国国家标准化管理委员会　发布

前　言

本标准修改采用 ISO 3696：1987《分析实验室用水规格和试验方法》（英文版）。

考虑我国国情，本标准在采用 ISO 3696：1987 时做了一些修改。有关技术性差异已编入正文中并在它们所涉及的条款的页边空白处用垂直单线标识。在附录 A 中列出了本标准章条编号与 ISO 3696：1987 章条编号对照一览表。在附录 B 中给出了本标准与 ISO 3696：1987 技术性差异及其原因一览表以供参考。

本标准代替 GB/T 6682—1992《分析实验室用水规格和试验方法》，与 GB/T 6682—1992 相比主要变化如下：

——增加了实验报告（本版的第 8 章）。

本标准的附录 C 为规范性附录，附录 A、附录 B 为资料性附录。

本标准由中国石油和化学工业协会提出。

本标准由全国化学标准化技术委员会化学试剂分会（SAC/TC 63/SC 3）归口。

本标准起草单位：国药集团化学试剂有限公司。

本标准主要起草人：陈浩云、陈红。

本标准于 1986 年首次发布，于 1992 年第一次修订。

分析实验室用水规格和试验方法

1 范围

本标准规定了分析实验室用水的级别、规格、取样及贮存、试验方法和试验报告。

本标准适用于化学分析和无机痕量分析等试验用水。可根据实际工作需要选用不同级别的水。

2 规范性引用文件

下列文件中的条款通过本标准的引用而成为本标准的条款。凡是注日期的引用文件，其随后所有的修改单（不包括勘误的内容）或修订版均不适用于本标准，然而，鼓励根据本标准达成协议的各方研究是否可使用这些文件的最新版本。凡是不注日期的引用文件，其最新版本适用于本标准。

GB/T 601 化学试剂 标准滴定溶液的制备

GB/T 602 化学试剂 杂质测定用标准溶液的制备（GB/T 602—2002，ISO 6353—1：1982，NEQ）

GB/T 603 化学试剂 试验方法中所用制剂及制品的制备（GB/T 603—2002，ISO 6353—1：1982，NEQ）

GB/T 9721 化学试剂 分子吸收分光光度法通则（紫外和可见光部分）

GB/T 9724 化学试剂 pH 值测定通则（GB/T 9724—2007，ISO 6353—1：1982，NEQ）

GB/T 9740 化学试剂 蒸发残渣测定通用方法（GB/T 9740—2008，ISO 6353—1：1982，NEQ）

3 外观

分析实验室用水目视观察应为无色透明液体。

4 级别

分析实验室用水的原水应为饮用水或适当纯度的水。

分析实验室用水共分三个级别：一级水、二级水和三级水。

4.1 一级水

一级水用于有严格要求的分析试验，包括对颗粒有要求的试验。如高效液相色谱分析用水。

一级水可用二级水经过石英设备蒸馏或离子交换混合床处理后，再经 0.2μm 微孔滤膜过滤来制取。

4.2 二级水

二级水用于无机痕量分析等试验，如原子吸收光谱分析用水。

二级水可用多次蒸馏或离子交换等方法制取。

4.3 三级水

三级水用于一般化学分析试验。

三级水可用蒸馏或离子交换等方法制取。

5 规格

分析实验室用水的规格见表 1。

表 1

名　　称	一级	二级	三级
pH 值范围（25℃）	—	—	5.0～7.5
电导率（25℃）/（mS/m）	≤0.01	≤0.10	≤0.50
可氧化物质含量（以 O 计）/（mg/L）	—	≤0.08	≤0.4
吸光度（254nm，1cm 光程）	≤0.001	≤0.01	—
蒸发残渣（105℃±2℃）含量/（mg/L）	—	≤1.0	≤2.0
可溶性硅（以 SiO_2 计）含量/（mg/L）	≤0.01	≤0.02	—
注 1：由于在一级水、二级水的纯度下，难于测定其真实的 pH 值，因此，对一级水、二级水的 pH 值范围不做规定。 注 2：由于在一级水的纯度下，难于测定可氧化物质和蒸发残渣，对其限量不做规定。可用其他条件和制备方法来保证一级水的质量。			

6　取样及贮存

6.1　容器

6.1.1　各级用水均使用密闭的、专用聚乙烯容器。三级水也可使用密闭、专用的玻璃容器。

6.1.2　新容器在使用前需用盐酸溶液（质量分数为 20%）浸泡 2d～3d，再用待测水反复冲洗，并注满待测水浸泡 6h 以上。

6.2　取样

按本标准进行试验，至少应取 3L 有代表性水样。

取样前用待测水反复清洗容器，取样时要避免沾污。水样应注满容器。

6.3　贮存

各级用水在贮存期间，其沾污的主要来源是容器可溶成分的溶解、空气中二氧化碳和其他杂质。因此，一级水不可贮存，使用前制备。二级水、三级水可适量制备，分别贮存在预先经同级水清洗过的相应容器中。

各级用水在运输过程中应避免沾污。

7　试验方法

在试验方法中，各项试验必须在洁净环境中进行，并采取适当措施，以避免试样的沾污。水样均按精确至 0.1mL 量取，所用溶液以“%”表示的均为质量分数。

试验中均使用分析纯试剂和相应级别的水。

7.1　pH 值

量取 100mL 水样，按 GB/T 9724 的规定测定。

7.2　电导率

7.2.1　仪器

7.2.1.1　用于一、二级水测定的电导仪：配备电极常数为 $0.01cm^{-1}$～$0.1cm^{-1}$ 的“在线”电导池。并具有温度自动补偿功能。

若电导仪不具温度补偿功能，可装“在线”热交换器，使测定时水温控制在 25℃±1℃。或记录水温度，按附录 C 进行换算。

7.2.1.2　用于三级水测定的电导仪：配备电极常数为 $0.1\ cm^{-1}$～$1cm^{-1}$ 的电导池。并具有温度自动补偿功能。

若电导仪不具温度补偿功能，可装恒温水浴槽，使待测水样温度控制在 25℃±1℃。或记录水温度，按附录C进行换算。

7.2.2 测定步骤

7.2.2.1 按电导仪说明书安装调试仪器。

7.2.2.2 一、二级水的测量：将电导池装在水处理装置流动出水口处，调节水流速，赶净管道及电导池内的气泡，即可进行测量。

7.2.2.3 三级水的测量：取400mL水样于锥形瓶中，插入电导池后即可进行测量。

7.2.3 注意事项

测量用的电导仪和电导池应定期进行检定。

7.3 可氧化物质

7.3.1 制剂的制备

7.3.1.1 硫酸溶液（20%）

按GB/T 603的规定配制。

7.3.1.2 高锰酸钾标准滴定溶液［c（$\frac{1}{5}KMnO_4$）=0.01mol/L］

按GB/T 601的规定配制。

7.3.2 测定步骤

量取1 000mL二级水，注入烧杯中，加入5.0mL硫酸溶液（20%），混匀。

量取200mL三级水，注入烧杯中，加入1.0mL硫酸溶液（20%），混匀。

在上述已酸化的试液中，分别加入1.00mL高锰酸钾标准滴定溶液［c（$\frac{1}{5}KMnO_4$=0.01mol/L］，混匀，盖上表面皿，加热至沸并保持5min。溶液的粉红色不得完全消失。

7.4 吸光度

按GB/T 9721的规定测定。

7.4.1 仪器条件

石英吸收池：厚度1cm和2cm。

7.4.2 测定步骤

将水样分别注入1cm及2cm吸收池中，于254nm处，以1cm吸收池中水样为参比，测定2cm吸收池中水样的吸光度。

若仪器的灵敏度不够时，可适当增加测量吸收池的厚度。

7.5 蒸发残渣

7.5.1 仪器

7.5.1.1 旋转蒸发器：配备500mL蒸馏瓶。

7.5.1.2 恒温水浴。

7.5.1.3 蒸发皿：材质可选用铂、石英、硼硅玻璃。

7.5.1.4 电烘箱：温度可控制在105℃±2℃。

7.5.2 测定步骤

7.5.2.1 水样预浓集

量取1 000mL二级水（三级水取500mL）。将水样分几次加入旋转蒸发器的蒸馏瓶中，于水浴上减压蒸发（避免蒸干）。待水样最后蒸至约50mL时，停止加热。

7.5.2.2 测定

将上述预浓集的水样，转移至一个已于105℃±2℃恒量的蒸发皿中，并用5mL～10mL水样分2次～3

次冲洗蒸馏瓶，将洗液与预浓集水样合并于蒸发皿中，按 GB/T 9740 的规定测定。

7.6 **可溶性硅**

7.6.1 制剂的制备

7.6.1.1 二氧化硅标准溶液（1mg/mL）

按 GB/T 602 的规定配制。

7.6.1.2 二氧化硅标准溶液（0.01mg/mL）

量取 1.00mL 二氧化硅标准溶液（1mg/mL）于 100mL 容量瓶中，稀释至刻度，摇匀。转移至聚乙烯瓶中，临用前配制。

7.6.1.3 钼酸铵溶液（50g/L）

称取 5.0g 钼酸铵 [$(NH_4)_6Mo_7O_{24}\cdot 4H_2O$]，溶于水，加 20.0mL 硫酸溶液（20%），稀释至 100mL，摇匀。贮存于聚乙烯瓶中。若发现有沉淀时应重新配制。

7.6.1.4 对甲氨基酚硫酸盐（米吐尔）溶液（2g/L）

称取 0.20g 对甲氨基酚硫酸盐，溶于水，加 20.0g 偏重亚硫酸钠（焦亚硫酸钠），溶解并稀释至 100mL，摇匀。贮存于聚乙烯瓶中。避光保存，有效期两周。

7.6.1.5 硫酸溶液（20%）

按 GB/T 603 的规定配制。

7.6.1.6 草酸溶液（50g/L）

称取 5.0g 草酸，溶于水，并稀释至 100mL。贮存于聚乙烯瓶中。

7.6.2 仪器

7.6.2.1 铂皿：容量为 250mL。

7.6.2.2 比色管：容量为 50mL。

7.6.2.3 水浴：可控制恒温为约 60℃。

7.6.3 测定步骤

量取 520mL 一级水（二级水取 270mL），注入铂皿中，在防尘条件下，亚沸蒸发至约 20mL，停止加热，冷却至室温，加 1.0mL 钼酸铵溶液（50g/L），摇匀，放置 5min 后，加 1.0mL 草酸溶液（50g/L），摇匀，放置 1min 后，加 1.0mL 对甲氨基酚硫酸盐溶液（2g/L），摇匀。移入比色管中，稀释至 25mL，摇匀，于 60℃水浴中保温 10min。溶液所呈蓝色不得深于标准比色溶液。

标准比色溶液的制备是取 0.50mL 二氧化硅标准溶液（0.01mg/mL），用水样稀释至 20mL 后，与同体积试液同时同样处理。

8 试验报告

试验报告应包括下列内容：

a）样品的确定；

b）参考采用的方法；

c）结果及其表述方法；

d）测定中异常现象的说明；

e）不包括在本标准中的任意操作。

附 录 A
（资料性附录）
本标准章条编号与 ISO 3696：1987 章条编号对照

A.1 本标准章条编号与 ISO 3696：1987 章条编号对照一览表，见表 A.1。

表 A.1 本标准章条编号与 ISO 3696：1987 章条编号对照

本标准章条编号	对应的国际标准章条编号
1	1
2	—
3	2
4	3
5	4
6	5、6
7	7
7.1	7.1
7.2	7.2
7.3	7.3
7.4	7.4
7.5	7.5
7.6	7.6
8	8

附　录　B
（资料性附录）
本标准与 ISO 3696：1987 技术性差异及其原因

B.1　本标准与 ISO 3696：1987 技术性差异及其原因一览表，见表 B.1。

表 B.1　　本标准与 ISO 3696：1987 技术性差异及其原因

标准的章条编号	技术性差异	原　因
1	在范围的文字叙述上有所调整	根据我国标准编写规则进行编写
2	增加了规范性引用文件	以适合我国国情
6	在取样及贮存的文字叙述上有所调整	以适合我国国情
7.1	按 GB/T 9724 规定用玻璃-饱和甘汞电极代替银-氯化银电极	此电极在我国使用较普遍
7.2	增加了将实际水温下测定的电导率换算成 25℃时的方法	以适合我国国情
7.3.1.1	按 GB/T 603 制备硫酸溶液（20%）代替 1mol/L 硫酸溶液	引用国标通则
7.5.1.1	用 500mL 蒸馏瓶代替 250mL 蒸馏瓶	此规格蒸馏瓶使用方便
7.5.1.4	按 GB/T 9740 规定采用 105℃±2℃电烘箱代替 110℃±2℃电烘箱	引用国标通则
7.6.1.1	按 GB/T 602 制备 0.1mg/mL 硅标准溶液	引用国标通则
7.6.1.2	用 1mL 溶液含有 0.01mg SiO_2 代替 1mL 溶液含有 0.005mg SiO_2	增加可操作性
7.6.1.5	按 GB/T 603 制备硫酸溶液（20%）代替 2.5mol/L 硫酸溶液	引用国标通则

附　录　C
（规范性附录）
电导率的换算公式

C.1 当电导率测定温度在 t℃时，可换算为25℃下的电导率。

25℃时各级水的电导率 K_{25}，数值以“mS/m”表示，按式（C.1）计算：

$$K_{25}=k_t(K_t-K_{p.t})+0.005\,48 \quad \text{(C.1)}$$

式中：

k_t——换算系数；

K_t——t℃时各级水的电导率，单位为毫西每米（mS/m）；

$K_{p.t}$——t℃时理论纯水的电导率，单位为毫西每米（mS/m）；

0.005 48——25℃时理论纯水的电导率，单位为毫西每米（mS/m）。

理论纯水的电导率（$K_{p.t}$）和换算系数（k_t）见表C.1。

表C.1　理论纯水的电导率和换算系数

t/℃	k_t/（mS/m）	$K_{p.t}$/（mS/m）	t/℃	k_t/（mS/m）	$K_{p.t}$/（mS/m）
0	1.797 5	0.001 16	23	1.043 6	0.004 90
1	1.755 0	0.001 23	24	1.021 3	0.005 19
2	1.713 5	0.001 32	25	1.000 0	0.005 48
3	1.672 8	0.001 43	26	0.979 5	0.005 78
4	1.632 9	0.001 54	27	0.960 0	0.006 07
5	1.594 0	0.001 65	28	0.941 3	0.006 40
6	1.555 9	0.001 78	29	0.923 4	0.006 74
7	1.518 8	0.001 90	30	0.906 5	0.007 12
8	1.482 5	0.002 01	31	0.890 4	0.007 49
9	1.447 0	0.002 16	32	0.875 3	0.007 84
10	1.412 5	0.002 30	33	0.861 0	0.008 22
11	1.378 8	0.002 45	34	0.847 5	0.008 61
12	1.346 1	0.002 60	35	0.835 0	0.009 07
13	1.314 2	0.002 76	36	0.823 3	0.009 50
14	1.283 1	0.002 92	37	0.812 6	0.009 94
15	1.253 0	0.003 12	38	0.802 7	0.010 44
16	1.223 7	0.003 30	39	0.793 6	0.010 88
17	1.195 4	0.003 49	40	0.785 5	0.011 36
18	1.167 9	0.003 70	41	0.778 2	0.011 89
19	1.141 2	0.003 91	42	0.771 9	0.012 40
20	1.115 5	0.004 18	43	0.766 4	0.012 98
21	1.090 6	0.004 41	44	0.761 7	0.013 51
22	1.066 7	0.004 66	45	0.758 0	0.014 10

续表

t/℃	k_t/（mS/m）	$K_{p\cdot t}$/（mS/m）	t/℃	k_t/（mS/m）	$K_{p\cdot t}$/（mS/m）
46	0.755 1	0.014 64	49	0.751 8	0.016 50
47	0.753 2	0.015 21	50	0.752 5	0.017 28
48	0.752 1	0.015 82			

ICS 55.020
A 80

中华人民共和国国家标准

GB/T 14449—2008
代替 GB/T 14449—1993

气雾剂产品测试方法

Test method for aerosol products

2008-07-18 发布　　2009-01-01 实施

中华人民共和国国家质量监督检验检疫总局
中国国家标准化管理委员会　发布

前　　言

本标准代替 GB/T 14449—1993《气雾剂产品测试方法》。

本标准与 GB/T 14449—1993 相比，主要变化如下：

——测试内容增加了“净容量、充填率、泄漏量”；

——内压的测试温度由 25℃±1℃改为“所要求的温度，控温精度±1℃”；

——燃烧性的测试增加了两种测试方法，为“封闭空间点燃试验方法”和“泡沫可燃性试验方法”；

——修改了气雾剂的贮存试验方法；

——增加了净容量的测试方法；

——增加了充填率的测试方法；

——修改了喷出速率的测试方法的试验条件；

——删除了泄漏速率的测试，增加了泄漏量的测试。

燃烧性测试方法采用了联合国《关于危险货物运输的建议书：试验和标准手册》（第四版）中有关气雾剂试验方法技术内容，其他测试方法参考了美国材料试验协会（ASTM）标准。

本标准由中国包装联合会提出。

本标准由全国包装标准化技术委员会归口。

本标准主要起草单位：中山市凯达精细化工股份有限公司。

本标准参与起草单位：深圳市彩虹精细化工股份有限公司、广州保赐利化工有限公司、中山市美捷时喷雾阀有限公司、广东莱雅化工有限公司、台州绿岛化妆品有限公司、上海庄臣有限公司、河北康达有限公司、上海大造气雾剂有限公司、中山乐高派对用品有限公司。

本标准主要起草人：崔茹平、梁配辉、康震宇、梁伟明、王学民、李义庆、叶建军、刘科、王璐、郑智勇、阮慎、梁高键。

本标准所代替标准的历次版本发布情况为：

——GB/T 14449—1993。

气雾剂产品测试方法

1 范围

本标准规定了气雾剂产品的基本测试方法。

本标准适用于容量小于1L的气雾剂产品的测试。

2 规范性引用文件

下列文件中的条款通过本标准的引用而成为本标准的条款。凡是注日期的引用文件，其随后所有的修改单（不包括勘误的内容）或修订版均不适用于本标准，然而，鼓励根据本标准达成协议的各方研究是否可使用这些文件的最新版本。凡是不注日期的引用文件，其最新版本适用于本标准。

GB/T 21630—2008 危险品 喷雾剂点燃距离试验方法

GB/T 21631—2008 危险品 喷雾剂封闭空间点燃方法

GB/T 21632—2008 危险品 喷雾剂泡沫可燃性试验方法

BB/T 0033 气雾剂产品的分类及术语

3 术语及定义

BB/T 0033确定的术语及定义适用于本标准。

4 测试内容

各种气雾剂产品可选择采用以下内容：

a）内压；

b）喷出雾燃烧性；

c）内容物稳定性；

d）容器耐贮性；

e）喷程；

f）喷角；

g）雾粒粒径及其分布；

h）喷出速率；

i）一次喷量；

j）喷出率；

k）净质量；

l）净容量；

m）泄漏量；

n）充填率。

5 测试方法

5.1 内压的测试

5.1.1 仪器及试验装置

a）压力表：量程0MPa～1.6MPa，精度2.5级，带专用接头；

b）计时器；

c）恒温水浴：控温精度±1℃，带金属架夹。

5.1.2 测试步骤

a）取三罐试样，按试样标示的喷射方法，排除充装操作时滞留在阀门和（或）吸管中的推进剂或空气；

b）将试样拔出阀门促动器，置于所要求温度的恒温水浴中，使水浸没罐身，恒温时间不少于30min；

c）戴厚皮手套，摇动试样六次（除试样标明不允许摇动罐体者外），将压力表进口对准阀杆，产品正立放置，用力压紧，压力表指针稳定后，记下压力读数，每罐重复测试三次，取平均值；

d）依此方法测试第二、第三罐试样。三次测试结果平均值即为该产品的内压。

5.2 喷出雾燃烧性的测试

根据产品的性质，按GB/T 21630—2008、GB/T 21631—2008、GB/T 21632—2008进行测试。

5.3 内容物稳定性的测试

5.3.1 试样的准备

a）试样所采用的容器、阀门应经检验合格；

b）试样的容器、阀门接合密封后，其封口直径、深度应检验合格；

c）经50℃水浴浸泡，应无气泡产生，其内压必须低于容器和阀门允许的使用压力。

5.3.2 试验条件及取样

a）－17℃～0℃贮存试验进行4周，贮存过程每周取样测试，每次取样不少于2罐，供试样品总量不少于8罐；

b）50℃±2℃贮存试验进行8周，贮存过程每2周取样测试，每次取样不少于2罐，供试样品总量不少于8罐；

c）对于－17℃～0℃和50℃贮存试样，在样品取出后应放置让其恢复至室温后才予以测试；

d）室温贮存试验进行1年，贮存过程每季度取样测试，每次取样不少于2罐，且每周记录贮存环境温度，供试样品总量不少于8罐。

注1：上述条件在必要时，可根据不同产品需要，选择适当温度或时间。

注2：在试验过程中若中途出现容器被蚀、变形等迹象，且在扩大检查后得到证实，则应中断试验，及时把试样清除处理，以避免事故发生。

5.3.3 测试内容

a）理化性能指标的测试，包括气味、色泽、相态、内压以及该试样标准中的其他理化指标；

b）功能的测试，包括试样标示的使用功能效果和试样标准中的功能指标项目。

根据检测试样结果评价内容物稳定性。

5.4 容器耐贮性的测试

气雾剂产品贮存性试验分为动态贮存和静态贮存两种试验。

5.4.1 试样的准备

a）试样所采用的容器、阀门应经检验合格；

b）试样的容器、阀门接合密封后，其封口直径、深度应检查合格；

c）经50℃水浴浸泡，3min之内应无气泡产生，其内压应低于容器和阀门允许的使用压力；

d）对于非室温贮存试样，在样品取出后应放置让其恢复至室温后才予以测试；

e）各温度耐贮试验的样品，先对等数量地分为两组，一组编号为Ⅰ，另一组编号为Ⅱ。

注3：在试验过程中若中途出现容器被蚀、变形等迹象，且在扩大检查后得到证实，则应中断试验，及时把试样清除处理，以避免事故发生。

5.4.2 试样的放置方式和贮存形式

第Ⅰ、Ⅱ两组试样，均以对等数量采用正立式放置和倒立式放置。

Ⅰ组用于做动态贮存试验，Ⅱ组用于做静态贮存试验。

正立式是考察阀门与试样内容物的气相接触的状况。

倒立式是考察阀门与试样内容物的液相接触的状况。

5.4.3 试样条件及取样

对Ⅰ组试样，在贮存期间，每周取出测试。各测试内容按本标准中规定的测试方法进行测试。Ⅱ组试样按表1规定时间取出，进行测试。试验条件及测试要求示例如表1所示。

表1　　气雾剂产品贮存试验示例

项　目	动 态 贮 存	静 态 贮 存
贮存温度	室温，36℃	−1℃，室温，36℃，54℃
贮存放置方式	正立和倒立	正立和倒立
充填罐数	24（每一温度一半倒立）	144（每一温度一半倒立）
测试期限	直到完成	2年
测试频率	每周	1，3，6，12，18，24个月
每次测试所用罐数	24	24（每一温度每一放置方式）
测试内容	——泄漏量 ——内压 ——喷出速率（10s） ——雾粒粒径 ——阀门和罐的检查（不能正常使用时或最后检测）	——泄漏量 ——内压 ——喷出速率（10s） ——阀门的检测 ——容器的检测 ——内容物的检测

5.4.4 测试内容

a）密封性能测试（本项仅用于Ⅱ组试样）测定贮存过程的泄漏量；

b）测试喷出速率和雾粒粒径；

c）检查阀门的喷雾功能及阀门部件中的金属、塑料、橡胶件有无被蚀、脆化、软化、硬化、收缩、过度膨胀等现象以及紧固性是否正常；

d）检查容器有无变形，内壁中各部位如顶部、底部、罐身的气相和液相位置、深隙处以及同阀门相接合的部位有无腐蚀等变化；

e）内容物的检测需要观察内容物颜色的变化、是否有沉淀物、泥状物。若发现有腐蚀或怀疑有腐蚀现象，可检测产品的水分、铁含量及锡含量。

根据测试结果评价容器耐贮性。

5.5 喷程的测试

本方法适用于喷雾型的气雾剂产品。

5.5.1 装置

a）底座：长×宽＝1 000mm×200mm；

b）标尺：长1 000mm，刻度1mm，平行地装于底座上方，高度可调；

c）恒温水浴：控温精度±1℃，带金属架夹。

5.5.2 测试步骤

a）取三罐试样，按试样标示的喷射方法，排除充装操作时滞留在阀门和（或）吸管中的推进剂或空气；

b）将试样置于25℃恒温水浴中，使水浸没罐身，恒温30min；

c）戴厚皮手套，取出试样，擦干。除试样标明不允许摇动罐体者外，摇动试样六次；

d）按试样标示的喷射方法，在标尺的刻度为零处连续喷射1s（采用定量阀门可喷射三次）；喷射时保持雾束中心线与标尺平行和等高，记下雾束中心线在雾粒开始下坠或湍流处标尺的刻度。每罐重复测试三次，取平均值；

e）依此方法测试第二、第三罐试样，三罐测试结果的平均值即为该产品的喷程。

5.5.3 注意事项

a）测试时区域内应无明火；

b）测试应于无风区域进行；

c）试验后应通风换气，并把装置清洗干净。

5.6 喷角的测试

本方法适用于喷雾型的气雾剂产品。

5.6.1 测试装置

a）单相交流电动机：功率120W，转速1 400r/min；

b）调速器：1r/min～1 400r/min；

c）连接杆：作为调速器与旋转盘连接用；

d）旋转盘：有一60°扇形缺口，半径150mm；

e）挡板：夹上130mm×130mm的牛皮纸。

5.6.2 试样的制备

为了在牛皮纸上记录雾型，需在试样中添加适当的染料，染料可以在灌装前加入，也可以通过阀门注入适量的染料溶液。对采用极性溶剂的产品，可用龙胆紫，对采用非极性溶剂的产品则可用油溶红。

对乳液的染色应防止加入物破坏乳液稳定性。

5.6.3 测试步骤

a）取三罐试样，按试样标示的喷射方法，排除充装操作时滞留在阀门和（或）吸管中的推进剂或空气；

b）将试样置于25℃恒温水浴中，使水浸没罐身，恒温30min；

c）戴厚皮手套，取出试样，擦干。除试样标明不允许摇动罐体者外，摇动试样六次；

d）将试样定位，使阀门对准牛皮纸，并且阀门与牛皮纸中心处在同一水平线上。调节阀门与牛皮纸间的距离，使接收处于最佳状态。喷角较大的产品选择距牛皮纸10cm～15cm处喷射，喷角较小的产品距牛皮纸15cm～25cm处喷射；

e）转动转盘，使扇形缺口转离牛皮纸中心。其后开始喷射并启动电源带动转盘，让雾束通过扇面缺口喷至牛皮纸上。调节转盘转速，使喷到牛皮纸片上的粒子密度适中以获得较完整的雾型；

f）测试完毕取下牛皮纸，测量喷雾束在纸上留下的整体图形的直径和试样至纸片的距离。必要时，可把图形拍摄供日后分析用。测试装置示意图见图1；

g）依此方法测试第二、第三罐试样，三罐测试结果的平均值即为该产品的喷角。

喷角按式（1）计算：

$$\alpha = 2\mathrm{arctg}\frac{d}{2L} \quad \cdots\cdots (1)$$

式中：

α——喷角；

d——喷雾束在纸上留下整体图形的直径，直径值取喷束在纸上所留图形纵横两向长度的平均值，单位为毫米（mm）；

L——雾束起点至牛皮纸的距离，单位为毫米（mm）。

每罐重复测试三次，取平均值。

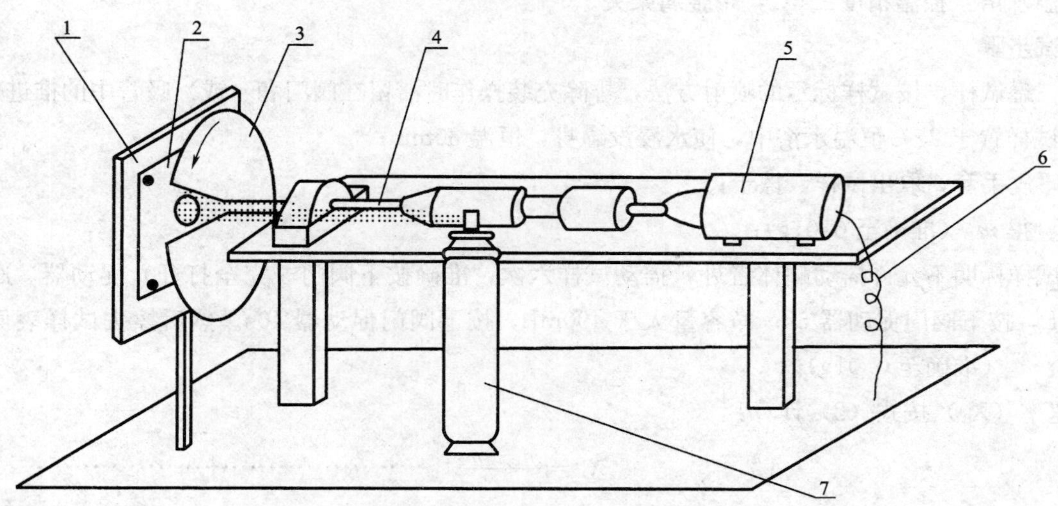

图1　测试装置示意图

1—挡板；2—牛皮纸；3—旋转盘；4—连接杆；5—单相交流电动机；6—调速器；7—试样

5.7　雾粒粒径及其分布的测定

5.7.1　方法提要

所有小微粒都对光衍射。本法以激光为光源，当喷出的雾粒进入激光束时，不同粒径的粒子以不同的角度衍射光，通过采用硅光电二极管阵列检测器测量不同角度的衍射光强度，可以测量雾粒粒径及其分布特性。

5.7.2　仪器

a）激光衍射粒径分析仪；

b）恒温水浴：控温精度±1℃，带金属架夹。

5.7.3　测试步骤

a）取三罐试样，按试样标示喷射方法，排除充装操作时滞留在阀门和（或）吸管中的推进剂或空气；

b）将试样置于25℃恒温水浴中，使水浸没罐身，恒温30min；

c）戴厚皮手套，取出试样，擦干。除试样标明不允许摇动罐体者外，摇动试样六次；

d）按仪器操作规程开机，根据试样情况选择合适的透镜，并设定仪器的测量参数，在仪器稳定15min后测量背景；

e）将试样定位，使喷射雾束中心线与激光束处于同一平面，并保持垂直，距激光束不同的距离处喷射，检查试样的遮光率。当遮光率数值达0.1～0.5范围时，将试样定位；

f）再次喷射采样5 s，测得结果，每罐重复测试三次，取平均值；

g）依此方法测试第二、第三罐试样，三罐测试结果的平均值即为该产品的雾粒粒径。

5.7.4　报告

结果报告以直方图和列表两种形式给出。

表式结果除列出粒径分布数据外，还要求给出质量中值粒径D（V.0.5）。

结果报告要标明透镜焦距、雾粒横切激光束的长度、遮光率、计算模式及参数等。同时亦需记录激光束至阀门的距离。

5.8 喷出速率的测试

5.8.1 仪器

a）秒表：精度 0.2s；

b）恒温水浴：控温精度±1℃，带金属架夹。

5.8.2 测试步骤

a）取三罐试样，按试样标示的喷射方法，排除充装操作时滞留在阀门和（或）吸管中的推进剂或空气；

b）将试样置于 25℃恒温水浴中，使水浸没罐身，恒温 30min；

c）戴厚皮手套，取出试样，擦干；

d）称量得 m_1（准确至 0.01g）；

e）除试样标明不允许摇动罐体者外，摇动试样六次，准确按下阀门（完全打开）促动器。净容量小于等于 400mL，按下阀门促动器 5s；净容量大于 400mL，按下阀门促动器 10s。然后擦去试样表面沾上的液体，称量得 m_2（准确至 0.01g）。

喷出速率（X_1）按式（2）计算：

$$X_1=\frac{m_1-m_2}{t} \qquad (2)$$

式中：

X_1——喷出速率，单位为克每秒（g/s）；

m_1——喷出前试样质量，单位为克（g）；

m_2——喷出后试样质量，单位为克（g）；

t——实际喷射时间，单位为秒（s）。

每罐重复测试三次，取平均值。

f）依此方法测试第二、第三罐试样，三罐测试结果的平均值即为该产品的喷出速率。

5.9 一次喷量的测试

适用于定量阀门的气雾剂产品。

5.9.1 仪器

天平：分度值不低于 0.01g。

5.9.2 测试步骤

取供试样品 4 瓶，除去帽盖，分别揿压阀门试喷数次后，擦净，精密称定，揿压阀门喷射 1 次，擦净，再精密称定，前后两次重量之差为 1 个喷量。按上法连续测出 3 个喷量；不计重量揿压阀门连续喷射 10 次；再按上法连续测出 3 个喷量；再不计重量揿压阀门连续喷射 10 次；最后再按上法连续测出 4 个喷量。计算每瓶 10 个喷量的平均值。

5.10 喷出率的测试

5.10.1 仪器

恒温水浴：控温精度±1℃，带金属架夹。

5.10.2 测试步骤

a）取三罐试样，置于 25℃恒温水浴中，使水浸没罐身，恒温 30min；

b）戴厚皮手套，取出试样，擦干。称量得 m_3（准确至 0.1g）；

c）除试样标明不允许摇动罐体者外，摇动试样六次，按试样标示的喷射方法喷出内容物，直到喷不出内容物为止，称量得 m_4（准确至 0.1g）；

d）将罐打开并清除残余物，再称试样质量（空罐及构件，如玻珠等）得 m_5（准确至 0.1g）；

e）依此方法测试第二、第三罐试样，三罐测试结果的平均值即为该产品的喷出率。

喷出率（X_2）按式（3）进行计算：

$$X_2 = \frac{m_3 - m_4}{m_3 - m_5} \times 100 \quad \cdots\cdots (3)$$

式中：

X_2——喷出率，%；

m_3——试样总质量，单位为克（g）；

m_4——喷后试样质量，单位为克（g）；

m_5——空罐及构件质量，单位为克（g）。

注4：喷射在通风橱内进行。

注5：若测试时温度太低，可重新放入25℃水浴中加热片刻，继续再喷。

5.11 净质量的测试

5.11.1 仪器

天平：分度值不低于0.01g。

5.11.2 测试步骤

取三罐试样，称量得 m_6，然后按试样标示的喷射方法将内容物喷出，喷射完毕对罐开孔并清除余液，再称试样质量（空罐及构件）得 m_7。

净质量（X_3）按式（4）进行计算：

$$X_3 = m_6 - m_7 \quad \cdots\cdots (4)$$

式中：

X_3——净质量，单位为克（g）；

m_6——试样总质量，单位为克（g）；

m_7——清除余液后试样质量，单位为克（g）。

依此方法测试第二、第三罐试样，三罐测试结果的平均值即为该产品的净质量。

5.12 净容量的测试

本方法不适用于使用定量阀门和有气相旁孔阀门的气雾剂产品。

5.12.1 仪器

a）带刻度的玻璃气雾剂试管，容量90mL，最小分度值1mL；

b）天平：分度值不低于0.01g。

5.12.2 测试步骤

取试样，称其质量 m_8。装配好玻璃气雾剂试管，注意采用无吸管的阀门，通过一截长约8mm、内径略小于试样阀杆直径的塑料管（可采用气雾剂阀门吸管），向玻璃试管充入10mL石油气，然后装上喷头，喷出石油气至无气体出来，以带走试管中的空气，称其质量 m_9。

先将样品充分摇匀，然后用塑料管将试样和玻璃试管的阀杆对接起来，玻璃气雾剂试管在上面，试样在下面，适当用力按压，使试样与玻璃试管相互接通，这时应有内容物从试样注入玻璃试管中，当注入的内容物占玻璃试管容积的65%～80%时，停止按压，取下试样，称取玻璃气雾剂试管的质量 m_{10}，将玻璃气雾剂试管置于25℃±2℃的环境中30min，待其中的内容物液面稳定后，读取液面的刻度 V。然后按5.11规定测出试样的净质量 X_3。测试装置图见图2。

5.12.3 计算

净容量（X_4）按式（5）进行计算：

$$X_4 = \frac{X_3}{m_{10} - m_9} \times V \quad \cdots\cdots (5)$$

式中：

X_4——净容量，单位为毫升（mL）；

m_9——空玻璃气雾剂试管的质量，单位为克（g）；

m_{10}——注入试样内容物后的玻璃气雾剂试管的质量，单位为克（g）；

X_3——试样的净质量，单位为克（g）；

V——试样注入玻璃气雾剂试管中的体积，单位为毫升（mL）。

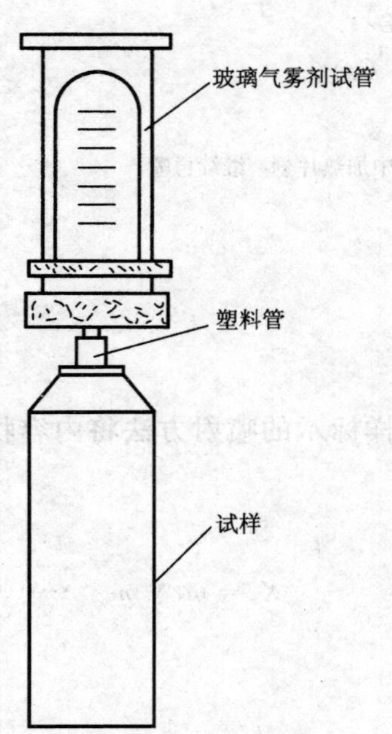

图 2 净容量测定装置图

5.13 泄漏量的测试

泄漏量的测试在两种贮存温度下进行。

5.13.1 仪器

天平：精度为 0.01g。

5.13.2 测试步骤

5.13.2.1 常温贮存泄漏量

取试样 10 罐～20 罐，按试样标示的喷射方法，排除充装操作中滞留在阀门和（或）吸管中的推进剂或空气。再分别称量得 m_{12}，在常温下贮存规定时间后，取出分别称量得 m_{13}。泄漏量（X_5）按式（6）进行计算：

$$X_5 = m_{12} - m_{13} \quad \cdots\cdots (6)$$

式中：

X_5——泄漏量，单位为克（g）；

m_{12}——常温存放前每罐质量，单位为克（g）；

m_{13}——常温存放后每罐质量，单位为克（g）。

测试结果平均值即为该产品在规定贮存时间内的泄漏量。

5.13.2.2 高温贮存泄漏量

取试样 10 罐～20 罐，按试样标示的喷射方法，排除充装操作中滞留在阀门和（或）吸管中的推进剂或空气。再分别称量得 m_{14}，在 50℃±2℃环境温度下贮存 3 个月后，取出分别称量得 m_{15}。泄漏量 X_6 按式

（7）进行计算：

$$X_6 = m_{14} - m_{15} \quad \cdots\cdots (7)$$

式中：

X_6——泄漏量，单位为克（g）；

m_{14}——高温存放前每罐质量，单位为克（g）；

m_{15}——高温存放后每罐质量，单位为克（g）。

测试结果平均值即为该产品在50℃±2℃环境中贮存3个月的泄漏量。

测试可根据不同要求确定温度与时间。

5.14 充填率的测试

5.14.1 仪器

a）装置见5.12净容量的测试；

b）天平：精度为0.01g。

5.14.2 测试步骤

取试样，称其质量m_8。装配好玻璃气雾剂试管，注意采用无吸管的阀门，通过一截长约8mm、内径略小于试样阀杆直径的塑料管（可采用气雾剂阀门吸管），向玻璃试管充入10mL石油气，然后装上喷头，喷出石油气至无气体出来，以带走试管中的空气，称其质量m_9。

先将样品充分摇匀，然后用塑料管将试样和玻璃试管的阀杆对接起来，玻璃气雾剂试管在上面，试样在下面，适当用力按压，使试样与玻璃试管相互接通，这时应有内容物从试样注入玻璃试管中，当注入的内容物占玻璃试管容积的65%～80%时，停止按压，取下试样，称取玻璃气雾剂试管的质量m_{10}，将玻璃气雾剂试管置于25℃±2℃的环境中30min，待其中的内容物液面稳定后，读取液面的刻度V。然后按5.11规定测出试样的净质量X_3。往空罐内加入25℃的水至满，将玻珠及阀门等构件放入罐中，吸干罐外的水后称量m_{16}。

充填率X_7按式（8）计算。

$$X_7 = \frac{X_3}{m_{10} - m_9} \times \frac{V}{m_{16} - m_7} \times 0.9977 \times 100 \quad \cdots\cdots (8)$$

式中：

X_7——充填率，%；

m_7——清除余液后试样质量，单位为克（g）；

m_9——空玻璃气雾剂试管的质量，单位为克（g）；

m_{10}——注入试样内容物后的玻璃气雾剂试管的质量，单位为克（g）；

m_{16}——空罐注入水后的总质量，单位为克（g）；

X_3——试样的净质量。单位为克（g）；

V——试样注入玻璃气雾剂试管中的容积，单位为毫升（mL）；

0.997 7——25℃水的密度，单位为克每毫升（g/mL）。

测试可根据不同产品要求确定恒温温度与时间。

ICS 55.100
A 82

中华人民共和国国家标准

GB 19778—2005

包装玻璃容器 铅、镉、砷、锑溶出允许限量

Packaging glass containers—Release of lead cadmium arsenic and antimony—Permissible limits

(ISO 7086-2 Glass hollowware in contact with food—Release of lead and cadmium—Permissible limits, MOD)

2005-05-23 发布 2005-12-01 实施

中华人民共和国国家质量监督检验检疫总局
中国国家标准化管理委员会 发布

前　言

本标准的第 4 章是强制性的，其余是推荐性的。

本标准修改采用 ISO 7086—2：2000《接触食品的空心玻璃制品——铅、镉溶出量——允许极限量》，铅、镉允许限量范围相同。

在多数玻璃容器中尚含有砷、锑，为了保障人身健康，故参考有关先进国家标准，制定了砷、锑的允许极限。

本标准由中国包装总公司提出。

本标准由全国包装标准化技术委员会玻璃容器分技术委员会归口。

本标准由北京玻璃陶瓷质量监督检测中心负责起草，山东药用玻璃股份有限公司参加起草。

本标准主要起草人：蒋中鳌、李美英、李道国、杜玉海、袁春梅。

包装玻璃容器 铅、镉、砷、锑溶出允许限量

1 范围

本标准规定了各种不同容积玻璃容器铅、镉、砷、锑溶出量的允许限量。

本标准适用于盛装食品、药品、酒、饮料、饮用水等直接进入人体的物料的各种包装玻璃容器。

2 规范性引用文件

下列标准中的条款通过本标准引用而成为本标准的条款。凡是注日期的引用文件，其随后所有的修改单（不包括勘误的内容）或修订版均不适用于本标准，然而，鼓励根据本标准达成协议的各方研究是否可使用这些文件的最新版本。凡是不注日期的引用文件，其最新版本适用于本标准。

GB/T 4548—1995 玻璃容器内表面耐水侵蚀性能测试方法及分级（eqv ISO 4802—1：1988）

GB/T 5009.11—1996 食品中总砷及无机砷的测定方法

GB/T 5009.63—1996 搪瓷食具容器卫生标准的分析方法

GB/T 13485—1992 接触食物的搪瓷制品铅、镉析出量测试方法

3 定义

3.1 包装玻璃容器：用于盛装食品、药品、酒类、饮料、饮用水等直接进入人体的物料的玻璃容器和微晶玻璃容器。

3.2 扁平容器：从容器内部最低平面至口缘水平面的深度小于 25mm 的玻璃容器。

3.3 小容器：容积小于 600mL 的容器。

3.4 大容器：容积介于 600mL 和 3L 之间的容器。

3.5 贮存罐：容积大于 3L 的容器。

3.6 耐热玻璃容器：盛装食品后再进行加热的容器，如微波炉烤盘、咖啡壶、火锅等玻璃容器。

4 允许限量

包装玻璃容器类型	单位	允许限量			
		铅	镉	砷	锑
扁平容器	mg/dm^2	0.8	0.07	0.07	0.7
小容器	mg/L	1.5	0.5	0.2	1.2
大容器	mg/L	0.75	0.25	0.2	0.7
贮存罐	mg/L	0.5	0.25	0.15	0.5

5 浸泡条件

样品按 GB/T 4548 要求清洗，内装 4%（体积分数）乙酸，其中耐热玻璃容器在 98℃±1℃加热 120min±2min；一般玻璃容器在 22℃±2℃浸泡 24h。

6 检验方法

浸出液按下列方法进行检验：

铅和镉按 GB/T 13485—1992 第一篇进行测试；

砷按 GB/T 5009.11—1996 第一篇进行测试；

锑按 GB/T 5009.63—1996 测试。

ICS 55.020
A 80

中华人民共和国国家标准

GB 23350—2009

限制商品过度包装要求 食品和化妆品

Requirements of restricting excessive package—Foods and cosmetics

2009-03-31 发布　　　　2010-04-01 实施

中华人民共和国国家质量监督检验检疫总局
中国国家标准化管理委员会　发布

前　　言

本标准4.2.1、4.2.2条为强制性条款，其余为推荐性条款。

本标准附录A、附录B、附录C为规范性附录。

本标准由中国标准化研究院提出。

本标准由全国包装标准化技术委员会归口。

本标准起草单位：中国标准化研究院、中国包装联合会、机械科学研究院、中国包装科研测试中心、中国出口商品包装研究所、中国食品发酵工业研究院、资生堂丽源化妆品有限公司。

本标准主要起草人：杨跃翔、汤万金、王利、黄雪、咸奎桐、牛淑梅、王远德、陈岩、郭新光。

限制商品过度包装要求 食品和化妆品

1 范围

本标准规定了限制食品和化妆品过度包装的要求和限量指标计算方法。

本标准适用于食品和化妆品的销售包装。

2 规范性引用文件

下列文件中的条款通过本标准的引用而成为本标准的条款。凡是注日期的引用文件，其随后所有的修改单（不包括勘误的内容）或修订版均不适用于本标准，然而，鼓励根据本标准达成协议的各方研究是否可使用这些文件的最新版本。凡是不注日期的引用文件，其最新版本适用于本标准。

GB/T 4122.1 包装术语 第1部分：基础

3 术语和定义

GB/T 4122.1确立的以及下列术语和定义适用于本标准。

3.1

过度包装 excessive package

超出适度的包装功能需求，其包装空隙率、包装层数、包装成本超过必要程度的包装。

3.2

初始包装 original package

直接与产品接触的包装。

3.3

包装层数 package layers

完全包裹产品的包装的层数。

注：完全包裹指的是使商品不致散出的包装方式。

3.4

包装空隙率 interspace ratio

商品销售包装内不必要的空间体积与商品销售包装体积的比率。

4 要求

4.1 基本要求

4.1.1 包装设计应科学、合理，在满足正常的包装功能需求的前提下，包装材料、结构和成本应与内装物的质量和规格相适应，有效利用资源，减少包装材料的用量。

4.1.2 应根据食品和化妆品的特征和品质，选择适宜的包装材料。包装宜采用单一材质，或采用便于材质分离的包装材料。鼓励使用可循环再生、回收利用的包装材料。

4.1.3 应合理简化包装结构及功能，不宜采用繁琐的形式或复杂的结构，尽量避免包装层数过多、空隙过大、成本过高的包装。

4.1.4 应考虑包装全生命周期成本，采取有效措施，控制包装直接成本，考虑包装回收再利用和废弃处理时对环境的影响及产生的相关成本。

4.1.5 对于包装功能完成后还可作为其他功能使用的包装，应充分考虑其经济性与实用性，避免为了追求其他功能而增加包装成本。

4.2 限量要求

4.2.1 食品和化妆品包装空隙率及包装层数应符合表1的规定。

表1

商品类别	限量指标	
	包装空隙率	包装层数
饮料酒	≤55%	3层及以下
糕点	≤60%	3层及以下
粮食[a]	≤10%	2层及以下
保健食品	≤50%	3层及以下
化妆品	≤50%	3层及以下
其他食品	≤45%	3层及以下

注：当内装产品所有单件净含量均不大于30mL或30g，其包装空隙率不应超过75%；当内装产品所有单件净含量均大于30mL或30g，并不大于50mL或50g，其包装空隙率不应超过60%。

a 粮食指原粮及其初级加工品。

4.2.2 除初始包装之外的所有包装成本的总和不应超过商品销售价格的20%。

5 限量指标计算方法

5.1 包装空隙率计算方法见附录A。

5.2 包装层数计算方法见附录B。

5.3 包装成本与销售价格比率计算方法见附录C。

附　录　A
（规范性附录）
包装空隙率计算方法

A.1　包装空隙率计算见式（A.1）：

$$X = \frac{[V_n - (1+k)V_0]}{V_n} \times 100\% \quad \cdots\cdots\cdots (A.1)$$

式中：

X——包装空隙率；

V_n——商品销售包装体积［指商品销售包装（不含提手、扣件、绑绳等配件）的外切最小长方体体积］，单位为立方毫米（mm^3）；

V_0——商品初始包装的总体积，即各商品的初始包装体积的总和。商品初始包装体积指商品初始包装本身的外切最小长方体体积，单位为立方毫米（mm^3）；

k——商品必要空间系数。商品的必要的空间体积指用于保护或固定各产品初始包装所需要的空间。本标准中，k 取值为 0.6。

注：在计算商品销售包装体积和商品初始包装体积时，外切最小立方体边长测量精度为毫米。

A.2　商品销售包装中若含有两种或两种以上的商品，则标签所列的商品，其体积或其初始包装体积（如果该商品也有初始包装）计入商品初始包装总体积。

为实现商品的正常功能，需伴随商品一起销售的附加物品的体积，计入商品初始包装总体积，如商品特定的开启工具、商品说明书或其他辅助物品。

A.3　若商品销售包装中有两类或两类以上商品，且有两种或两种以上商品有包装空隙率要求时，以标签所列的商品计算商品包装空隙率；若标签所列两种或两种以上商品有包装空隙率要求时，以包装空隙率较大的计算。

附 录 B
（规范性附录）
包装层数计算方法

B.1 完全包裹指定商品的包装均认定为一层。

B.2 计算销售包装内的初始包装为第0层，接触初始包装的完全包裹的包装为第1层，以此类推，销售包装的最外层为第 N 层，N 即是包装的层数。

B.3 同一销售包装中若含有包装层数不同的商品，仅计算对销售包装层数有限量要求的商品的包装层数。对销售包装层数有限量要求的商品分别计算其包装层数，并根据销售包装层数限量要求判定该商品包装层数是否符合要求。

附　录 C
（规范性附录）
包装成本与销售价格比率计算方法

C.1　包装成本与产品销售价格比率计算见式（C.1）：

$$Y = \frac{C}{P} \times 100\% \quad \text{(C.1)}$$

式中：

Y——包装成本与产品销售价格比率；

C——包装成本；

P——产品销售价格。

C.2　包装成本核算方法

C.2.1　包装成本的计算应从商品制造商的角度确定。

C.2.2　包装成本是第 1 层到第 N 层所有包装物成本的总和。

C.3　销售价格核算方法

商品销售价格的核定应以商品制造商与销售商签订的合同销售价格计算，或以该商品的市场正常销售价格计算。

ICS 71.100.70
分类号：Y 42
备案号：19937—2007

中华人民共和国轻工行业标准

QB/T 1685—2006
代替 QB/T 1685—1993

化妆品产品包装外观要求

Requirements of packaging appearance for cosmetic products

2006-12-17 发布　　2007-08-01 实施

中华人民共和国国家发展和改革委员会　发 布

前　言

本标准是对 QB/T 1685—1993《化妆品产品包装外观要求》的修订。

本标准与 QB/T 1685—1993 相比，主要变化如下：

——包装分类中增加了喷头（包括气压式、泵式）类型；

——删除了原标准的 3.11；

——修改了目测试验方法。

本标准由中国轻工业联合会提出。

本标准由全国香料香精化妆品标准化技术委员会归口。

本标准由上海家化联合股份有限公司、欧莱雅（中国）有限公司、湖北丝宝股份有限公司和上海花王有限公司负责起草。

本标准主要起草人：王寒洲、姜宜凡、皮峻岭、姜筱燕。

本标准自实施之日起，代替原轻工业部发布的轻工行业标准 QB/T 1685—1993《化妆品产品包装外观要求》。

本标准所代替标准的历次版本发布情况为：

——QB/T 1685—1993。

化妆品产品包装外观要求

1 范围

本标准规定了化妆品的包装分类、包装材质要求、包装外观要求及试验方法。

本标准适用于化妆品产品包装。

2 规范性引用文件

下列文件中的条款通过本标准的引用而成为本标准的条款。凡是注日期的引用文件，其随后所有的修改单（不包括勘误的内容）或修订版均不适用于本标准，然而，鼓励根据本标准达成协议的各方研究是否可使用这些文件的最新版本。凡是不注日期的引用文件，其最新版本适用于本标准。

GB/T 191 包装储运图示标志

GB 5296.3 消费品使用说明 化妆品通用标签

3 包装分类

根据化妆品的包装形式和材料品种分为：

a）瓶（包括塑料瓶、玻璃瓶等）；

b）盖［包括外盖、内盖（塞、垫、膜）等］；

c）袋（包括纸袋、塑料袋、复合袋等）；

d）软管（包括塑料软管、复合软管、金属软管等）；

e）盒（包括纸盒、塑料盒、金属盒等）；

f）喷雾罐（包括耐压式的铝罐、铁罐等）；

g）锭管（包括唇膏管、粉底管、睫毛膏管等）；

h）化妆笔；

i）喷头（包括气压式、泵式等）；

j）外盒（包括花盒、塑封、中盒、运输包装等）。

4 包装材质要求

化妆品产品包装所采用的材料必须安全，不应对人体造成伤害。

5 包装外观要求

5.1 印刷和标贴

5.1.1 化妆品包装印刷的图案和字迹应整洁、清晰、不易脱落，色泽均匀一致。

5.1.2 化妆品包装的标贴不应错贴、漏贴、倒贴，粘贴应牢固。

5.1.3 标签要求按 GB 5296.3 的规定。

5.2 瓶

5.2.1 瓶身应平稳端正，表面光滑，瓶壁厚薄基本均匀，无明显疤痕、变形，不应有冷爆和裂痕。

5.2.2 瓶口应端正、光滑，不应有毛刺（毛口），螺纹、卡口配合结构完好、端正。

5.2.3 瓶与盖的配合应严紧，无滑牙、松脱，无泄漏现象。

5.2.4 瓶内外应洁净。

5.3 盖

5.3.1 内盖

5.3.1.1 内盖应完整、光滑、洁净，不变形。

5.3.1.2 内盖与瓶和外盖的配合应良好。

5.3.1.3 内盖不应漏放。

5.3.2 外盖

5.3.2.1 外盖应端正、光滑，无破碎、裂纹、毛刺（毛口）。

5.3.2.2 外盖色泽应均匀一致。

5.3.2.3 外盖螺纹配合结构应完好。

5.3.2.4 加有电化铝或烫金外盖的色泽应均匀一致。

5.3.2.5 翻盖类外盖应翻起灵活，连接部位无断裂。

5.3.2.6 盖与瓶的配合应严紧，无滑牙、松脱。

5.4 袋

5.4.1 袋不应有明显皱纹、划伤、空气泡。

5.4.2 袋的色泽应均匀一致。

5.4.3 袋的封口要牢固，不应有开口、穿孔、漏液（膏）现象。

5.4.4 复合袋应复合牢固，镀膜均匀。

5.5 软管

5.5.1 软管的管身应光滑、整洁、厚薄均匀，无明显划痕，色泽应均匀一致。

5.5.2 软管封口要牢固、端正，不应有开口、皱褶现象（模具正常压痕除外）。

5.5.3 软管的盖应符合5.3的要求。

5.5.4 软管的复合膜应无浮起现象。

5.6 盒

5.6.1 盒面应光滑、端正，不应有明显露底划痕、毛刺（毛口）、严重瘪听，色泽应均匀一致。

5.6.2 盒开启松紧度应适宜，取花盒时，不可用手指强行剥开，以捏住盖边，底不自落为合格。

5.6.3 盒内镜面、内容物与盒应粘贴牢固，镜面映像良好，无露底划痕和破损现象。

5.7 喷雾罐

5.7.1 罐体平整，无锈斑，焊缝平滑，无明显划伤、凹罐现象，色泽应均匀一致。

5.7.2 喷雾罐的卷口应平滑，不应有皱褶、裂纹和变形。

5.7.3 喷雾罐的盖应符合5.3.2的要求。

5.8 锭管

5.8.1 锭管的管体应端正、光滑，无裂纹、毛刺（毛口），不应有明显划痕，色泽应均匀一致。

5.8.2 锭管的部件配合应松紧适宜，保证内容物能正常旋出或推出。

5.9 化妆笔

5.9.1 化妆笔的笔杆和笔套应光滑、端正，不开胶，漆膜不开裂。

5.9.2 化妆笔的笔套和笔杆的配合应松紧适宜。

5.9.3 化妆笔的色泽应均匀一致。

5.10 喷头

5.10.1 喷头应端正、清洁，无破损和裂痕现象。

5.10.2 喷头的组配零部件应完整无缺，确保喷液畅通。

5.11 **外盒**

5.11.1 **花盒**

5.11.1.1 花盒应与中盒包装配套严紧。

5.11.1.2 花盒应清洁、端正、平整，盒盖盖好，无皱褶、缺边、缺角现象。

5.11.1.3 花盒的黏合部位应粘接牢固，无粘贴痕迹、开裂和互相粘连现象。

5.11.1.4 产品无错装、漏装、倒装现象。

5.11.2 **中盒**

5.11.2.1 中盒应与花盒包装配套严紧。

5.11.2.2 中盒应清洁、端正、平整、盒盖盖好。

5.11.2.3 中盒的黏合部位应粘接牢固，无粘贴痕迹、开裂和互相粘连现象。

5.11.2.4 产品无错装、漏装、倒装现象。

5.11.2.5 中盒标贴应端正、清楚、完整，并根据需要应标明产品名称、规格、装盒数量和生产者名称。

5.11.3 **塑封**

5.11.3.1 塑封应粘接牢固，无开裂现象。

5.11.3.2 塑封表面应清洁，无破损现象。

5.11.3.3 塑封内无错装、漏装、倒装现象。

5.11.4 **运输包装**

5.11.4.1 运输包装应整洁、端正、平滑，封箱牢固。

5.11.4.2 产品无错装、漏装、倒装现象。

5.11.4.3 运输包装的标志应清楚、完整、位置合适，并根据需要标明产品名称、生产者名称和地址、净含量、产品数量、整箱质量（毛重）、体积、生产日期和保质期或生产批号和限期使用日期。宜根据需要选择标注 GB/T 191 中的图示标志。

6 试验方法

6.1 外观检测

取样品在室内非阳光直射的明亮处进行目测。

6.2 花盒松紧度检测

花盒松紧度按 5.6.2 检测。

中华人民共和国国家计量技术规范

JJF 1070—2005

定量包装商品净含量计量检验规则

Rules of Metrological Testing for Net Quantity of Products in Prepackages with Fixed Content

2005-10-09 发布　　2006-01-01 实施

国家质量监督检验检疫总局　发布

定量包装商品净含量

JJF 1070—2005

代替 JJF 1070—2000

计 量 检 验 规 则

Rules of Metrological Testing for Net Quantity of Products in Prepackages with Fixed Content

本规范经国家质量监督检验检疫总局于 2005 年 10 月 9 日批准，并自 2006 年 1 月 1 日起施行。

归口单位： 全国法制计量管理计量技术委员会

起草单位： 全国法制计量管理计量技术委员会

定量包装商品净含量工作组

本规范由全国法制计量管理计量技术委员会负责解释

主要起草人：

黄耀文（江苏省质量技术监督局）

唐　煜（中国计量科学研究院）

王均国（青岛衡器测试中心）

刘　伟（北京市计量检测科学研究院）

钱大鼎（上海市计量测试技术研究院）

栾文广（哈尔滨市质量技术监督局）

参加起草人：

李春琴（中国计量协会）

杜绿君（中国酿酒工业协会啤酒分会）

刘智清（广州宝洁有限公司北京分公司）

邸雪枫（雀巢（中国）有限公司）

王英军（国家质量监督检验检疫总局计量司）

定量包装商品净含量计量检验规则

引言

为了规范定量包装商品净含量的计量检验工作，依据国家质量监督检验检疫总局令第 75 号《定量包装商品计量监督管理办法》、国际法制计量组织国际建议 R87《预包装商品的量》（2004 版）和国际建议 R79《定量包装商品标签内容》（1997 年版），以及有关的国家标准的要求，制定本定量包装商品净含量计量检验规则（以下简称“规则”）。

本规则是对 JJF 1070—2000《定量包装商品净含量计量检验规则》的修订，本规则代替 JJF 1070—2000。

本规则与 JJF 1070—2000 相比，重大技术内容的变化主要有：

——调整了定量包装商品净含量的计量要求和检验批的合格评定准则；

——提高了对定量包装商品计量检验的测量不确定度要求；

——增加了对定量包装商品净含量计量检验的统计和控制准则；

——增加了对定量包装商品净含量标注的检查和评定内容；

——增加了以面积和计数标注定量包装商品的计量检验方法；

——增加了抽样单和检验原始记录格式，修改了检验报告格式。

本规则是根据国际法制计量组织国际建议 R871《预包装商品的量》（2004 版）对 JJF 1070—2000 进行修订的，在技术内容上与该国际建议等效，并对国际建议中没有规定的批量在 100 件以下的定量包装商品的净含量计量要求和检验方法作了补充规定。

1 范围

本规则规定了定量包装商品净含量计量检验过程的抽样、检验和评价等活动的要求和程序。

本规则适用于对定量包装商品净含量的计量监督检验和仲裁检验，委托检验可参考本规则进行。生产和销售定量包装商品的单位亦可参照本规则进行检验。

接受检验的定量包装商品应是生产者自检合格的产品，或者是销售者进口、经销的商品。

2 引用文献

本规则引用下列文献：

国家质量监督检验检疫总局令第 75 号《定量包装商品计量监督管理办法》

OImL 国际建议 R87《预包装商品的量》2004 年版

OImL 国际建议 R79《定量包装商品标签内容》1997 年版

GB/T 3358.1～3358.3—1993《统计学术语》

使用本规则时，应注意使用上述引用文献的现行有效版本。

3 术语和符号

3.1 术语

3.1.1 预包装商品　prepackaged products

销售前预先用包装材料或者包装容器将商品包装好，并有预先确定的量值（或者数量）的商品。

3.1.2 定量包装商品 products in prepackages with fixed content

以销售为目的，在一定量限范围内具有统一的质量、体积、长度、面积、计数标注等标识内容的预包装商品。

3.1.3 同种定量包装商品 same kind products in prepackages with fixed content

由同一生产者生产，品种、标注净含量、包装规格及包装材料均相同的定量包装商品。

3.1.4 净含量 net quantity

除去包装容器和其他包装材料后内装商品的量。

注：不论商品的包装材料，还是任何与该商品包装在一起的其他材料，均不得记为净含量。如方便面中的调料包、叉子等不计为净含量。

3.1.5 标注净含量 nominal quantity

由生产者或者销售者在定量包装商品的包装上明示的商品的净含量。

3.1.6 实际含量 actual quantity

由质量技术监督部门授权的计量检定机构按照《定量包装商品净含量计量检验规则》通过计量检验确定的定量包装商品实际所包含的量。

3.1.7 计量检验 metrology inspection

根据抽样方案从整批定量包装商品中抽取有限数量的样品，检验实际含量，并判定该批是否合格的过程。

3.1.8 单位商品 unit product

实施计量检验的商品中标注净含量的基本包装单位。

3.1.9 检验批（简称批） inspection lot（also called a “batch”）

接受计量检验的，由同一生产者在相同生产条件下生产的一定数量的同种定量包装商品或者在销售者抽样地点现场存在的同种定量包装商品。

3.1.10 批量 batch

检验批中包含的单位商品的数量。

3.1.11 样本单位 sample unit

从检验批抽取用于检验的单位商品。

3.1.12 样本 sample

样本单位的全体。

3.1.13 样本量（也称样本大小） sample size

在检验批中抽取，能够提供检查批是否合格的信息基础的样本单位数。

3.1.14 偏差 deviation

样本单位的实际含量与其标注净含量之差。

3.1.15 平均偏差 average deviation

各样本单位偏差的算术平均值。

3.1.16 平均实际含量 average actual quantity

样本单位的实际含量的算术平均值。

3.1.17 允许短缺量 tolerable inadequate

单件定量包装商品的标注净含量与其实际含量之差的最大允许量值（或者数量）。

3.1.18 短缺性定量包装商品 inadequate products in prepackages with fixed content

具有负偏差的单件定量包装商品。

3.1.18.1 T_1 类短缺

在短缺性定量包装商品中，实际含量（q）小于标注净含量（Q_n）与允许短缺量的差，但是不小于标注净含量减去 2 倍的允许短缺量，称为 T_1 类短缺。

T_1 类短缺是指：$Q_n-2T\leqslant q<Q_n-T$

3.1.18.2　T_2 类短缺

在短缺性定量包装商品中，实际含量（q）小于标注净含量（Q_n）与2倍的允许短缺量之差，称 T_2 类短缺。

T_2 类短缺是指：$q<Q_n-2T$

3.1.19　皮重　tare weight

除去样本单位的内容物后，所有包装容器、包装材料和任何与该商品包装在一起的其他材料的重量。

3.1.20　总重　total weight

指样本单位的皮重和净含量的重量之和。

3.2　符号

N：检验批量；

n：抽取样本量（抽样件数）；

q：实际含量；

Q_n：标注净含量；

T：允许短缺量；

s：样本实际含量标准偏差。

4　计量要求

4.1　总则

生产、销售的定量包装商品的净含量及其标注应符合4.2和4.3所规定的计量要求。

4.2　净含量标注的计量要求

4.2.1　单件商品的标注

a）在定量包装商品包装的显著位置应有正确、清晰的净含量标注。

净含量标注由“净含量”（中文）、数字和法定计量单位（或者用中文表示的计数单位）三部分组成，例如：净含量：500g。以长度、面积、计数单位标注净含量的定量包装商品，可以免于标注“净含量”三个中文字，只标注数字和法定计量单位（或者用中文表示的计数单位）。例如：50m；$10m^2$ 或100个。

b）法定计量单位的选择应当符合表1的规定。

表1　　法定计量单位的选择和检查方法

检查要求			检查方法
	标注净含量的量限	计量单位	
质量	$Q_n<1\,000g$	g（克）	目测
	$Q_n\geqslant1\,000g$	kg（千克）	
体积	$Q_n<1\,000mL$	mL（mL）（毫升）	
	$Q_n\geqslant1\,000mL$	L（l）（升）	
长度	$Q_n<100cm$	mm（毫米）或者cm（厘米）	
	$Q_n\geqslant100cm$	m（米）	
面积	$Q_n<100cm^2$	mm^2（平方毫米）或者 cm^2（平方厘米）	
	$1dm^2\leqslant Q_n<100dm^2$	dm^2（平方分米）	
	$Q_n\geqslant1m^2$	m^2（平方米）	

c）净含量标注字符的最小高度应符合表2的规定。

表2　　净含量标注字符高度的要求和检查方法

标注净含量 Q_n	字符的最小高度/mm	检查方法
$Q_n \leqslant 50g$ $Q_n \leqslant 50mL$	2	使用钢直尺或游标卡尺测量字符高度
$50g < Q_n \leqslant 200g$ $50mL < Q_n \leqslant 200mL$	3	
$200g < Q_n \leqslant 1\,000g$ $200mL < Q_n \leqslant 1\,000mL$	4	
$Q_n > 1kg$ $Q_n > 1L$	6	
以长度、面积、计数单位标注	2	

4.2.2　多件商品的标注

同一包装商品有多件定量包装商品的，其标注除了应符合单件商品的标注要求之外，还应符合以下规定：

a）同一包装商品内含有多件同种定量包装商品的，应当标注单件定量包装商品的净含量和总件数，或者标注总净含量。

b）同一包装商品内含有多件不同种定量包装商品的，应当标注各种不同种定量包装商品的单件净含量和各种不同种定量包装商品的件数，或者分别标注各种不同种定量包装商品的总净含量。

4.3　净含量的计量要求

4.3.1　单件商品净含量的计量要求

单件定量包装商品的实际含量应当准确反映其标注净含量。标注净含量与实际含量之差不得大于表3规定的允许短缺量。

表3　　允许短缺量

质量或体积定量包装 商品标注净含量 Q_n/g 或 mL	允许短缺量 T①	
	Q_n 的百分比	g 或 mL
0～50	9	—
50～100	—	4.5
100～200	4.5	—
200～300	—	9
300～500	3	—
500～1 000	—	15
1 000～10 000	1.5	—
10 000～15 000	—	150
15 000～50 000	1	—
长度定量包装商品标注净含量（Q_n）/m	允许短缺量（T）	
$Q_n \leqslant 5$	不允许出现短缺量	
$Q_n > 5$	$Q_n \times 2\%$	

续表

面积定量包装商品标注净含量（Q_n）	允许短缺量（T）
全部 Q_n	$Q_n\times 3\%$

计数定量包装商品标注净含量（Q_n）	允许短缺量（T）
$Q_n\leqslant 50$	不允许出现短缺量
$Q_n>50$	$Q_n\times 1\%$②

①对于允许短缺量（T），当 $Q_n\leqslant$1kg（L）时，T 值的 0.01g（mL）位修约至 0.1g（mL）；当 $Q_n>$1kg（L）时，T 值的 0.1g（mL）位修约至 g（mL）；

②以标注净含量乘以 1%，如果出现小数，就把该数进位到下一个紧邻的整数。这个值可能大于 1%，但这是可以接受的，因为商品的个数为整数，不能带有小数。

4.3.2 批量商品净含量的计量要求

批量定量包装商品的平均实际含量应当大于或等于其标注净含量。

用抽样的方法评定一个检验批的定量包装商品，应当按表 4 规定进行抽样检验和计算。样本中单件定量包装商品的标注净含量与其实际含量之差大于允许短缺量的件数以及样本的平均实际含量应当符合表 4 的规定。

表 4 计量检验抽样方案

第一栏	第二栏	第三栏		第四栏	
检验批量 N	抽取样本量 n	样本平均实际含量修正值（λs）		允许大于 1 倍，小于或者等于 2 倍允许短缺量（T_1 类短缺）的件数	允许大于 2 倍允许短缺量（T_2 类短缺）的件数
		修正因子 $\lambda=t_{0.995}\times\frac{1}{\sqrt{n}}$	样本实际含量标准偏差 s		
1～10	N	—	—	0	0
11～50	10	1.028	s	0	0
51～99	13	0.848	s	1	0
100～500	50	0.379	s	3	0
501～3 200	80	0.295	s	5	0
大于 3 200	125	0.234	s	7	0

样本平均实际含量应当大于或等于标注净含量减去样本平均实际含量修正值（λs）

即

$$\bar{q}\geqslant(Q_n-\lambda s)$$

式中：

$\bar{q}$—— 样本平均实际含量，$\bar{q}=\frac{1}{n}\sum_{i=1}^{n}q_i$；

Q_n—— 标注净含量；

λ—— 修正因子；

q_i—— 单件商品的实际含量；

s—— 样本实际含量标准偏差，$s=\sqrt{\frac{1}{n-1}\sum_{i=1}^{n}(q_i-\bar{q})^2}$。

注：1 本抽样方案的置信度为 99.5%。

2 一个检验批的批量小于或等于 10 件时，只对每个单件定量包装商品的实际含量进行检验和评定，不作平均实际含量的计算。

5 计量检验

5.1 总则

5.1.1 对定量包装商品净含量实施计量监督检验应按照本规则的要求和程序进行。本规则的附录规定了以不同方式标注净含量的定量包装商品应采用的检验方法。本规则没有规定检验方法的定量包装商品按国际标准、国家标准或者由国家质量监督检验检疫总局规定的方法执行。

5.1.2 在检验定量包装商品净含量时，应当充分考虑水分变化等因素对定量包装商品净含量产生的影响。

对因水分变化等因素导致净含量变化较大的定量包装商品，如面粉、肥皂等商品，生产者应当采取措施保证在规定条件下商品净含量的准确性。质量技术监督部门对此类定量包装商品的计量监督检查原则上应在生产现场进行。

5.2 测量不确定度

定量包装商品净含量计量检验结果的扩展不确定度不应超过 $0.2T$，其置信水平为95%。其中置信水平与测量仪器和检验方法有关。影响不确定度的因素包括测量仪器的最大允许误差和重复性等计量特性、包装材料的变化，以及由于在液体中不同的固体数量或者温度的变化引起的密度波动等。

5.3 统计与控制准则

5.3.1 控制准则

接受或拒绝一个检验批的检验应考虑以下三个因素：

a）定量包装商品的平均实际含量的误差；

b）单件定量包装商品实际含量小于标注净含量减去允许短缺量 T 的商品占检验批的百分比小于2.5%；

c）检验批中，没有一件单件定量包装商品的实际含量小于标注净含量减去两倍的允许短缺量。

5.3.2 Ⅰ类风险检验的显著水平

5.3.2.1 显著水平（这类误差的上限值）为0.005。检验确定在定量包装商品中商品量的平均值按照学生分布（t 分布）具有99.5%的单边显著水平：

对于
$$\mu = Q_n, \alpha_\mu \leqslant 0.5\%$$

即：对于满足 $\mu = Q_n$ 的正确定量包装商品的检验批，其被拒绝的概率不超过0.5%。

这里，μ 为检验批的定量包装商品的商品量的平均值；α_μ 为检验批的定量包装商品的商品量的平均值的Ⅰ类风险检验的显著水平。

5.3.2.2 短缺性定量包装商品百分比的检验有如下的显著水平：

对于
$$p=2.5\% \qquad \alpha_p \leqslant 5\%$$

即：对于包含不超过2.5%短缺性定量包装商品的检验批，其被拒绝的概率不超过5%。

这里，p 为检验批的单件定量包装商品的实际含量的可接收质量水平；α_p 为检验批的单件定量包装商品的实际含量的Ⅰ类风险检验的显著水平。

5.3.3 Ⅱ类风险检验的显著水平

通过检验至少90%的情况下，可发现如下特性的检验批：

a）检验批实际含量的平均值小于（$Q_n - 0.74s$）的情形。这里 s 是检验批定量包装商品实际含量的样品标准偏差；

b）检验批含有9%的短缺性定量包装商品。

5.4 检验实施

5.4.1 总则

定量包装商品净含量的计量检验应执行下列步骤：

a）确定检验批（见5.4.2）；

b）检索抽样方案（见 5.4.3）；

c）抽取样本（见 5.4.4）；

d）检验样本（见 5.4.5）。

5.4.2 确定检验批

作为检验批的商品应是生产者自检合格的产品，或者是销售领域的商品。确定检验批的批量分为以下两种情况：

a）在生产或包装现场抽样，由生产企业在相同生产条件下生产的一定数量的（一般为 1h 的生产量）同种定量包装商品；

b）在生产者、进口商、批发商、零售商的仓库以及零售现场抽样，批规定为在抽样地点现场存在的同种定量包装商品的全体。

5.4.3 检索抽样方案

根据批量按表 4 检索抽样方案，确定样本量和评定样本的指标。

5.4.4 抽取样本

样本的抽取一般应在定量包装商品生产企业或销售商仓库进行。应用随机抽样的方法在检验批抽取样本，选择的抽样方法应确保每一个单位商品被抽为样本的可能性相等。随机抽样的方法见附录 A。抽样后应填写定量包装商品计量检验抽样单（抽样单格式见附录 H）。

5.4.5 样本的检验

5.4.5.1 标注的检查

根据 4.2 的要求对净含量标注进行检查，检查方法见表 1 和表 2。

5.4.5.2 净含量检验

根据检验批商品标注的净含量和商品特性，选择附录中给出的适当方法，对抽取的样本进行逐个检验；并计算不合格品总数和样本平均实际含量等有关参数。

除皮方法见附录 B；以质量（重量）标注净含量商品的计量检验方法见附录 C；以体积标注净含量商品的计量检验方法见附录 D；以长度标注净含量商品的计量检验方法见附录 E；以面积标注净含量商品的计量检验方法见附录 F；以计数标注净含量商品的计量检验方法见附录 G。

5.5 原始记录和数据处理

5.5.1 原始记录

每份检验的原始记录应包含足够的信息，记录中列出的项目应准确填写。观测结果、数据和计算应在工作时予以记录。记录应包括检验执行人员和结果核验人员的签名，并按规定的期限保存（检验原始记录格式见附录 I）。

5.5.2 数据处理

应按第 4 章规定的要求计算单件实际含量和样本平均实际含量等有关数据。

6 结果评定与报告

6.1 评定准则

6.1.1 标注评定准则

定量包装商品净含量标注出现下列情况之一的，评定为标注不合格。

a）没有在商品包装的显著位置用正确、清晰的方法标注商品净含量的；

b）没有按规定要求正确使用法定计量单位的；

c）标注净含量字符的高度小于规定要求的；

d）同一预包装商品内含有多件同种定量包装商品的，如果没有标注单件定量包装商品的净含量和总件数，并且没有标注定量包装商品的总净含量；

e）同一预包装商品内，含有多件不同种定量包装商品的，如果没有标注各不同种定量包装商品的单件净含量和件数，并且没有标注各种不同种定量包装商品的总净含量。

6.1.2　净含量评定准则

6.1.2.1　评定依据

如果定量包装商品的强制性国家标准或强制性行业标准中对定量包装商品净含量的允许短缺量有规定的，按其规定做出评定；如没有规定，则按以下评定准则执行。

6.1.2.2　评定准则

检验批出现下列情况之一的，评定为不合格批次：

a）样本平均实际含量小于标注净含量减去样本平均实际含量修正值 λs；

b）单件定量包装商品实际含量的短缺量大于1倍，小于或者等于2倍允许短缺量的件数超过表4第四栏规定的数量；

c）有一件或一件以上的定量包装商品实际含量的短缺量大于规定的允许短缺量的2倍。

6.2　检验报告

应准确、客观和规范地报告检验结果，出具检验报告。检验报告应包括足够的信息，报告中的结论应按6.1评定准则的规定出具，说明应有文件依据。检验报告中的总体结论应根据检验结果，按下列情况给出：

a）如检验批的标注和净含量均合格的，总体结论为：该检验批的净含量标注和净含量均合格；

b）如检验批的标注合格、净含量不合格，总体结论为：该检验批的净含量标注合格，净含量不合格；

c）如检验批的标注不合格、净含量合格，总体结论为：该检验批的净含量合格，净含量标注不合格；

d）如检验批的标注和净含量均不合格的，总体结论为：该检验批的净含量标注和净含量均不合格。

检验报告应由检验执行人员、报告审核人员和报告批准人员签名，并保留检验报告的副本。检验报告统一使用A4纸张（检验报告的格式见附录J）。

附　录　A
随机抽样方法

以抽样的方法对定量包装商品的净含量实施计量检验，根据商品检验批不同的抽样地点和批量，随机抽取样本分为等距抽样、分层抽样和简单抽样三种方法。

A.1　等距抽样

等距抽样适用于在生产企业的生产线的终端抽取合格的产品或在产品包装现场抽取合格的产品。

抽样方法是按一定单位商品数或一定时间为间隔抽取一个样本单位，直至抽够样本量。抽样间隔等于批量或生产批量产品所需的时间除以样本量。

A.2　分层抽样

分层抽样适用于生产企业、批发商和零售商品的仓库抽样。

抽样方法是对于分为 k 层垛放的 N 个单位商品的检验批，以每层占有单位商品的数量，按比例将确定的样本量 n 分配到各层当中，每层有 n_i 个样本单位，即 $n_i = n/k$，应保证 n_t 为大于 1 的整数，且每层中至少应有一个样本单位被抽取（即 $n \geqslant k$）。然后在每层中独立地按给定的样本单位数 n_t 进行随机抽取（一般为简单抽样）。

A.3　简单随机抽样

简单随机抽样也称简单抽样，适用于商品零售现场的抽样。

抽样方法是从包含 N 个单位商品的检验批中，随机抽取 n 个样本作为检验样本，抽样时应使该检验批中每个单位商品被抽到样本中的可能性相等。

具体的抽样方法可按照国家标准 GB/T 10111—1988《利用随机数骰子进行随机抽样的方法》、GB/T 15500—1995《利用电子随机数抽样器进行随机抽样的方法》或随机数表法等适当的方法进行抽取。

附　录　B
除去皮重的方法

B.1　总则

B.1.1　方法的选择

本规则列出了两种除去皮重的方法。方法1主要适用于批量在100件以上的定量包装商品净含量计量检验时除去皮重；方法2主要适用于批量在100件以下的定量包装商品净含量计量检验时除去皮重。

B.1.2　包装皮的选择

在确定皮重时，可以用已经在定量包装商品上使用的包装皮，也可以用未在定量包装商品上使用过的包装皮。

如果用已经在定量包装商品上使用的包装皮，应该采取常用的方法将皮与商品内容物分离，并将皮上的残留物清除干净并擦干。

B.1.3　测量不确定度

皮重测量结果的不确定度，应满足本规则5.2的要求。

B.2　方法1

B.2.1　除去皮重方案的确定

对检验批样本的检验，可根据检验方法的需要，并根据皮重与标注净含量比例，按表B.1的规定除去皮重。

表B.1　　除去皮重的方案1

皮重平均值（$\overline{P}$）和皮重标准差（s_P）	除去皮重的方法
$\overline{P} \leqslant Q_n \times 10\%$	以 $\overline{P}$ 为皮重，测定实际含量 q_i。其中 $n_P \geqslant 10$
$\overline{P} > Q_n \times 10\%$　且 $s_P \leqslant 0.25T$	以 $\overline{P}$ 为皮重，测定实际含量 q_i。其中 $n_P \geqslant 25$
$\overline{P} > Q_n \times 10\%$　且 $s_P > 0.25T$	以样品各自的皮重，测定实际含量 q_i。其中 $n_P = n$

注：T 为允许短缺量。

B.2.2　皮重平均值（$\overline{P}$）和皮重标准偏差（s_P）的确定方法

B.2.2.1　抽取测定皮重样品及测定皮重

在检验的样本中，至少随机抽取10件样品；然后将皮与商品内容物分离，然后逐个称出皮的重量。

如果是在商品包装现场进行抽样，可直接随机抽取不少于10件待包装的皮，然后逐个称出皮的重量。

B.2.2.2　计算皮重平均值和皮重标准偏差

根据测得的单件皮重，计算皮重平均值和皮重标准偏差。其计算公式为：

平均皮重
$$\overline{P} = \frac{1}{n_P}\sum_{i=1}^{n_P} P_i$$

皮重标准偏差
$$s_P = \sqrt{\frac{1}{n_P - 1}\sum_{i=1}^{n_P}(P_i - \overline{P})^2}$$

式中：

P_i ——单件皮重；

$\overline{P}$ ——平均皮重；

s_P——皮重标准偏差；

n_P——皮重抽样数。

B.3 方法 2

B.3.1 除去皮重方案的确定

对检验批样本的检验，可根据检验方法的需要，并结合皮重的均匀性和样本量的大小，按表 B.2 的规定除去皮重。

表 B.2 除去皮重的方案 2

比值 R_c/R_t	测定皮重抽样数 n_t	
	$n=10$	$n=13$
≤0.2	10	13
0.21～1.00	10	13
1.01～2.00	8	10
2.01～3.00	5	6
3.01～4.00	3	4
4.01～5.00	2	3
5.01～6.00	2	3
≥6.01	2	2

B.3.2 使用表 B.2 的步骤和要求

B.3.2.1 样品量大于或者等于 10 件时的步骤和要求

a）在样本中随机抽取 2 件，测定其净含量重量之差（R_c）和其皮重之差（R_t）；

b）以 R_c/R_t 的比值和样本量 n 为索引，从表 B.2 查出测定皮重抽样数 n_t，该抽样数包括步骤 a）中已抽取的 2 件样本单位。

B.3.2.2 样本量小于 10 件时的步骤和要求

当样本量 $n<10$ 件时，其皮重抽样数 n_t 可按以下的方式确定：

a）样本量为 1～2 件时，按样本量抽取；

b）样本量为 3～9 件时，可参照表 B.2 中样本量 $n=10$ 的抽样方案进行抽样，当 $n \leqslant n_t$ 时，抽样数为样本量 n。

B.3.3 皮重的测量要求

a）当 $n_t=n$ 时，应以样本单位的各自皮重，测定实际含量；

b）当 $n_t<n$ 时，以 n_t 个样本单位皮重的算术平均值，测定实际含量。

附 录 C

以质量（重量）单位标注净含量商品的计量检验方法

C.1 一般性商品的通用方法

C.1.1 适用范围

本方法适用于奶粉、糖果、饼干等的一般性商品。

C.1.2 检验用设备

秤或者天平：经检定合格，准确度等级和分度值应符合本规则 5.2 的要求。

C.1.3 检验步骤

C.1.3.1 皮重一致性较好的商品

a）首先在秤或者天平上逐个称量每个样品的实际总重（GW_i），并记录结果。

b）计算商品的标称总重（CGW）和实际含量（q）：

标称总重（CGW）＝标注净含量（Q_n）＋平均皮重（$\bar{P}$）

商品的实际含量（q_i）＝实际总重（GW_i）－平均皮重（$\bar{P}$）

注：平均皮重（$\bar{P}$）确定的方法可见附录 B。

c）计算实际含量的偏差（D）：

单件商品的实际含量偏差（D）＝实际总重（GW_i）－标称总重（CGW）

或：　　单件商品的实际含量偏差（D）＝实际含量（q_i）－标注净含量（Q_n）

注：实际含量偏差 D 为正值时说明该件商品不短缺。实际含量偏差 D 为负值时说明该件商品为短缺商品（下同）。

C.1.3.2 其他商品

a）测定总重（GW）

在秤或者天平上按顺序逐个称量每个样品的实际总重（GW_i），并记录结果。

b）测定皮重（P）

在秤或者天平上按顺序称量每个已打开包装样品的皮重（P_i），记录结果并与总重结果对应。

c）计算商品的实际含量（q）

商品的实际含量（q_i）＝实际总重（GW_i）－皮重（P_i）

d）计算实际含量的偏差（D）

单件商品的实际含量偏差（D）＝实际含量（q_i）－标注净含量（Q_n）

C.1.4 原始记录与数据处理

按 5.5 的要求填写原始记录，并对检验数据进行处理。

C.1.5 结果评定与检验报告

按第 6 章的要求对检验结果进行评定并填写检验报告。

C.2 干冻商品的检验方法

C.2.1 适用范围

本方法适用于冻水饺、速冻汤圆等不需加水冷冻贮存的商品。

C.2.2 检验用设备（同 C.1.2）。

C.2.3 检验步骤（同 C.1.3）。

C.2.4 原始记录与数据处理（同 C.1.4）。

C.2.5　结果评定与检验报告（同C.1.5）。

C.3　水冻商品的检验方法

C.3.1　适用范围

本方法适用于水冻鱼、水冻虾等加水后冷冻贮存的商品。

注　1　冷冻商品是指在0℃以下生产贮存的凝固商品，包括镀冰衣商品；

2　镀冰衣商品是指单冻虾、单冻鱼等这类商品，其净含量应不包括冰衣在内。

C.3.2　检验用设备

a）秤或天平：应检定合格，其准确度等级和分度值应符合本规则5.2条款的要求。

b）解冻容器：容积不小于被解冻商品体积的4倍，其底部必须设有进水口。

c）带盖网筛：容积大于被解冻商品体积，用直径为0.5mm～1mm的不锈钢丝编制，网孔径为2.5mm左右、且不使解冻商品漏失，边角不得具有留存残液的结构。

d）导管：普通水胶管，胶管直径能与容器进水口可靠连接。

e）温度计：测量范围（0～50）℃、分度值≤1℃。

C.3.3　检验步骤

a）检验准备

擦干净网筛，接好解冻容器进水口。

b）测定网筛的重量（SW）

在秤或者天平上称量每个用于检验的网筛重量，并记录结果。

c）解冻

先将每件样品拆除包装后，单独放入预先称量好的带盖网筛中，再将盛有样品的网筛放入解冻容器。然后将解冻用水（清洁淡水）通过接入容器底部进水口的导管，加入到解冻容器，保持适当流速的常流水，并使水由解冻容器的上部溢出（勿使样品露出水面），保持水温在20℃左右。对于镀冰衣商品，使样品表面的冰层刚好融化；其他冷冻商品的冷冻个体刚好能够分离为止。然后将解冻后的样品连同带盖网筛从解冻容器中提出，小心摇晃样品且避免损坏样品。

注：对于易于吸水的冷冻商品（冻蔬菜、冻章鱼等）解冻过程中应保证不使解冻水进入商品。

d）控水

将解冻的样品和网筛一起倾斜放置，使其与水平面保持17°～20°的倾角，这样更加有利于排净水分，控水2min。控水期间应注意不得挤压样品。

e）测定网筛和固形物的重量（SDW）

将控水后的样品连同网筛一起放在秤或者天平上称量，并记录结果。

f）计算商品的实际含量

商品的实际含量（q_i）＝样品固形物和网筛的重量（SDW）－网筛重量（SW）

g）计算实际含量的偏差（D）

单件商品的实际含量偏差（D）＝实际含量（q_i）－标注净含量（Q_n）

C.3.4　原始记录与数据处理（同C.1.4）。

C.3.5　结果评定与检验报告（同C.1.5）。

C.4　固、液两相商品的检验方法

C.4.1　适用范围

本方法适用于罐头等固、液两相的商品。

注：若罐头中的液体属于贮存媒介不可食用（使用），可只检验商品中的固形物。

C.4.2　测量设备

a）秤或天平：经检定合格，其准确度等级和分度值应符合本规则 5.2 的要求。

b）量筒：经检定合格，且量程应合适。

c）网筛：容积大于商品体积，用直径为 0.5mm～1mm 的不锈钢丝编制，网孔径为 2.5mm 左右、且不使商品固形物漏失，边角不得具有存留液体的结构。

d）温度计：测量范围为（0～100）℃，分度值≤2℃。

e）其他：加热水浴箱、漏斗等应满足检验要求。

C.4.3　检验步骤

a）检验准备

擦净网筛，漏斗和量筒准备好，水浴箱加热到要求的温度。

b）测定网筛的重量（SW）

在秤或者天平上测定每个用于检验的网筛重量，并记录结果。

如果用同一个网筛进行沥液，最好的方法是在每次沥液前先称量网筛的重量。如果不是在每次沥液前先称量网筛的重量，则应确保每次沥液前网筛的清洁、没有附着固体碎末，并且应晾干网筛。

c）测定总重（GW_i）

在秤或者天平上按顺序逐个称量每个样品的总重（GW_i），并记录结果。

d）分离固、液两相

1）常温下可分离的固、液两相商品

此类商品包括蔬菜、水果罐头等，其分离固、液两相的步骤是：

先将样品开罐后，把内容物倒入预先称量好的网筛中，注意不要遗漏固体碎末，通过网筛分离商品中的固形物和浸泡液体。将网筛倾斜放置使其与水平面保持 17°～20°的倾角，这样更有利于排净浸泡液体，但不必摇晃网筛中的物品，沥液 2min。

2）加热后可分离的固、液两相商品

此类商品包括肉、禽及水产罐头等，其固形物和非固形物的分离步骤是：

先将样品放在（50±5）℃的水浴中（用温度计控制）加热（10～20）min；待样品中凝固的汤汁融化，将样品开罐，把内容物倒入预先称量好的网筛中，注意不要遗漏碎末。

应在网筛下方配备漏斗，漏斗应架于容量适合的量筒上。通过网筛将商品中的固形物和非固形物（加热后的液体）分离，固体留在网筛中，液体流入量筒中。

将网筛倾斜放置使其与水平面保持 17°～20°的倾角，使液体更加利于流入量筒中，不必摇动网筛中的物品，沥液 2min。

e）测定网筛和固形物的重量（SDW）

将沥液后的固形物连同网筛一起放在秤或者天平上称量，并记录结果。

f）测定液态物中的油重（FW）

将量筒收集的液态物静止 5min，待油与汤汁分两层，测得油层的体积 V，此体积 V 乘以油的密度 ρ 可以计算出油层的重量 FW=$V\times\rho$（一般油的密度 ρ 取 0.9g/cm^3）。

g）测定皮重（P）

皮重一致性较好的商品可采用平均皮重，平均皮重（$\overline{P}$）确定的方法可见附录 B。其他商品可采用 C.1.3.2b）的方法。

h）计算商品的实际含量（q）

固、液两相实际含量（q_i）＝总重（GW_i）－皮重（P_i）

常温下分离两相商品的固形物实际含量（q_{si}）＝网筛和固形物的重量（SDW）－网筛重量（SW）

加热后分离两相商品的固形物实际含量（q_{si}）＝网筛和固形物的重量（SDW）－网筛重量（SW）＋油重（FW）

i）计算实际含量的偏差（D）

固、液两相的实际含量偏差（D）＝固、液两相的实际含量（q_{si}）－标注的固、液两相净含量（Q_n）

固形物的实际含量偏差（D）＝固形物的实际净含量（q_i）－标注的固形物净含量（Q_n）

C.4.4 原始记录与数据处理（同 C.1.4）。

C.4.5 结果评定与检验报告（同 C.1.5）。

附　录　D

以体积单位标注净含量商品的计量检验方法

D.1　总则

以体积单位标注净含量商品的计量检验，其商品均为（20±2）℃条件下的体积。

D.2　绝对体积法

D.2.1　适用范围

本方法适用于流动性好、不挂壁，且标注净含量为10mL至2L的液态商品。如：饮用水、啤酒、白酒等。

D.2.2　测量设备

专用检验量瓶、注射器（或分度吸管）、温度计。检验设备的计量性能应满足本规则5.2的要求。

D.2.3　检验步骤

a）将样本单位内容物倒入专用检验量瓶中，倾入时内容物不得有流洒及向瓶外飞溅。内容物成滴状后，应静止等待不少于30s。

b）保持专用检验量瓶放置垂直，并使视线与液面平齐，按液面的弯月面下缘读取示值（保留至分度值的1/3至1/5）。该示值即为样本单位的实际含量。

c）对于啤酒、可乐等加压加气的商品，在检验前加入不大于净含量允许短缺量1/20～1/30的消泡剂，待气泡消除后按a）、b）进行检验。

D.2.4　原始记录与数据处理

按5.5的要求填写原始记录，并对检验数据进行处理。

D.2.5　结果评定与检验报告

按第6章的要求对检验结果进行评定并填写检验报告。

D.3　密度法

D.3.1　适用范围

本方法适用于能均匀混合的液体商品。如：牛奶、食用油等。

D.3.2　检验设备

电子天平、电子秤、电子密度计、密度杯、温度计。检验设备的计量性能应满足本规则5.2的要求。

D.3.3　检验步骤

a）测定总重：逐个称量样本单位的总重。

b）测定皮重：按附录B的规定检测样本的皮重。

c）检验密度：

1）在（20±2）℃条件下，先称量密度杯重量，再将样本单位内容物（如果内容物需要摇匀，可在打开包装前完成）注满密度杯，称量密度杯和其内容物的重量，该重量减去密度杯的重量即为定量体积的商品重量。

2）计算本次测定的样本单位密度。其计算公式为：

样本单位密度＝（密度杯和内容物重量－密度杯重量）/密度杯的标称容量

d）上述密度检验重复进行三次，取三次检验结果的算术平均值作为样本单位实际含量的计算密度。

D.3.4　原始记录与数据处理

按5.5的要求填写原始记录并对检验数据进行处理。

实际含量的计算公式为：

实际含量＝（总重－皮重）/密度

D.3.5　结果评定与检验报告

按第6章的要求对检验结果进行评定并填写检验报告。

D.4　相对密度法

D.4.1　适用范围

本方法适用于流动性不好、但液态均匀，以及不适用绝对体积法检验的液态商品。如：洗发液、乳饮料等。

D.4.2　检验设备

电子天平、电子秤、电子密度计、密度杯、温度计，检验设备的计量性能应满足本规则5.2的要求。

D.4.3　检验步骤

D.4.3.1　测定总重：逐个称量样本单位的总重。

D.4.3.2　测定皮重：按附录B的规定测定样本的皮重。

D.4.3.3　检验密度：

a）在（20±2）℃条件下，先称量密度杯重量，再将样本单位的内容物（如内容物需摇匀可在打开包装前完成）注满密度杯（或注入电子密度计内）。称量密度杯和其内容物的重量。该重量减去密度杯重，即为定量体积的商品重。

b）以与步骤a）相同的方法，检测20℃条件下同体积的蒸馏水（或去离子水）重量。

c）根据步骤a）和b）检验得到的数据，计算本次测定的样本单位密度。其计算公式为：

样本单位密度＝定量体积内容物重量/定量体积蒸馏水（或去离子水）的重量

或：样本单位密度＝定量体积内容物密度/定量体积蒸馏水密度（或去离子水密度）

d）上述密度检验重复三次，取三次检验结果的算术平均值作为样本单位实际含量的计算密度。

D.4.4　原始记录与数据处理

按5.5的要求填写原始记录并对检验数据进行处理。

实际含量计算公式为：

实际含量＝（总重－皮重）/［样本单位密度×20℃蒸馏水（或去离子水）密度］

D.4.5　结果评定与检验报告

按第6章的要求对检验结果进行评定并编制检验报告。

附　录　E

以长度单位标注净含量商品的计量检验方法

E.1　仪器法

E.1.1　适用范围

本方法适用于一般长度类商品，如电线等。

E.1.2　测量设备

专用长度检测仪器（计米器）：其滚轮直径、计数器等应经检定或者校准，整机计量性能应满足本规则5.2的要求。计算样本单位的总长度，所用滚轮直径、转动圈数等参数应以相应计量检定证书或校准报告数据为准。

E.1.3　检验步骤

a）将样本单位置于仪器的两滚轮中，调整两滚轮之间的间距，使样本在滚轮之间作无相对滑动运动，由样本拖动滚轮旋转（或滚轮带动样本运动）。

b）调整计数器使其归零。

c）启动仪器，计数器自动记录样本前移而带动测量滚轮转动的圈数，当样本到尽头的瞬间，迅速读取计数器记录的圈数。

E.1.4　原始记录与数据处理

a）按5.5.1的要求填写原始记录。

b）按5.5.2进行数据处理。实际含量的计算公式如下：

实际含量（样本单位长度）＝直径×π×转动圈数

E.1.5　结果评定与检验报告

按第6章的要求评定结果并编制检验报告。

E.2　称重法

E.2.1　适用范围

本方法适用于在全长范围内重量均匀分布的商品，如电缆等。

E.2.2　测量设备

钢直尺、电子天平或电子秤等，其计量性能应满足本规则5.2的要求。

E.2.3　检验步骤

a）称重：逐个称量样本单位的重量（不含样本单位包装物）。

b）拉直：如用拉力方法将样本单位的头、中、尾三部分长度分段拉直（不能有拉伸现象）。

c）定量截段并称重：用钢直尺和剪切设备在样本单位的头、中、尾三处分别准确量截单位长度（一般取1m），并称各段的重量，取其平均值作为样本单位的单位长度的重量。

E.2.4　原始记录与数据处理

a）按5.5.1的要求填写原始记录。

b）按5.5.2进行数据处理。实际含量的计算公式如下：

实际含量（样本单位长度）＝（单位长度/单位长度重量）×样本单位重量

E.2.5　结果评定与检验报告

按第 6 章的要求评定结果并编制检验报告。

E.3 直线法

E.3.1 适用范围

本方法适用于易拉直、且长度尺寸较小的商品，如壁纸等。一般长度小于 50m。

E.3.2 测量设备

钢卷尺、钢直尺或激光测距仪等测长计量器具，其计量性能应满足本规则 5.2 的要求。

E.3.3 检验步骤

a）拉直：在足够的检验场地，用适当的方法如拉力法拉直样本单位（不能有拉伸现象）。

b）测量：用测长计量器具对样本单位进行整段或分段测量，分段应均匀，并能满足测量要求。其测量值，或分段量值相加，即为样本单位的实际含量（长度）。

E.3.4 原始记录与数据处理

按 5.5 的规定填写原始记录，并进行数据处理。

E.3.5 结果评定与检验报告

按第 6 章的要求评定检验结果并编制检验报告。

附 录 F
以面积单位标注净含量商品的计量检验方法

F.1 总则

本规则列出了计算法和仪器法两种首选的计量检验方法，如所列的方法不适用于被检验商品，则可参照产品标准中规定的计量检验方法进行检验，但应确保所采用方法不会引起误判。

F.2 计算法

F.2.1 适用范围

本方法适用于外形边缘整齐、无翘棱、无残缺、有规则外形的物体。如方形、圆形等。

F.2.2 测量设备

游标卡尺、钢直尺、钢卷尺等，其计量性能应满足本规则 5.2 的要求。

F.2.3 检验步骤

a）除去包装，检查被测样本，外形应整齐、平滑，无翘棱，无残缺等现象。

b）均匀选取被测样本的长、宽或者直径的三个测量点，用测长计量器具分别进行测量，取其平均值作为被测长、宽或直径的测量结果。

F.2.4 原始记录与数据处理

a）按 5.5.1 填写原始记录。

b）计算面积

根据测量得到的长度、宽度、直径或边长的值，利用相应的面积公式计算面积，并按 5.5.2 进行数据处理。

F.2.5 结果评定与检验报告

按第 6 章的要求评定检验结果并编制检验报告。

F.3 仪器法

F.3.1 适用范围

本方法适用于不透光的商品，如皮革等及相类似的商品。

F.3.2 测量设备

面积测量机，其计量性能应满足本规则 5.2 的要求。

F.3.3 检验步骤

a）按要求调整好面积测量机。

b）除去被测样本单位包装物，用面积测量机对被测样本单位连续重复测量五次，取其平均值作为被测样本的实际面积。

F.3.4 原始记录与数据处理

a）按 5.5.1 填写原始记录。

b）按 5.5.2 进行数据处理。

F.3.5 结果评定与检验报告

按第 6 章的要求评定检验结果并编制检验报告。

附 录 G
以计数标注净含量商品的计量检验方法

G.1 计数法

G.1.1 适用范围

本方法主要适用于透明包装，内含物排列有规则，易于辨认的计数类商品。

G.1.2 检验步骤

a）确认透过包装材料无影响辨认样本单位内装物数量的障碍，且内装物排列有规则，位置不会随意变动，易于辨认计数；

b）目测，手动计数（目力观察计数）。

G.1.3 原始记录与数据处理

a）按 5.5.1 填写原始记录。

b）按 5.5.2 进行数据处理。

G.1.4 结果评定与检验报告

按第 6 章的要求评定结果并编制检验报告。

G.2 称重法

G.2.1 适用范围

本方法主要适用于内含物重量均匀的商品。如保鲜袋、面纸、即时贴、回形针、图钉、活动铅笔芯等。

G.2.2 测量设备

电子天平、电子秤。其分度值应小于等于内含物单件重量的 1/5。

G.2.3 检验步骤

a）测量总重：称量样本单位的总重量。

b）测量单件重量：从样本中随机抽取不少于 20 件的内含物进行称量，以此计算单件重的算术平均值。

c）测皮重：按附录 B 的方法得到皮重。

G.2.4 原始记录与数据处理

a）按 5.5.1 要求填写原始记录。

b）按 5.5.2 进行数据处理。实际含量的计算公式如下：

样本单位实际含量＝（总重－皮重）/单件重

注：如果件数计算结果出现小数，就把该数进位到下一个邻近的整数。

G.2.5 结果评定与检验报告

按第 6 章的要求评定检验结果并编制检验报告。

G.3 称量计数法

G.3.1 适用范围

本方法主要适用于内含物重量均匀且数量较大的商品，如复印纸、卫生纸等。

G.3.2 测量设备

电子天平、电子计数秤等，其分度值应小于等于内含物单件重量的 1/5。

G.3.3 检验步骤

a）测定皮重：按附录B的方法得到皮重。

b）测量单件重：按G.2.3 b）。

c）去皮：用a）方法得到的皮重值，使电子天平或电子计数秤等量去皮。

d）设置单件重：用b）方法得到的单件重量值作为电子天平或电子计数秤单重设置值。

e）用电子天平或电子计数秤测出样本单位的实际含量。

G.3.4 原始记录与数据处理

a）按5.5.1填写原始记录。

b）按5.5.2进行数据处理。

G.3.5 结果评定与检验报告

按第6章的要求评定结果并编制检验报告。

G.4 拆包计数法

对不适用以上方法检验的样本或用以上方法检验不合格的样本，应除去样本包装物，用目力观察、手动方法进行计数。

附 录 H
定量包装商品净含量计量检验抽样单格式

定量包装商品净含量计量检验抽样单

（销售企业用）

编号：__________

<table>
<tr><td>被抽查企业名称</td><td colspan="3"></td><td>企业代码</td><td></td></tr>
<tr><td>通讯地址</td><td colspan="3"></td><td>法人代表</td><td></td></tr>
<tr><td>邮政编码</td><td></td><td>联系人</td><td></td><td>联系电话</td><td></td></tr>
<tr><td>企业类型</td><td colspan="5">□国有 □集体 □私营 □三资 □其他</td></tr>
<tr><td>任务来源</td><td></td><td>检验类别</td><td></td><td>抽样时间</td><td></td></tr>
<tr><td>检验地点</td><td colspan="3">□现场 □承检机构实验室</td><td>样品送达
时间和地点</td><td></td></tr>
<tr><td>样品送达方式</td><td colspan="5">□企业送达 □企业委托抽样人员带回</td></tr>
</table>

序号	商品名称	商标（品牌）	标注净含量	商品批号或生产日期	生产企业名称
1					
2					
3					

序号	检验批量	抽样数量	抽样地点	抽样方法	封样方式	样品及其他需要说明的事项
1						
2						
3						

<table>
<tr><td>抽样单位（公章）：
地址：
联系人：　　　　电话：
抽样人（签名）：</td><td>被抽查企业（公章）：

被抽查企业经手人（签名）：</td></tr>
</table>

说明：1. 此抽样单一式三份，分别留存承检机构、被抽查企业和任务下达部门。

2. 检验类别分为：监督检验（定期、不定期、复查）、仲裁检验、委托检验。

定量包装商品净含量计量检验抽样单

（生产企业用）

编号：________

<table>
<tr><td>被抽查企业名称</td><td colspan="3"></td><td>企业代码</td><td></td></tr>
<tr><td>通讯地址</td><td colspan="3"></td><td>法人代表</td><td></td></tr>
<tr><td>邮政编码</td><td></td><td>联系人</td><td></td><td>联系电话</td><td></td></tr>
<tr><td>企业类型</td><td colspan="3">□国有 □集体 □私营 □三资 □其他</td><td>所属行业</td><td></td></tr>
<tr><td>企业规模</td><td colspan="3">□大 □中 □小</td><td>上年销售额</td><td></td></tr>
<tr><td>质量认证情况</td><td colspan="3">□体系认证 □产品认证</td><td rowspan="2">计量保证能力评价情况</td><td rowspan="2">□通过 □未通过</td></tr>
<tr><td>计量体系情况</td><td colspan="3">□体系确认 □其他确认 □自主管理</td></tr>
<tr><td>任务来源</td><td></td><td>检验类别</td><td></td><td>抽样时间</td><td></td></tr>
<tr><td>检验地点</td><td colspan="3">□现场 □承检机构实验室</td><td>样品送达时间和地点</td><td></td></tr>
<tr><td>样品送达方式</td><td colspan="5">□企业送达 □企业委托抽样人员带回</td></tr>
</table>

序号	商品（产品）名称	商标（品牌）	标注净含量	产品批号或生产日期	产品执行标准号
1					
2					
3					

序号	检验批量	抽样数量	抽样方法	抽样地点	封样方式	样品及其他需要说明的事项
1						
2						
3						

<table>
<tr><td>抽样单位（公章）：
地址：
联系人：　　　　电话：
抽样人（签名）：</td><td>被抽查企业（公章）：

被抽查企业经手人（签名）：</td></tr>
</table>

说明：1. 此抽样单一式三份，分别留存承检机构、被抽查企业和任务下达部门。

2. 上年销售额指定量包装产品的销售额。

3. 检验类别分为：监督检验（定期、不定期、复查）、仲裁检验、委托检验。

附 录 I

定量包装商品净含量计量检验原始记录格式（信息性）

定量包装商品净含量计量检验原始记录（信息性格式 1）

检验日期：　　　　　　　编号：

受检单位		法定代表人或负责人		电话		
地 址			邮 编			
商品名称			标注净含量			
生产企业			批量		样本量	
检验依据			检验方法			
测量设备名称	规格型号	准确度等级	量程	最小分度值	设备编号	检定有效期

1. 净含量标注检查

标注正确、清晰		计量单位		字符高度		多件包装标注	
检查结论							

2. 实际含量检验

允许短缺量		修正因子		相对湿度		温度	

编 号	1	2	3	4	5	6	7	8	9	10
实际含量（ ）										
偏差（ ）										
编 号	11	12	13	14	15	16	17	18	19	20
实际含量（ ）										
偏差（ ）										
编 号	21	22	23	24	25	26	27	28	29	30
实际含量（ ）										
偏差（ ）										
编 号	31	32	33	34	35	36	37	38	39	40
实际含量（ ）										
偏差（ ）										
编 号	41	42	43	44	45	46	47	48	49	50
实际含量（ ）										
偏差（ ）										

平均实际含量		标准偏差		修正值		平均实际含量修正结果	
大于 1 倍，小于或者等于 2 倍允许短缺量件数				大于 2 倍允许短缺量件数			
检验结论							

3. 总体结论

检验人（签字）：　　　　　　　　核验人员（签字）：

日期：　　　　　　　　　　　　　日期：

定量包装商品净含量计量检验原始记录（信息性格式 2）

检验日期：　　　　　　编号：

受检单位		法人代表 或负责人			电话	
地　　址			邮　　编			
商品名称			标注净含量			
生产企业名称			批量			
			样本量			
检验依据			检验方法			
测量设备名称	规格型号	准确度等级	量程	最小分度值	设备编号	检定有效期

1. 净含量标注检查							
标注正确、清晰		计量单位		字符高度		多件包装标注	
检查结论							

2. 实际含量检验					
相对密度		皮重抽样数		平均皮重	
允许短缺量		修正因子		相对湿度		温度	

编　　号	1	2	3	4	5	6	7	8	9	10
总重（ ）										
皮重（ ）										
实际含量（ ）										
偏差（ ）										
编　　号	11	12	13	14	15	16	17	18	19	20
总重（ ）										
皮重（ ）										
实际含量（ ）										
偏差（ ）										
编　　号	21	22	23	24	25	26	27	28	29	30
总重（ ）										
皮重（ ）										
实际含量（ ）										
偏差（ ）										
编　　号	31	32	33	34	35	36	37	38	39	40
总重（ ）										
皮重（ ）										
实际含量（ ）										
偏差（ ）										

续表

编　　号	41	42	43	44	45	46	47	48	49	50
总重（　）										
皮重（　）										
实际含量（　）										
偏差（　）										
编　　号	51	52	53	54	55	56	57	58	59	60
总重（　）										
皮重（　）										
实际含量（　）										
偏差（　）										
编　　号	61	62	63	64	65	66	67	68	69	70
总重（　）										
皮重（　）										
实际含量（　）										
偏差（　）										
编　　号	71	72	73	74	75	76	77	78	79	80
总重（　）										
皮重（　）										
实际含量（　）										
偏差（　）										
编　　号	81	82	83	84	85	86	87	88	89	90
总重（　）										
皮重（　）										
实际含量（　）										
偏差（　）										
编　　号	91	92	93	94	95	96	97	98	99	100
总重（　）										
皮重（　）										
实际含量（　）										
偏差（　）										

<table>
<tr><td>平均实际含量</td><td></td><td>标准偏差</td><td></td><td>修正值</td><td></td><td>实际含量修正结果</td><td></td></tr>
<tr><td colspan="3">大于1倍，小于或者等于2倍允许短缺量件数</td><td></td><td colspan="2">大于2倍允许短缺量件数</td><td colspan="2"></td></tr>
<tr><td>检验结论</td><td colspan="7"></td></tr>
<tr><td colspan="8">3. 总体结论</td></tr>
<tr><td colspan="4">检验人（签字）：
日期：</td><td colspan="4">核验人员（签字）：
日期：</td></tr>
</table>

定量包装商品净含量计量检验原始记录（信息性格式3）

检验日期：　　　　编号：

受检单位		法定代表人或负责人		电话		
地　址			邮　编			
商品名称		标注净含量	固液两相			
			固形物			
生产企业		批量		样本量		
检验依据		检验方法				
测量设备名称	规格型号	准确度等级	量程	最小分度值	设备编号	检定有效期

1. 净含量标注检查

标注正确、清晰		计量单位		字符高度		多件包装标注	
检查结论							

2. 实际含量检验

允许短缺量	固液两相		修正因子		相对湿度		温度	
	固形物		皮重抽样数		平均皮重			

编　号		1	2	3	4	5	6	7	8	9	10
总重											
皮重											
固液两相	实际含量										
	偏差										
固形物	实际含量										
	偏差										
编　号		11	12	13	14	15	16	17	18	19	20
总重											
皮重											
固液两相	实际含量										
	偏差										
固形物	实际含量										
	偏差										
编　号		21	22	23	24	25	26	27	28	29	30
总重											
皮重											
固液两相	实际含量										
	偏差										
固形物	实际含量										
	偏差										

续表

编号		31	32	33	34	35	36	37	38	39	40
总重											
皮重											
固液两相	实际含量										
	偏差										
固形物	实际含量										
	偏差										
编号		41	42	43	44	45	46	47	48	49	50
总重											
皮重											
固液两相	实际含量										
	偏差										
固形物	实际含量										
	偏差										
编号		51	52	53	54	55	56	57	58	59	60
总重											
皮重											
固液两相	实际含量										
	偏差										
固形物	实际含量										
	偏差										
编号		61	62	63	64	65	66	67	68	69	70
总重											
皮重											
固液两相	实际含量										
	偏差										
固形物	实际含量										
	偏差										

固液两相	平均实际含量		标准偏差		修正值		平均实际含量修正结果	
	大于1倍，小于或者等于2倍允许短缺量件数				大于2倍允许短缺量件数			
固形物	平均实际含量		标准偏差		修正值		平均实际含量修正结果	
	大于1倍，小于或者等于2倍允许短缺量件数				大于2倍允许短缺量件数			
检验结论								

3. 总体结论

检验人（签字）：　　　　核验人员（签字）：

日期：　　　　日期：

附　录 J
定量包装商品净含量计量检验报告格式

报告编号

定量包装商品
净含量计量检验报告

商品名称________________________

型号规格________________________

受检单位________________________

生产单位________________________

检验类别________________________

检验单位（印章）______________

声　明

1. 本单位定量包装商品计量检验项目经××××考核授权，授权证书编号为××××。
2. 本单位用于定量包装商品检验的计量器具其量值溯源到国家计量基准。
3. 本报告无检验单位的检验专用章或公章无效。
4. 本报告无主检人、审核人、批准人签名无效。
5. 本报告涂改无效。
6. 复制本报告未重新加盖检验单位的检验专用章或公章无效。
7. 对检验报告若有异议，应于收到报告之日起十五日内向出具报告单位提出，逾期视为认可检验结果。
8. 此报告仅对本检验批负责。

检验单位联系资料

地　　址：　　　　　　　　　　　　邮　　编：

电　　话：　　　　　　　　　　　　传　　真：

电子信箱：　　　　　　　　　　　　投诉电话：

报告编号

共 页 第 页

一、抽样情况

商品名称		标注净含量	
标注生产企业		批号或生产日期	
抽样地点		抽样方法	
批量		样本量	
抽样人/送样人		抽样时间	

二、检验条件

1. 检验用主要测量设备一览表

测量设备名称	规格型号	准备度等级/最大允许误差/不确定度	量程	最小分度值	设备编号	检定有效期

2. 检验时环境条件

项　目	规范要求	实际条件	备　　注
环境温度			
相对湿度			

三、检验依据

1. 依据文件及编号
2. 检验方法
3. 允许短缺量

报告编号

共 页 第 页

4. 平均实际含量修正因子

四、检验结果

1. 净含量标注检查

检查项目	检查结果	检查结论	说明
标注正确、清晰			
法定计量单位			
字符高度			
多件包装标注			
检查结论			

2. 净含量检验

检验项目	平均实际含量	标准偏差 s	修正值 (λs)	修正后的平均实际含量	大于1倍，小于或者等于2倍允许短缺量的件数	大于2倍允许短缺量的件数
检验结果						
结论						

五、总体结论

六、报告说明

主检人员（签字）________ 职务________ 日期________

审核人员（签字）________ 职务________ 日期________

批准人员（签字）________ 职务________ 日期________

定量包装商品计量监督管理办法

(2005年第75号)

《定量包装商品计量监督管理办法》经2005年5月16日国家质量监督检验检疫总局局务会议审议通过，现予公布，自2006年1月1日起施行。原国家技术监督局发布的《定量包装商品计量监督规定》(国家技术监督局令第43号)同时废止。

局　长

二〇〇五年五月三十日

定量包装商品计量监督管理办法

第一条　为了保护消费者和生产者、销售者的合法权益，规范定量包装商品的计量监督管理，根据《中华人民共和国计量法》并参照国际通行规则，制定本办法。

第二条　在中华人民共和国境内，生产、销售定量包装商品，以及对定量包装商品实施计量监督管理，应当遵守本办法。

本办法所称定量包装商品是指以销售为目的，在一定量限范围内具有统一的质量、体积、长度、面积、计数标注等标识内容的预包装商品。

第三条　国家质量监督检验检疫总局对全国定量包装商品的计量工作实施统一监督管理。

县级以上地方质量技术监督部门对本行政区域内定量包装商品的计量工作实施监督管理。

第四条　定量包装商品的生产者、销售者应当加强计量管理，配备与其生产定量包装商品相适应的计量检测设备，保证生产、销售的定量包装商品符合本办法的规定。

第五条　定量包装商品的生产者、销售者应当在其商品包装的显著位置正确、清晰地标注定量包装商品的净含量。

净含量的标注由“净含量”(中文)、数字和法定计量单位(或者用中文表示的计数单位)三个部分组成。法定计量单位的选择应当符合本办法附表1的规定。

以长度、面积、计数单位标注净含量的定量包装商品，可以免于标注“净含量”三个中文字，只标注数字和法定计量单位(或者用中文表示的计数单位)。

第六条　定量包装商品净含量标注字符的最小高度应当符合本办法附表2的规定。

第七条　同一包装内含有多件同种定量包装商品的，应当标注单件定量包装商品的净含量和总件数，或者标注总净含量。

同一包装内含有多件不同种定量包装商品的，应当标注各种不同种定量包装商品的单件净含量和各种不同种定量包装商品的件数，或者分别标注各种不同种定量包装商品的总净含量。

第八条　单件定量包装商品的实际含量应当准确反映其标注净含量，标注净含量与实际含量之差不得大于本办法附表3规定的允许短缺量。

第九条　批量定量包装商品的平均实际含量应当大于或者等于其标注净含量。

用抽样的方法评定一个检验批的定量包装商品，应当按照本办法附表4中的规定进行抽样检验和计算。样本中单件定量包装商品的标注净含量与其实际含量之差大于允许短缺量的件数以及样本的平均实际含量应当符合本办法附表4的规定。

第十条 强制性国家标准、强制性行业标准对定量包装商品的允许短缺量以及法定计量单位的选择已有规定的，从其规定；没有规定的按照本办法执行。

第十一条 对因水分变化等因素引起净含量变化较大的定量包装商品，生产者应当采取措施保证在规定条件下商品净含量的准确。

第十二条 县级以上质量技术监督部门应当对生产、销售的定量包装商品进行计量监督检查。

质量技术监督部门进行计量监督检查时，应当充分考虑环境及水分变化等因素对定量包装商品净含量产生的影响。

第十三条 对定量包装商品实施计量监督检查进行的检验，应当由被授权的计量检定机构按照《定量包装商品净含量计量检验规则》进行。

检验定量包装商品，应当考虑储存和运输等环境条件可能引起的商品净含量的合理变化。

第十四条 定量包装商品的生产者、销售者在使用商品的包装时，应当节约资源、减少污染、正确引导消费，商品包装尺寸应当与商品净含量的体积比例相当。不得采用虚假包装或者故意夸大定量包装商品的包装尺寸，使消费者对包装内的商品量产生误解。

第十五条 国家鼓励定量包装商品生产者自愿参加计量保证能力评价工作，保证计量诚信。

省级质量技术监督部门按照《定量包装商品生产企业计量保证能力评价规范》的要求，对生产者进行核查，对符合要求的予以备案，并颁发全国统一的《定量包装商品生产企业计量保证能力证书》，允许在其生产的定量包装商品上使用全国统一的计量保证能力合格标志。

第十六条 获得《定量包装商品生产企业计量保证能力证书》的生产者，违反《定量包装商品生产企业计量保证能力评价规范》要求的，责令其整改，停止使用计量保证能力合格标志，可处5000元以下的罚款；整改后仍不符合要求的或者拒绝整改的，由发证机关吊销其《定量包装商品生产企业计量保证能力证书》。

定量包装商品生产者未经备案，擅自使用计量保证能力合格标志的，责令其停止使用，可处30000元以下罚款。

第十七条 生产、销售定量包装商品违反本办法第五条、第六条、第七条规定，未正确、清晰地标注净含量的，责令改正；未标注净含量的，限期改正，逾期不改的，可处1000元以下罚款。

第十八条 生产、销售的定量包装商品，经检验违反本办法第九条规定的，责令改正，可处检验批货值金额3倍以下，最高不超过30000元的罚款。

第十九条 本办法规定的行政处罚，由县级以上地方质量技术监督部门决定。

县级以上地方质量技术监督部门按照本办法实施行政处罚，必须遵守国家法律、法规和国家质量监督检验检疫总局关于行政案件办理程序的有关规定。

第二十条 行政相对人对行政处罚决定不服的，可以依法申请行政复议或者提起行政诉讼。

第二十一条 从事定量包装商品计量监督管理的国家工作人员滥用职权、玩忽职守、徇私舞弊，情节轻微的，给予行政处分；构成犯罪的，依法追究刑事责任。

从事定量包装商品计量检验的机构和人员有下列行为之一的，由省级以上质量技术监督部门责令限期整改；情节严重的，应当取消其从事定量包装商品计量检验工作的资格，对有关责任人员依法给予行政处分；构成犯罪的，依法追究刑事责任：

（一）伪造检验数据的。

（二）违反《定量包装商品净含量计量检验规则》进行计量检验的。

（三）使用未经检定、检定不合格或者超过检定周期的计量器具开展计量检验的。

（四）擅自将检验结果及有关材料对外泄露的。

（五）利用检验结果参与有偿活动的。

第二十二条 本办法下列用语的含义是：

（一）预包装商品是指销售前预先用包装材料或者包装容器将商品包装好，并有预先确定的量值（或者数量）的商品。

（二）净含量是指除去包装容器和其他包装材料后内装商品的量。

（三）实际含量是指由质量技术监督部门授权的计量检定机构按照《定量包装商品净含量计量检验规则》通过计量检验确定的定量包装商品实际所包含的量。

（四）标注净含量是指由生产者或者销售者在定量包装商品的包装上明示的商品的净含量。

（五）允许短缺量是指单件定量包装商品的标注净含量与其实际含量之差的最大允许量值（或者数量）。

（六）检验批是指接受计量检验的，由同一生产者在相同生产条件下生产的一定数量的同种定量包装商品或者在销售者抽样地点现场存在的同种定量包装商品。

（七）同种定量包装商品是指由同一生产者生产，品种、标注净含量、包装规格及包装材料均相同的定量包装商品。

（八）计量保证能力合格标志（也称C标志，C为英文“中国”的头一个字母）是指由国家质检总局统一规定式样，证明定量包装商品生产者的计量保证能力达到规定要求的标志。

第二十三条 本办法由国家质量监督检验检疫总局负责解释。

第二十四条 本办法自2006年1月1日起施行。原国家技术监督局发布的《定量包装商品计量监督规定》（国家技术监督局令第43号）同时废止。

附表1 法定计量单位的选择

附表2 标注字符高度

附表3 允许短缺量

附表4 计量检验抽样方案

附表1

法定计量单位的选择

项　目	标注净含量（Q_n）的量限	计量单位
质量	Q_n＜1000g	g（克）
	Q_n≥1000g	kg（千克）
体积	Q_n＜1000mL	mL（mL）（毫升）
	Q_n≥1000mL	L（l）（升）
长度	Q_n＜100cm	mm（毫米）或者cm（厘米）
	Q_n≥100cm	m（米）
面积	Q_n＜100cm^2	mm^2（平方毫米）或者cm^2（平方厘米）
	1dm^2≤Q_n＜100dm^2	dm^2（平方分米）
	Q_n≥1m^2	m^2（平方米）

附表 2　　　　　　　　　　　　　　　　**标注字符高度**

标注净含量（Q_n）	字符的最小高度/mm
$Q_n \leqslant 50g$ $Q_n \leqslant 50mL$	2
$50g < Q_n \leqslant 200g$ $50mL < Q_n \leqslant 200mL$	3
$200g < Q_n \leqslant 1000g$ $200mL < Q_n \leqslant 1000mL$	4
$Q_n > 1kg$ $Q_n > 1L$	6
以长度、面积、计数单位标注	2

附表 3　　　　　　　　　　　　　　　　**允许短缺量**

质量或体积定量包装商品的标注净含量（Q_n）/g 或 mL	允许短缺量（T）[a]	
	Q_n 的百分比	g 或 mL
0～50	9	—
50～100	—	4.5
100～200	4.5	—
200～300	—	9
300～500	3	—
500～1000	—	15
1000～10000	1.5	—
10000～15000	—	150
15000～50000	1	—

长度定量包装商品的标注净含量（Q_n）/m	允许短缺量（T）
$Q_n \leqslant 5$	不允许出现短缺量
$Q_n > 5$	$Q_n \times 2\%$
面积定量包装商品的标注净含量	**允许短缺量（T）**
全部 Q_n	$Q_n \times 3\%$
计数定量包装商品的标注净含量（Q_n）	**允许短缺量（T）**
$Q_n \leqslant 50$	不允许出现短缺量
$Q_n > 50$	$Q_n \times 1\%$[b]

a　对于允许短缺量（T），当 $Q_n \leqslant 1kg$（L）时，T 值的 0.01g（mL）位修约至 0.1g（mL）；当 $Q_n > 1kg$（L）时，T 值的 0.1g（mL）位修约至 g（mL）；

b　以标注净含量乘以 1%，如果出现小数，就把该数进位到下一个紧邻的整数。这个值可能大于 1%，但这是可以接受的，因为商品的个数为整数，不能带有小数。

附表 4 **计量检验抽样方案**

第一栏	第二栏	第三栏		第四栏	
检验批量 N	抽取样本量 n	样本平均实际含量修正值（λs）		允许大于 1 倍，小于或者等于 2 倍允许短缺量的件数	允许大于 2 倍允许短缺量的件数
		修正因子 $\lambda = t_{0.995} \times \frac{1}{\sqrt{n}}$	样本实际含量标准偏差 s		
1～10	N	—	—	0	0
11～50	10	1.028	s	0	0
51～99	13	0.848	s	1	0
100～500	50	0.379	s	3	0
501～3200	80	0.295	s	5	0
大于 3200	125	0.234	s	7	0

样本平均实际含量应当大于或者等于标注净含量减去样本平均实际含量修正值（λs）

即

$$\bar{q} \geqslant (Q_n - \lambda s)$$

式中：

$\bar{q}$—— 样本平均实际含量，$\bar{q} = \frac{1}{n}\sum_{i=1}^{n} q_i$；

Q_n—— 标注净含量；

λ—— 修正因子；

q_i—— 单件商品的实际含量；

s—— 样本实际含量标准偏差，$s = \sqrt{\frac{1}{n-1}\sum_{i=1}^{n}(q_i - \bar{q})^2}$。

注：1　本抽样方案的置信度为 99.5%。

2　本抽样方案对于批量为 1～10 件的定量包装商品，只对单件定量包装商品的实际含量进行检验，不作平均实际含量的计算。

六、最新标准

ICS 71.100.70
Y 42

中华人民共和国国家标准

GB/T 27574—2011

睫　毛　膏

Mascara

2011-12-05 发布　　　　2012-03-01 实施

中华人民共和国国家质量监督检验检疫总局
中国国家标准化管理委员会　发布

前　　言

本标准按照 GB/T1.1—2009 给出的规则起草。

本标准由全国香料香精化妆品标准化技术委员会（SAC/TC 257）归口。

本标准起草单位：上海市日用化学工业研究所、玫琳凯（中国）化妆品有限公司、杭州珀莱雅控股股份有限公司、广东名臣有限公司、广州市诗诗日用化工有限公司、浙江方圆检测集团有限公司。

本标准主要起草人：康薇、沈敏、谢巍、蒋丽刚、程双印、许龙、何乔桑、范新雨。

睫 毛 膏

1 范围

本标准规定了睫毛膏的术语和定义、要求、试验方法、检验规则和标志、包装、运输、贮存、保质期。

本标准适用于睫毛膏产品。

2 规范性引用文件

下列文件对于本文件的应用是必不可少的。凡是注日期的引用文件，仅注日期的版本适用于本文件。凡是不注日期的引用文件，其最新版本（包括所有的修改单）适用于本文件。

GB 5296.3 消费品使用说明 化妆品通用标签

GB/T13531.1 化妆品通用试验方法 pH值的测定

GB/T 22731 日用香精

QB/T1684 化妆品检验规则

QB/T1685 化妆品产品包装外观要求

JJF1070 定量包装商品净含量计量检验规则

国家质量监督检验检疫总局令第75号 定量包装商品计量监督管理办法

化妆品卫生规范

3 术语和定义

下列术语和定义适用于本文件。

3.1

睫毛膏 mascara

以油脂、水、蜡、增稠剂、颜料、成膜剂、乳化剂等为原料经混合乳化工艺，或以蜡、油脂、高分子聚合物、溶剂、颜料等原料经混合工艺制成的粘稠状产品，主要起修饰、美化眼部睫毛的作用。

4 要求

4.1 使用的原料

应符合《化妆品卫生规范》的要求，使用的香精应符合GB/T 22731的要求。

4.2 感官、理化、性能指标

感官、理化、性能指标应符合表1的要求。

表1 感官、理化、性能指标

指标名称		指标要求
感官指标	外观	均匀细腻的粘稠膏体
	色泽	符合规定色泽，颜色均匀一致
	气味	无异味

续表

指标名称		指标要求
理化指标	pH 值（水包油型）	5.0～8.5
	耐热	(40±1)℃，24h，恢复室温后，能正常使用
	耐寒	10℃～－5℃，24h，恢复室温后，能正常使用
性能指标	牢固度	无脱落
	防水性能（防水型）	无明显印痕

4.3 卫生指标

卫生指标应符合表 2 的要求。

表 2　　卫生指标

指标名称	指标要求
菌落总数 CFU/g	符合《化妆品卫生规范》规定
霉菌和酵母菌总数 CFU/g	
粪大肠菌群 g	
金黄色葡萄球菌 g	
铜绿假单胞菌 g	
铅 mg/kg	
汞 mg/kg	
砷 mg/kg	

4.4 净含量

应符合国家质量监督检验检疫总局令第 75 号规定。

4.5 包装外观要求

应符合 QB/T 1685 的规定。

5 试验方法

5.1 感官指标

5.1.1 外观

取一支试样并挖去内塞后，取内装物在室温和非阳光直射下目测观察。

5.1.2 **色泽**

取一支试样并挖去内塞后，取内装物在室温和非阳光直射下目测观察。

5.1.3 **气味**

嗅觉鉴别。

5.2 **理化指标**

5.2.1 **pH 值**

按 GB/T 13531.1 稀释法测定。

5.2.2 **耐热**

5.2.2.1 **仪器**

恒温培养箱：温控精度±1℃。

5.2.2.2 **操作程序**

预先将恒温培养箱调节到（40±1)℃，将包装完整的试样置于恒温培养箱内，24h 后取出，恢复至室温，并按正常使用方法进行观察。

5.2.3 **耐寒**

5.2.3.1 **仪器**

冰箱：温控精度±2℃。

5.2.3.2 **操作程序**

预先将冰箱调节到－10℃～－5℃，将包装完整的试样置于冰箱内，24h 后取出，恢复至室温，并按正常使用方法进行观察。

5.3 **性能指标**

5.3.1 **牢固度**

5.3.1.1 **材料**

测试所需材料如下：

a）秒表；

b）无染烫头发或人造纤维制成的假睫毛；

c）普通白色打印纸。

5.3.1.2 **步骤**

测试步骤如下：

a）取一片假睫毛，从中间沿垂直方向剪成两个半片，每次使用半片（长度 1mm×底宽 1.5mm）；

b）用一个金属夹夹住假睫毛底端固定，然后将待测的睫毛膏从下方由睫毛根部到梢部以同样的速度和手法刷 7 次，使睫毛膏均匀涂于假睫毛上；

c）在相对湿度小于 75％的室温下，等待约 15min～20min，待假睫毛完全干透后，手持金属夹用涂抹睫毛膏一面的前半端在白纸上轻压，不应有膏体附着在白纸上。

5.3.2 **防水性能**

5.3.2.1 **材料**

测试所需材料如下：

a）温度计：精度 1℃；

b）秒表；

c）无染烫头发或人造纤维制成的假睫毛；

d）普通白色打印纸（85mm×110mm）。

5.3.2.2 **步骤**

测试步骤如下：

a）取一片假睫毛，从中间沿垂直方向剪成两个半片，每次使用半片（长度 1mm×底宽 1.5mm）；

b）用一个金属夹夹住假睫毛底端固定，然后将待测的睫毛膏从下方由睫毛根部到梢部以同样的速度和手法刷 7 次，使睫毛膏均匀涂于假睫毛上；

c）在相对湿度小于 75%的室温下，等待大约 15min～20min，待假睫毛完全干透，将其放在温度为室温(22±2)℃的水中静置 2min，取出将水轻轻甩干后（不挂水珠），手持金属夹立即用涂抹睫毛膏的一面的前半端在白色打印纸上沿长度方向拖动轻擦；

d）观察白纸上是否留有明显印痕。当白纸上留有明显印痕时，该睫毛膏未能通过防水测试。当白纸上没有明显印痕时，该睫毛膏通过防水测试。

5.4 **卫生指标**

按《化妆品卫生规范》规定的方法检验。

5.5 **净含量**

按 JJF 1070 规定的方法检验。

5.6 **包装外观要求**

按 QB/T 1685 的方法检验。

6 检验规则

按 QB/T 1684 执行。

7 标志、包装、运输、贮存、保质期

7.1 **销售包装的标志**

销售包装的标志按 GB 5296.3 执行。销售包装可视面宜标注下列内容：

a）产品使用请勿入眼；

b）产品使用后，请即拧紧盖子以免过快干结；

c）隐形眼镜佩戴者，请卸除隐形眼镜后卸妆；

d）置于阴凉处保存，避免阳光直射；

e）眼部存在炎症、感染或受伤等眼部不适时建议勿使用。

7.2 **包装**

按 QB/T 1685 执行。

7.3 **运输**

应轻装轻卸，按箱子图示标志堆放。避免剧烈震动、撞击和日晒雨淋。

7.4 **贮存**

应贮存在温度不高于 38℃的常温通风干燥仓库内，不得靠近水源、火炉或暖气。贮存时应距地面 20cm，距内墙 50cm，中间应留有通道。按箱子图示标志堆放，并严格掌握先进先出原则。

7.5 **保质期**

在符合规定的运输和贮存条件下，产品在包装完整和未经启封的情况下，保质期按销售包装标注执行。

ICS 71.100.70
Y 42

中华人民共和国国家标准

GB/T 27575—2011

化妆笔、化妆笔芯

Cosmetic pencil and cartridge

2011-12-05 发布 2012-03-01 实施

中华人民共和国国家质量监督检验检疫总局
中国国家标准化管理委员会 发布

前　　言

本标准按照 GB/T 1.1—2009 给出的规则起草。

本标准由全国香料香精化妆品标准化技术委员会（SAC/TC 257）归口。

本标准起草单位：浙江方圆检测集团股份有限公司、玫琳凯（中国）有限公司、杭州珀莱雅控股股份有限公司、昆山永青化妆品有限公司、上海市日用化学工业研究所。

本标准主要起草人：何乔桑、龙柄华、彭静、李光明、沈敏、黄金飞、蒋丽刚、康薇、陈靖。

化妆笔、化妆笔芯

1 范围

本标准规定了化妆笔的分类、要求、试验方法、检验规则和标志、包装、运输、贮存、保质期。

本标准适用于由各种油、脂、蜡、粉类原料与颜料配制，经过研磨挤压、成型或其他方式制成的用于人体表面的美容化妆笔和化妆笔芯。如眼线笔、眉笔、眼影笔、唇线笔、遮瑕笔等。不适用于内装物为液状的化妆笔。

2 规范性引用文件

下列文件对于本文件的应用是必不可少的。凡是注日期的引用文件，仅注日期的版本适用于本文件。凡是不注日期的引用文件，其最新版本（包括所有的修改单）适用于本文件。

GB 5296.3 消费品使用说明 化妆品通用标签

GB/T 22731 日用香精

QB/T 1684 化妆品检验规则

QB/T 1685 化妆品产品包装外观要求：

JJF 1070 定量包装商品净含量计量检验规则

国家质量监督检验检疫总局令第75号 定量包装商品计量监督管理办法

化妆品卫生规范

3 术语和定义

下列术语和定义适用于本文件。

3.1

活动型化妆笔 mechanical cosmetic pencil

通过旋转或按压（挤压）等外力方式输出笔芯后使用的化妆笔。

3.2

活动型化妆笔芯 cartridge

配套活动型化妆笔使用的，通过旋转或按压（挤压）等外力方式输出的部分。

3.3

非活动型化妆笔 unmechanical cosmetic pencil

需去除笔芯外包裹材料后使用的化妆笔。

4 分类

化妆笔按其使用方式不同分为非活动型化妆笔和活动型化妆笔。

5 要求

5.1 使用的原料

应符合《化妆品卫生规范》的规定。使用的香精应符合GB/T 22731的要求。

5.2 感官指标

感官指标应符合表 1 的规定。

表 1　　感官指标

指标名称	指标要求	
	活动型化妆笔、非活动型化妆笔	活动型化妆笔芯
笔芯外观	笔芯无断裂，无明显气孔及异色斑点	
笔杆外观	笔杆表面若有漆膜或涂层，应均匀一致，无脱落、开裂，笔杆标志字迹清晰、易辨认	—
色泽	符合规定色泽	
气味	符合规定香气，无异味	
注：在不影响产品使用性能的情况下，蜡基化妆笔笔芯表面允许出现霜状蜡结晶		

5.3 理化指标

理化指标应符合表 2 的规定。

表 2　　理化指标

指标名称	指标要求	
	活动型化妆笔、活动型化妆笔芯	非活动型化妆笔
使用性能	输芯性能良好；笔芯涂抹效果良好	笔芯外包裹材料能容易去除；笔芯涂抹效果良好
耐热	(45±1)℃，保持 24h，恢复至室温后无明显性状变化，能正常使用	
耐寒	－10℃～－5℃，保持 24h，恢复至室温后无明显性状变化，能正常使用	

5.4 卫生指标

卫生指标应符合表 3 的规定。

表 3　　卫生指标

指标名称	指标要求
菌落总数 CFU/g	符合《化妆品卫生规范》规定
霉菌和酵母菌总数 CFU/g	
粪大肠菌群 g	
金黄色葡萄球菌 g	
铜绿假单胞菌 g	
铅 mg/kg	
砷 mg/kg	
汞 mg/kg	

5.5 净含量

符合国家质量监督检验检疫总局令第75号规定。

6 试验方法

6.1 感官指标

6.1.1 笔芯外观

6.1.1.1 非活动型化妆笔

取试样在室温和非阳光直射下对笔芯裸露部分目测观察。

6.1.1.2 活动型化妆笔

按产品输芯方式，输出整个笔芯后，在室温和非阳光直射下对整个笔芯目测观察。

6.1.1.3 活动型化妆笔芯

在室温和非阳光直射下对整个笔芯目测观察。

6.1.2 笔杆外观

6.1.2.1 笔杆漆膜、涂层

6.1.2.1.1 仪器

测试所需仪器如下：

a) 恒温培养箱：温控精度±1℃；

b) 冰箱：温控精度±2℃。

6.1.2.1.2 操作程序

将试样置于（45±1)℃的恒温培养箱内，30min后取出，置于室温（20±2)℃，相对湿度50%～65%的室内30min，然后再将试样密封于塑料袋中，置于−10℃～−5℃的冰箱内恒温30min，取出试样，在室温条件下检查试样笔杆漆膜、涂层是否均匀一致，有无脱落、开裂现象。

6.1.2.2 笔杆标志字迹

取试样在室温和非阳光直射下目测观察。

6.1.3 色泽

取试样笔芯在70g/m^2～80g/m^{2}的白色书写纸上涂绘，划痕长5cm～10cm，在室温和非阳光直射下目测观察。

6.1.4 气味

取试样笔芯嗅觉鉴别。

6.2 理化指标

6.2.1 使用性能

6.2.1.1 笔芯外包裹材料去除性能试验

使用卷削、刀削或撕除等适当使用方式去除笔芯外包裹材料，观察此过程。

6.2.1.2 笔芯涂抹效果试验

将试样涂抹于手背或手心上，观察其使用效果，应均匀、无结块。

6.2.1.3 输芯性能试验

按产品输芯方式，完成整个输芯过程，此过程应连续、完整、可靠。

6.2.2 耐热

6.2.2.1 仪器

恒温培养箱：温控精度± 1℃。

6.2.2.2 **操作程序**

把包装完整的试样水平置于（45±1)℃的恒温培养箱内，24h后取出，恢复至室温后目测观察，并将试样涂抹于手背或手心上，观察其使用性能。

6.2.3 **耐寒**

6.2.3.1 **仪器**

冰箱：温控精度±2℃。

6.2.3.2 **操作程序**

把包装完整的试样水平置于−10℃～−5℃的冰箱内，24h后取出，恢复至室温后目测观察，并将试样涂抹于手背或手心上，观察其使用性能。

6.3 **卫生指标**

按《化妆品卫生规范》中规定的方法检验。

6.4 **净含量**

按JJF 1070规定的方法测定。

7 检验规则

按QB/T 1684执行。

8 标志、包装、运输、贮存、保质期

8.1 **销售包装的标志**

按GB 5296.3执行。

8.2 **销售包装的要求**

按QB/T 1685执行。

8.3 **运输**

应轻装轻卸，按箱子图示标志堆放。避免剧烈震动、撞击和日晒雨淋。

8.4 **贮存**

应贮存在温度不高于38℃的通风干燥的仓库内，不得靠近火炉、暖气和水源。贮存时应距地面20cm，距内墙50cm，中间应留通风道。按箱子箭头堆放，不得倒放，并掌握先进先出原则。

8.5 **保质期**

在符合规定的运输和贮存条件下，产品在包装完整和未经启封的情况下，保质期按销售包装标注执行。

ICS 71.100.70
Y 42

中华人民共和国国家标准

GB/T 27576—2011

唇彩、唇油

Lip gloss, lip oil

2011-12-05 发布　　2012-03-01 实施

中华人民共和国国家质量监督检验检疫总局
中国国家标准化管理委员会　发布

前　言

本标准按照 GB/T 1.1—2009 给出的规则起草。

本标准由全国香料香精化妆品标准化技术委员会（SAC/TC 257）归口。

本标准起草单位：上海市日用化学工业研究所、玫琳凯（中国）化妆品有限公司、广东名臣有限公司、杭州珀莱雅控股股份有限公司、广州市诗诗日用化工有限公司、汕头市施露兰化妆品有限公司、浙江方圆检测集团有限公司。

本标准主要起草人：沈敏、康薇、谢巍、范新雨、蒋丽刚、许龙、廖文贵、何乔桑、程双印。

唇彩、唇油

1 范围

本标准规定了唇彩、唇油的分类、要求、试验方法、检验规则和标志、包装、运输、贮存、保质期。

本标准适用于以油脂、蜡、色素、增稠剂或凝固剂等原料制成的唇彩和唇油。

2 规范性引用文件

下列文件对于本文件的应用是必不可少的。凡是注日期的引用文件，仅注日期的版本适用于本文件。凡是不注日期的引用文件，其最新版本（包括所有的修改单）适用于本文件。

GB 5296.3 消费品使用说明 化妆品通用标签

GB/T 22731 日用香精

QB/T 1684 化妆品检验规则

QB/T 1685 化妆品产品包装外观要求

JJF 1070 定量包装商品净含量计量检验规则

国家质量监督检验检疫总局令第75号 定量包装商品计量监督管理办法

化妆品卫生规范

3 分类

按唇彩的外观形态可分为粘稠状液体唇彩和冻胶状膏体唇彩。

4 要求

4.1 使用的原料

应符合《化妆品卫生规范》的规定，使用的香精应符合GB/T 22731的要求。

4.2 感官、理化指标

感官、理化指标应符合表1的要求。

表1 感官、理化指标

指标名称		指标要求	
		液体唇彩、唇油	膏体唇彩
感官指标	外观	细腻均一的粘稠状液体（罐装成特定花纹的产品除外）	细腻均一的冻胶状膏体
	色泽	符合规定色泽，色泽均匀一致	
	气味	符合规定香气、无油脂异味	
理化指标	耐热	(45±1)℃，24h，恢复室温后，无浮油，无分层，性状与原样保持一致	(45±1)℃，24h，恢复室温后，性状与原样保持一致，无渗油
	耐寒	−15℃～−5℃，24h，恢复室温后，性状与原样保持一致	−15℃～−5℃，24h，恢复室温后，性状与原样保持一致

4.3 卫生指标

卫生指标应符合表2的要求。

表2 卫生指标

指标名称	指标要求
菌落总数 CFU/g	符合《化妆品卫生规范》规定
霉菌和酵母菌总数 CFU/g	
粪大肠菌群 g	
金黄色葡萄球菌 g	
铜绿假单胞菌 g	
铅 mg/kg	
汞 mg/kg	
砷 mg/kg	

4.4 净含量

应符合国家质量监督检验检疫总局令第75号规定。

4.5 包装外观要求

应符合QB/T 1685的规定。

5 试验方法

5.1 感官指标

5.1.1 外观

取试样在室温和非阳光直射下目测观察。

5.1.2 色泽

取试样在室温和非阳光直射下目测观察。

5.1.3 气味

嗅觉鉴别。

5.2 理化指标

5.2.1 耐热

5.2.1.1 仪器

恒温培养箱：温控精度±1℃。

5.2.1.2 操作程序

液体唇彩、唇油：预先将恒温培养箱调节到(45±1)℃，将包装完整的试样垂直倒置(盖子向下)于恒温培养箱内，24h后取出，使试样保持倒置的方向，恢复至室温后目测观察。

膏体唇彩：预先将恒温培养箱调节到（45±1）℃，将包装完整的试样置于恒温培养箱内，24h 后取出，恢复至室温后目测观察。

5.2.2 耐寒

5.2.2.1 仪器

冰箱：温控精度±2℃。

5.2.2.2 操作程序

液体唇彩、唇油：预先将冰箱调节到－15℃～－5℃，将包装完整的试样垂直倒置（盖子向下）于冰箱内，24h 后取出，使试样保持倒置的方向，恢复至室温后目测观察。

膏体唇彩：预先将冰箱调节到－15℃～－5℃，将包装完整的试样置于冰箱内，24h 后取出，恢复至室温后目测观察。

5.3 卫生指标

按《化妆品卫生规范》中规定的方法检验。

5.4 净含量

按 JJF 1070 规定的方法测定。

5.5 包装外观要求

按 QB/T 1685 的方法检验。

6 检验规则

按 QB/T 1684 执行。

7 标志、包装、运输、贮存、保质期

7.1 销售包装的标志

销售包装的标志按 GB 5296.3 执行。

7.2 包装

包装按 QB/T 1685 执行。

7.3 运输

应轻装轻卸，按箱子图示标志堆放。避免剧烈震动、撞击和日晒雨淋。

7.4 贮存

应贮存在温度不高于 38℃的常温通风干燥仓库内，不得靠近水源、火炉或暖气。贮存时应距地面 20cm，距内墙 50cm，中间应留有通道。按箱子图示标志堆放，并严格掌握先进先出原则。

7.5 保质期

在符合规定的运输和贮存条件下，产品在包装完整和未经启封的情况下，保质期按销售包装标注执行。

ICS 71.100.70
Y 42

中华人民共和国国家标准

GB/T 27577—2011

化妆品中维生素B_5（泛酸）及维生素原B_5（D-泛醇）的测定　高效液相色谱紫外检测法和高效液相色谱串联质谱法

Determination of vitamin B_5 (pantothenic acid) and provitamin B_5 (D-fantothenol) in cosmetics—HPLC/UV and HPLC MS/MS

2011-12-05 发布　　2012-03-01 实施

中华人民共和国国家质量监督检验检疫总局
中国国家标准化管理委员会　发布

前　　言

本标准按照 GB/T 1.1—2009 给出的规则起草。

本标准由全国香料香精化妆品标准化技术委员会（SAC/TC257）归口。

本标准起草单位：大连市产品质量监督检验所（国家日化产品质量监督检验中心）、上海市日用化学工业研究所（国家香料香精化妆品质量监督检验中心）、大连标准检测技术研究中心。

本标准主要起草人：毛希琴、胡侠、潘炜、郑顺利、李鹏、李琼。

化妆品中维生素 B_5（泛酸）及维生素原 B_5（D-泛醇）的测定　高效液相色谱紫外检测法和高效液相色谱串联质谱法

1　范围

本标准规定了化妆品中维生素 B_5（泛酸）及维生素原 B_5（D-泛醇）测定的高效液相色谱紫外检测法和高效液相色谱串联质谱法两种方法。

本标准适用于化妆品中维生素 B_5（泛酸）及维生素原 B_5（D-泛醇）的定量测定，高效液相色谱紫外检测法对泛酸、D-泛醇的检出限为 30μg/g，定量限为 100μg/g。高效液相色谱串联质谱法对泛酸、D-泛醇的检出限为 30ng/g；定量限为 100ng/g。

2　规范性引用文件

下列文件对于本文件的应用是必不可少的。凡是注日期的引用文件，仅注日期的版本适用于本文件。凡是不注日期的引用文件，其最新版本（包括所有的修改单）适用于本文件。

GB/T 6379.1　测量方法与结果的准确度（正确度与精密度）　第1部分：总则与定义

GB/T 6379.2　测量方法与结果的准确度（正确度与精密度）　第2部分：确定标准测量方法重复性与再现性的基本方法

GB/T 6682　分析实验室用水规格和试验方法

3　原理

在水和与水不互溶的有机溶剂（如三氯甲烷或异辛烷等）形成的双液相体系中，维生素 B_5［泛酸及其盐类（如泛酸钠及泛酸钙）］和维生素原 B_5（D-泛醇）均分布于水相，化妆品中油溶性成分易溶于有机相，而化妆品中的表面活性剂则富集于油水界面处。利用双液相体系可将维生素 B_5 和维生素原 B_5 与化妆品中油溶性成分及表面活性剂初步分离，亚铁氰化钾-醋酸锌共沉淀剂去除提取液中的大分子基质。在酸性条件下将泛酸和D-泛醇富集于固相萃取 C_{18} 固定相上，脱除其他水溶性干扰物后，用40%甲醇水溶液洗脱，用反相高效液相色谱分离，紫外检测器或串联四级杆质谱检测，标准曲线外标法定量。

4　试剂和材料

除非另有说明，所用水为GB/T 6682中规定的一级水。

4.1　标准物质英文名称、CAS号、分子式、分子结构式、相对分子质量、纯度见表1。

4.2　甲醇：色谱纯。

4.3　甲醇：分析纯。

4.4　甲酸：分析纯。

4.5　甲酸：色谱纯。

表 1　　标准物质英文名称、CAS 号、分子式、分子结构式、相对分子质量、纯度

化合物名称	英文名称	CAS 号	分子式	分子结构式	相对分子质量	纯度
泛酸	pantothenic acid	79-83-4	$C_9H_{17}NO_5$		219.23	>99%
泛酸钠	sodium pantothenate	867-81-2	$C_9H_{16}NNaO_5$		241.22	
泛酸钙	calcium pantothenate	137-08-6	$C_{18}H_3iCaN_2O_{10}$		476.53	
D-泛醇	D-panthenol	81-13-0	$C_9H_{19}NO_4$		205.25	

4.6　三氯甲烷：分析纯。

4.7　乙酸丁酯：分析纯。

4.8　异辛烷：分析纯。

4.9　0.2mol/L 甲酸：移取 3.8mL 甲酸（4.4），用水稀释定容至 500mL。

4.10　0.1mol/L 甲酸：移取 1.9mL 甲酸（4.4），用水稀释定容至 500mL。

4.11　醋酸锌溶液：称取 21.9g $C_4H_6O_4Zn \cdot 2H_2O$（分析纯），用 0.2mol/L 甲酸（4.9）溶解并定容至 100mL。

4.12　亚铁氰化钾溶液：称取 10.6g $K_4Fe(CN)_6 \cdot 3H_2O$（分析纯），用水溶解并定容至 100mL。

4.13　乙酸丁酯-三氯甲烷混合溶济：乙酸丁酯（4.7）：三氯甲烷（4.6）体积比（1＋1）

4.14　40%甲醇水溶液：甲醇（4.3）：蒸馏水体积比（2＋3）。

4.15　C_{18}固相萃取小柱：200mg/3 mL，使用前，依次用 3mL 甲醇（4.3）、3mL 蒸馏水进行活化。

4.16　一次性针式样品过滤器：0.2μm，尼龙膜。

4.17　标准储备溶液：分别准确称取标准物质泛酸 1.0g（或 1.1g 泛酸钠或者泛酸钙，折合为泛酸 1.0g）和 D-泛醇 1.0g（以上质量均精确至 0.1mg），用蒸馏水溶解定容至 25mL，配制成浓度为 40mg/mL 的标准储备液于 4℃～6℃条件下保存。

4.18　系列标准溶液 A：首先将泛酸和 D-泛醇标准储备液（4.17）等体积混合配制成泛酸和 D-泛醇浓度均为 20mg/mL 的溶液，然后用蒸馏水稀释配制成泛酸和泛醇浓度均分别为 1μg/mL、10μg/mL、50μg/mL、100μg/mL、200μg/mL、400μg/mL、800μg/mL、1 000μg/mL 的系列标准混合溶液于 4℃～6℃条件下保存（适用于高效液相色谱紫外检测法）。

4.19　系列标准溶液 B：用蒸馏水稀释泛酸和 D-泛醇浓度均为 100μg/mL 的标准溶液（4.18），配制成泛酸和 D-泛醇浓度均分别为 1μg/L、10μg/L、50μg/L、100μg/L、200μg/L、400μg/L、800μg/L 和 1 000μg/L 的系列标准溶液于 4℃～6℃条件下保存（适用于高效液相色谱串联质谱法）。

5　仪器和设备

5.1　高效液相色谱仪紫外检测器（高效液相色谱紫外检测法）。

5.2 高效液相色谱仪串联四级杆质谱（ESI 源）（高效液相色谱串联质谱法）。

5.3 分析天平：感量 0.1 mg，0.01 mg。

5.4 氮吹仪。

5.5 漩涡混合器。

5.6 超声波清洗器。

5.7 离心机：转速不小于 5 000r/rain，离心试管容量 15 mL。

5.8 移液枪或移液器。

6 试样制备

6.1 化妆水、乳液、中性及弱油性膏霜等水易分散的化妆品样品的制备

称取 0.2g 样品（精确至 0.01g）于 15mL 具塞塑料离心管中，50℃条件下氮吹，尽量除去样品中的水分。向离心管中加入 3.6 mL 0.1 mol/L 甲酸（4.10）及 200μL 醋酸锌溶液（4.11），涡旋混合使样品均匀分散，然后向溶液中准确添加 200μL 亚铁氰化钾溶液（4.12），震荡摇匀，向离心管中加入 3 mL 三氯甲烷（4.6），涡旋混合 2min，然后于 5 000r/min 离心 5 min～20min。

准确移取 2mL 上层溶液过 C_{18} 固相萃取小柱（4.15），1 mL 0.1 mol/L 甲酸（4.10）淋洗柱床后，在小柱出口处放置 2mL 小试剂瓶，准确添加 1mL40%甲醇水溶液（4.14）淋洗柱床，收集流出溶液，涡旋混合，待测。

6.2 油性膏霜、油剂类化妆品等水不易分散的化妆品样品的制备

称取 0.2g 样品（精确至 0.01 g）于 15 mL 具塞塑料离心管中，先向离心管中加入 2 mL 三氯甲烷（4.6），涡旋混合至样品均匀分散后，再向离心管中准确加入 3.6 mL 0.1 mol/L 甲酸（4.10）及 200μL 醋酸锌溶液（4.11），涡旋混合 2 min 后，继续向离心管中准确加入 200μL 亚铁氰化钾溶液（4.12），涡旋混合后，于 5 000r/min 离心 5 min～20 min。

余下步骤与 6.1 相同。

6.3 唇膏、唇彩、发蜡等蜡基化妆品样品的制备

称取 0.2 g 样品（精确至 0.01 g）于 15 mL 具塞塑料离心管中，向离心管中加入 2 mL 异辛烷（4.8），涡旋，若样品不能够完全分散，需将离心管置于 80℃水浴中 5 min，待样品完全融化后，向离心管中准确加入 3.6 mL 0.1 mol/L 甲酸（4.10）（80℃水浴预热）及 200μL 醋酸锌溶液（4.11），涡旋 1 min 后，将离心管重新置于 80℃水浴平衡 5 min，取出再涡旋 1 min。待冷却后，向溶液中准确添加 200μL 亚铁氰化钾溶液（4.12）及 2 mL 三氯甲烷（4.6），震荡摇匀，必要时于 5 000r/min 离心 5 min～20 min。若样品能够完全分散，则无需水浴加热，直接向离心管中准确加入 3.6 mL 0.1 mol/l 甲酸（4.10）（80℃水浴预热）及 200μL 醋酸锌溶液（4.11），涡旋 2 min，然后向溶液中准确添加 200μL 亚铁氰化钾溶液（4.12），涡旋混合。必要时于 5 000 r/min 离心 5 min～20 min。

余下步骤与 6.1 相同。

6.4 指甲油样品的制备

称取 0.2 g 样品（精确至 0.01 g）于 15 mL 具塞塑料离心管中，向离心管中加入 2 mL 乙酸丁酯-三氯甲烷混合溶剂（4.13），涡旋混合至样品完全溶解并均匀分散，再向离心管中准确加入 3.6mL 0.1mol/L 甲酸（4.10）及 200μL 醋酸锌溶液（4.11），涡旋混合 2min 后，再向溶液中准确添加 200μL 亚铁氰化钾溶液（4.12），涡旋混合。必要时于 5 000r/min 离心 5min～20min。

余下步骤与 6.1 相同。

7 分析步骤

7.1 高效液相色谱紫外检测法

7.1.1 **液相色谱分析参考条件**

以下为液相色谱参考条件：

a）色谱柱：Bonus RR（或相当者），1.8μm，3mm×100mm；

b）柱温：室温；

c）流动相A：2%甲醇水溶液（含0.05%甲酸）；流动相B：40%甲醇水溶液（含0.05%甲酸）；

d）流速：0.3mL/min；

e）检测波长：200nm

f）进样量：5μL；

g）液相色谱分离条件见表2。

表2　液相色谱分离条件

时间 min	流速 mL/min	流动相A %	流动相B %
0	0.3	100	0
15	0.3	100	0
15.1	0.3	0	100
20	0.3	0	100
20.1	0.3	100	0
30	0.3	100	0

注1：若上述液相色谱条件下遇到干扰，可改用2%甲醇水溶液（含0.05%乙酸）为A相重新进行测试。B相相应改为40%甲醇水溶液（含0.05%乙酸），相应流动相切换时间也需根据情况进行调整。

注2：柱的内径和长度及色谱填料粒径可根据色谱分离情况自由选择。

注3：泛酸和D-泛醇的最大吸收均在波长195nm附近，为尽量避免流动相紫外吸收的干扰，确定检测波长为200nm。

7.1.2 **定性分析**

将在相同的液相色谱条件下获得的样品溶液的液相色谱分离谱图与标准物质的液相色谱分离谱图进行比较，若样品谱图中存在保留时间与某标准物质的保留时间一致的色谱峰，并且其扣除背景后的紫外吸收图谱与该标准物质的紫外吸收图谱一致，则可确认样品中存在该物质。甲酸为流动相酸性改性剂及乙酸为流动相酸性改性剂的标准物质的液相色谱分离谱图分别参见附录A中的图A.1及图A.2，标准物质紫外吸收光谱谱图参见附录A中的图A.3，实际样品液相色谱分离谱图（甲酸为流动相酸性改性剂）参见附录B中的图B.1。

7.1.3 **定量测定**

移取系列标准溶液A（4.18），注入高效液相色谱仪中进行测定，以色谱峰的峰面积对目标化合物的浓度制作标准曲线。样品溶液中维生素B_5（以泛酸计）与维生素原B_5（D-泛醇）的含量，用标准曲线外标法确定。化妆品样品中维生素B_5（以泛酸计）与维生素原B_5（D-泛醇）的含量则按式（1）进行计算。

$$X=\frac{c\times V}{m}\times 10^{-3} \quad \cdots\cdots (1)$$

式中：

X——样品中目标物的含量，单位为毫克每克（mg/g）；

c——从标准曲线中计算出的样品溶液中目标物的质量浓度，单位为微克每毫升（μg/mL）；

V——按稀释倍数折算的被测样液总体积，单位为毫升（mL）；

m——称取样品的质量，单位为克（g）。

计算结果表示到小数点后一位。

7.1.4 精密度

本标准的精密度数据是按照GB/T 6379.1和GB/T 6379.2的规定确定的，重复性和再现性的值以95%的可信度来计算。

乳液类、沐浴液类化妆品中泛酸和D-泛醇测定的重复性标准差以及再现性标准差的值参见附录C中的表C.1，要求在重复性和再现性条件下获得的两次独立测试结果的绝对差值，不超过根据附录C中的表C.1确定的重复性标准差和再现性标准差。

对其他类化妆品中泛酸和D-泛醇测定，要求在重复性和再现性条件下获得的两次独立测试结果的绝对差值，不超过将两次测试结果的算术平均值代入乳液类与沐浴液类化妆品的重复性标准差方程和再现性标准差方程所获得的最大值。

7.2 高效液相色谱串联质谱法

7.2.1 色谱分离参考条件

以下为色谱分离参考条件：

a) 色谱柱：Bonus RP（或相当者），1.8μm，3mm×100mm；

b) 柱温：室温；

c) 流动相：20%甲醇水溶液（含0.1%甲酸）；

d) 流速：0.2mL/min；

e) 进样量：2μL。

注：柱的内径和长度及色谱填料粒径可根据色谱分离情况自由选择。

7.2.2 质谱参考条件

以下为质谱参考条件：

a) 电离方式：电喷雾电离，正离子模式，ESI（+）；

b) 雾化气：氮气，241kPa（35Psi）；

c) 干燥气：氮气，流速10L/min，温度：350℃；

d) 碰撞气：氮气；

e) 毛细管电压：3500V；

f) 检测方式：多反应监测（MRM）；

g) 其他质谱条件见表3。

表3 泛酸和D-泛醇质谱分析参考参数

项 目	泛 酸	D-泛醇
母离子	220.2	206.1
碎裂电压	90	100
定量子离子（碰撞电压）	90.1（10）	76.1（10）
定性子离子1（碰撞电压）	202.1（6）	188.0（8）
定性子离子2（碰撞电压）	184.0（8）	170.1（10）

7.2.3 定性分析

在同一色谱/质谱条件下进行标准溶液和样品溶液的测定，如果样品溶液中检出的色谱峰的保留时间与某标准物质色谱峰的保留时间一致，所选择的三对子离子的质荷比也一致，而且样品定性离子的相对丰度与浓度相当标准工作溶液的定性离子的相对丰度相比较，相对偏差不超过表4规定的范围，则可判定样品中存在该物质。标准物质总离子流质谱图和提取离子（定量）质谱图见附录A中的图A.4。

表 4　　定性确定时相对离子丰度的最大允许偏差　　以%表示

相对离子丰度	>50	>20～50	>10～20	≤10
允许的相对偏差	±20	±25	±30	±50

7.2.4　定量测定

移取系列标准溶液 B（4.19），注入高效液相色谱串联质谱仪中进行测定，以色谱峰的峰面积对目标化合物的浓度制作标准曲线。样品溶液中维生素 B_5（以泛酸计）与维生素原 B_5（D-泛醇）的含量，用标准曲线外标法确定。化妆品样品中维生素 B_5（以泛酸计）与维生素原 B_5（D-泛醇）的含量则按式（2）进行计算（如果所测样品溶液中泛酸或 D-泛醇的浓度大于 1μg/g，应对待测样品溶液进行适当的稀释后重新进行测定）。

$$X=\frac{c\times V}{m}\times 10^{-3} \quad \cdots\cdots (2)$$

式中：

X——样品中目标物的含量，单位为微克每克（μg/g）；

c——从标准曲线中计算出的样品溶液中目标物的质量浓度，单位为微克每升（μg/L）；

V——按稀释倍数折算的被测样液总体积，单位为毫升（mL）；

m——称取样品的质量，单位为克（g）。

计算结果表示到小数点后一位。

7.2.5　精密度

本标准的精密度数据是按照 GB/T 6379.1 和 GB/T 6379.2 的规定确定的，重复性和再现性的值以 95% 的可信度来计算。

指甲油类化妆品、唇膏类化妆品中泛酸和 D-泛醇测定的重复性标准差以及再现性标准差的值参见附录 C 中的表 C.1，要求在重复性和再现性条件下获得的两次独立测试结果的绝对差值，不超过根据附录 C 中的表 C.1 确定的重复性标准差和再现性标准差。

对其他类化妆品中泛酸和 D-泛醇测定，要求在重复性和再现性条件下获得的两次独立测试结果的绝对差值，不超过将两次测试结果的算术平均值代入指甲油类与唇膏类化妆品的重复性标准差方程和再现性标准差方程所获得的最大值。

附 录 A
（资料性附录）
标准物质液相色谱分离谱图、紫外吸收光谱谱图、总离子流质谱图和提取离子（定量）质谱图

标准物质液相色谱分离谱图、紫外吸收光谱谱图、总离子流质谱图和提取离子（定量）质谱图见图A.1～图A.4。

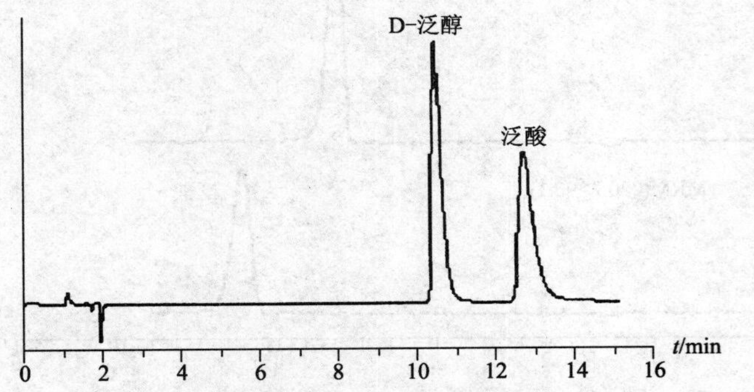

图 A.1 标准物质液相色谱分离谱图（甲酸为流动相酸性改性剂）

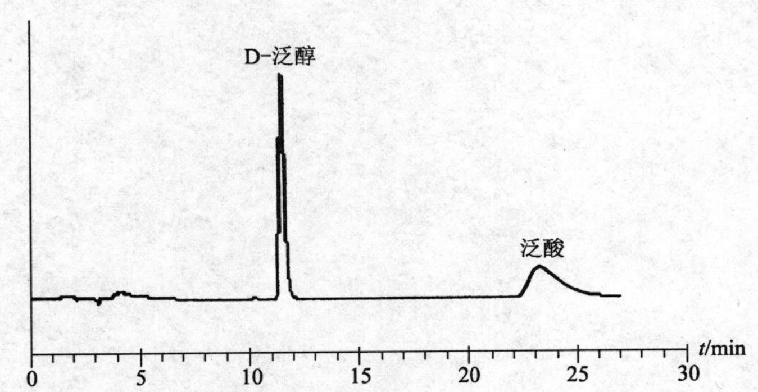

图 A.2 标准物质液相色谱分离谱图（乙酸为流动相酸性改性剂）

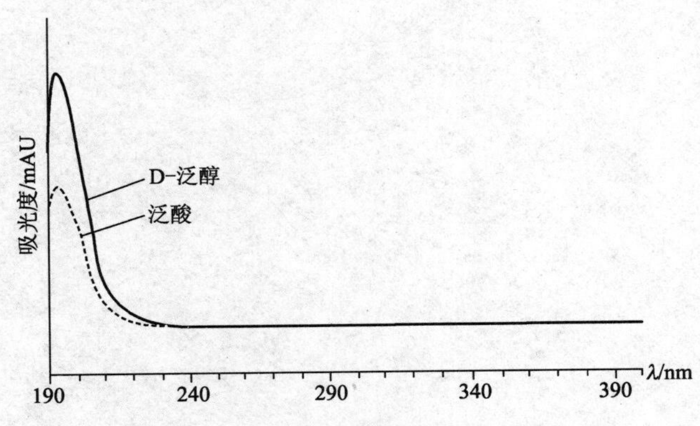

图 A.3 标准物质紫外吸收光谱谱图

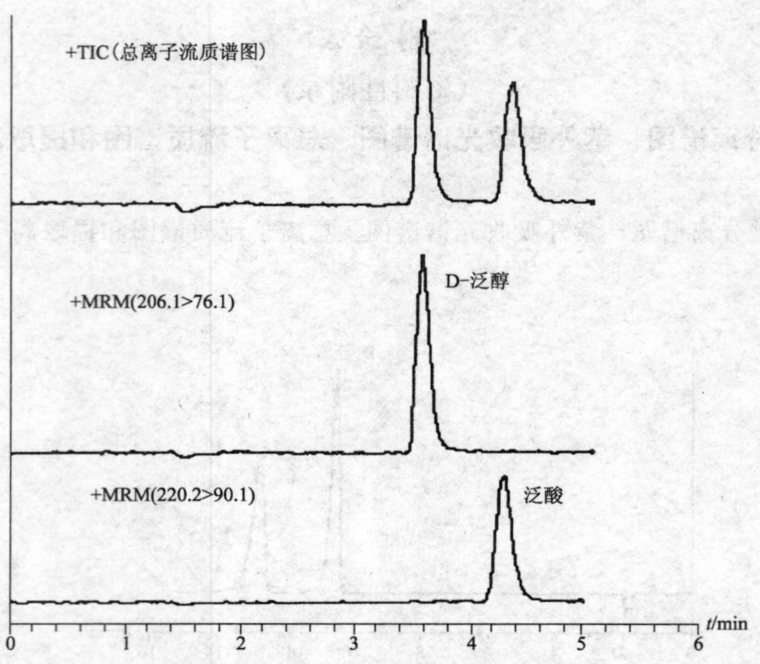

图 A.4 标准物质总离子流质谱图和提取离子（定量）质谱图

附 录 B
(资料性附录)
实际样品液相色谱分离谱图

实际样品液相色谱分离谱图见图 B.1。

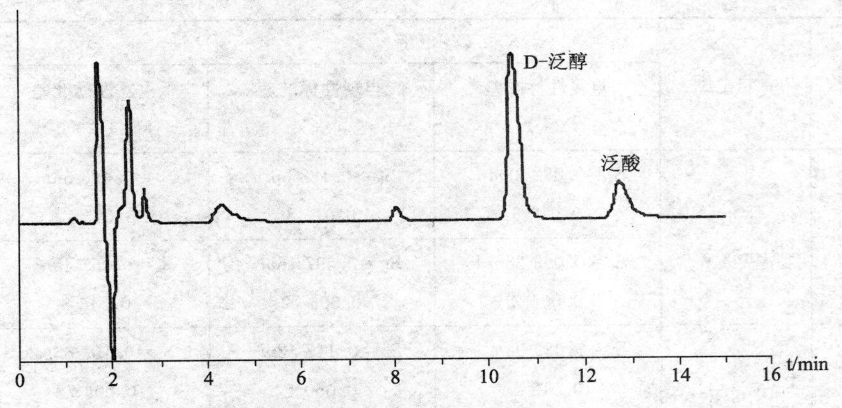

图 B.1 实际样品液相色谱分离谱图(甲酸为流动相酸性改性剂)

附 录 C
（资料性附录）
不同基质化妆品中泛酸与D-泛醇测定的重复性标准差和再现性标准差

不同基质化妆品中泛酸与D-泛醇测定的重复性标准差和再现性标准差见表C.1。

表C.1 不同基质化妆品中泛酸与D-泛醇测定的重复性标准差和再现性标准差

采用方法	样品名称	含量范围	D-泛醇		泛酸	
			重复性标准差（S_r）	再现性标准差（S_R）	重复性标准差（S_r）	再现性标准差（S_R）
液相色谱紫外检测法	沐浴液	0.1mg/g～10mg/g	$S_r=0.082\ 32m+0.012\ 6$	$S_R=0.128\ 8m+0.016\ 8$	$S_r=0.098\ 56m+0.015\ 12$	$S_R=0.127\ 68m+0.024\ 36$
	乳液		$S_r=0.063\ 28m+0.004\ 2$	$S_R=0.097\ 16m+0.006\ 72$	$S_r=0.067\ 48m+0.016\ 8$	$S_R=0.101\ 08m+0.021\ 56$
液相色谱串联质谱法	唇膏	0.1μg/g～10μg/g	$S_r=0.089\ 04m+0.018\ 2$	$S_R=0.142\ 52m+0.050\ 4$	$S_r=0.103\ 88m+0.006\ 72$	$S_R=0.130\ 2m+0.028\ 28$
	指甲油		$S_r=0.071\ 12m+0.009\ 52$	$S_R=0.138\ 6m+0.013\ 44$	$S_r=0.081\ 76m+0.014\ 28$	$S_R=0.145\ 6m+0.029\ 96$

Yipin

度身定做的配色解决方案
严格谨慎的金属含量控制
Tailor-made Color Solution

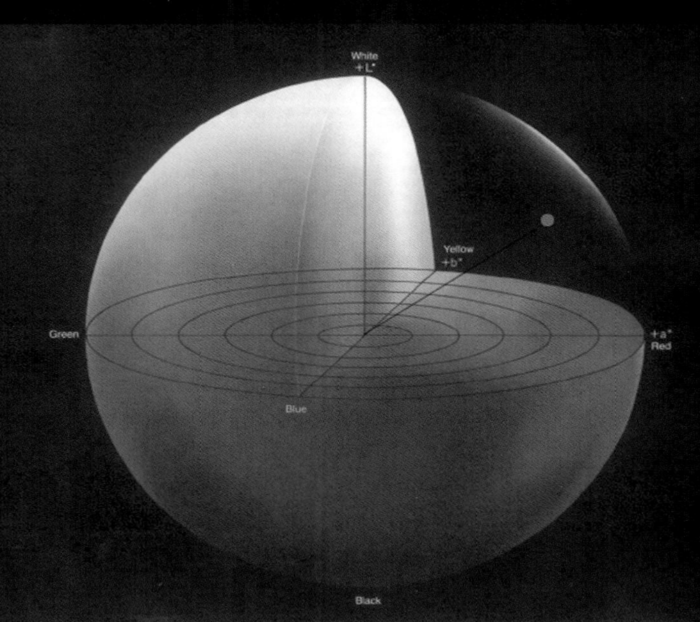
White
+L*
Yellow
+b*
Green
+a*
Red
Blue
Black

大千高新科技研究中心有限公司

汕头市大千高新科技研究中心有限公司位于南海之汕头，成立于1996年，是专业从事研发、生产、销售特种亲水性高分子聚合物的企业。公司主要系列产品有：洗涤类产品、护肤类产品、护发类产品、美发造型类产品、增溶类等5大系列30多种产品。

企业成立伊始，便秉承“科技领先、技术至上”的原则，坚持于技术创新作为企业的发展原动力，以“市场需求为导向、科研开发为动力、产品创新为增长点”的经营模式服务于社会。目前，企业客户数量达300余家，遍布全国各地。

企业研究中心下设合成实验室、应用实验室、中试室等多个实验机构，多年来在相关技术领域取得了显著的成绩，先后熟练掌握了溶液聚合、悬浮聚合、乳液聚合、反相聚合、静置聚合、室温聚合、分散聚合、种子聚合、嵌段聚合等十余种聚合技术和数十种合成工艺，并广泛应用于实际生产中，成果转化累计30余项，取得了良好的社会、经济效益。

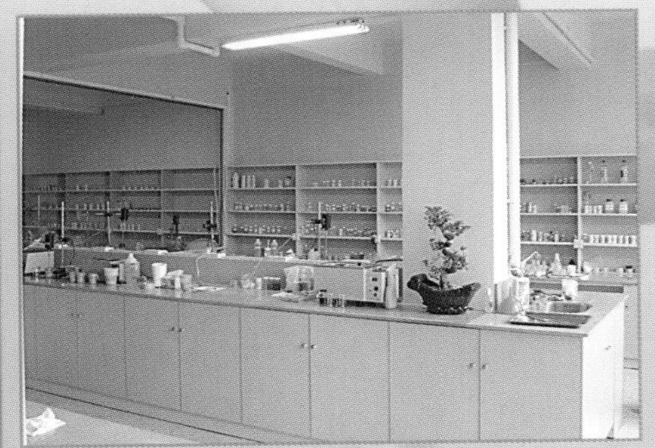

近4年来，企业分别与中国科学院兰州化学物理研究所、清华大学航天航空学院、广州大学化学化工学院、中山大学化学与化学工程学院、华南农业大学资源环境学院、四川大学高分子材料学院等合作，开展各种产学研活动，为企业在未来的发展过程中打下了坚实的科研开发基础。

近4年来企业分别承担了国家科技计划2项，广东省科技计划6项，汕头市科技计划7项。申请并获得授权国家专利25项，并在国家多种核心学术期刊上发表论文多篇。

展望未来，企业将继续坚持以科技创新为企业发展原动力，通过学习、消化、吸收国外先进技术，结合国内消费市场日新月异的需求，研究开发出更多、更好符合市场的产品，与各界同仁携手共图宏业。

联系地址：广东省汕头市长江路96号大千高新科技大厦　　邮政编码：515041
联系电话：0754-88874786　88690286　　传真：0754-88877324　88887486

华 科

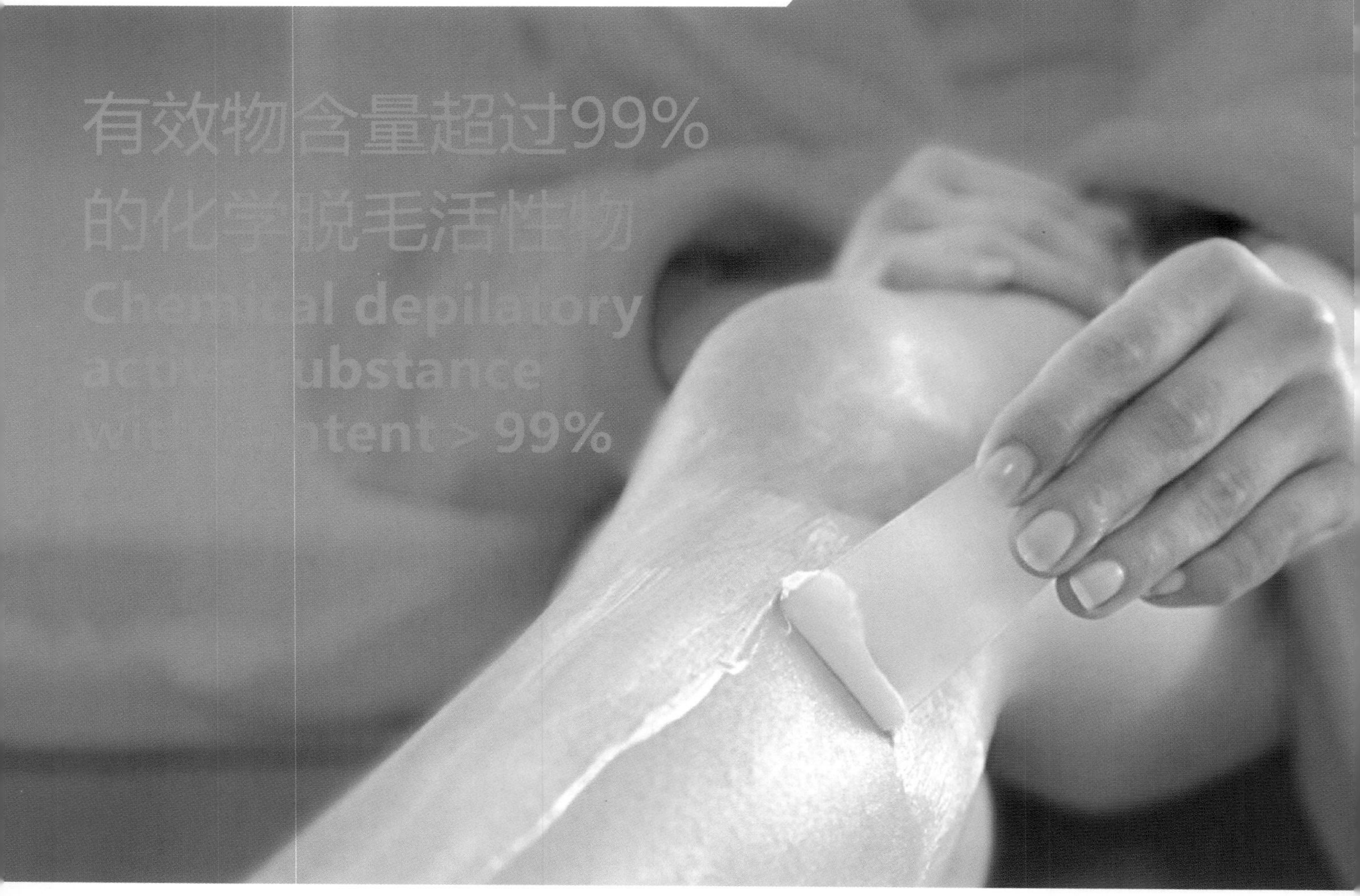

骄子日化部分新材料介绍

品名	性能描述	应用
抗菌消毒剂	专利技术：主要成份为纯天然提取大豆氨基酸等。对皮肤温和安全、无刺激性，对人体无毒、无害。	无菌室、药物、食品、化妆品灌装间人员的手及容器杀菌、消毒、除异味
高活性EGF	促进细胞分裂和生长,刺激细胞间隙的大分子(透明质酸、胶原蛋白等）合成.	修复创伤、除疤痕、滋润皮肤、抗皱、防衰老、淡化色斑.
人基因重组小肠三叶因子ITF（95%）	平复疤痕、修复受损皮肤组织、EGF替代品.	平复疤痕、消除溃疡.
兔肝锌金属硫蛋白（MT）	抗氧化、清除自由基、抗辐射解除重金属毒素、修复受损细胞.	防紫外线辐射、防晒伤、烫伤、排毒.
水溶蜂胶	增强细胞免疫能力、抗炎、抗病毒、天然抗氧化剂、消除自由基、加速细胞再生、加快伤口愈合.	治疗痤疮、消除炎症、淡化色斑
蜂蜡萃提物-蜂胶多酚	参照防断发专利技术，从蜂蜡中提取育发成分，增强头发柔韧性，使用一个月基本消除断发现象	适合制备防脱、防断发精华素、护发素、洗发水
二牛脂基二甲基铵纤维素硫酸酯盐	在水溶液中形成网状结构，对含盐高、含氨基酸、配方结构复杂的独到的稳定效果	特效悬浮稳定剂，适宜配方成分复杂，容易分层的洗发水、皂基洗面奶以及体系受温度影响粘度变化很大的不稳定产品
鲸蜡基聚氧丙烯葡萄糖苷	性能极温和，悬浮稳定性好，不用复配其它乳化剂即可制得稳定的膏霜及乳液	温和的非离子型膏霜、乳液乳化剂，适宜眼霜、防晒霜等敏感产品需要特别温和，或悬浮稳定含粉质材料易分离的体系
胶原蛋白（六胜肽）	利用生物技术将大分子胶原蛋白切割成小分子蛋白质片段,提供人体生长发育所需的营养物质,呈现出强力去皱、保湿神奇功效	去皱、保湿、防晒、软化肌肤
天然保湿因子（蟹、虾壳提取液）	渗透力强，具有持久、深层保湿能力	保湿、防晒、提高皮肤或头发光泽
三油醇柠檬酸酯	含不饱和键的高效保湿剂与皮肤亲合性好，提供良好梳理性和丝般肤感	用于洗发、护发、护肤、防晒产品，形成舒爽、不油腻的保护层。只要添加0.5%可明显提升洗发水的品质
低分子量β型阳离子瓜耳胶	明显区别于普通的阳离子瓜耳胶,减少在头发上的吸附，提升柔软度,长期使用头发不会痒，不会变粗、变硬	用于洗发水柔软头发,增强头发滑感,改善头发干梳、湿梳效果
异硬脂酰胺丙基二甲基胺乳酸盐	高效无沉积发用柔软剂、保湿剂	用在洗发、护发产品中解决头发湿水后来自水分子氢键的阻力，形成滑、软触感
水溶氨基硅油	在头发上比氨基硅油微乳液吸附性能好，用量极少即可改善头发滑爽、抗缠结的效果	用于透明洗发水其它硅油无法替代，改善头发干、湿的滑爽感
聚硅氧烷季铵盐	国家九五科技攻关课题的延伸产品，兼具使头发柔软、保湿、改变干湿梳阻力的功效	用于护发素、局油膏，渗透性强，可渗入发髓，维持头发滋润、舒爽7天左右
防脱育发中药提取液	中医药大学合作项目，从改善男性雄性激素分泌、促进血液循环、补充毛囊营养着手	适合制备防脱、防断发精华素、护发素、洗发水
去屑止痒草本液	中医药大学合作项目，草本抑菌、消炎、滋润，真正做到不加药、不含激素，去屑不伤发	避免去屑洗发水中加酮康唑、ZPT等强烈刺激头皮的药物，陷入使头发愈洗愈干燥的困境
防敏胶原蛋白	专利技术：阳离子胶原蛋白，消除染烫产品刺激头皮	用于染烫产品减缓对头皮的刺激，抗过敏
α-氨基壬二酸	抗过敏，止痒、消除头皮炎症	用于染膏，消除双氧水刺激头皮，用于沐浴露止痒
蚊不叮中药液	中医药大学合作项目，药液含驱蚊（蚊子不愿接近的气味）、消炎、止痒全效成分	可配驱蚊花露水，驱蚊、虫水，消炎水
美白祛斑中药液	中医药大学合作项目，专利技术，温和祛斑一个疗程28天见效	可配祛斑柔肤水、精华素、面膜、膏霜
当归精油	Co2超临界提取纯油	活血,调节血液循环,适宜做生发产品
干姜精油	Co2超临界提取纯油	驱头风,活血化瘀,适宜做育发产品
茶树油	精炼油	适宜做除痘、消炎、去屑产品
杉树油	含雌性激素，调节雄性激素的过度分泌，促头发生长	育发精油

★ 此外，还可以根据客户要求提供各类功效性精油及草本提取液。